# Visual Studio Code 权威指南

韩骏 / 著

電子工業出版社
Publishing House of Electronics Industry
北京•BEIJING

## 内 容 简 介

本书由浅入深地介绍了 Visual Studio Code 的各个方面，主要包括 Visual Studio Code 的核心组件、使用技巧、进阶应用、插件推荐、插件开发、Visual Studio family 的各个核心产品等。此外，本书还详细介绍了如何使用 Visual Studio Code 进行各种编程语言的开发、前端开发、云计算开发、物联网开发和远程开发。

本书适合刚开始使用 Visual Studio Code 的读者阅读，也适合有一定 Visual Studio Code 使用经验并且想更全面深入地了解 Visual Studio Code 的读者阅读。



**图书在版编目（CIP）数据**

Visual Studio Code 权威指南 / 韩骏著. —北京：电子工业出版社，2020.7
ISBN 978-7-121-38911-5

Ⅰ. ①V… Ⅱ. ①韩… Ⅲ. ①程序语言—程序设计 Ⅳ. ①TP312

中国版本图书馆 CIP 数据核字(2020)第 051908 号

责任编辑：张春雨
印　　刷：北京天宇星印刷厂
装　　订：北京天宇星印刷厂
出版发行：电子工业出版社
　　　　　北京市海淀区万寿路 173 信箱　　邮编：100036
开　　本：787×980　1/16　印张：32. 5　字数：748.8 千字
版　　次：2020 年 7 月第 1 版
印　　次：2025 年 2 月第 14 次印刷
定　　价：99.00 元

凡所购买电子工业出版社图书有缺损问题，请向购买书店调换。若书店售缺，请与本社发行部联系，联系及邮购电话：（010）88254888，88258888。

质量投诉请发邮件至 zlts@phei.com.cn，盗版侵权举报请发邮件至 dbqq@phei.com.cn。

本书咨询联系方式：010-51260888-819，faq@phei.com.cn。

# 赞誉

Visual Studio Code（VS Code）之所以越来越受欢迎，除了因为它自身具有某些优秀品质，众多插件也功不可没。本书的一大特色就是帮助你找到合适的插件，并且指导你快速上手。无论你感兴趣的是各种编程语言（JavaScript/TypeScript、Java、Python 等），还是具体的开发场景（前端、云原生、物联网等），本书都提供了详尽的指引。工欲善其事，必先利其器。相信通过本书的学习，你可以把 VS Code 定制成高效又称手的开发环境。

——微软 Java 语言开发工具团队首席软件开发经理 李榕

VS Code 是一款极为优秀的开源产品。通过本书，你除了可以全面地了解到 VS Code 的众多使用技巧，还可以学习到 VS Code 团队是如何做开源的。VS Code 团队不仅将其代码开源，而且将整个开发过程都建立于开源环境之上。对于开源项目的开发者，VS Code 有许多值得借鉴和学习的地方。

——开源中国创始人兼 CTO 红薯

VS Code 是微软面向多语言开发者的代码编辑器，是一款编程利器，深受开发者喜爱。VS Code 虽然容易上手，但却很难精通，因为涉及的技术细节比较多，插件生态也比较丰富。作者凭借其在 VS Code 上的多年使用和插件开发经验，为广大读者把 VS Code 的整个技术框架分门别类地梳理清楚，并介绍使用技巧、插件、语言服务和各种开发场景，最终达到深入浅出的目的。本书作为 VS Code 技术领域的标杆图书，在技术广度和深度上兼具极强的参考价值，适合各类语言的开发者作为学习和参考用书。

——华为云 DevCloud 研发技术总监 王亚伟

VS Code 的诞生加速了编码阶段的数字化进程。近年来，云端开发理念深入人心，这意味着我们需要用互联网模式重构对于开发者来说最重要的工具——IDE。作者通过本书将 VS Code 的精妙之处完整呈现，不管是 IDE 的使用者、开源爱好者还是工具开发者都不应该错过本书。

——阿里巴巴研发平台负责人 陈鑫（花名神秀）

作为程序员，我们中的大部分人对 VS Code 都再熟悉不过。但是，正如“二八法则”所揭示的那样，80%日常用它敲代码的程序员很可能只用到了其 20%的核心功能。本书带我们全面细数 VS Code 的方方面面，或许其中的一个小知识点就能帮助你在未来的使用过程中提升开发效率。为了储备与开发工具相关的知识，本书值得一读。

——著名开源软件 ECharts 核心贡献者之一 羡辙

本书从开发工具的历史入手，由浅入深地讲述了 VS Code 的入门和进阶知识，以及 VS Code 的强大生态，并教你如何为生态、社区，甚至是 VS Code 本身做出自己的贡献。这是一本关于使用 VS Code 进行开发的大而全，却又不杂的好书。

——《Node.js：来一打 C++扩展》作者、
《精通 Vim：用 Vim 8 和 Neovim 实现高效开发》译者 死月

VS Code 是入门简单却颇具深度的开发工具，使用者可以极快上手，但随着深入使用，又会发现达到炉火纯青的境界并非易事。本书对于开发者而言，最大的优势在于它的系统性。从入门到进阶再到扩展，整个知识体系一脉相承，开发者不再局限于若干散列知识点的拼凑，更可以利用它使 VS Code 成为技术团队不可或缺的生产力！

——腾讯云 Serverless 技术专家、百度前技术经理 王俊杰

VS Code 作为 Visual Studio 家族的产品，也是微软在云原生时代提供的轻量级开发工具。韩骏通过本书，不仅将 VS Code 的丰富内容向我们展现得淋漓尽致，让我们知其然知其所以然，而且能够使我们在读后举一反三地探索 VS Code 的未来。

——深圳市友浩达科技有限公司 CEO 张善友

VS Code 是全球极受欢迎的开发工具之一。韩骏老师凭借丰富的技术经验和生动的语言，带大家由浅入深地学习 VS Code，本书非常值得读者阅读学习。

——微信公众号“程序员小灰”作者、《漫画算法》作者 魏梦舒

VS Code 是微软在 2015 年发布的编辑器，随后便快速发展起来，成为 Stack Overflow 上认证的最受欢迎的编辑器。尽管我一直觉得 Emacs 是最好的编辑器，但其实我使用 VS Code 的频率已经高于 Emacs。本书总结了韩骏多年的 VS Code 开发经验，能够帮助你快速入门及进阶 VS Code，了解 VS Code 在不同领域（如云计算、物联网）的应用，以及如何进行正在火热发展中的云研发等。

——ThoughtWorks 高级咨询师、《前端架构：从入门到微前端》作者 黄峰达（Phodal）

本书是 VS Code 使用者和贡献者都值得一读的书。书中通过丰富的使用场景，由浅入深地从各个角度详尽地介绍了 VS Code。无论你是想使用 VS Code 的各种功能，还是想要了解它的运行机制，或是想成为其生态圈的贡献者，本书都会是你手边的必备宝典。

——Works Applications 副总裁 王浚立

和韩老师在微软共事多年，他绝对当得起“极客”的称呼，是当之无愧的 VS Code 专家。VS Code 作为近几年最强势的编辑器，迅速横扫了这个已经深耕多年的市场，并打破了微软一向给人的“不够开放”的固有印象。无论你使用哪种编程语言进行编程，使用什么操作系统进行开发，本书都可以帮助你掌握一个高效的开发工具，使你的职业生涯如虎添翼！

——字节跳动 Tech Lead 卢肇兴

韩老师对 VS Code 生态有着极大的热情，持续一贯地进行中文圈 VS Code 的技术布道，助力开发者更好地了解、使用 VS Code，提高生产力。本书除了可以作为 VS Code 的使用手册，还可以使你了解微软团队在开发这款卓越工具背后的一些有趣故事。

——蚂蚁金服技术专家 牵招

正确、有效地使用开发工具可以让开发人员的开发效率倍增，而本书正是通过全面介绍 VS Code 的各个功能模块及日常开发的使用场景来探索这款流行开发工具的潜能的，进而帮助各个领域的开发者掌握 VS Code 正确、有效的使用方法。相信这是一本值得广大开发人员花时间好好翻阅的关于 VS Code 的书。

——亚马逊 AWS 软件工程师 励洋

VS Code 的生态十分强大，包括 Google 在内的众多大厂都开发了多款 VS Code 插件。工欲善其事，必先利其器。通过本书的学习，你一定能掌握更多关于 VS Code 的技能，大大提高编程效率。

——Google 软件工程师 赵丰

VS Code 作为微软拥抱开源社区的又一大成果，结合了该公司深厚的商业软件开发底蕴和开源社区的活跃创造力，在短时间内一跃成为业界最受欢迎的代码编辑器。它几乎融合了所有以往编辑器的优点，同时又能通过自由扩展来支持现在乃至未来的技术热点。非 Windows 平台的用户终于可以感受原汁原味的"宇宙第一 IDE"的魅力。但是，与其强大、丰富的功能相比，市面上针对它的教学材料却少得可怜，用中文写的就更是少之又少。本书的出现适时地弥补了这一缺憾。它不仅能帮助刚开始学习编程的初学者，也能帮助从业一段时间的程序员。本书不仅详细介绍了 VS Code 比较常用的各项功能，而且非常强调实践。每一个案例都配有详细的步骤和截图，几乎可以当作一本工具书来收藏。本书作者是本人的大学同学，也是在微软工作近 10 年的资深工程师，其业务能力毋庸置疑。非常高兴能看到本书的出版，以及作者为国内技术社区做出的贡献。

——Facebook 高级工程师 万志程（Jensen Wan）

VS Code 是我用过的最简捷清爽又功能强大的编辑器。一直以来都缺乏一本详细解析 VS Code 使用技巧与设计的书。韩骏作为微软开发工具事业部的工程师，在保持本书专业性的同时，又将 VS Code 的使用和设计深入浅出地娓娓道来。能够将技术图书写得如此生动有趣，着实不易。本书对 VS Code 在多场景下的使用进行了手把手的详细解析，极大地拓展了我的视野。我原先并不知道 VS Code 可以将如此多的内容轻松整合在一起，让每个人都能形成具有自己风格的、便利的开发环境。本书解答了我"不知道自己有什么不知道"的问题。最后，本书并非只是一本参考手册，在某些部分，读者不仅能从书中循序渐进地掌握 VS Code 的许多不为人知的使用诀窍，还能了解到一些团队设计背后的考量，从中学到大厂在构建优秀产品时难得一见的背后思路与洞见。读完本书，你将大呼过瘾。

——eBay 软件工程师 吴慧珺

工欲善其事，必先利其器。本书通过丰富的图示一步步指导读者打造专属的 VS Code 开发环境，深入细致地介绍了各种场景下的使用精髓，是一本学习 VS Code 的优秀图书。

——爱奇艺大数据服务 软件工程师 郑浩南

# 推荐序

Visual Studio Code 已经迎来了 5 周年的诞辰！在 2015 年 4 月 29 日的微软 Build 开发者大会上，微软宣布推出 Visual Studio Code。自从 Visual Studio Code 第一个公开预览版本发布以来，这个轻量级的编辑器已经吸引了全球数以百万计的开发者。在很短的时间内，Visual Studio Code 在全球范围内成了开发者们最喜爱的开发工具。如今，Visual Studio Code 已经有了超过 1 200 万的月活用户，并且保持着持续增长的趋势。

从公司创立之初，微软就有为开发者服务的基因。微软创始人比尔·盖茨开发的第一款产品，就是运行在 Altair 计算机上的 BASIC 语言。历经数十年，微软一直致力于为广大开发者与开发团队打造最优秀和最具生产力的开发工具。微软的使命和愿景是帮助每一个人、每一个组织成就不凡。为了达成这一使命，我们希望助力全球每一位开发者，用先进的工具与平台帮助创新者去实现他们的创意，改变世界。

回想 2015 年，我们非常幸运，因为有 Erich Gamma 来带领 Visual Studio Code 的开发团队。Erich 是经典书《设计模式：可复用面向对象软件的基础》的作者之一。在加盟微软之前，他领导开发了 Eclipse 平台上的 Java Development Tools（JDT）项目。有 Erich 和微软 Visual Studio 领导层之间的强强联手，我们的团队对开发者的需求有了深度的了解。同时，从 Visual Studio 和 Eclipse 数十年的开发经验中，我们提炼了许多宝贵的经验与教训。

打造 Visual Studio Code 的开发团队不仅实力顶尖，还应用了现代化的开发模式。Visual Studio Code 基于开源且跨平台的理念，按照每月发布的节奏来快速迭代产品开发，并且提供每日发布的 Insider 渠道。它拥有上万个插件，生态极为活跃和丰富。

更重要的是，Visual Studio Code 是我们践行微软“顾客至上”文化的一个最佳榜样。Erich 很好地拥护了“开发团队与用户零距离”的格言。整个 Visual Studio Code 开发团队持续地与用户沟通，基于他们的反馈来改进产品，并与社区紧密合作，在 GitHub 上建立了月度工作项目。

通过韩骏的这本书，我希望读者能学到更多 Visual Studio Code 的使用技巧。我们很乐意看到 Visual Studio Code 能继续成为你工作与生活的一部分，也希望本书能帮助有意愿学习编程的人成就不凡。

Happy Coding!

——微软开发平台事业部 全球资深副总裁 潘正磊（Julia Liuson）

# 序

## 那些年，我们一起追的 Visual Studio Code（VS Code）

2015 年，我 25 岁。Visual Studio（VS）是微软最重要的开发工具。开发者们还在期待 Visual Studio 2015 的到来。

那些年，组里的一个前端项目用的是 AngularJS，组里购买了 WebStorm 的正版软件授权，大家纷纷表示很好用。

那一年，那些年。

我叫韩骏，本科同学都叫我韩总。我高中念的是北虹高级中学，本科念的是上海交通大学。2013 年，我正式入职微软上海。故事，由此开始。

故事的另一位主角，是现居西雅图的 VS Code 团队核心成员吕鹏老师。早在 2012 年暑期，在微软实习时，我们就相识了。那时，我们的交集并不多。有幸的是，我们双双拿到了微软正式员工的 Offer，便不再纠结于读研还是工作。2013 年 7 月 8 日，我和吕老师，还有其他几位小伙伴一起入职了。刚接触吕老师时，就觉他特别有灵性，往往有着超越常人的思路与见解。入职后，我们惊奇地发现，两个人的住所相隔如此之近，只有 5 分钟的步行距离。这，也许是天意。由此，我们开始了长达 3 年的微软 10 号班车之旅。我已经记不清 10 号班车换了多少位班车师傅，但不变的是，每天来回 3 小时路上我们都在。无数个 3 小时，我们都不会孤独，一路上，从 C#、.NET、AugularJS 再到后来的 TypeScript、VS Code，我们无不讨论。（嗯，在此，要对 10 号班车上的所有同事说声抱歉，打扰到你们睡觉啦。）

2015 年，我们有一个 CMS 系统的项目，而 visualstudio.com 的内容也被放在这个系统上管理。某一天，我不经意间在测试网站上发现了一个 VS Code 的页面，描述里赫然写着它是一个跨平台的编辑器。当时已经临近举办微软最重要的开发者大会——Build 大会，我的第一反应就是，这是一个重量级产品！我马上喊来吕老师一起看。吕老师仔细地看着那个页面，不等我们交流，从他看网页的那坚定的眼神中我就能知道，我们想的是一样的，这将会是一个 Big News

（大新闻）。果不其然，不久后的 2015 年 4 月 29 日，在 Build 大会上，微软宣布推出 VS Code 的第一个预览版本，众多开发者为之振奋，也有很多类似“VS 支持跨平台了”的标题党出现。我当然第一时间下载下来并体验了一下，第一印象是 VS Code 的速度是如此之快，而且对 Git 有着很好的支持。从那时起，我的主力编辑器就逐渐转向了 VS Code。

在半年后的 2015 年 11 月 18 日，VS Code 获得 MIT License（MIT 许可证）并在 GitHub 上开源，同时宣布将支持扩展功能。在 10 号班车上，吕老师和我谈到了 VS Code 的发展前途，并有给 VS Code 写插件的打算。到了 2016 年春节后，吕老师在班车上和我说，他正在写 Ruby 的插件，详细说了一下 VS Code 的插件机制。当时，VS Code 的插件很少，很多语言的插件都是缺失的，为其开发插件可谓是一片真正的蓝海。大概过了一周，吕老师发布了他的 Ruby 插件。我不禁感叹吕老师的效率之高，他可以算是最早一批抓住 VS Code 机会的大佬之一。也正是凭借这个 Ruby 插件作为敲门砖，吕老师在那年成功入职高手云集的 VS Code 团队，开启人生赢家之路。其实关于 Ruby 插件还有一个小故事，当时除了吕老师，还有一位老外也在写 Ruby 插件。那时，那位老外被一个技术难点卡住了，还没等他解决那个难点，吕老师就以迅雷不及掩耳之势发布了 Ruby 插件。后来，吕老师也说服了那位老外一起来写这个已经发布的插件，避免重复工作。如果吕老师的 Ruby 插件再晚发布几天，也许就是另一种结果了。

到了 2016 年 6 月，吕老师已经开始准备去美国了。组里的另一位大佬同事也发布了 REST Client 插件，广受好评。那月，Erich Gamma（VS Code 开发团队的总负责人、《设计模式：可复用面向对象软件的基础》作者之一、JUnit 创建者之一 ）来到微软上海，我也有幸亲眼见到了他。

我知道，我该行动了。这是一片即将变红的蓝海。以 Fail Fast（快速失败）为指导思想，我在短短一个月的时间里接连发布了 4 款插件。没想到，这 4 款插件都广受用户的喜欢，特别是 Code Runner，下载量从 1 万、10 万，一直上升到现在的 1 000 万，是我开发的 20 多个插件中用户最喜欢的插件之一。

2016 年下半年，吕老师远赴美国，而 10 号班车上只剩我“一个人”了。但是，我追逐 VS Code 的步伐并没有停止。正巧，部门那时开始做 IoT 的 Developer Tooling，我马上想到要做一个 VS Code 的插件。可惜，当时做一个 VS Code 的 IoT 插件并没有被列为一个优先项目。但是，感谢微软的开放态度，我利用自己的个人时间开发了 Azure IoT Toolkit，由于反响良好，一年后我把插件贡献出来，使 Azure IoT Toolkit 被升级为微软的官方插件。

到了 2017 年，IoT 插件开发被正式提上议程，组里成立了专门的团队来开发 Arduino 插件。我虽然没有实际参与插件的开发，但在整个过程中提出了很多建议，在两次组内的 Bug Bash 中勇夺冠军。插件发布后受到了 Arduino 社区的很多好评，因此，我们部门也开始了 VS Code 插件开发的旅程，自行开发或合作开发的插件超过了 20 个，这些插件涉及的领域包括 IoT、Java、Ansible、Terraform 等。

2018 年，我有幸在微软技术暨生态大会上做了一次演讲，主题是“从零开始开发一款属于你的 Visual Studio Code 插件”，把插件开发的经验带给更多的开发者朋友。

2019 年，我对 VS Code 插件开发有了更深入的思考。仅凭我一个人写插件又能写多少呢，新的插件还比较好写，最耗费成本的其实是插件维护，现在的 20 个插件维护起来已经很累了，所以授人以鱼不如授人以渔，我开通了“玩转 VS Code”微信公众号及知乎专栏，就是希望把 VS Code 的一些经验分享给更多的人，也希望有更多志同道合的朋友一起来玩转 VS Code。整个 2019 年，我也在多场大会（PyCon、JSConf、.NET Conf、Google Developer Group、GitHub 官方见面会、COSCon 等）上进行了公开演讲，对 VS Code 进行布道。

2019 年 11 月 30 日，又是一个特别值得纪念的日子！经历了长时间的筹备，VS Code 中文社区终于成立了！

从一个普通的码农到 VS Code 插件的“产品设计师”，到 VS Code 的布道师，再到 VS Code 中文社区的创始人，我与 VS Code 一起成长。

不知道这些年来我对 VS Code 的追逐到底产生了多大的影响。但是，至少，我看到了一些变化。曾经，人们会把 VS Code 当成 VS，以为 VS 跨平台了。如今，会有 95 后的同学反过来把 VS 当作 VS Code：原来除了 VS Code，居然还有个 VS？曾经，面对新的项目，我们会问：为什么要做一个 VS Code 的插件？如今，面对新的项目，我们会问：为什么不做一个 VS Code 的插件？

微软的 10 号班车还在，很多当年一起入职的小伙伴却分散到了不同的地方：上海、苏州、无锡、西雅图。我依稀记得，在某个早晨的班车上，我和吕老师为了一个项目中的技术问题吵到面红耳赤，而到了中午依旧是 80 分游戏的最佳拍档；某天下班的路上，我们为了项目中的一个难以重现的 Bug，在班车上打开笔记本一起来调试；某个晚上，我为了 Code Runner 中的一个 Bug 奋战到凌晨两点。那时，在班车上，我们还经常会拿着 Surface RT，看 Channel 9，看 Design Spec，回邮件。

微软的 10 号班车还在，承载着我那时对技术的执着与热情，继续行驶在光明的大路上。

不忘初心，莫失初衷。不言放弃，追逐所爱。

# 读者服务

本书提供了大量的参考资料以方便读者更好地了解书中提到的相关技术及工具。为了保证参考资料相关链接实时更新，特地将相关“参考资料”文档放于博文视点官方网站，读者可在 http://www.broadview.com.cn/38911 页面下载或通过下面提供的方式获取。此外，本书包含三级标题的详版目录也可以通过这两种方式获取。

微信扫码回复：38911

- 获取博文视点学院 20 元付费内容抵扣券
- 获取本书参考资料中的配套链接
- 获取更多技术专家分享视频与学习资源
- 加入本书读者交流群，与更多读者互动

# 目录

第 1 章　如何学习 Visual Studio Code ........ 1

1.1　学会搜索 ........ 1
1.2　学会提问 ........ 2
1.3　学会学习 ........ 3

第 2 章　Visual Studio Code 简介 ........ 5

2.1　Visual Studio Code 概览 ........ 5
2.2　Visual Studio Code 简史 ........ 6
2.3　Visual Studio Code 的优势 ........ 7
2.4　Visual Studio Code 开发团队 ........ 9
2.5　Visual Studio Code 是如何做开源的 ........ 10

第 3 章　核心组件 ........ 12

3.1　Electron ........ 12
3.2　Monaco Editor ........ 13
3.3　TypeScript ........ 13
3.4　Language Server Protocol ........ 15
3.5　Debug Adapter Protocol ........ 16
3.6　Xterm.js ........ 18

第 4 章　安装与配置 ........ 20

4.1　概览 ........ 20
4.2　Linux ........ 21

4.3 macOS........24
4.4 Windows........25

第 5 章 快速入门........27

5.1 Visual Studio Code Insiders........27
5.2 设置........27
5.3 用户界面........34
5.4 编辑功能........44
5.5 主题........50
5.6 快捷键........53
5.7 集成终端........61
5.8 中文显示........65

第 6 章 进阶应用........67

6.1 命令行........67
6.2 IntelliSense........69
6.3 代码导航........73
6.4 玩转 Git........81
6.5 打造自己的主题........87
6.6 快速创建可复用的代码片段........90
6.7 Task，把重复的工作自动化........97
6.8 Multi-root Workspaces........112
6.9 调试与运行........120

第 7 章 插件........126

7.1 插件市场........126
7.2 插件管理........133
7.3 那些不错的插件........143

第 8 章 语言深入........176

8.1 概览........176
8.2 Python........180
8.3 JavaScript........213
8.4 TypeScript........233

8.5 Java ........ 242
8.6 C# ........ 261
8.7 C/C++ ........ 271
8.8 Go ........ 284
8.9 更多语言支持 ........ 291

第 9 章 前端开发 ........ 298

9.1 HTML ........ 298
9.2 CSS、SCSS 和 Less ........ 305
9.3 Emmet ........ 310
9.4 React ........ 313
9.5 Angular ........ 318
9.6 Vue ........ 322
9.7 前端插件推荐 ........ 327

第 10 章 云计算开发 ........ 329

10.1 微软 Azure ........ 329
10.2 AWS ........ 343
10.3 Google Cloud Platform ........ 345
10.4 阿里云 ........ 348
10.5 腾讯云 ........ 351

第 11 章 物联网开发 ........ 353

11.1 设备端开发 ........ 353
11.2 设备上云 ........ 359
11.3 设备模拟 ........ 364
11.4 边缘计算 ........ 366
11.5 物联网插件推荐 ........ 368

第 12 章 远程开发 ........ 371

12.1 远程开发概览 ........ 371
12.2 远程开发插件 ........ 372
12.3 SSH ........ 372
12.4 容器 ........ 388

12.5 WSL ......399

第 13 章 Visual Studio family ......405

13.1 Visual Studio、Visual Studio Code、Visual Studio Codespaces，你都分清楚了吗 ......405
13.2 Visual Studio Codespaces ......406
13.3 Visual Studio Live Share ......429
13.4 Visual Studio IntelliCode ......437

第 14 章 成为 Visual Studio Code 的贡献者 ......440

14.1 GitHub Issues ......440
14.2 提问 ......442
14.3 讨论 ......443
14.4 GitHub Pull requests ......443
14.5 插件 ......443
14.6 翻译 ......443

第 15 章 插件开发 ......445

15.1 如何打造一款优秀的 Visual Studio Code 插件 ......445
15.2 你的第一个 Visual Studio Code 插件 ......451
15.3 Visual Studio Code 插件的扩展能力 ......456
15.4 插件开发面面观 ......461
15.5 插件开发的生命周期 ......496

# 第1章

# 如何学习 Visual Studio Code

本书希望由浅入深地带领读者了解与学习 Visual Studio Code（简称为 VS Code）的各项内容，从快速入门，到进阶应用、各个主流语言的开发技巧、云计算应用开发、物联网开发，甚至是远程开发、Web 版 Visual Studio Code、插件开发等。相信读者在阅读完本书后，对 Visual Studio Code 一定会有非常全面和深入的了解。但涉及 Visual Studio Code 的内容相当之多，难度等级也各有不同，本书也不可能做到 100%涵盖。比如，在第 8 章，我们会学习十几种主流的编程语言在 Visual Studio Code 中的使用技巧，然而，编程语言实在太多了，我们难以在本书中全部涵盖。但是，许多使用技巧却是互通的。授人以鱼不如授人以渔，希望读者除了能够学到 Visual Studio Code 本身的内容，还能学到如何学习 Visual Studio Code 的能力，做到举一反三，这将会使自己在未来受用无穷。学习能力往往也是互通的，我们在本章所学的学习能力并不只是对于学习 Visual Studio Code 有用，在学习其他技术时，也可以有所借鉴。

## 1.1 学会搜索

做一个优秀的 Google 程序员，做一个优秀的 Stack Overflow 程序员。学会使用 Stack Overflow 和 Google 是成为一个优秀程序员的必要条件。一个优秀的程序员一定会合理地使用 Stack Overflow 和 Google 来搜索和解决问题。会使用 Stack Overflow 和 Google，不一定是优秀的程序员。但不会使用 Stack Overflow 和 Google，就一定不会是优秀的程序员。

在学习和使用 Visual Studio Code 的过程中，无论是谁（包括笔者）都会遇到各式各样的问题。学会搜索，是你的必经之路。相信读者朋友都是优秀的程序员，Google、Bing、Stack Overflow 将会是你在搜索解决方案过程中的最好的朋友。

除此之外，Visual Studio Code 官网（见参考资料[1]）和 Visual Studio Code 的 GitHub 仓库（见参考资料[2]）也是搜索 Visual Studio Code 相关内容的最佳途径。

Visual Studio Code 官网有着很详尽的使用和插件开发文档。Visual Studio Code 的 GitHub

仓库有 Issues 和 Wiki 页面。通过 GitHub Issues，你可以查找自己遇到的 bug 是不是一个已知的问题。通过 GitHub Wiki，你可以了解到 Visual Studio Code 未来半年甚至一年的规划，也可以搜索到如何为 Visual Studio Code 做贡献。

## 1.2 学会提问

平时，笔者经常会从不同渠道（邮件、GitHub Issues、微信、QQ、知乎）看到或收到不同人对于 Visual Studio Code 提出的相关问题，甚至从支付宝来的提问都有。笔者有一个很大的感受，就是有一部分人并不善于提问。

笔者还建立了不少 Visual Studio Code 的微信群和 QQ 群，方便大家交流学习。然而，笔者经常会在群里看见类似这样的问题：

- “有人用 VS Code 写 Java 吗？我怎么运行不了？”
- “这个按钮怎么变灰了？？？”
- “有大佬在吗？想问个问题！”

有些问题只有一个比较随意的截图，甚至没有截图！对于这样的问题，群里的反应往往是以下两种。

- 群里静悄悄，一片安静。
- 群里又开始讨论其他话题，“无视了”这个问题。

那么为什么会这样呢？是群友们都不想帮助提问者吗？当然不是！问题还是出在提问者上，提问者没有学会如何正确地提问。

首先，在提问之前，你有没有尝试自己去解决这个问题？有没有思考过问题的原因？有没有通过 Google、Bing、Stack Overflow 等网站搜索过类似的问题？有没有在 Visual Studio Code 的 GitHub Issues 上搜索过它是不是已知的 bug？

如果已经尝试解决过问题，但没有成功。那么你可以开始寻求别人的帮助。对于提出的问题，一定要描述详尽。如果是一个 bug，要提供可以完整复现 bug 的步骤。特别是对于与 Visual Studio Code 相关的问题，要提供 Visual Studio Code 的版本、操作系统的版本、期望的结果与实际的结果、原始的代码片段等信息。必要的时候，还要提供相应的截图。对于源代码，尽量提供文本或源文件，而不只是截图，以便他人用于复现。如果代码量很大，则可以重新创建一个文件以存放可用于复现的代码，去除不必要的代码，缩小整体的代码量。

有一个描述清晰的问题，才更有可能获得别人的帮助。

## 1.3　学会学习

“师者，所以传道授业解惑也。”我们可以看到，自古以来，我们就把“传道”放在了“授业”和“解惑”之前，其重要性可见一斑。虽然本书的大部分章节是关于“授业”的，但贯穿其中的，不乏“传道”的内容。希望读者朋友通过本书的“授业”能掌握 Visual Studio Code 的各项内容，更能通过本书的“传道”，提升自己的学习能力，拥有自己的思考，了解 Visual Studio Code 背后的原理，通过本书的内容举一反三，学到更多知识。

### 1.3.1　自己的思考

在寻求帮助之前，自己要对问题进行过认真思考。比如，你经常使用的某个插件出现了一个 bug。这个 bug 在 Visual Studio Code 1.36 上是不存在的，但在 1.37 上就出现了。那么在开始给插件提 Issue 之前，是不是可以自己思考一下，也许是 Visual Studio Code 1.37 版本的更改或 regression（倒退的错误）导致了插件的 bug。在提 issue 时，能给出自己遇到的情况和思考，可以更好地帮助插件开发者找到问题的根本原因。同时，对自己也能有很大的帮助。

再比如被广泛使用的 Code Runner 插件，读者有没有想过背后的实现原理是什么？其实，原理很简单。这里留给读者自己思考。相信读者通过思考后，一定会有自己的答案。读者也可以查看 Code Runner 的源代码（见参考资料[3]），通过查看源代码便可以了解其原理。如果以后遇到 Code Runner 的 bug，也许就不用再向笔者寻求帮助了，直接发一个 Pull request，岂不是更棒？

### 1.3.2　知其然知其所以然

相信很多人都是 Visual Studio Code 的使用者，而 Visual Studio Code 的开发者或插件开发者只占其中很小的比例。作为一个使用者，知道 Visual Studio Code 背后更多的原理和技术栈，知其然知其所以然，对自己也是很大的帮助。

2019 年，微软正式发布了 Visual Studio Online。网页版的 Visual Studio Online 其实是基于 Visual Studio Code 而打造的。如果你能知道 Visual Studio Code 是基于 Electron 开发框架开发的，而 Electron 是基于 HTML、CSS、JavaScript 等 Web 技术栈而开发的，你就一定能理解为什么 Visual Studio Online 是基于 Visual Studio Code 开发的了。此外，Visual Studio Code 的核心组件、“前端”与“后端”分离的架构设计、进程隔离的插件模型，都为 Visual Studio Online 打下了坚实的基础。这也是值得我们学习的地方。

了解背后的原理和技术栈不仅有助于我们使用 Visual Studio Code 这个开发工具本身，而且可以帮助我们在日常的项目开发中了解更多的技术选型和架构设计，开阔我们的眼界。

### 1.3.3 举一反三

也许，你是一个多语言开发者，需要在 Visual Studio Code 中同时使用 Python 和 Pascal 语言。通过学习，你可以玩转 Visual Studio Code 的 Python 使用技巧，同时也应该学会举一反三。在一些方面，不同语言的开发体验是相近的。如果你已经学会了在 Visual Studio Code 中对 Python 代码进行代码编辑、静态代码检查、调试、单元测试等功能，那么在 Visual Studio Code 中编写 Pascal 时，你就可以有相应的参考。Visual Studio Code 为调试、智能提示、代码导航等功能都提供了风格一致的开发体验。有了举一反三的能力，你就能在 Visual Studio Code 中更快地上手不同编程语言的开发。

# 第 2 章

# Visual Studio Code 简介

Visual Studio Code 是一款免费且开源的现代化轻量级代码编辑器，支持几乎所有主流开发语言的语法高亮、智能代码补全、自定义快捷键、括号匹配和颜色区分、代码片段提示、代码对比等特性，也拥有对 Git 的开箱即用的支持。同时，它还支持插件扩展，通过丰富的插件，用户能获得更多高效的功能。

## 2.1 Visual Studio Code 概览

让我们一起来看一下 Visual Studio Code 有哪些强大的特性吧！

### 2.1.1 跨平台

微软一直以其强大的开发工具而著称，其开发的 Visual Studio IDE 被许多人称为“宇宙第一 IDE”。可惜的是，Visual Studio IDE 只支持 Windows。Visual Studio Code 的出现，大大弥补了这个遗憾。所有系统（Windows、macOS 和 Linux）的开发者都能享受到微软最强大的开发工具。当然，肯定还会有读者说，不是有 Visual Studio for Mac 吗？其实，与 Xamarin Studio 一样，Visual Studio for Mac 是基于开源的 MonoDevelop IDE 开发而成的，它与 Windows 版的 Visual Studio 还是有一定的差距的，而且在整个用户界面和开发体验上也有一定的区别。唯有 Visual Studio Code 真正做到了跨平台使用，Windows、macOS 和 Linux 这 3 种系统下的开发者可以拥有一致的用户界面和开发体验。

### 2.1.2 IntelliSense

Visual Studio Code 强大的 IntelliSense（智能提示）功能可以智能地分析源代码，在你编辑代码时，可以智能地进行代码提示和补全。

### 2.1.3　代码调试

Visual Studio Code 不只是编辑器，在 Visual Studio Code 中可以直接调试代码，其中的断点、call stacks、交互式的 debug console 可以使调试变得异常简单。

### 2.1.4　内置的 Git 支持

在 Visual Studio Code 中进行 Git 管理是极为简单的。文件的 diff 比较、提交更改、拉取或推送等一系列操作都能在 Visual Studio Code 中轻松地进行。

## 2.2　Visual Studio Code 简史

Visual Studio Code 在众多主流的编辑器中，应该算是比较年轻的了。回顾过去的每一年，Visual Studio Code 都会带给我们很大的惊喜。如果大家对微软有所了解的话，想必就会知道，微软的 Build、Connect();和 Ignite 大会是微软每个年度最重要的开发者大会。而 Visual Studio Code 一直是这几场开发者盛会的常客，我们甚至经常能在 Keynote 中看到 Visual Studio Code 的重要功能的发布。可见，Visual Studio Code 在微软的整个开发生态中有着举足轻重的地位。

2015 年 4 月 29 日，在微软 Build 2015 大会上，微软发布了 Visual Studio Code 的第一个预览版本。

2015 年 11 月 18 日，微软的 Visual Studio Code 团队将 Visual Studio Code 在 GitHub 上开源，并采用 MIT 许可证，同时宣布将支持插件机制。

2016 年 4 月 14 日，Visual Studio Code 正式版发布，版本号为 1.0.0。

2017 年 11 月 15 日，在微软 Connect(); 2017 大会上，微软宣布 Visual Studio Code 的月活跃用户达到了 260 万。

2018 年 5 月 7 日，在微软 Build 2018 大会上，微软发布了 Visual Studio Live Share 插件，使得开发者可以在 Visual Studio Code 或 Visual Studio IDE 中进行实时的协同开发和调试。

2018 年 9 月 10 日，微软发布了 GitHub Pull requests 插件，使得开发者可以在 Visual Studio Code 中轻松审查和管理 GitHub Pull requests。这也是微软在收购 GitHub 后，Visual Studio Code 团队和 GitHub 团队一次非常良好的合作。

2019 年 5 月 2 日，在 PyCon 2019 大会上，微软发布了 Visual Studio Code Remote Development，以便帮助开发者在容器、物理或虚拟机，以及 Windows Subsystem for Linux（WSL，适用于 Linux 的 Windows 子系统）中实现无缝的远程开发。

2019 年 11 月 4 日，在微软 Ignite 2019 大会上，微软正式发布了 Visual Studio Online，一个由云服务支撑的开发环境。除了支持通过浏览器连接到 Visual Studio Online 云开发环境，还支持通过 Visual Studio Code 和 Visual Studio 来连接。

## 2.3 Visual Studio Code 的优势

在 Stack Overflow 发布的 2019 年开发者调查中（如图 2-1 所示），Visual Studio Code 成为最受欢迎的开发工具。如果大家关注过 Stack Overflow 发布的 2018 年开发者调查，就会发现 Visual Studio Code 在那时就已经成为最受欢迎的开发工具，只不过是以微弱的优势领先后面的开发工具。而到了 2019 年，Visual Studio Code 已经遥遥领先了。

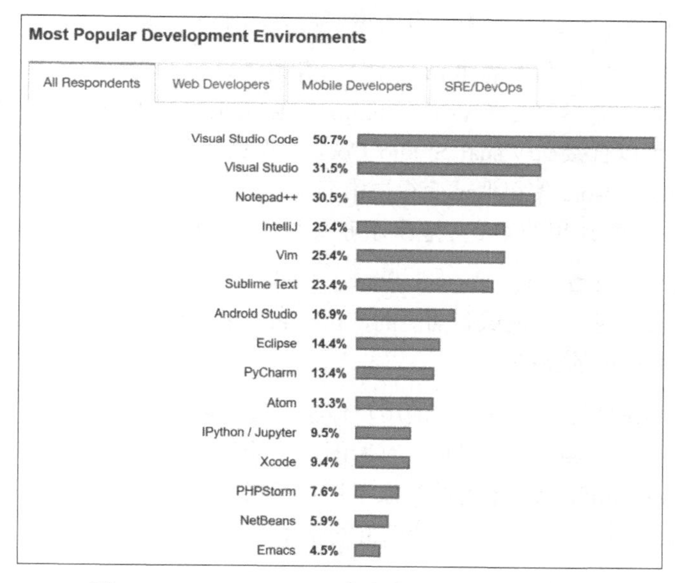


图 2-1 Stack Overflow 发布的 2019 开发者调查

那么，Visual Studio Code 为什么能这么受欢迎？有哪些地方是开发者所喜爱的呢？让我们从各个方面将其与当前比较主流的编辑器 Sublime、Atom 和 Vim 比较一下，并逐一分析，看一看 Visual Studio Code 有哪些优势。

### 2.3.1 学习曲线

对于任何人，特别是新手来说，一个工具的学习曲线也会影响到它的受欢迎程度。还记得 Stack Overflow 上著名的问题之一“How to exit the Vim editor? ”吗？截至本书完稿时，它已经有接近两百万的访问量了。Visual Studio Code、Sublime 和 Atom 在学习曲线上一定是远远比 Vim 要平缓的。同时，Visual Studio Code 的使用文档相比于其他编辑器也是做得最好的，无论是“快速入门”还是每一个功能的使用，都在官网上写得一清二楚、有条有理。Visual Studio Code 官网还提供了 PDF 版的键盘快捷键参考表，以便让开发者轻松上手。此外，考虑到一些开发者是从 Vim、Sublime、IntelliJ 或其他开发工具转过来的，依旧习惯使用原来开发工具的键盘快捷键。Visual Studio Code 提供了各种键盘映射的插件，让你可以在 Visual Studio Code 中继续使用不同开发工具的快捷键，而不用重新学习 Visual Studio Code 的快捷键。

## 2.3.2 用户体验

Visual Studio Code 提供了许多良好的开箱即用的用户体验。与 Vim、Sublime 和 Atom 一样，Visual Studio Code 也提供了代码编辑的体验。此外，Visual Studio Code 在保持其轻量级代码编辑器的前提下，还内置了一些 IDE 中会有的重要功能，如下所示。

- Terminal（终端）：内置的 Terminal 使得开发者可以直接在 Visual Studio Code 中快速地运行脚本，而不需要在 Visual Studio Code 和系统的 Terminal 之间来回切换。
- 调试器：可以直接在 Visual Studio Code 中调试代码，其中的断点、call stacks、交互式的 debug console 使得调试变得异常简单。
- 版本控制：开箱即用的 Git 支持让你可以方便地进行文件更改比较，管理你的源代码。

特别是对于前端开发者来说，Visual Studio Code 对前端开发有着非常好的支持。除了对 JavaScript 的智能提示、重构、调试等功能的支持，它对 HTML、CSS、SCSS、Less 和 JSON 这些前端技术栈也有着很棒的支持。

Visual Studio Code 曾经在某些方面的用户体验上有不足之处。比如，曾经 Visual Studio Code 的设置页面的体验就没有 Atom 好，Atom 有着图形化的配置界面，而 Visual Studio Code 是基于 JSON 文件的。Visual Studio Code 为此听取了用户反馈，增加了图形化的配置界面，也保留了基于 JSON 文件的配置方式，满足了不同人群的使用习惯。

## 2.3.3 性能

天下武功，唯快不破。相信从 IDE 转投 Visual Studio Code 的开发者一定对 Visual Studio Code 的性能非常满意。同为基于 Electron 开发的产品，Visual Studio Code 在性能的优化上要比 Atom 领先许多。当然，我们必须承认的是，Visual Studio Code 与 Vim 和 Sublime 相比在速度上还是有略微的差距。但是，我们依旧能看到 Visual Studio Code 在性能上的不断优化。从插件进程与主进程的隔离、插件的延迟加载，到 Text Buffer 的优化、提升大文件的加载与编辑速度、减少内存使用率，我们看到了 Visual Studio Code 的不断进步。

## 2.3.4 插件

Visual Studio Code 有着丰富且规模快速增长的插件生态，如今，已经有超过 10 000 个插件。不仅可以在中心化的插件市场获取插件，而且可以在 Visual Studio Code 编辑器中通过搜索，直接进行安装与管理。相比之下，Sublime 只有不到 5 000 个插件，而且在编辑器里不能很方便地搜索管理插件；Vim 插件虽多，但因为没有一个中心化的插件市场，所以查找插件很麻烦；Atom 有 8 000 多个插件，比 Visual Studio Code 少一些，虽然在编辑器内也可以查找插件，但 Visual Studio Code 的搜索和浏览功能做得要比 Atom 好。

此外，Visual Studio Code 还推出了 Extension Packs，方便开发者一键安装多个插件。比较出色的 Extension Pack 有 Java Extension Pack、PHP Extension Pack、Vue.js Extension Pack 等，使得 Visual Studio Code 秒变 IDE。

### 2.3.5　生态

Visual Studio Code 不仅仅是一个代码编辑器，它还有着强大的生态。Visual Studio Code 把它的许多重要组件抽离出来，使其成为大家都可以复用的开源产品，并与社区合作，把产品越做越好。相关协议及组件如下所示。

- Language Server Protocol（LSP）：它是编辑器/IDE 与语言服务器之间的一种协议，可以让不同的编辑器/IDE 方便地支持各种编程语言的语言服务器，允许开发人员在最喜爱的工具中使用各种语言来编写程序。Eclipse、Atom、Sublime Text、Emacs 等主流编辑器/IDE 都已经支持了 LSP。具体见参考资料[4]。
- Debug Adapter Protocol（DAP）：DAP 与 LSP 的目的类似，DAP 将编辑器/IDE 与不同语言的 debugger 解耦，极大地方便了编辑器/IDE 与其他 Debugger 的集成。Eclipse、Emacs、Vim 等已经支持了 DAP。具体见参考资料[5]。
- Monaco Editor：作为 Visual Studio Code 的核心组件，Monaco Editor 在 GitHub 上已经拥有了 18 000 多个 star。国内比较有名的 Cloud Studio 和 Gitee Web IDE 等都使用了 Monaco Editor。具体见参考资料[6]。

Visual Studio Code 作为 Visual Studio family 的重要产品，与 Visual Studio IDE 一样，也有两大重要的功能，如下所示。

- Visual Studio Live Share：极大地方便了协作编程，可以进行实时共享代码编辑、跟随光标、团队调试、分享本地服务器、共享终端等。
- Visual Studio IntelliCode：通过 AI 赋能，根据上下文给出编程建议和智能提示，提高开发者的效率。

## 2.4　Visual Studio Code 开发团队

之前一直有一个传言，Visual Studio Code 是从 Visual Studio IDE 团队中抽出一拨儿人来开发的。其实，这是个谣言。那么大家一定很想知道，如此优秀的编辑器，背后到底有着怎样强大的开发团队吧。

首先，我们必须要说一说 Visual Studio Code 的总负责人兼总设计师 Erich Gamma。也许，大家对 Erich Gamma 这个名字并不熟悉。但是，相信大家都知道或读过《设计模式：可复用面向对象软件的基础》这本书。是的，Erich Gamma 就是此书的 4 个共同作者之一。有意思的是，《设计模式：可复用面向对象软件的基础》一书从头到尾就是在教你如何从零开始打造一个文本编辑工具。

Erich Gamma 在加入微软之前，和 Kent Beck 一起合作开发了 Java 业界中最著名的单元测试框架 JUnit，之后，他又领导了 Eclipse 平台的 Java Development Tools（JDT）项目。

2011 年，Erich Gamma 以杰出工程师（Distinguished Engineer）的身份加入微软，在瑞士苏黎世领导了一个开发实验室。之后，Erich Gamma 带领团队开发出了基于浏览器的 Monaco 编辑器，被应用在 Azure DevOps（原为 Visual Studio Team Services）、OneDrive、Edge Dev Tools 等微软产品中。在最初阶段，Monaco 编辑器并不被众人所熟知。直到后来，Erich Gamma 利用 Monaco 编辑器和 Electron 打造出了 Visual Studio Code，Monaco 编辑器也随之声名远扬。

聊完 Visual Studio Code 的总设计师，我们再来看一看 Visual Studio Code 的开发团队。与 Visual Studio IDE 拥有大量的开发人员不同，你也许不会想到，Visual Studio Code 作为这个世界上最棒的编辑器，其实它的开发团队的规模十分精简。开发团队中，有一部分是曾经 Eclipse 的开发者。每一位 Visual Studio Code 的工程师都是一等一的高手。Python 插件、Ruby 插件、GitLens 插件、Vetur 插件这 4 款知名插件的作者也先后加入了微软。

## 2.5　Visual Studio Code 是如何做开源的

Visual Studio Code 成功的一大原因就是它的开源。

知否知否，Visual Studio Code 不止开源，昨夜始于“开源”，如今“开源”深处渡。

读者看到这句话，也许会有疑惑，为什么两个“开源”都加上了双引号？其实是笔者有意为之，因为这两个“开源”的意义有着很大的差别，第一个“开源”代表着开源的初始阶段，而在笔者看来，第二个“开源”，才是真正的开源。

### 2.5.1　代码开源

我们先来看一看第一个“开源”。2015 年 4 月 19 日，微软在 Build 大会上宣布了 Visual Studio Code。在半年后的 11 月 18 日，Visual Studio Code 获得 MIT License（MIT 许可证）并在 GitHub 上开源。众多开发者为之振奋。至此，Visual Studio Code 的开源之路迈出了第一步——把代码放到 GitHub 上，全球的开发者都能看到。可能一些开源项目也就停留在了这个阶段，甚至 GitHub 上的代码只是个镜像，内部会有一个代码控制系统，定期把代码同步到 GitHub 上，Issues 和 Pull requests 也是关闭的。然而真正的“开源”却不止于此。

### 2.5.2　Issues 和 Pull requests

除了代码开源，Visual Studio Code 团队通过 Issues 和 Pull requests 与整个社区一起合作，打造最优秀的开源产品。

通过 GitHub 上的 Issues，Visual Studio Code 团队可以倾听用户的反馈。在不同的时间段，都会有 Visual Studio Code 团队的成员对 GitHub 上的 Issue 进行分类。无论是 bug 还是功能请求，开发团队都会指定相应的成员进行进一步的跟进。

通过 GitHub Pull requests，世界上的每一个人都有机会向 Visual Studio Code 贡献自己的代码。Visual Studio Code 团队也非常欢迎社区的贡献，会认真审核每一个 Pull request，给出审核建议，最后合并合适的 Pull request。

### 2.5.3　开源的开发流程

Visual Studio Code 团队把整个产品的开发过程建立于开源之上。那么我们就来看一看微软是怎么来运作 Visual Studio Code 这个开源产品的：

- 每年，Visual Studio Code 团队都会在 GitHub 的 Wiki 上发布 Roadmap，列出一整年的规划图。
- 每个月月初，在产品设计阶段，Visual Studio Code 团队会在 GitHub 的 Issues 上发布 Iteration Plan，列出这个月会开发的每一个功能，基本上一个功能对应一个 GitHub 上的 Issue，你可以看到详细的设计及 mockup。
- 每个月月末，临近产品发布，你可以在 Endgame 上了解到 Visual Studio Code 是如何进行产品测试与发布的。

Visual Studio Code 不仅将代码开源，而且其整个产品的计划、设计及发布管理都是开源的：每个阶段对每个用户都是公开透明的，你不仅可以提交 Issue，发布 Pull request，甚至还可以参与到每个功能的设计与讨论中去！

### 2.5.4　开源的生态

前面说过，除了 Visual Studio Code 编辑器是开源的，Visual Studio Code 还把它的许多重要组件抽离出来，使其成为人人都可以复用的开源产品（我们将在下一章对相关开源组件进行详细的介绍）。

除此之外，Visual Studio Code 的文档也是开源的，具体见参考资料[7]。

# 第 3 章

# 核心组件

在正式学习 Visual Studio Code 之前，我们有必要去了解一下 Visual Studio Code 的各个核心组件，这能帮我们更好地理解 Visual Studio Code 背后运用到的技术栈，从而对 Visual Studio Code 有更深入的认识。正如我们在第 1 章提到的，知其然知其所以然。

## 3.1 Electron

Electron 原名为 Atom Shell，是由 GitHub 开发的一个开源框架。Electron 以 Node.js 作为运行时（runtime），以 Chromium 作为渲染引擎，使开发者可以使用 HTML、CSS 和 JavaScript 这样的前端技术栈来开发跨平台桌面 GUI 应用程序。

在 Visual Studio Code 刚刚发布时，由于其是基于 Atom Shell 而开发的，所以当时有很多人宣称，Visual Studio Code 就是通过把 Atom 编辑器拿过来改一改界面而做出来的。其实，这是一个谣言。如果我们了解一下 Electron 框架和 Atom 编辑器的历史，就会知道真实情况了。

2013 年 4 月 11 日，Electron 以 Atom Shell 为名发布。2014 年 5 月 6 日，Atom 编辑器及 Atom Shell 获得 MIT 许可证并开源。2015 年 4 月 17 日，Atom Shell 才改名为 Electron。正是 Atom Shell 这个名字，让许多人产生了误解。我们可以看到，在很长的一段时间里，Electron 一直是以 Atom Shell 的名字被大家所熟知的。而 Atom Shell 最初就是随着 Atom 编辑器而诞生的，也是 Atom 编辑器的核心组件，它们甚至是在同一天开源的。所以很多人就会以为 Atom Shell 不仅是个开发框架，还包含了许多与 Atom 编辑器相关的功能。然而，Atom Shell 只是一个纯粹的开发框架，它不包含任何编辑器的功能。准确地说，Visual Studio Code 和 Atom 都是基于 Electron 来开发的，而 Visual Studio Code 与 Atom 之间并无直接的关系。这也许就是 GitHub 要把 Atom Shell 改名为 Electron 的原因，因为这样可以减少很多误解。

既然 Electron 是一个纯粹的开发框架，那么很显然，我们不仅可以用它来开发编辑器，还可以用它来开发任何跨平台桌面 GUI 应用程序。除了 Visual Studio Code 和 Atom，其他使用

Electron 进行开发的知名应用还有 Skype、GitHub Desktop、Slack、Microsoft Teams、WhatsApp 等。

## 3.2 Monaco Editor

Monaco Editor 可以说是 Visual Studio Code 最核心的组件了。Monaco Editor 是一个基于浏览器的代码编辑器，支持业界主流的浏览器：IE 11、Edge、Chrome、Firefox、Safari 和 Opera。它包含了一个编辑器所需要的众多功能：智能提示、代码验证、语法高亮、代码片段、代码格式化、代码跳转、键盘快捷键、文件比较等。

Monaco Editor 的历史要比 Visual Studio Code 悠久许多。早在 2011 年，刚加入微软的时候，Erich Gamma 就开始带领团队开发基于浏览器的 Monaco Editor 了。随后，Monaco Editor 被广泛应用在 Azure DevOps（原为 Visual Studio Team Services）、OneDrive、Office 365、Edge Dev Tools，以及其他微软内部产品中。直到 2015 年，Visual Studio Code 发布，Monaco Editor 终于声名远播。

近些年来，我们可以看到许多非微软的产品也开始用上了 Monaco Editor。国内著名的代码托管平台 Gitee（码云）在 2018 年上线了一个基于浏览器的在线 IDE（Gitee Web IDE），就是基于 Monaco Editor 而开发的。由 CODING 自主研发的 Cloud Studio，算是国内老牌的在线 IDE 了，也从 CodeMirror 迁移到了 Monaco Editor。我们再来看一看国外的情况。Eclipse 下的 Eclipse Che 和 Eclipse Theia 这两个在线开发环境，在最新的版本中，也使用了 Monaco Editor。可见，Monaco Editor 已经被业界越来越多的重要产品所认可。

## 3.3 TypeScript

得益于 Electron，我们可以使用 HTML、CSS 和 JavaScript 这样的前端技术栈来开发 Visual Studio Code。而 Visual Studio Code 选择了 TypeScript 而不是 JavaScript 来进行开发。这是为什么呢？

先来对 TypeScript 进行一下初步的介绍。TypeScript 是一种由微软开发的开源编程语言，于 2012 年 10 月 1 日正式发布。它是 JavaScript 的严格超集。TypeScript 的设计目标就是开发大型应用，解决开发者在使用 JavaScript 进行开发的过程中的痛点。在开发时，开发者使用 TypeScript 进行开发，然后通过 TypeScript 编译器把 TypeScript 编译成 JavaScript 代码。TypeScript 在 JavaScript 的基础上添加了许多功能，这些功能包括：

- 类型批注
- 类型推断

- 类型擦除
- 接口
- 枚举
- Mixin
- 泛型编程
- 名字空间
- 元组

正是由于这些功能，TypeScript 给开发者带来了诸多便利：

- 在编辑器/IDE 中编写 TypeScript 时，由于 TypeScript 带来了类型的支持，因此开发者可以轻松地在开发工具中获取智能提示。
- 在代码编写时，可以通过 TSLint 或 ESLint 这样的工具进行实时静态检查。
- 在代码编译时，可以通过 TypeScript 编译器进行类型检查。
- 在持续集成或持续部署时，也可以轻松进行代码检查，提前发现会在运行时出现的错误。

除此之外，TypeScript 还引入了声明文件（扩展名为.d.ts）。声明文件的概念类似于 C/C++ 中的头文件，它可以被用于描述一个 JavaScript 库或模块导出的虚拟的 TypeScript 类型。当开发者在使用第三方 JavaScript 库时，如果有声明文件的支持，那么开发者就可以方便地获取第三方库的类型信息。

相信读者不难看出，TypeScript 的一个重要优势就是带来了类型支持。这在多人开发的大型项目中尤为重要。试想一下，如果有两个组件是由两个不同的开发人员进行开发的，而且这个项目是用 JavaScript 进行开发的，那么在做集成时，由于没有类型支持，所以会十分麻烦。如果在未来，被依赖的组件的某些类或函数签名有任何改动，也很难在代码编写或编译时被提前发现。如果这个项目是用 TypeScript 进行开发的，那么这些痛点就会被轻松地解决。

所以，在 Visual Studio Code 项目建立之初，开发团队就选择了 TypeScript。对于一个长期的、多人开发的大型项目，这绝对是一个明智的选择。

由于 Monaco Editor 项目建立之初，TypeScript 还未正式发布，所以在项目初期，Monaco Editor 使用了 JavaScript 进行开发。记得有一年，Erich Gamma 来到微软上海的紫竹园区给我们做演讲，介绍了他带领的 Monaco Editor 开发团队如何利用 TypeScript 重构 Monaco Editor，大大提升了整体的项目质量。可见 TypeScript 及重构的力量有多么强大。虽然从 JavaScript 迁移到 TypeScript 是需要一定的时间和精力的，而这却是一劳永逸的，对项目的未来可持续发展有着非常积极的作用。

说到 TypeScript，笔者必须要提一下一个重要人物——Anders Hejlsberg（安德斯·海尔斯伯格）。在 Borland 公司，Anders 设计了 Delphi 和 Turbo Pascal。1996 年，Anders 加入微软。加入微软后，Anders 首先主持开发 Visual J++。不幸的是，由于在 Java 开发工具授权问题上和 Sun 公司的纠纷，微软停止了 Visual J++的开发。随后，Anders 开始主持.NET 的设计与开发，并且担任 C#语言的首席架构师。2012 年，Anders 宣布了他设计的新语言 TypeScript。从此，TypeScript 逐渐在业界流行起来。从 Angular 2 开始，Angular 就开始用 TypeScript 编写。Vue 3.0 也用 TypeScript 进行了重写。除了微软自己的开发工具（Visual Studio Code 和 Visual Studio）对 TypeScript 有着极好的支持，我们也看到越来越多的开发工具开始全面支持 TypeScript 的开发：Sublime Text、Atom、Eclipse、WebStorm、Vim、Emacs 等。

## 3.4 Language Server Protocol

语言服务器（Language Server）提供了诸如自动补全、定义跳转、代码格式化等与编程语言相关的功能。

Language Server Protocol（LSP）是编辑器/IDE 与语言服务器之间的一种协议，通过 JSON-RPC 传输消息，可以让不同的编辑器/IDE 方便嵌入各种编程语言，使得开发人员能在最喜爱的工具中使用各种语言来编写程序。

那么，使用 LSP 有什么好处呢？

在设计 Visual Studio Code 的语言功能时，Visual Studio Code 的开发团队发现了 3 个常见的问题：

- 首先，语言服务器通常是由原生的编程语言实现的。这就给 Visual Studio Code 集成这些语言服务器增加了难度，因为 Visual Studio Code 是基于 Node.js 运行时的。
- 此外，语言功能经常会是资源消耗密集型的。比如，为了验证一个文件，语言服务器需要去解析大量的文件，生成抽象语法树，然后进行静态分析。这些操作往往会带来大量的 CPU 和内存使用量。与此同时，我们又需要保证 Visual Studio Code 的性能不受影响。
- 最后，集成不同的语言工具和不同的编辑器需要进行大量的工作。从语言工具的角度来看，它们需要适应代码编辑器的不同 API。从代码编辑器的角度来看，它们无法从不同的语言工具中获取统一的 API。假设我们要在 $M$ 个代码编辑器中支持 $N$ 种语言，则我们的工作量将会是 $M \times N$。

为了解决以上这些问题，微软设计出了 LSP，把语言工具和代码编辑器之间的通信标准化。语言服务器可以使用任何语言编写，并且运行在自己的进程中，而不会影响代码编辑器的性能，通过 LSP 与代码编辑器进行通信。任何兼容 LSP 的语言工具都可以与多个兼容 LSP 的代码编辑器集成，同样地，任何兼容 LSP 的代码编辑器都可以快速集成多个兼容 LSP 的语言工具。LSP 给语言工具和代码编辑器带来了双赢。如今，如果我们要在 $M$ 个代码编辑器中支持 $N$ 种语言，工作量将会从 $M\times N$ 变为 $M+N$，总体工作量大大减少（如图 3-1 所示）。

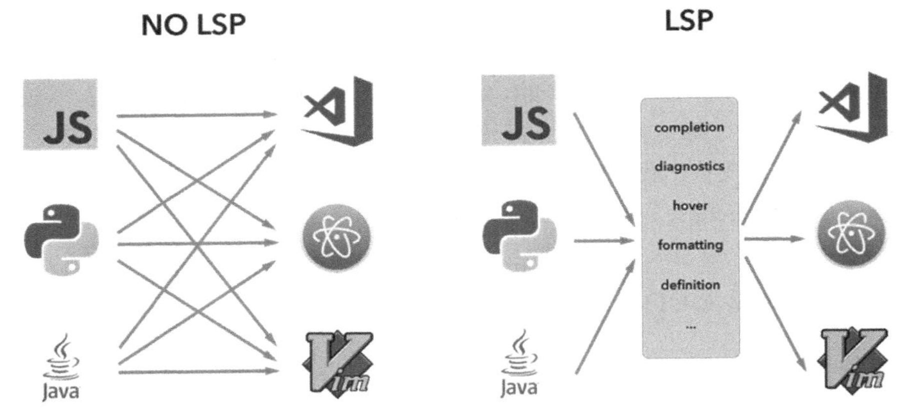


图 3-1　LSP 示意图

其实，LSP 最初只是为 Visual Studio Code 而开发的。到了 2016 年 6 月 27 日，微软宣布与 Red Hat 和 Codenvy 一起合作，标准化了 Language Server Protocol 的规范。如今，众多主流语言都已经有了相应的 Language Server，许多编辑器/IDE 也都支持了 LSP，包括 Visual Studio Code、Visual Studio、Eclipse IDE、Eclipse Che、Eclipse Theia、Atom、Sublime Text、Emacs、Qt Creator 等。完整的名单可以到参考资料[8]中进行查询。

## 3.5　Debug Adapter Protocol

相信读者朋友已经对 Language Server Protocol 有了一定的了解。我们现在再来了解一下 Debug Adapter Protocol（DAP），相信读者一定会发现它们两者之间的异曲同工之妙。

DAP 是一个基于 JSON 的协议，它抽象了开发工具与调试工具之间的通信。那么，我们为什么要使用 DAP 呢？

在没有 DAP 之前，试想一下，如果需要对一门新语言添加调试的支持，那么就要对许多基本的调试功能进行支持：

- 各种类型的断点
- 变量查看
- 多进程及多线程支持
- 调用堆栈

- 表达式监控
- 调试控制台

不仅如此，我们还要针对不同的开发工具重复这些工作，因为每一个开发工具都有不同的调试界面的 API。如图 3-2 所示，这会导致大量的重复劳动。

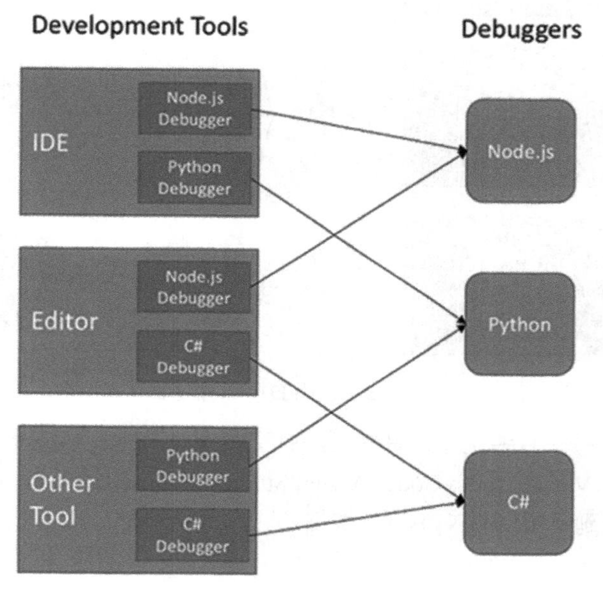


图 3-2　未使用 DAP 的情况

在 Visual Studio Code 项目建立之初，开发团队就意识到要把“前端的”界面与“后端的”与语言相关的实现进行解耦。于是，对于语言功能，我们有了 LSP，对于调试功能，我们有了 DAP。

由于我们难以保证现有的调试工具能够兼容 DAP，因此 Visual Studio Code 开发团队设计了一个中间层的组件，也就是 Debug Adapter，用来帮助现有的调试工具与 DAP 相兼容。图 3-3 充分展示了使用 DAP 所带来的好处：

- Debug Adapter 可以被不同的开发工具所使用，分摊了开发成本。
- DAP 并不和 Visual Studio Code 进行绑定，它是一个进行开源开发的协议，可以作为其他开发工具开发通用调试界面的基础。

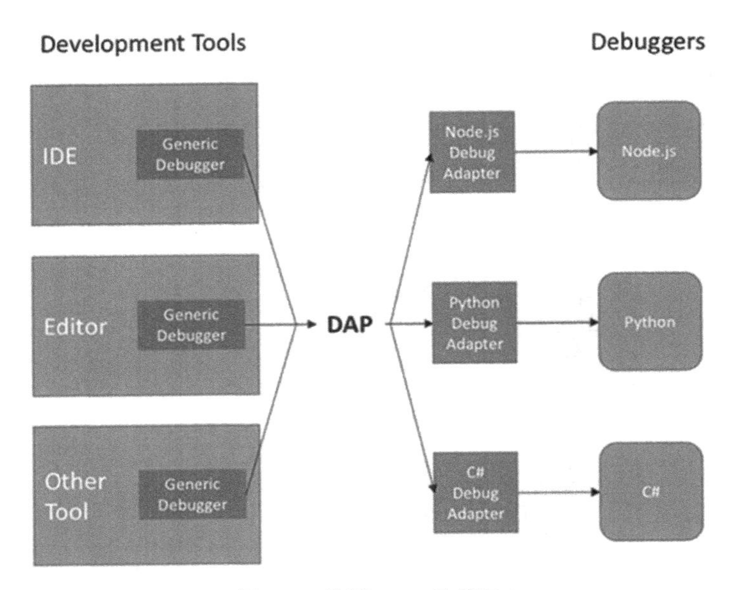


图 3-3 使用 DAP 的情况

与 LSP 类似，如今，众多主流语言都已经有了相应的 Debug Adapter，许多编辑器/IDE 也都支持了 DAP，包括 Visual Studio Code、Visual Studio、Eclipse IDE、Emacs、Vim、Cloud Studio 等。完整的名单可以到参考资料[9]中进行查询。

## 3.6 Xterm.js

集成终端（Integrated Terminal）可以说是 Visual Studio Code 最重要的功能之一了。集成终端是基于一个被广泛使用的开源项目 Xterm.js 进行开发的。Visual Studio Code 开发团队的 Daniel Imms（见参考资料[10]）是集成终端的核心开发人员，也是 Xterm.js 的核心代码贡献者。

Xterm.js 是一个使用 TypeScript 开发的前端组件，它把完整的终端功能带入了浏览器。Xterm.js 主要包含以下功能。

- 终端应用：Xterm.js 可以与主流的终端应用完美结合，如 bash、vim 和 tmux。
- 高性能：Xterm.js 的运行速度很快，也支持 GPU 加速渲染。
- 丰富的 Unicode 支持：支持 Emoji 表情符号、输入法编辑器及 CJK 字符（中日韩统一表意文字）。
- 自包含：不需要额外的依赖。
- 可访问性（accessibility）：支持屏幕阅读器。
- 其他功能：链接支持、主题、插件、完整的 API 文档等。

需要注意的是，Xterm.js 并不是一个直接下载便可以使用的终端应用。它是一个前端组件，可以与 bash 这样的进程相连接，让用户通过 Xterm.js 进行交互。

Xterm.js 支持业界主流的浏览器，包括 Chrome、Edge、Firefox 和 Safari。Xterm.js 可以与 Electron 开发的应用进行无缝集成，而 Visual Studio Code 又是基于 Electron 开发的，所以 Visual Studio Code 的集成终端可以方便地基于 Xterm.js 进行开发。无论是 CMD、PowerShell、WSL、bash、sh、zsh，还是其他终端，用户都可以直接在 Visual Studio Code 中自由使用，而不用在 Visual Studio Code 和其他终端应用之间进行来回切换。

# 第 4 章

# 安装与配置

作为一个轻量级的编辑器，安装 Visual Studio Code 是一件十分轻松的事。

## 4.1 概览

只需要短短几分钟的时间，我们就可以完成 Visual Studio Code 的下载与安装，开启 Visual Studio Code 的开发之旅。

### 4.1.1 硬件要求

虽然 Visual Studio Code 是基于 Electron 开发的，但开发团队对 Visual Studio Code 进行了大量的优化，使其最终的安装包只有不到 100MB 的大小。相比于 IDE 动辄几个 GB 的安装包，Visual Studio Code 做到了安装包的轻量级。下载安装后，磁盘上用于安装的空间也只有 200MB 左右。正是 Visual Studio Code 的极致轻量，才使得它可以非常轻松地运行在目前绝大多数的硬件设备上。

根据 Visual Studio Code 团队的建议，推荐使用以下配置的硬件。

- 1.6 GHz 或以上的处理器
- 1 GB 或以上的内存

### 4.1.2 平台支持

Visual Studio Code 可以在以下平台进行全面的测试。

- OS X Yosemite 及以上。
- Windows 7（包含.NET Framework 4.5.2）、Windows 8.0、Windows 8.1 和 Windows 10（32 位和 64 位）。
- Linux（Debian）：Ubuntu Desktop 14.04 及以上、Debian 7 及以上。

- Linux（Red Hat）：Red Hat Enterprise Linux 7 及以上、CentOS 7 及以上、Fedora 23 及以上。

### 4.1.3　跨平台

我们从 Visual Studio Code 的平台支持覆盖面可以知道，它是一个跨平台的编辑器，可以在 macOS、Linux 和 Windows 中运行。读者朋友可以在后面几节看到针对这 3 个操作系统的具体安装教程。

### 4.1.4　更新频率

Visual Studio Code 每个月都会发布新版本，添加新的功能并修复重要的 bug。大多数平台是支持自动更新的，当有可用的新版本时，用户会收到更新的通知。用户也可以手动检查更新，只需要在菜单栏中选择“帮助”→[①]“检查更新”即可。

### 4.1.5　附加组件

不像传统的 IDE 会在安装时包含大量的工具链，Visual Studio Code 是一个轻量级的编辑器。对于安装包所包含的组件，Visual Studio Code 非常克制，只包含了在大多数开发流程中所需要的基本组件。基础的功能包含了编辑器、文件管理、窗口管理、首选项设置等。此外，JavaScript/TypeScript 语言服务器和 Node.js 调试器也被包含在安装包内。

如果你之前习惯使用 IDE，也许会惊讶于 Visual Studio Code 并没有包含一些开箱即用的功能。比如，Visual Studio Code 没有其他在 IDE 中都会有的直接创建项目的功能。Visual Studio Code 用户需要根据自身的需求来安装额外的组件。如果你使用 Git 作为版本控制工具，则需要自行安装 Git。如果你要开发 TypeScript 项目，则需要安装 TypeScript 编译器，以及 TSLint 或 ESLint。类似地，如果你要开发 C 语言项目，则需要安装 gcc、Clang 或其他编译工具。

## 4.2　Linux

接下来，我们来了解一下如何在 Linux 系统下安装与配置 Visual Studio Code。

### 4.2.1　安装

在 Linux 环境下，用户可以通过多种途径安装 Visual Studio Code。官网的下载页面（见参考资料[11]）会列出所有支持的 Linux 发行版的安装包。

---

① 该符号表示级联菜单中选择各个选项的顺序，例如此处表示在菜单栏中先选择“帮助”，再选择“检查更新”。

### Snap

Snap Store 中已经有了官方的 Visual Studio Code 安装包。可以运行以下命令进行安装。

```
sudo snap install --classic code # or code-insiders
```

一旦安装完成，Snap 守护进程就会在后台负责 Visual Studio Code 自动更新的工作。当 Visual Studio Code 有更新时，你就会收到更新通知。

### 基于 Debian 和 Ubuntu 的 Linux 发行版

在基于 Debian 和 Ubuntu 的 Linux 发行版系统上安装 Visual Studio Code，最简单的方式就是在官网的下载页面下载并安装.deb 软件包，你也可以通过图形化软件中心或如下所示的命令行进行下载安装。

```
sudo apt install ./<file>.deb
```

此外，还能通过以下脚本手动安装 deb 资源库。

```
curl https://packages.microsoft.com/keys/microsoft.asc | gpg --dearmor >
packages.microsoft.gpg
sudo install -o root -g root -m 644 packages.microsoft.gpg /usr/share/keyrings/
sudo sh -c 'echo "deb [arch=amd64 signed-by=/usr/share/keyrings/packages.microsoft.gpg]
https://packages.microsoft.com/repos/vscode stable main" > /etc/apt/sources.list.d/
vscode.list'
```

然后，通过以下命令更新.deb 软件包缓存并安装 Visual Studio Code。

```
sudo apt-get install apt-transport-https
sudo apt-get update
sudo apt-get install code # or code-insiders
```

### 基于 RHEL、Fedora 和 CentOS 的 Linux 发行版

通过以下脚本手动安装 yum 资源库。

```
sudo rpm --import https://packages.microsoft.com/keys/microsoft.asc
sudo sh -c 'echo -e "[code]\nname=Visual Studio Code\nbaseurl=https:
//packages.microsoft.com/yumrepos/vscode\nenabled=1\ngpgcheck=1\ngpgkey=https://packa
ges.microsoft.com/keys/microsoft.asc" > /etc/yum.repos.d/vscode.repo'
```

对于 Fedora 22 及以上版本，可以使用 dnf 命令（如下所示）更新 yum 软件包缓存并安装 Visual Studio Code。

```
sudo dnf check-update
sudo dnf install code
```

对于老版本的 Fedora，可以使用 yum 命令（如下所示）更新 yum 软件包缓存并安装 Visual Studio Code。

```
yum check-update
sudo yum install code
```

#### 基于 openSUSE 的 Linux 发行版

yum 资源库也适用于基于 openSUSE 的 Linux 发行版系统，通过以下脚本手动安装 yum 资源库。

```
sudo rpm --import https://packages.microsoft.com/keys/microsoft.asc
sudo sh -c 'echo -e "[code]\nname=Visual Studio Code\nbaseurl=https://packages.
microsoft.com/yumrepos/vscode\nenabled=1\ntype=rpm-md\ngpgcheck=1\ngpgkey=https://pac
kages.microsoft.com/keys/microsoft.asc" > /etc/zypp/repos.d/vscode.repo'
```

然后，使用以下命令更新软件包缓存并安装 Visual Studio Code。

```
sudo zypper refresh
sudo zypper install code
```

#### Arch Linux

Arch Linux 有一个通过第三方维护的 Visual Studio Code 的 AUR 软件包，可以通过参考资料[12]中的链接进行下载安装。

#### NixOS

在 nixpkgs 资源库中，NixOS 有一个通过第三方维护的 Visual Studio Code 的 Nix 软件包，可以通过参考资料[13] 中的链接进行下载。为了能通过 Nix 进行安装，需要在 config.nix 配置文件中把 allowUnfree 选项设置为 true，然后运行下面的命令。

```
nix-env -i vscode
```

#### 手动安装.rpm 软件包

在官网的下载页面下载.rpm 软件包，然后可以通过如下所示的 dnf 命令进行安装。

```
sudo dnf install <file>.rpm
```

### 4.2.2 更新

如果 Visual Studio Code 资源库被正确安装，那么系统的软件包管理工具将会处理好软件的自动更新。

### 4.2.3 把 Visual Studio Code 设置为默认编辑器

有两种方式可以把 Visual Studio Code 设置为默认编辑器。

#### 1. xdg-open

通过 xdg-open 可以设置文本文件（text/plain）的默认编辑器，命令如下所示。

```
xdg-mime default code.desktop text/plain
```

#### 2. Debian alternatives system

对于基于 Debian 的 Linux 发行版，可以通过 Debian alternatives system 设置默认编辑器，命

令如下所示。

```
sudo update-alternatives --set editor /usr/bin/code
```

### 4.2.4 使用 Windows 系统进行 Linux 开发

通过“适用于 Linux 的 Windows 子系统”（Windows Subsystem for Linux，简称 WSL），用户可以把 Windows 系统的机器用作 Linux 系统的机器进行开发。WSL 支持 Ubuntu、Debian、SUSE 和 Alpine 等 Linux 发行版。

通过 Remote – WSL 插件，用户可以在 Visual Studio Code 中获得完整的 Linux 编辑与调试功能的支持。相关的详细使用方法将在第 12 章做具体介绍。

## 4.3 macOS

我们再来了解一下如何在 macOS 下安装与配置 Visual Studio Code。

### 4.3.1 安装

安装步骤如下所示。

（1）在下载页面（见参考资料[14]）下载 macOS 的安装包。

（2）双击下载的归档文件以解压文件内容。

（3）把 Visual Studio Code.app 文件拖曳到 Applications 文件夹，使得 Visual Studio Code 在 Launchpad 中可用。

### 4.3.2 从终端命令行启动

通过在终端中输入 code，用户也可以从终端命令行来启动 Visual Studio Code。

为了能从终端命令行启动，需要把 code 添加到 PATH 环境变量中，步骤如下所示。

（1）启动 Visual Studio Code。

（2）通过 Ctrl+Shift+P 快捷键打开命令面板，然后输入并执行 Shell Command: Install 'code' command in PATH。

（3）重启终端，新的$PATH 环境变量将会生效。现在，你可以通过输入 code 来启动 Visual Studio Code 了。

也可以通过下面的命令，手动将 Visual Studio Code 添加到 PATH 环境变量中。

```
cat << EOF >> ~/.bash_profile
# Add Visual Studio Code (code)
```

```
export PATH="\$PATH:/Applications/Visual Studio Code.app/Contents/Resources/app/bin"
EOF
```

在新的终端中，.bash_profile 的更改将会生效。

### 4.3.3　触控栏

Visual Studio Code 对 Mac 的触控栏添加了开箱即用的支持。在调试时，调试工具栏会显示在触控栏中。

### 4.3.4　首选项菜单

我们可以通过首选项菜单来配置键盘快捷方式、用户代码片段、颜色主题等。在 Linux 和 Windows 中的菜单项是“文件”→“首选项”，而在 macOS 中的菜单项是“Code”→“首选项”。

## 4.4　Windows

接下来，我们再来了解一下如何在 Windows 下安装与配置 Visual Studio Code。

### 4.4.1　安装

安装步骤如下所示。

（1）在下载页面（见参考资料[15]）下载 Windows 的安装包。（默认下载的是“用户安装”的安装程序。）

（2）下载完成后，运行安装程序（VSCodeUserSetup-{version}.exe）。一般只需要花费一分钟的时间。

（3）Visual Studio Code 会被默认安装到 C:\users\{username}\AppData\Local\Programs\Microsoft VS Code 文件夹下。

### 4.4.2　从终端命令行启动

通过在终端中输入 code，用户也可以从终端命令行来启动 Visual Studio Code。

安装时，安装程序会自动把 Visual Studio Code 的路径添加到%PATH%环境变量中。当安装完成后，只需要重启终端，就可以通过输入 code 来启动 Visual Studio Code 了。

### 4.4.3　用户安装与系统安装

Visual Studio Code 提供了“用户安装”与“系统安装”两种安装方式。我们来看一下两者之间的区别。

用户安装不需要管理员权限，Visual Studio Code 会被安装到本地的 AppData 文件夹下，而且会有更顺滑的后台更新体验。

系统安装需要管理员权限，Visual Studio Code 会被安装到 Program Files 文件夹下。

所以，为了更好的后台更新体验，Visual Studio Code 推荐使用用户安装。

# 第 5 章

# 快速入门

在这一章，我们将学习到 Visual Studio Code 最基础也是最核心的内容。本章将带你快速入门 Visual Studio Code！

## 5.1 Visual Studio Code Insiders

在上一章，我们提到了 Visual Studio Code 每个月都会发布一个新版本，我们称之为稳定版。除了稳定版，Visual Studio Code 还提供了一个 Insiders 版本。Insiders 版本与稳定版的最大区别就是更新周期。稳定版每个月更新一次，而 Insiders 版本每天都会更新。Insiders 版本的用户可以更快地获取到最新的功能及 bug 修复，而不用等待一个月的时间。这很适合喜欢尝鲜的用户。此外，Insiders 版本还有一个好处，它可以与稳定版在同一台机器上并存，而且用户配置、颜色主题、快捷键设置、插件等都是相互独立的。

当然，任何事物都有两面性，Insiders 版本就是这样一把双刃剑。Insiders 版本的用户每天都能获取最新的功能，与此同时，也有可能遇到最新的 bug。稳定版本在发布之前，都会经过非常全面的测试，而 Insiders 版本则不会有那么全面的测试。每天晚上，自动化构建工具都会从 GitHub 上的 master 分支拉取最新的 Visual Studio Code 代码，只要能通过单元测试，就会生成并发布最新的 Insiders 版本。所以，读者在选择使用 Insiders 版本还是稳定版本的时候，要结合两个版本的优劣势一起考虑。当然，由于两个版本可以并存，所以也完全可以在不同的项目中使用不同的版本。

## 5.2 设置

我们可以通过不同的设置来打造属于自己的 Visual Studio Code。无论是用户界面，还是编辑器功能，抑或是其他配置，Visual Studio Code 中的所有内容几乎都可以被设置。

### 5.2.1 两种不同范围的设置

Visual Studio Code 提供了以下两种不同范围的设置。

- 用户设置（User Settings）：这是一个全局范围的设置，会应用到所有的 Visual Studio Code 实例中。
- 工作区设置（Workspace Settings）：设置被保存在相应的工作区，只会对相应的工作区生效。工作区设置会覆盖用户设置。此外，工作区设置对于团队成员分享项目的设置也是十分有用的。一般来说，工作区设置的设置文件也会被提交到版本控制工具（如 Git）中去。

如图 5-1 所示，我们可以看到 User Settings 和 Workspace Settings 的设置范围。

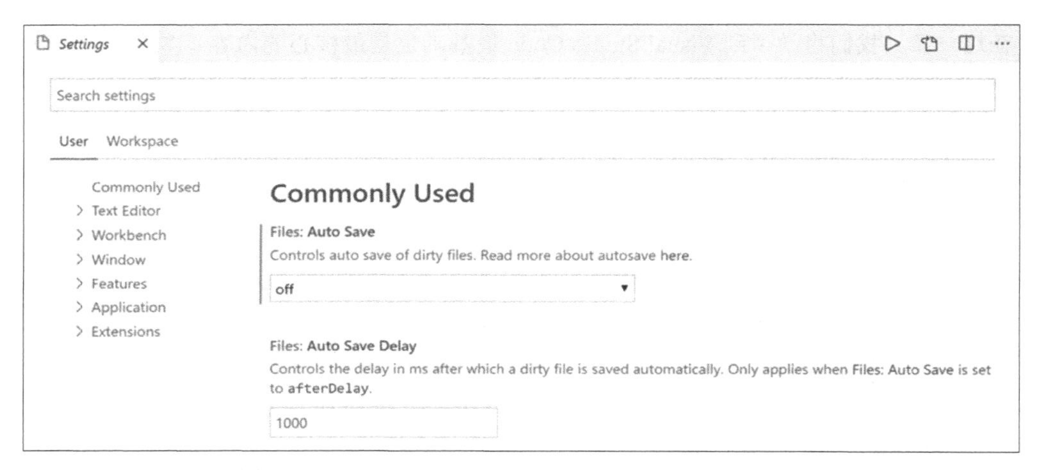


图 5-1 User Settings 和 Workspace Settings 的设置范围

### 5.2.2 两种设置方法

如果读者是 Visual Studio Code 的早期用户的话，应该会知道，在早期版本的 Visual Studio Code 中，只能通过 JSON 文件来进行设置。一部分用户的确是习惯于通过 JSON 文件进行设置，而也有一部分用户觉得 JSON 文件比较复杂、不方便。Visual Studio Code 非常重视倾听用户的反馈。为了满足不同用户的需求，Visual Studio Code 提供了设置编辑器，使用户可以通过图形化界面来方便地进行设置。

### 5.2.3 设置编辑器

我们先来看一看第一种设置方法——设置编辑器。

### 1. 打开设置编辑器

在不同的系统下，可以分别使用以下菜单项来打开设置编辑器。

- Windows/Linux：File→Preferences→Settings
- macOS：Code→ Preferences→Settings

此外，还可以通过以下两种方式来打开设置编辑器。

- 通过 Ctrl+Shift+P 快捷键打开命令面板，然后输入并执行 Preferences: Open Settings (UI)。
- 通过快捷键 Ctrl+,。

### 2. 搜索设置

当你打开设置编辑器后，可以方便地查看和搜索各类设置。如图 5-2 所示，我们在搜索框中输入 format 搜索与格式化相关的设置，得到了 161 个相关设置。其实，Visual Studio Code 并没有那么多与格式化相关的设置。由于笔者安装了较多的插件，而这些插件有许多与格式化相关的设置，所以才会有这么多的搜索结果。在左边的导航视图中可以看到，有 148 个设置是第三方插件的与格式化相关的设置。

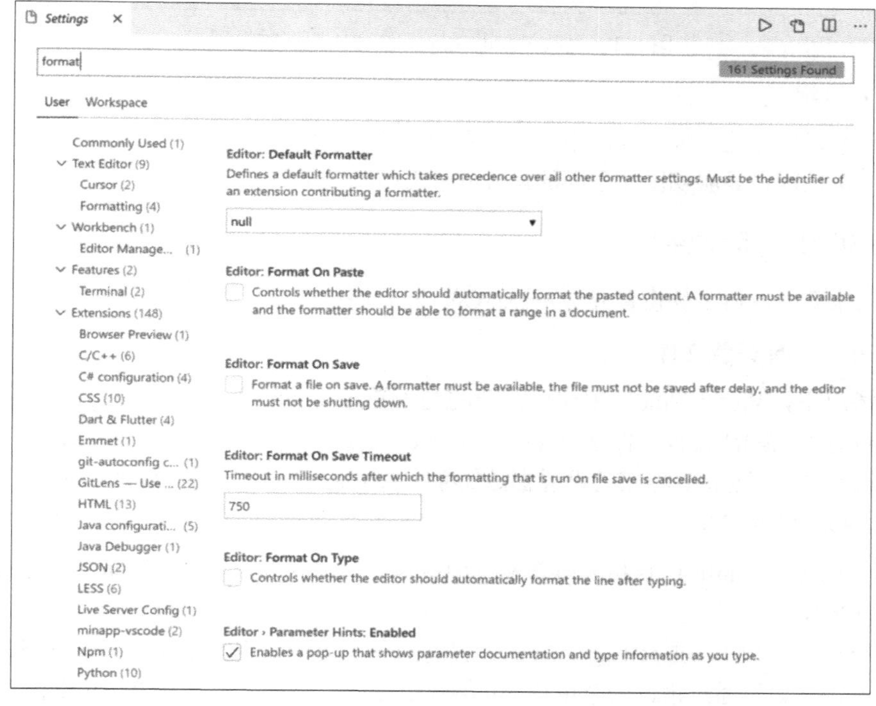


图 5-2　搜索与格式化相关的设置

#### 3. 编辑设置

对于绝大多数设置项来说，我们可以通过复选框、输入框或下拉列表来对其进行编辑。如图 5-3 所示，我们可以通过下拉列表来更改 Word Wrap（自动换行）的设置。

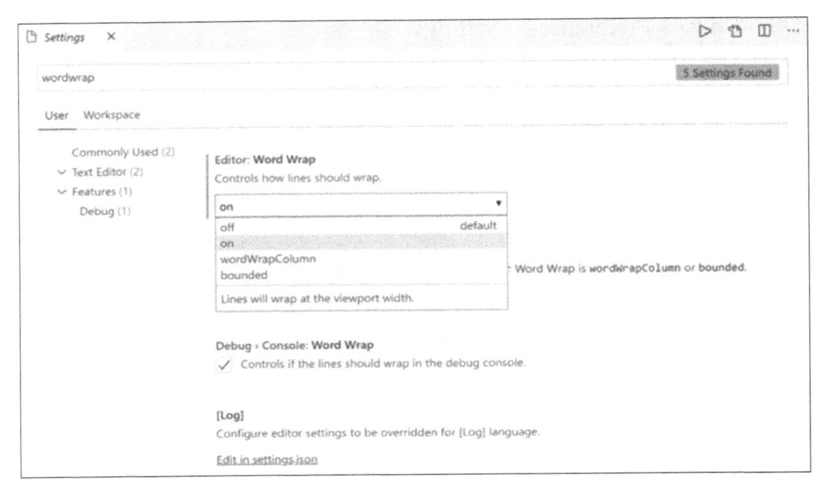


图 5-3 更改 Word Wrap（自动换行）的设置

#### 4. 设置分组

在设置编辑器左边的导航视图中，可以看到所有的设置都已经按功能进行了分组。这样我们就可以快速地通过导航视图在不同的设置分组之间跳转了。

## 5.2.4 JSON 设置文件

我们再来看一看第二种设置方法——JSON 设置文件。

#### 1. 打开 JSON 设置文件

默认情况下，Visual Studio Code 打开的是设置编辑器。不过，我们仍旧可以直接编辑 settings.json 这个 JSON 设置文件来对 Visual Studio Code 进行配置。事实上，如果我们通过设置编辑器对设置进行了更改，相应的设置也是保存在 settings.json 文件中的。可以通过以下两种方式来打开 JSON 设置文件。

- 通过 Ctrl+Shift+P 快捷键打开命令面板，然后输入并执行 Preferences: Open Settings (JSON)命令。
- 通过把 workbench.settings.editor 设置为 json，把默认的设置方法设置为 JSON 设置文件，之后再通过顶部的菜单项 File→Preferences→Settings 打开 JSON 设置文件。

此外，我们还可以在设置编辑器中直接切换到 JSON 设置文件。如图 5-4 所示，有以下两种切换方式。

- 单击右上角的 Open Settings (JSON)按钮。
- 部分设置项中有 Edit in settings.json 这个选项，直接单击该选项即可跳转到 settings.json 文件，即 JSON 设置文件。

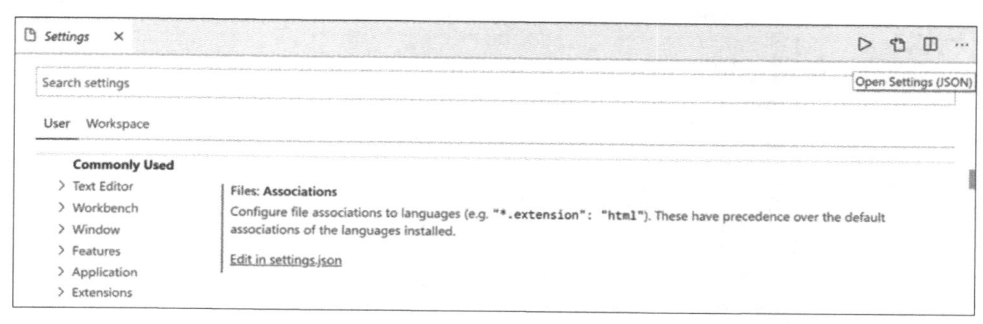


图 5-4　切换到 JSON 设置文件

我们之前提到，对于绝大多数的设置项来说，我们可以通过复选框、输入框或下拉列表来进行编辑。而部分设置项是复杂的 JSON 对象，这时，我们就需要在 settings.json 文件中对其进行编辑。

#### 2. JSON 设置文件的位置

根据操作系统的不同，用户设置的 settings.json 文件所在的位置也不同。

- Windows：%APPDATA%\Code\User\settings.json
- macOS：$HOME/Library/Application Support/Code/User/settings.json
- Linux：$HOME/.config/Code/User/settings.json

工作区设置的 settings.json 文件位于根目录的.vscode 文件夹下。

### 5.2.5　语言的特定设置

有些时候，我们需要针对不同的编程语言进行不同的设置，相关步骤如下所示。

（1）通过 Ctrl+Shift+P 快捷键打开命令面板，然后输入并执行 Preferences: Configure Language Specific Settings。

（2）如图 5-5 所示，我们可以在所有语言的下拉列表中选择需要进行配置的语言。需要注意的是，由于下拉列表过长，所以图 5-5 只显示了下拉列表中的部分语言。

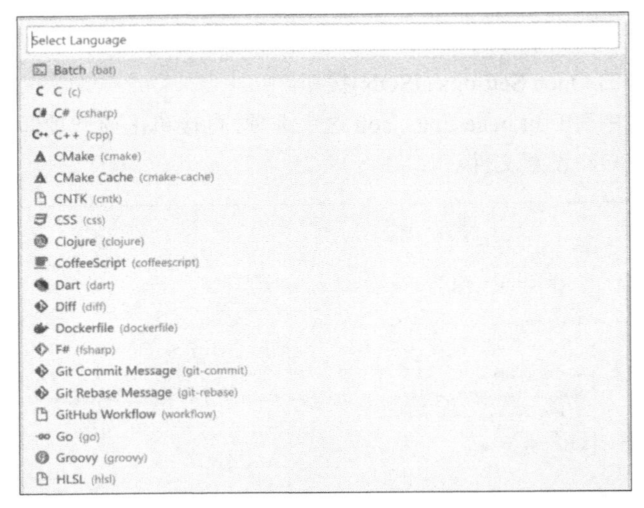


图 5-5　在所有语言的下拉列表中选择需要进行配置的语言

（3）如图 5-6 所示，针对 TypeScript 进行特定的设置。

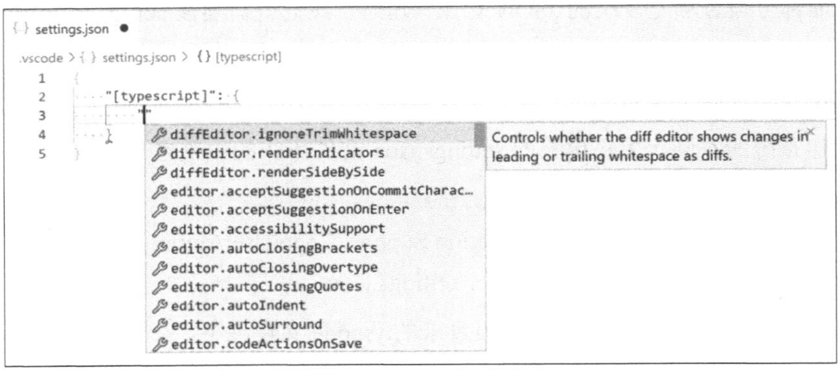

图 5-6　针对 TypeScript 进行特定的设置

除了以上方法，我们还可以直接在 settings.json 文件中进行设置。下面的代码展示了对于 TypeScript 和 Markdown 的不同的设置。

```
{
  "[typescript]": {
    "editor.formatOnSave": true,
    "editor.formatOnPaste": true
  },
  "[markdown]": {
    "editor.formatOnSave": true,
    "editor.wordWrap": "on",
    "editor.renderWhitespace": "all",
```

```
    "editor.acceptSuggestionOnEnter": "off"
  }
}
```

### 5.2.6 设置与安全

有些设置可以指定一个可执行程序的路径，来让 Visual Studio Code 执行某些操作。比如，你可以设置集成终端所使用的 shell 的路径。出于安全方面的考虑，这些设置的设置项只能通过用户设置进行定义，而不能通过工作区设置进行定义。

下面这些设置项只能通过用户设置进行定义。

- git.path
- terminal.integrated.shell.linux
- terminal.integrated.shellArgs.linux
- terminal.integrated.shell.osx
- terminal.integrated.shellArgs.osx
- terminal.integrated.shell.windows
- terminal.integrated.shellArgs.windows
- terminal.external.windowsExec
- terminal.external.osxExec
- terminal.external.linuxExec

### 5.2.7 常用的设置项

我们来看一看 Visual Studio Code 有哪些常用的设置项。掌握了这些设置项会使你的开发效率大大提高。

控制编辑器自动格式化粘贴的内容：

```
"editor.formatOnPaste": true
```

在保存文件后进行代码格式化：

```
"edit006Fr.formatOnSave": true
```

改变字体大小：

```
//编辑区域
"editor.fontSize": 18,
//集成终端
"terminal.integrated.fontSize": 14,
//输出窗口
"[Log]": {
    "editor.fontSize": 15
}
```

调整窗口的缩放级别：

```
"window.zoomLevel": 5
```

设置连体字：

```
"editor.fontFamily": "Fira Code",
"editor.fontLigatures": true
```

需要注意的是，在设置连体字的时候，要确保所设置的字体是支持连体字的。比如，Fira Code 字体就是 Visual Studio Code 团队常用的字体之一。

设置自动保存的模式：

```
"files.autoSave": "afterDelay" ,
"files.autoSaveDelay": 1000
```

设置一个制表符（Tab）等于的空格数：

```
"editor.tabSize": 4
```

设置按 Tab 键时插入空格还是制表符（Tab）：

```
"editor.insertSpaces": true
```

控制编辑器在空白字符上显示符号的方式：

```
"editor.renderWhitespace": "all"
```

配置排除的文件和文件夹的 glob 模式。文件资源管理器将根据此设置决定要显示或隐藏的文件和文件夹：

```
"files.exclude": {
   "somefolder/": true,
   "somefile": true
}
```

配置在搜索中排除的文件和文件夹的 glob 模式：

```
"search.exclude": {
   "someFolder/": true,
   "somefile": true
}
```

## 5.3 用户界面

Visual Studio Code 有着丰富的用户界面。让我们来一一了解一下。

### 5.3.1 基本布局

如图 5-7 所示，Visual Studio Code 被分为以下 5 个区域。

- 编辑器：这是主要的代码编辑区域。你可以多列或多行地打开多个编辑器。

- 侧边栏：位于左侧的侧边栏包含了资源管理器、搜索、代码过滤器、调试与运行、插件这 5 个基本视图。
- 状态栏：显示当前打开的文件、项目及其他信息。
- 活动栏：位于最左侧，可以方便地让你直接在不同的视图之间进行切换。
- 面板：编辑器的下方可以展示不同的面板，包括显示输出和调试信息的面板、显示错误信息的面板、集成终端和调试控制台面板。面板也可以被移动到编辑器的右侧。

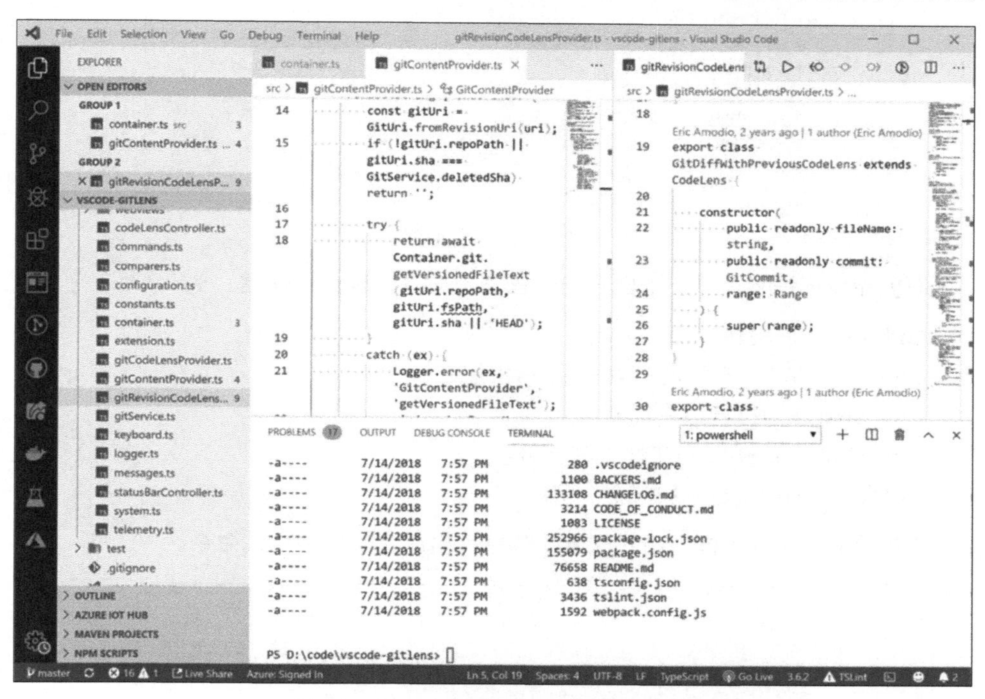


图 5-7　Visual Studio Code 的基本布局

## 5.3.2　命令面板

Visual Studio Code 的设计初衷之一，就是希望解放大家的鼠标，使所有的操作都能通过键盘进行。通过命令面板，我们就能做到这一点。通过 Ctrl+Shift+P 快捷键，可以快速打开命令面板。Visual Studio Code 功能强大，有丰富的命令，要记住所有的命令在哪个菜单上是不现实的，而且许多命令并没有在菜单中。如图 5-8 所示，有了命令面板，我们就可以找到所有的命令，以及那些常用命令的键盘快捷键。

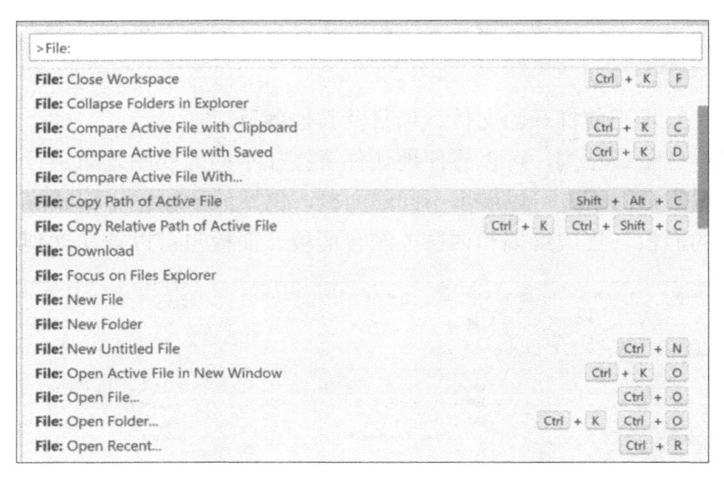


图 5-8　命令面板

命令面板能调用许多命令，下面列出一些常用命令的键盘快捷键。

- Ctrl+P：文件跳转。
- Ctrl+Shift+Tab：在所有打开的文件中跳转。
- Ctrl+Shift+P：打开命令面板。
- Ctrl+Shift+O：跳转到文件中的符号。
- Ctrl+G：跳转到文件中的某一行。

如图 5-9 所示，在输入框中输入问号，就能列出所有可用的相关命令。

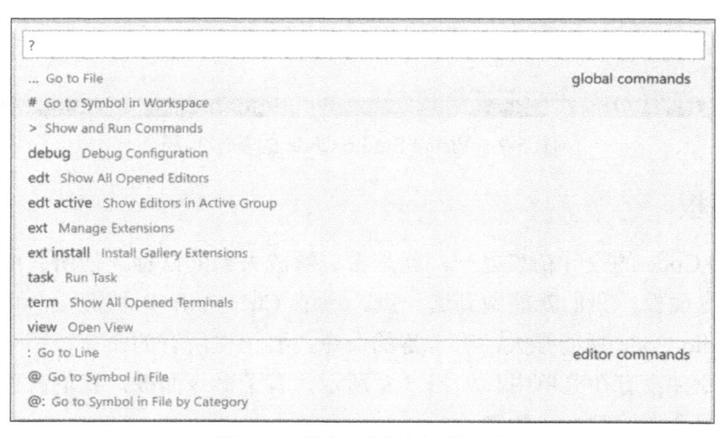


图 5-9　所有可用的相关命令

## 5.3.3 并排编辑

并排编辑在许多场景下都是十分有用的，比如，在开发一个前端项目时，开发者可能需要同时打开 HTML 文件和相应的 CSS 文件。开发者可以在垂直或水平方向上打开多个编辑器。如果你已经打开了一个编辑器，那么可以通过以下几种方式在另一侧打开另一个编辑器。

- 按住 Alt 快捷键，同时单击资源管理器的文件。
- 通过 Ctrl+\快捷键来把当前编辑器分为两个。
- 在资源管理器的文件上单击右键，在弹出的快捷菜单（后面将这类菜单简称为右键菜单）中选择 Open to the Side，或者使用键盘上的 Ctrl+Enter 快捷键。
- 单击编辑器右上角的 Split Editor 按钮。
- 通过拖曳，把当前文件移动到任意一侧。
- 使用 Ctrl+P 快捷键调出文件列表，选择需要打开的文件，然后按下 Ctrl+Enter 快捷键（在 macOS 上是 Cmd+Enter 快捷键）。

可以通过 workbench.editor.openSideBySideDirection 控制编辑器在并排打开时（如从资源管理器打开时）出现的默认位置。默认位置是当前活动编辑器的右侧。若更改为 down，则在当前活动编辑器下方打开。

如图 5-10 所示，通过菜单项 View→Editor Layout，我们还可以快速地选择不同的编辑器布局。

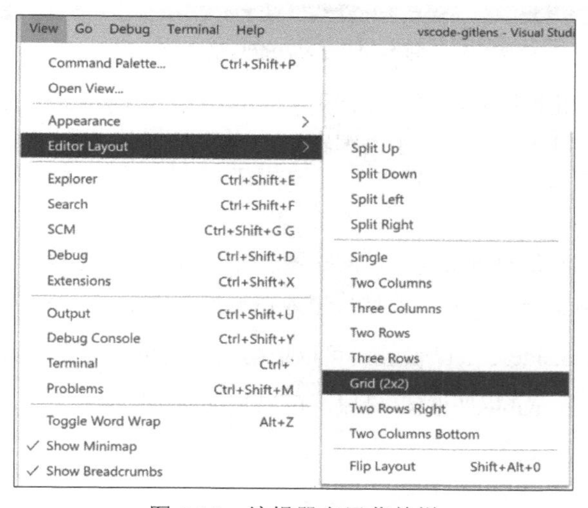


图 5-10　编辑器布局菜单栏

如图 5-11 所示，如果我们选择 Grid (2×2)选项，则编辑区域将会呈现出 2×2 的网格布局，一共可以同时打开 4 个编辑器。

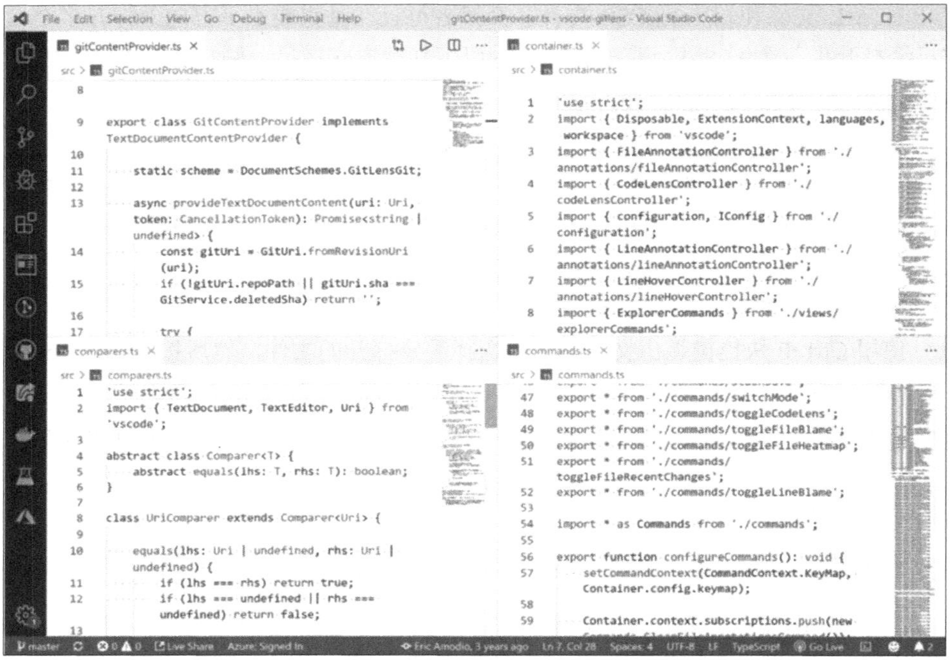

File Edit Selection View Go Debug Terminal Help gitContentProvider.ts - vscode-gitlens - Visual Studio Code

gitContentProvider.ts

src > gitContentProvider.ts

```
8
9   export class GitContentProvider implements
    TextDocumentContentProvider {
10
11      static scheme = DocumentSchemes.GitLensGit;
12
13      async provideTextDocumentContent(uri: Uri,
        token: CancellationToken): Promise<string |
        undefined> {
14          const gitUri = GitUri.fromRevisionUri
            (uri);
15          if (!gitUri.repoPath || gitUri.sha ===
            GitService.deletedSha) return '';
16
17          try {
```

container.ts

src > container.ts

```
1   'use strict';
2   import { Disposable, ExtensionContext, languages,
     workspace } from 'vscode';
3   import { FileAnnotationController } from './
    annotations/fileAnnotationController';
4   import { CodeLensController } from './
    codeLensController';
5   import { configuration, IConfig } from './
    configuration';
6   import { LineAnnotationController } from './
    annotations/lineAnnotationController';
7   import { LineHoverController } from './
    annotations/lineHoverController';
8   import { ExplorerCommands } from './views/
    explorerCommands';
```

comparers.ts

src > comparers.ts

```
1   'use strict';
2   import { TextDocument, TextEditor, Uri } from
    'vscode';
3
4   abstract class Comparer<T> {
5       abstract equals(lhs: T, rhs: T): boolean;
6   }
7
8   class UriComparer extends Comparer<Uri> {
9
10      equals(lhs: Uri | undefined, rhs: Uri |
        undefined) {
11          if (lhs === rhs) return true;
12          if (lhs === undefined || rhs ===
            undefined) return false;
13
```

commands.ts

src > commands.ts

```
47  export * from './commands/switchMode';
48  export * from './commands/toggleCodeLens';
49  export * from './commands/toggleFileBlame';
50  export * from './commands/toggleFileHeatmap';
51  export * from './commands/
    toggleFileRecentChanges';
52  export * from './commands/toggleLineBlame';
53
54  import * as Commands from './commands';
55
56  export function configureCommands(): void {
57      setCommandContext(CommandContext.KeyMap,
        Container.config.keymap);
58
59      Container.context.subscriptions.push(new
```

master 0 0 Live Share Azure: Signed In Eric Amodio, 3 years ago Ln 7, Col 28 Spaces: 4 UTF-8 LF TypeScript Go Live 2

图 5-11　2×2 的网格布局

当你需要打开多个编辑器时，可以在按下 Ctrl 快捷键（在 macOS 上是 Cmd 快捷键）的同时，按下 1、2、3 或 4 键来快速地在不同编辑器之间进行切换。

## 5.3.4 缩略图

当你的某个文件中的代码量很大时，缩略图就非常有用了。如图 5-12 所示，位于编辑器右侧的缩略图可以使你预览全局，并帮助你快速地在当前文件中进行跳转。

通过"editor.minimap.side": "left"设置，可以把缩略图的位置放到编辑器的左侧。

通过"editor.minimap.enabled": false 设置，可以把缩略图隐藏。

```
File  Edit  Selection  View  Go  Debug  Terminal  Help        container.ts - vscode-gitlens - Visual Studio Code
container.ts ×
src > container.ts > Container > initialize > configuration.onDidChange() callback
68          }
69
70          context.subscriptions.push(workspace.registerTextDocumentContentProvider
            (GitContentProvider.scheme, new GitContentProvider()));
71          context.subscriptions.push(languages.registerCodeLensProvider
            (GitRevisionCodeLensProvider.selector, new GitRevisionCodeLensProvider()));
72      }
73
74      private static _codeLensController: CodeLensController;
75      static get codeLens() {
76          return this._codeLensController;
77      }
78
79      private static _config: IConfig | undefined;
80      static get config() {
81          if (this._config === undefined) {
82              this._config = Container.applyMode(configuration.get<IConfig>());
83          }
84          return this._config;
85      }
86
87      private static _context: ExtensionContext;
88      static get context() {
89          return this._context;
90      }
91
92      private static _explorerCommands: ExplorerCommands | undefined;
93      static get explorerCommands() {
94          if (this._explorerCommands === undefined) {
95              this._context.subscriptions.push(this._explorerCommands = new ExplorerCommands());
96          }
97          return this._explorerCommands;
98      }
99
master  3  0  Live Share    Ln 65, Col 47  Spaces: 4  UTF-8  LF  TypeScript  Go Live  3.6.2  TSLint
```

图 5-12　缩略图

### 5.3.5　面包屑导航

编辑器上方的导航栏被称为面包屑导航（Breadcrumbs）。如图 5-13 所示，面包屑导航能显示当前的位置，使你可以快速地跳转到不同的文件夹、文件或符号。

```
statusBarController.ts ×
src > statusBarController.ts > StatusBarController > onConfigurationChanged > mode
35      private onConfigurationChanged(e: ConfigurationChange     _disposable
36          const initializing = configuration.initializing(e     _modeStatusBarItem
37                                                                constructor
38          if (initializing || configuration.changed(e, conf     dispose
            ('mode').value)) {                                    onConfigurationChanged
39              const mode = Container.config.mode.active &&        initializing
                Container.config.mode.statusBar.enabled             mode
40                  ? Container.config.modes[Container.config       alignment
41                  : undefined;                                    alignment
42              if (mode && mode.statusBarItemName) {             onActiveLinesChanged
43                  const alignment = Container.config.mode.s       clear
                    !== 'left' ? StatusBarAlignment.Right :         state
                    StatusBarAlignment.Left;                      clearBlame
44
45                  if (configuration.changed(e, configuratio
                    ('statusBar')('alignment').value)) {
```

图 5-13　面包屑导航

面包屑导航会显示当前文件的路径。如果当前编程语言支持符号，则也会显示当前位置的符号路径。如果你想隐藏面包屑导航，则可以通过菜单项 View > Show Breadcrumbs 来进行切换。

## 5.3.6 文件资源管理器

文件资源管理器用来浏览和管理项目中的所有文件和文件夹。Visual Studio Code 的项目是基于文件夹构建的。

当你在 Visual Studio Code 中打开一个文件夹后，文件夹中的所有内容都会显示在文件资源管理器中。在文件资源管理器中，你可以进行如下所示的操作。

- 创建、删除和重命名文件和文件夹。
- 通过拖曳来移动文件和文件夹。

如图 5-14 所示，通过文件或文件夹的右键菜单可以找到更多操作选项。

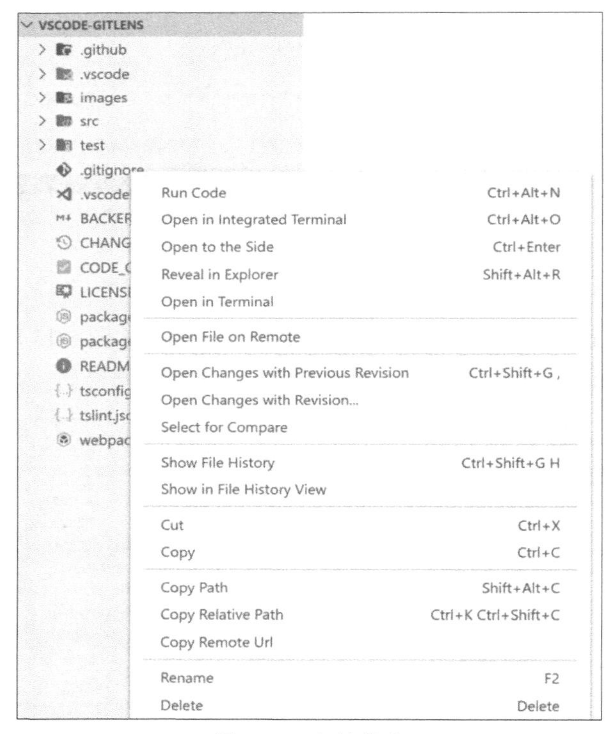


图 5-14　右键菜单

你可以通过文件或文件夹的右键菜单快速定位到所选文件或文件夹在系统原生文件资源管理器中的位置。在不同操作系统下所使用的定位选项如下所示。

- Windows：Reveal in Explorer
- macOS：Reveal in Finder
- Linux：Open Containing Folder

默认情况下，Visual Studio Code 会在文件资源管理器中隐藏一些文件夹（如.git 文件夹）。可以通过 files.exclude 来配置要被隐藏的文件和文件夹：

```
// 配置隐藏的文件和文件夹的 glob 模式
  "files.exclude": {
      "**/.git": true,
      "**/.svn": true,
      "**/.hg": true,
      "**/CVS": true,
      "**/.DS_Store": true
  }
```

### 1. 多选

在文件资源管理器中，你可以同时选中多个文件进行操作。按住 Ctrl 快捷键（在 macOS 上是 Cmd 快捷键），可以再次选择单个文件。按住 Shift 快捷键，可以选择一个范围内的多个文件。如果你选择了两个文件，那么可以在文件的右键菜单中单击 Compare Selected 来快速比较两个文件。

### 2. 过滤器

在文件资源管理器上输入你想要搜索的文件名。如图 5-15 所示，你会在右上角看到一个文件过滤器。使用方向键上下移动，可以在搜索的文件和文件夹之间进行跳转。

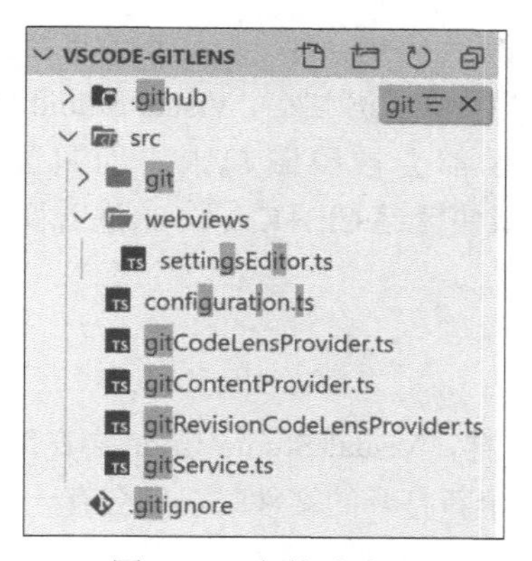


图 5-15　文件过滤器

把鼠标悬停到过滤器上，选择 Enable Filter on Type，会只显示匹配的文件和文件夹。单击 X 按钮，可以清除过滤器。

### 3. 大纲视图

在文件资源管理器中，大纲视图是一个独立的部分。如图 5-16 所示，大纲视图展开后会显示当前文件的符号树（symbol tree）。

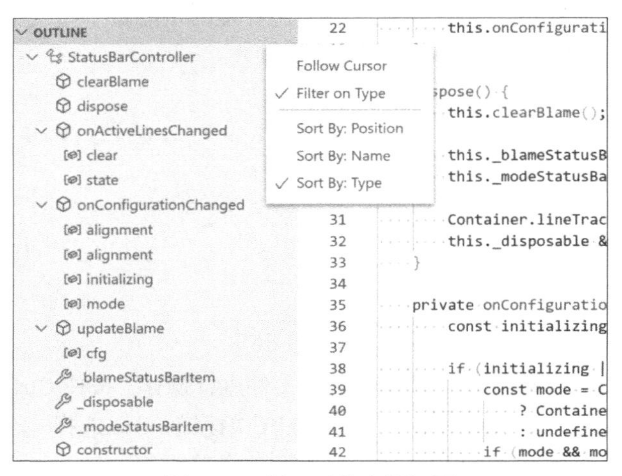


图 5-16　展开后的大纲视图

与文件资源管理器的过滤器类似，在大纲视图上输入你想要搜索的内容，可以对所有的符号进行搜索和匹配。

## 5.3.7　禅模式

对于开发者来说，专注于编写代码是一件十分快乐的事情。Visual Studio Code 提供了禅模式，可以让开发者专注于编码。当禅模式开启后，Visual Studio Code 会进入全屏模式，菜单栏、活动栏、侧栏、状态栏和面板都会被隐藏起来，而只显示编辑器。可以通过菜单项 View→Appearance→Zen Mode 或快捷键 Ctrl+K→①Z 来进入禅模式。双击 Esc 键，可以退出禅模式。

## 5.3.8　Tab（标签页）

与其他主流的编辑器/IDE 一样，Visual Studio Code 会在编辑器的标题区域显示 Tab（标签页）。如图 5-17 所示，每当有一个新打开的文件时，就会有一个新的 Tab。

---

① 表示按下快捷键的顺序关系，此处表示先按下 Ctrl+K 快捷键，再按下 Z 快捷键。

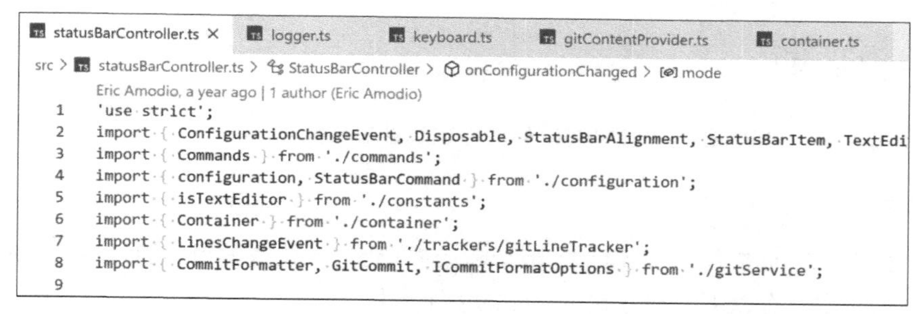

图 5-17 每当有一个新打开的文件时，就会有一个新的 Tab

Tab 可以帮助开发者快速地在打开的文件之间进行跳转。当然，如果你觉得 Tab 对你的用处并不大，则可以通过 workbench.editor.showTabs 配置项把 Tab 隐藏起来。

```
"workbench.editor.showTabs": false
```

默认情况下，新添加的 Tab 会出现在最右边。可以通过 workbench.editor.openPositioning 来改变 Tab 出现的位置。

如下所示，可以把新 Tab 的出现位置设置为左边。

```
"workbench.editor.openPositioning": "left"
```

## 5.3.9 窗口管理

通过 window.openFoldersInNewWindow 和 window.openFilesInNewWindow，可以配置在打开文件或文件夹时，是打开一个新窗口还是复用窗口。它们都分别有 default、on 和 off 这 3 种设置。

- default：Visual Studio Code 会根据实际情况来决定是打开一个新窗口还是复用一个已有的窗口。
- on：新的文件或文件夹将在新窗口中打开。
- off：新的文件或文件夹将在一个已有的窗口中打开。

window.restoreWindows 用来配置 Visual Studio Code 如何恢复之前的会话窗口，其有 one、none、all 和 folders 这 4 种设置。

- one：这是默认的设置。Visual Studio Code 只会重新打开上一次会话中你最后操作的一个窗口。
- none：Visual Studio Code 只会打开一个空的窗口，不包含任何文件或文件夹。
- all：Visual Studio Code 会恢复上一次会话中的所有窗口。
- folders：Visual Studio Code 会恢复上一次会话中包含文件夹的窗口。

# 5.4　编辑功能

强大的代码编辑功能是 Visual Studio Code 受欢迎的重要原因。

## 5.4.1　多光标

Visual Studio Code 支持在多光标的情况下，对代码进行快速编辑。通过多个光标，你可以同时编辑多处文本。有以下几种方式可以添加多个光标。

- Alt+Click：按住 Alt 快捷键，然后单击鼠标左键，就能方便地增加一个新的光标。
- Ctrl+Alt+Down：按下此快捷键，会在当前光标的下方，添加一个新的光标。
- Ctrl+Alt+Up：按下此快捷键，会在当前光标的上方，添加一个新的光标。
- Ctrl+D：第一次按下 Ctrl+D 快捷键，会选择当前光标处的单词。再次按下 Ctrl+D 快捷键，会在下一个相同单词的位置添加一个新的光标。
- Ctrl+Shift+L：按下此快捷键，会在当前光标处的单词所有出现的位置，都添加新的光标。

## 5.4.2　列选择

如图 5-18 所示，把光标放在要选择的区域的左上角，按住 Shift+Alt 快捷键，然后把光标拖至右下角，就完成了对文字的列选择。

图 5-18　列选择

## 5.4.3　自动保存

默认情况下，开发者需要按下 Ctrl+S 快捷键来保存文件的改动。Visual Studio Code 支持自动保存，通过 File→Auto Save 菜单项，可以快速启用自动保存。通过以下设置，可以配置不同的自动保存模式。

- files.autoSave 有以下 4 种设置选项。
  - off：永不自动保存更新后的文件。
  - afterDelay：当文件修改超过一定的时间（默认为 1 000 毫秒）后，就自动保存更新后的文件。

- ◉ onFocusChange：当编辑器失去焦点时，自动保存更新后的文件。
- ◉ onWindowChange：当窗口失去焦点时，自动保存更新后的文件。

- files.autoSaveDelay：将 files.autoSave 设置为 afterDelay 时所使用的延迟时间。默认为 1 000 毫秒。

### 5.4.4　热退出

当退出时，Visual Studio Code 可以记住未保存的文件。

通过 files.hotExit 来控制是否在会话间记住未保存的文件，以允许在退出编辑器时跳过保存提示。files.hotExit 的设置选项如下所示。

- off：禁用热退出。
- onExit：在 Windows/Linux 平台中关闭最后一个窗口，或者通过命令面板、绑定的快捷键或菜单触发 workbench.action.quit 命令时进行热退出。下次启动时将还原所有已备份的窗口。
- onExitAndWindowClose：在 Windows/Linux 平台中关闭最后一个窗口，或者通过命令面板、绑定的快捷键或菜单触发 workbench.action.quit 命令时，进行热退出。此外，对于任何有文件夹打开的窗口，无论该窗口是否是最后一个窗口，都会进行热退出。下次启动时将还原所有未打开的文件夹的窗口。若要还原打开文件夹的窗口，请将 window.restoreWindows 设置为 all。

### 5.4.5　搜索与替换

使用 Visual Studio Code 可以方便地在文件中进行搜索与替换。如图 5-19 所示，按下 Ctrl+F 快捷键之后，就会在编辑器的右上角区域显示搜索框，搜索结果也会被高亮显示。

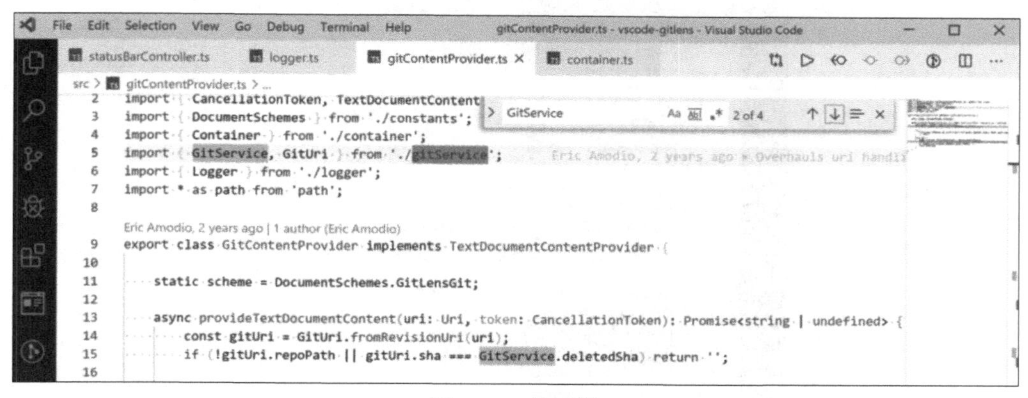


图 5-19　搜索框

如果搜索结果超过一个，则可以按下 Enter 键跳转到下一个搜索结果，或者按下 Shift+Enter 快捷键跳转到上一个搜索结果。

Visual Studio Code 还支持以下 3 种高级搜索选项。

- 区分大小写
- 全字匹配
- 正则表达式

如图 5-20 所示，按下 Ctrl+Enter 快捷键可以在搜索框中插入新的一行，从而进行多行搜索。

图 5-20　多行搜索

## 5.4.6 跨文件搜索

通过 Ctrl+Shift+F 快捷键可以快速地进行跨文件搜索。如图 5-21 所示，搜索结果会按文件分组，并包含匹配的数量及位置信息。

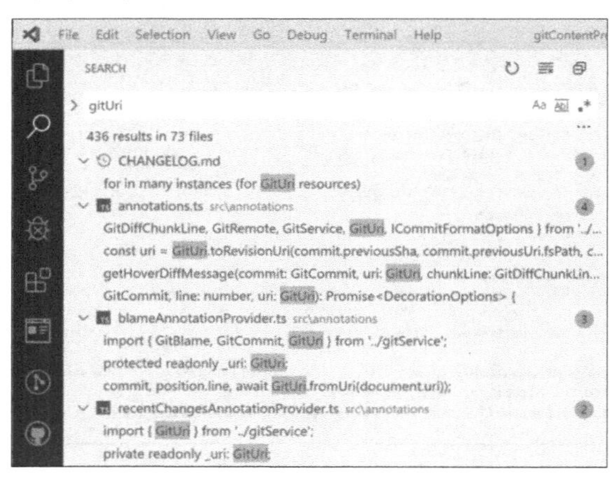


图 5-21　跨文件搜索

如图 5-22 所示，通过单击搜索输入框右下角的省略号或使用 Ctrl+Shift+J 快捷键，可以调出高级搜索选项。

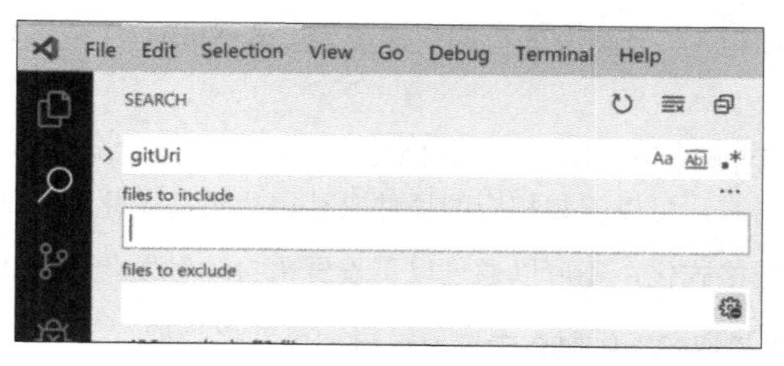


图 5-22　高级搜索选项

如图 5-23 所示，展开搜索组件，可以调出替换输入框进行跨文件替换，输入替换的内容后，可以直接进行预览。

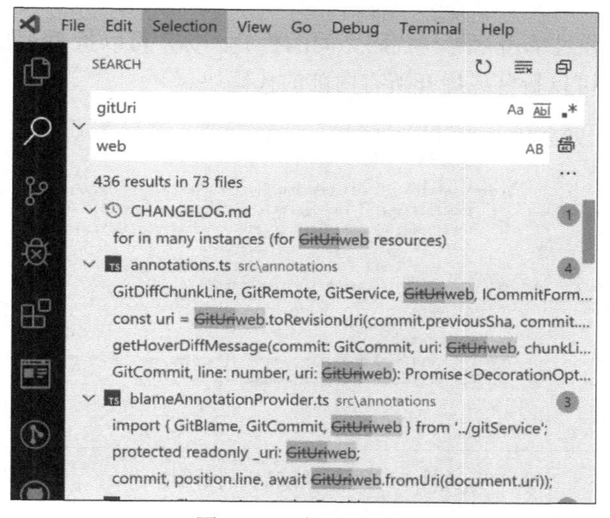


图 5-23　跨文件替换

## 5.4.7　IntelliSense

Visual Studio Code 提供了强大的代码智能提示（IntelliSense）功能。你可以主动通过使用 Ctrl+Space 快捷键来触发智能提示。默认情况下，可以使用 Tab 键或 Enter 键来确认接受相应的智能补全。同时，你也可以自定义这个快捷键。

## 5.4.8　代码格式化

Visual Studio Code 提供了以下两种代码格式化的操作。

- 格式化文档（快捷键为 Shift+Alt+F）：格式化当前的整个文件。
- 格式化选定文件（快捷键为 Ctrl+K→Ctrl+F）：格式化当前文件所选定的文本。

你可以通过命令面板（打开命令面板的快捷键为 Ctrl+Shift+P）或编辑器的右键菜单调用以上两种操作。

对于 JavaScript、TypeScript、JSON 和 HTML，Visual Studio Code 提供了开箱即用的代码格式化支持。对于其他语言，可以安装相应的插件来获得代码格式化的功能。

除了主动调用代码格式化，还可以通过以下设置来自动触发代码格式化。

- editor.formatOnType：在输入一行后，自动格式化当前行。
- editor.formatOnSave：在保存时格式化文件。
- editor.formatOnPaste：自动格式化粘贴的内容。

## 5.4.9 代码折叠

如图 5-24 所示，通过单击行号与代码之间的折叠图标，可以折叠或展开代码块。通过使用 Shift + Click 快捷键，可以折叠或展开所有内部的代码块。

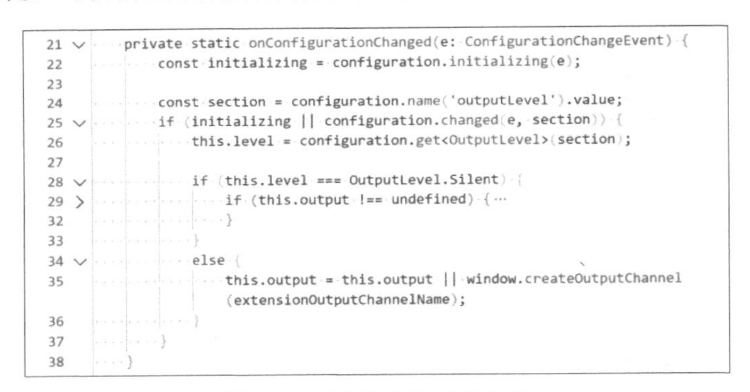

图 5-24 折叠或展开代码块

很多编程语言都有相应的标记来定义代码块的起始和结束区域。下表中的这些编程语言都有相应的定义标记。

| 编程语言 | 起始区域 | 结束区域 |
|---|---|---|
| C# | #region | #endregion |
| C/C++ | #pragma region | #pragma endregion |
| CSS/Less/SCSS | /*#region*/ | /*#endregion*/ |
| Coffeescript | #region | #endregion |
| F# | //#region 或者(#_region) | //#endregion 或者(#_endregion) |

续表

| 编程语言 | 起始区域 | 结束区域 |
| --- | --- | --- |
| Java | //#region 或者//<editor-fold> | // #endregion 或者//</editor-fold> |
| PHP | #region | #endregion |
| PowerShell | #region | #endregion |
| Python | #region 或者# region | #endregion 或者# endregion |
| TypeScript/JavaScript | //#region 或者//region | //#endregion 或者//endregion |
| Visual Basic | #Region | #End Region |
| Bat | ::#region | ::#endregion |
| Markdown | <!-- #region --> | <!-- #endregion --> |

### 5.4.10　缩进

喜欢用 Tab 还是空格？不用争论，喜欢哪个就用哪个。默认情况下，Visual Studio Code 的代码缩进使用的是空格，每个 Tab 会插入 4 个空格。你也可以通过 editor.insertSpaces 和 editor.tabSize 来改变默认设置。

```
"editor.insertSpaces": true,
"editor.tabSize": 4,
```

Visual Studio Code 会自动检测打开的文档来确定所使用的代码缩进。通过自动检测所得出的缩进配置，将会覆盖默认设置。如图 5-25 所示，检测到的缩进配置将会显示在状态栏的右侧。

图 5-25　显示缩进配置的状态栏

如图 5-26 所示，单击状态栏中的缩进配置，会显示出所有与缩进相关的命令列表。通过这些命令列表，你可以快速地改变缩进配置。

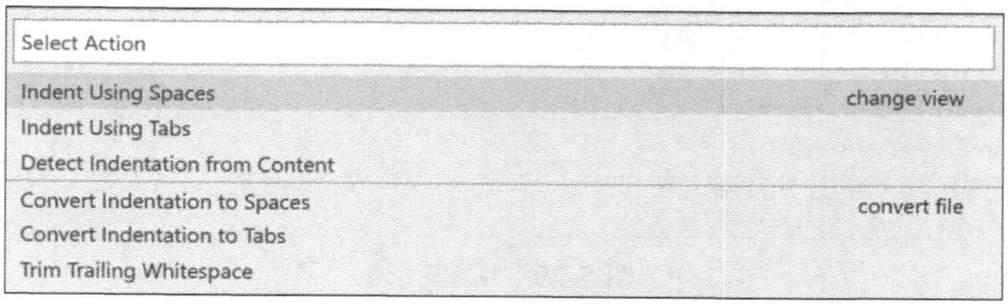

图 5-26　与缩进相关的命令列表

### 5.4.11　文件编码

通过 files.encoding 可以设置文件的编码方式。

如图 5-27 所示，文件编码的信息会显示在状态栏的右侧。

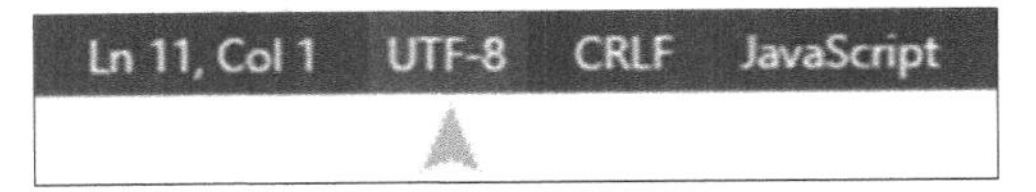


图 5-27 显示文件编码信息的状态栏

如图 5-28 所示，单击状态栏中的文件编码信息，会显示两种文件编码的操作。

- Reopen with Encoding：选择另一种文件编码重新打开当前文件。
- Save with Encoding：选择另一种文件编码保存当前文件。

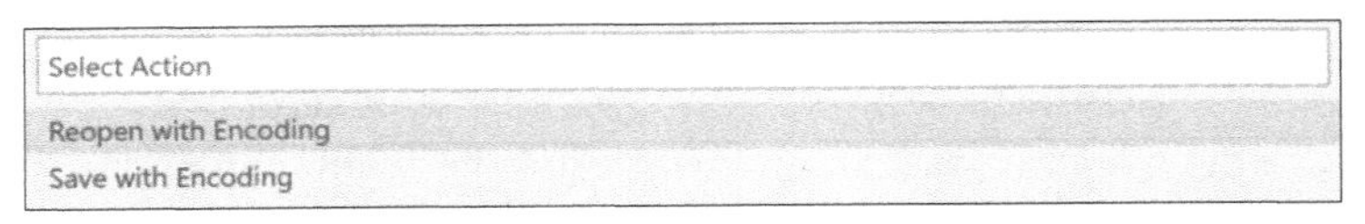


图 5-28 两种文件编码的操作

如图 5-29 所示，在选择了文件编码的操作后，会显示出所有的编码列表以供选择。

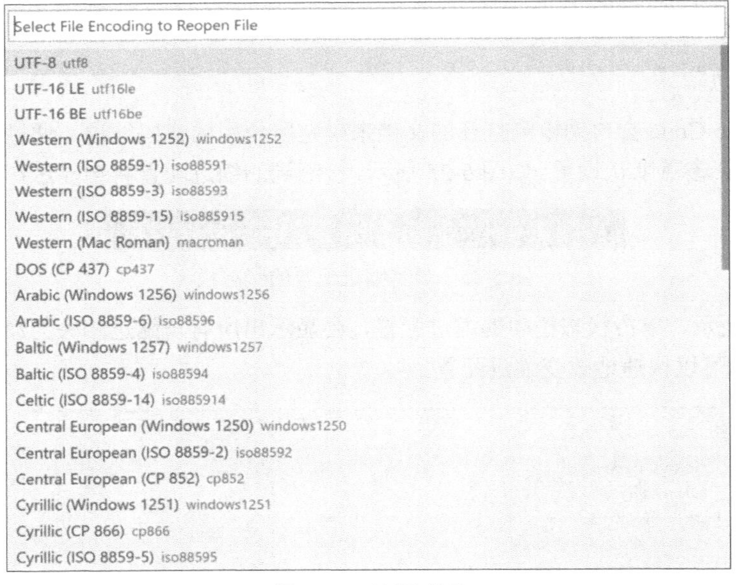


图 5-29 编码列表

## 5.5 主题

一个好的颜色主题和文件图标主题能让开发者在开发过程中有更舒适的开发体验。

颜色主题定义了 Visual Studio Code 用户界面的颜色。

文件图标主题定义了 Visual Studio Code 文件资源管理器中所有文件和文件夹的图标。

## 5.5.1　设置颜色主题

设置颜色主题的步骤如下所示。

（1）可以使用下面的菜单项来打开颜色主题选择器，不同系统下所使用的菜单项分别如下所示。

- Windows/Linux：File→Preferences→Color Theme
- macOS：Code→Preferences→Color Theme

此外，还可以通过 Ctrl+K→Ctrl+T 快捷键来打开颜色主题选择器。

（2）如图 5-30 所示，使用方向键上下移动，选择不同的颜色主题进行预览。

（3）选择一个你最喜欢的颜色主题，按下 Enter 键，马上生效！

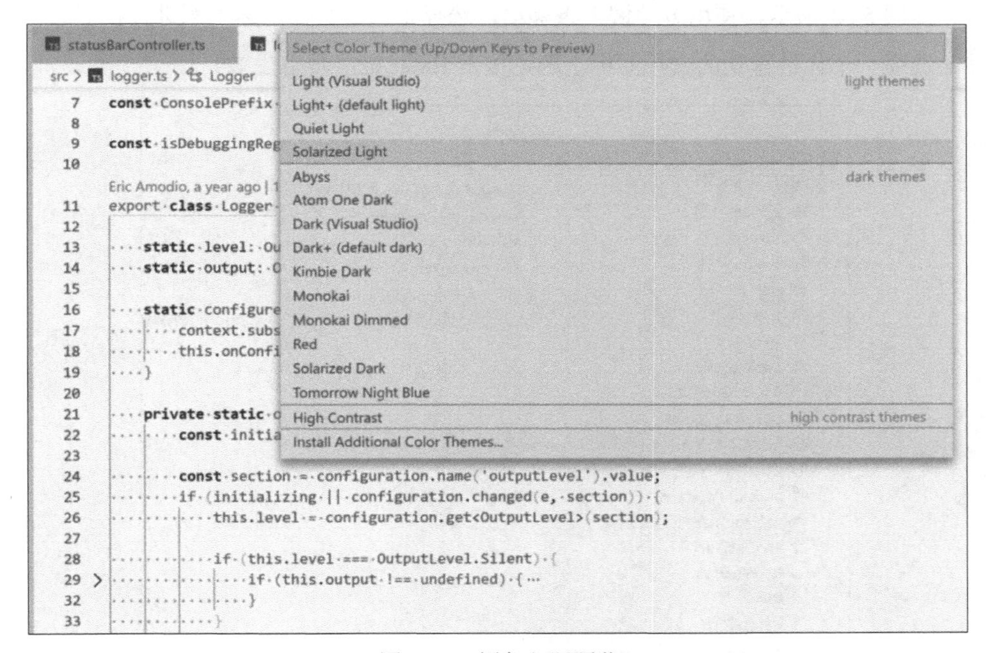


图 5-30　颜色主题预览

选择 Install Additional Color Themes，可以浏览更多的颜色主题。

当前生效的颜色主题存储在 Visual Studio Code 的设置中，设置如下所示。

```
//指定用在工作台中的颜色主题
"workbench.colorTheme": "Default Dark+"
```

需要注意的是，颜色主题是存储在用户设置（User Settings）中的，是全局范围的设置，会应用到所有的 Visual Studio Code 工作区。如果你想要配置某一个工作区的颜色主题，则需要到工作区设置（Workspace Settings）进行配置。

## 5.5.2 设置文件图标主题

设置文件图标主题的步骤如下所示。

（1）可以使用下面的菜单来打开文件图标主题选择器，不同系统下所使用的菜单分别如下所示。

- Windows/Linux：File→Preferences→File Icon Theme
- macOS：Code→Preferences→File Icon Theme

此外，还可以在命令面板上输入并执行 Preferences: File Icon Theme 命令来打开文件图标主题选择器。

（2）如图 5-31 所示，使用方向键上下移动，选择不同的文件图标主题进行预览。

（3）选择一个你最喜欢的文件图标主题，按下 Enter 键，马上生效！

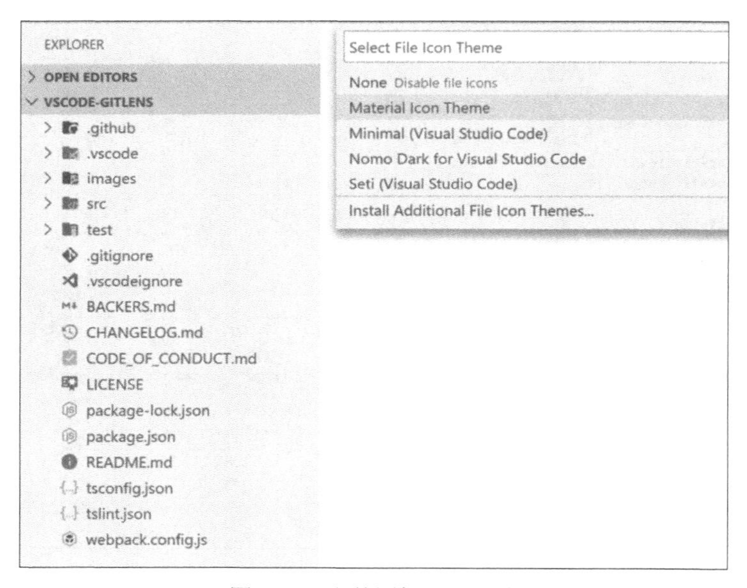


图 5-31　文件图标主题预览

默认情况下，Visual Studio Code 使用的是 Seti 文件图标主题。通过选择 None 选项，可以禁用文件图标。

Visual Studio Code 内置了 Minimal 和 Seti 两个文件图标主题。选择 Install Additional File Icon

Themes 选项，可以浏览更多的文件图标主题。

与颜色主题类似，当前生效的文件图标主题存储在 Visual Studio Code 的设置中，设置如下所示。

```
// 指定在工作台中使用的图标主题，或指定 null 以不显示任何文件图标
// - null: 无文件图标
// - vs-minimal
// - vs-seti
"workbench.iconTheme": "vs-seti"
```

### 5.5.3　插件市场中的主题

Visual Studio Code 的插件市场拥有大量的颜色主题和文件图标主题的插件。图 5-32 给读者列出了一些比较热门的主题插件。在插件市场中，可以搜索到更多主题插件。

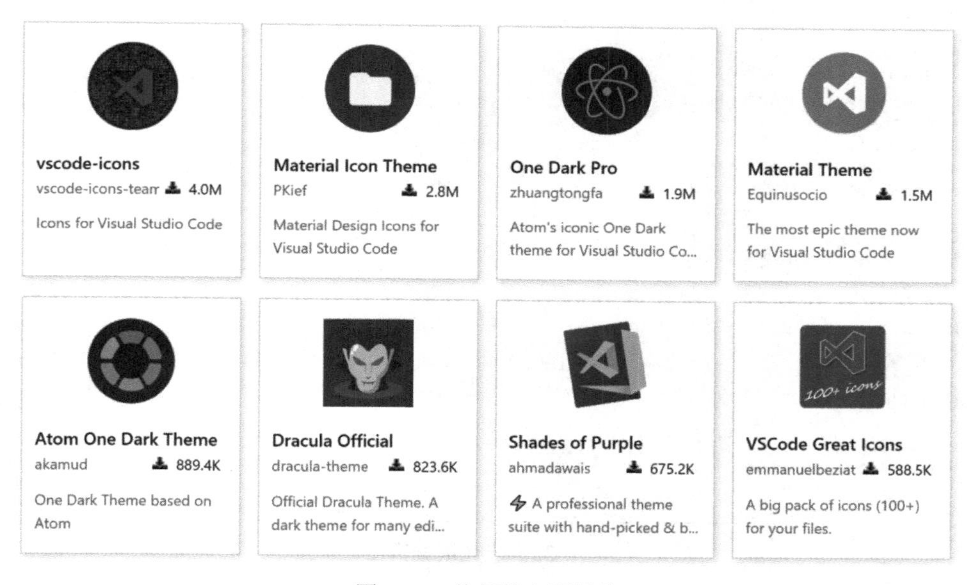


图 5-32　热门的主题插件

## 5.6　快捷键

Visual Studio Code 让开发者可以通过键盘快捷键完成大多数操作。

### 5.6.1　快捷键编辑器

通过快捷键编辑器，可以方便快速地浏览和修改键盘按键映射。

可以使用下面的菜单项来打开快捷键编辑器，不同系统下所使用的菜单项分别如下所示。

- Windows/Linux：File→Preferences→Keyboard Shortcuts
- macOS：Code→Preferences→Keyboard Shortcuts

此外，还可以通过 Ctrl+K→Ctrl+S 快捷键来打开快捷键编辑器。

如图 5-33 所示，在快捷键编辑器的搜索框中可以搜索相应的快捷键，然后进行修改。

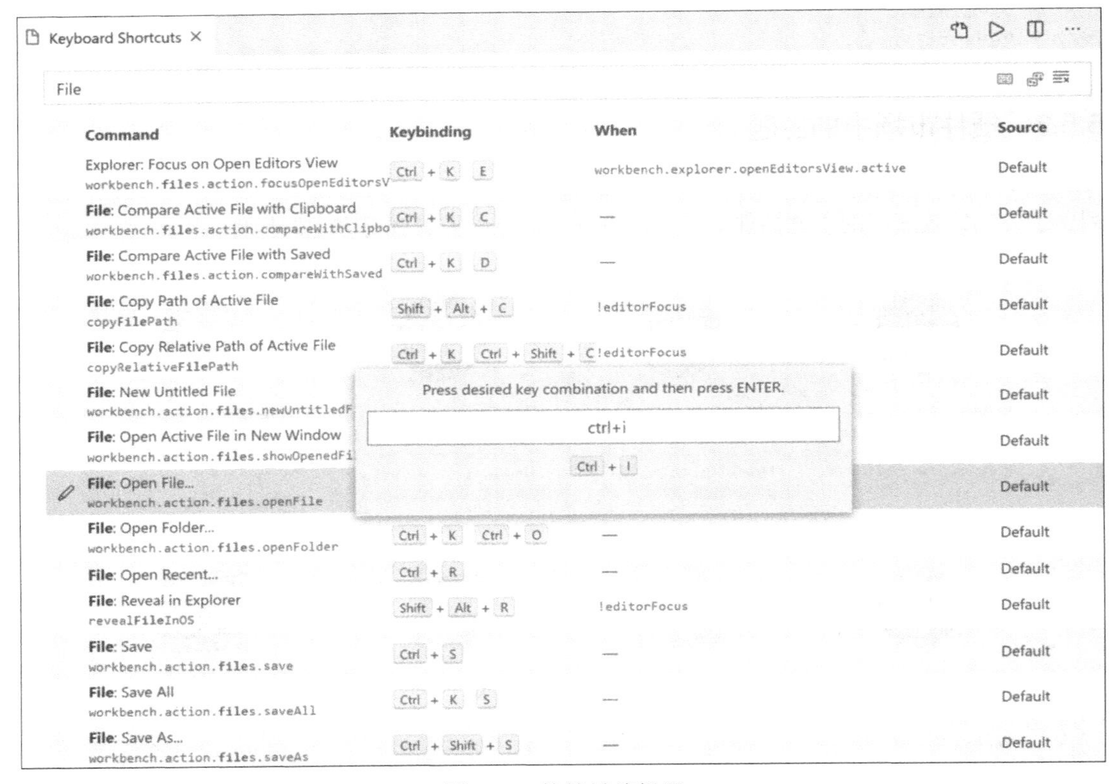


图 5-33 快捷键编辑器

## 5.6.2 快捷键大全

Visual Studio Code 中的快捷键非常丰富，开发人员在刚开始上手时很难记全。所以，Visual Studio Code 也很贴心地提供了完整的快捷键参考指南。通过菜单项 Help→Keyboard Shortcut Reference 或快捷键 Ctrl+K→Ctrl+S，就能打开当前平台相应的 PDF 版的快捷键大全。图 5-34 所示的是 Windows 下的快捷键大全。

# Visual Studio Code

Keyboard shortcuts for Windows

### General

| Ctrl+Shift+P, F1 | Show Command Palette |
|---|---|
| Ctrl+P | Quick Open, Go to File... |
| Ctrl+Shift+N | New window/instance |
| Ctrl+Shift+W | Close window/instance |
| Ctrl+, | User Settings |
| Ctrl+K Ctrl+S | Keyboard Shortcuts |

### Basic editing

| Ctrl+X | Cut line (empty selection) |
|---|---|
| Ctrl+C | Copy line (empty selection) |
| Alt+ ↑ / ↓ | Move line up/down |
| Shift+Alt + ↓ / ↑ | Copy line up/down |
| Ctrl+Shift+K | Delete line |
| Ctrl+Enter | Insert line below |
| Ctrl+Shift+Enter | Insert line above |
| Ctrl+Shift+\ | Jump to matching bracket |
| Ctrl+] / [ | Indent/outdent line |
| Home / End | Go to beginning/end of line |
| Ctrl+Home | Go to beginning of file |
| Ctrl+End | Go to end of file |
| Ctrl+↑ / ↓ | Scroll line up/down |
| Alt+PgUp / PgDn | Scroll page up/down |
| Ctrl+Shift+[ | Fold (collapse) region |
| Ctrl+Shift+] | Unfold (uncollapse) region |
| Ctrl+K Ctrl+[ | Fold (collapse) all subregions |
| Ctrl+K Ctrl+] | Unfold (uncollapse) all subregions |
| Ctrl+K Ctrl+0 | Fold (collapse) all regions |
| Ctrl+K Ctrl+J | Unfold (uncollapse) all regions |
| Ctrl+K Ctrl+C | Add line comment |
| Ctrl+K Ctrl+U | Remove line comment |
| Ctrl+/ | Toggle line comment |
| Shift+Alt+A | Toggle block comment |
| Alt+Z | Toggle word wrap |

### Navigation

| Ctrl+T | Show all Symbols |
|---|---|
| Ctrl+G | Go to Line... |
| Ctrl+P | Go to File... |
| Ctrl+Shift+O | Go to Symbol... |
| Ctrl+Shift+M | Show Problems panel |
| F8 | Go to next error or warning |
| Shift+F8 | Go to previous error or warning |
| Ctrl+Shift+Tab | Navigate editor group history |
| Alt+ ← / → | Go back / forward |
| Ctrl+M | Toggle Tab moves focus |

### Search and replace

| Ctrl+F | Find |
|---|---|
| Ctrl+H | Replace |
| F3 / Shift+F3 | Find next/previous |
| Alt+Enter | Select all occurences of Find match |
| Ctrl+D | Add selection to next Find match |
| Ctrl+K Ctrl+D | Move last selection to next Find match |
| Alt+C / R / W | Toggle case-sensitive / regex / whole word |

### Multi-cursor and selection

| Alt+Click | Insert cursor |
|---|---|
| Ctrl+Alt+ ↑ / ↓ | Insert cursor above / below |
| Ctrl+U | Undo last cursor operation |
| Shift+Alt+I | Insert cursor at end of each line selected |
| Ctrl+L | Select current line |
| Ctrl+Shift+L | Select all occurrences of current selection |
| Ctrl+F2 | Select all occurrences of current word |
| Shift+Alt+→ | Expand selection |
| Shift+Alt+← | Shrink selection |
| Shift+Alt + (drag mouse) | Column (box) selection |
| Ctrl+Shift+Alt + (arrow key) | Column (box) selection |
| Ctrl+Shift+Alt +PgUp/PgDn | Column (box) selection page up/down |

### Rich languages editing

| Ctrl+Space | Trigger suggestion |
|---|---|
| Ctrl+Shift+Space | Trigger parameter hints |
| Shift+Alt+F | Format document |
| Ctrl+K Ctrl+F | Format selection |
| F12 | Go to Definition |
| Alt+F12 | Peek Definition |
| Ctrl+K F12 | Open Definition to the side |
| Ctrl+. | Quick Fix |
| Shift+F12 | Show References |
| F2 | Rename Symbol |
| Ctrl+K Ctrl+X | Trim trailing whitespace |
| Ctrl+K M | Change file language |

### Editor management

| Ctrl+F4, Ctrl+W | Close editor |
|---|---|
| Ctrl+K F | Close folder |
| Ctrl+\ | Split editor |
| Ctrl+ 1 / 2 / 3 | Focus into 1st, 2nd or 3rd editor group |
| Ctrl+K Ctrl+ ←/→ | Focus into previous/next editor group |
| Ctrl+Shift+PgUp / PgDn | Move editor left/right |
| Ctrl+K ← / → | Move active editor group |

### File management

| Ctrl+N | New File |
|---|---|
| Ctrl+O | Open File... |
| Ctrl+S | Save |
| Ctrl+Shift+S | Save As... |
| Ctrl+K S | Save All |
| Ctrl+F4 | Close |
| Ctrl+K Ctrl+W | Close All |
| Ctrl+Shift+T | Reopen closed editor |
| Ctrl+K Enter | Keep preview mode editor open |
| Ctrl+Tab | Open next |
| Ctrl+Shift+Tab | Open previous |
| Ctrl+K P | Copy path of active file |
| Ctrl+K R | Reveal active file in Explorer |
| Ctrl+K O | Show active file in new window/instance |

### Display

| F11 | Toggle full screen |
|---|---|
| Shift+Alt+0 | Toggle editor layout (horizontal/vertical) |
| Ctrl+ = / - | Zoom in/out |
| Ctrl+B | Toggle Sidebar visibility |
| Ctrl+Shift+E | Show Explorer / Toggle focus |
| Ctrl+Shift+F | Show Search |
| Ctrl+Shift+G | Show Source Control |
| Ctrl+Shift+D | Show Debug |
| Ctrl+Shift+X | Show Extensions |
| Ctrl+Shift+H | Replace in files |
| Ctrl+Shift+J | Toggle Search details |
| Ctrl+Shift+U | Show Output panel |
| Ctrl+Shift+V | Open Markdown preview |
| Ctrl+K V | Open Markdown preview to the side |
| Ctrl+K Z | Zen Mode (Esc Esc to exit) |

### Debug

| F9 | Toggle breakpoint |
|---|---|
| F5 | Start/Continue |
| Shift+F5 | Stop |
| F11 / Shift+F11 | Step into/out |
| F10 | Step over |
| Ctrl+K Ctrl+I | Show hover |

### Integrated terminal

| Ctrl+` | Show integrated terminal |
|---|---|
| Ctrl+Shift+` | Create new terminal |
| Ctrl+C | Copy selection |
| Ctrl+V | Paste into active terminal |
| Ctrl+↑ / ↓ | Scroll up/down |
| Shift+PgUp / PgDn | Scroll page up/down |
| Ctrl+Home / End | Scroll to top/bottom |

Other operating systems' keyboard shortcuts and additional unassigned shortcuts available at aka.ms/vscodekeybindings

图 5-34　Windows 下的快捷键大全

## 5.6.3　键盘映射插件

如果你是从 Vim、Sublime、IntelliJ、Atom、Eclipse、Visual Studio 或其他编辑器/IDE 转投到 Visual Studio Code 的，也许你依旧习惯使用原来开发工具的键盘快捷键。Visual Studio Code 对于主流的开发工具提供了各种键盘映射的插件，让你可以在 Visual Studio Code 中继续使用原来的开发工具的快捷键，而不用重新学习 Visual Studio Code 的快捷键。图 5-35 列出了一些比较热门的键盘映射插件。如果想查看更多的键盘映射插件，则通过菜单项 File→Preferences→Keymap Extensions 或快捷键 Ctrl+K→Ctrl+M，就能查询到所有的键盘映射插件。

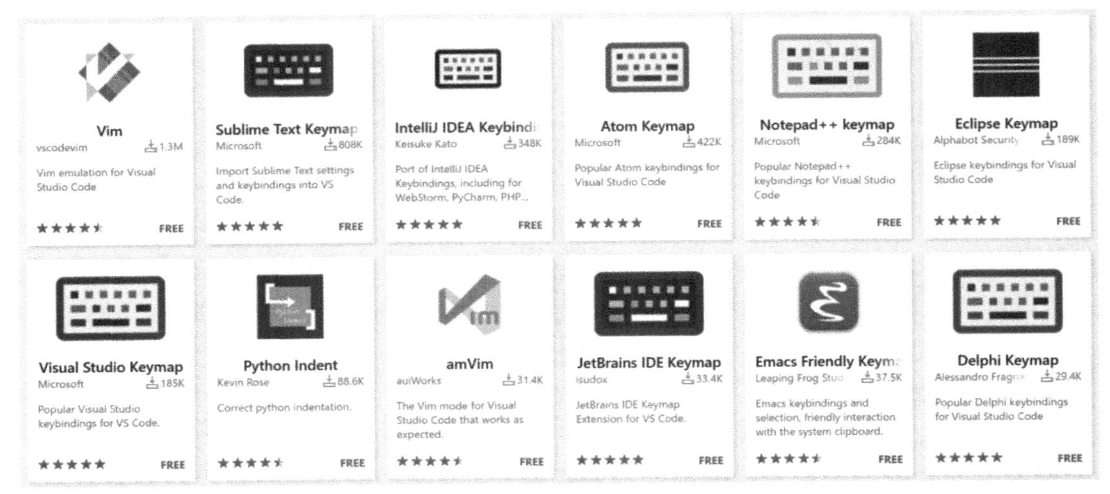


图 5-35　比较热门的键盘映射插件

## 5.6.4　解决快捷键冲突

如果你安装了较多的快捷键插件，或者自定义了一些快捷键映射，就有可能遇到快捷键冲突的情况，即同一个快捷键映射到了多个命令上。

如图 5-36 所示，在快捷键编辑器的右键菜单中有一个 Show Same Keybindings 选项，该选项可以帮助你快速查询使用了同一个快捷键的所有命令。然后，你便可以针对有冲突的命令设置不同的快捷键了。

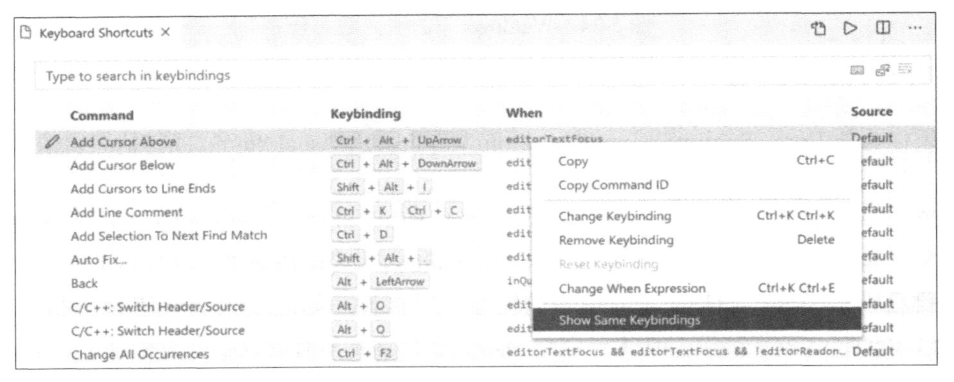


图 5-36　查询使用了同一个快捷键的所有命令

## 5.6.5　查看默认的快捷键

如图 5-37 所示，在快捷键编辑器中单击 More Actions（...）按钮，然后选择 Show Default Keybindings 选项，就会显示出所有的默认快捷键。

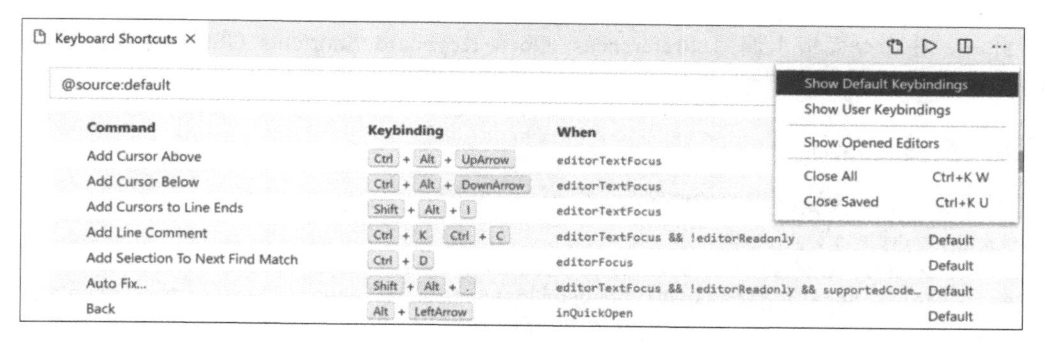


图 5-37　查看默认快捷键

此外，在命令面板上调用 Preferences: Open Default Keyboard Shortcuts (JSON)命令，可以以 JSON 文件的形式查看所有的默认快捷键。

## 5.6.6　查看更改的快捷键

如图 5-38 所示，在快捷键编辑器中单击 More Actions（...）按钮，然后选择 Show Users Keybindings 选项，就会显示出所有的更改的快捷键。

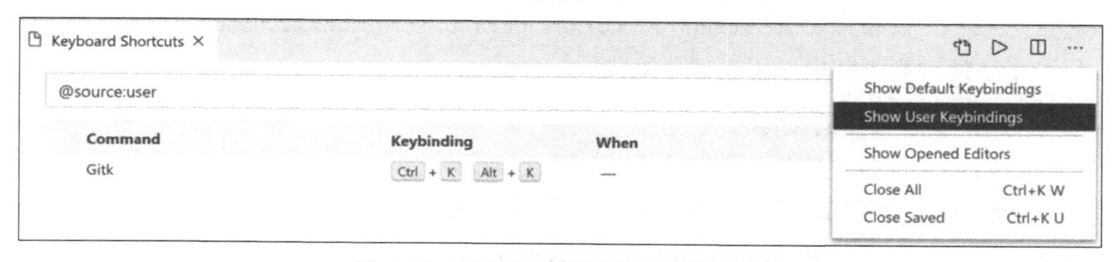


图 5-38　显示出所有的更改的快捷键

## 5.6.7　高级配置

所有用户自定义的快捷键设置都被保存在一个名为 keybindings.json 的 JSON 文件中。

如图 5-39 所示，在快捷键编辑器的右上角单击 Open Keyboard Shortcuts (JSON)按钮，就能打开 keybindings.json 文件，直接在 JSON 文件中查看或编辑快捷键。

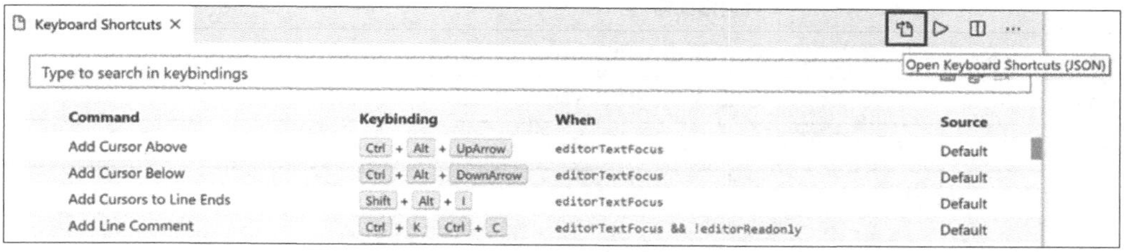

图 5-39　打开 keybindings.json 文件

此外，在命令面板上调用 Preferences: Open Keyboard Shortcuts (JSON)命令，也能打开 keybindings.json 文件。

## 5.6.8 快捷键规则

下面是一些与快捷键相关的例子。

```
//在编辑器中有焦点时生效的快捷键
{ "key": "home", "command": "cursorHome", "when": "editorTextFocus" },
{ "key": "shift+home", "command": "cursorHomeSelect", "when": "editorTextFocus" },

//在不同调试状态下可以互补的快捷键
{ "key": "f5", "command": "workbench.action.debug.continue", "when": "inDebugMode" },
{ "key": "f5", "command": "workbench.action.debug.start", "when": "!inDebugMode" },

//全局快捷键
{ "key": "ctrl+f", "command": "actions.find" },
{ "key": "alt+left", "command": "workbench.action.navigateBack" },
{ "key": "alt+right", "command": "workbench.action.navigateForward" },

//使用和弦（两个按键的组合）的快捷键
{ "key": "ctrl+k enter", "command": "workbench.action.keepEditor" },
{ "key": "ctrl+k ctrl+w", "command": "workbench.action.closeAllEditors" },
```

每一个快捷键规则都由以下 3 部分组成。

- key：描述具体的按键。
- command：定义要执行的命令。
- when：这是可选的部分，定义在什么条件下此快捷键规则是生效的。

在快捷键匹配的过程中，会自底向上进行查询，当查询到第一个 key 和 when 都同时匹配时，查询结束，并执行相应的 command。

## 5.6.9 有效的按键组合

一个有效的按键组合由键盘修饰键和常规按键两部分组成。

下表展示了不同系统下的键盘修饰键：

| 系统 | 键盘修饰键 |
|---|---|
| macOS | Ctrl、Shift、Alt、Cmd |
| Windows | Ctrl、Shift、Alt、Win |
| Linux | Ctrl、Shift、Alt、Meta |

下面是常规按键。

- F1~F19、A~Z、0~9
- `、-、=、[、]、\、;、'、,、.、/

- Left、Up、Right、Down、PageUp、PageDown、End、Home
- Tab、Enter、Escape、Space、Backspace、Delete
- PauseBreak、CapsLock、Insert
- NumPad0~NumPad9、Numpad_Multiply、Numpad_Add、Numpad_Separator
- Numpad_Subtract、Numpad_Decimal、Numpad_Divide

### 5.6.10　常用的快捷键

下面给大家推荐一些常用的快捷键，这些快捷键能大大提升开发效率！

#### 1. 通用快捷键

- Ctrl+Shift+P 或 F1：打开命令面板。
- Ctrl+Shift+N：新建一个 Visual Studio Code 窗口。
- Ctrl+W：关闭当前窗口。
- Ctrl+,：打开用户设置。

#### 2. 跳转

- Ctrl+P：文件跳转。
- Ctrl+Shift+Tab：在所有打开的文件中跳转。
- Ctrl+Shift+O：跳转到文件中的 Symbol（符号）。
- Ctrl+T：搜索所有的 Symbol。
- Ctrl+G：跳转到某一行。
- Alt+ ← / →：向后/向前跳转。

#### 3. 基本编辑

- Ctrl+X：剪切当前行（当没有选定任何文本时）。
- Ctrl+C：复制当前行（当没有选定任何文本时）。
- Alt+ ↑ / ↓：把当前行的内容向上/下移动。
- Shift+Alt+ ↑ / ↓：把当前行的内容向上/下复制。
- Ctrl+Shift+K：删除当前行。
- Ctrl+/：添加或删除当前行的注释。
- Home / End：光标移动到当前行的起始/末尾。

#### 4. 编程语言编辑

- Ctrl+Shift+I：格式化文档。
- Ctrl+K Ctrl+F：格式化选定内容。
- F12：跳转到定义。

- Alt+F12：在当前页查看定义。
- Shift+F12：查看引用。
- F2：重命名符号。
- Ctrl+.：快速修复。

### 5. 搜索与替换

- Ctrl+F：搜索。
- Ctrl+H：替换。
- Ctrl+Shift+F：全局搜索。
- Ctrl+Shift+H：全局替换。

### 6. 多光标与选择

- Alt+Click：插入一个新的光标。
- Shift+Alt+ ↑ / ↓：在上方/下方添加一个光标。
- Ctrl+L：选中当前行。
- Shift+Alt+ →：扩大选中的范围。
- Shift+Alt+ ←：缩小选中的范围。

### 7. 显示

- F11：切换全屏模式。
- Ctrl+ =：放大。
- Ctrl+ -：缩小。

### 8. 编辑器管理

- Ctrl+ \：分割编辑器。
- Ctrl+ 1 / 2 / 3：把焦点移动到不同的编辑器组。

### 9. 文件管理

- Ctrl+N：新建文件。
- Ctrl+O：打开文件。
- Ctrl+N：保存。
- Ctrl+N：另存为。
- Ctrl+Tab：打开下一个文件。
- Ctrl+Shift+Tab：打开前一个文件。

# 5.7 集成终端

作为一名开发者，命令行终端是我们最常用的工具之一。Visual Studio Code 内置了一个集成终端，使我们在开发过程中不需要在 Visual Studio Code 和外部的命令行工具之间频繁切换。

## 5.7.1 打开集成终端

可以通过以下几种方式打开集成终端。

- 使用 Ctrl+`快捷键。
- 通过菜单项 View→Terminal。
- 在命令面板中调用 View: Toggle Integrated Terminal 命令。

图 5-40 为 Visual Studio Code 的集成终端。

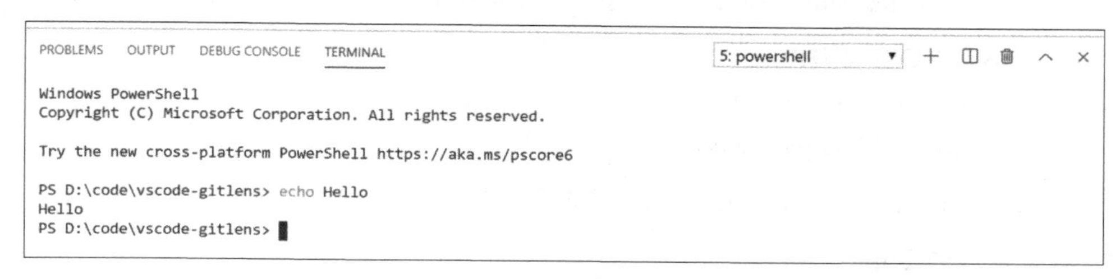


图 5-40　Visual Studio Code 的集成终端

## 5.7.2 管理多个终端

在 Visual Studio Code 中，你可以打开多个终端，并且轻松地在它们之间进行切换。如图 5-41 所示，通过集成终端右上角的下拉列表，可以查看并切换到不同的集成终端。

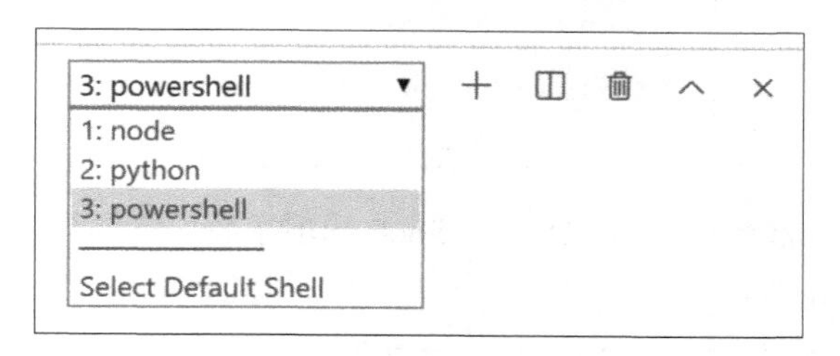


图 5-41　切换集成终端

通过 Ctrl+Shift+`快捷键，可以快速地创建一个新的终端。通过右上角的添加和删除按钮，也可以轻松地对当前的终端进行管理。

通过 Ctrl+Shift+5 快捷键或右上角的分割按钮，可以分割出多个集成终端。如图 5-42 所示，集成终端被分割成左右两个。

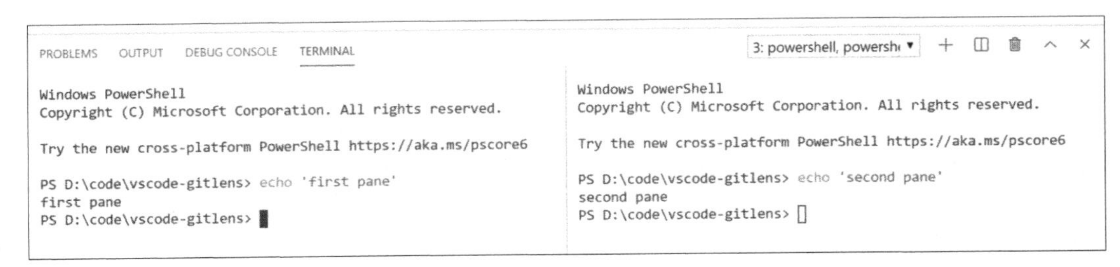


图 5-42　分割集成终端

当焦点在某一个分割的集成终端上时，可以通过 Alt+Left/Alt+Right 快捷键来快速切换到不同的集成终端。

## 5.7.3　配置终端

默认情况下，Visual Studio Code 在不同操作系统中都配置了相应的 Shell，如下所示。

- Linux/macOS：$SHELL
- Windows 10：PowerShell
- 早期版本的 Windows：cmd.exe

可以通过 terminal.integrated.shell.*配置项来覆盖默认的 Shell。

### 1. 配置默认的 Shell

如图 5-43 所示，在集成终端的右上角选择 Select Default Shell 选项，继而可以选择不同的 Shell 作为默认配置。

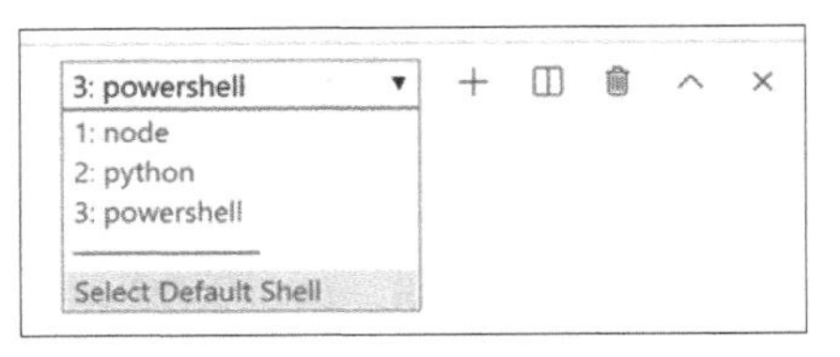


图 5-43　选择默认的 Shell

如图 5-44 所示，当选择了 Select Default Shell 选项之后，Visual Studio Code 会显示当前操作系统可供选择的 Shell 列表。

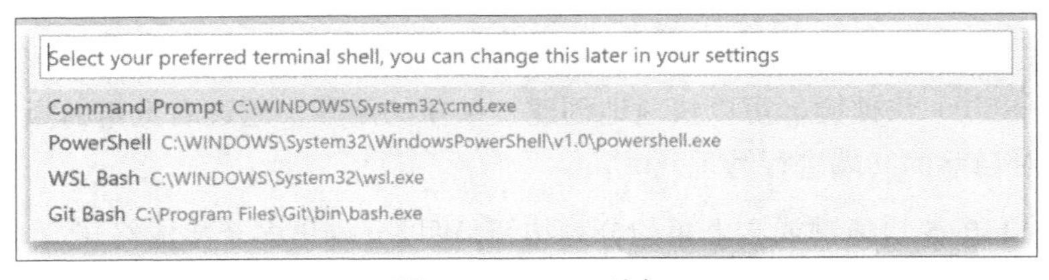


图 5-44　Shell 列表

以 Windows 为例，有 Command Prompt、PowerShell、WSL Bash、Git Bash 这 4 种 Shell 可供选择。如果需要选择其他的 Shell （如 Cygwin），则可以通过 terminal.integrated.shell.windows 来设置。下面是在 Windows 下配置 Shell 的例子。

```
// Command Prompt
"terminal.integrated.shell.windows": "C:\\Windows\\System32\\cmd.exe"
// PowerShell
"terminal.integrated.shell.windows":
"C:\\Windows\\System32\\WindowsPowerShell\\v1.0\\powershell.exe"
// Git Bash
"terminal.integrated.shell.windows": "C:\\Program Files\\Git\\bin\\bash.exe"
// WSL Bash
"terminal.integrated.shell.windows": "C:\\Windows\\System32\\bash.exe"
```

#### 2. Shell 命令

当集成终端启动时，你还可以向集成终端传递参数。

以 Linux 为例，如果要在启动 bash 之前运行.bash_profile，则可以传入-l 参数。

```
// Linux
"terminal.integrated.shellArgs.linux": ["-l"]
```

#### 3. 使用变量

集成终端的 shell、shellArgs、env 和 cwd 配置项都支持变量设置。下面的例子使用了当前文件的目录作为集成终端的工作目录：

```
//把集成终端的工作目录设置为当前文件的目录
"terminal.integrated.cwd": "${fileDirname}"
```

### 5.7.4 终端的显示样式

可以通过以下配置项来自定义集成终端的显示样式（如字体和行高）。

- terminal.integrated.fontFamily
- terminal.integrated.fontSize
- terminal.integrated.fontWeight
- terminal.integrated.fontWeightBold
- terminal.integrated.lineHeight

### 5.7.5 终端的快捷键

下表列出了集成终端中常用的快捷键。

| 快捷键 | 功能 |
| --- | --- |
| Ctrl+` | 显示集成终端 |
| Ctrl+Shift+` | 创建新的集成终端 |

续表

| 快捷键 | 功能 |
| --- | --- |
| Ctrl+Alt+PageUp | 向上滚动 |
| Ctrl+Alt+PageDown | 向下滚动 |
| Shift+PageUp | 向上滚动一页 |
| Shift+PageDown | 向下滚动一页 |
| Ctrl+Home | 滚动到顶部 |
| Ctrl+End | 滚动到底部 |

#### 1. 复制与粘贴

当焦点在集成终端时，不同系统下的复制与粘贴的快捷键是不同的，具体如下所示。

- Linux：Ctrl+Shift+C 和 Ctrl+Shift+V。
- macOS：Cmd+C 和 Cmd+V。
- Windows：Ctrl+C 和 Ctrl+V。

#### 2. 右键行为

在集成终端上单击右键所产生的行为在不同系统下也不同，如下所示。

- Linux：显示右键菜单。
- macOS：选中光标所在位置的单词，并且显示右键菜单。
- Windows：如果有选定文本，则复制当前文本；如果没有选定文本，则粘贴。

右键行为可以在 terminal.integrated.rightClickBehavior 配置项中进行更改。

### 5.7.6 运行选中的文本

选中要运行的文本，在命令面板中调用 Terminal: Run Selected Text in Active Terminal 命令并执行，选中的文本就会在集成终端中运行，如图 5-45 所示。

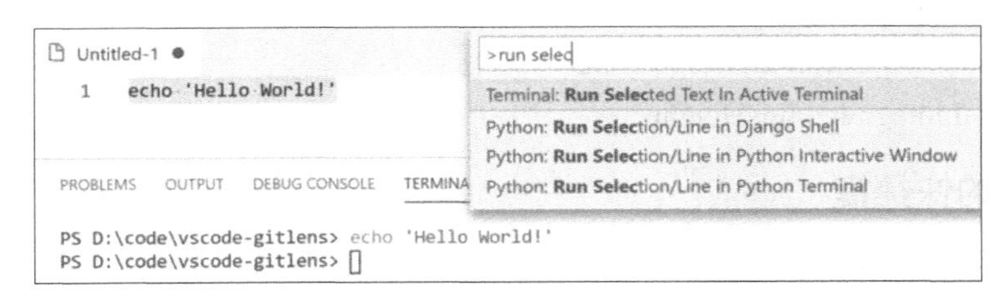


图 5-45 运行选中的文本

如果没有选定文本，那么光标所在行的文本将会被执行。

### 5.7.7　重命名终端

在命令面板中调用并执行 Terminal: Rename 命令，可以对当前终端进行重命名。

### 5.7.8　设置终端的打开路径

默认情况下，终端会在当前文件资源管理器的文件夹的所在位置打开。该打开路径可以通过 terminal.integrated.cwd 配置项进行更改，如下所示。

```
{
  "terminal.integrated.cwd": "/home/user"
}
```

对于分割出来的终端，其打开路径可以通过 terminal.integrated.splitCwd 配置项进行更改，如下所示。

```
{
  "terminal.integrated.splitCwd": "workspaceRoot"
}
```

## 5.8　中文显示

默认情况下，Visual Studio Code 使用英文作为显示语言。

如图 5-46 所示，在插件市场中，Visual Studio Code 为不同语言提供了相应的语言包插件，用于在 Visual Studio Code 中显示不同的语言。

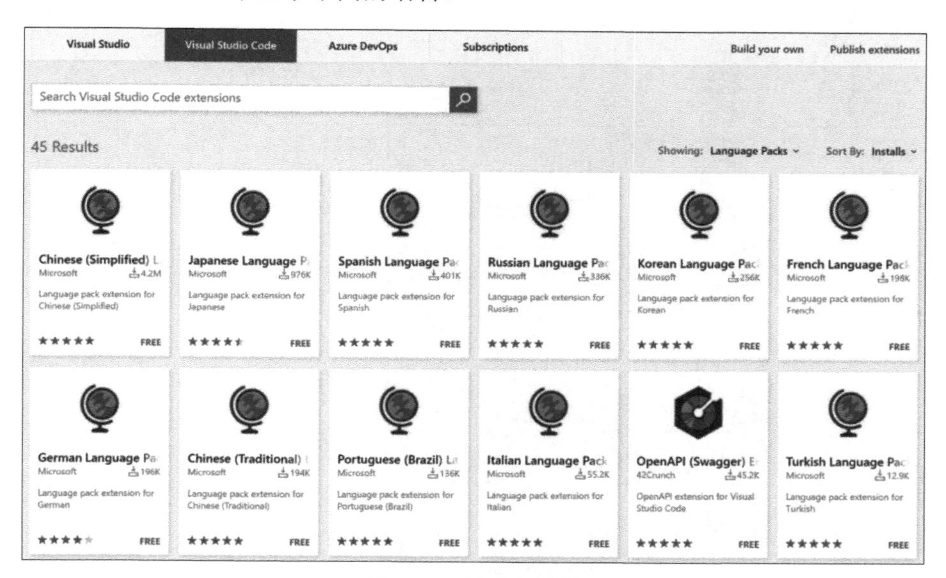


图 5-46　语言包插件

通过以下步骤，可以将 Visual Studio Code 设置为使用中文作为显示语言。

（1）在插件视图中，搜索并安装 Chinese (Simplified) Language Pack 插件。

（2）通过 Ctrl+Shift+P 快捷键打开命令面板，然后输入并执行 Configure Display Language 命令。

（3）如图 5-47 所示，选择 zh-cn 选项。



图 5-47　选择显示的语言

（4）重启 Visual Studio Code。

Visual Studio Code 重启之后，就会以中文显示了。

# 第 6 章

# 进阶应用

在上一章，我们学习了 Visual Studio Code 的基础内容。在本章，我们将学习更多的高阶技巧，带你玩转 Visual Studio Code！

## 6.1 命令行

Visual Studio Code 拥有强大的命令行接口。通过命令行，你可以快速地打开文件、安装插件、更改显示的语言，以及进行其他操作。

### 6.1.1 命令行帮助

通过在命令行中输入 code --help，你可以快速连接到 Visual Studio Code 的命令行接口。如图 6-1 所示，通过命令行帮助，你可以看到 Visual Studio Code 的版本信息及各个命令的详细介绍。

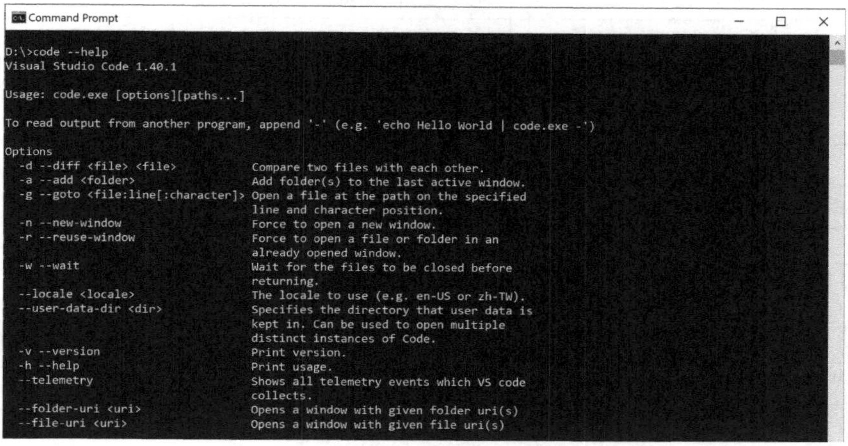

```
Command Prompt

D:\>code --help
Visual Studio Code 1.40.1

Usage: code.exe [options][paths...]

To read output from another program, append '-' (e.g. 'echo Hello World | code.exe -')

Options
  -d --diff <file> <file>           Compare two files with each other.
  -a --add <folder>                 Add folder(s) to the last active window.
  -g --goto <file:line[:character]> Open a file at the path on the specified
                                    line and character position.
  -n --new-window                   Force to open a new window.
  -r --reuse-window                 Force to open a file or folder in an
                                    already opened window.
  -w --wait                         Wait for the files to be closed before
                                    returning.
  --locale <locale>                 The locale to use (e.g. en-US or zh-TW).
  --user-data-dir <dir>             Specifies the directory that user data is
                                    kept in. Can be used to open multiple
                                    distinct instances of Code.
  -v --version                      Print version.
  -h --help                         Print usage.
  --telemetry                       Shows all telemetry events which VS code
                                    collects.
  --folder-uri <uri>                Opens a window with given folder uri(s)
  --file-uri <uri>                  Opens a window with given file uri(s)
```

图 6-1 命令行帮助

## 6.1.2　通过命令行启动 Visual Studio Code

你可以通过命令行快速地启动 Visual Studio Code。如图 6-2 所示，通过在命令行中输入 code .，你可以启动 Visual Studio Code 并直接打开当前文件夹。

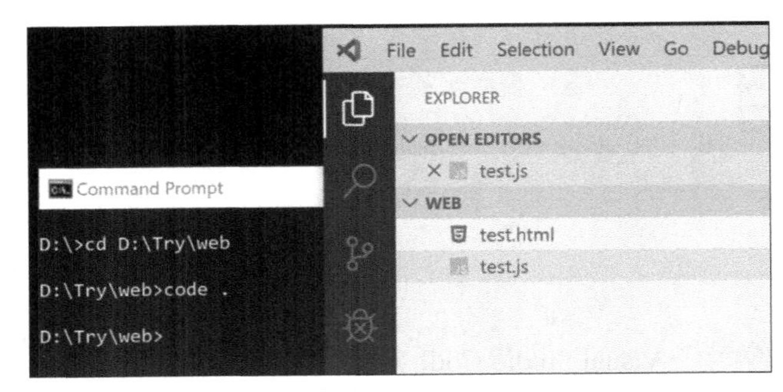


图 6-2　启动 Visual Studio Code

Visual Studio Code Insiders 可以通过 code-insiders .来启动。

## 6.1.3　命令行核心选项

下表列出了一些命令行核心选项（参数）。

| 参数 | 样例 | 描述 |
|---|---|---|
| -h 或 --help | code -h | 输出帮助信息 |
| -v 或--version | code -v | 输出 Visual Studio Code 的版本信息 |
| -n 或--new-window | code -n . | 打开一个新的 Visual Studio Code 窗口 |
| -r 或--reuse-window | code -r . | 在已有的 Visual Studio Code 窗口中打开文件或文件夹 |
| -g 或--goto | code --goto package.json:10:5 | 在此参数之后加上 file:line[:character]参数，打开文件时可以定位到相应位置 |
| -d 或--diff | code --diff <file1> <file2> | 进行文件比较，参数后面加上两个文件路径 |
| -w 或--wait | code --wait <file> | 等待文件被关闭 |
| --locale <locale> | code . --locale zh-CN | 设置显示的语言 |

## 6.1.4　打开文件和文件夹

通过命令行，可以在 Visual Studio Code 中直接打开或新建文件。如果相应的文件不存在，Visual Studio Code 就会创建相应的文件。

在一个空文件夹下执行下面的命令，会创建 index.html、style.css、readme.md 这 3 个文件，以及 documentation 文件夹，其中 readme.md 文件位于 documentation 文件夹下。

```
code index.html style.css documentation\readme.md
```

### 6.1.5　通过命令行管理插件

通过命令行，可以管理 Visual Studio Code 的插件。命令行中使用的参数如下表所示。

| 参数 | 描述 |
|---|---|
| --extensions-dir <dir> | 设置插件的根目录 |
| --install-extension <ext> | 安装插件。把完整的插件 id（publisher.extension）作为参数 |
| --uninstall-extension <ext> | 卸载插件。把完整的插件 id（publisher.extension）作为参数 |
| --disable-extensions | 禁用所有的插件 |
| --list-extensions | 列出所有已经安装的插件 |
| --show-versions | 当使用--list-extensions 时，显示安装的插件的版本信息 |
| --enable-proposed-api <ext> | 开启插件 proposed api 的功能。把完整的插件 id（publisher.extension）作为参数 |

### 6.1.6　命令行高级选项

我们再来看一下命令行有哪些高级选项（参数），如下表所示。

| 参数 | 描述 |
|---|---|
| --extensions-dir <dir> | 设置插件的目录 |
| --user-data-dir <dir> | 设置存储用户数据的目录 |
| -s, --status | 输出进程的使用情况及诊断信息 |
| --disable-gpu | 禁用 GPU 硬件加速 |
| --verbose | 输出详细信息 |
| --prof-startup | 在启动时进行 CPU 分析 |
| --upload-logs | 上传当前会话的日志信息 |

## 6.2　IntelliSense

IntelliSense 经常被翻译为“智能提示”，它包含一系列与代码编辑相关的功能：代码补全、参数信息、快速信息等。

### 6.2.1　不同编程语言的 IntelliSense

对于 JavaScript、TypeScript、JSON、HTML、CSS、SCSS 和 Less 这 7 种语言，Visual Studio Code 提供了内置的 IntelliSense 支持。对于其他语言，则需要安装相应的插件来提供 IntelliSense 的支持。

图 6-3 所示的是最受欢迎的 8 个编程语言插件，它们都提供了 IntelliSense 的支持。

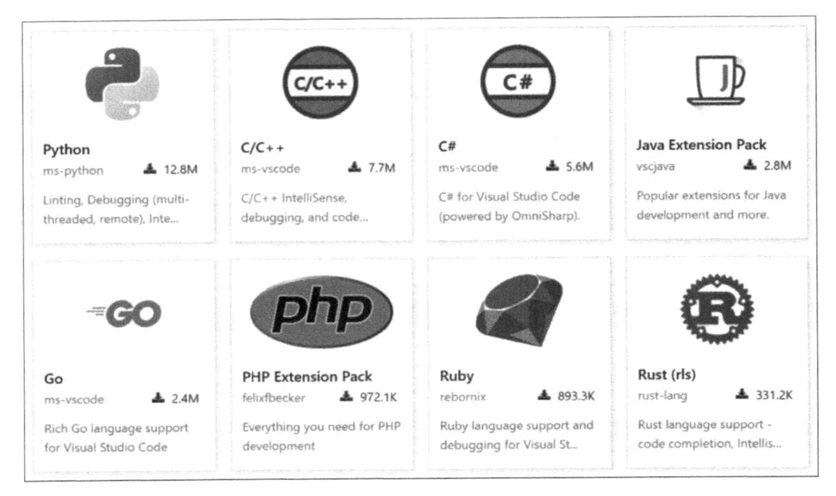


图 6-3　最受欢迎的 8 个编程语言插件

对其他编程语言的 IntelliSense 支持，开发者可以访问插件市场（见参考资料[16]），搜索合适的插件并安装。

## 6.2.2 IntelliSense 功能

Visual Studio Code 的 IntelliSense 功能由语言服务（Language Server）驱动。当你在输入代码时，如果语言服务能推算出潜在的代码补全，那么就会显示 IntelliSense 的代码补全提示。按下 Tab 键或 Enter 键就可以插入所选择的补全选项。

此外，通过按下 Ctrl+Space 快捷键或输入句点符号（.），可以主动触发 IntelliSense 功能。

如图 6-4 所示，通过语言服务的强有力支持，对于每一个函数，你都可以看到相应的快速提示信息。

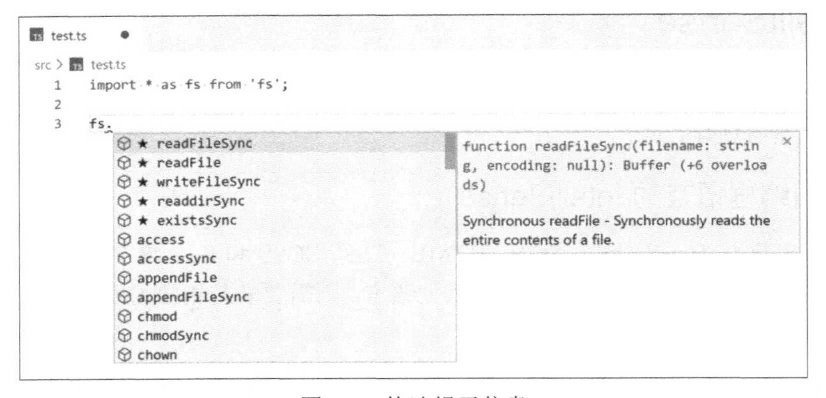


图 6-4　快速提示信息

如图 6-5 所示，在选择了一个函数后，会显示相应的参数信息。

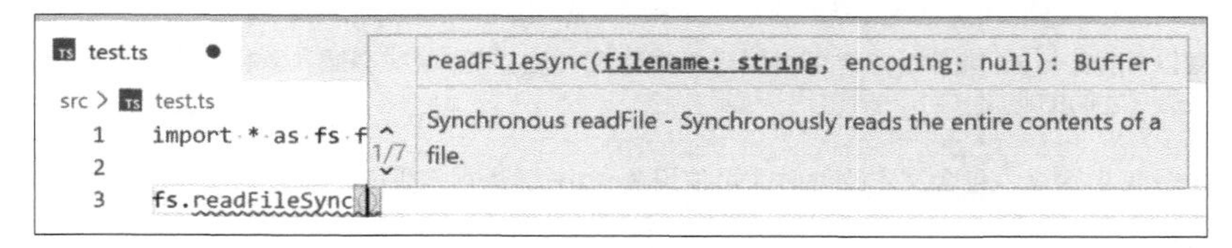


图 6-5　参数信息

## 6.2.3　自动补全的类型

Visual Studio Code 的 IntelliSense 提供了不同类型的自动补全功能，包括由语言服务驱动的代码补全、代码片段提示及基于单词的文字补全。下表列出了所有的自动补全的类型。

| 类型 | ID |
| --- | --- |
| 方法和函数 | method、function |
| 变量和字段 | variable、field |
| 类 | class |
| 接口 | interface |
| 模块 | module |
| 属性 | property |
| 值和枚举 | value、enum |
| 引用 | reference |
| 关键字 | keyword |
| 颜色 | color |
| 单元 | unit |
| 代码片段前缀 | snippet |
| 单词 | text |

## 6.2.4　自定义 IntelliSense

开发者可以根据自己的实际情况来定制化 IntelliSense 的使用体验。

### 1. 设置

下面显示的是与 IntelliSense 相关的默认设置，可根据需要在设置中进行更改。

```
{
    //控制是否在键入代码时自动显示建议
    "editor.quickSuggestions": {
        "other": true,
        "comments": false,
```

```
        "strings": false
    },

//控制除 Tab 键以外，Enter 键是否同样可以用来接受建议。这样能减少 “插入新行”和
//“接受建议”命令之间的歧义
    // - on
    // - smart:仅当建议中包含文本改动时才可使用 Enter 键进行接受
    // - off
    "editor.acceptSuggestionOnEnter": "on",

    //控制显示快速建议前的等待时间(毫秒)
    "editor.quickSuggestionsDelay": 10,

    //控制在键入触发字符后是否自动显示建议
    "editor.suggestOnTriggerCharacters": true,

//启用 Tab 补全
// - on:在按下 Tab 键时进行 Tab 补全，将插入最佳匹配建议
// - off:禁用 Tab 补全
// - onlySnippets:在前缀匹配时进行 Tab 补全。在"quickSuggestions"未启用时体验最好
"editor.tabCompletion": "on",

    //控制排序时是否提高靠近光标的词语的优先级
    "editor.suggest.localityBonus": true,

//控制在建议列表中如何预先选择建议
// - first:始终选择第一个建议
// - recentlyUsed:选择最近的建议，除非进一步键入其他项
//例如键入 console.会选择建议 console.log，因为最近补全过 log
// - recentlyUsedByPrefix:根据之前补全过的建议的前缀来进行选择
//例如，键入 co 会选择建议 console，键入 con 会选择建议 const
    "editor.suggestSelection": "recentlyUsed",

    //控制是否根据文档中的文字提供建议列表
    "editor.wordBasedSuggestions": true,

    //是否在输入时显示含有参数文档和类型信息的小面板
    "editor.parameterHints.enabled": true,
}
```

### 2. 快捷键绑定

下面显示的是与 IntelliSense 相关的快捷键绑定，可根据需要在快捷键绑定设置中进行更改。

```
[
  {
    "key": "ctrl+space",
    "command": "editor.action.triggerSuggest",
    "when": "editorHasCompletionItemProvider && editorTextFocus && !editorReadonly"
  },
  {
    "key": "ctrl+space",
```

```
    "command": "toggleSuggestionDetails",
    "when": "editorTextFocus && suggestWidgetVisible"
  },
  {
    "key": "ctrl+alt+space",
    "command": "toggleSuggestionFocus",
    "when": "editorTextFocus && suggestWidgetVisible"
  }
]
```

## 6.3　代码导航

规模越大的项目，越需要代码导航。下面我们就来学习一下 Visual Studio Code 强大的代码导航功能。

### 6.3.1　文件快速导航

相信大家都会使用文件资源管理器来跳转到不同的文件。但是，当你专注于某一个任务时，会发现自己经常在一组文件之间进行跳转。针对这种情形，Visual Studio Code 提供了多种强大的快捷键来帮助你快速跳转到不同的文件。

按住 Ctrl 键，同时按下 Tab 键，就能看到所有打开的文件，如图 6-5 所示。再继续按下 Tab 键，就可以在不同的文件之间进行选择。释放 Ctrl 键，就能打开相应的文件。

图 6-5　所有打开的文件

此外，通过 Alt+Left 和 Alt+Right 快捷键，可以在不同的编辑位置进行跳转。特别是当你在一个大文件中的不同行之间进行跳转时，这两个快捷键会十分方便。

如果你想在任意文件之间进行跳转，那么可以使用 Ctrl+P 快捷键。

### 6.3.2　面包屑导航

编辑器上方的导航栏被称为面包屑导航（Breadcrumbs）。如图 6-6 所示，面包屑导航能够显示当前的位置，使你能快速地跳转到不同的文件夹、文件或符号。

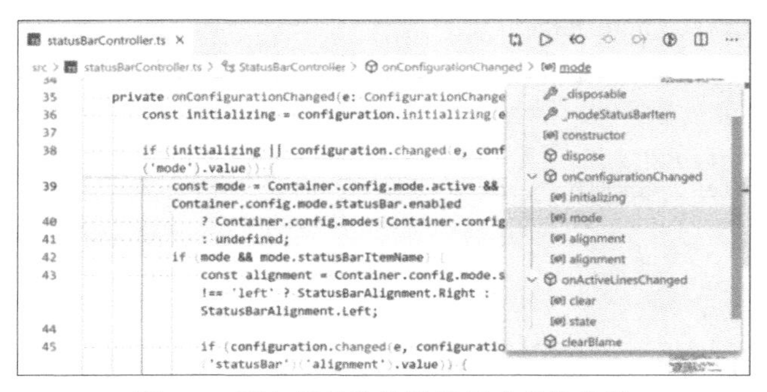

图 6-6　面包屑导航能够显示当前的位置

下面列出了与面包屑导航相关的配置项及相应的默认值。通过改变这些设置，可以自定义面包屑导航。

```
// 启用/禁用导航路径
"breadcrumbs.enabled": true,

// 控制是否及如何在导航路径视图中显示文件路径
//  - on: 在导航路径视图中显示文件路径
//  - off: 不在导航路径视图中显示文件路径
//  - last: 在导航路径视图中仅显示文件路径的最后一个元素
"breadcrumbs.filePath": "on",

// 使用图标渲染面包屑导航项
"breadcrumbs.icons": true,

// 启用后，面包屑导航栏将显示数组符号
"breadcrumbs.showArrays": true,

// 启用后，面包屑导航栏将显示布尔符号
"breadcrumbs.showBooleans": true,

// 启用后，面包屑导航栏显示类符号
"breadcrumbs.showClasses": true,

// 启用后，面包屑导航栏将显示常量符号
"breadcrumbs.showConstants": true,

// 启用后，面包屑导航栏将显示构造函数符号
"breadcrumbs.showConstructors": true,

// 启用后，面包屑导航栏将显示 "enumMember" 符号
"breadcrumbs.showEnumMembers": true,

// 启用后，面包屑导航栏将显示枚举符号
"breadcrumbs.showEnums": true,

// 启用后，面包屑导航栏将显示事件符号
```

```
"breadcrumbs.showEvents": true,

// 启用后，面包屑导航栏将显示字段符号
"breadcrumbs.showFields": true,

// 启用后，面包屑导航栏将显示文件符号
"breadcrumbs.showFiles": true,

// 启用后，面包屑导航栏将显示函数符号
"breadcrumbs.showFunctions": true,

// 启用后，面包屑导航栏将显示接口符号
"breadcrumbs.showInterfaces": true,

// 启用后，面包屑导航栏将显示键符号
"breadcrumbs.showKeys": true,

// 启用后，面包屑导航栏将显示方法符号
"breadcrumbs.showMethods": true,

// 启用后，面包屑导航栏将显示模块符号
"breadcrumbs.showModules": true,

// 启用后，面包屑导航栏将显示命名空间符号
"breadcrumbs.showNamespaces": true,

// 启用后，面包屑导航栏将显示"null"符号
"breadcrumbs.showNull": true,

// 启用后，面包屑导航栏将显示数字符号
"breadcrumbs.showNumbers": true,

// 启用后，面包屑导航栏将显示对象符号
"breadcrumbs.showObjects": true,


// 启用后，面包屑导航栏将显示运算符符号
"breadcrumbs.showOperators": true,

// 启用后，面包屑导航栏将显示包符号
"breadcrumbs.showPackages": true,

// 启用后，面包屑导航栏将显示属性符号
"breadcrumbs.showProperties": true,

// 启用后，面包屑导航栏将显示字符串符号
"breadcrumbs.showStrings": true,

// 启用后，面包屑导航栏将显示结构符号
"breadcrumbs.showStructs": true,
```

```
// 启用后，面包屑导航栏将显示"typeParameter"符号
"breadcrumbs.showTypeParameters": true,

// 启用后，面包屑导航栏将显示变量符号
"breadcrumbs.showVariables": true,

// 控制是否及如何在导航路径视图中显示符号
//  - on: 在导航路径视图中显示所有符号
//  - off: 不在导航路径视图中显示符号
//  - last: 在导航路径视图中仅显示当前符号
"breadcrumbs.symbolPath": "on",

// 控制导航路径大纲视图中符号的排序方式
//  - position: 以文件位置顺序显示符号大纲
//  - name: 以字母顺序显示符号大纲
//  - type: 以符号类型顺序显示符号大纲
"breadcrumbs.symbolSortOrder": "position",
```

### 6.3.3 代码导航右键菜单

在编辑器区域中，把鼠标放到任意一个符号上，然后单击右键，就会显示右键菜单。在右键菜单最上面的一个分组中，包含了与代码导航相关的命令。通过这些命令，你可以快速地在不同的代码之间进行切换。

如图 6-7 所示，右键菜单的最上面的一个分组包含了 5 种最常用的代码导航命令：Go to Definition（转到定义）、Peek Definition（查看定义）、Go to Type Definition（转到类型定义）、Find All References（查找所有引用）和 Peek References（查看引用）。

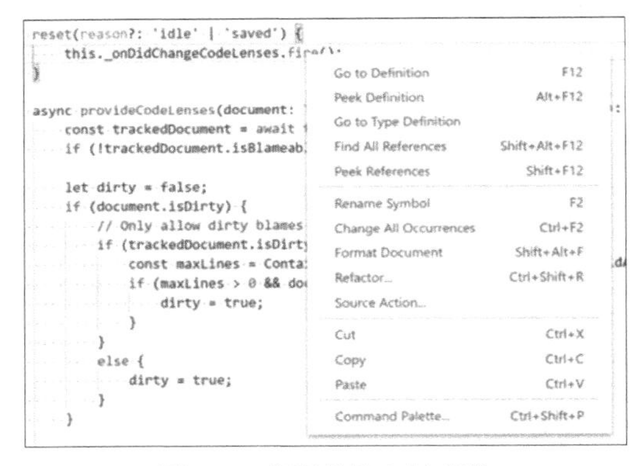


图 6-7 代码导航右键菜单

### 6.3.4 跳转到定义

通过 F12 快捷键或编辑区域右键菜单中的 Go to Definition，你可以跳转到一个符号的相应定义。

按下 Ctrl 快捷键，并且悬停在一个符号上，就会出现相应的声明预览。图 6-8 所示的是一个函数的声明预览。

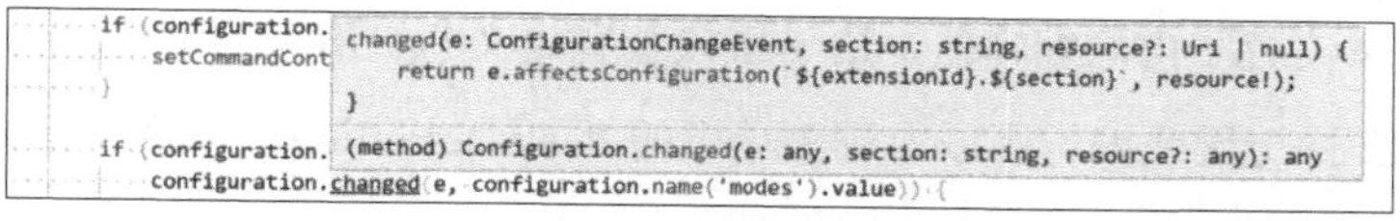

```
if (configuration.   changed(e: ConfigurationChangeEvent, section: string, resource?: Uri | null) {
    setCommandCont       return e.affectsConfiguration(`${extensionId}.${section}`, resource!);
}                    }

if (configuration.   (method) Configuration.changed(e: any, section: string, resource?: any): any
    configuration.changed(e, configuration.name('modes').value)) {
```

图 6-8　函数的声明预览

通过 Ctrl+Click 快捷键，你可以跳转到该声明对应的定义。通过 Ctrl+Alt+Click 快捷键，你可以把定义所在的文件在另一侧打开。

## 6.3.5　跳转到类型定义

通过编辑区域右键菜单中的 Go to Type Definition，可以跳转到一个符号的类型定义。跳转到类型定义的命令 editor.action.goToTypeDefinition 并没有绑定默认的快捷键，你可以在快捷键编辑器中为其定义相应的快捷键。

## 6.3.6　查找所有引用

通过 Shift+Alt+F12 快捷键或编辑区域右键菜单中的 Find All References，你可以查看一个符号的所有引用。

图 6-9 所示的是查找引用的结果视图，该视图中会列出一个符号的所有引用，并且可以使我们直接跳转到相应文件的相应行。

图 6-9　查找引用的结果视图

## 6.3.7 通过内联编辑器查看定义和引用

虽然有快捷键和右键菜单，但在不同的文件之间切换还是需要花费一定的时间的。所以，Visual Studio Code 支持了内联编辑器，用于直接查看定义和引用，而不用跳转到其他文件。

通过 Alt+F12 快捷键或编辑区域右键菜单中的 Peek Definition，可以查看定义。

通过 Shift+F12 快捷键或编辑区域右键菜单中的 Peek References，可以查看引用。

图 6-10 所展示的是内联编辑器，可用于直接查看定义和引用，我们也可以直接在内联编辑器中进行编辑。

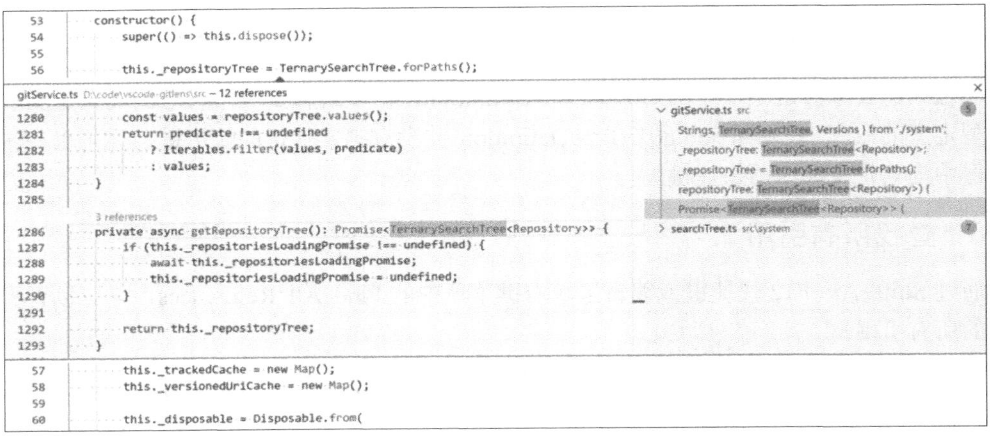

图 6-10 内联编辑器

## 6.3.8 引用信息

通过插件的支持，许多语言都能支持显示内联的引用信息，并且能实时更新这些信息。

如图 6-11 所示，在每一个函数及属性的上方都显示了引用信息，并且指明了相应的函数或属性在项目中被引用了多少次。

单击引用注释，相当于直接调用 Peek References（查看引用）来显示内联编辑器中的引用信息。

```
    16 references
12  export class GitRecentChangeCodeLens extends CodeLens {
13
        2 references
14      constructor(
            3 references
15          public readonly symbol: SymbolInformation,
            6 references
16          public readonly uri: GitUri | undefined,
            2 references
17          private readonly blame: (() => GitBlameLines | undefined) | undefined,
            3 references
18          public readonly blameRange: Range,
            1 reference
19          public readonly isFullRange: boolean,
20          range: Range,
            1 reference
21          public readonly desiredCommand: CodeLensCommand,
22          command?: Command | undefined
23      ) {
24          super(range, command);
25      }
26
        1 reference
27      getBlame(): GitBlameLines | undefined {
28          return this.blame && this.blame();
29      }
30  }
```

图 6-11　内联的引用信息

## 6.3.9　跳转到实现

通过 Ctrl+F12 快捷键，可以跳转到一个符号的相应实现。

如果该符号是一个接口，则会显示接口的所有实现。

如果该符号是一个抽象函数，则会显示这个函数的所有具体实现。

## 6.3.10　跳转到文件中的符号

通过 Ctrl+Shift+O 快捷键，可以跳转到当前文件中的不同符号。如图 6-12 所示，通过输入“:”，所有的符号都会按类型进行分组。通过使用上/下键，可以选择不同的符号，然后进行跳转。

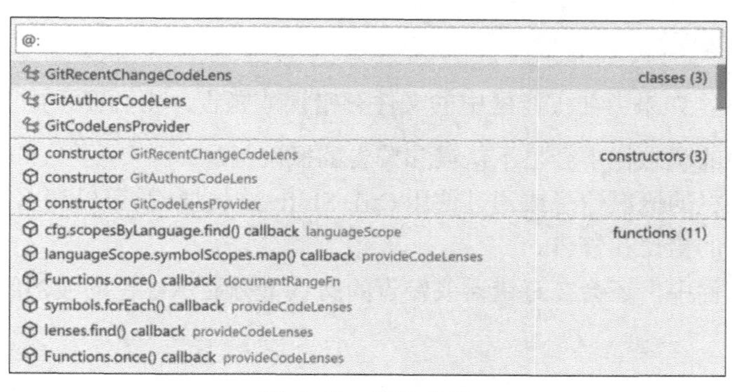


图 6-12　符号分组

### 6.3.11 跳转到工作区中的符号

通过 Ctrl+T 快捷键，你可以查看当前工作区中的所有符号。

如图 6-13 所示，在命令面板中可以输入你想要搜索的符号的名字进行进一步查找。通过使用上/下键，可以选择不同的符号，然后进行跳转。

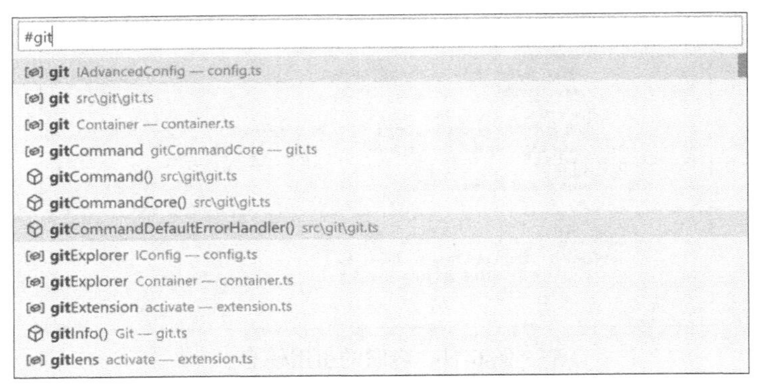


图 6-13 搜索符号

### 6.3.12 括号匹配

如图 6-14 所示，对于匹配的括号，当鼠标放在某一个括号上时，相对应的括号也会被高亮显示。

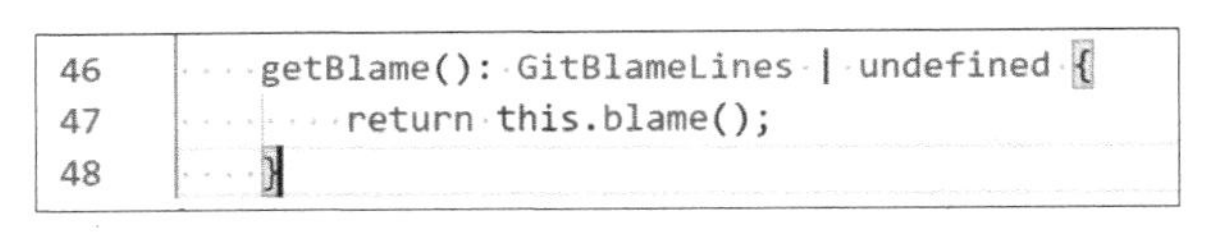


图 6-14 高亮显示匹配的括号

通过 Ctrl+Shift+\快捷键，可以在匹配的括号之间进行跳转。

### 6.3.13 错误与警告

如图 6-15 所示，如果当前工作区中的文件有错误或警告，则会在下面 3 个地方显示。

- 在左下角的状态栏中会显示错误和警告的概况信息。
- 单击状态栏的概况信息或通过使用 Ctrl+Shift+M 快捷键，可以调出 PROBLEMS 面板，显示所有的错误和警告。
- 在当前文件中，还会在有错误或警告的文本下方显示红色的波浪线。

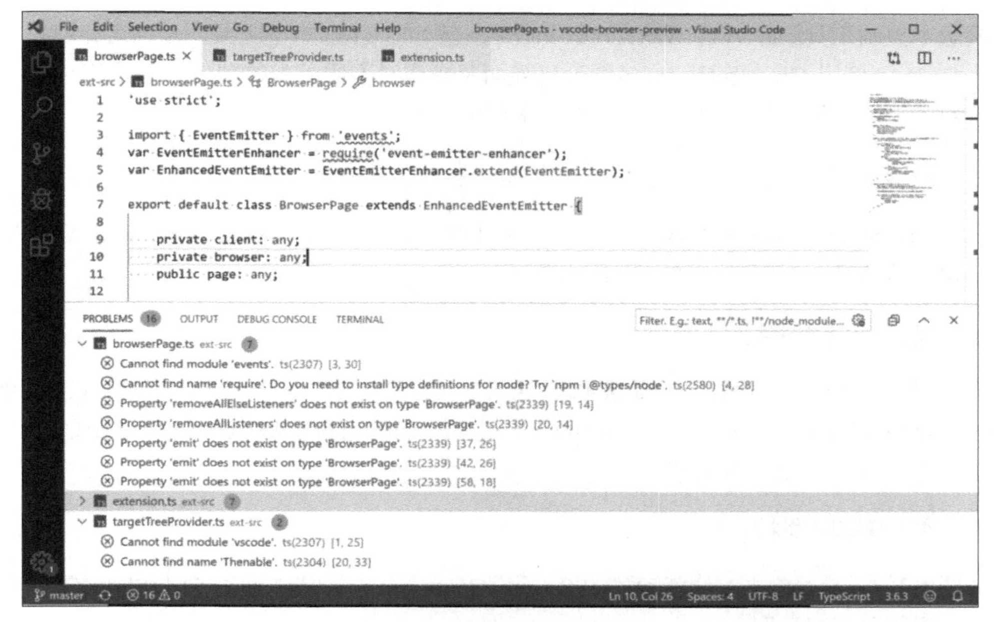


图 6-15　错误与警告的显示

通过 F8 或 Shift+F8 快捷键，可以在当前文件的错误和警告之间循环跳转，并查看错误详情。如图 6-16 所示，详细描述了当前的错误及相应的修复提示。

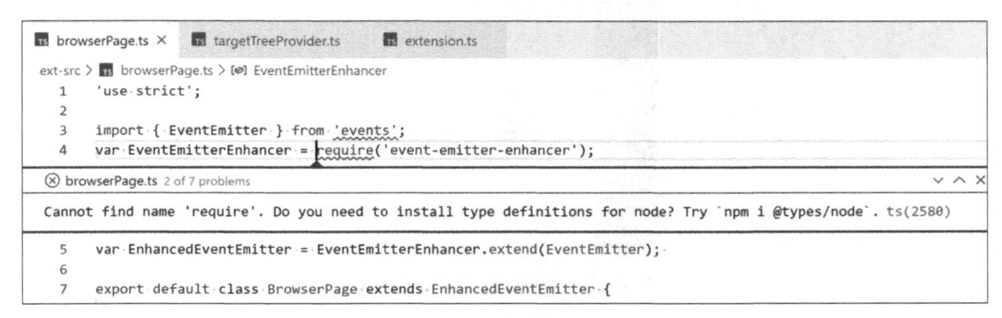


图 6-16　错误详情

## 6.4　玩转 Git

Visual Studio Code 对 Git 提供了开箱即用的支持。让我们一起来看一看如何玩转 Git 吧！

### 6.4.1　版本控制插件

Visual Studio Code 除了对 Git 提供了内置的支持，还可以通过安装其版本控制的插件来获得不同版本控制工具（如 SVN、Mercurial、Perforce 等）的支持。本节主要还是描述如何在 Visual Studio Code 中使用 Git。但是，许多图形化界面及操作对不同版本控制工具都是共享的，所以对于使用其他版本控制工具的开发者来说，本节内容也具有参考意义。

### 6.4.2 安装 Git

在 Visual Studio Code 使用 Git 之前，需要通过参考资料[17]中的链接下载并安装 Git。并且，需要确保安装的是 2.0.0 及以上的 Git 版本。

### 6.4.3 克隆 Git 仓库

通过 Ctrl+Shift+P 快捷键打开命令面板，输入并执行 Git: Clone 来克隆 Git 仓库。Visual Studio Code 会询问你远程仓库（如托管于 GitHub、GitLab、Bitbucket、Azure Repos 等上的仓库）的 URL 及存放本地仓库的文件夹路径。

### 6.4.4 源代码管理视图

如图 6-17 所示，单击左侧活动栏的 Source Control 按钮，或者通过 Ctrl+Shift+G 快捷键，可以打开源代码管理视图。

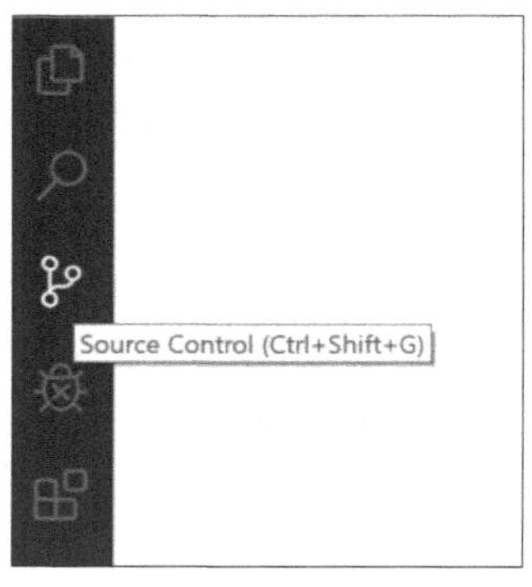


图 6-17 打开源代码管理视图

### 6.4.5 Git commit

如图 6-18 所示，在源代码管理视图中可以查看更改与暂存的更改。

对于暂存的更改的文件（如图 6-18 中的 gitContentProvider.ts），单击减号，可以取消暂存更改（相当于使用 git reset 命令）。

对于更改的文件（如图 6-18 中的 package-lock.json），单击加号，可以暂存更改（相当于使用 git add 命令）。

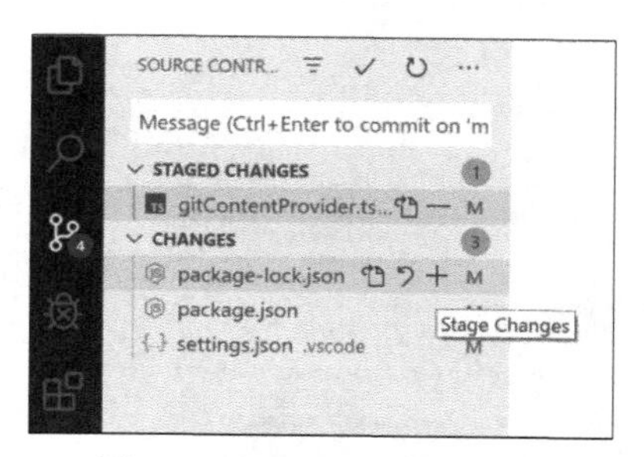


图 6-18 更改与暂存的更改

在消息输入框中输入提交信息，然后按下 Ctrl+Enter 快捷键（在 macOS 中是⌘+Enter 快捷键），可以直接提交代码。

如图 6-19 所示，单击右上角的 More Actions（...）按钮，可以查看更多 Git 操作。

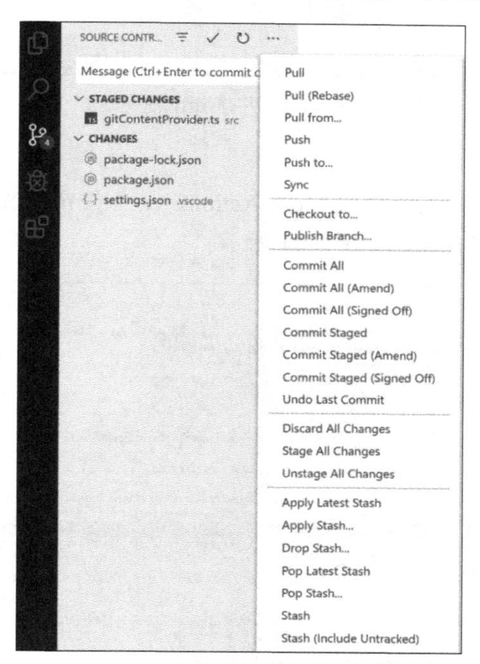


图 6-19 查看更多 Git 操作

### 6.4.6 Git diff

Visual Studio Code 支持两种 diff 视图：并排 diff 视图及内联 diff 视图。

#### 1. 并排 diff 视图

如图 6-20 所示，在源代码管理视图的文件列表中选择任意文件，就能查看该文件的并排 diff

视图。

```
SOURCE CONTR...
Message (Ctrl+Enter to commit on 'ma
STAGED CHANGES
gitContentProvider.ts  M
CHANGES
package-lock.json  M
package.json  M
settings.json .vscode  M

gitContentProvider.ts (Index) ×
1  'use strict';
2  import { CancellationToken, TextDocumentContentProvi
3  import { DocumentSchemes } from './constants';
4  import { Container } from './container';
5  import { GitService, GitUri } from './gitService';
6  import { Logger } from './logger';
7  import * as path from 'path';
8
9  export class GitContentProvider implements TextDocum
10
11     static scheme = DocumentSchemes.GitLensGit;
12
13     async provideTextDocumentContent(uri: Uri, token
14         const gitUri = GitUri.fromRevisionUri(uri);
15 -       if (!gitUri.repoPath || gitUri.sha === GitSe
16
17         try {
18             return await Container.git.getVersionedF
19         }
20         catch (ex) {
21 -           Logger.error(ex, 'GitContentProvider', '
22             window.showErrorMessage(`Unable to show 
23 -           return undefined;
24         }
25     }
26 }

1  'use strict';
2  import { CancellationToken, TextDocumentContentProvi
3  import { DocumentSchemes } from './constants';
4  import { Container } from './container';
5  import { GitService, GitUri } from './gitService';
6  import { Logger } from './logger';
7  import * as path from 'path';
8
9  export class GitContentProvider implements TextDocum
10
11     static scheme = DocumentSchemes.GitLensGit;
12
13     async provideTextDocumentContent(uri: Uri, token
14         const gitUri = GitUri.fromRevisionUri(uri);
15 +       if (!gitUri.repoPath || gitUri.sha === GitSe
16 +           return '';
17 +       }
18
19         try {
20             return await Container.git.getVersionedF
21         }
22         catch (ex) {
23             window.showErrorMessage(`Unable to show 
24 +           return 'HEAD';
25         }
26     }
27 }
```

图 6-20 并排 diff 视图

### 2. 内联 diff 视图

在并排 diff 视图下，单击右上角的 More Actions（...）按钮，选择 Switch to Inline View 选项，便可以切换到内联 diff 视图，如图 6-21 所示。

```
SOURCE CONTR...
Message (Ctrl+Enter to commit on 'ma
STAGED CHANGES
gitContentProvider.ts  M
CHANGES
package-lock.json  M
package.json  M
settings.json .vscode  M

gitContentProvider.ts (Index) ×
1   1  'use strict';
2   2  import { CancellationToken, TextDocumentContentProvider, Uri, window } from 'vscode';
3   3  import { DocumentSchemes } from './constants';
4   4  import { Container } from './container';
5   5  import { GitService, GitUri } from './gitService';
6   6  import { Logger } from './logger';
7   7  import * as path from 'path';
8   8
9   9  export class GitContentProvider implements TextDocumentContentProvider {
10  10
11  11     static scheme = DocumentSchemes.GitLensGit;
12  12
13  13     async provideTextDocumentContent(uri: Uri, token: CancellationToken): Promise<string | undefined> {
14  14         const gitUri = GitUri.fromRevisionUri(uri);
15     -       if (!gitUri.repoPath || gitUri.sha === GitService.deletedSha) return '';
    15 +       if (!gitUri.repoPath || gitUri.sha === GitService.deletedSha) {
    16 +           return '';
    17 +       }
16  18
17  19         try {
18  20             return await Container.git.getVersionedFileText(gitUri.repoPath, gitUri.fsPath, gitUri.sha ||
19  21         }
20  22         catch (ex) {
21     -           Logger.error(ex, 'GitContentProvider', 'getVersionedFileText');
22  23             window.showErrorMessage(`Unable to show Git revision ${GitService.shortenSha(gitUri.sha)} of '$
23     -           return undefined;
    24 +           return 'HEAD';
24  25         }
25  26     }
26  27 }
```

图 6-21 内联 diff 视图

## 6.4.7 Git 分支

在左下角的状态栏中会显示当前的 Git 分支。如图 6-22 所示，当前的 Git 分支为 vnext。

图 6-22　当前的 Git 分支

单击状态栏上的 Git 分支，你可以看到当前仓库的所有分支和标签，如图 6-23 所示。通过选择相应的分支或标签，Visual Studio Code 可以在不同的分支或标签之间进行切换。此外，你还可以选择 Create new branch 命令，然后输入分支的名字，Visual Studio Code 便会创建新的分支并切换到该分支。

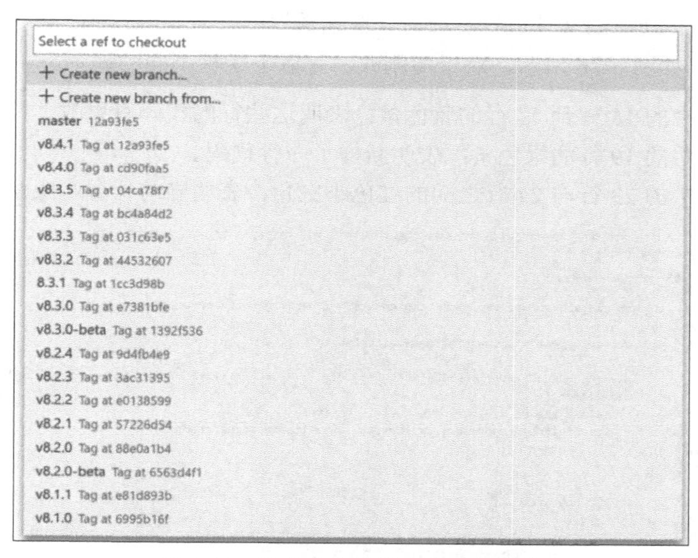


图 6-23　当前仓库的所有分支与标签

### 6.4.8　Git 状态栏

在左下角的状态栏中，Git 分支的右侧有“同步更改”的操作。

如图 6-24 所示，如果当前的分支已经配置了上游分支，那么“同步更改”会显示以下两个信息。

- 左边的数字：代表远程分支比本地分支多了多少 Git commit。
- 右边的数字：代表本地分支比远程分支多了多少 Git commit。

单击“同步更改”按钮，会拉取远程分支的代码到本地分支，并且推送本地的 Git commit 到远程分支。

图 6-24　同步更改

如图 6-25 所示，如果当前分支没有配置上游分支，则会显示“发布更改”的按钮。

单击“发布更改”按钮，会把当前的本地分支发布到远程仓库。

图 6-25 发布更改

### 6.4.9 Gutter 提示

当你对本地 Git 仓库的文件进行更改时，在编辑器的行号与源代码之间的沟槽（Gutter）中会有相应的提示。如图 6-26 所示，对于增删改，有以下 3 种不同的提示。

- 图 6-26 中的 15 行到 17 行的蓝色条：表明这些行的代码有更改。
- 图 6-26 中的 19 行的绿色条：表明新增了一行代码。
- 图 6-26 中的 23 行与 24 行之间的红色小三角：表明当前位置删除了代码。

```
gitContentProvider.ts ×
src > gitContentProvider.ts > ...
 8
 9  export class GitContentProvider implements TextDocumentContentProvider {
10
11      static scheme = DocumentSchemes.GitLensGit;
12
13      async provideTextDocumentContent(uri: Uri, token: CancellationToken): Promise<string |
        undefined> {
14          const gitUri = GitUri.fromRevisionUri(uri);
15          if (!gitUri.repoPath || gitUri.sha === GitService.deletedSha) {
16              return '';
17          }
18
19          // new line
20          try {
21              return await Container.git.getVersionedFileText(gitUri.repoPath, gitUri.fsPath,
                gitUri.sha || 'HEAD');
22          }
23          catch (ex) {
24              window.showErrorMessage(`Unable to show Git revision ${GitService.shortenSha
                (gitUri.sha)} of '${path.relative(gitUri.repoPath, gitUri.fsPath)}'`);
25              return 'HEAD';
26          }
27      }
28  }
```

图 6-26 Gutter 提示

### 6.4.10 合并冲突

当 Visual Studio Code 检测到 Git 合并冲突时，冲突的部分会被高亮显示。

如图 6-27 所示，除了冲突的部分会被高亮显示，还会有不同的内联操作帮助你快速比较及解决冲突，如下所示。

- Accept Current Change：保留当前的更改。
- Accept Incoming Change：保留新进来的更改。
- Accept Both Changes：保留所有的更改。

- Compare Changes：在 diff 视图中比较更改。

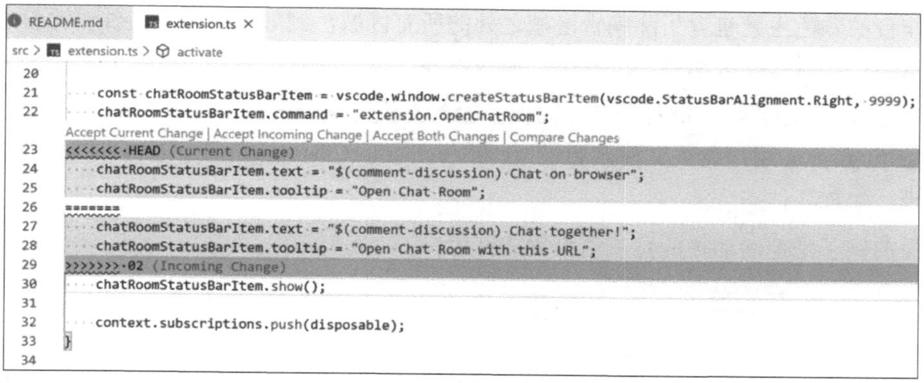

```
README.md    extension.ts ×
src > extension.ts > activate
20
21      const chatRoomStatusBarItem = vscode.window.createStatusBarItem(vscode.StatusBarAlignment.Right, 9999);
22      chatRoomStatusBarItem.command = "extension.openChatRoom";
    Accept Current Change | Accept Incoming Change | Accept Both Changes | Compare Changes
23  <<<<<<< HEAD (Current Change)
24      chatRoomStatusBarItem.text = "$(comment-discussion) Chat on browser";
25      chatRoomStatusBarItem.tooltip = "Open Chat Room";
26  =======
27      chatRoomStatusBarItem.text = "$(comment-discussion) Chat together!";
28      chatRoomStatusBarItem.tooltip = "Open Chat Room with this URL";
29  >>>>>>> 02 (Incoming Change)
30      chatRoomStatusBarItem.show();
31
32      context.subscriptions.push(disposable);
33  }
34
```

图 6-27　快速比较及解决冲突

一旦合并的冲突被解决，就可以暂存更改再提交更改了。

### 6.4.11　把 Visual Studio Code 作为 Git 编辑器

在命令行中，运行 git config --global core.editor "code --wait"，就能把 Visual Studio Code 设置成 Git 的默认编辑器。然后，在命令行中运行 git config --global -e，就会调出 Visual Studio Code 来打开全局的.gitconfig 文件，以配置 Git。

在.gitconfig 文件中添加以下配置，把 Visual Studio Code 设置成 Git 的比较及合并工具。

```
[diff]
   tool = default-difftool
[difftool "default-difftool"]
cmd = code --wait --diff $LOCAL $REMOTE
[merge]
   tool = code
```

通过以上配置，Visual Studio Code 已经被完全配置为 Git 编辑器了，下面是一些 Git 命令的例子。

- git commit：使用 Visual Studio Code 来编辑 commit 信息。
- git difftool <commit>^ <commit>：使用 Visual Studio Code 作为 commit 比较工具。

## 6.5　打造自己的主题

在 5.5 节中，我们对于 Visual Studio Code 的主题已经有了初步了解。其实，除了使用 Visual Studio Code 自带的主题或安装插件市场上的第三方主题插件，你完全可以自定义一套属于自己的主题！

### 6.5.1 自定义工作台的颜色主题

工作台的颜色主题包含了除编辑区域之外的所有区域，例如活动栏、文件资源管理器、菜单栏、状态栏、通知、滚动条、进度条、输入控件、按钮等。

通过 Ctrl+Shift+P 快捷键打开命令面板，输入并执行 Preferences: Open Settings (JSON)，即可打开 settings.json 用户设置文件。通过 workbench.colorCustomizations 选项可以对工作台的颜色主题进行配置。

下面的例子是把活动栏的背景色设置成红色。

```
"workbench.colorCustomizations": {
    "activityBar.background": "#ff0000"
}
```

如图 6-28 所示，在 settings.json 用户设置文件中进行工作台主题设置时，会出现相应设置的智能提示。

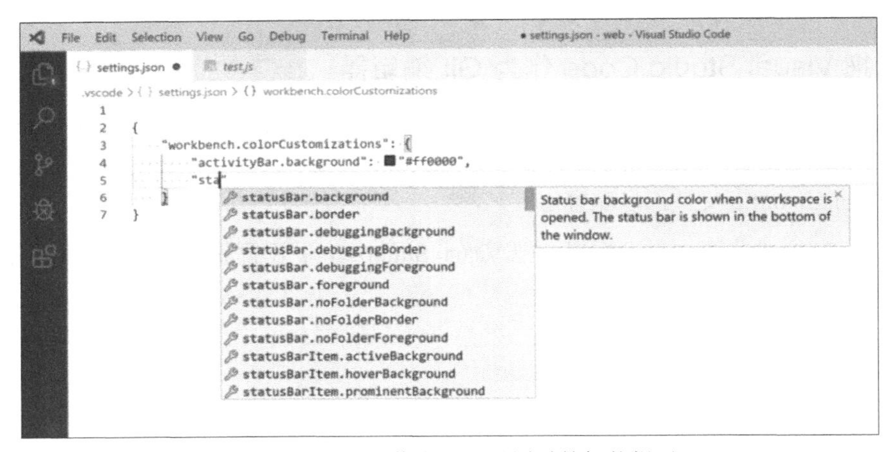


图 6-28　进行工作台主题设置时的智能提示

下面列举了一些最基本的颜色配置。

- focusBorder：设置焦点元素的边框颜色。
- foreground：设置前景颜色。
- widget.shadow：设置窗口小部件（例如编辑器的搜索框）的阴影颜色。
- selection.background：设置被选中的文本的背景颜色。
- descriptionForeground：设置描述性文本的前景颜色。
- errorForeground：设置错误信息的前景颜色。
- icon.foreground：设置图标的前景颜色。

如果你只想基于某一个主题来进行颜色配置，则可以使用下面的语法。下面是针对 Monokai

主题的侧边栏的背景颜色进行的配置。

```
"workbench.colorCustomizations": {
    "[Monokai]": {
        "sideBar.background": "#347890"
    }
}
```

## 6.5.2　自定义编辑器的颜色主题

编辑器的颜色主题定义了编辑区域的相关颜色配置。

通过 Ctrl+Shift+P 快捷键打开命令面板，输入并执行 Preferences: Open Settings (JSON)，即可打开 settings.json 用户设置文件。通过 editor.tokenColorCustomizations 可以对编辑区域的颜色主题进行配置。

下面的例子是把编辑区域中的注释设置成绿色。

```
"editor.tokenColorCustomizations": {
    "comments": "#00ff00"
}
```

如图 6-29 所示，与设置工作台的颜色主题类似，在 settings.json 用户设置文件中设置编辑器颜色主题时，也会出现相应设置的智能提示。

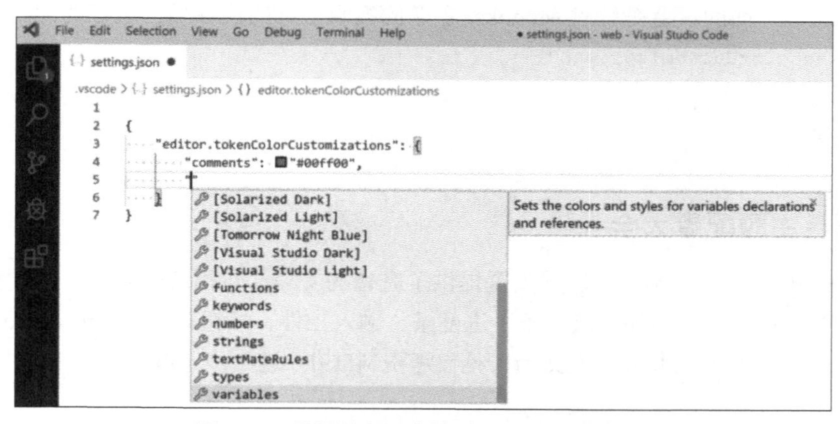


图 6-29　设置编辑器颜色主题时的智能提示

设置编辑器颜色主题主要有下面 7 种预定义的语法符号。

- comments：设置注释的颜色和样式。
- functions：设置函数定义与引用的颜色和样式。
- keywords：设置关键字的颜色和样式。
- numbers：设置数字的颜色和样式。
- strings：设置字符串文本的颜色和样式。

- types：设置类型定义与引用的颜色和样式。
- variables：设置变量定义与引用的颜色和样式。

除了以上 7 种基本的语法符号，还可以通过 TextMate 主题颜色规则来定义更复杂的颜色和样式。例如下面的设置，就是通过 TextMate 主题颜色规则把双引号内的字符串文本设置为蓝色和粗体。

```
"editor.tokenColorCustomizations": {
    "textMateRules": [
        {
            "scope":"string.quoted.double",
            "settings": {
                "foreground": "#0000ff",
                "fontStyle": "bold"
            }
        }
    ]
}
```

TextMate 的语法十分复杂，如果读者有兴趣，可以参考 TextMate 官网的完整文档（见参考资料[18]）进行学习。

与设置工作台的颜色主题类似，如果你只想基于某一个主题来进行颜色配置，那么可以使用下面的语法。下面的设置是针对 Monokai 主题的编辑区域的注释颜色进行的配置。

```
"editor.tokenColorCustomizations": {
    "[Monokai]": {
        "comments": "#229977"
    }
}
```

### 6.5.3 颜色主题配置大全

Visual Studio Code 对颜色主题的配置提供了完整的文档，包括编辑区域、活动栏、资源管理器、菜单栏、状态栏、通知、滚动条、进度条、输入控件、按钮等所有 Visual Studio Code 用户界面的配置，读者可以参考官方文档（见参考资料[19]）进一步了解。

## 6.6 快速创建可复用的代码片段

可复用的代码片段即可复用的代码模板。除了可以通过安装相关的插件获取可复用的代码片段，你也可以创建属于自己的代码片段。

### 6.6.1 代码片段插件

Visual Studio Code 对 JavaScript 和 TypeScript 提供了开箱即用的代码片段。对于其他编程语

言，可以到 Visual Studio Code 插件市场搜索相关语言的插件，获取可复用的代码片段。

### 6.6.2　使用代码片段

有两种方式可以轻松地插入代码片段。

第一种方式，通过 Ctrl+Shift+P 快捷键打开命令面板，输入并执行 Insert Snippet 命令。以 JavaScript 为例，如图 6-30 所示，输入命令后会显示适合使用当前语言的所有代码片段的列表，选择相应的代码片段，就可以在光标所在的位置插入代码片段。

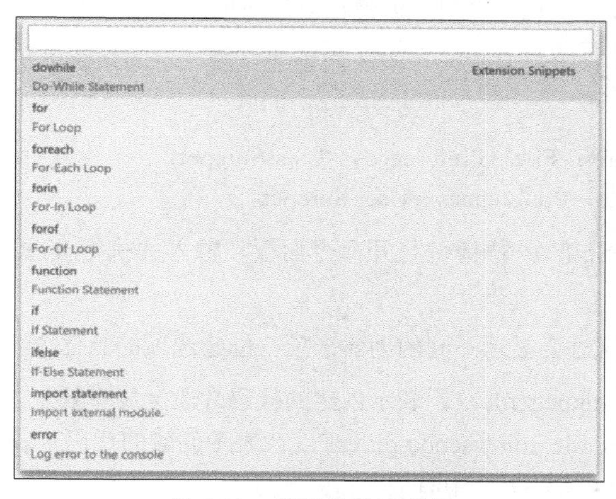


图 6-30　代码片段的列表

第二种方式，在编辑器中编写代码时，Visual Studio Code 会提供智能提示功能，通过智能提示即可插入代码片段，无须额外操作。如图 6-31 所示，代码片段也会出现在智能提示的提示列表中。

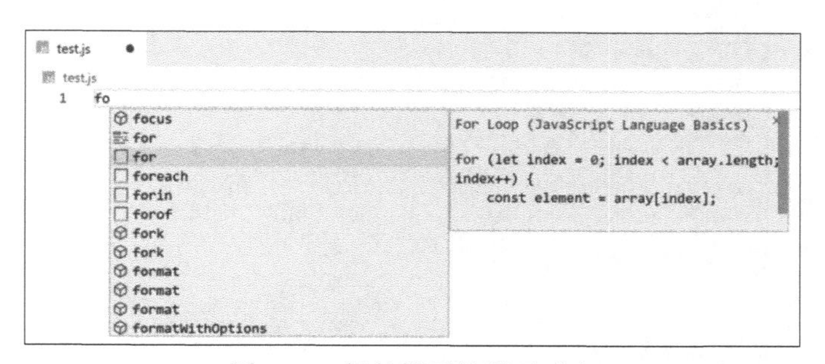


图 6-31　智能提示的提示列表

我们通过 Enter 键或 Tab 键选择 for 语句的代码片段，如图 6-32 所示，for 语句的代码片段会被直接插入 JavaScript 文件中。

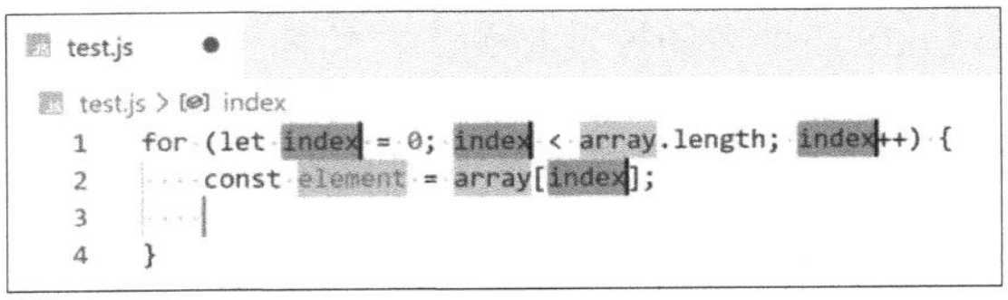

```
test.js
test.js > [@] index
1   for (let index = 0; index < array.length; index++) {
2       const element = array[index];
3       
4   }
```

图 6-32　JavaScript 的 for 语句代码片段

## 6.6.3　创建自定义的代码片段

不需要额外安装插件，也可以快速创建代码片段的定义文件来定制化代码片段。

首先通过以下菜单项来打开代码片段的创建选择器，不同系统下所使用的菜单分别如下所示。

- Windows/Linux：File→Preferences→User Snippets
- macOS：Code→Preferences→User Snippets

或者，通过 Ctrl+Shift+P 快捷键打开命令面板，输入并执行 Preferences: Configure User Snippets 命令。

如图 6-33 所示，这时会显示不同的创建选项，创建选项的具体说明如下所示。

- New Global Snippets file...：表示创建的代码片段全局有效。
- New Snippets file for 'vscode-gitlens'...：表示创建的代码片段只在当前的工作区目录（vscode-gitlens 文件夹）中有效。
- 其他语言选项：表示创建的代码片段只针对某种特定的语言有效。

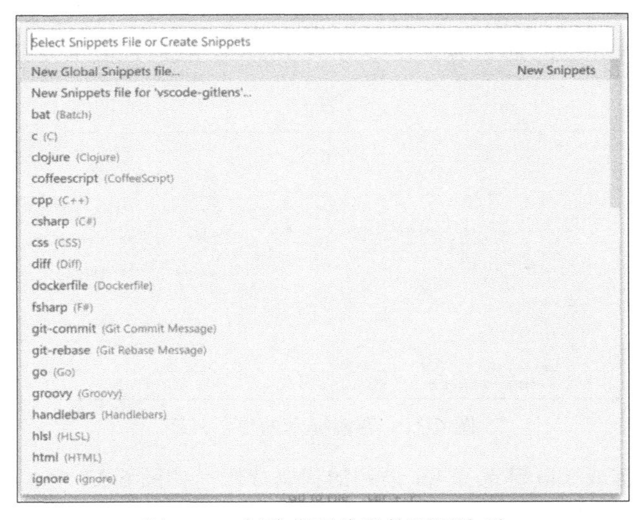


图 6-33　创建代码片段的不同选项

如果你选择 New Global Snippets file...或 New Snippets file for 'vscode-gitlens'...，则会有输入框提示你输入代码片段的文件名。输入文件名后，Visual Studio Code 会创建一个 ***.code-snippets 文件（***为你输入的文件名）。

如果你选择的是编程语言的选项，则 Visual Studio Code 会创建一个***.json 文件（***为相应编程语言的 ID）。比如，你选择了 JavaScript，则会创建一个 javascript.json 文件。

代码片段的定义文件是 JSON 格式的，并且支持 C 语言风格的注释。

下面是 JavaScript 的 for 循环语句的代码片段的一个例子。

```
// in file 'Code/User/snippets/javascript.json'
{
  "For Loop": {
    "prefix": ["for", "for-const"],
    "body": ["for (const ${2:element} of ${1:array}) {", "\t$0", "}"],
    "description": "A for loop."
  }
}
```

在上面的例子中，各部分的含义如下所示。

- For Loop：表示代码片段的名字。
- prefix：定义了代码片段在 IntelliSense 中触发的单词。字符串的子串也可以作为触发条件。在上面的例子中，fc 也会匹配上 for-const。
- body：定义了要被插入的代码片段。它使用了数组，每一个元素表示一行独立的内容。在上面的例子中，for 循环语句的代码片段有 3 行。
- description：可选项，定义了在 IntelliSense 中显示的描述性文本。

此外，例子中的 body 部分包含了 3 个占位符：${1:array}、${2:element}和 $0。在插入代码片段后，你可以通过 Tab 键在占位符之间进行跳转。冒号后面的字符串是默认的文本，如${2:element}中的 element。

## 6.6.4 代码片段的生效范围

代码片段有以下两个维度的生效范围。

- 语言维度：定义代码片段对于哪些语言生效。
- 项目维度：定义代码片段是在当前项目中生效还是在全局范围内生效。

### 1. 语言维度的生效范围

每一个代码片段都可以在一种、多种或所有语言的范围中生效。

一种语言的代码片段会被定义在对应语言的代码片段定义文件中，比如，JavaScript 的代码片段被定义在 javascript.json 中，Python 的代码片段被定义在 python.json 中，等等。

多语言的代码片段被定义在以.code-snippets 结尾的 JSON 文件中，该文件中的内容如下所示。

```
// in file 'Code/User/snippets/test.code-snippets'
{
  "For Loop": {
    "scope": "javascript,typescript",
    "prefix": ["for", "for-const"],
    "body": ["for (const ${2:element} of ${1:array}) {", "\t$0", "}"],
    "description": "A for loop."
  }
}
```

在上面的例子中，我们可以看到一个 scope 属性，它会包含一个或多个语言 ID，从而定义当前的代码片段对哪些语言生效。如果没有 scope 属性，那么当前的代码片段就会对所有语言生效。

#### 2. 项目维度的生效范围

在项目维度上，有两种生效范围：全局的代码片段和当前项目的代码片段。

通过 Ctrl+Shift+P 快捷键打开命令面板，输入并执行 Preferences: Configure User Snippets 命令，会显示不同的创建选项。New Global Snippets file...创建的是全局的代码片段，而 New Snippets file for '...'（其中的...会根据当前的文件夹显示为当前文件夹的名字）创建的是当前项目的代码片段。

当前项目的代码片段的定义文件位于.vscode 文件夹下的以.code-snippets 结尾的 JSON 文件中。对于多人协同开发的项目，当前项目维度的代码片段会十分有用。可以把代码片段的定义文件提交到代码版本控制系统，以便于代码片段的共享。

### 6.6.5 代码片段的语法

代码片段的定义文件中的 body 属性可以通过特殊的语法结构来控制光标及插入的文本内容。我们来看一看 body 属性的主要功能及相应的语法。

#### 1. Tabstops

通过 Tabstops，你可以使光标在代码片段中跳转。可以使用 $1、$2、$3 等代码片段中的字符来指定光标的位置。光标会根据指定的位置对 $1、$2、$3 等依次进行遍历。比较特殊的字符是 $0，它是光标抵达的最后一个位置。对于像数字一样的 Tabstops，在编辑代码片段时，Tabstops 中的文本内容也会随之更新，比如，一个代码片段中有多个 $1 这样的占位符，更改其中一个，其他的也会一起更改。

#### 2. 占位符

占位符是包含默认值的 Tabstops，如 ${1:foo}。占位符的文本会被默认地添加到相应

Tabstops 的位置。此外，占位符还能嵌套使用，如 ${1:another ${2:placeholder}}。

### 3. 选择

占位符可以把多个值作为文本内容。多个值以逗号分隔，并且用管道字符包围，如 ${1|one,two,three|}。如图 6-34 所示，当代码片段被插入时，会跳转到相应的占位符，然后出现下拉列表，以便选择相应的文本。

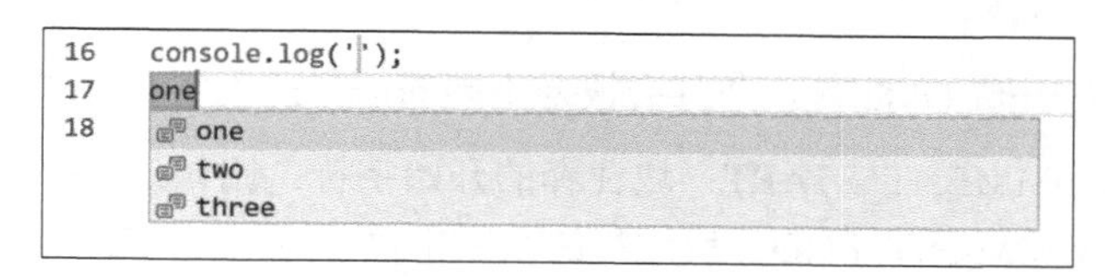


图 6-34　占位符的下拉列表

### 4. 变量

通过 $name 或 ${name:default}可以插入变量的值。当变量为空时，会插入默认值或空字符串。可以使用的变量如下所示。

- TM_SELECTED_TEXT：当前被选中的文本。
- TM_CURRENT_LINE：当前光标所在行的文本。
- TM_CURRENT_WORD：当前光标所在的单词。
- TM_LINE_INDEX：从 0 开始计数的行号。
- TM_LINE_NUMBER：从 1 开始计数的行号。
- TM_FILENAME：当前文件的文件名。
- TM_FILENAME_BASE：当前文件的文件名（不包含扩展名）。
- TM_DIRECTORY：当前文件的目录名。
- TM_FILEPATH：当前文件的完整路径。
- CLIPBOARD：当前剪贴板的文本内容。
- WORKSPACE_NAME：当前工作区的目录名。

下面的变量可以用来插入日期和时间。

- CURRENT_YEAR：当前的年份。
- CURRENT_YEAR_SHORT：当前年份的后两位数字。
- CURRENT_MONTH：当前月份的两位数字（如'02'）。
- CURRENT_MONTH_NAME：当前月份的全称（如'July'）。
- CURRENT_MONTH_NAME_SHORT：当前月份的简称（如'Jul'）。
- CURRENT_DATE：当前月份的某一天。
- CURRENT_DAY_NAME：当前是星期几（如'Monday'）。

- CURRENT_DAY_NAME_SHORT：当前是星期几（简称，如'Mon'）。
- CURRENT_HOUR：当前的小时数（24 小时制）。
- CURRENT_MINUTE：当前的分钟数。
- CURRENT_SECOND：当前的秒数。
- CURRENT_SECONDS_UNIX：UNIX 时间（从 UTC 1970 年 1 月 1 日 0 时 0 分 0 秒起至现在的总秒数）。

下面的变量可以用来插入注释，并且会根据不同的语言插入相应的注释。

- BLOCK_COMMENT_START：块注释的开始字符。比如，PHP 是/*，HTML 是<!--。
- BLOCK_COMMENT_END：块注释的结束字符。比如，PHP 是*/，HTML 是-->。
- LINE_COMMENT：行注释。比如，PHP 是//，HTML 是<!-- -->。

在下面的例子中，对于不同的语言会插入不同的代码片段：

- 对于 JavaScript，会插入/* Hello World */。
- 对于 HTML，会插入<!-- Hello World -->。

```
{
  "hello": {
    "scope": "javascript,html",
    "prefix": "hello",
    "body": "$BLOCK_COMMENT_START Hello World $BLOCK_COMMENT_END"
  }
}
```

### 6.6.6 为代码片段添加快捷键

通过 Ctrl+Shift+P 快捷键打开命令面板，输入并执行 Preferences: Open Keyboard Shortcuts (JSON)命令，可以打开定义快捷键的 keybindings.json 文件。下面的例子就添加了快捷键绑定，并且用"snippet"作为额外的参数。

```
{
  "key": "cmd+k 1",
  "command": "editor.action.insertSnippet",
  "when": "editorTextFocus",
  "args": {
    "snippet": "console.log($1)$0"
  }
}
```

上面的快捷键会调用 Insert Snippet 命令，而且会直接插入"snippet"参数定义的代码片段。

此外，除了使用"snippet"参数来直接定义代码片段，还可以使用"langId"和"name"参数来引用已有的代码片段，如下所示。

```
{
  "key": "cmd+k 1",
  "command": "editor.action.insertSnippet",
  "when": "editorTextFocus",
  "args": {
    "langId": "csharp",
    "name": "myFavSnippet"
  }
}
```

## 6.7 Task，把重复的工作自动化

许多工具都可以把重复的任务自动化，包括代码静态检查、编译、打包、测试、部署等，具体的例子如下所示。

- 编译：TypeScript 编译器、Java 编译器等。
- 静态检查：ESLint、TSLint 等。
- 代码构建：Make、Ant、Gulp、Jake、Rake、MSBuild 等。

以上这些工具在软件开发周期（编辑、编译、测试和调试）中都是十分常用的工具。所以，为了能更好地和这些工具集成，Visual Studio Code 的 Task（任务）应运而生。Task 可以被用来运行脚本或启动一个进程。因此，许多现有的工具都可以通过 Task 直接在 Visual Studio Code 中运行，而不需要额外在命令行中输入命令。Task 被配置在.vscode 文件夹的 tasks.json 文件中。

> **注意：** Task 只能配置在有文件夹打开的项目中。

### 6.7.1 配置第一个 Hello World 的 Task

让我们来配置一个 Task 吧！

首先，在顶部的菜单栏中选择 Terminal→Configure Tasks。然后选择 Create tasks.json file from template 选项。如图 6-35 所示，我们可以看到所有的 Task 模板。

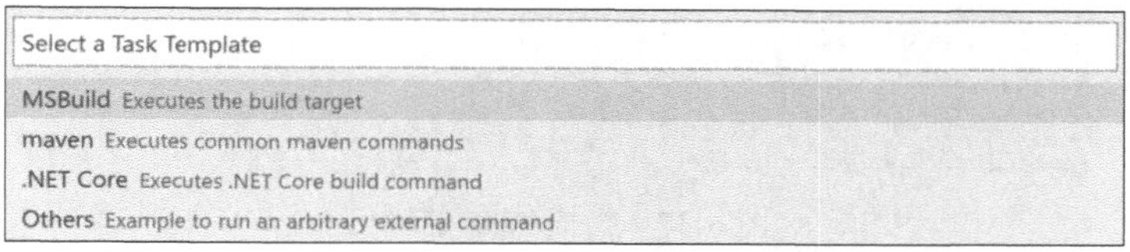

Select a Task Template
MSBuild Executes the build target
maven Executes common maven commands
.NET Core Executes .NET Core build command
Others Example to run an arbitrary external command

图 6-35 Task 模板

> **注意：** 如果你没有看到 Task 模板列表，可能是你的项目中已经有一个 tasks.json 文件在.vscode 文件夹中了。你可以尝试删除或重命名已有的 tasks.json 文件。

我们可以看到，Visual Studio Code 中内置了 MSBuild、Maven 和.NET Core 的 Task 模板。我们选择 Others 这个模板，来创建一个最基本的 Task。Visual Studio Code 会在.vscode 文件夹下创建含有以下内容的 tasks.json 文件。

```
{
    "version": "2.0.0",
    "tasks": [
        {
            "label": "echo",
            "type": "shell",
            "command": "echo Hello"
        }
    ]
}
```

在顶部的菜单栏中选择 Terminal→Run Task，会显示出所有可以运行的 Task，如图 6-36 所示。

图 6-36　所有可以运行的 Task

选择 echo 这个 Task 后，会让你选择要针对何种错误和警告扫描 Task 的输出，如图 6-37 所示。

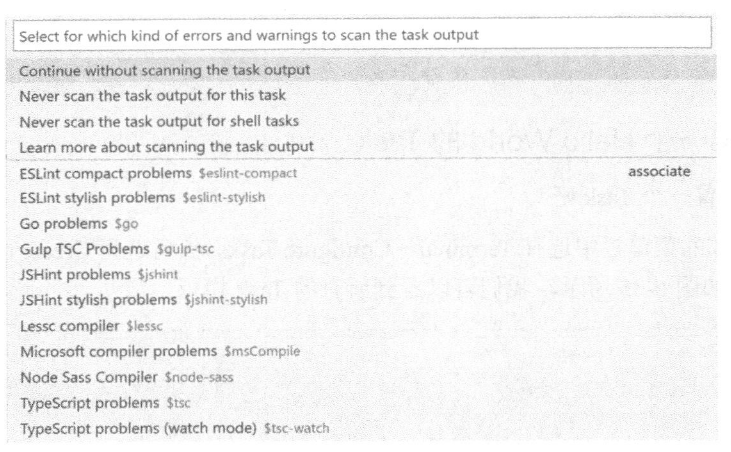


图 6-37　扫描 Task 的输出

由于 echo 只是一个简单的 Task，不需要扫描 Task 的输出，所以我们选择 Continue without scanning the task output 选项。

如图 6-38 所示，一个新的终端被创建，echo Hello 命令在终端中执行。按下任意键，终端便会被关闭。

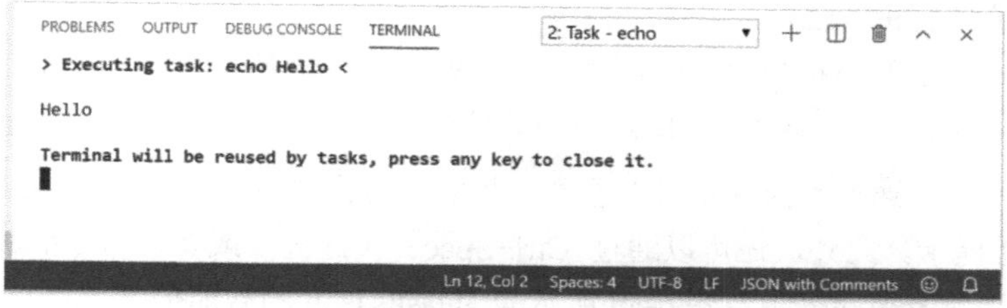

图 6-38　在终端中执行 echo Hello 命令

## 6.7.2　配置一个更复杂的 Task

下面是一个更复杂的 Task 的例子，让我们通过这个例子来对 Task 有更深入的了解。

```
{
  "version": "2.0.0",
  "tasks": [
    {
      "label": "Run tests",
      "type": "shell",
      "command": "./scripts/test.sh",
      "windows": {
        "command": ".\\scripts\\test.cmd"
      },
      "group": "test",
      "presentation": {
        "reveal": "always",
        "panel": "new"
      }
    }
  ]
}
```

根据上面的例子，我们来看一看 Task 的定义中有哪些主要的属性及相应的语义，如下所示。

- label：在用户界面上展示的 Task 标签。
- type：Task 的类型，分为 shell 和 process 两种，具体如下所示。
  - shell：作为 Shell 命令运行（如 bash、cmd、PowerShell 等）。
  - process：作为一个进程运行。
- command：真正执行的命令。
- windows：Windows 中的特定属性。相应的属性会在 Windows 中覆盖默认的属性定义。
- group：定义 Task 属于哪一个组。在上面的例子中，Task 属于 test 组。通过命令面板运行 Run Test Task 命令，可以执行属于 test 组的 Task。
- presentation：定义用户界面如何处理 Task 的输出。在上面的例子中，always 表示集成终端在 Task 每次运行时都会展示其输出，new 表示 Task 每次运行后都会创建一个新的集成终端并输出。

- options：定义 cwd（当前工作目录）、env （环境变量）和 shell 的值。
- runOptions：定义 Task 何时运行及如何运行。

在 tasks.json 中，通过智能提示可以看到完整的 Task 属性列表。在编辑 tasks.json 中的内容时，会出现智能提示。此外，还可以通过 Ctrl+Space 快捷键，或者在命令面板上调用 Trigger Suggest 命令主动触发智能提示。图 6-39 所示的为 tasks.json 的智能提示。

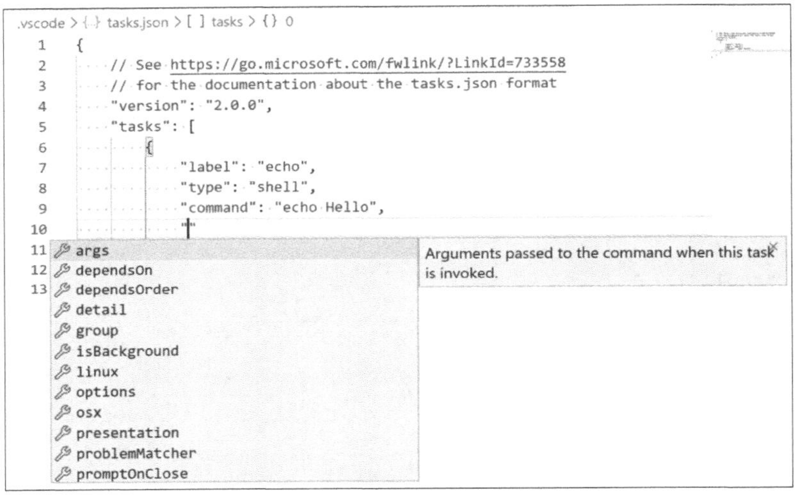

图 6-39 tasks.json 的智能提示

## 6.7.3 Task 自动检测

Visual Studio Code 为 Gulp、Grunt、Jake 和 npm 提供了 Task 自动检测的支持，无须开发者手动配置 tasks.json 文件。如果你正在开发一个 Node.js 的项目，则项目中通常会有一个 package.json 文件，Visual Studio Code 会通过 package.json 自动检测出相应的 npm Task。

我们通过参考资料[20]中的 ESlint starter 项目来具体看一看如何使用 Task 进行自动检测。首先，我们把 ESlint starter 项目克隆到本地。在 Visual Studio Code 中打开该项目，在顶部的菜单栏中选择 Terminal→Run Task，会显示所有自动检测到的 Task，如图 6-40 所示。

Select the task to run
npm: lint　recently used tasks
eslint src
npm: install
npm: start　detected tasks
node .
npm: test
npm run lint && echo "Write some tests!"
npm: watch
nodemon --watch src --exec "npm run test && npm run start"

图 6-40　所有自动检测到的 Task

我们选择 npm: install 任务来安装相应的 npm 依赖。安装结束后，打开 server.js 文件，在最后一行代码的结尾处加上一个分号（这个 ESlint starter 项目设定了代码末尾没有分号）。再次在菜单栏中选择 Terminal→Run Task。这一次，我们选择 npm: lint 任务。接下来会让你选择使用哪一个问题匹配器来检测 Task 的错误和警告，如图 6-41 所示。我们选择 ESLint stylish problems。

Select for which kind of errors and warnings to scan the task output
Continue without scanning the task output
Never scan the task output for this task
Never scan the task output for npm tasks
Learn more about scanning the task output
ESLint compact problems $eslint-compact　associate
ESLint stylish problems $eslint-stylish
Go problems $go
Gulp TSC Problems $gulp-tsc
JSHint problems $jshint
JSHint stylish problems $jshint-stylish
Lessc compiler $lessc
Microsoft compiler problems $msCompile
Node Sass Compiler $node-sass
TypeScript problems $tsc
TypeScript problems (watch mode) $tsc-watch

图 6-41　问题匹配器

ESLint 将会执行代码的静态检查任务。如图 6-42 所示，PROBLEMS 面板上会显示 ESLint 检测出的错误信息。

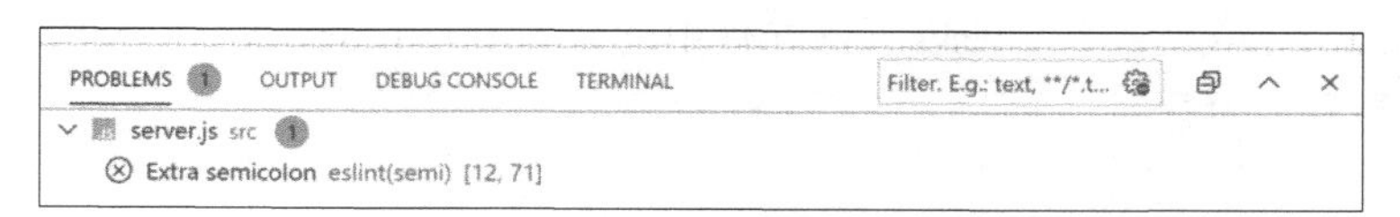


图 6-42　ESLint 检测出的错误信息

此外，Visual Studio Code 还会在.vscode 文件夹下创建包含以下内容的 tasks.json 文件。

```
{
  "version": "2.0.0",
  "tasks": [
```

```
    {
      "type": "npm",
      "script": "lint",
      "problemMatcher": ["$eslint-stylish"]
    }
  ]
}
```

上面的例子展示了如何使用 ESLint 问题匹配器来扫描 npm lint 脚本的输出。

Gulp、Grunt、Jake 等工具的自动检测机制与 ESLint 类似。

在 settings.json 中，通过下面的设置可以禁用 Tasks 自动检测。

```
{
  "typescript.tsc.autoDetect": "off",
  "grunt.autoDetect": "off",
  "jake.autoDetect": "off",
  "gulp.autoDetect": "off",
  "npm.autoDetect": "off"
}
```

### 6.7.4　自定义自动检测的 Task

在 6.7.3 节的 ESLint starter 项目中，在顶部的菜单栏中选择 Terminal→Run Task，可以看到每一个 Task 上都会有 Configure Task 的齿轮按钮，如图 6-43 所示。

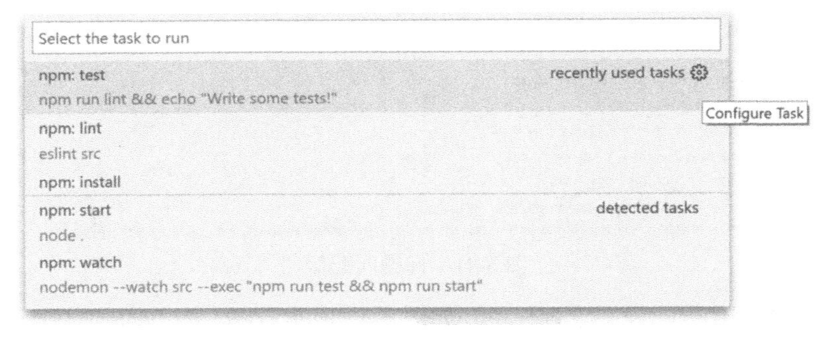


图 6-43　Configure Task

单击 npm: test 的齿轮按钮，tasks.json 文件中就会添加一个 npm test 的新配置项。我们可以基于它来定义更多的设置。

```
{
    "version": "2.0.0",
    "tasks": [
        {
            "type": "npm",
            "script": "lint",
            "problemMatcher": [
                "$eslint-stylish"
```

```
            ]
        },
        {
            "type": "npm",
            "script": "test",
            "group": "test",
            "problemMatcher": []
        }
    ]
}
```

### 6.7.5　问题匹配器

通过问题匹配器，可以对 Task 的输出进行扫描，找到相应的错误和警告。Visual Studio Code 中内置了一系列的问题匹配器，可以在 tasks.json 中使用 problemMatcher 属性来定义相应的问题匹配器。不同语言下的 problemMatcher 属性如下所示。

- TypeScript：$tsc
- TypeScript Watch：$tsc-watch
- JSHint：$jshint
- JSHint Stylish：$jshint-stylish
- ESLint Compact：$eslint-compact
- ESLint Stylish：$eslint-stylish
- Go：$go
- CSharp and VB Compiler：$mscompile
- Lessc compiler：$lessc
- Node Sass compiler：$node-sass

### 6.7.6　命令参数

对于复杂的命令，可以在 tasks.json 中使用 args 属性来定义命令的参数。下面 Task 的配置就与之前 Hello World 的 Task 有一样的运行效果。

```
{
    "version": "2.0.0",
    "tasks": [
        {
            "label": "echo",
            "type": "shell",
            "command": "echo",
            "args": "Hello"
        }
    ]
}
```

当参数中包含空格时，args 属性就非常有用。假设我们要运行类似 dir 'folder with spaces'这样的命令来列出一个文件夹下的所有文件，而这个文件夹名包含空格，那么如果不使用 args 参数，就要写成如下所示的样子。

```
{
  "label": "dir",
  "type": "shell",
  "command": "dir 'folder with spaces'"
}
```

如果使用 args 参数，就可以写成如下所示的样子，这样相对简单明了一些。

```
{
  "label": "dir",
  "type": "shell",
  "command": "dir",
  "args": ["folder with spaces"]
}
```

### 6.7.7 输出行为

在 Task 运行时，你有时候会想要控制集成终端的输出行为，比如，不主动显示集成终端。所有与输出相关的行为，都可以通过 tasks.json 中的 presentation 属性来定义。presentation 属性主要包含以下属性。

- reveal：控制集成终端是否显示。其设置包含以下 3 种。
  - always：集成终端总是会在 Task 启动时显示。这是默认设置。
  - never：集成终端不会主动显示。
  - silent：当输出不是错误和警告时，集成终端才会显示。
- focus：控制集成终端在显示时是否取得焦点。默认值是 false。
- echo：控制被执行的命令是否在集成终端中输出。默认值是 true。
- showReuseMessage：控制是否显示“Terminal will be reused by tasks, press any key to close it”提示信息。默认值是 true。
- panel：控制不同的 Task 在运行时是否共享同一个集成终端。其设置包含以下 3 种。
  - shared：共享集成终端。其他 Task 的运行输出结果也显示在相同的集成终端中。这是默认设置。
  - dedicated：Task 会有一个专用的集成终端。如果相应的 Task 再次运行，集成终端就会被复用。但是，其他 Task 的运行输出结果会显示在不同的集成终端中。
  - new：每次运行 Task 都会创建一个新的集成终端。
- clear：控制在 Task 运行前，是否清除集成终端的输出。默认值是 false。
- group：控制 Task 是否在同一个集成终端中运行。如果不同 Task 的 group 属性相同，那么它们会复用同一个集成终端。

### 6.7.8　运行行为

通过 tasks.json 中的 runOptions 属性可以定义 Task 的运行行为，runOptions 属性主要包含以下属性。

- reevaluateOnRerun：在执行 Rerun Last Task 命令时，控制是否重新计算变量。默认值是 true。
- runOn：指定何时运行 Task。其设置包含下面两种：
  - default：只有在运行 Run Task 命令时，才会触发运行。
  - foderOpen：当包含这个 tasks.json 的文件夹被打开时，便会触发运行。在运行之前，Visual Studio Code 会询问你是否要运行。你可以通过 Allow Automatic Tasks in Folder 和 Disallow Automatic Tasks in Folder 选项来决定是否运行。

### 6.7.9　变量替换

在 tasks.json 中，Visual Studio Code 可以进行变量替换。让我们来看一看有哪些变量可以使用。

#### 1. 预定义的变量

Visual Studio Code 支持如下所示的预定义变量。

- ${workspaceFolder}：在 Visual Studio Code 中打开的文件夹的完整路径。
- ${workspaceFolderBasename}：在 Visual Studio Code 中打开的文件夹名。
- ${file}：当前打开的文件的完整路径。
- ${relativeFile}：当前打开的文件的相对 workspaceFolder 路径。
- ${relativeFileDirname}：当前打开的文件的文件夹的相对 workspaceFolder 路径。
- ${fileBasename}：当前打开的文件的文件名。
- ${fileBasenameNoExtension}：当前打开的文件的文件名，不包含扩展名。
- ${fileDirname}：当前打开的文件的文件夹的完整路径。
- ${fileExtname}：当前打开的文件的扩展名。
- ${cwd}：Task 启动时的工作目录。
- ${lineNumber}：当前光标所在的行号。
- ${selectedText}：当前打开的文件中选中的文本。
- ${execPath}：Visual Studio Code 可执行文件的完整路径。
- ${defaultBuildTask}：默认的 Build Task 的名字。

假设我们有下面两个条件。

- 当前打开的文件是/home/your-username/your-project/folder/file.ext。

- 当前根目录的文件夹路径是/home/your-username/your-project。

那么，我们可以轻松计算出每个预定义变量的值，如下所示。

- ${workspaceFolder}：/home/your-username/your-project
- ${workspaceFolderBasename}：your-project
- ${file}：/home/your-username/your-project/folder/file.ext
- ${relativeFile}：folder/file.ext
- ${relativeFileDirname}：folder
- ${fileBasename}：file.ext
- ${fileBasenameNoExtension}：file
- ${fileDirname}：/home/your-username/your-project/folder
- ${fileExtname}：.ext

下面的例子使用了${file}变量来把当前文件的路径传递给 TypeScript 编译器。

```
{
  "label": "TypeScript compile",
  "type": "shell",
  "command": "tsc ${file}",
  "problemMatcher": ["$tsc"]
}
```

#### 2. 环境变量

通过${env:Name}的语法，可以引用环境变量。

下面的例子可以输出 USERNAME 环境变量的值。

```
{
    "version": "2.0.0",
    "tasks": [
        {
            "label": "echo",
            "type": "shell",
            "command": "echo ${env:USERNAME}"
        }
    ]
}
```

#### 3. 配置变量

通过${config:Name}的语法，可以引用 Visual Studio Code 的设置项。比如，${config:python.pythonPath}会得到 Python 插件的 pythonPath （Python 解释器的路径）的值。

下面的例子会根据当前项目所选择的Python解释器，对当前文件进行autopep8代码格式化。

```
{
  "label": "autopep8 current file",
```

```
  "type": "process",
  "command": "${config:python.pythonPath}",
  "args": ["-m", "autopep8", "-i", "${file}"]
}
```

### 4. 输入变量

有些时候，在运行 Task 时，每次都需要传入不同的变量。通过输入变量，我们可以轻松地对 Task 进行定制化。输入变量的语法是${input:variableID}，variableID 引用了 tasks.json 中的 inputs 部分的配置内容。

下面的例子展示了使用输入变量的 tasks.json 的大致结构。

```
{
  "version": "2.0.0",
  "tasks": [
    {
      "label": "task name",
      "command": "${input:variableID}"
      // ...
    }
  ],
  "inputs": [
    {
      "id": "variableID",
      "type": "type of input variable"
      //不同输入类型的特定属性
    }
  ]
}
```

Visual Studio Code 支持以下 3 种类型的输入变量。

- promptString：展示输入框，并获得用户的输入字符串。
- pickString：展示一个下拉列表，让用户选择其中一个选项。
- command：运行任意的命令。

不同类型的输入变量需要不同的配置属性。

promptString 有以下两种配置属性。

- description：在文本输入框中展示的描述信息。
- default：输入的默认值。

pickString 有以下 3 种配置属性。

- description：在下拉列表的输入框中展示的描述信息。
- options：选项数组，使用户可以在下拉列表中进行选择。
- default：输入的默认值。其值必须为下拉列表选项中的一个。

command 有以下两种配置属性。

- command：要运行的命令。
- args：运行命令的参数（可选的）。

下面的 tasks.json 的例子运用了 pickString 和 promptString 输入变量来运行 Angular CLI。

```
{
  "version": "2.0.0",
  "tasks": [
    {
      "label": "ng g",
      "type": "shell",
      "command": "ng",
      "args": ["g", "${input:componentType}", "${input:componentName}"]
    }
  ],
  "inputs": [
    {
      "type": "pickString",
      "id": "componentType",
      "description": "What type of component do you want to create?",
      "options": [
        "component",
        "directive",
        "pipe",
        "service",
        "class",
        "guard",
        "interface",
        "enum",
        "enum"
      ],
      "default": "component"
    },
    {
      "type": "promptString",
      "id": "componentName",
      "description": "Name your component.",
      "default": "my-new-component"
    }
  ]
}
```

下面的例子运用了 command 输入变量，使用了内置的 Terminate Task 命令，并且把 terminateAll 作为参数传入，来停止所有运行的 Task。

```
{
  "version": "2.0.0",
  "tasks": [
    {
```

```
      "label": "Terminate All Tasks",
      "command": "echo ${input:terminate}",
      "type": "shell",
      "problemMatcher": []
    }
  ],
  "inputs": [
    {
      "id": "terminate",
      "type": "command",
      "command": "workbench.action.tasks.terminate",
      "args": "terminateAll"
    }
  ]
}
```

### 6.7.10　命令面板

除了在顶部的菜单栏中调用 Task 命令，我们还可以通过命令面板（打开命令面板的快捷键为 Ctrl+Shift+P）调用所有的 Task 命令。如图 6-44 所示，在命令面板中输入 tasks，可以过滤出所有 Task 命令。

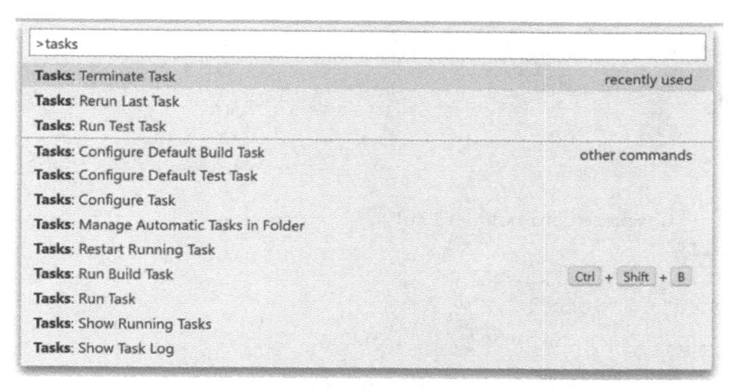


图 6-44　所有 Task 命令

### 6.7.11　快捷键绑定

对于一些经常使用的 Task，可以进行快捷键绑定。

通过 Ctrl+Shift+P 快捷键打开命令面板，输入并执行 Preferences: Open Keyboard Shortcuts (JSON)，就可以打开 keybindings.json 文件。下面的例子为 Run tests 任务绑定了 Ctrl+H 快捷键。

```
{
  "key": "ctrl+h",
  "command": "workbench.action.tasks.runTask",
  "args": "Run tests"
}
```

### 6.7.12　操作系统的相关属性

不同操作系统中的 Task 命令也可能不同。在下面的例子中，Node.js 可执行文件的路径在 Windows 和 Linux 上各不相同。

```
{
  "label": "Run Node",
  "type": "process",
  "windows": {
    "command": "C:\\Program Files\\nodejs\\node.exe"
  },
  "linux": {
    "command": "/usr/bin/node"
  }
}
```

在 Windows 上使用 windows 属性，在 Linux 上使用 linux 属性，在 macOS 上则使用 osx 属性。

Task 的属性可以被定义在全局范围。除非具体的某一个 Task 定义了相应的属性，否则就使用全局定义的属性。下面的例子便定义了全局的 presentation 属性。

```
{
  "version": "2.0.0",
  "presentation": {
    "panel": "new"
  },
  "tasks": [
    {
      "label": "TS - Compile current file",
      "type": "shell",
      "command": "tsc ${file}",
      "problemMatcher": ["$tsc"]
    }
  ]
}
```

### 6.7.13　后台运行的 Task

一些工具可以在后台运行，当文件有更新时，便会触发相应的操作。比如，Glup 便可以通过 gulp-watch npm 来实现这样的功能，TypeScript 的编译器 tsc 通过--watch 参数也对此功能提供了内置的支持。

当 TypeScript 编译器启动时，它会输出以下信息。

```
> tsc --watch
12:30:36 PM - Compilation complete. Watching for file changes.
```

当有文件在磁盘上被更改时，便会输出以下信息。

```
12:32:35 PM - File change detected. Starting incremental compilation...
src/messages.ts(276,9): error TS2304: Cannot find name 'candidate'.
12:32:35 PM - Compilation complete. Watching for file changes.
```

通过上面的输出，我们能发现下面一些规律与模式。

- 输出 File change detected. Starting incremental compilation...时，TypeScript 编译器便开始运行。
- 输出 Compilation complete. Watching for file changes.时，TypeScript 编译器便停止运行。
- 在这期间，编译的错误和警告会被输出。

为了能捕获这样的输出信息，问题匹配器提供了 background 属性。

对于 tsc 编译器，background 属性可以进行以下配置。

```
"background": {
   "activeOnStart": true,
   "beginsPattern": "^\\s*\\d{1,2}:\\d{1,2}:\\d{1,2}(?: AM| PM)? - File change detected\\.
Starting incremental compilation\\.\\.\\.",
   "endsPattern": "^\\s*\\d{1,2}:\\d{1,2}:\\d{1,2}(?: AM| PM)? - Compilation complete\\.
Watching for file changes\\."
}
```

除了对问题匹配器的 background 属性进行配置，Task 本身还需要将 isBackground 设置为 true，才能保证 Task 一直在后台运行。

下面的 tasks.json 中的内容，是一个完整的、在后台运行的 tsc Task。

```
{
  "version": "2.0.0",
  "tasks": [
    {
      "label": "watch",
      "command": "tsc",
      "args": ["--watch"],
      "isBackground": true,
      "problemMatcher": {
        "owner": "typescript",
        "fileLocation": "relative",
        "pattern": {
          "regexp":
"^([^\\s].*)\\((\\d+|\\d+,\\d+|\\d+,\\d+,\\d+,\\d+)\\):\\s+(error|warning|info)\\s+(T
S\\d+)\\s*:\\s*(.*)$",
          "file": 1,
          "location": 2,
          "severity": 3,
          "code": 4,
          "message": 5
        },
        "background": {
          "activeOnStart": true,
```

```
        "beginsPattern": "^\\s*\\d{1,2}:\\d{1,2}:\\d{1,2}(?: AM| PM)? - File change
detected\\. Starting incremental compilation\\.\\.\\.",
        "endsPattern": "^\\s*\\d{1,2}:\\d{1,2}:\\d{1,2}(?: AM| PM)? - Compilation
complete\\. Watching for file changes\\."
       }
      }
    }
  ]
}
```

## 6.8 Multi-root Workspaces

也许，你是一个全栈工程师，同时在开发一个前端的 JavaScript 项目和一个后端的 Python 项目。也许，你是一个物联网开发工程师，在设备端需要使用 C 语言进行开发，在云端需要使用 Java 进行开发，且它们是两个独立的项目。也许，你又有其他不同的开发场景，希望在同一个 Visual Studio Code 窗口中打开多个不同文件夹下的项目。于是，Multi-root Workspaces 应运而生。

### 6.8.1 管理文件夹

在 Visual Studio Code 中，可以方便地对多个文件夹进行管理。

**1. 添加文件夹**

如图 6-45 所示，在顶部的菜单栏中选择 File→Add Folder to Workspace，会弹出对话框，在对话框中选择要添加的文件夹。

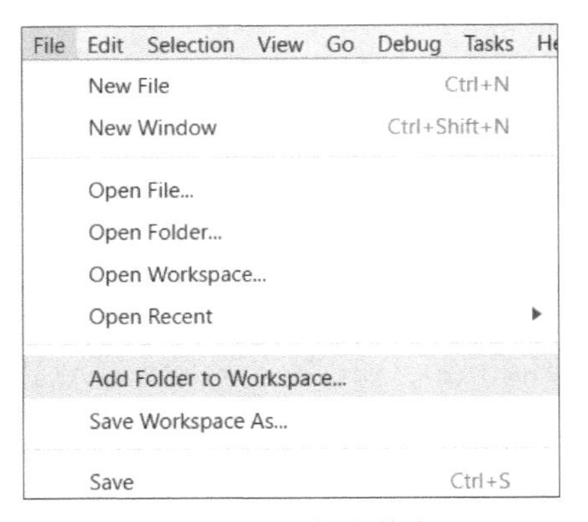


图 6-45　添加文件夹

如图 6-46 所示，通过 Multi-root Workspaces，我们在同一个 Visual Studio Code 窗口中同时打开了 JavaProject 和 web 两个项目。

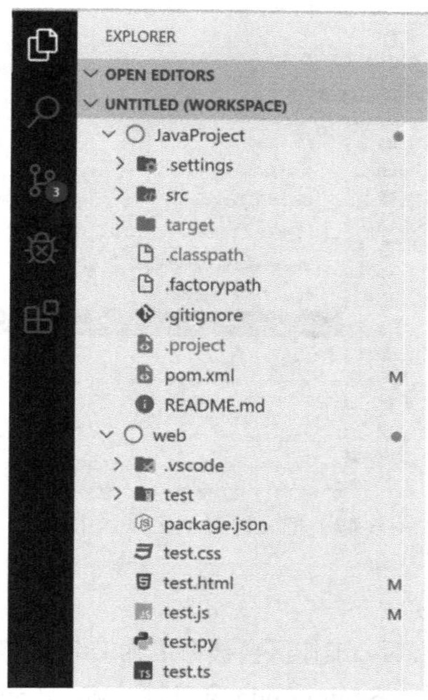


图 6-46　同时打开了两个项目

### 2. 拖曳

你可以通过拖曳把文件夹添加到工作区。不仅如此，你还可以同时选择多个文件夹，然后将它们拖曳到工作区。

### 3. 选择多个文件夹并打开

在顶部的菜单栏中选择 File→Open Folder，可以选择多个文件夹并打开，此时便会创建 Multi-root Workspaces。

### 4. 通过命令行添加文件夹

通过命令行的--add 参数，可以把多个文件夹添加到最近活跃的 Visual Studio Code 窗口中，命令如下所示。

```
code --add vscode vscode-docs
```

### 5. 移除文件夹

在要移除的文件夹的根目录上单击右键，会弹出右键菜单。如图 6-47 所示，选择 Remove Folder from Workspace 选项，便可以把文件夹从工作区中移除。

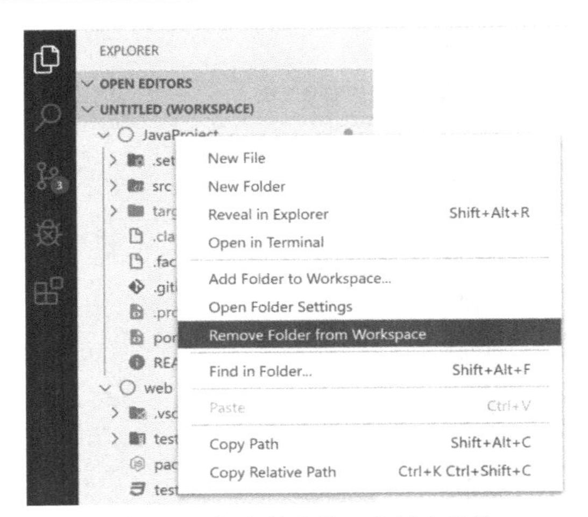


图 6-47　把文件夹从工作区中移除

## 6.8.2　工作区文件

在工作区中添加多个文件夹后，工作区会被命名为 Utitled (Workspace)。但是在尝试关闭包含 Multi-root Workspaces 的 Visual Studio Code 窗口时，Visual Studio Code 会询问你是否要保存工作区文件，如图 6-48 所示。

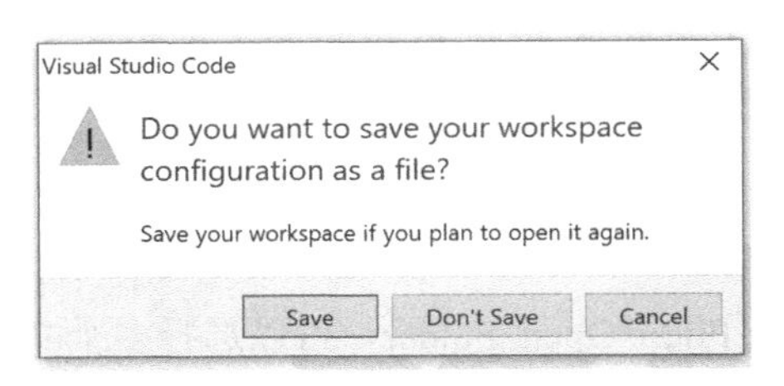


图 6-48　是否要保存工作区文件

如果选择保存工作区文件，Visual Studio Code 便会创建一个扩展名为.code-workspace 的文件。

### 1. 保存工作区文件

在顶部的菜单栏中选择 File→Save Workspace As，可以把当前工作区中的信息保存到.code-workspace 工作区文件中。

### 2. 打开工作区文件

通过下面 3 种方式可以打开工作区。

- 双击.code-workspace 工作区文件。
- 在顶部的菜单栏中选择 File→Open Workspace，并且选择相应的工作区文件。

- 在顶部的菜单栏中选择 File→Open Recent，然后在近期打开的项目列表中选择有(Workspace)后缀的项目，如图 6-49 所示。

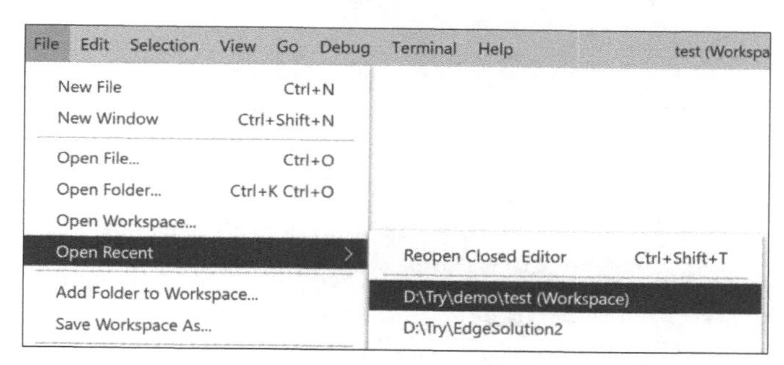


图 6-49　选择有(Workspace)后缀的项目

### 3. 关闭工作区

在顶部的菜单栏中选择 File→Close Workspace，或者使用 Ctrl+K→F 快捷键，就能关闭当前的工作区。

### 4. 工作区文件的格式

.code-workspace 工作区文件的格式十分直观。工作区文件包含一组文件夹的路径信息，可以是绝对路径，也可以是相对路径。此外，它还包含了 name 属性，且该属性的值会被展示在文件资源管理器中。比如，可以把前端和后端项目分别命名为 Backend 和 Frontend，如下所示。

```
{
  "folders": [
    {
      "name": "Backend",
      "path": "JavaProject"
    },
    {
      "name": "Frontend",
      "path": "web"
    }
  ]
}
```

添加了 name 属性之后，文件夹的显示名便会根据 name 属性的设置来显示了，如图 6-50 所示。

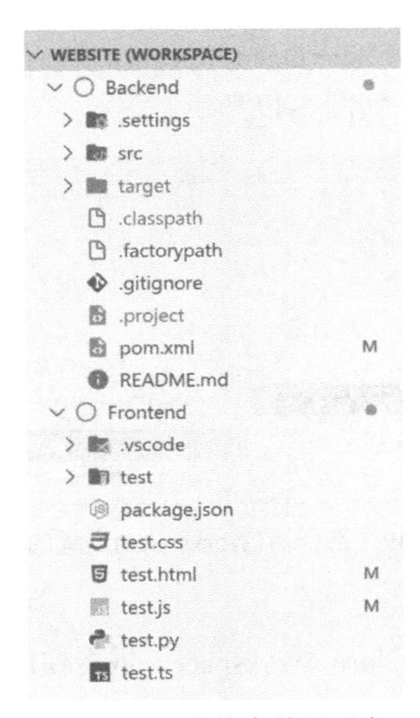


图 6-50　文件夹的显示名

工作区文件还可以包含 settings 和 extensions 属性，我们在后面会详细说明。

## 6.8.3　用户界面

在用户界面的显示上，使用 Multi-root Workspaces 打开多个文件夹的项目与打开单个文件夹的项目几乎没有差别。我们来看一看有哪些地方是有一些细微区别的。

除了显示相对路径和符号，面包屑导航还会显示 Multi-root Workspaces 的文件夹名，如图 6-51 所示。

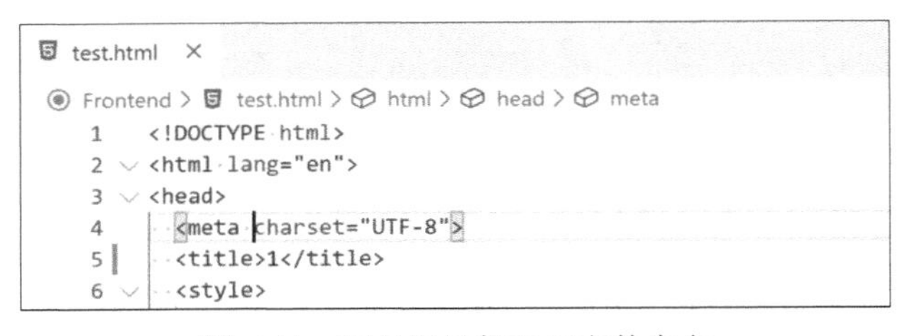


图 6-51　面包屑导航显示文件夹名

当我们通过 Ctrl+P 快捷键调用 Quick Open 命令时，文件列表中便会显示文件夹名，如图 6-52 所示。

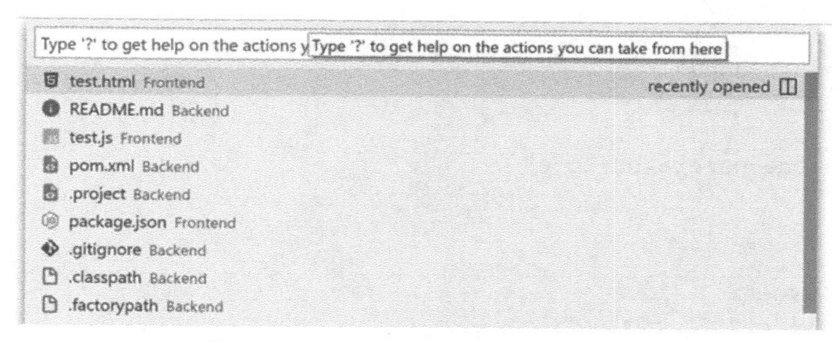


图 6-52　文件列表中显示文件夹名

在 Multi-root Workspaces 的用户界面下进行搜索时，搜索结果会按照文件夹来分组显示，如图 6-53 所示。

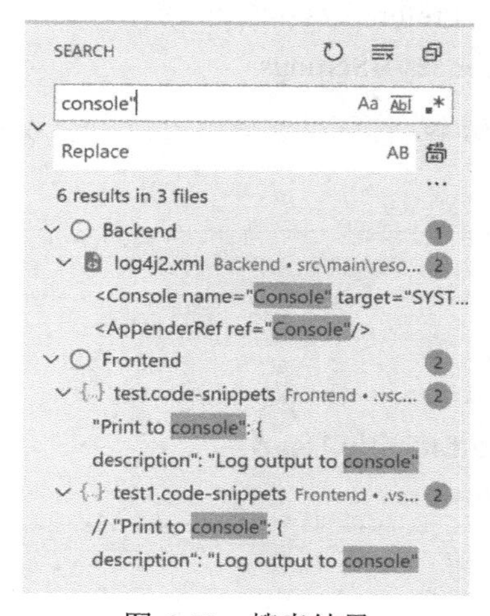


图 6-53　搜索结果

## 6.8.4　设置

当我们在一个工作区中打开多个文件夹时，每一个文件夹的根目录都可能包含.vscode 文件夹，该文件夹中定义了相应的 settings.json 配置文件。为了避免冲突，有可能影响整个编辑器的设置（如对用户界面的设置）会被忽略。比如，两个不同的文件夹不能同时定义窗口的缩放比例。

通过进行全局的工作区设置，可以对当前工作区的所有文件夹进行设置。全局的工作区设置（如下所示）被存储在.code-workspace 文件中，具体内容如下所示。

```
{
  "folders": [
    {
      "path": "vscode"
    },
```

```
    {
      "path": "vscode-docs"
    },
    {
      "path": "vscode-generator-code"
    }
  ],
  "settings": {
    "window.zoomLevel": 1,
    "files.autoSave": "afterDelay"
  }
}
```

在不同系统下，可以分别通过下面的菜单项来打开设置编辑器。

- Windows/Linux：File→Preferences→Settings
- macOS：Code→Preferences→Settings

图 6-54 所展示的是设置编辑器，你可以选择用户（User）设置、全局的工作区（Workspace）设置或文件夹（Folder）设置。

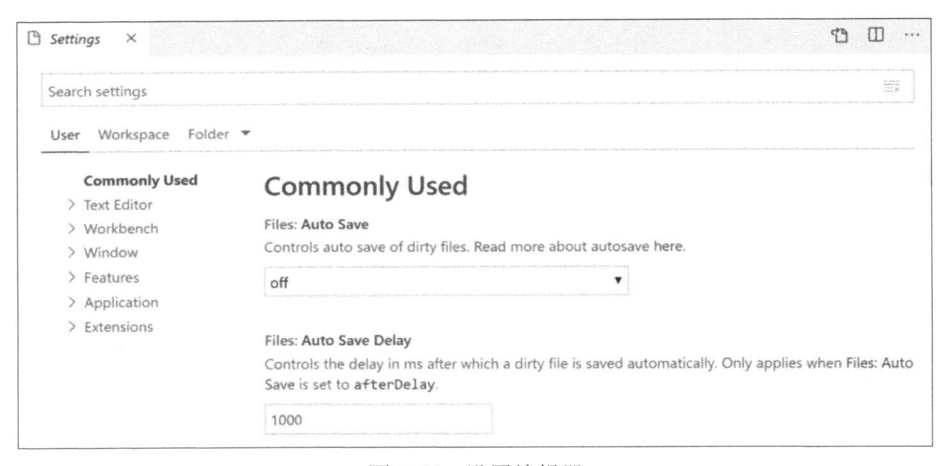


图 6-54　设置编辑器

你也可以通过以下命令来打开不同的设置。

- Preferences: Open User Settings，打开用户设置。
- Preferences: Open Workspace Settings，打开全局的工作区设置。
- Preferences: Open Folder Settings，打开文件夹设置。

全局的工作区设置会覆盖用户设置，而文件夹设置会覆盖全局的工作区设置。

一些与用户界面相关的设置不能在文件夹设置中进行配置。如图 6-55 所示，Visual Studio Code 会将设置显示为灰色，然后进行相应的提示，以表示该设置无效。

```
{ } settings.json ×
Frontend > .vscode > { } settings.json > ...
1
2  {   This setting cannot be applied now. It will be applied when you open this folder directly.
3      No quick fixes available
4      "window.zoomLevel": 1
5  }
```

图 6-55　无效的设置

## 6.8.5　源代码管理

Multi-root Workspaces 下的项目如果有多个代码仓库的文件夹，那么在源代码管理视图中会显示 SOURCE CONTROL PROVIDERS，如图 6-56 所示。

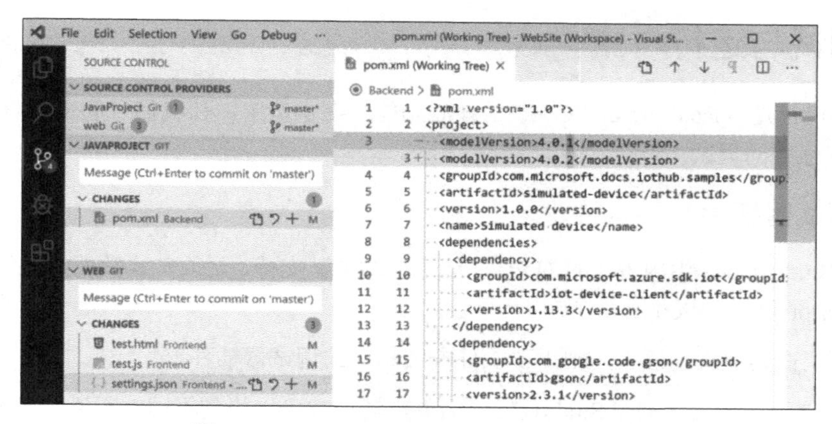


图 6-56　SOURCE CONTROL PROVIDERS

在 SOURCE CONTROL PROVIDERS 中单击某一个代码仓库，可以在下方看到代码更改的详情。此外，还可以通过 Ctrl+Click 或 Shift+Click（按住 Ctrl 或 Shift 键的同时单击代码仓库）选择多个代码仓库。

## 6.8.6　插件推荐

通过.code-workspace 工作区文件的 extensions 属性，我们可以为当前的工作区项目推荐相应的插件。这对多人开发的开源项目特别有用。当其他人克隆你的项目，并在 Visual Studio Code 中将该项目打开后，就会弹出相应的插件推荐提示。

下面就是插件推荐的一个例子，通过在 extensions.recommendations 数组中添加插件的 ID（{publisherName}.{extensionName}）实现插件推荐。

```
{
  "folders": [
    {
      "path": "vscode"
    },
```

```
    {
      "path": "vscode-docs"
    }
  ],
  "extensions": {
    "recommendations": [
      "eg2.tslint",
      "dbaeumer.vscode-eslint",
      "msjsdiag.debugger-for-chrome"
    ]
  }
}
```

## 6.9 调试与运行

调试与运行是 Visual Studio Code 的核心功能。在本节中，让我们一起来学习一下 Visual Studio Code 强大的调试与运行功能。

### 6.9.1 调试器插件

Visual Studio Code 中内置了对 Node.js 运行时的调试支持，无须安装额外的插件，就能直接调试 JavaScript 和 TypeScript。

如果要调试其他编程语言，则需要额外安装相应的调试器插件。

如图 6-57 所示，在 Visual Studio Code 插件市场中，可以找到不同编程语言的调试器插件。

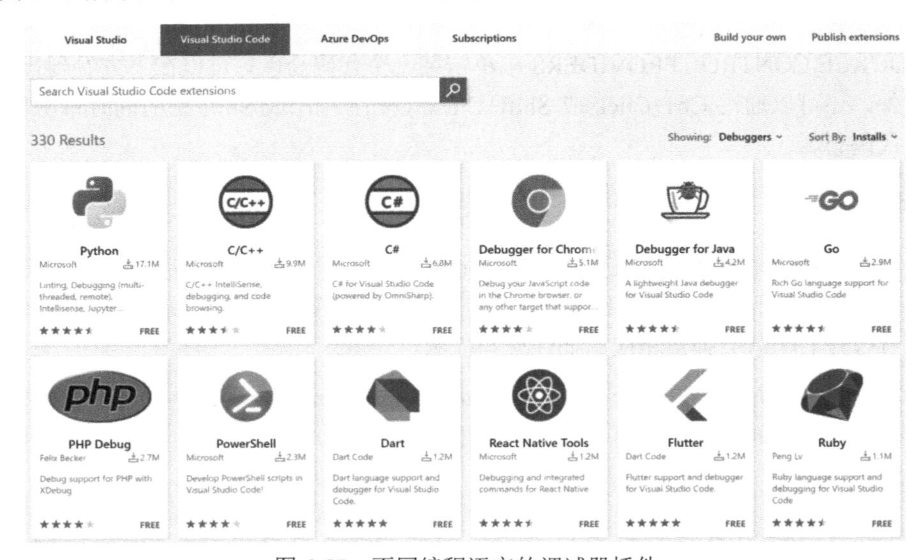


图 6-57 不同编程语言的调试器插件

## 6.9.2　调试与运行视图

Visual Studio Code 提供了统一的调试界面。无论调试哪一种编程语言，开发者都能获得类似的调试体验。

如图 6-58 所示，单击左侧活动栏中的 Run and Debug（调试与运行）按钮，可以切换到调试与运行视图。

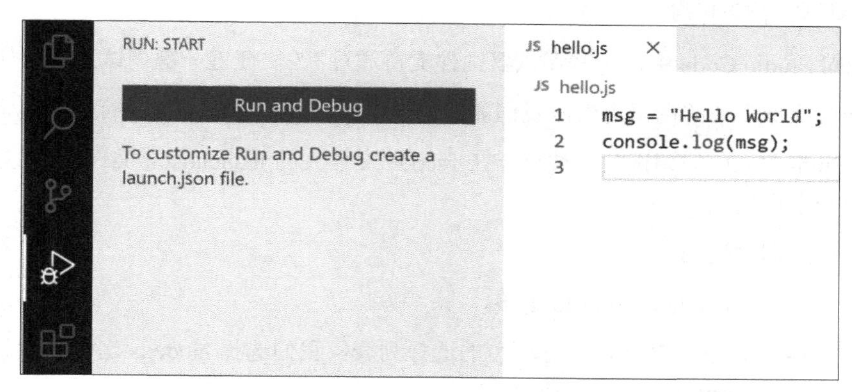


图 6-58　调试与运行视图

## 6.9.3　调试与运行菜单

如图 6-59 所示，单击顶部菜单栏中的 Run 选项，可以显示调试与运行的所有菜单选项。

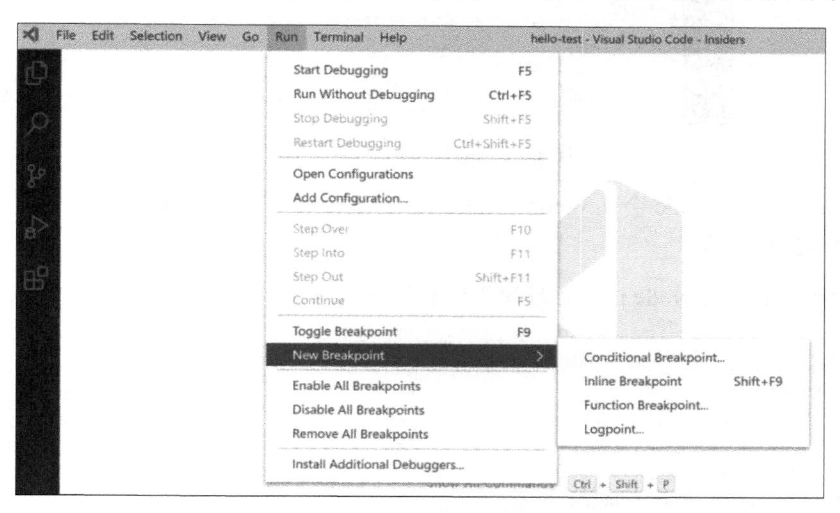


图 6-59　调试与运行的所有菜单选项

### 6.9.4　调试模式与运行模式

在 Visual Studio Code 中，内置的 Node.js 调试器及其他调试器插件支持以下两种模式。

- 调试模式：快捷键为 F5，命令为 Start Debugging。
- 运行模式：快捷键为 Ctrl+F5，命令为 Run Without Debugging。

### 6.9.5　launch.json 调试配置

在 Visual Studio Code 中，一些调试器插件支持通过 F5 快捷键一键调试当前文件。

对于一些更加复杂的调试场景，我们需要创建调试配置，以便后续进行定制化调试。

Visual Studio Code 的调试配置被存储在.vscode 文件夹的 launch.json 文件中。可以通过以下步骤来创建一个调试配置。

（1）切换到调试视图。

（2）单击 create a launch.json file 链接。

（3）如图 6-60 所示，会显示运行环境的选择列表。我们选择 Node.js 运行环境。

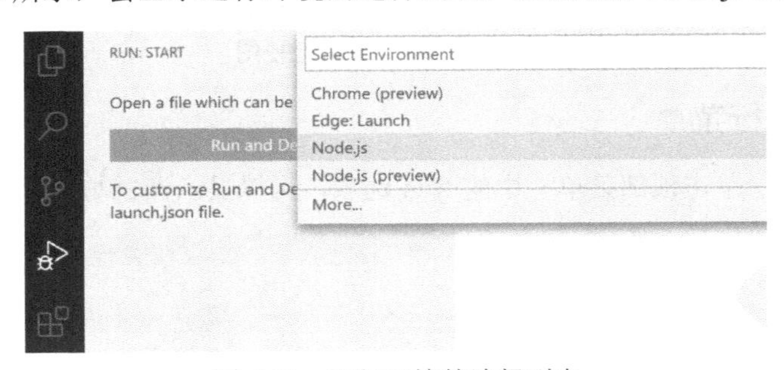


图 6-60　运行环境的选择列表

（4）Visual Studio Code 会在.vscode 文件夹中创建并打开一个 launch.json 文件，文件中定义了调试所需要的配置。

下面所展示的就是 Node.js 运行环境下的默认调试配置。

```
{
  "version": "0.2.0",
  "configurations": [
    {
      "type": "node",
      "request": "launch",
      "name": "Launch Program",
      "program": "${file}"
    }
  ]
}
```

### 6.9.6 launch.json 属性

通过设置 launch.json 文件中的不同属性，可以支持不同的调试场景。

以下 3 个属性是 launch.json 文件中的必要属性。

- type：调试器的类型。例如，内置的 Node.js 调试器是 node。
- request：调试的模式，这里有以下两种模式。
  - launch：启动程序（该程序定义在 program 设置项中）并调试。
  - attach：将程序附加到一个正在运行的进程中进行调试。
- name：调试配置的名字。

以下属性是可选项。

- presentation：使用 order、group 和 hidden 属性来定义调试配置的显示。
- preLaunchTask：定义在调试之前要运行的任务。
- postDebugTask：定义在调试结束时要运行的任务。
- internalConsoleOptions：定义调试控制台的显示。
- serverReadyAction：设置在调试时自动在浏览器中打开 URL。

此外，大多数调试器插件还支持以下属性。

- program：要运行的可执行文件或源代码的路径。
- args：要传递给 program 的参数。
- env：环境变量。
- cwd：调试器的工作目录。默认值是${workspaceFolder}。
- port：要附加到的进程的端口。
- stopOnEntry：是否在程序入口进行断点。
- console：指定程序输出的位置。
  - internalConsole：Visual Studio Code 的调试控制台。
  - integratedTerminal：Visual Studio Code 的集成终端。
  - externalTerminal：系统的终端。

### 6.9.7 变量替换

在 6.7 节中，我们了解到 tasks.json 文件支持变量替换。

类似地，launch.json 文件也支持变量替换。下面的例子使用了预定义的变量${workspaceFolder}和环境变量${env:USERNAME}。

```
{
  "type": "node",
  "request": "launch",
```

```
  "name": "Launch Program",
  "program": "${workspaceFolder}/app.js",
  "cwd": "${workspaceFolder}",
  "args": ["${env:USERNAME}"]
}
```

### 6.9.8 与操作系统相关的属性

在不同的操作系统中可能需要指定不同的属性。下面的例子针对 Windows 操作系统配置了相应的"args"参数。

```
{
  "version": "0.2.0",
  "configurations": [
    {
      "type": "node",
      "request": "launch",
      "name": "Launch Program",
      "program": "${workspaceFolder}/node_modules/gulp/bin/gulpfile.js",
      "args": ["myFolder/path/app.js"],
      "windows": {
        "args": ["myFolder\\path\\app.js"]
      }
    }
  ]
}
```

在 Windows 操作系统中使用"windows"属性，在 Linux 操作系统中使用"linux"属性，在 macOS 操作系统中使用"osx"属性。

### 6.9.9 全局的 launch.json 配置

Visual Studio Code 支持添加全局的 launch.json 配置。可以在全局的 settings.json 文件中使用"launch"属性设置全局的调试配置，如下所示。

```
"launch": {
   "version": "0.2.0",
   "configurations": [{
      "type": "node",
      "request": "launch",
      "name": "Launch Program",
      "program": "${file}"
   }]
}
```

如果当前工作区已经包含了 launch.json 文件，那么全局的调试配置就会被忽略。

### 6.9.10 多目标调试

在一些复杂的项目中，往往会有多个应用程序同时运行。比如，运行一个 Web 应用程序的同时，还有一个前端应用程序和一个后端应用程序在运行。Visual Studio Code 的多目标调试支持同时调试多个应用程序的代码。

在 launch.json 文件中，通过 compound 属性 可以配置多目标调试，具体配置如下所示。

```
{
  "version": "0.2.0",
  "configurations": [
    {
      "type": "node",
      "request": "launch",
      "name": "Server",
      "program": "${workspaceFolder}/server.js"
    },
    {
      "type": "node",
      "request": "launch",
      "name": "Client",
      "program": "${workspaceFolder}/client.js"
    }
  ],
  "compounds": [
    {
      "name": "Server/Client",
      "configurations": ["Server", "Client"],
      "preLaunchTask": "${defaultBuildTask}"
    }
  ]
}
```

# 第7章

# 插件

通过前面几章的学习，我们对 Visual Studio Code 已经有了比较全面的了解。相信读者也体验到了 Visual Studio Code 的强大！然而，Visual Studio Code 的强大却远远不止于此。Visual Studio Code 之所以能这么受欢迎，万万离不开其强大的插件生态。在本章中，我们将全面地学习 Visual Studio Code 的插件系统。

## 7.1 插件市场

微软托管了一个 Visual Studio Code 的插件市场。插件的开发者可以向插件市场发布插件，Visual Studio Code 的使用者可以在插件市场搜索并下载插件。

### 7.1.1 插件市场主页

在浏览器中访问参考资料[21]，如图 7-1 所示，就是 Visual Studio Code 插件市场的首页。

图 7-1　Visual Studio Code 插件市场的首页

在插件市场的首页，我们可以看到 4 个不同的分组：Featured、Trending、Most Popular 和 Recently Added。我们来分别了解一下。

### 1. Featured

这个分组中的插件是 Visual Studio Code 团队精心挑选出来的推荐插件，都具有很高的质量。一般来说，这 6 个推荐插件每过一段时间（一般是几个月）就会更新一次。读者可以定期查阅一下，看一看是否有新的推荐插件，根据需要进行安装。

### 2. Trending

这个分组中的插件是插件趋势榜单，每天会根据所有插件安装量的趋势来更新榜单。如图 7-2 所示，单击 this week，我们可以看到不同时间段的过滤器。我们可以根据这个榜单来查看最近的热门插件。

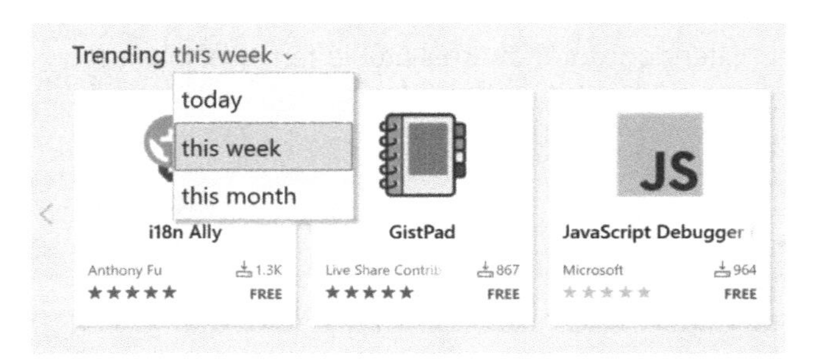


图 7-2　不同时间段的过滤器

### 3. Most Popular

这个分组中的插件是根据插件的总安装量来排序的。如图 7-3 所示，我们可以看到安装量最多的 Python 插件已经有千万级别的安装量了。单击 See more 链接，可以查看更多的热门插件。

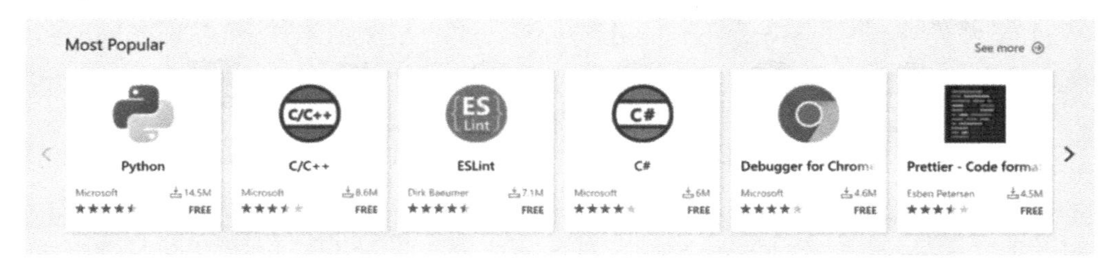


图 7-3　热门插件

### 4. Recently Added

这个分组中的插件是最近新发布的插件。笔者近几年来一直有一个习惯，就是几乎每天早上都会浏览一下插件市场的主页，特别是看一看最近有哪些新发布的插件，有哪些是比较有意思的插件，掌握插件的最新动态！

## 7.1.2　插件搜索

如图 7-4 所示，在插件市场的搜索框中输入要搜索的内容，按下 Enter 键或单击搜索按钮，就可以对插件进行搜索。

图 7-4　插件搜索

图 7-5 所示的是插件的搜索结果页面。搜索框下方会显示符合搜索条件的插件数量。默认情况下，搜索结果会包含所有类型的插件，并且以相关度排序。

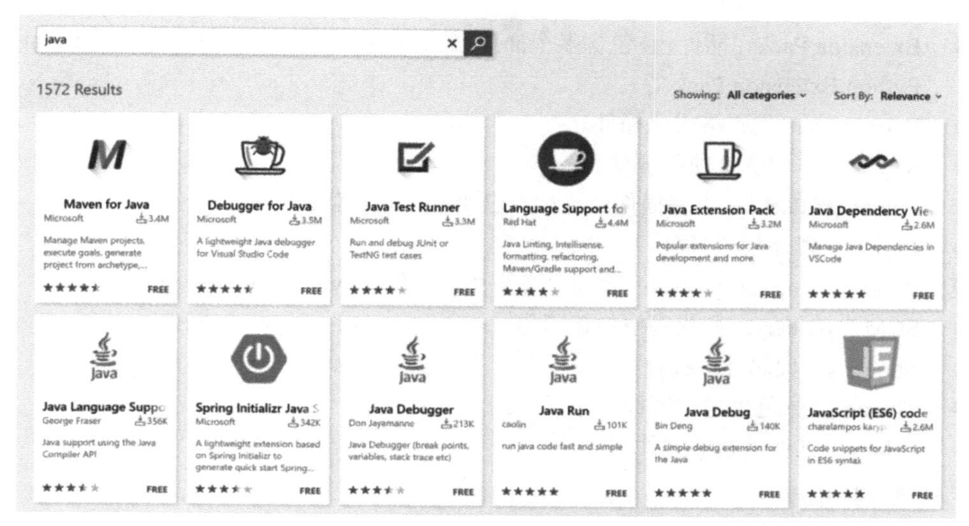

图 7-5　插件的搜索结果页面

### 1. 搜索结果分类

如图 7-6 所示，在插件的搜索结果页面中，可以对搜索结果按类型进行过滤。在每一个插件类型上，还会显示符合搜索结果的插件数量。选择不同的插件类型，搜索结果就会只显示相应类型的插件的搜索结果。

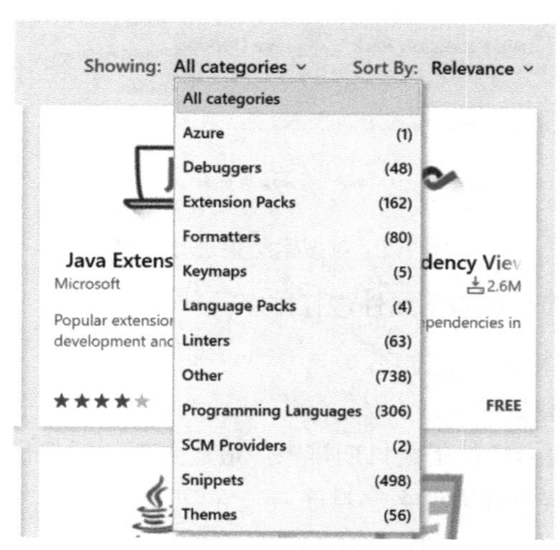

图 7-6　对搜索结果按类型进行过滤

Visual Studio Code 一共有以下 12 种插件类型。

- Azure：Azure 云计算插件。
- Debuggers：调试器插件。

- Extension Packs：插件包，包含多个插件。比如，Java Extension Pack、PHP Extension Pack、Python Extension Pack 等。
- Formatters：代码格式化插件。
- Keymaps：快捷键映射插件。
- Language Packs：语言插件。比如，汉语、日语、韩语等。
- Linters：静态检查插件。
- Programming Languages：编程语言插件。比如，Python、C++、Java、C#等。
- SCM Providers：源代码控制管理器（source control manager）插件。
- Snippets：代码片段插件。
- Themes：颜色主题与图标主题插件。
- Others：其他类型的插件。

### 2. 搜索结果排序

如图 7-7 所示，在插件的搜索结果页面中，可以对搜索结果按不同的属性进行排序。

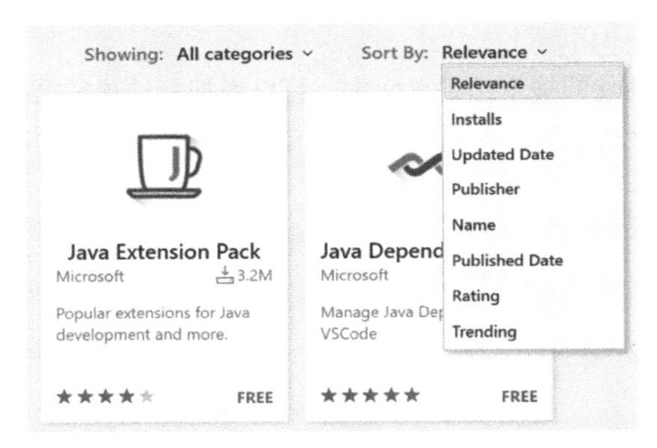


图 7-7　对搜索结果进行排序

对于搜索结果，分别可以按以下属性进行排序。

- Relevance：根据相关程度排序。
- Installs：根据安装量排序。
- Updated Date：根据插件更新日期排序，最近更新的插件优先。
- Publisher：根据插件作者的名字排序。
- Name：根据插件的名字排序。
- Published Date：根据插件发布日期排序，最近发布的插件优先。
- Rating：根据插件的评分排序。
- Trending：根据插件安装量的趋势排序。

### 7.1.3　插件页面

通过插件市场的搜索功能，可以搜索到不同的插件。在搜索结果中，单击插件卡片，就能进入插件页面。如图 7-8 所示的是 Python 插件的页面。你可以看到插件的安装量、评分、描述、分类、标签等信息。

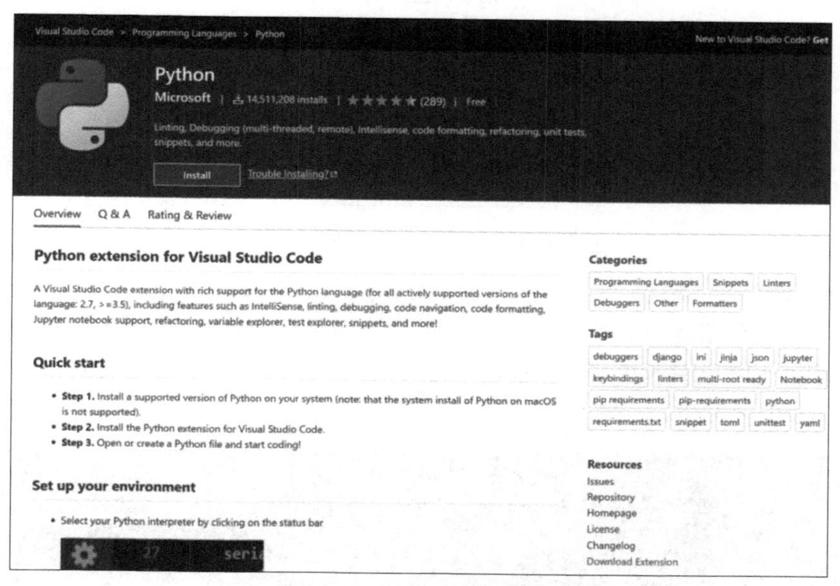


图 7-8　Python 插件的页面

#### 1. 插件安装

在插件页面单击 Install 按钮，浏览器会弹出窗口，并询问是否打开 Visual Studio Code，如图 7-9 所示。

图 7-9　是否打开 Visual Studio Code

选择 Open Visual Studio Code，就会打开 Visual Studio Code，并且显示相应的插件，可直接进行插件安装。

### 2. 插件下载

除了直接在 Visual Studio Code 上安装插件，我们也可以下载插件安装包，以便以后进行离线安装。如图 7-10 所示，单击 Download Extension，就能下载插件的离线安装包了。

图 7-10 下载插件的离线安装包

### 3. 插件问答

如果在插件的使用过程中遇到问题，则可以向插件的开发者寻求帮助。如图 7-11 所示，单击 Q & A，就能切换到插件的问答页面。单击 Ask a question，一般会跳转到插件的 GitHub 仓库或 Stack Overflow 页面。

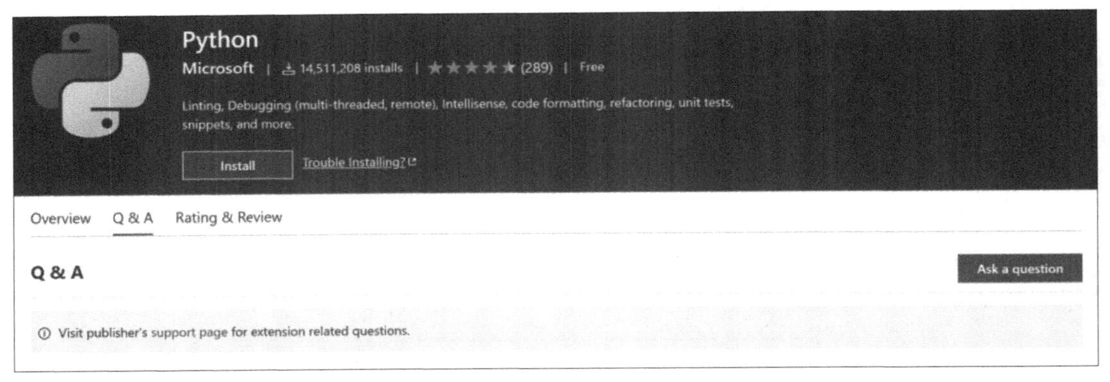


图 7-11 插件的问答页面

### 4. 插件评分

要判断一个插件好不好，除了看插件的安装量，也要关注插件的评分情况。如图 7-12 所示，单击 Rating & Review，就能切换到插件的评分和评价页面，在该页面可以查看其他用户对插件的评分和评价。单击 Write a review，可以对插件进行评分和评价。

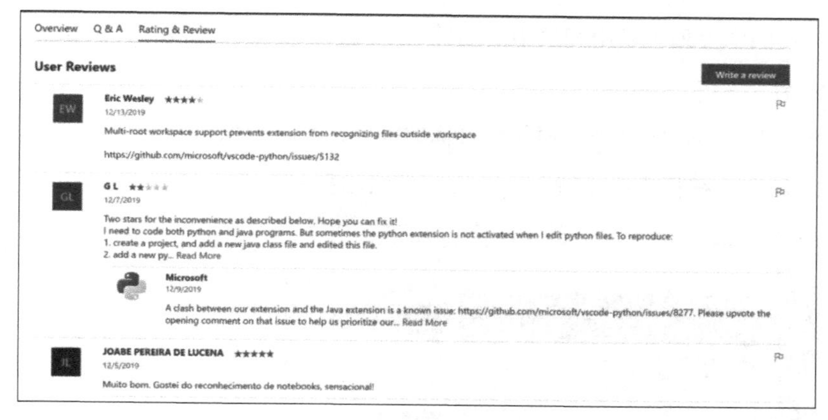


图 7-12　插件的评分和评价页面

## 7.2　插件管理

在网页版的 Visual Studio Code 的插件市场中，更多的功能是与搜索和浏览相关的。而 Visual Studio Code 与插件市场进行了非常完美的集成，我们不仅能在 Visual Studio Code 中直接搜索和浏览插件，还能进行安装、更新、卸载等管理操作。

### 7.2.1　搜索与浏览

如图 7-13 所示，单击左侧活动栏的插件按钮，或者通过使用 Ctrl+Shift+X 快捷键，可以打开插件管理视图。

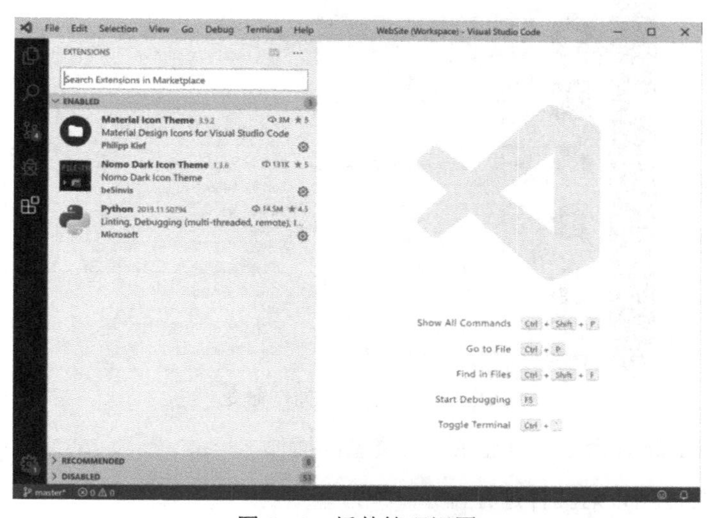


图 7-13　插件管理视图

插件管理视图中会列出启用和禁用的插件，以及针对当前工作区推荐的插件。

### 1. 搜索插件

在插件管理视图的搜索框中，输入要寻找的插件，可以轻松进行搜索。

如图 7-14 所示，在搜索框中输入 python，搜索结果就会返回与 Python 相关的插件。

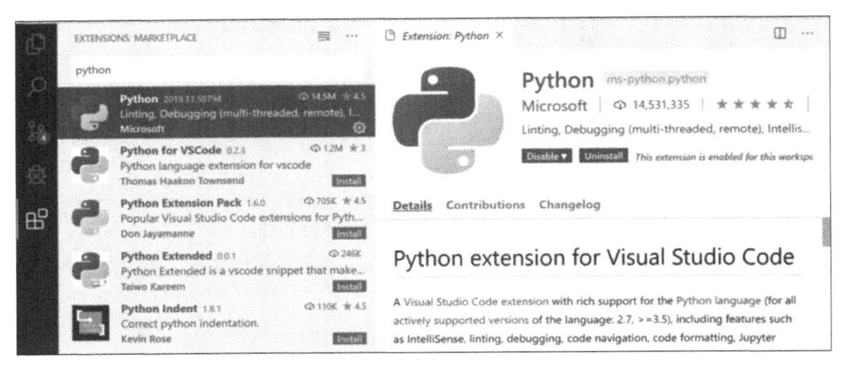


图 7-14　搜索插件

### 2. 插件过滤器

通过插件过滤器，可以查看不同类型的插件列表。

如图 7-15 所示，单击插件视图右上角的...按钮，会显示不同的插件命令。

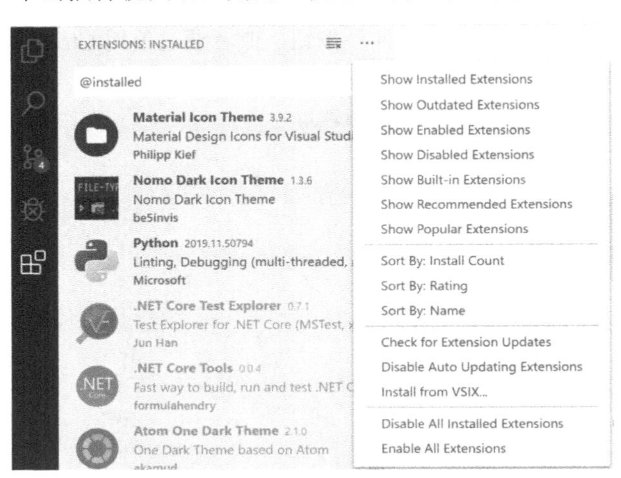


图 7-15　不同的插件命令

Show *** Extensions 命令用以显示不同类型的插件。

Sort By: ***命令用以对插件进行排序。

举个例子，如果选择 Show Installed Extensions 命令，就会在搜索框中添加@install 的过滤选项，并且显示已安装的插件列表。

除了通过右上角的插件命令，还可以在搜索框中直接使用过滤器。

如图 7-16 所示，在插件搜索框中输入@，会通过插件过滤器看到完整的过滤选项列表。

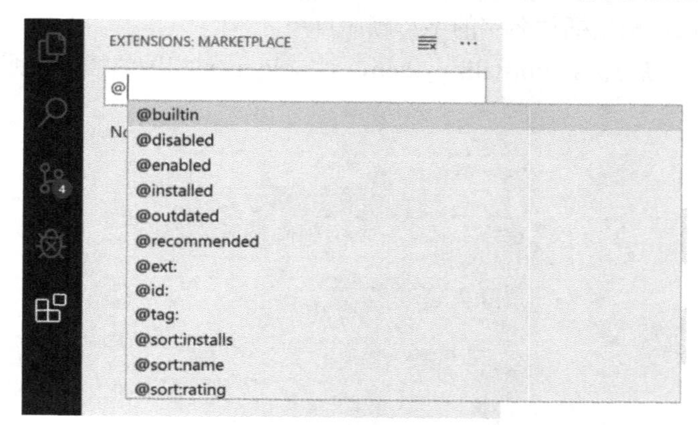


图 7-16　完整的过滤选项列表

下面列出了插件的过滤器。

- @builtin：显示 Visual Studio Code 内置的插件。
- @disabled：显示被禁用的插件。
- @enabled：显示启用的插件。
- @installed：显示已安装的插件。
- @outdated：显示待更新的插件。
- @recommended：显示推荐的插件。
- @id：根据 id 来显示插件。
- @tag：根据标签来显示插件。
- @sort：对插件进行排序。
- @category：根据具体的分类来显示插件，下面是一些分类的例子。
  - @category:themes
  - @category:formatters
  - @category:linters
  - @category:snippets

上面这些过滤器还可以组合起来使用。比如，使用@installed @category:themes 可以显示所有已安装的主题插件。

1）插件排序

通过@sort 过滤器，可以对插件进行排序，如下所示。

- @sort:installs：根据插件的安装量排序。
- @sort:rating：根据插件的评分排序。
- @sort:name：根据插件名字的字母顺序排序。

如图 7-17 所示，通过@sort:installs python，对与 Python 相关的插件按照安装量排序。

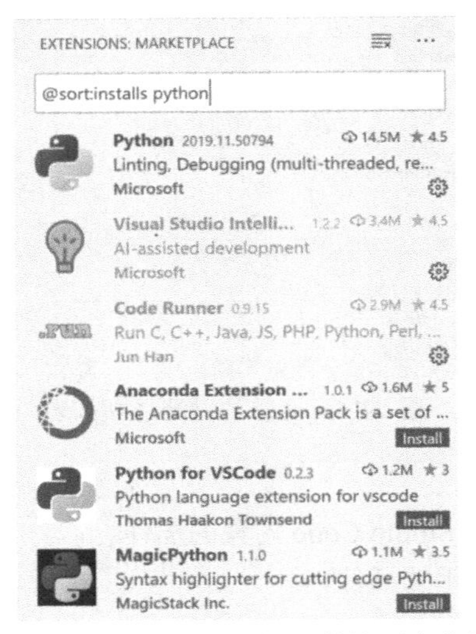


图 7-17　对与 Python 相关的插件按照安装量排序

2）插件分类

通过@category 过滤器，可以搜索不同类型的插件。

如图 7-18 所示，在插件搜索框中输入@category，会看到完整的分类过滤选项列表。

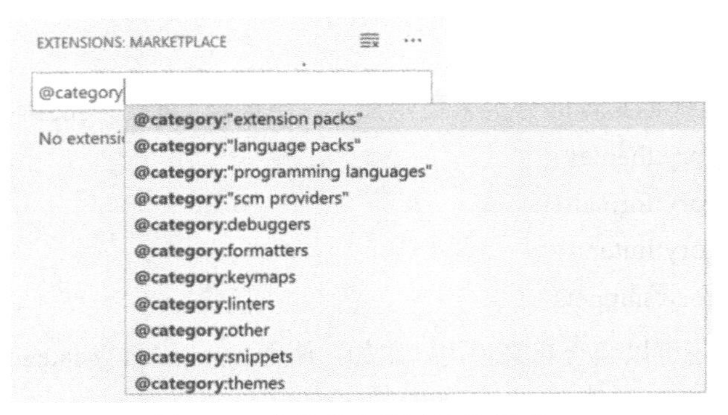


图 7-18　完整的分类过滤选项列表

在插件视图中，一共支持以下 11 种插件类型。

- Extension Packs：插件包，包含多个插件。比如，Java Extension Pack、PHP Extension Pack、Python Extension Pack 等。
- Language Packs：语言插件。比如，汉语、日语、韩语等语言插件。
- Programming Languages：编程语言插件。比如，Python、C++、Java、C#等编程语言插件。
- SCM Providers：源代码控制管理器（source control manager）插件。
- Debuggers：调试器插件。
- Formatters：代码格式化插件。
- Keymaps：快捷键映射插件。
- Linters：静态检查插件。
- Others：其他类型的插件。
- Snippets：代码片段插件。
- Themes：颜色主题与图标主题插件。

### 3. 插件详情

在插件列表中，单击其中一个插件，就会显示插件详情页面。

如图 7-19 所示的是 Python 插件的详情页面。

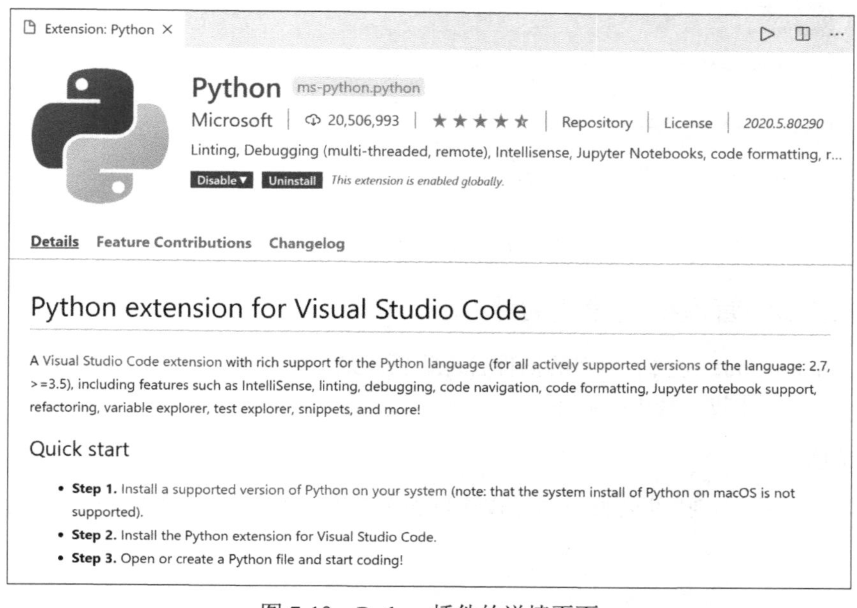


图 7-19　Python 插件的详情页面

在插件详情页面，除了能看到插件的 README（即 Details），还能看到以下信息。

- Feature Contributions：插件的设置、命令、键盘快捷键、语言设置、调试器等。
- Changelog：插件的更新日志。
- Dependencies：此插件所依赖的其他插件的列表。由于 Python 插件没有依赖其他插件，所以插件详情页面没有显示此信息。

如果一个插件是一个插件包，那么还会在插件详情页面显示 Extension Pack 的信息。

图 7-20 所示的是 Azure Tools 插件包，在 Extension Pack 页面会列出 Azure Tools 插件包所包含的所有插件。

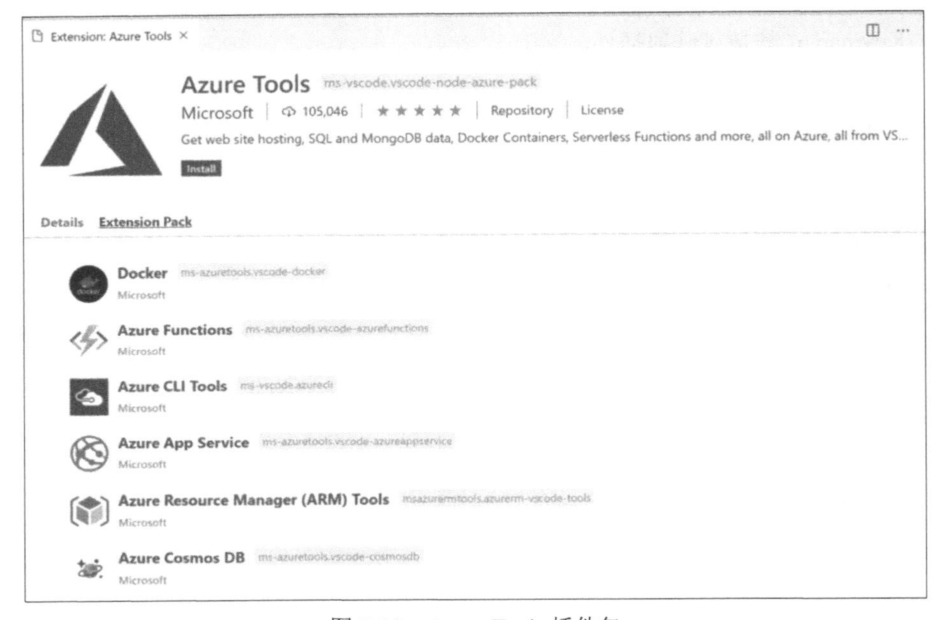


图 7-20 Azure Tools 插件包

### 7.2.2 通过插件管理视图管理插件

Visual Studio Code 提供了专门的插件管理视图。通过插件管理视图，你可以轻松地对插件进行安装、更新、卸载、禁用等操作。

#### 1. 安装插件

如图 7-21 所示，在插件列表或插件详情页面单击 Install 按钮，就能对插件进行一键安装！

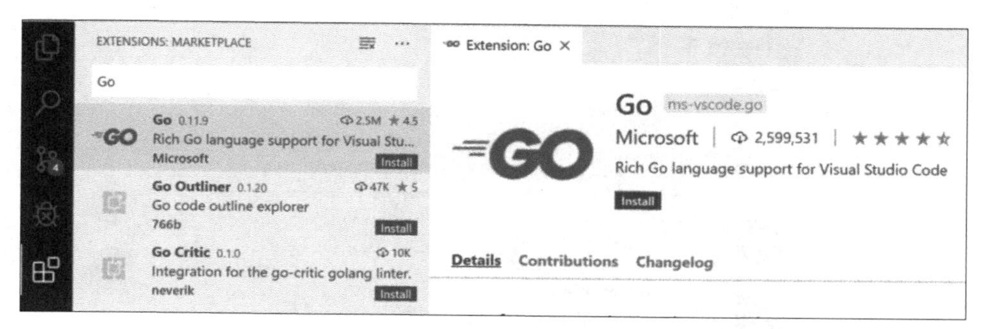


图 7-21　安装插件

### 2. 卸载插件

如图 7-22 所示，单击齿轮按钮，在下拉菜单中单击 Uninstall 选项，或者在插件详情页面单击 Uninstall 按钮，就能对插件进行卸载。

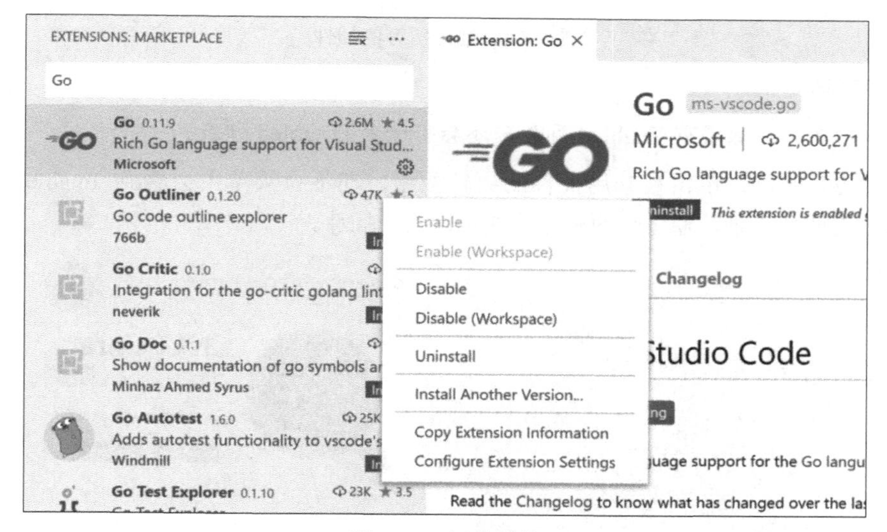


图 7-22　卸载插件

### 3. 禁用插件

如果你并不想永久地删除某一个插件，那么可以临时禁用某一个插件。单击齿轮按钮，在下拉菜单中会看到 Disable 和 Disable (Workspace)这两个选项。

- Disable：插件将会在全局范围内被禁用。
- Disable (Workspace)：插件只在当前的工作区禁用，在其他的工作区仍旧是启用的。

此外，如果需要禁用所有已安装的插件，那么可以单击 More Actions（...）按钮，通过 Disable All Installed Extensions 命令来禁用所有的插件，如图 7-23 所示。

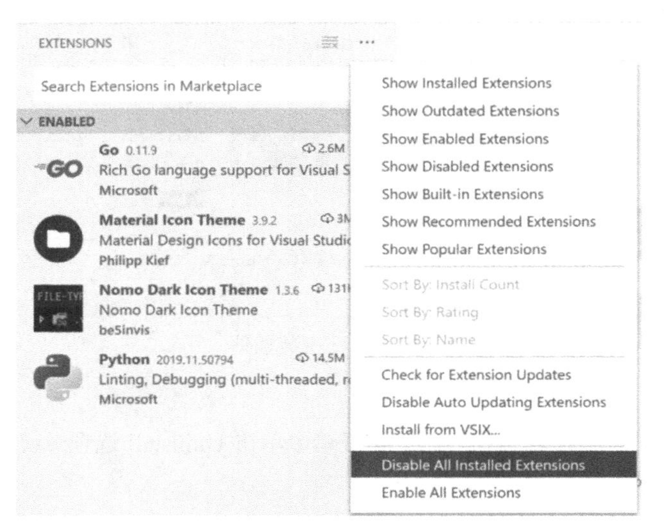


图 7-23　禁用所有的插件

### 4. 启用插件

在插件视图中，除了有 Enabled 列表，还会有一个 Disabled 列表。

如图 7-24 所示，单击被禁用插件的齿轮按钮，在下拉菜单中会看到 Enable 和 Enable (Workspace)这两个选项，通过这两个选项便可以启用插件。

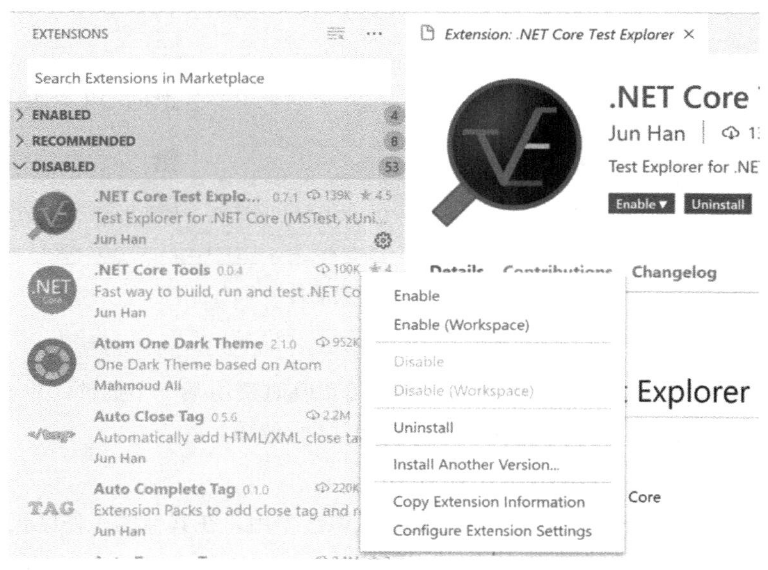


图 7-24　启用插件

与禁用插件类似，可以单击 More Actions（...）按钮，通过 Enable All Extensions 命令启用所有被禁用的插件。

### 5. 自动更新插件

默认情况下，Visual Studio Code 会检查插件是否有更新，并且自动更新插件。如果你想禁用自动更新，则可以在插件视图中单击 More Actions（...）按钮，通过 Disable Auto Updating Extensions 命令禁用插件自动更新。

### 6. 手动更新插件

如果禁用了插件自动更新，那么也可以选择手动更新插件。在插件视图中，可以单击 More Actions（...）按钮，通过 Show Outdated Extensions 命令来显示待更新的插件。单击 Update 按钮就可以手动更新插件了。此外，你也可以单击 More Actions（...）按钮，通过 Update All Extensions 命令来一键更新所有的插件，通过 Check for Extension Updates 命令来检查是否有待更新的插件。

## 7.2.3 通过命令行管理插件

除了通过图形化界面来管理插件，我们还可以通过命令行来管理插件。通过命令行，我们可以进行插件安装、卸载等操作。下表列出了各个命令行参数的详细描述。

| 参数 | 描述 |
| --- | --- |
| --extensions-dir <dir> | 设置插件的根目录 |
| --install-extension <ext> | 安装插件。把完整的插件 id（publisher.extension）作为参数 |
| --uninstall-extension <ext> | 卸载插件。把完整的插件 id（publisher.extension）作为参数 |
| --disable-extensions | 禁用所有的插件 |
| --list-extensions | 列出所有已经安装的插件 |
| --show-versions | 当使用--list-extensions 时，显示安装的插件的版本信息 |
| --enable-proposed-api <ext> | 开启插件 proposed api 的功能。将完整的插件 id（publisher.extension）作为参数 |

下面是一些具体的例子。

```
code --extensions-dir <dir>
code --list-extensions
code --list-extensions --show-versions
code --install-extension (<extension-id> | <extension-vsix-path>)
code --uninstall-extension (<extension-id> | <extension-vsix-path>)
code --enable-proposed-api (<extension-id>)
```

在插件详情页面，可以在插件名字的右侧看到插件 id。如图 7-25 所示，Python 插件的 id 是 ms-python.python。

图 7-25 Python 插件的 id

### 7.2.4 离线安装插件

除了进行在线的插件安装，我们还可以通过.vsix 文件进行离线安装。.vsix 文件是 Visual Studio Code 的插件安装包，可以在网页版的插件市场中进行下载。在插件视图中，可以单击 More Actions （…）按钮，通过 Install from VSIX 命令选择.vsix 文件的路径进行离线的插件安装。

此外，也可以通过下面的命令行进行离线的插件安装。

```
code --install-extension /path/to/myextension.vsix
```

### 7.2.5 插件推荐

在插件视图中，可以单击 More Actions（…）按钮，通过 Show Recommended Extensions 命令来显示推荐的插件。推荐的插件有以下两种类型。

- Workspace Recommendations：当前工作区被其他开发者推荐的插件。
- Other Recommendations：Visual Studio Code 根据当前工作区的文件进行推荐的插件。

我们来具体看一下 Workspace Recommendations（工作区推荐的插件）。我们可以对当前的工作区项目推荐相应的插件，这对多人开发的开源项目特别有用。当其他人克隆你的项目，并在 Visual Studio Code 中将项目打开后，就能看到推荐的插件。

通过 Ctrl+Shift+P 快捷键打开命令面板，输入并执行 Extensions: Configure Recommended Extensions 命令，就可以创建工作区插件推荐的文件。

如果是在单文件夹的工作区中，该命令会在.vscode 文件夹下创建一个 extensions.json 文件。extensions.json 文件中包含的内容如下所示。

```
{
  "recommendations": [
    "ms-vscode.vscode-typescript-tslint-plugin",
    "dbaeumer.vscode-eslint",
    "msjsdiag.debugger-for-chrome"
  ]
}
```

如果是在 Multi-root Workspaces（也就是多个目录的工作区）中，这个命令会打开.code-workspace 文件。.code-workspace 文件中包含的内容如下所示。

```
{
  "folders": [
    {
      "path": "vscode"
    },
    {
      "path": "vscode-docs"
    }
  ],
  "extensions": {
    "recommendations": [
      "eg2.tslint",
      "dbaeumer.vscode-eslint",
      "msjsdiag.debugger-for-chrome"
    ]
  }
}
```

### 7.2.6 插件的安装目录

在不同的系统下，插件会被安装在不同的目录中，如下所示。

- Windows: %USERPROFILE%\.vscode\extensions
- macOS: ~/.vscode/extensions
- Linux: ~/.vscode/extensions

如果你使用的是 Visual Studio Code Insiders 版本，那么插件会根据不同的系统分别被安装在以下目录中。

- Windows: %USERPROFILE%\.vscode-insiders\extensions
- macOS: ~/.vscode-insiders/extensions
- Linux: ~/.vscode-insiders/extensions

## 7.3 那些不错的插件

Visual Studio Code 的成功离不开那些优秀的插件。让我们一起来看一看 Visual Studio Code 中有哪些好用的插件吧！

### 7.3.1 REST Client：也许是比 Postman 更好的选择

在测试 REST API 的时候，想必大家可以选择很多不同的工具。如果是基于 CLI 的话，大家应该会选择 cURL。如果是 GUI 工具的话，相信很多人都会使用 Postman。不过笔者要推荐的是 REST Client 插件。也许，它是比 Postman 更好的选择。

相比于 Postman，REST Client 还支持 cURL 和 RFC 2616 这两种业界标准来调用 REST API。

### 1. RFC 2616

下面的例子所展示的是一个符合 RFC 2616 标准的 POST 请求。

```
POST http://dummy.restapiexample.com/api/v1/create HTTP/1.1
content-type: application/json

{
    "name":"Hendry",
    "salary":"61888",
    "age":"26"
}
```

安装好 REST Client 插件后，我们在 Visual Studio Code 中新建一个以.http 或.rest 结尾的文件，填入 HTTP 请求，单击 Send Request，或者在文件的右键菜单中选择 Send Request，或者直接调用快捷键 Ctrl+Alt+R，如此，REST API 就可以执行了。如图 7-26 所示，执行完成后，API 的响应内容就会显示在右边区域。是不是很方便？

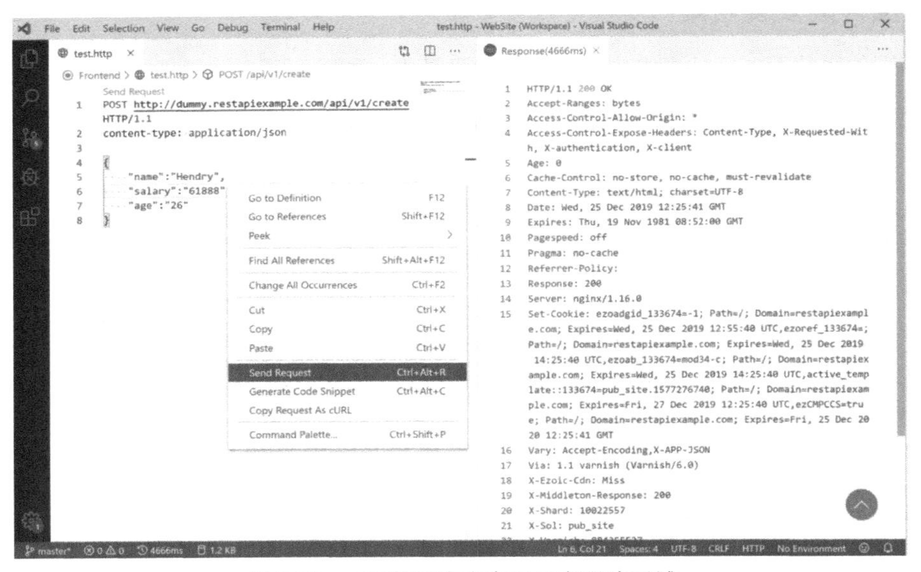


图 7-26　API 的响应内容显示在右边区域

### 2. cURL

下面的例子所展示的是一个符合 cURL 标准的 POST 请求。

```
curl -X POST "http://dummy.restapiexample.com/api/v1/create" -d "Hello World"
```

同样，也可以通过 REST Client 插件在 Visual Studio Code 中一键运行 REST API。

### 3. HTTP 语言

REST Client 插件添加了 HTTP 语言的定义，支持把以.http 或.rest 结尾的文件中的代码当作 HTTP 语言进行处理，提供了语法高亮、代码智能提示、代码注释等功能。如图 7-27 所示，在编写 HTTP 语言时，REST Client 插件提供了强大的智能提示功能。

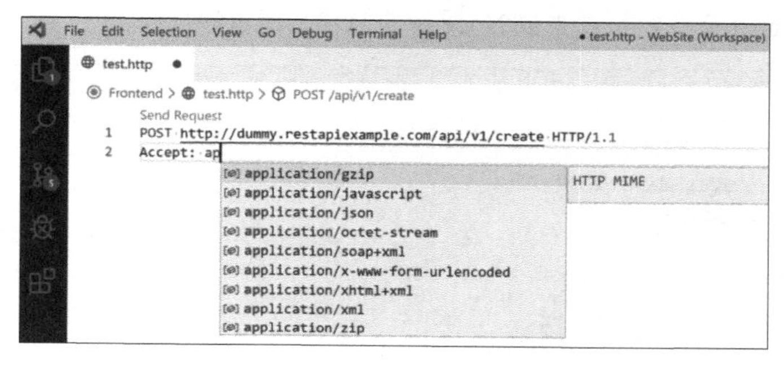


图 7-27　HTTP 语言智能提示

看到这里，读者也许会问，我直接用 Postman 在图形化界面上填一下 REST API 的各个字段不就行了，为什么还要写一个 HTTP 的文件呢？其实，直接有一个 HTTP 文件的最大好处就是方便分享。比如，你可以把 HTTP 文件放到 GitHub 上分享出来。这样的话，所有开发或使用项目的人都能复用这个 HTTP 文件，也能极大地方便你管理所有的 REST API 了。

更方便的是，通过###分隔符，同一个 HTTP 文件中可以涵盖多个 HTTP 请求。不像 Postman，不同的 HTTP 请求需要放在不同的标签页里。如图 7-28 所示，有 3 个 HTTP 请求同时写在了一个 HTTP 文件中。

```
File Edit Selection View Go Debug Terminal Help
test.http ×
Frontend > test.http > POST /comments
    Send Request
1   GET https://example.com/comments/1 HTTP/1.1
2
3   ###
4
    Send Request
5   GET https://example.com/topics/1 HTTP/1.1
6
7   ###
8
    Send Request
9   POST https://example.com/comments HTTP/1.1
10  content-type: application/json
11
12  {
13      "name": "sample",
14      "time": "Wed, 21 Oct 2015 18:27:50 GMT"
15  }
```

图 7-28　3 个 HTTP 请求同时写在了一个 HTTP 文件中

#### 4. 代码生成

代码生成也是 REST Client 插件里一个很方便的功能。在 HTTP 语言文件的右键菜单中，你可以方便地通过 Generate Code Snippet 命令来将 HTTP 请求生成不同编程语言（JavaScript、Python、C、C#、Java、PHP、Go、Ruby、Swift 等主流语言）的代码。如图 7-29 所示，通过 Generate Code Snippet 命令，可以生成 Node.js 的 HTTP 请求的代码。

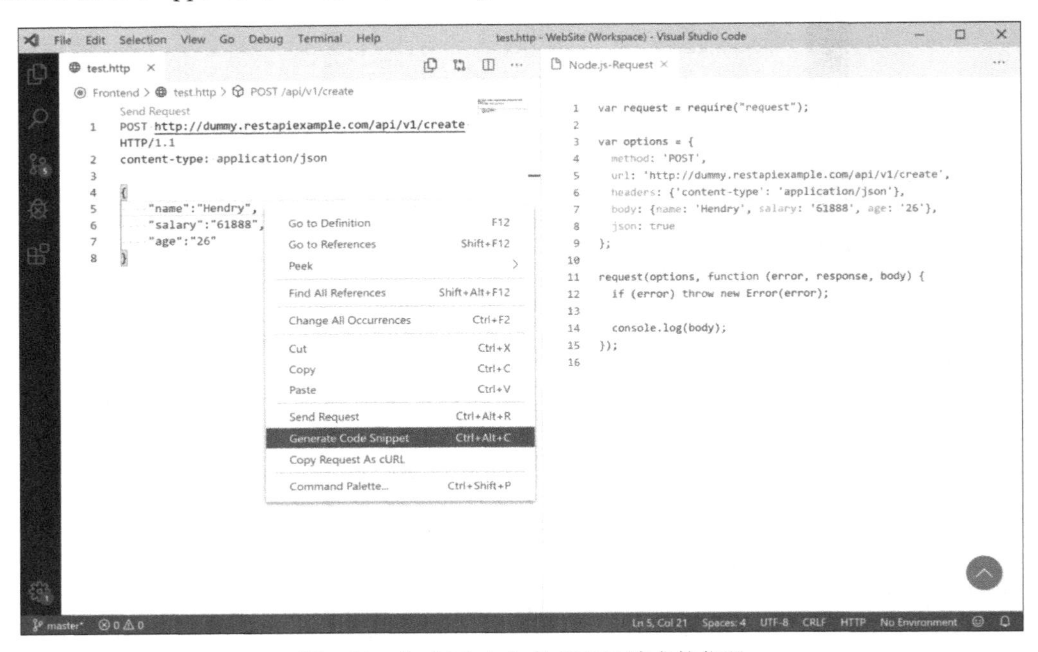


图 7-29　生成 Node.js 的 HTTP 请求的代码

#### 5. 高阶功能

其实 REST Client 还有很多功能，有需求的读者可以慢慢挖掘，下面列出一些比较有用的高阶功能。

- 身份认证：REST Client 支持 Basic Auth、SSL Client Certificates、Azure Active Directory 等多种验证机制。
- 支持 Cookies。
- 支持 HTTP 3xx 的重定向。
- 支持多种变量：环境变量、文件变量、预定义的系统变量等。

下面是使用文件变量的一个例子，这样变量就能在不同的 HTTP 请求中共享了。其中，{{$datetime iso8601}}是预定义的系统变量。

```
@hostname = api.example.com
```

```
@port = 8080
@host = {{hostname}}:{{port}}
@contentType = application/json
@createdAt = {{$datetime iso8601}}

###

@name = hello

GET https://{{host}}/authors/{{name}} HTTP/1.1

###

PATCH https://{{host}}/authors/{{name}} HTTP/1.1
Content-Type: {{contentType}}

{
   "content": "foo bar",
   "created_at": {{createdAt}}
}
```

最后，笔者再给大家透露一下：其实 REST Client 的作者毛华超也是中国人哦！他是曾经和笔者在微软一起工作过的同事呢，是位大神哦！

### 7.3.2 Code Runner：代码一键运行，支持 40 多种语言

记得在 2016 年，笔者还在写 PHP（是的，没错！在微软写 PHP），同时还需要写 Python 和 Node.js。所以，那时支持多种语言的 Visual Studio Code 已经是笔者的主力编辑器了。唯一不足的是，笔者希望在 Visual Studio Code 中能有一种快捷方式来运行各类代码，甚至是代码片段。正是因为这个来自自身的需求，笔者开发了 Code Runner 插件。

时至今日，Code Runner 插件已经有了超过 1 000 万的累计下载量！

经过数年的打磨，笔者为 Code Runner 插件添加了诸多功能，目前该插件已经可以支持 40 多种编程语言：C、C++、Java、JavaScript、PHP、Python、Perl、Perl 6、Ruby、Go、Lua、Groovy、PowerShell、BAT/CMD、BASH/SH、F# Script、F#（.NET Core）、C# Script、C#（.NET Core）、VBScript、TypeScript、CoffeeScript、Scala、Swift、Julia、Crystal、OCaml Script、R、AppleScript、Elixir、Visual Basic .NET、Clojure、Haxe、Objective-C、Rust、Racket、Scheme、AutoHotkey、AutoIt、Kotlin、Dart、Free Pascal、Haskell、Nim、D、Lisp、Kit、V。

#### 1. 代码一键运行

安装好 Code Runner 插件后，打开所要运行的文件，可以使用以下任意一种方式来快捷地运行你的代码。

- 通过快捷键 Ctrl+Alt+N。

- 通过快捷键 Ctrl+Shift+P 打开命令面板，然后输入并执行 Run Code。
- 在编辑区域的右键菜单中单击 Run Code。
- 在左侧的文件管理器中找到要运行的文件，在其右键菜单中单击 Run Code。
- 单击右上角的“运行”小三角按钮。

有这么多种运行方式，是不是非常方便？

如图 7-30 所示，通过编辑区域的右键菜单中的 Run Code 命令或右上角的“运行”小三角按钮，可以一键运行 JavaScript 代码。

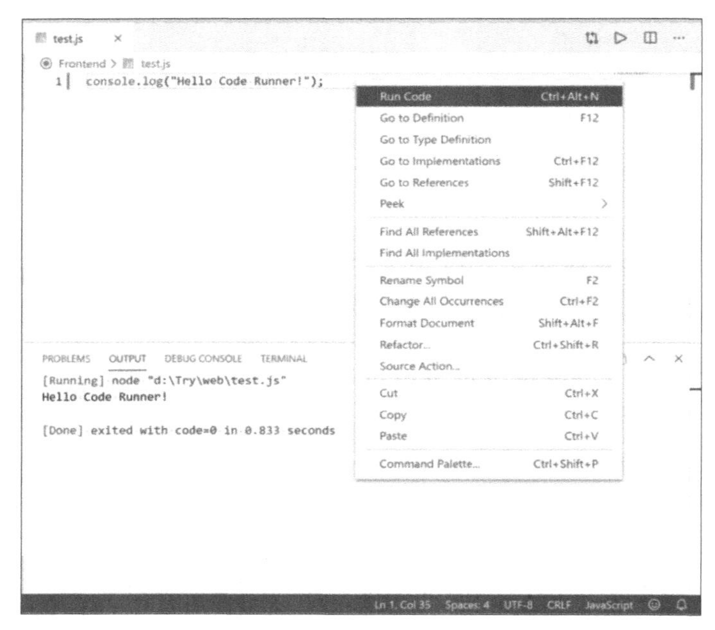


图 7-30 一键运行 JavaScript 代码

除了支持运行整个文件，Code Runner 还支持选中文件中的部分代码，然后运行相应的代码片段。

需要注意的是，Code Runner 插件并不包含各个编程语言的编译器或解释器。使用者需要自行安装相应编程语言的编译器或解释器，并且把路径添加到 PATH 环境变量中。

### 2. 停止代码运行

如果要停止代码运行，也有如下几种方式。

- 通过 Ctrl+Alt+M 快捷键。
- 通过 Ctrl+Shift+P 快捷键打开命令面板，然后输入并执行 Stop Code Run。
- 在输出面板的右键菜单中单击 Stop Code Run。

如图 7-31 所示，在输出面板的右键菜单中，可以看到 Stop Code Run 命令，单击该命令便能停止代码运行。

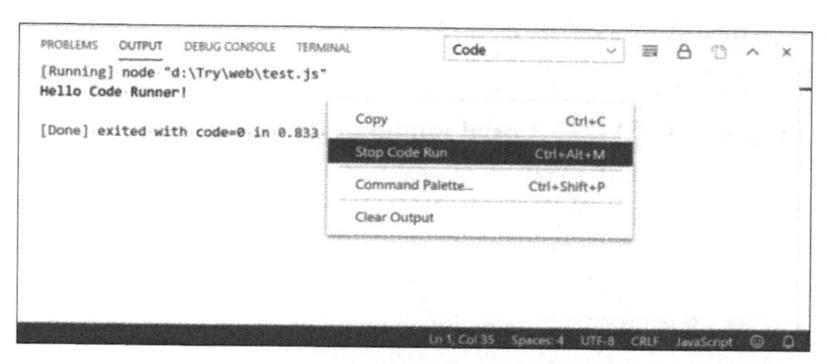


图 7-31　停止代码运行

### 3. 在集成终端中运行代码

默认情况下，Code Runner 会把运行输出结果打印在输出面板中。在 Code Runner 插件的 GitHub 上，用户问到最多的问题就是如何解决乱码问题和怎样支持输入。通过设置，我们把代码放到 Visual Studio Code 内置的集成终端来运行，这两个问题就能迎刃而解了。

选择 File→Preferences→Settings（macOS 上是 Code→Preferences→Settings），打开 Visual Studio Code 设置页面，找到 Run Code configuration，勾上 Run In Terminal 选项，如图 7-32 所示。设置之后，代码就会在集成终端中运行了。

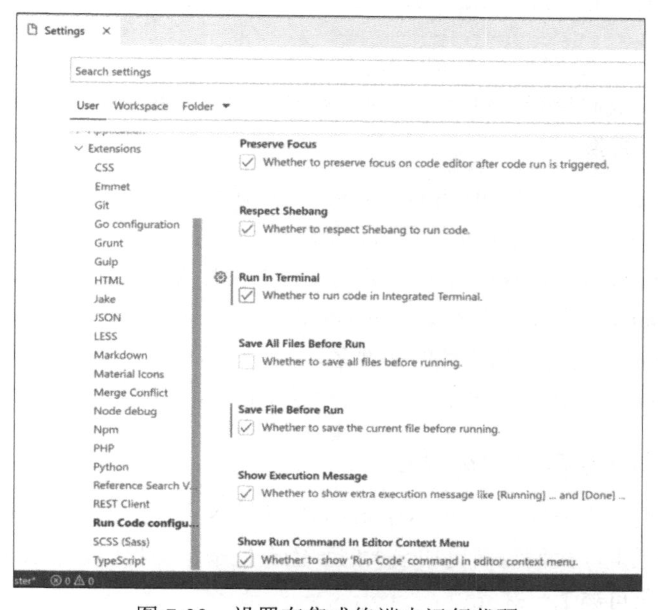


图 7-32　设置在集成终端中运行代码

#### 4. 自定义运行逻辑

对于一些编程语言，用户希望能自定义代码的运行逻辑。比如，在 Code Runner 中，C++ 的默认编译器是 g++，也许你希望使用 C 语言，那么你可以通过以下方式自定义运行逻辑。打开 Visual Studio Code 设置页面，如图 7-33 所示，找到 Executor Map 设置项，并且单击 Edit in settings.json，settings.json 文件便会在 Visual Studio Code 中打开。

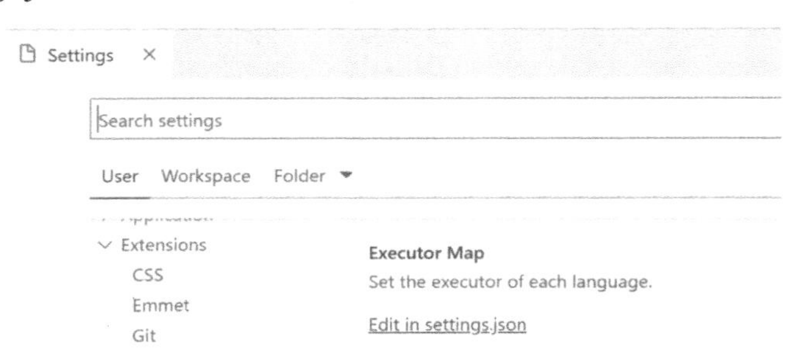


图 7-33 Executor Map 设置项

在 settings.json 文件中，添加 code-runner.executorMap 设置，然后就可以对不同的语言设置自定义的运行逻辑了。下面就是对 JavaScript 和 Java 进行配置的一个例子。

```
{
    "code-runner.executorMap": {
        "javascript": "node",
        "java": "cd $dir && javac $fileName && java $fileNameWithoutExt"
    }
}
```

如果你想自定义代码运行逻辑，那么可以用到下面的一些变量。在运行时，Code Runner 会将相应的变量进行替换。

- $workspaceRoot：在 Visual Studio Code 中打开的文件夹的完整路径。
- $dir：当前打开的文件的文件夹的完整路径。
- $dirWithoutTrailingSlash：当前打开的文件的文件夹的完整路径，末尾不包含斜杠。
- $fullFileName：当前打开的文件的完整路径。
- $fileName：当前打开的文件的文件名。
- $fileNameWithoutExt：当前打开的文件的文件名，不包含扩展名。

### 7.3.3 为你的代码再添上一抹亮色

对于大多数编程语言来说，Visual Studio Code 已经为它们提供了强大的语法高亮功能。然而，在一些使用场景下，我们需要更加强大的颜色支持来帮助我们。让我们来看一看有哪些好用的插件，能为代码再添上一抹亮色。

### 1. Bracket Pair Colorizer 2

在代码编写过程中，各种括号{[()]}必不可少。然而，随着代码量的增加，你有没有因为括号的嵌套太多，而觉得代码难以阅读呢？

我们来看一看下面的代码。有一行代码，在它的最后部分竟然连续出现了 4 个右括号！而且，在大型项目中会出现更多括号连续嵌套的情况。

```
this._linesChangedDebounced = Functions.debounce((e: LinesChangeEvent) => {
    if (window.activeTextEditor !== e.editor) return;
    if (!LineTracker.includesAll(e.lines , (e.editor && e.editor.selections.map(s =>
s.active.line)))) return;
    this.fireLinesChanged(e);
}, 250, { track: true });
```

默认情况下，所有括号的颜色是一样的。嵌套的括号一多，就让我们难以区分了。这还让我们怎么愉快地进行代码审查或编写代码呢？

不用怕！我们有 Bracket Pair Colorizer 2 插件！它为代码中的各种结对的括号提供了颜色高亮等功能。

安装了 Bracket Pair Colorizer 2 插件，各个结对的括号就都有了不同的颜色。不管是进行代码审查还是改代码，都便利了许多。

除此之外，Bracket Pair Colorizer 2 插件还提供了各种配置选项，满足你对颜色高亮的不同需求。下面列举一些常用的设置项。

- bracket-pair-colorizer-2.forceUniqueOpeningColor：颜色的唯一性设置。
- bracket-pair-colorizer-2.colorMode：颜色的模式，有 Consecutive 和 Independent 两种模式。
  - Consecutive：所有的括号共享同一个颜色集合。
  - Independent：不同类型的括号使用自己的颜色集合。
- bracket-pair-colorizer-2.highlightActiveScope：是否对当前范围的括号进行高亮显示。
- bracket-pair-colorizer-2.activeScopeCSS：设置高亮显示的括号的 CSS。

下面是 bracket-pair-colorizer-2.activeScopeCSS 的一个例子。

```
"bracket-pair-colorizer-2.activeScopeCSS": [
    "borderStyle : solid",
    "borderWidth : 1px",
    "borderColor : {color}",
    "opacity: 0.5"
]
```

其实除了以上功能，Bracket Pair Colorizer 2 插件还有许多配置项供大家选择，大家可以下载使用一下，配置出最适合你的括号风格！

### 2. indent-rainbow

对于大多数编程语言来说，Bracket Pair Colorizer 2 插件是非常有用的，因为在代码中会包含大量的括号。类似地，在大型项目中，随着业务复杂性的提高，一些代码往往会有很多缩进。

在下面的代码片段中，缩进最多的一处有 8 个制表符（Tab）。

```
async function migrateSettings(context: ExtensionContext, previousVersion: string | u
ndefined) {
    try {
        if (Versions.compare(previous, Versions.from(7, 5, 10)) !== 1) {
            await configuration.migrate<{ customSymbols?: string[], language: string
| undefined, locations: CodeLensScopes[] }[], CodeLensLanguageScope[]>(
                'codeLens.perLanguageLocations', configuration.name('codeLens')('scop
esByLanguage').value, {
                    migrationFn: v => {
                        const scopes = v.map(ls => {
                            return {
                                language: ls.language,
                                scopes: ls.locations,
                                symbolScopes: ls.customSymbols
                            };
                        });
                        return scopes;
                    }
                });
        }
    }
}
```

如果代码缩进也能有颜色区分，是不是很方便？

通过安装 indent-rainbow 插件，就能为你的代码缩进提供颜色上的支持啦！相信这个插件对于 Python 和 Nim 的开发者会特别有用！

### 3. vscode-pigments

在编写或查看 CSS 或其他样式文件时，我们遇到的最多的内容之一就是颜色了。无论你使用的是#0000ff 还是 rgba（123, 43, 54, 0.7）这样的格式来定义颜色，Visual Studio Code 都会在每个颜色定义前面加上一个方块，用来显示实际所对应的颜色。vscode-pigments 插件可以增强这样的颜色显示。如图 7-34 所示，在 CSS 文件中，除了 Visual Studio Code 自带的颜色反馈，vscode-pigments 插件会在每个颜色定义的代码片段上也显示颜色。

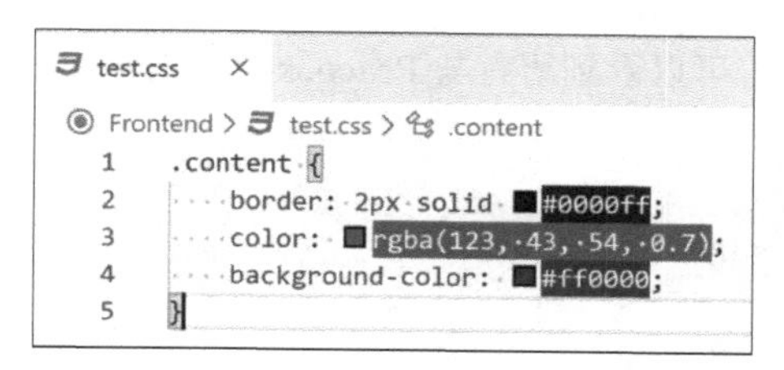


图 7-34　在每个颜色定义的代码片段上显示颜色

此外，你还可以对 vscode-pigments 的颜色显示进行配置，相关的配置项如下所示。

- pigments.markerType：配置颜色显示方式，有 background 和 outline 两种模式。
  - background：默认值。在代码片段的背景上显示颜色。
  - outline：在代码片段的边框周围显示颜色。
- pigments.enabledExtensions：通过文件扩展名定义插件在哪些文件（例如 CSS、Sass、JSX 等文件）中生效。

#### 4. Peacock

在使用 Visual Studio Code 进行开发时，你是否会有这样的困扰？随着项目越来越多，Visual Studio Code 的窗口也越来越多，你也越来越难以在众多窗口中找到你需要切换的窗口。

不用担心！Peacock 插件可以轻松帮你解决这个问题！

通过 Peacock 插件，你可以为每一个 Visual Studio Code 窗口配上自己喜爱的颜色！这样，你就再也不怕分不清众多的项目啦。

如图 7-35 所示，Peacock 插件为每一个 Visual Studio Code 窗口配上了不同的颜色。

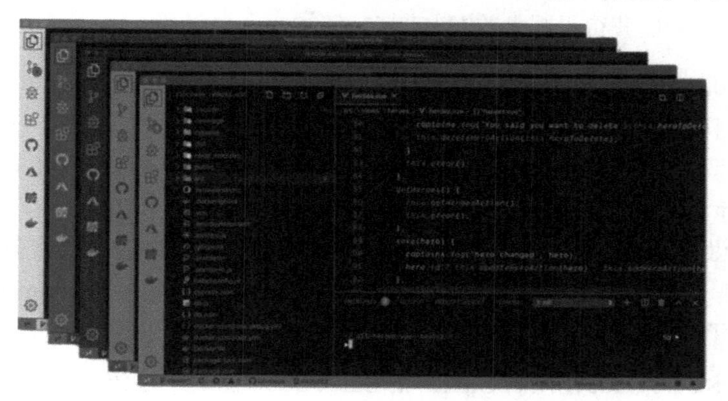

图 7-35　Peacock 为每一个窗口配上不同的颜色

下面就来看一看如何使用这款插件吧！

安装好 Peacock 插件后，可以使用快捷键 Ctrl+Shift+P 快速打开命令面板。如图 7-36 所示，在命令面板中输入 Peacock，可以看到所有与 Peacock 插件相关的命令。

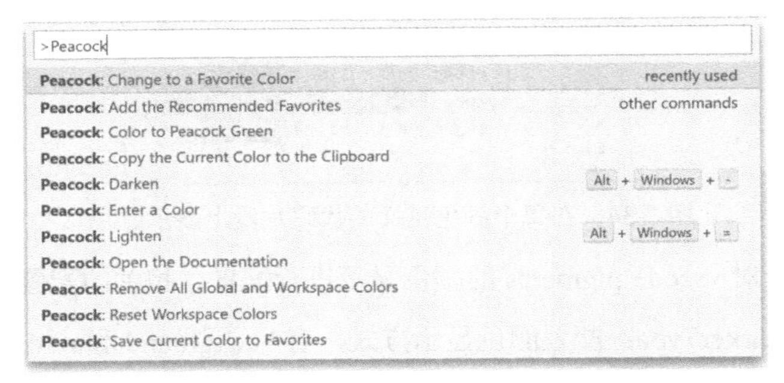


图 7-36 与 Peacock 插件相关的命令

选择 Peacock: Change to a Favorite Color 命令后，可以看到所有的颜色列表。通过上/下键，我们可以预览不同的颜色，并为你当前的窗口选出最合适的颜色！

如果你有很多 Visual Studio Code 窗口，而且又不想手动为每一个窗口搭配颜色，那么你可以试一试把 peacock.surpriseMeOnStartup 设置为 true。设置了这个配置之后，Peacock 插件将会为以后新打开的每一个 Visual Studio Code 窗口随机选一个颜色。

怎么样？Peacock 插件是不是十分方便？其实，Peacock 插件的功能远不止这些！

读者可以访问参考资料[22]来查看 Peacock 插件的完整使用文档。更多功能等你来发掘！

## 7.3.4 更强的 Git 集成

在之前的章节中，我们已经了解到 Visual Studio Code 对 Git 提供了内置支持。通过安装与 Git 相关的插件，我们能获得更强大的 Git 支持。

### 1. GitHub Pull requests

相信大家在平时工作或自己的项目中，一定都有在 GitHub 上进行代码审查的经历。对于笔者来说，不论是平时的工作项目，还是自己的业余项目，代码基本都托管在 GitHub 上。所以，在 GitHub 上进行 Pull requests 的代码审查也是家常便饭。虽然 GitHub 的基于浏览器的在线代码审查功能已经做得越来越好，但是像 Go to Definitions、Find All References 等功能还是与本地的编辑器/IDE 有一定差距。如果能在你所喜爱的编辑器/IDE 上进行 Pull requests 的代码审查，是不是就很方便了？

于是，Visual Studio Code 团队和 GitHub 的 Editor Tools 团队一起合作，使 GitHub Pull requests 插件应运而生！

GitHub Pull requests 插件使开发者可以在 Visual Studio Code 中轻松审查和管理 GitHub 上的 Pull requests，功能如下所示。

- 在 Visual Studio Code 中认证并连接到 GitHub 账号。
- 在 Visual Studio Code 中列出当前 GitHub 仓库中的所有 Pull requests。
- 在 Visual Studio Code 中审查 GitHub 上的 Pull requests，并进行文件比较，添加评论。
- 在 Visual Studio Code 中轻松签出当前正在审查的 Pull requests，从而可以利用 Visual Studio Code 强大的 Go to Definitions、Find All References、IntelliSense 等功能来验证 Pull requests。

### 2. Git Graph

使用 Git 来进行代码版本控制的读者，一定对 gitk 十分熟悉。gitk 是 Git 自带的图形化 Git 管理工具。它的功能包括以图形化的形式比较 Git 提交的更改、显示每个 Git 提交的详细信息、显示每个版本的文件树状结构等，功能十分强大。如果能把这些功能集成到 Visual Studio Code 中，是不是很方便？

Git Graph 插件做到了！Git Graph 插件除了涵盖了许多 gitk 的重要功能，还提供了许多额外的功能。

安装 Git Graph 插件后，单击左下角状态栏中的 Git Graph 按钮，或者通过 Ctrl+Shift+P 打开命令面板，然后输入并执行 Git Graph: View Git Graph 命令，就能调出 Git Graph 的界面了。

图 7-37 所示的即 Git Graph 的图形化界面。除了能显示各类 Git 信息，还能直接在 Git Graph 界面中进行许多 Git 操作，十分方便！

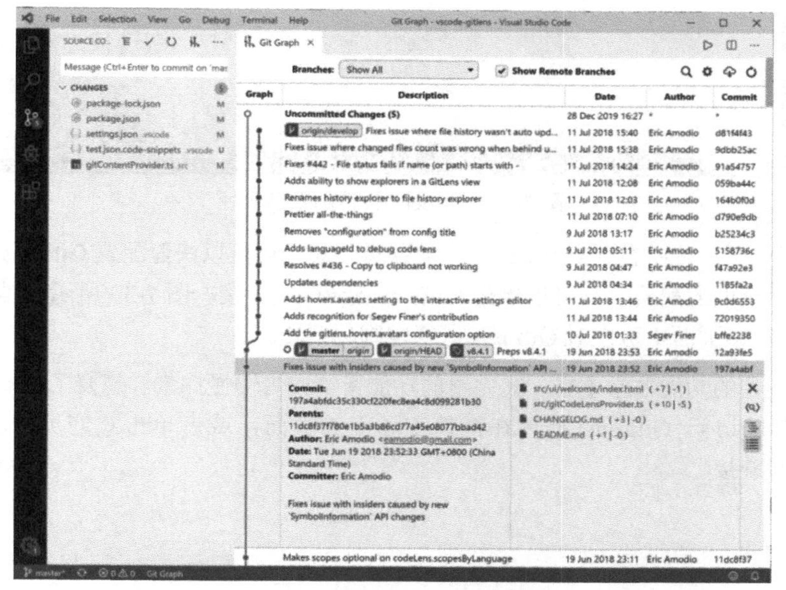


图 7-37 Git Graph 的图形化界面

### 3. GitLens

笔者开发过数十个 Visual Studio Code 插件，也使用过数百个 Visual Studio Code 插件。毫不夸张地说，GitLens 插件应该是笔者遇到过的功能最丰富的插件之一了！GitLens 插件的功能非常丰富，笔者总觉得平时只用到了它 10%的功能。如果你在 Visual Studio Code 中使用 Git 进行代码版本控制，那么 GitLens 插件一定是必备的插件。

在安装了 GitLens 插件后，如图 7-38 所示，会自动弹出欢迎页面。或者，使用快捷键 Ctrl+Shift+P 打开命令面板，然后输入并执行 GitLens: Welcome，也可以手动调出欢迎页面。

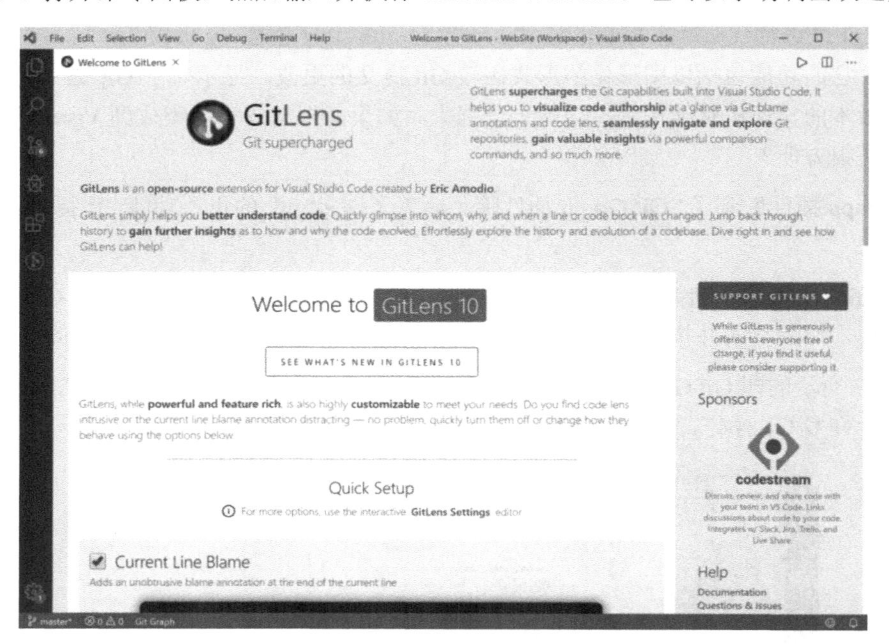


图 7-38 GitLens 插件的欢迎页面

通过欢迎页面，可以看到 GitLens 插件的各类信息，还可以快速配置 GitLens。如果需要对 GitLens 进行更全面的配置，则可以单击 GitLens Settings 链接。图 7-39 所示的是 GitLens 插件的设置页面，在该页面中可以对 GitLens 进行定制化配置。

GitLens 插件的功能非常丰富，其完整的功能留给读者慢慢探索。想要了解 GitLens 插件的更多功能，可以访问 GitLens 插件在插件市场上的页面，或者单击欢迎页面右边侧边栏的 Documentation 链接。

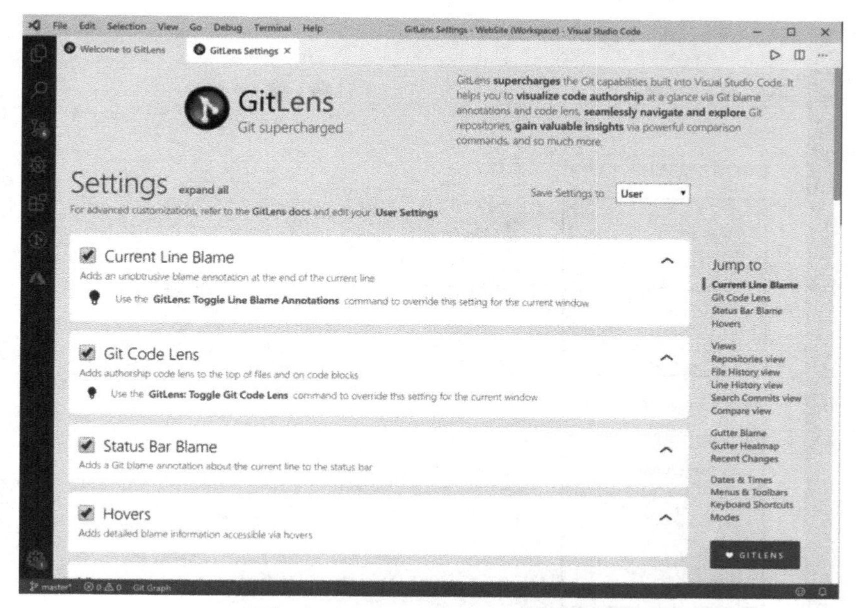


图 7-39　GitLens 插件的设置页面

### 7.3.5　Web 开发利器

Visual Studio Code 基于 Web 技术栈进行开发。自然而然地，Visual Studio Code 在 Web 开发方面提供的体验也是极好的。下面推荐一些好用的与 Web 开发相关的插件，以便进一步提升 Web 开发体验。

#### 1. Web Template Studio

对于 Web 应用开发者，Scaffolding Tool（脚手架工具）在创建项目时一定是重要的工具。许多开发者会习惯于使用基于命令行的脚手架工具来创建 Web 应用，也有许多开发者喜欢使用类似于 Visual Studio IDE 的基于图形用户界面的向导来创建。

微软发布了 Web Template Studio 插件，使开发者可以在 Visual Studio Code 中通过基于图形用户界面的向导快速创建 Web 应用。

安装好 Web Template Studio 插件后，在 Visual Studio Code 中使用快捷键 Ctrl+Shift+P 打开命令面板，然后输入并执行 Web Template Studio: Launch，就能打开 Web Template Studio 来创建 Web 项目了。

图 7-40 所示的是选择框架的页面，也是创建过程中第二个步骤的页面。该插件支持了业界主流的 3 个前端框架：React、Angular 和 Vue，支持的后端框架有选择 Node 的 Express、Flask 及 Molecular。

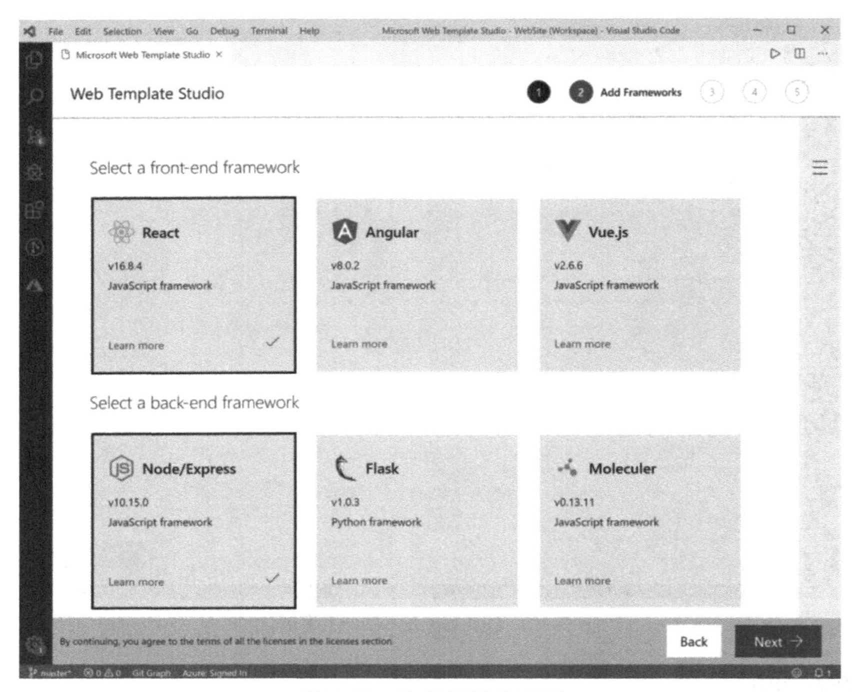


图 7-40　选择框架的页面

如果要部署 Web 项目，则可以使用快捷键 Ctrl+Shift+P 打开命令面板，然后输入并执行 Web Template Studio: Deploy App。

### 2. Browser Preview

在用 Visual Studio Code 做前端开发时，你也许会使用 Live Server 或 Debugger for Chrome 插件来打开 Chrome 浏览器进行预览和调试。你也许会有这样的痛苦，特别是在只有一个屏幕时，你需要在屏幕的两侧进行位置调整来分别打开 Visual Studio Code 和 Chrome。不过现在，Browser Preview 插件完全解决了这个问题，它把 Chrome 浏览器带入了 Visual Studio Code 中。

在使用 Browser Preview 插件之前，请确保你的电脑已经安装了 Chrome 浏览器。安装好 Browser Preview 插件后，你会在左侧的活动栏中看到一个新增的浏览器图标。如图 7-41 所示，单击这个浏览器图标，就能在 Visual Studio Code 中打开 Chrome 浏览器了。

除了拥有浏览器最基本的刷新、前进、后退等功能，Browser Preview 插件还支持响应式显示。你可以选择不同的手机或平板电脑来显示网页。这对网页的响应式开发极为有帮助。图 7-42 所示的是在 iPad Pro 平台上显示的当前网页。

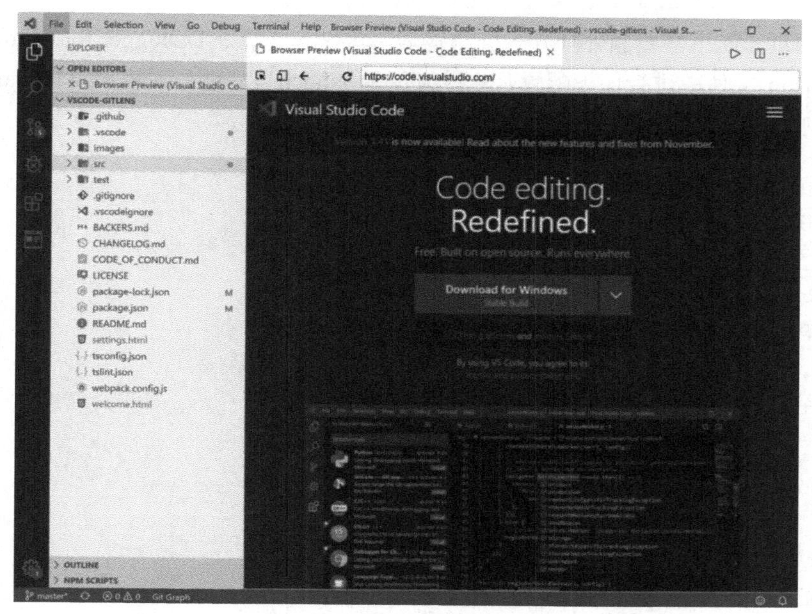


图 7-41　在 Visual Studio Code 中打开 Chrome 浏览器

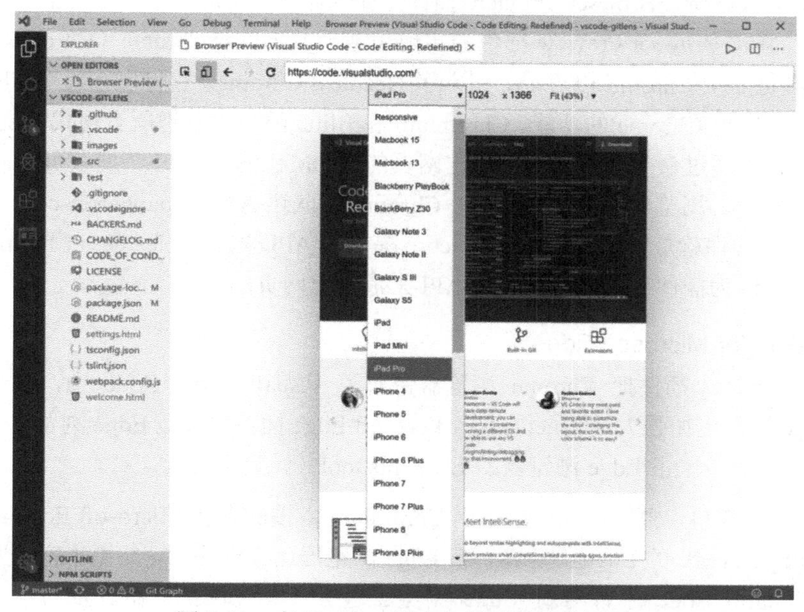


图 7-42　在 iPad Pro 平台上显示的当前网页

1）调试

除了进行网页预览，Browser Preview 插件最大的好处就是可以直接在 Visual Studio Code 中浏览和调试网页，而不需要额外打开一个浏览器。首先，安装好 Debugger for Chrome 插件，然后在 launch.json 文件中进行如下配置，就能方便地 launch（启动）或将调试器 attach（附加）到 Web 应用啦！

```
{
    "version": "0.1.0",
    "configurations": [
        {
            "type": "browser-preview",
            "request": "attach",
            "name": "Browser Preview: Attach"
        },
        {
            "type": "browser-preview",
            "request": "launch",
            "name": "Browser Preview: Launch",
            "url": "http://localhost:3000"
        }
    ]
}
```

2）原理

读者一定会很好奇，Browser Preview 插件是如何做到把 Chrome 浏览器带入 Visual Studio Code 中的呢？其实 Browser Preview 插件的实现是基于 Headless Chrome（Chrome 的无头模式）的。Chrome 浏览器从 Chrome 59 开始，引入了 Headless Chrome，它可以在没有 Chrome 浏览器界面的情况下来实现 Chrome 的功能。Chromium 和 Blink 渲染引擎把所有现代 Web 平台的功能都带入了命令行，通过命令行，你可以输出网页的 DOM、创建 PDF、捕获页面截图等，完全不需要打开 Chrome 浏览器。除了命令行，Chrome 团队还提供了 puppeteer-core Node.js 库。Browser Preview 插件就是使用了 puppeteer-core 提供的 API 来控制 Headless Chrome，然后通过 Visual Studio Code 为插件提供的 Webview API 来渲染出网页的。

### 3. Elements for Microsoft Edge

Browser Preview 插件把 Chrome 浏览器带入了 Visual Studio Code 中，而 Elements for Microsoft Edge 插件更加强大。Elements for Microsoft Edge 插件不仅把 Edge 浏览器带入了 Visual Studio Code 中，还带来了 Edge 浏览器的 Elements tool（元素工具）。

2020 年 1 月 15 日，微软正式推出基于 Chromium 内核的全新 Microsoft Edge 浏览器。相比于曾经基于 EdgeHTML 的 Edge 浏览器，新 Edge 浏览器运行更快、功能更丰富。为了方便开发者在 Visual Studio Code 中针对新 Edge 浏览器进行开发及调试，微软发布了 Elements for Microsoft Edge 插件。

在使用 Elements for Microsoft Edge 插件之前，请确保你的电脑已经安装了基于 Chromium 内核的新 Edge 浏览器。安装好 Elements for Microsoft Edge 插件后，在左侧的活动栏中就会看到一个新增的 Edge 浏览器图标。

如图 7-43 所示，单击活动栏中的 Edge 浏览器图标，就能在 Visual Studio Code 中打开 Edge 浏览器了。

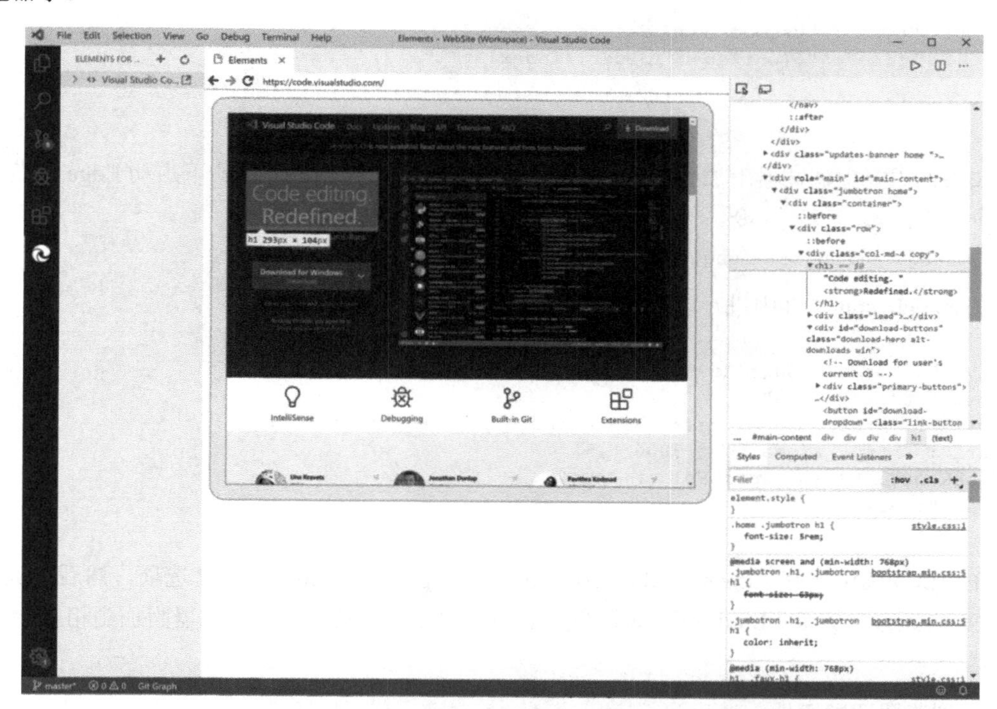


图 7-43　在 Visual Studio Code 中打开 Edge 浏览器

在地址栏中，你可以输入想要访问的网址。在元素工具面板中，你可以直接查看网页的 HTML 和 CSS 源代码，而不用另外打开 Edge 浏览器。此外，你还可以直接在元素工具中修改 HTML 和 CSS 源代码，并且能在 Visual Studio Code 中看到实时更新。

此外，通过在 launch.json 文件中进行以下配置，就可以在调试视图中直接启动 Edge 浏览器。

```
{
   "version": "0.2.0",
   "configurations": [
      {

         "name": "Launch localhost in Microsoft Edge and open the Elements tool",
         "request": "launch",
         "type": "vscode-edge-devtools.debug",
         "url": "http://localhost:3000",
         "webRoot": "${workspaceFolder}/out"
```

```
        },
        {

            "name": "Launch index.html in Microsoft Edge and open the Elements tool",
            "request": "launch",
            "type": "vscode-edge-devtools.debug",
            "file": "${workspaceFolder}/index.html"
        }
    ]
}
```

如果你想要把调试器附加到 Edge 浏览器，则需要在远程调试的模式下启动 Edge 浏览器。在命令行中，输入以下命令。

```
start msedge --remote-debugging-port=9222
```

在 launch.json 文件中进行以下配置。

```
{
    "type": "vscode-edge-devtools.debug",
    "request": "attach",
    "name": "Attach to Microsoft Edge and open the Elements tool",
    "url": "http://localhost:3000/",
    "webRoot": "${workspaceFolder}/out",
    "port": 9222
}
```

在调试视图中选择 Attach to Microsoft Edge and open the Elements tool 选项，然后在键盘上按下 F5 快捷键，Visual Studio Code 就会启动插件的元素工具，并把调试器附加到相应的 Edge 浏览器。

#### 4. 浏览器调试插件

虽然 Chrome、Firefox、Edge 浏览器都自带了调试工具，但如果能直接在代码编辑器中直接调试 JavaScript 代码，那一定更加方便。Visual Studio Code 插件市场对 Chrome、Firefox、Edge 这 3 款业界比较主流的浏览器都提供了相应的浏览器调试插件。

与调试其他编程语言类似，浏览器调试插件也支持 launch（启动）和 attach（附加）两种调试模式。

下面就主要介绍 3 种浏览器调试插件。

1）Debugger for Chrome

Debugger for Chrome 插件除了可以调试运行在 Google Chrome 浏览器中的 JavaScript 代码，还可以调试运行在支持 Chrome DevTools Protocol 的浏览器中的 JavaScript 代码，如 Chromium 浏览器及其他基于 Blink 渲染引擎的浏览器。

在 launch.json 文件中进行以下配置。

```
{
    "version": "0.1.0",
    "configurations": [
        {
            "name": "Launch localhost",
            "type": "chrome",
            "request": "launch",
            "url": "http://localhost/mypage.html",
            "webRoot": "${workspaceFolder}/wwwroot"
        },
        {
            "name": "Launch index.html",
            "type": "chrome",
            "request": "launch",
            "file": "${workspaceFolder}/index.html"
        },
    ]
}
```

在调试视图中选择 Launch localhost 或 Launch index.html 选项，然后在键盘上按下 F5 快捷键，Visual Studio Code 就会启动 Chrome 浏览器。

如果你想要把调试器附加到 Chrome 浏览器，则需要在远程调试的模式下启动 Chrome 浏览器。针对不同的系统，在命令行中输入不同的命令来启动 Chrome 浏览器。

在 Windows 下：

```
<path to chrome>/chrome.exe --remote-debugging-port=9222
```

在 macOS 下：

```
/Applications/Google\ Chrome.app/Contents/MacOS/Google\ Chrome --remote-debugging-
port=9222
```

在 Linux 下：

```
google-chrome --remote-debugging-port=9222
```

然后在 launch.json 文件中进行以下配置。

```
{
    "version": "0.1.0",
    "configurations": [
        {
            "name": "Attach to url with files served from ./out",
            "type": "chrome",
            "request": "attach",
            "port": 9222,
            "url": "<url of the open browser tab to connect to>",
            "webRoot": "${workspaceFolder}/out"
        }
    ]
}
```

在调试视图中选择 Attach to url with files served from ./out 选项，然后在键盘上按下 F5 快捷键，Visual Studio Code 就会被附加到相应的 Chrome 浏览器。

2）Debugger for Firefox

Debugger for Firefox 插件除了可以调试运行在 Firefox 浏览器中的 JavaScript 代码，还可以调试 Firefox 浏览器插件。

通过在 launch.json 文件中进行以下配置，可以启动本地的 index.html 文件。

```
{
    "version": "0.2.0",
    "configurations": [
        {
            "name": "Launch index.html",
            "type": "firefox",
            "request": "launch",
            "reAttach": true,
            "file": "${workspaceFolder}/index.html"
        }
    ]
}
```

通过在 launch.json 文件中进行以下配置，可以启动 localhost 的 Web 服务。

```
{
    "version": "0.2.0",
    "configurations": [
        {
            "name": "Launch localhost",
            "type": "firefox",
            "request": "launch",
            "reAttach": true,
            "url": "http://localhost/index.html",
            "webRoot": "${workspaceFolder}"
        }
    ]
}
```

在调试视图中选择 Launch localhost 或 Launch index.html 选项，然后在键盘上按下 F5 快捷键，Visual Studio Code 就会启动 Firefox 浏览器。

如果你想要把调试器附加到 Firefox 浏览器，则需要在远程调试的模式下启动 Firefox 浏览器。需要注意的是，如果你没有使用 Firefox 开发者版本，则需要首先配置一下 Firefox 浏览器，使其允许在远程调试的模式下启动。打开 Firefox 浏览器，在地址栏中输入 about:config，然后对下表中的设置项进行配置。

| 设置项 | 值 | 注释 |
| --- | --- | --- |
| devtools.debugger.remote-enabled | true | 必须设置为 true |
| devtools.chrome.enabled | true | 必须设置为 true |
| devtools.debugger.prompt-connection | false | 推荐设置为 false |
| devtools.debugger.force-local | false | 只有当需要将 Visual Studio Code 附加到远程机器上的 Firefox 时，才把此设置项设置为 false |

在配置好上表中的设置项后，关闭 Firefox 浏览器。然后针对不同的系统，在命令行中输入不同的命令来启动 Firefox 浏览器。

在 Windows 下：

```
"C:\Program Files\Mozilla Firefox\firefox.exe" -start-debugger-server
```

在 macOS 下：

```
/Applications/Firefox.app/Contents/MacOS/firefox -start-debugger-server
```

在 Linux 下：

```
firefox -start-debugger-server
```

然后在 launch.json 文件中进行以下配置。

```
{
   "version": "0.2.0",
   "configurations": [
      {
         "name": "Attach to Firefox",
         "type": "firefox",
         "request": "attach",
         "url": "http://localhost/index.html",
         "webRoot": "${workspaceFolder}"

      }
   ]
}
```

在调试视图中选择 Attach to Firefox 选项，然后按下 F5 快捷键，Visual Studio Code 就会附加到相应的 Firefox 浏览器。

3）Debugger for Microsoft Edge

Debugger for Microsoft Edge 插件同时支持基于 Chromium 和基于 EdgeHTML 的 Edge 浏览器。

在 launch.json 文件中进行以下配置。

```
{
   "version": "0.2.0",
```

```
    "configurations": [
        {
            "name": "Launch localhost in Microsoft Edge",
            "type": "edge",
            "request": "launch",
            "url": "http://localhost/mypage.html",
            "webRoot": "${workspaceFolder}/wwwroot"
        },
        {
            "name": "Launch index.html in Microsoft Edge",
            "type": "edge",
            "request": "launch",
            "file": "${workspaceFolder}/index.html"
        },
    ]
}
```

在调试视图中选择 Launch localhost in Microsoft Edge 或 Launch index.html in Microsoft Edge 选项，然后在键盘上按下 F5 快捷键，Visual Studio Code 就会启动 Edge 浏览器。

如果你安装了基于 Chromium 的 Edge 浏览器，那么默认启动的是基于 Chromium 的 Edge 浏览器。如果你想启动不同版本的 Edge（Chromium）浏览器，则可以在 launch.json 中添加 version 属性，并通过该属性配置需要启动的浏览器版本（dev、beta 或 canary）。下面的例子配置了 Canary 版本的 Edge（Chromium）浏览器。

```
{
    "name": "Launch localhost in Microsoft Edge (Chromium) Canary",
    "type": "edge",
    "request": "launch",
    "version": "canary",
    "url": "http://localhost/mypage.html",
    "webRoot": "${workspaceFolder}/wwwroot"
}
```

如果你想要将插件附加到 Edge 浏览器，则需要在远程调试的模式下启动 Edge 浏览器。针对不同版本的 Edge 浏览器，可以在 Windows 的命令行中输入不同的命令来启动 Edge 浏览器。

在基于 Chromium 的 Edge 浏览器下：

```
msedge.exe --remote-debugging-port=2015
```

在基于 EdgeHTML 的 Edge 浏览器下：

```
microsoftedge.exe --devtools-server-port=2015
```

然后在 launch.json 文件中进行以下配置。

```
{
    "version": "0.2.0",
    "configurations": [
        {
            "type": "edge",
```

```
            "request": "attach",
            "name": "Attach to Microsoft Edge",
            "port": 2015,
            "webRoot": "${workspaceFolder}"
        }
    ]
}
```

在调试视图中选择 Attach to Microsoft Edge 选项，然后在键盘上按下 F5 快捷键，插件就会被附加到相应的 Edge 浏览器上。

### 7.3.6　轻松管理数据库

不管是何种项目，都一定离不开数据库。微软和第三方都为 Visual Studio Code 提供了诸多好用的数据库插件。在 DB-Engines Ranking （参考资料[23]）排行榜上，Oracle、MySQL 和 Microsoft SQL Server 一直稳居前三名。通过插件的支持，我们在 Visual Studio Code 中可以轻松管理这 3 个主流的数据库。此外，诸如 PostgreSQL、MongoDB、SQLite 等数据库，在 Visual Studio Code 中也有比较不错的支持。

#### 1. Oracle Developer Tools for VS Code

Oracle Developer Tools for VS Code 是一款由甲骨文公司开发并维护的插件。在 DB-Engines Ranking 排行榜中，Oracle 数据库长期占据第一的位置。世界上使用量最多的数据库怎么能少了对世界上最受欢迎的编辑器的支持呢？

随着 Oracle Developer Tools for VS Code 的发布，Oracle 数据库的开发者可以不用在不同的工具中来回切换了。只要使用 Visual Studio Code，就可以创建、编写、运行及管理 Oracle 数据库了！

Oracle Developer Tools for VS Code 主要包含以下几个重要功能。

- 通过 EZ Connect 语法、TNS connect 别名或 ODP.NET 连接字符串，轻松连接 Oracle 数据库。
- 创建和管理所有的数据库连接。
- 通过 Oracle 数据库资源管理器来管理数据库资源。
- 编辑 SQL 和 PL/SQL 脚本，并且提供了智能提示、语法高亮、代码片段等功能。
- 执行 SQL 脚本，并且能查看及保存运行结果。

#### 2. SQL Server (mssql)插件

SQL Server (mssql)插件由微软公司开发并维护。除了支持连接到 Microsoft SQL Server，还支持连接到 Azure SQL Database 和 Azure Synapse Analytics。

SQL Server (mssql)插件主要包含以下几个重要功能。

- 创建和管理数据库连接，以及最近使用的数据库连接。
- T-SQL 的编辑支持，包括智能提示、代码片段、语法高亮、错误检测等。
- 执行 SQL 脚本，并且以表格的形式展示结果。
- 把 SQL 脚本的运行结果以 JSON 或 CSV 格式保存。

### 3. MySQL 插件

在各大开源数据库中，MySQL 是最流行的数据库之一。笔者也为 Visual Studio Code 开发了 MySQL 插件，为 MySQL 管理提供支持。

MySQL 插件主要包含以下几个重要功能。

- 创建和管理数据库连接，并且支持 SSL 加密连接。
- 通过 MySQL 数据库资源管理器来管理 MySQL 服务器、数据库、表格等。
- 执行 MySQL 脚本，并且以表格的形式展示结果。

### 4. PostgreSQL 插件

近些年来，我们可以看到 PostgreSQL 数据库有着非常好的上升趋势。2017 年，微软发布了 Azure Database for PostgreSQL 云数据库预览版。到了 2019 年，微软发布了 Visual Studio Code 的 PostgreSQL 插件。可见，微软不只是顾着自家的 Microsoft SQL Server，对主流的开源数据库也提供了很好的支持。

PostgreSQL 插件主要包含以下几个重要功能。

- 连接到 PostgreSQL 实例。
- 管理数据库连接。
- 在不同的标签页连接不同的 PostgreSQL 实例或数据库。
- 支持“转到定义”和“查看定义”命令。
- 支持对 PostgreSQL 语句的智能提示。
- 运行 PostgreSQL 语句，并且可以把运行结果以 JSON、Excel 或 CSV 格式保存。

### 5. 更多其他数据库插件

前面，我们已经列举了 4 款主流的关系型数据库的 Visual Studio Code 插件。MongoDB 和 Redis 在非关系型数据库中非常流行，它们在 Visual Studio Code 中也都有着不错的插件支持。

MongoDB 是一种面向文档的数据库。微软的 Azure Cosmos DB 插件支持连接多种类型的数据库。MongoDB 也是 Azure Cosmos DB 插件支持的数据库之一。通过 Azure Cosmos DB 插件，可以在 Visual Studio Code 中运行和管理本地和云端的 MongoDB 数据库。

Redis 是一个使用 ANSI C 编写的开源的、支持网络的、基于内存的、可选持久性的键值对存储数据库。VS Code Redis 插件对 Redis 数据库也有着不错的支持，可以同时管理多个 Redis

连接，并且支持在不同服务器连接之间进行轻松切换。

除了对以上 4 款关系型数据库和两款非关系型数据库的支持，我们还可以在 Visual Studio Code 插件市场搜索更多数据库插件。

SQLite 是一个体积小、轻量级、速度快的关系型数据库，通过 SQLite 插件，Visual Studio Code 也对其提供了很好的支持。微软开发的 Spark & Hive Tools 插件还提供了对 Spark 和 Hive 的支持。

更多对其他数据库的支持，留给读者进行探索。

### 7.3.7 提升开发效能

一个好的编辑器/IDE，能提高我们的开发效率。一款好的插件，更是能为我们的开发效率锦上添花。让我们来看一看 Visual Studio Code 中有哪些能帮我们提升开发效能的插件吧！

#### 1. EditorConfig for VS Code

在多人开发的大型项目中，统一的代码风格是非常必要的。通过 Visual Studio Code 的 settings.json 设置文件，我们可以为项目配置统一的代码样式，如缩进的风格、缩进的空格数、结尾换行符等。然而，在有些多人开发的大型项目中，并不是所有人都会使用同样的编辑器/IDE。Visual Studio Code 中设置文件的作用就捉襟见肘了，它并不适用于其他的编辑器/IDE。

所以，在这种情况下，我们需要使用 EditorConfig。EditorConfig 可以帮助开发人员在不同的编辑器和 IDE 之间定义和维护一致的编码样式。通过一个名为.editorconfig 的文件，我们可以定义统一的编码样式。

.editorconfig 文件中的内容如下所示，其为 Python 和 JavaScript 文件定义了结尾换行符和缩进风格。

```
#告诉 EditorConfig 插件，这是根文件，不用继续往上查找
root = true

#对所有的文件设置 UNIX 风格的换行符
[*]
end_of_line = lf
insert_final_newline = true

#对扩展名为 js 和 py 的文件设置字符集
[*.{js,py}]
charset = utf-8

#对扩展名为 py 的文件设置缩进风格和大小
[*.py]
indent_style = space
indent_size = 4
```

```
#对 Makefile 文件设置缩进风格
[Makefile]
indent_style = tab

#对 lib 文件夹下扩展名为 py 的文件设置缩进风格和大小
[lib/**.js]
indent_style = space
indent_size = 2

#对 package.json 和.travis.yml 文件设置缩进风格和大小
[{package.json,.travis.yml}]
indent_style = space
indent_size = 2
```

在安装了 EditorConfig for VS Code 插件之后，打开任何一个文件时，插件都会从当前文件夹开始向它的父文件夹寻找.editorconfig 文件，直到找到一个最上层的.editorconfig 文件，或者找到一个包含 root=true 的.editorconfig 文件。此外，.editorconfig 文件的匹配规则是从上往下的，即先定义的规则优先级比后定义的要高。对于 Windows 用户，如果无法创建.editorconfig 文件，则需要先创建.editorconfig.文件，系统会自动将其重命名为.editorconfig 文件。

EditorConfig for VS Code 插件支持以下设置项。

- indent_style：设置缩进风格，可设置为 tab 或 space。
- indent_size：设置缩进的大小。
- tab_width：设置 tab 的大小，默认情况下与 indent_size 的值相同，通常不需要额外设置。
- end_of_line：设置结尾换行符，可设置为 lf、cr 或 crlf。
- insert_final_newline：保存文件时，是否在文件末尾添加换行符。
- trim_trailing_whitespace：保存文件时，是否删除多余的空白字符。

在以上设置项中，end_of_line、insert_final_newline 和 trim_trailing_whitespace 只有在保存文件时才会生效。

#### 2. Sort lines

Sort lines 插件可以对当前文本的每一行内容进行排序，支持升序、降序、大小写敏感等多种排序方式。

#### 3. Code Spell Checker

Code Spell Checker 插件可以对代码进行拼写检查，并且提供了自动修复的功能。

#### 4. Better Comments

Better Comments 插件为数十种编程语言提供了更好的代码注释功能。插件把注释分为警告、高亮、待办事项等分类，并提供了不同的颜色显示。

#### 5. Image Preview

通过 Image Preview 插件，可以方便快捷地预览图片，支持 SVG、PNG、JPG、GIF 等多种图片格式。

#### 6. Output Colorizer

Output Colorizer 插件为.log 日志文件和 Visual Studio Code 的输出面板提供了语法高亮功能，方便进行日志分析。

#### 7. Debug Visualizer

Debug Visualizer 插件提供了实时的可视化调试方式，可以一键解析代码结构，并支持多种主流的编程语言。

### 7.3.8　好用的工具类插件

Visual Studio Code 有丰富的工具类插件，可以使你轻松打造自己的工具箱！

#### 1. Todo Tree

Todo Tree 插件可以把当前工作区中所有代码的 TODO 标签的内容显示在树状视图中。使用者可以方便地通过树状视图在不同的 TODO 标签中跳转。

#### 2. TODO Highlight

TODO Highlight 插件可以为 TODO、FIXME 和其他自定义的关键字提供语法高亮，方便开发者寻找待办事项。

#### 3. Bookmarks

Bookmarks 插件可以为任何一行代码添加书签。使用者可以轻松跳转到不同的书签。

#### 4. Polacode

通过 Polacode 插件，开发者可以轻松地把选中的代码导出为图片格式，并且完全保留代码在 Visual Studio Code 中原本的字体和颜色主题。

#### 5. WakaTime

WakaTime 插件可以记录开发者日常编写代码的使用情况，包括使用时间、工作项目、编程语言等数据，并提供可视化的数据报告。

#### 6. CodeStream

CodeStream 插件使团队协作开发更加方便。团队开发者之间可以轻松地进行代码评审。此外，CodeStream 还与 Slack 和 Microsoft Teams 进行了集成。

#### 7. Paste JSON as Code

Paste JSON as Code 插件可以把 JSON 或 TypeScript 转换成其他编程语言，包括 TypeScript、Python、Go、Ruby、C#、Java、Swift、Rust、Kotlin、C++、Flow、Objective-C、JavaScript、Elm 等。

#### 8. Data Preview

使用 Data Preview 插件可以以表格、文本、图表等形式预览不同格式的文件，支持.json、.arrow、.avro、.yml、.csv/.tsv、.xlsx/.xlsb 等多种文件格式。

#### 9. File Watcher

File Watcher 插件可以监测文件和文件夹的改动，并执行用户事先配置好的命令。

### 7.3.9　容器开发

如今，越来越多的项目走上了容器化之路，Visual Studio Code 也为容器开发提供了丰富的支持。

#### 1. Docker 插件

Docker 插件为 Docker 和 Docker Compose 提供了语法高亮、静态代码检查、智能提示等语言功能。此外，Docker 插件还提供了 Docker 资源管理器，可以方便地查看和管理 Docker 容器、镜像、网络等。

#### 2. Kubernetes 插件

Kubernetes 插件为 Kubernetes 开发提供了极为丰富的功能，开发者可以轻松地在 Visual Studio Code 中开发、部署和调试 Kubernetes 应用程序。

### 7.3.10　移动开发

也许不少开发者会选择专有的 IDE 进行移动端的开发。然而，Visual Studio Code 作为一个轻量级的开发工具，也不失为一个选择。Visual Studio Code 为移动开发提供了以下几种插件。

#### 1. Flutter 插件

Flutter 插件可以让开发者高效地编辑、运行并调试 Flutter 应用程序，并且支持 Dart 语言。

#### 2. React Native Tools

React Native Tools 插件为 React Native 应用提供了调试功能，并集成了多个 React Native 命令。

#### 3. Cordova Tools

Cordova Tools 插件为 Apache Cordova（曾经的 PhoneGap）开发提供了代码提示、调试、集

成命令等功能。

#### 4. Ionic Snippets

Ionic Snippets 插件为加速 Ionic 开发提供了丰富的代码片段。

### 7.3.11　LeetCode 插件：程序员的 Offer 收割利器

想要获得心仪的 Offer？那么就来试一试 Visual Studio Code 的 LeetCode 插件吧！

LeetCode 插件大大方便了程序员刷题，主要功能如下所示。

- 登录与退出。
- 同时支持中文版及英文版 LeetCode，可以在 Visual Studio Code 中进行切换。
- 浏览并选择题目。
- 通过关键字搜索题目。
- 测试代码。
- 提交代码。
- 管理存档。

### 7.3.12　有点儿好看的主题插件

Visual Studio Code 中有许多优秀的颜色主题插件，读者可以在插件市场查看所有的插件。下面，笔者向读者推荐一些不错的颜色主题。

- One Monokai
- One Dark Pro
- Material Icon
- Night Owl
- Dracula
- GitHub Sharp Theme
- Nord
- Winter is Coming Theme
- Noctis
- Sapphire Theme
- Cobalt2 Theme Official
- SynthWave '84
- City Lights theme

### 7.3.13 不止代码！放松一下，那些劳逸结合的插件

是的！Visual Studio Code 不止能用来写代码，还提供了一些可以帮助你劳逸结合的插件！放松一下，生活会更美好！

#### 1. VSC Netease Music

在 Visual Studio Code 中可以听网易云音乐了!VSC Netease Music 插件主要包含以下功能。

- 发现音乐（歌单/新歌/排行榜）。
- 搜索（单曲/歌手/专辑/歌单/电台）。
- 用户登录（手机号/邮箱/ Cookie）。
- 添加用户收藏（歌单/歌手/专辑/电台）。
- 使用每日歌曲推荐/推荐歌单/私人 FM /心动模式/听歌排行。
- 添加喜欢的音乐/收藏音乐（单曲/歌单/专辑/歌手/电台）。
- 播放模式切换/音量调节。
- 每日签到。
- 逐行歌词。
- 热门评论。
- 快捷键支持。
- 查看听歌记录。
- 支持在海外使用。

#### 2. daily anime

daily anime 插件绝对是一个追番神器！该插件可以使你轻松查看最近有哪些热门的动漫。

#### 3. epub reader

epub reader 插件把 Visual Studio Code 打造成了 ePub 阅读器，主要有以下功能。

- 支持字体大小、字体颜色自定义。
- 显示阅读进度及自动记录。
- 支持目录跳转。
- 对书架进行编辑。

#### 4. Zhihu On VSCode

Visual Studio Code 的知乎客户端提供包括阅读、搜索、创作、发布等一站式服务，内容加载速度比 Web 端更快，创新的 Markdown-Latex 混合语法让内容创作者可以更方便地插入代码块、数学公式，并一键发布至知乎平台。

#### 5. 鼓励师

如果你在插件市场中搜索“鼓励师”，一定会有意想不到的发现！写代码不再孤单，有众多明星鼓励师与你同在！使用该插件，每过一个小时就会自动弹出提醒页面，你喜欢的明星会提醒你需要休息了。

# 第8章 语言深入

Visual Studio Code 几乎支持所有主流的编程语言。在本章，我们将学习如何使用 Visual Studio Code 对不同的语言进行轻松开发。

## 8.1 概览

对于 JavaScript、TypeScript、CSS 和 HTML，Visual Studio Code 提供了开箱即用的支持。对于其他语言，则需要安装相应的插件。

### 8.1.1 编程语言插件

图 8-1 所示的是最受欢迎的 8 个编程语言插件。

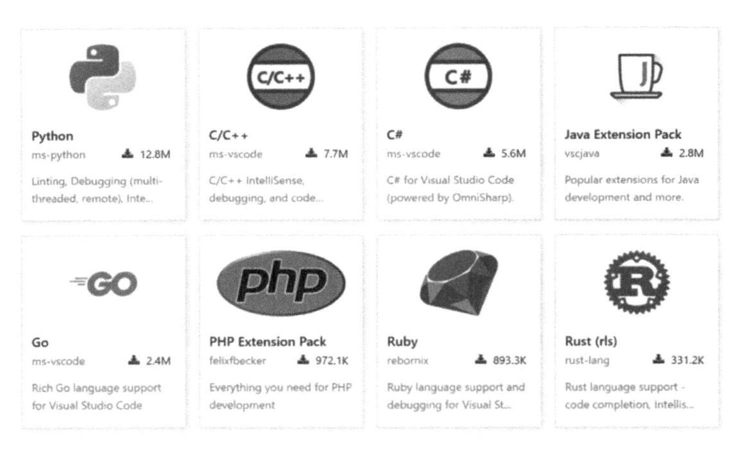


图 8-1　最受欢迎的 8 个编程语言插件

对于其他编程语言的相关插件，开发者可以在插件市场（参考资料[24]）进行搜索，安装合适的插件。

## 8.1.2　对编程语言的支持

通过安装相应编程语言的插件，我们能获得丰富的功能，包括但不限于：

- 语法高亮
- 括号匹配
- 智能提示
- 静态代码检查及自动修复
- 代码导航
- 代码片段提示
- 代码格式化
- 调试
- 重构

## 8.1.3　为文件设置编程语言的类型

Visual Studio Code 会根据文件的扩展名自动识别编程语言的类型。比如，扩展名为.py 的文件会被自动识别为 Python 文件。然而，在有些情况下，我们希望改变编程语言的类型。如图 8-2 所示，在 Visual Studio Code 右下角的状态栏中，单击当前编程语言的指示符，就会弹出语言选择的下拉列表。

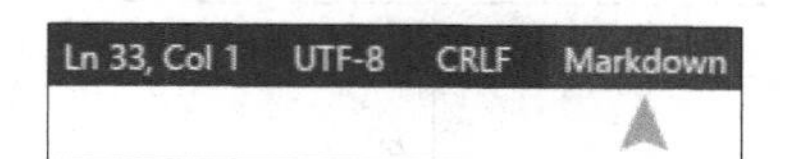


图 8-2　当前编程语言的指示符

图 8-3 所示的即语言选择的下拉列表。通过该下拉列表，我们就可以为当前文件设置不同的编程语言类型了。

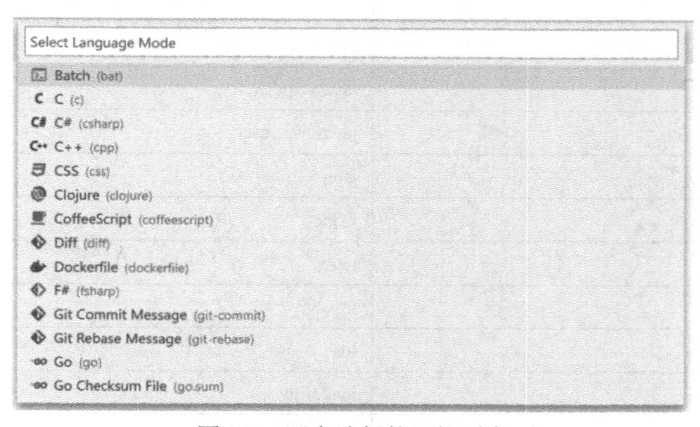


图 8-3　语言选择的下拉列表

### 8.1.4 语言 ID

每一种编程语言类型都有一个对应的语言 ID。比如，JavaScript 对应的语言 ID 是 javascript。通常情况下，语言 ID 是全小写字母。

下面的表格中列出了 Visual Studio Code 内置的语言 ID。

| 编程语言 | 语言 ID |
|---|---|
| ABAP | abap |
| Windows Bat | bat |
| BibTeX | bibtex |
| Clojure | clojure |
| Coffeescript | coffeescript |
| C | c |
| C++ | cpp |
| C# | csharp |
| CSS | css |
| Diff | diff |
| Dockerfile | dockerfile |
| F# | fsharp |
| Git | git-commit 及 git-rebase |
| Go | go |
| Groovy | groovy |
| Handlebars | Handlebars |
| HTML | html |
| Ini | ini |
| Java | java |
| JavaScript | javascript |
| JavaScript React | javascriptreact |
| JSON | json |
| JSON with Comments | jsonc |
| LaTeX | latex |
| Less | less |
| Lua | lua |
| Makefile | makefile |
| Markdown | markdown |

续表

| 编程语言 | 语言 ID |
| --- | --- |
| Objective-C | objective-c |
| Objective-C++ | objective-cpp |
| Perl | perl 及 perl6 |
| PHP | php |
| Plain Text | plaintext |
| PowerShell | powershell |
| Pug | jade |
| Python | python |
| R | r |
| Razor (cshtml) | razor |
| Ruby | ruby |
| Rust | rust |
| SCSS | scss (syntax using curly brackets)、sass (indented syntax) |
| ShaderLab | shaderlab |
| Shell Script (Bash) | shellscript |
| SQL | sql |
| Swift | swift |
| TypeScript | typescript |
| TypeScript React | typescriptreact |
| TeX | tex |
| Visual Basic | vb |
| XML | xml |
| XSL | xsl |
| YAML | yaml |

### 8.1.5　把文件扩展名添加到编程语言中

通过 files.associations 设置项，我们可以把一个新的文件扩展名添加到已有的编程语言中。在下面的例子中，我们把.myphp 文件扩展名添加到了 php 语言 ID 中。

```
"files.associations": {
    "*.myphp": "php"
}
```

## 8.2 Python

微软官方开发并维护了 Python 插件。通过安装 Python 插件，可以把 Visual Studio Code 变为强大的 Python IDE！

### 8.2.1 快速开始

在开始之前，我们需要安装 Python 环境及 Python 插件。然后，我们来运行一个 Python 的 Hello World 程序。

#### 1. 安装 Python 解释器

我们来看一看在不同的系统下如何安装 Python 3 解释器。

1）Windows

可以访问参考资料[25]，下载适用于 Windows 的 Python 3 安装程序并安装。如果你使用的是 Windows 10，则可以直接通过 Microsoft Store（微软应用商店）进行下载安装。

2）macOS

可以访问参考资料[26]，下载适用于 macOS 的 Python 3 安装程序并安装。

如果 macOS 上安装了 Homebrew，则可以通过 Homebrew 来安装 Python 3。在命令行中，可以输入以下命令进行安装。

```
brew install python3
```

3）Linux

绝大多数 Linux 发行版中都包含 Python 3 解释器，你只需要安装 pip 包管理工具即可。

首先，在命令行中输入以下命令来下载 get-pip.py。

```
curl https://bootstrap.pypa.io/get-pip.py -o get-pip.py
```

然后执行下面的命令安装 pip。

```
python get-pip.py
```

4）其他选择

- 数据科学：如果使用 Python 主要是为了做与数据科学相关的工作，那么你可以考虑通过 Anaconda（见参考资料[27]）进行下载安装。除了 Python 解释器，Anaconda 还包含了许多用于数据科学的依赖库和工具。
- Windows Subsystem for Linux（WSL，Windows 的 Linux 子系统）：如果你在 Windows 系统下进行 Python 开发，但又想要拥有 Linux 的开发环境，则可以选择使用 Windows Subsystem for Linux 进行 Python 开发。

### 2. 验证 Python 环境

通过以下方式，可以验证是否成功安装了 Python 的开发环境。

在 macOS/Linux 下，在命令行中输入以下命令。

```
python3 --version
```

在 Windows 下，在命令行中输入以下命令。

```
py -3 --version
```

如果 Python 的开发环境安装成功，那么在命令行中会输出 Python 的版本号。

如果安装了多个版本的 Python，则可以在命令行中输入 py -0 来查看所有安装的 Python 版本。默认的解释器会被标上星号（*）。

如图 8-4 所示，可以看到此机器上安装了 3 个版本的 Python 解释器，其中默认的解释器版本是 Python 3.7。

```
D:\>py -0
Installed Pythons found by py Launcher for Windows
 -3.7-64 *
 -3.6-64
 -2.7-64
```

图 8-4　查看 Python 解释器的版本

### 3. 安装 Python 插件

通过网页版的 Visual Studio Code 插件市场或 Visual Studio Code 内置的插件管理视图，可以搜索并安装微软官方发布的 Python 插件。如图 8-5 所示，是微软官方发布的 Python 插件，发布者为 Microsoft。

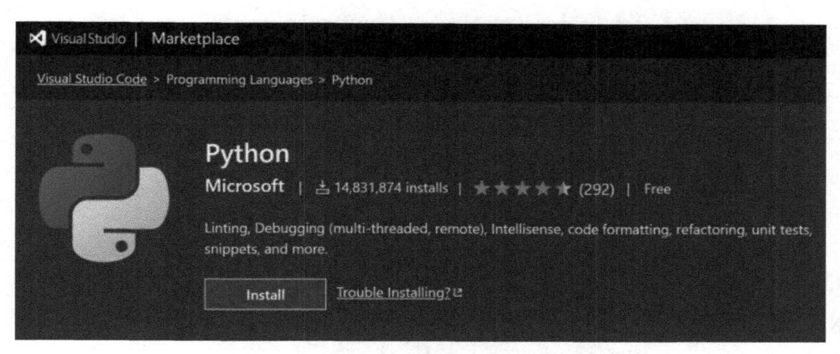


图 8-5　微软官方发布的 Python 插件

### 4. 启动 Visual Studio Code

在命令行中，通过下面的命令，创建一个名为 hello 的空文件夹，并切换到这个文件夹，再把它从 Visual Studio Code 中打开。

```
mkdir hello
cd hello
code .
```

需要注意的是，如果你使用的是 Anaconda，那么请使用 Anaconda 命令行进行以上操作。

#### 5. 选择 Python 解释器

Python 是一门解释型语言，为了能够运行 Python 代码，我们需要告诉 Visual Studio Code 使用哪一个 Python 解释器。

通过 Ctrl+Shift+P 打开命令面板，然后输入并执行 Python: Select Interpreter 命令。或者，如图 8-6 所示，在底部的状态栏中单击 Select Python Environment 按钮。

图 8-6　单击 Select Python Environment 按钮

通过 Python: Select Interpreter 命令，Python 插件会搜索并显示可用的 Python 解释器，包括虚拟环境。

图 8-7 中列出了当前机器上所有可用的 Python 解释器。其中，后缀为('base':conda)的是 Anaconda 的 Python 解释器。

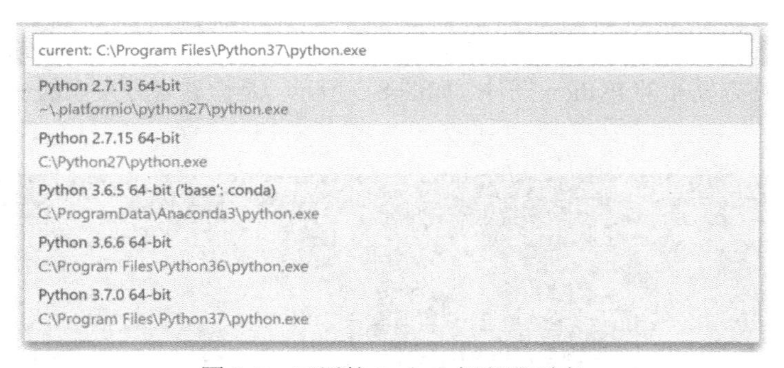


图 8-7　可用的 Python 解释器列表

#### 6. 创建 Python 文件

如图 8-8 所示，单击 New File 按钮可以创建一个 Python 文件，这里创建了一个名为 hello.py 的文件。文件创建后，会自动在编辑区域中打开。

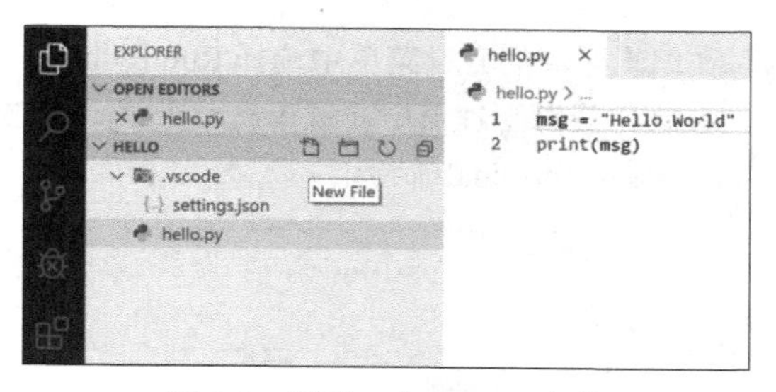


图 8-8　创建一个 Python 文件

在创建的 hello.py 文件中输入以下 Python 代码。

```
msg = "Hello World"
print(msg)
```

### 7. 运行 Python 文件

在 7.3 节中，我们了解到 Code Runner 插件可以一键运行各类语言，其中也包括 Python。

除了 Code Runner 插件，通过 Python 插件也能方便地运行 Python 代码。如图 8-9 所示，单击右上角的绿色运行按钮即可。

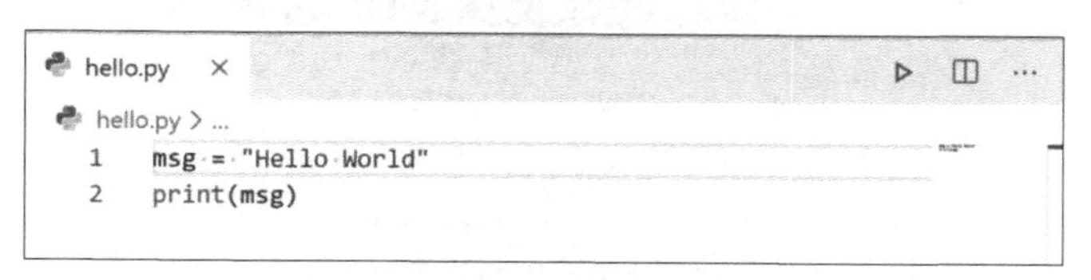


图 8-9　运行按钮

单击运行按钮后，Python 插件会打开一个终端面板，并执行 Python 代码。图 8-10 所示的是 Python 代码的运行结果。

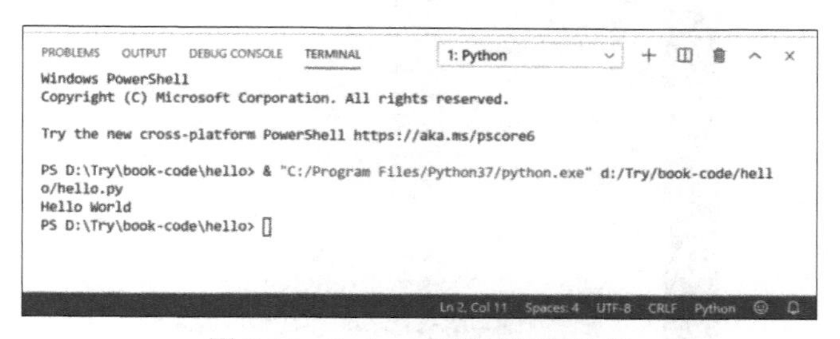


图 8-10　Python 代码的运行结果

Python 插件的运行按钮参考了 Code Runner 插件的做法。为了防止同时出现两个运行按钮，如果读者同时安装了 Code Runner 和 Python 插件，则右上角将只会显示 Code Runner 插件的运行按钮，Python 插件的绿色运行按钮会自动隐藏。

Python 插件还提供了以下几种方式来运行 Python 代码。

- 如图 8-11 所示，在编辑区域的右键菜单中选择 Run Python File in Terminal 命令。
- 如图 8-12 所示，在文件资源管理器中右键单击一个 Python 文件，然后在弹出的菜单中选择 Run Python File in Terminal 命令。

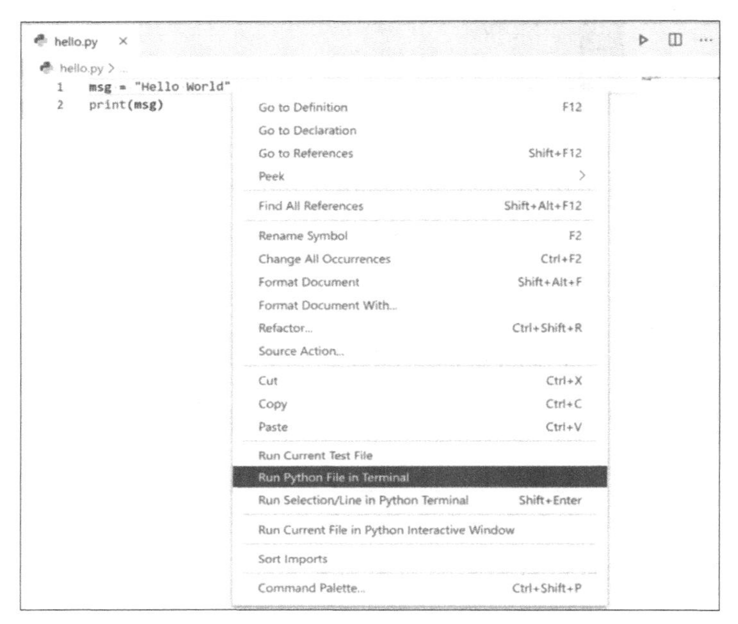


图 8-11 编辑区域的 Run Python File in Terminal 命令

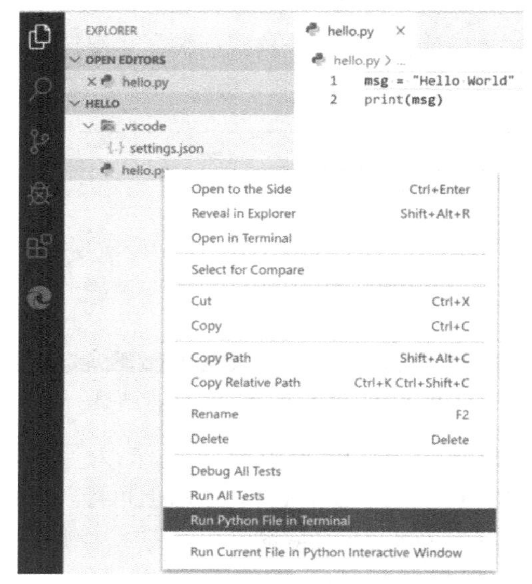


图 8-12 文件资源管理器的 Run Python File in Terminal 命令

- 选中 Python 代码的一行或多行，然后按下 Shift+Enter 快捷键，或者在编辑区域的右键菜单中选择 Run Selection/Line in Python Terminal 命令。这个命令对于运行 Python 文件中的代码片段非常有用！
- 通过 Ctrl+Shift+P 快捷键打开命令面板，然后输入并执行 Python: Start REPL 命令，会打开一个 REPL 终端。REPL（Read Eval Print Loop）是一个交互式解释器。在 REPL 终端中，可以直接输入 Python 代码片段，然后按下 Enter 键直接运行。
- 在编辑区域的右键菜单中，选择 Run Current File in Python Interactive Window 命令，会打开一个 Python 交互式窗口，并执行 Python 文件中的代码，如图 8-13 所示。

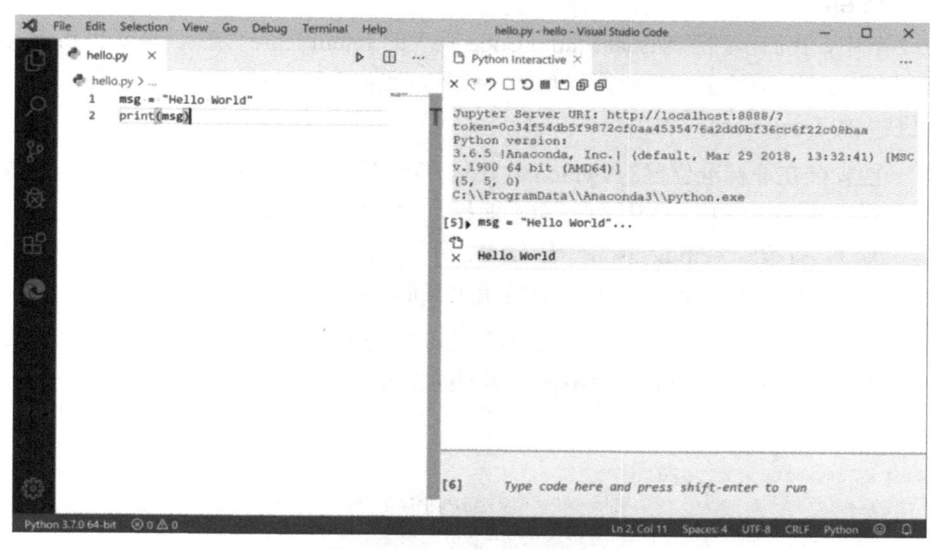


图 8-13　Python 交互式窗口

## 8.2.2　代码编辑

Python 插件提供了许多强大的 Python 代码编辑功能，如下所示。

- 代码导航
- 自动补全与智能提示
- 快速修复
- 运行代码片段
- 代码格式化
- 重构

### 1. 代码导航

对于 Python 代码，在编辑区域的右键菜单中可以看到以下几种主要的代码导航方式。

- Go to Definition（转到定义）：跳转到定义当前符号的代码，快捷键为 F12。
- Peek Definition（查看定义）：与 Go to Definition 类似，但会直接在内联编辑器中展示定义的代码，快捷键为 Alt+F12。
- Go to Declaration（转到声明）：跳转到声明当前符号的代码。
- Peek Declaration（查看声明）：与 Go to Declaration 类似，但会直接在内联编辑器中展示声明的代码。
- Go to References（转到引用）：跳转到引用当前符号的代码，快捷键为 Shift+F12。

#### 2. IntelliSense

在 6.2 节中，我们学到了 Visual Studio Code 强大的 IntelliSense 功能。通过 Python 插件，我们也能获得强大的自动补全和智能提示功能。此外，我们还可以针对 Python 进行进一步配置，以获得更强大的 IntelliSense 功能。

对于一些安装在非标准位置的 Python 软件包，我们可以指定相应的路径，从而获得自动补全功能。通过 Ctrl+Shift+P 快捷键打开命令面板，然后输入并执行 Preferences: Open Settings (JSON)，即可打开 settings.json 配置文件。在 settings.json 文件中，通过对 python.autoComplete.extraPaths 进行设置就能指定其他 Python 软件包的路径。

例如，我们在机器上的某一个位置安装了 Google App Engine 及 Flask 软件包，那么就可以根据不同的系统在 settings.json 文件中进行不同的设置。

在 Windows 下：

```
"python.autoComplete.extraPaths": [
    "C:/Program Files (x86)/Google/google_appengine",
    "C:/Program Files (x86)/Google/google_appengine/lib/flask-0.12"]
```

在 macOS/Linux 下：

```
"python.autoComplete.extraPaths": [
    "~/.local/lib/Google/google_appengine",
    "~/.local/lib/Google/google_appengine/lib/flask-0.12" ]
```

默认情况下，在补全 Python 代码中的函数名时，圆括号不会被自动添加。比如，我们在编写 os.getc 时，会得到 os.getcwd 的智能提示，如果选中了这个自动补全，那么得到的就是 os.getcwd 而不是 os.getcwd()。

我们可以通过如下所示的代码将 python.autocomplete.addBrackets（默认值为 false）设置为 true：

```
"python.autoComplete.addBrackets": true,
```

在设置完毕后，我们再编写 os.getc 时就能得到 os.getcwd()的自动补全，此时的自动补全中包含圆括号。

### 3. 快速修复

模块导入是 Python 中最常用的快速修复功能，它能帮助开发者在 Python 文件顶部快速添加模块导入的语句。如图 8-14 所示，在 Python 文件中输入 path 后，在代码下方会出现黄色下划线，表明当前代码需要快速修复。把鼠标悬停在代码上，就会出现一个黄色小灯泡，它就是快速修复按钮。单击黄色小灯泡，就会列出可修复的方案。

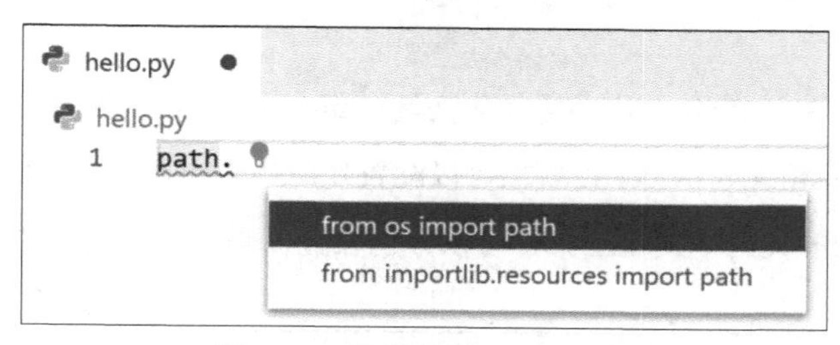


图 8-14　模块导入的快速修复

我们选择 from os import path 修复选项，path 模块的相关导入代码便自动添加在 Python 文件的头部位置了，如图 8-15 所示。

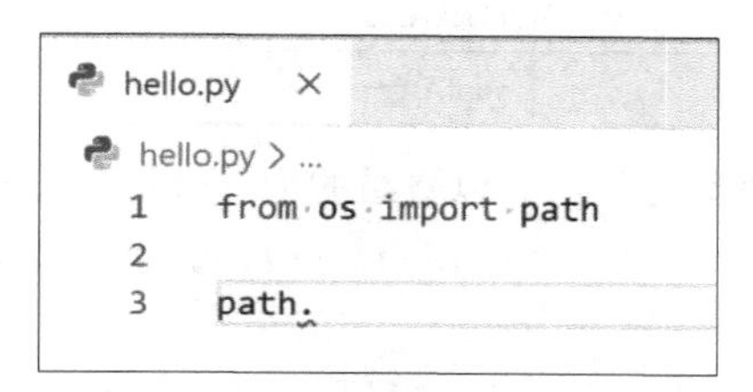


图 8-15　相关导入代码自动添加在 Python 文件的头部位置

Python 模块导入的快速修复功能还能识别一些常用库的缩写，如能把 np 识别为 numpy，把 tf 识别为 tensorflow。下表是 Python 常用库的缩写对应表。

| Python 常用库 | 缩写 |
|---|---|
| numpy | np |
| tensorflow | tf |
| pandas | pd |
| matplotlib.pyplot | plt |
| matplotlib | mpl |
| math | m |
| scipi.io | spio |
| scipy | Sp |

### 4. 运行代码片段

选中 Python 代码的一行或多行，然后按下 Shift+Enter 快捷键，或者在编辑区域的右键菜单中选择 Run Selection/Line in Python Terminal 命令。这个命令对于运行 Python 文件中的代码片段非常有用！在运行代码片段时，Visual Studio Code 会根据缩进情况移除额外的缩进空格，把代码整体向左移动。

### 5. 代码格式化

Python 插件支持 3 种 Python 代码格式化工具：autopep8（默认使用）、black 及 yapf。

通过 python.formatting.provider 设置项可以配置使用哪一个代码格式化工具。

此外，对于不同的代码格式化工具，可以分别设置代码格式化工具的参数和路径，如下表所示。

| 格式化工具 | 安装命令 | 参数设置（python.formatting.） | 路径设置（python.formatting.） |
|---|---|---|---|
| autopep8 | pip install pep8<br>pip install --upgrade autopep8 | autopep8Args | autopep8Path |
| black | pip install black | blackArgs | blackPath |
| yapf | pip install yapf | yapfArgs | yapfPath |

为代码格式化工具设置参数时，需要以数组的形式来进行设置，设置内容如下所示。

```
"python.formatting.autopep8Args": ["--max-line-length", "120", "--experimental"],
"python.formatting.yapfArgs": ["--style", "{based_on_style: chromium, indent_width: 20}"],
"python.formatting.blackArgs": ["--line-length", "100"]
```

### 6. 重构

Python 插件支持 3 种重构命令：提取变量、提取方法和排序 import 语句。

1）提取变量

提取变量可以把相同的表达式提取成一个变量。

调用提取变量的方式有以下 3 种。

- 选中代码中的表达式，在其右键菜单中选择 Extract Variable 命令。
- 通过 Ctrl+Shift+P 快捷键打开命令面板，然后输入并执行 Python Refactor: Extract Variable 命令。
- 绑定快捷键到 python.refactorExtractVariable 命令，并调用绑定的快捷键。

以下面的代码为例，我们选中 x+y 进行变量提取。

```
x = 1
y = 2
```

```
a = x + y
b = x + y
```

提取变量后，代码就会变成如下所示的形式，x+y 被提取到 newvariable*NNN* 变量中，其中 *NNN* 是一个随机数。

```
x = 1
y = 2
newvariable172 = x + y
a = newvariable172
b = newvariable172
```

2）提取方法

提取方法会把代码块提取成一个新方法，名为 newmethod*NNN*，其中 *NNN* 是一个随机数。

调用提取方法的方式有以下 3 种。

- 选中 Python 文件中的代码块，在其右键菜单中选择 Extract Method 命令。
- 通过 Ctrl+Shift+P 快捷键打开命令面板，然后输入并执行 Python Refactor: Extract Method 命令。
- 绑定快捷键到 python.refactorExtractMethod 命令，并调用绑定的快捷键。

3）排序 import 语句

Python 插件基于 isort 库来对 Python 文件中的 import 语句进行合并与排序。

调用排序 import 语句的方式有以下 3 种。

- 在编辑区域的右键菜单中选择 Sort Imports 命令。
- 通过 Ctrl+Shift+P 快捷键打开命令面板，然后输入并执行 Python Refactor: Sort Imports 命令。
- 绑定快捷键到 python.sortImports 命令，并调用绑定的快捷键。

假设有下面这样一段 Python 代码：

```
from my_lib import Object
print("Hey")
import os
from my_lib import Object3
from my_lib import Object2
import sys
from third_party import lib15, lib1, lib2, lib3, lib4, lib5, lib6, lib7, lib8, lib9, lib10,
lib11, lib12, lib13, lib14
import sys
from __future__ import absolute_import
from third_party import lib3
print("yo")
```

在通过 Sort Imports 命令进行排序后，会被优化为：

```
from __future__ import absolute_import
import os
import sys
from third_party import (lib1, lib2, lib3, lib4, lib5, lib6, lib7, lib8,
                         lib9, lib10, lib11, lib12, lib13, lib14, lib15)
from my_lib import Object, Object2, Object3
print("Hey")
print("yo")
```

此外，你还可以通过 python.sortImports.args 设置项来自定义 isort 库的参数，如下所示。

```
"python.sortImports.args": ["-rc", "--atomic"],
```

通过 python.sortImports.path 设置项可以指定 isort 库的路径。

### 8.2.3　静态代码检查

静态代码检查工具能够在我们编写代码时（也就是代码编译运行之前），提前帮我们发现代码中的问题。

Visual Studio Code 中的 Python 插件默认使用的静态代码检查工具是 Pylint，当然，你也可以选择其他的静态代码检查工具。

#### 1. 启用静态代码检查

通过 Ctrl+Shift+P 快捷键打开命令面板，然后输入并执行 Python: Select Linter 命令。如图 8-16 所示，可以在列表中选择要启用的静态代码检查工具。

图 8-16　静态代码检查工具列表

当启用静态代码检查工具后，在 Visual Studio Code 的右下角会出现弹窗来提示安装所需的软件包，单击 Install 按钮即可进行安装，如图 8-17 所示。

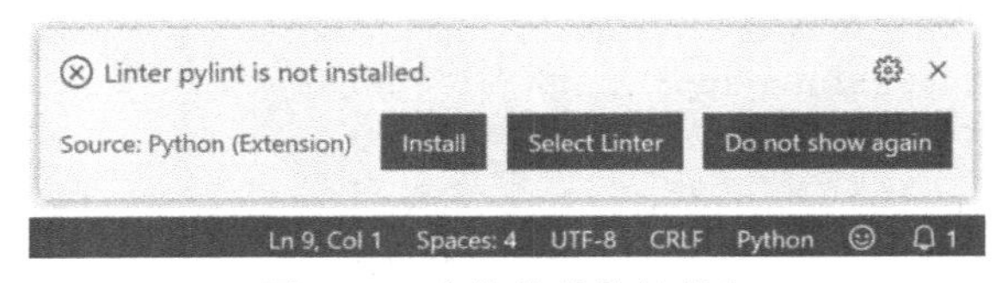


图 8-17　安装依赖的软件包

### 2. 禁用静态代码检查

通过 Ctrl+Shift+P 快捷键打开命令面板，然后输入并执行 Python: Enable Linting 命令，可以查看并且改变当前静态代码检查的状态（启用/禁用），如图 8-18 所示。

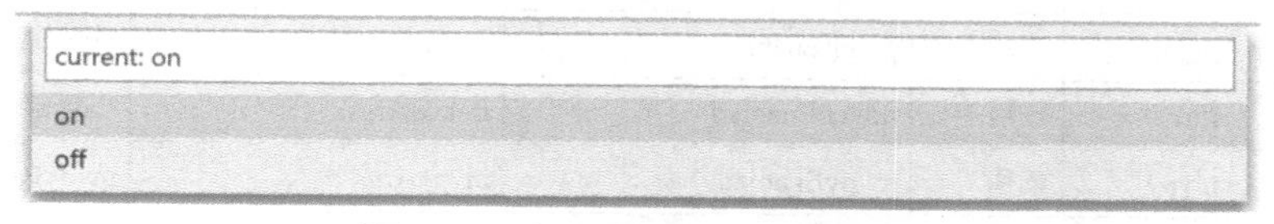


图 8-18　启用/禁用静态代码检查

### 3. 运行静态代码检查

有以下两种方式可以运行静态代码检查。

- 当你保存文件时，静态代码检查会自动运行。
- 通过 Ctrl+Shift+P 快捷键打开命令面板，然后输入并执行 Python: Run Linting 命令。

如图 8- 19 所示，如果静态代码检查发现了问题，则会在问题面板上将其显示出来。把鼠标悬停在出问题的代码上（代码下方有红色或黄色下划线），也会显示问题的详细信息。

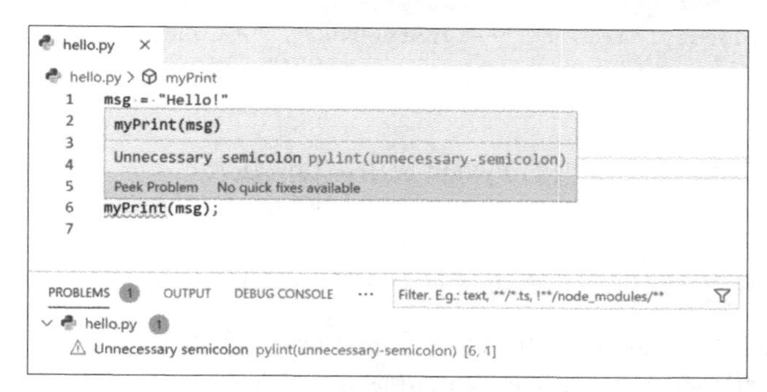


图 8-19　查看静态代码检查的结果

### 4. 通用的静态代码检查的设置

通过 Ctrl+Shift+P 快捷键打开命令面板，然后输入并执行 Preferences: Open Settings (JSON)，即可打开 settings.json 配置文件。

可以通过下表中列出的设置项来配置静态代码检查的相关功能。

| 功能 | 设置（python.linting.） | 默认值 |
| --- | --- | --- |
| 是否启用静态代码检查 | enabled | true |
| 保存文件时是否触发静态代码检查 | lintOnSave | true |
| 最多显示多少条静态代码检查的结果 | maxNumberOfProblems | 100 |
| 忽略的文件和文件夹 | ignorePatterns | [".vscode/*.py", "**/site-packages/**/*.py"] |

### 5. 特定的静态代码检查的设置

每一个静态代码检查工具都有特定的设置项，如下表所示。

| 静态代码检查工具 | pip 包名 | 默认状态 | 启用的设置（python.linting.） | 参数设置（python.linting.） | 路径设置（python.linting.） |
|---|---|---|---|---|---|
| Pylint（默认值） | pylint | 启用 | pylintEnabled | pylintArgs | pylintPath |
| Flake8 | flake8 | 禁用 | flake8Enabled | flake8Args | flake8Path |
| mypy | mypy | 禁用 | mypyEnabled | mypyArgs | mypyPath |
| pydocstyle | pydocstyle | 禁用 | pydocstyleEnabled | pydocstyleArgs | pydocstylePath |
| Pep8 (pycodestyle) | pep8 | 禁用 | pep8Enabled | pep8Args | pep8Path |
| prospector | prospector | 禁用 | prospectorEnabled | prospectorArgs | prospectorPath |
| pylama | pylama | 禁用 | pylamaEnabled | pylamaArgs | pylamaPath |
| bandit | bandit | 禁用 | banditEnabled | banditArgs | banditPath |

为静态代码检查工具设置参数时，需要以数组的形式来进行设置，设置的内容如下所示。

```
"python.linting.pylintArgs": ["--reports", "12", "--disable-msg", "I0011"],
"python.linting.flake8Args": ["--ignore=E24,W504", "--verbose"]
"python.linting.pydocstyleArgs": ["--ignore=D400", "--ignore=D4"]
```

## 8.2.4　调试

Python 插件支持调试多种类型的 Python 应用，功能强大！

### 1. 一键调试

对于一个简单的 Python 项目，Python 插件支持一键调试，无须任何额外配置。

首先，打开你需要调试的 Python 文件，在相应的代码行处按下 F9 快捷键添加断点，或者单击编辑区域左侧的边槽添加断点。如图 8-20 所示，添加断点后，左侧的边槽会出现一个红色圆点。

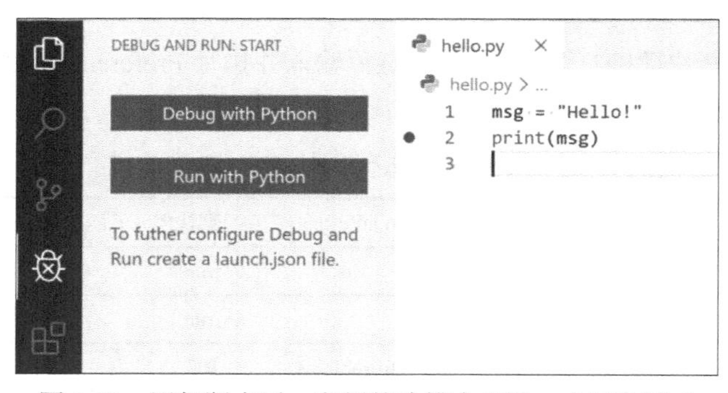


图 8-20　添加断点后，左侧的边槽会出现一个红色圆点

然后，通过左侧的活动栏，切换到调试视图，单击 Debug with Python 按钮或按下 F5 快捷键，启动 Python 调试器，会显示调试类型的列表，如图 8-21 所示。

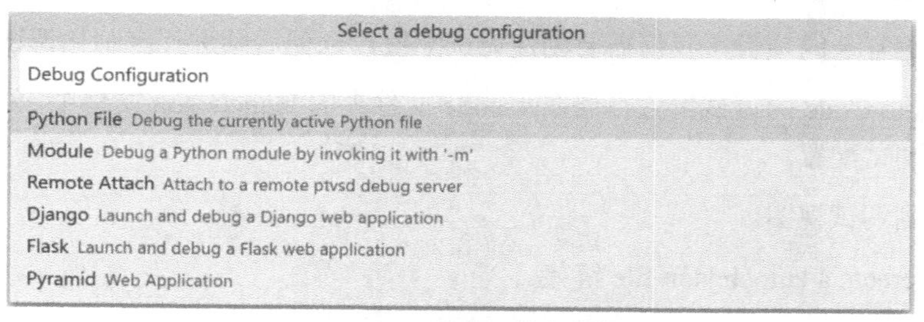


图 8-21　调试类型的列表

我们选择 Python File 选项来调试当前的 Python 文件。如图 8-22 所示，Python 调试器会停在第一个断点处。在左侧的调试视图中，可以看到与当前代码相关的变量信息。

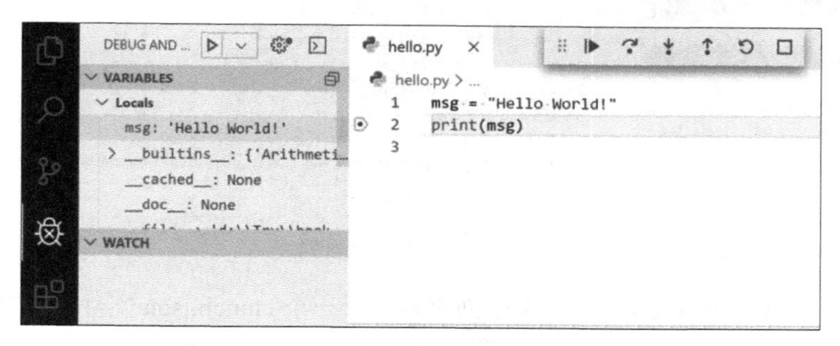


图 8-22　Python 调试器会停在第一个断点处

如图 8-23 所示，打开调试控制台，可以对 Python 变量和表达式直接进行运算。

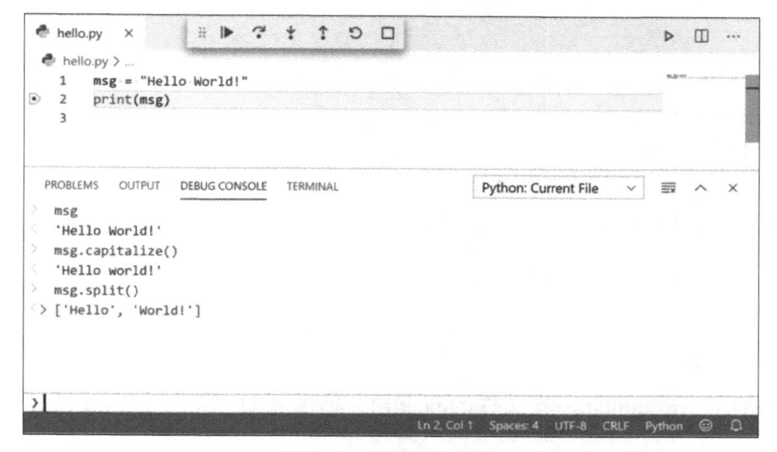


图 8-23　调试控制台

单击调试工具栏中的红色停止按钮，或者使用 Shift+F5 快捷键，就能退出调试。

### 2. 创建调试配置

对于一些更复杂的项目，我们需要创建调试配置，以便后续进行定制化调试。

Visual Studio Code 的调试配置存储在.vscode 文件夹的 launch.json 文件中。通过下面的步骤可以创建一个调试配置。

（1）切换到调试视图。

（2）单击 create a launch.json file 链接。

（3）如图 8-24 所示，会显示调试类型的列表。我们选择 Python File 选项。

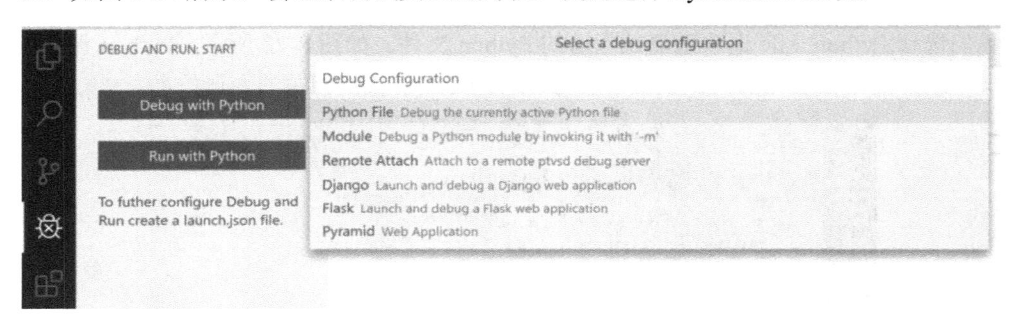


图 8-24 调试类型的列表

（4）Python 插件会在.vscode 文件夹中创建并打开一个 launch.json 文件，它定义了调试所需要的配置。

下面的例子就是 Python File 类型的调试配置。

```
{
    "version": "0.2.0",
    "configurations": [
        {
            "name": "Python: Current File",
            "type": "python",
            "request": "launch",
            "program": "${file}",
            "console": "integratedTerminal"
        }
    ]
}
```

### 3. 添加调试配置

如图 8-25 所示，在 launch.json 文件的右下角，单击 Add Configuration 按钮，就能添加更多的调试配置。

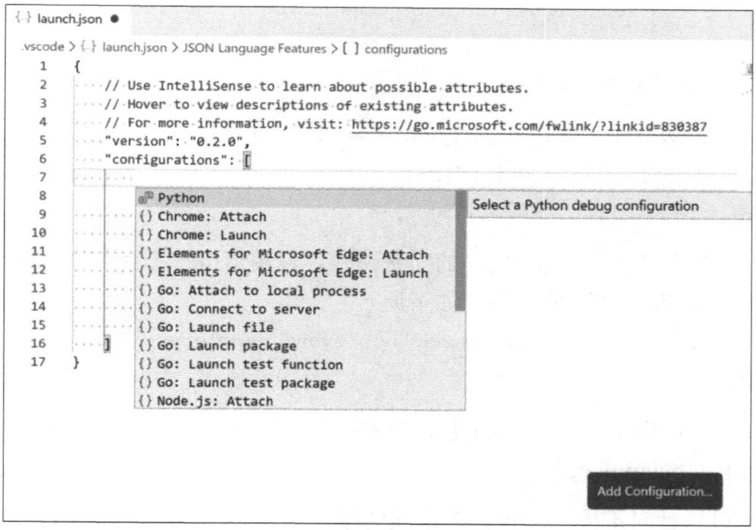

```
{ } launch.json ●
.vscode > { } launch.json > JSON Language Features > [ ] configurations
1   {
2       // Use IntelliSense to learn about possible attributes.
3       // Hover to view descriptions of existing attributes.
4       // For more information, visit: https://go.microsoft.com/fwlink/?linkid=830387
5       "version": "0.2.0",
6       "configurations": [
7
8               Python                                   Select a Python debug configuration
9               {} Chrome: Attach
10              {} Chrome: Launch
11              {} Elements for Microsoft Edge: Attach
12              {} Elements for Microsoft Edge: Launch
13              {} Go: Attach to local process
14              {} Go: Connect to server
15              {} Go: Launch file
16      ]       {} Go: Launch package
17  }           {} Go: Launch test function
                {} Go: Launch test package
                {} Node.js: Attach
                                                                  Add Configuration...
```

图 8-25 添加调试配置

#### 4. 设置调试配置选项

调试当前的 Python 文件时有以下两种常用的调试配置，分别用于在集成终端和系统终端运行 Python 代码。

```
{
    "name": "Python: Current File (Integrated Terminal)",
    "type": "python",
    "request": "launch",
    "program": "${file}",
    "console": "integratedTerminal"
},
{
    "name": "Python: Current File (External Terminal)",
    "type": "python",
    "request": "launch",
    "program": "${file}",
    "console": "externalTerminal"
}
```

我们来具体看一下在 launch.json 调试配置文件中有哪些常用的设置项。

1）name

name 设置项定义了调试配置的名字，会在下拉列表中显示。

2）type

type 设置项定义了调试器的类型。对于 Python 代码，该设置项的值为 python。

3）request

requset 设置项指定了调试的模式，如下所示。

- launch：启动程序（定义在 program 设置项中）并调试。
- attach：附加到一个正在运行的进程。

4）program

program 设置项定义了 Python 程序的完整路径，使用${file}表示当前活跃的文件。你也可以指定其他文件为 Python 程序的入口，如下所示。

```
"program": "${workspaceFolder}/pokemongo_bot/event_handlers/__init__.py",
```

5）pythonPath

pythonPath 设置项用来定义 Python 解释器的路径，默认使用的是 python.pythonPath 设置项的值${config:python.pythonPath}。

此外，你还可以针对不同的平台设置不同的路径。比如，PySpark 使用了下面的设置。

```
"osx": {
    "pythonPath": "^\"\\${env:SPARK_HOME}/bin/spark-submit\""
},
"windows": {
    "pythonPath": "^\"\\${env:SPARK_HOME}/bin/spark-submit.cmd\""
},
"linux": {
    "pythonPath": "^\"\\${env:SPARK_HOME}/bin/spark-submit\""
},
```

6）args

args 设置项用来指定传给 Python 程序的参数。每一个以空格分割的参数都需要以数组的形式来定义，比如：

```
"args": ["--quiet", "--norepeat", "--port", "1593"],
```

7）stopOnEntry

当将 stopOnEntry 设置项设置为 true 时，调试器会停止在程序的第一行。

如果未设置，或者设置为 false，则调试器会停止在第一个断点处，而不是程序的第一行。

8）console

consloe 设置项用来指定程序的输出在哪里，其可选值及输出位置如下表所示。

| 值 | 输出位置 |
|---|---|
| "internalConsole" | Visual Studio Code 的调试控制台 |
| "integratedTerminal"（默认值） | Visual Studio Code 的集成终端 |
| "externalTerminal" | 系统终端 |

9）cwd

cwd 设置项用来指定调试器的工作目录，默认值是${workspaceFolder}（在 Visual Studio Code 中打开的文件夹的完整路径）。

10）redirectOutput

redirectOutput 设置项的默认值为 true，Python 程序会在调试控制台输出。如果设置为 false，则不会在调试控制台输出。

11）justMyCode

justMyCode 设置项的默认值为 true，此时调试器只会调试用户代码。如果设置为 false，则调试器还会调试标准库中的代码。

12）env

env 设置项用来设置环境变量。

13）envFile

envFile 设置项用来设置.env 文件的路径。

### 5. 调试其他类型的应用

下表列出了 launch.json 文件中不同调试配置的详细描述。

| 配置 | 描述 |
|---|---|
| Django | 可以指定 "program": "${workspaceFolder}/manage.py"、"args": ["runserver", "--noreload"] 及 "console": "integratedTerminal"，并且设置 "django": true 来启用 Django HTML 模板的调试 |
| Flask | 可以指定 "env": {"FLASK_APP": "app.py"} 和 "args": ["run", "--no-debugger","--no-reload"]，添加 "module": "flask" 设置项，移除 program 设置项，以及添加 "jinja": true 来启用 Jinja 模板引擎的调试 |
| Gevent | 可以把 "gevent": true 添加到标准集成终端的调试配置 |
| Pyramid | 可以移除 program 设置项，并且添加 "args": ["${workspaceFolder}/development.ini"]；添加 "jinja": true 来启用模板的调试；以及添加 "pyramid": true |
| PySpark | 可以根据不同的平台，把 pythonPath 设置为 PySpark：<br>`"osx": {`<br>`    "pythonPath": "^\"\\${env:SPARK_HOME}/bin/spark-submit\""`<br>`},`<br>`"windows": {`<br>`    "pythonPath": "^\"\\${env:SPARK_HOME}/bin/spark-submit.cmd\""`<br>`},`<br>`"linux": {`<br>`    "pythonPath": "^\"\\${env:SPARK_HOME}/bin/spark-submit\""`<br>`},` |

续表

| 配置 | 描述 |
| --- | --- |
| Scrapy | 指定 "module": "scrapy"，并且添加 "args": ["crawl", "specs", "-o", "bikes.json"] |
| Watson | 指定 "program": "${workspaceFolder}/console.py"和"args": ["dev", "runserver", "--noreload=True"] |

下面是调试 Flask 应用的配置示例。

```
{
    "name": "Python: Flask",
    "type": "python",
    "request": "launch",
    "module": "flask",
    "env": {
        "FLASK_APP": "app.py"
    },
    "args": [
        "run",
        "--no-debugger",
        "--no-reload"
    ],
    "jinja": true
},
```

如果你想使用开发者模式调试 Flask 应用，则可以使用下面的配置。

```
{
    "name": "Python: Flask (development mode)",
    "type": "python",
    "request": "launch",
    "module": "flask",
    "env": {
        "FLASK_APP": "app.py",
        "FLASK_ENV": "development"
    },
    "args": [
        "run"
    ],
    "jinja": true
},
```

## 8.2.5 Jupyter Notebooks

2019 年 9 月 21 日，PyCon China 2019 大会在上海举行。

笔者在大会上做了主题为《Python 与 Visual Studio Code 在人工智能应用中的最佳 Azure 实践》的演讲。在演讲中，笔者详细介绍了 Azure Notebook 与 Visual Studio Code 对 Python 的强大支持。然而，鱼和熊掌似乎不可兼得。Jupyter Notebook 的便捷性与 Visual Studio Code 强大的编辑和调试功能，可不可以同时获得呢？

可以同时获得！笔者很高兴在 PyCon China 2019 大会上宣布了一项 Visual Studio Code Python 的全新功能：Visual Studio Code Python 插件提供了 Jupyter Notebook 的原生支持！在 PyCon China 大会上我们对该插件进行了全球首发！

下面就来看一看 Jupyter Notebook 的原生支持有哪些好用的功能吧！

### 1. 配置开发环境

开发 Jupyter Notebook 需要使用 Anaconda 环境，或者使用安装了 jupyter pip 包的 Python 环境。

通过 Ctrl+Shift+P 快捷键打开命令面板，然后输入并执行 Python: Select Interpreter 命令，并在显示的列表中选择合适的 Python 解释器。

### 2. 创建或打开 Jupyter Notebook 文件

使用快捷键 Ctrl+Shift+P 打开命令面板，然后输入并执行 Python: Create New Blank Jupyter Notebook，就能创建一个新的 Jupyter Notebook 文件，如图 8-26 所示。

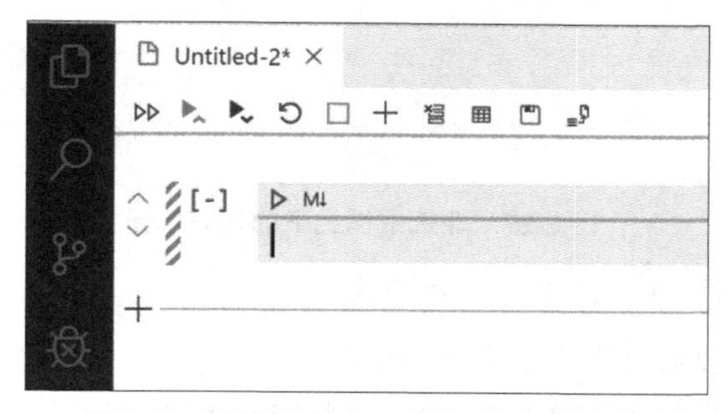


图 8-26　新创建的 Jupyter Notebook 文件

如果你已经有一个 Jupyter Notebook 文件（扩展名为.ipynb 的文件）了，那么可以在 Visual Studio Code 中通过双击打开这个文件，或者在命令面板（打开命令面板的快捷键为 Ctrl+Shift+P）中通过输入并执行 Python: Open in Notebook Editor 打开。

### 3. 保存 Jupyter Notebook 文件

有以下两种方式可以保存 Jupyter Notebook 文件。

- 通过 Ctrl+S 快捷键。
- 单击 Jupyter Notebook 编辑器工具栏上的保存按钮。

### 4. 管理代码单元

Python 插件提供的 Jupyter Notebook 编辑器使得开发者可以轻松地创建、编辑和运行代码单元。

1）创建代码单元

在默认情况下，一个空白的 Jupyter Notebook 文件中会有一个空的代码单元，我们可以直接将代码添加到空的代码单元中，如下所示。

```
msg = "Hello world"
print(msg)
```

2）代码单元的模式

代码单元有以下 3 种模式。

- 非选中模式
- 命令模式
- 编辑模式

如图 8-27 所示，当代码单元处于非选中模式下时，代码单元的左侧不会显示竖线。

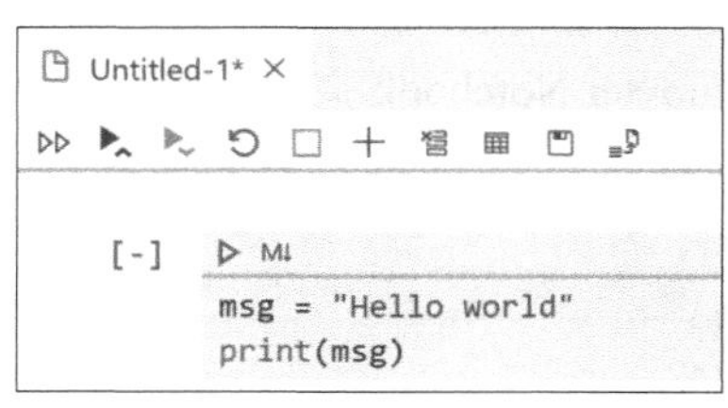


图 8-27　非选中模式下的代码单元

当代码单元被选中后，可以有以下两种模式。

- 命令模式：可以通过快捷键操控代码单元。
- 编辑模式：可以编辑代码单元的内容（代码或 Markdown 内容）。

如图 8-28 所示，当代码单元处于命令模式下时，代码单元的左侧会显示实心的蓝色竖线。

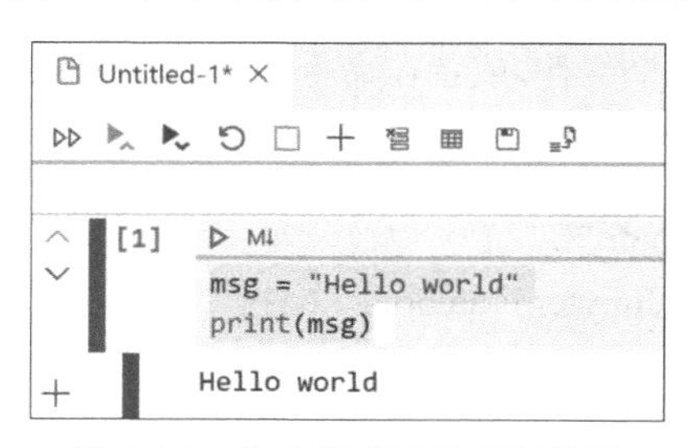


图 8-28　命令模式下的代码单元

如图 8-29 所示，当代码单元处于编辑模式下时，代码单元的左侧会显示绿色的虚线。

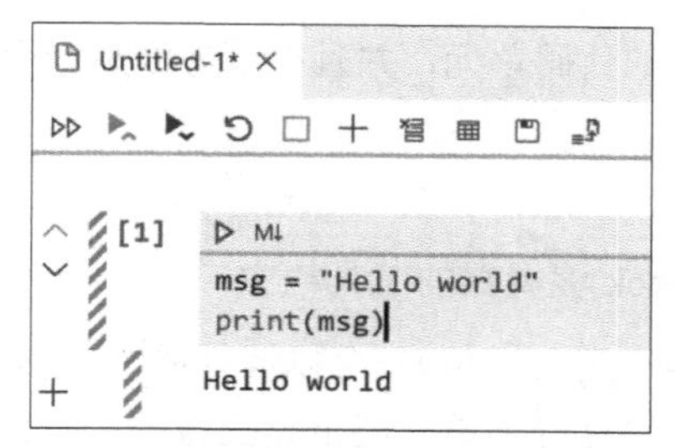


图 8-29　编辑模式下的代码单元

单击代码单元的内部或外部，可以切换代码单元的模式。

3）添加代码单元

如图 8-30 所示，单击 Jupyter Notebook 编辑器中的加号，可以方便地添加代码单元。

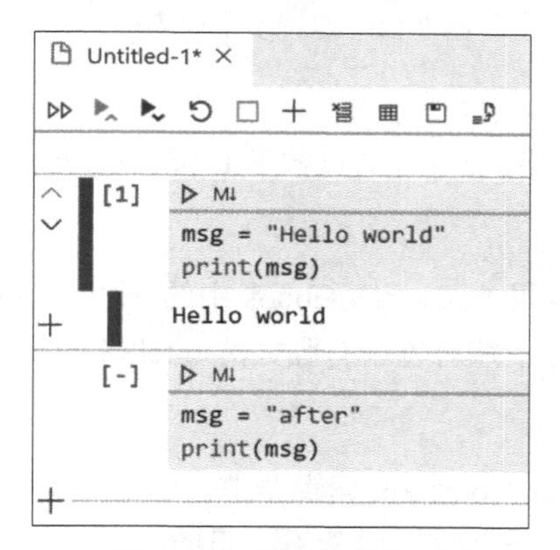


图 8-30　添加代码单元

此外，当代码单元处于命令模式下的时候：

- 按下 A 键，可以在当前代码单元的上方添加一个新的代码单元。
- 按下 B 键，可以在当前代码单元的下方添加一个新的代码单元。

4）选择代码单元

当代码单元处于命令模式下的时候，可以通过上/下键或 J/K 键来上下切换代码单元。

5）运行单个代码单元

除了可以通过代码单元的绿色按钮来运行当前的代码单元，还可以通过不同的快捷键来运行，如下所示。

- Ctrl+Enter：运行当前的代码单元。
- Shift+Enter：运行当前的代码单元，并且在下方添加一个新的代码单元。焦点会移动到新的代码单元。

- Alt+Enter：运行当前的代码单元，并且在下方添加一个新的代码单元。焦点会依旧保留在当前的代码单元。

6）运行多个代码单元

如图 8-31 所示，在 Notebook 编辑器的工具栏中：

- 单击第一个按钮（两个空心三角），可以运行所有代码单元。
- 单击第二个按钮，可以运行当前代码单元上方的所有代码单元。
- 单击第三个按钮，可以运行当前代码单元下方的所有代码单元。

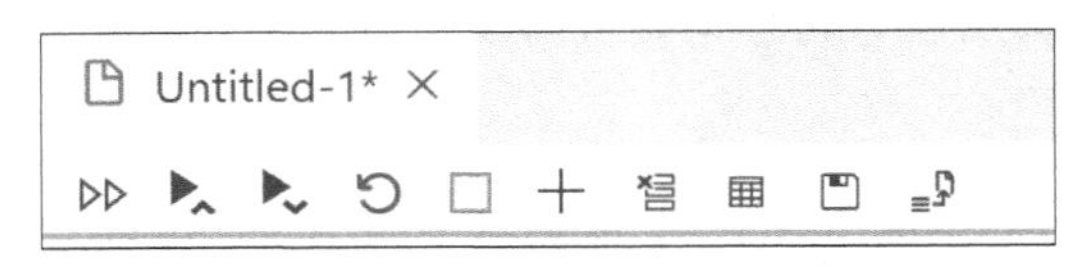


图 8-31 运行多个代码单元

7）显示行号

当代码单元处于命令模式下的时候，通过按下 L 键，可以启用或禁用代码单元的行号显示。

### 5. Intellisense 支持

在 Visual Studio Code 中编辑 Jupyter Notebook 中的 Python 代码，就犹如平时在 Visual Studio Code 中编写 Python 文件一样，依然可以享有强大的 IntelliSense、变量/函数的悬停提示等功能。

### 6. 变量查看器

如图 8-32 所示，在 Jupyter Notebook 编辑器中，单击工具栏中的“变量”按钮（从右数起第三个按钮），可以通过变量查看器实时地查看变量的类型、数量与值。

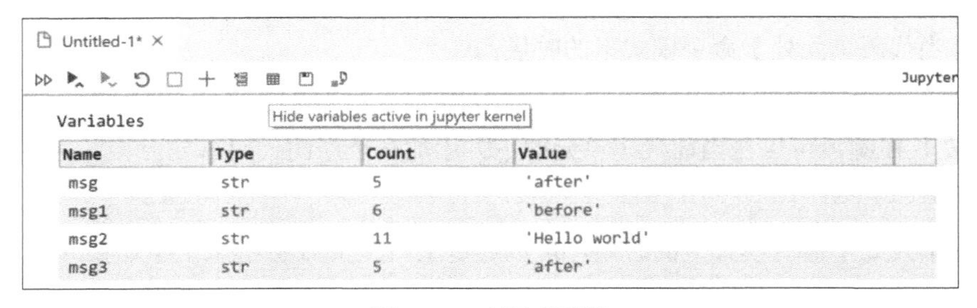


| Name | Type | Count | Value |
|---|---|---|---|
| msg | str | 5 | 'after' |
| msg1 | str | 6 | 'before' |
| msg2 | str | 11 | 'Hello world' |
| msg3 | str | 5 | 'after' |

图 8-32 变量查看器

### 7. 图表查看器

如图 8-33 所示，通过内联的图表查看器，可以轻松查看代码单元输出的图表。

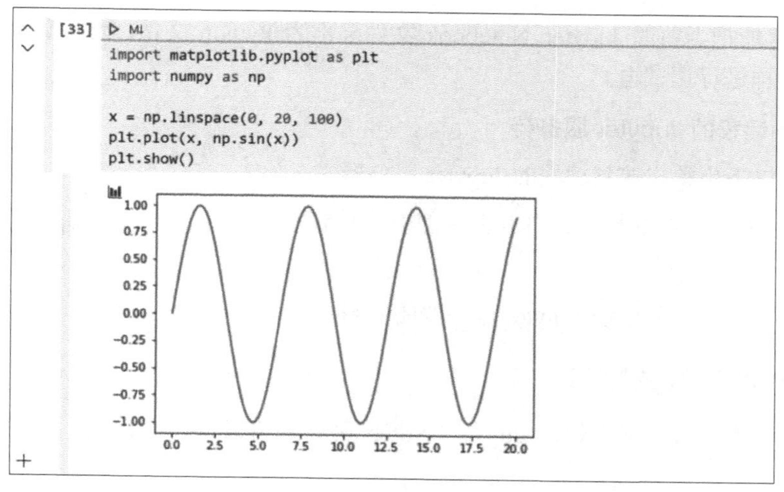


图 8-33 内联的图表查看器

双击图表，还可以打开专有的图表查看器的标签页，如图 8-34 所示，在该标签页放大缩小图表极为简便，还能将图表导出为 PDF、SVG 或 PNG 格式的文件。

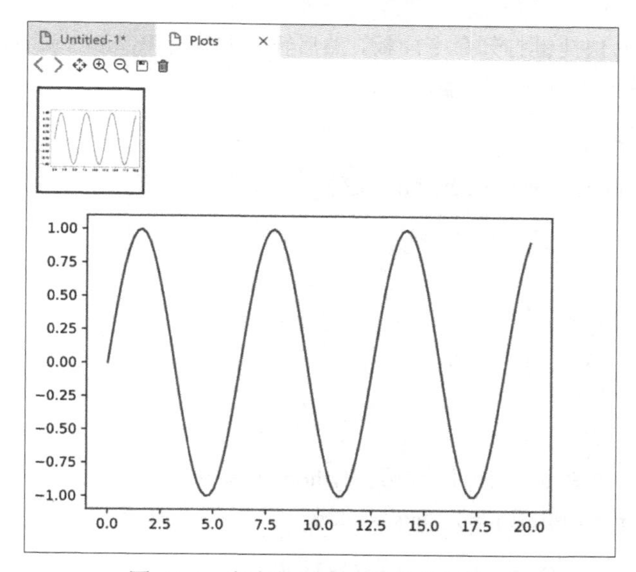


图 8-34 专有的图表查看器的标签页

## 8. 调试 Jupyter Notebook

目前，如果想要调试 Jupyter Notebook 文件中的代码，需要首先把 Jupyter Notebook 文件导出为 Python 文件。在 Jupyter Notebook 编辑器中，单击工具栏中的 Convert and save to a python script 按钮，就能把当前的 Jupyter Notebook 文件导出为 Python 文件，然后你就能像调试其他 Python 文件一样进行调试啦。

#### 9. 连接到远程的 Jupyter 服务器

可以通过以下步骤连接到远程的 Jupyter 服务器。

（1）使用 Ctrl+Shift+P 快捷键打开命令面板，然后输入并执行 Python: Specify Jupyter server URI。

（2）在输入框中输入远程 Jupyter 服务器的 URI。

### 8.2.6　Python 交互式窗口

除了通过原生的编辑器来管理 Jupyter Notebook，还可以通过 Python 文件来管理 Jupyter Notebook。

#### 1. 配置开发环境

为了能够管理 Jupyter Notebook，需要使用 Anaconda 环境，或者使用安装了 jupyter pip 包的 Python 环境。

通过 Ctrl+Shift+P 快捷键打开命令面板，然后输入并执行 Python: Select Interpreter 命令，并在显示的列表中选择合适的 Python 解释器。

#### 2. Jupyter 代码单元

通过#%%注释，开发者可以在 Python 文件（扩展名为.py 的文件）中定义 Jupyter 风格的代码单元，如下所示。

```
#%%
msg = "Hello World"
print(msg)

#%%
msg = "Hello again"
print(msg)
```

如图 8-35 所示，当 Python 插件检测到 Python 文件中的代码单元后，会为每一个代码单元加上 Run Cell 和 Debug Cell 的 CodeLens[①]。此外，第一个代码单元会加上 Run Below，其余的代码单元会加上 Run Above。

---

① CodeLens 是一个界面控件，一般位于类或函数定义的上方。此控件最早在 Visual Studio 2013 中引入，用于显示与当前代码相关的信息。通过单击 CodeLens，可以快捷地执行命令。

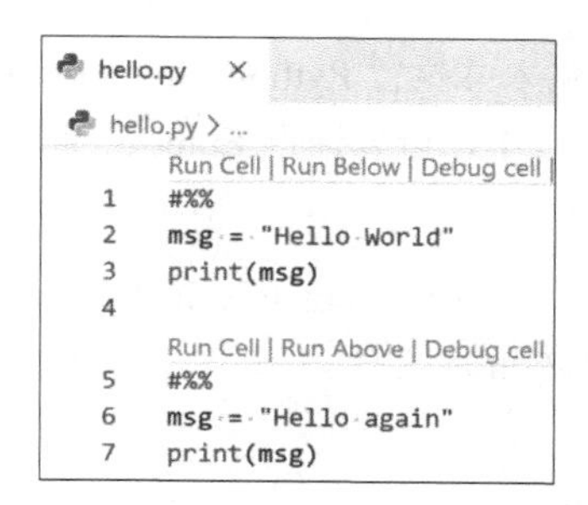


图 8-35　代码单元的 CodeLens

我们可以通过单击如下所示的命令来快速地在 Python 交互式窗口中运行代码单元。

- Run Cell：只会运行当前代码单元的代码。
- Run Below：只会显示在第一个代码单元中，运行所有的代码单元。
- Run Above：会运行当前代码单元上方的所有代码单元，不包括当前代码单元。

如图 8-36 所示，单击第二个代码单元的 Run Cell，会调出 Python 交互式窗口（第一次启动时，需要花费一定的时间），运行代码单元的代码，并在 Python 交互式窗口中输出结果。

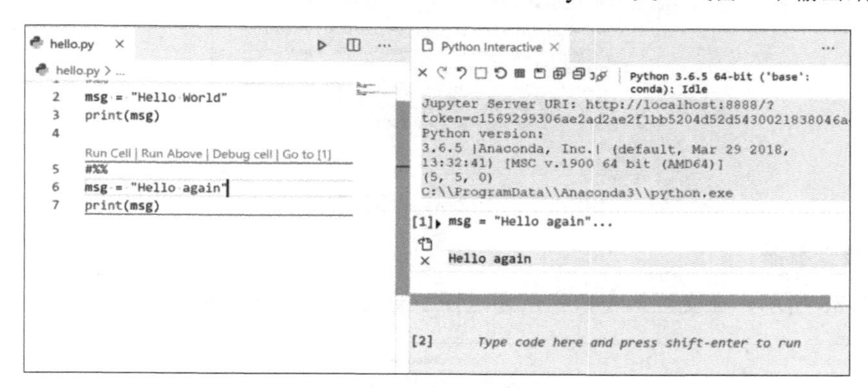


图 8-36　单击 Run Cell

除了可以通过单击代码单元上方的 Run Cell 来运行代码，还可以通过使用不同的快捷键来运行，如下所示。

- Ctrl+Enter：运行当前的代码单元。
- Shift+Enter：运行当前的代码单元，并且将焦点移动到下方的代码单元。

此外，你还可以在代码单元中设置断点，通过 Debug Cell 对当前的代码单元进行调试。

### 3. 使用 Python 交互式窗口

在 8.2.5 节中，我们了解到，在 Python 文件中，运行 Jupyter 风格的代码单元会调出 Python 交互式窗口。除此之外，我们还可以单独调出 Python 交互式窗口。通过 Ctrl+Shift+P 快捷键打开命令面板，然后在命令面板中输入并执行 Python: Show Python Interactive window 命令，就能调出 Python 交互式窗口。在控制台中，可以通过 Enter 键插入新的一行，并使用 Shift+Enter 快捷键运行代码。

此外，通过在命令面板中执行 Run Current File in Python Interactive window 命令，可以在 Python 交互式窗口中运行当前的 Python 文件。

#### 4. Intellisense 支持

在 Python 交互式窗口中编辑 Python 代码，就犹如平时在 Visual Studio Code 中编写 Python 文件一样，可以享有强大的 IntelliSense、变量/函数的悬停提示等功能。

如图 8-37 所示，当鼠标悬停在 print 函数上时，可以看到函数的具体信息。

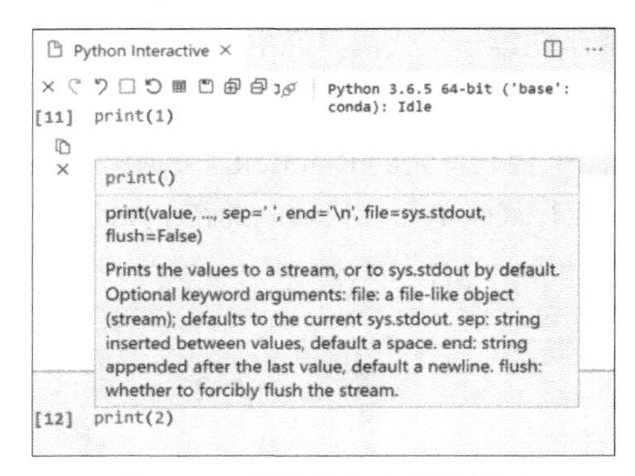


图 8-37　函数具体信息的提示

#### 5. 图表查看器

如图 8-38 所示，在交互式窗口中，通过图表查看器，可以轻松查看代码单元输出的图表。

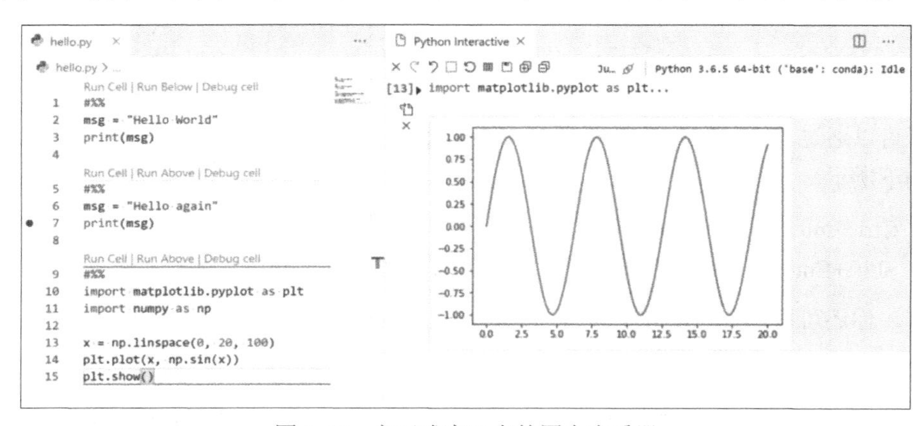


图 8-38　交互式窗口中的图表查看器

### 6. 变量与数据查看器

如图 8-39 所示，在 Python 交互式窗口中，单击工具栏中的“变量”按钮，可以通过变量查看器实时地查看变量的类型、数量与值。

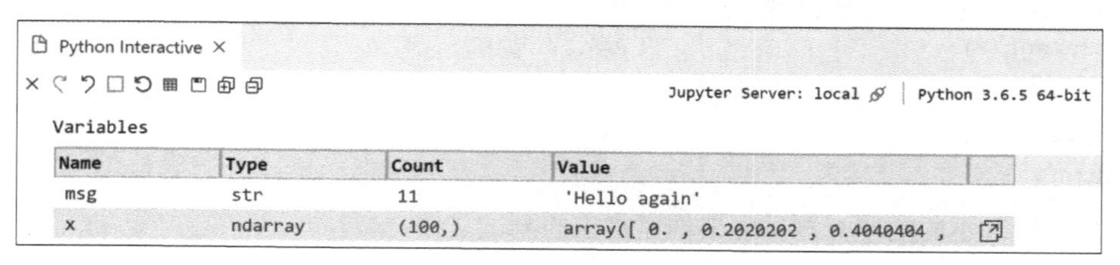


图 8-39　变量查看器

如果需要查看更详细的数据，可以单击表格最后一列中的按钮，打开数据查看器。

### 7. 连接到远程的 Jupyter 服务器

连接到远程的 Jupyter 服务器的步骤如下所示。

（1）使用 Ctrl+Shift+P 快捷键打开命令面板，然后输入并执行 Python: Specify Jupyter server URI。

（2）在输入框中输入远程 Jupyter 服务器的 URI。

### 8. 导出为 Jupyter Notebook

通过 Ctrl+Shift+P 快捷键打开命令面板，然后输入并执行下面的命令，可以把 Python 文件（扩展名为.py 的文件）或 Python 交互式窗口中的内容导出为 Jupyter Notebook 文件（扩展名为.ipynb 的文件）。

- Python: Export Current Python File as Jupyter Notebook，把当前 Python 文件中的内容导出为 Jupyter Notebook 文件。
- Python: Export Current Python File and Output as Jupyter Notebook，把当前 Python 文件中的内容和代码单元的输出导出为 Jupyter Notebook 文件。
- Python: Export Python Interactive window as Jupyter Notebook，把当前 Python 交互式窗口中的内容导出为 Jupyter Notebook 文件。

## 8.2.7　测试

除了支持 Python 内置的 unittest 测试框架，Python 插件还支持 pytest 和 nose 单元测试框架。

### 1. 启用一个测试框架

默认情况下，Python 插件并未启用测试框架的支持，我们需要手动启用并选择相应的测试框架。通过 Ctrl+Shift+P 快捷键打开命令面板，输入并执行 Python: Configure Tests 命令，然后会弹出下拉列表，让你选择一个测试框架、包含测试文件的文件夹路径及测试文件的命名模式。

### 2. 创建测试用例

首先，我们创建一个要被测试的 inc_dec.py 文件：

```
def increment(x):
    return x + 1

def decrement(x):
    return x - 1
```

然后，针对不同的单元测试框架创建相应的测试文件。

1）unittest

创建一个名为 test_unittest.py 的测试文件，其中包含一个测试类及两个测试函数，如下所示。

```
import inc_dec    # The code to test
import unittest   # The test framework

class Test_TestIncrementDecrement(unittest.TestCase):
    def test_increment(self):
        self.assertEqual(inc_dec.increment(3), 4)

    def test_decrement(self):
        self.assertEqual(inc_dec.decrement(3), 4)

if __name__ == '__main__':
    unittest.main()
```

2）pytest

创建一个名为 test_pytest.py 的测试文件，其中包含两个测试函数，如下所示。

```
import inc_dec    # The code to test

def test_increment():
    assert inc_dec.increment(3) == 4

def test_decrement():
    assert inc_dec.decrement(3) == 4
```

### 3. 检测单元测试

Python 插件通过当前启用的单元测试框架来检测单元测试用例。通过 Ctrl+Shift+P 快捷键打开命令面板，输入并执行 Python: Discover Tests 命令，可以主动触发单元测试的检测。

默认情况下，python.testing.autoTestDiscoverOnSaveEnabled 的设置为 true。每当你保存测试文件时，就会自动触发单元测试的检测。

不同的测试框架会有不同的检测模式，如下所示。

- unittest：搜寻所有文件名包含 test 的 Python 文件。可以通过 python.testing.unittestArgs 设置项进行定制化设置。
- pytest：搜寻所有文件名以 test_开头或以_test 结尾的 Python 文件。可以通过 python.testing.pytestArgs 设置项进行定制化设置。

如图 8-40 所示，当成功检测到单元测试后：

- 在左侧的测试资源管理器中，会以树状图的形式显示所有的单元测试。
- 在 Python 测试文件中的测试类和测试函数的上方，会显示 Run Test 和 Debug Test 的 CodeLens。
- 在编辑器下方的状态栏中，会显示一个 Run Tests 的按钮。

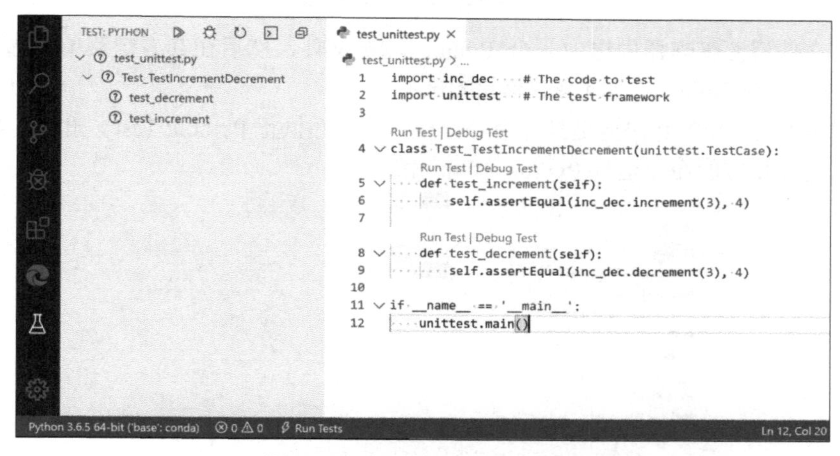


图 8-40　成功检测到单元测试

### 4. 运行单元测试

有多种方式可以运行单元测试：

- 打开一个 Python 测试文件，在测试类和测试函数的上方会显示 Run Test 的 CodeLens。单击 Run Test 的 CodeLens 就可以运行相应的测试函数或测试类下的测试函数。
- 在编辑器下方的状态栏中单击 Run Tests 按钮，如图 8-41 所示，会显示一个下拉列表，选择 Run All Tests 就能运行所有的单元测试。

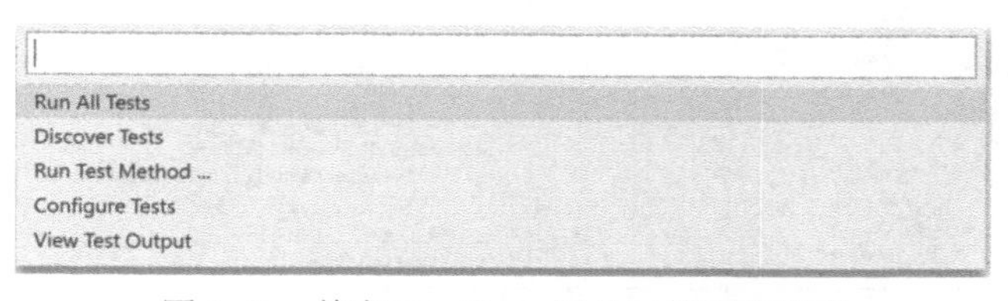


图 8-41　单击 Run Tests 后显示的下拉列表

- 在测试资源管理器中：
  - 单击顶部的运行按钮，可以运行所有的单元测试。
  - 如图 8-42 所示，在树状图中选择测试类或测试函数，单击运行按钮，就可以运行相应的测试函数或测试类下的所有测试函数。

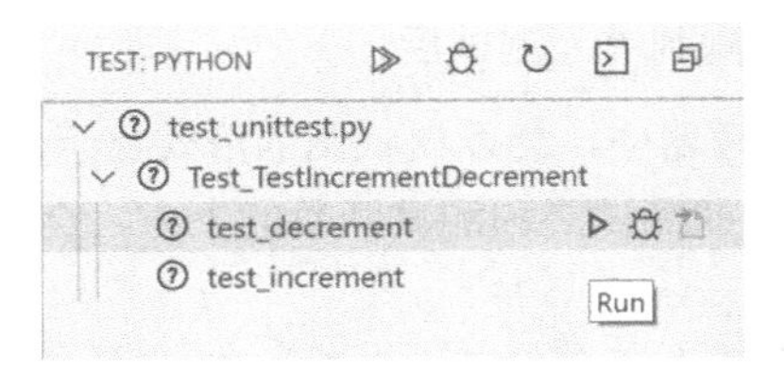


图 8-42　运行测试函数

- 在文件资源管理器中选中一个 Python 测试文件，然后在其右键菜单中选择 Run All Tests 命令，可以运行所有的单元测试。
- 通过 Ctrl+Shift+P 快捷键打开命令面板，输入并执行 Python: Test，如图 8-43 所示，可以选择相应的命令运行 Python 单元测试。

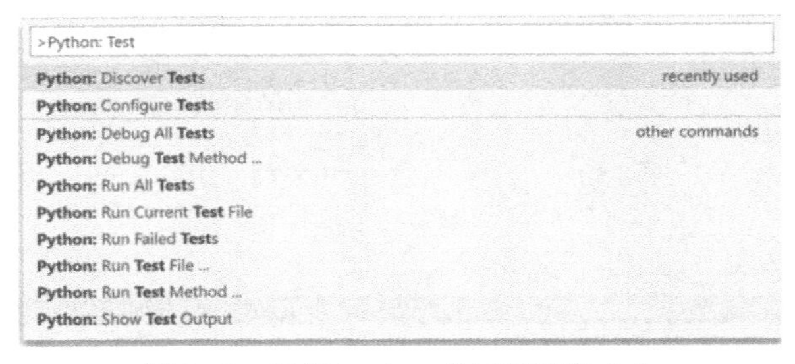


图 8-43　运行 Python 单元测试的命令

如图 8-44 所示，当单元测试运行结束后，在文件资源管理器和 CodeLens 中都会显示运行结果。

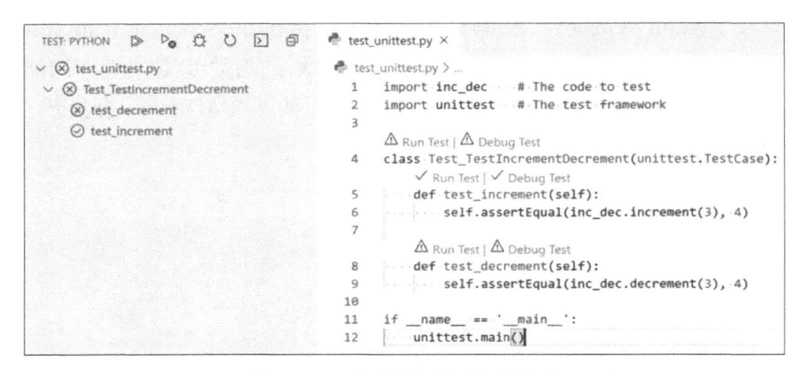


图 8-44　单元测试的运行结果

单击文件资源管理器顶部的终端按钮，或者通过 Ctrl+Shift+P 快捷键打开命令面板，输入并执行 Python: Show Test Output 命令，就能显示测试的运行日志。图 8-45 所示的是 test_unittest.py 测试文件的运行日志。

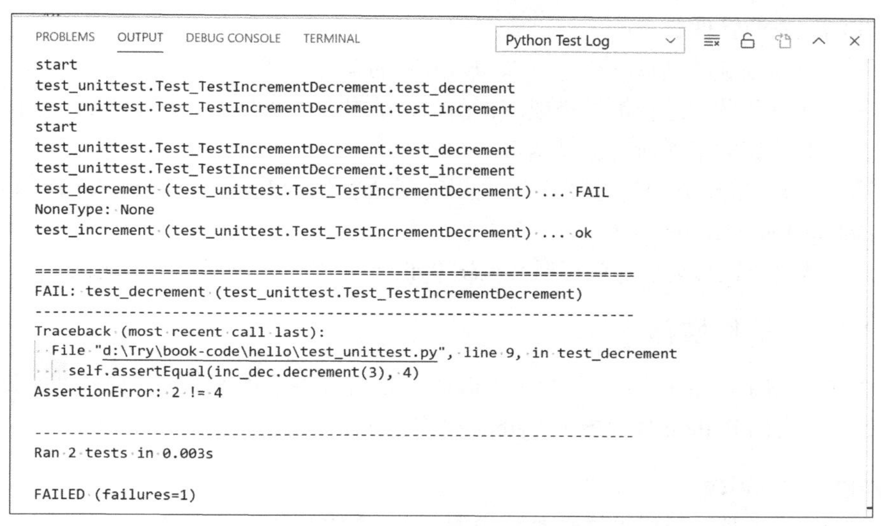


图 8-45 test_unittest.py 测试文件的运行日志

### 5. 并行运行单元测试

通过使用 pytest-xdist 软件包，pytest 测试框架可以支持并行运行单元测试，其步骤如下所示。

（1）打开集成终端，安装 pytest-xdist 软件包。在不同系统下的安装命令如下所示。

- 在 Windows 下：

```
py -3 -m pip install pytest-xdist
```

- 在 macOS/Linux 下：

```
python3 -m pip install pytest-xdist
```

（2）在项目的文件夹下创建一个名为 pytest.ini 的配置文件，指定要使用的 CPU 的数量。下面的例子使用了四核的 CPU。

```
[pytest]
addopts=-n4
```

（3）运行单元测试。此时，单元测试会并行运行。

### 6. 调试单元测试

由于 Python 单元测试本身就是 Python 代码，所以调试 Python 单元测试的体验与调试 Python 文件类似。

首先在需要的地方设置断点，然后可以通过以下几种方式启动调试。

- 打开一个 Python 测试文件，在测试类和测试函数的上方会显示 Debug Test 的 CodeLens。单击 Debug Test 就可以调试相应的测试函数或测试类下的所有测试函数。
- 在测试资源管理器中：
  - 单击顶部的调试按钮，可以调试所有的单元测试。
  - 在树状图中选择测试类或测试函数，单击调试按钮，就可以调试相应的测试函数或测试类下的所有测试函数。
- 通过 Ctrl+Shift+P 快捷键打开命令面板，输入并执行 Python: Debug All Tests 或 Python: Debug Test Method 命令。

当单元测试的调试启动后，就可以和调试 Python 文件一样来调试单元测试了。

### 8.2.8 Python 插件推荐

微软官方开发的 Python 插件已经为 Python 开发者提供了极为丰富的功能。让我们再来看一看还有哪些好用的 Python 插件能为 Python 开发锦上添花。

#### 1. Python Extended

Python Extended 是一个代码片段插件，提供了大量的 Python 函数的代码片段，并且包括相应函数的参数占位符。安装完该插件后，在编写 Python 代码时，你就能看到各类 Python 内置函数的提示了。

#### 2. Python Indent

相比大多数语言是通过花括号来定义代码块的，Python 比较特别，它是通过缩进的多少来控制代码块的。Python Indent 插件能够帮助 Python 开发者修正 Python 代码的缩进。安装 Python Indent 插件后，无须任何配置，每当你在 Python 文件中按下 Enter 键后，Python Indent 插件就会解析当前 Python 文件中的内容，以修正所需要的缩进大小。

#### 3. AREPL for python

曾经，我们要验证代码是否编写正确，需要在编写完 Python 代码后，手动触发代码运行并验证。现在，有了 AREPL for python 插件，可以大大提高你的开发效率，并在编写 Python 代码时实时运行代码并输出运行结果。

#### 4. autoDocstring

DocString（文档字符串）是一个重要的用于解释程序的工具，有助于使你的程序文档更加简单易懂。autoDocstring 插件可以快速为 Python 代码生成文档字符串，支持的格式包括：

- docBlockr（默认值）
- Google

- Numpy
- Sphinx

#### 5. Qt for Python

Qt for Python 插件为 PyQt5 和 PySide2 提供了丰富的支持，包括但不限于：

- *.qml 文件的语法高亮和代码片段提示。
- *.qmldir 文件的语法高亮和代码片段提示。
- *.qss 文件的语法高亮和代码片段提示。
- *.qt.ts、*.qrc、*.ui、*.pro.user 等文件的语法高亮。
- 把 Qt Designer 的*.ui 文件编译为 Python 文件。
- 预览 QML 文件。

#### 6. Djaneiro - Django Snippets

Django 是 Python 开发者最常用的 Web 框架之一。Djaneiro - Django Snippets 插件为 Django 提供了可复用代码片段的支持。

#### 7. flask-snippets

Flask 也是 Python 开发者最常用的 Web 框架之一。flask-snippets 插件为 Flask 提供了可复用代码片段的支持。

#### 8. Better Jinja

Jinja 是一个现代化的模板引擎，也是 Flask Web 框架的默认模板引擎。Better Jinja 插件为 Jinja 提供了语法高亮的支持。

## 8.3 JavaScript

相比于其他编程语言需要安装插件，Visual Studio Code 为 JavaScript 提供了开箱即用的支持，包括但不限于：IntelliSense、调试、代码格式化、代码导航、代码重构，以及许多其他高级功能。

### 8.3.1 JavaScript、ECMAScript 与 Node.js

在我们正式开始学习 Visual Studio Code 的 JavaScript 相关功能之前，笔者觉得有必要花一定的篇幅来讲一讲与 JavaScript 相关的并且容易混淆的概念。

首先，我们来聊一聊 ECMAScript 和 JavaScript 的区别和联系。

ECMAScript 是一种在 ECMA-262 标准中定义的脚本语言规范。而 JavaScript 是一种编程语言，它实现了 ECMAScript 所定义的规范。

一般来说，完整的 JavaScript 包括以下几部分。

- ECMAScript，描述了该语言的语法和基本对象。
- 文档对象模型（DOM），描述处理网页内容的方法和接口。
- 浏览器对象模型（BOM），描述与浏览器进行交互的方法和接口。

我们再来看一看 Node.js 和 JavaScript 的区别和联系。

Node.js 是一个 JavaScript 运行时。JavaScript 可以运行在浏览器或 Node.js 中。

在浏览器运行时中，JavaScript 可以访问 document、window 等浏览器对象。

在 Node.js 运行时中，JavaScript 可以访问与操作系统、文件系统等相关的 API。

本章更多地会谈到 Visual Studio Code 对 JavaScript 通用功能的支持，也就是 ECMAScript 中所定义的语言规范，也会涉及 JavaScript 在浏览器运行时和 Node.js 运行时中的一些内容。

## 8.3.2　快速开始

Visual Studio Code 中内置了对 JavaScript 的支持，但并不包含 Node.js 运行时。所以，在开始之前，我们需要自行安装 Node.js 运行时，然后通过 Node.js 运行一个 JavaScript 的 Hello World 程序。

### 1. 安装 Node.js

访问 Node.js 官网的下载页面（见参考资料[28]），可以根据你的开发平台下载安装程序并进行安装。一般来说，推荐安装 LTS（长期支持）版本的 Node.js。

如果你使用的是 Linux 系统，也可以通过软件包管理器安装 Node.js，具体方法可以查看参考资料[29]。

### 2. 验证 Node.js 环境

安装完成后，需要确保 Node.js 已经被添加到 PATH 环境变量中。通过下面的方式，可以验证是否成功安装了 Node.js 的开发环境。

打开一个新的命令行，在命令行中输入以下命令。

```
node --version
```

如果 Node.js 的开发环境安装成功，那么在命令行中会输出 Node.js 的版本号。

### 3. 启动 Visual Studio Code

在命令行中，通过下面的命令创建一个名为 hello 的空文件夹，然后切换到这个文件夹，并将它在 Visual Studio Code 中打开。

```
mkdir hello
cd hello
code .
```

### 4. 创建 JavaScript 文件

如图 8-46 所示，单击 New File 按钮，创建一个名为 hello.js 的文件。文件创建后，会自动在编辑区域中打开。

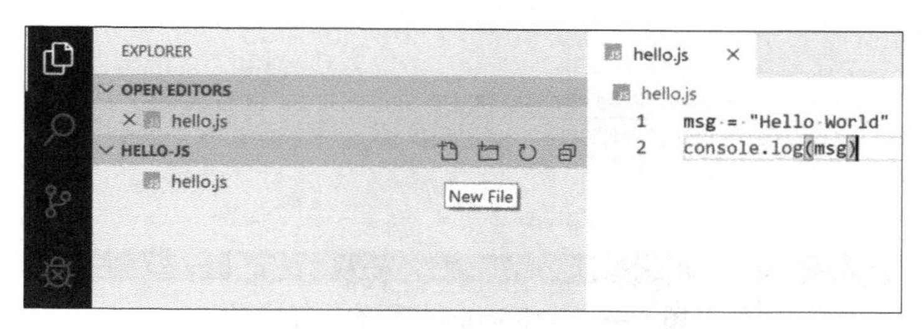


图 8-46　创建 JavaScript 文件

在创建的 hello.js 文件中输入以下 JavaScript 代码。

```
msg = "Hello World"
console.log(msg)
```

### 5. 运行 JavaScript 文件

在 7.3 节中，我们了解到 Code Runner 插件可以一键运行各类语言，其中也包括 JavaScript。

除了 Code Runner 插件，通过 Visual Studio Code 内置的调试器也能方便地运行 JavaScript 代码。如图 8-47 所示，单击左侧活动栏中的调试按钮，切换到调试视图，单击 Run 按钮。

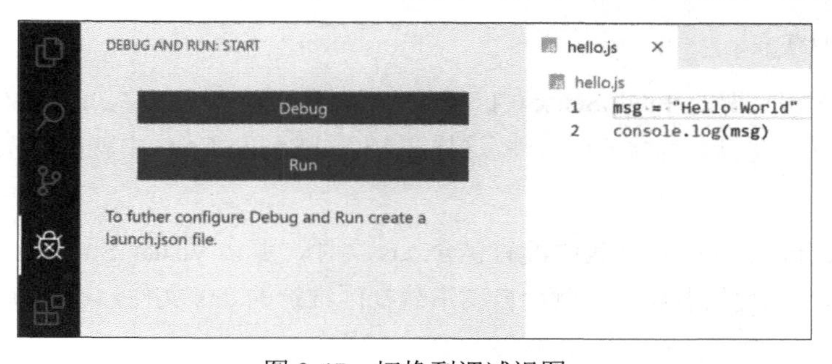


图 8-47　切换到调试视图

单击 Run 按钮后，会弹出运行环境的选择列表，如图 8-48 所示。我们选择 Node.js 运行环境。

图 8-48　运行环境的选择列表

Visual Studio Code 会打开调试控制台，并执行 JavaScript 代码。图 8-49 所示的是 JavaScript 代码的运行结果。

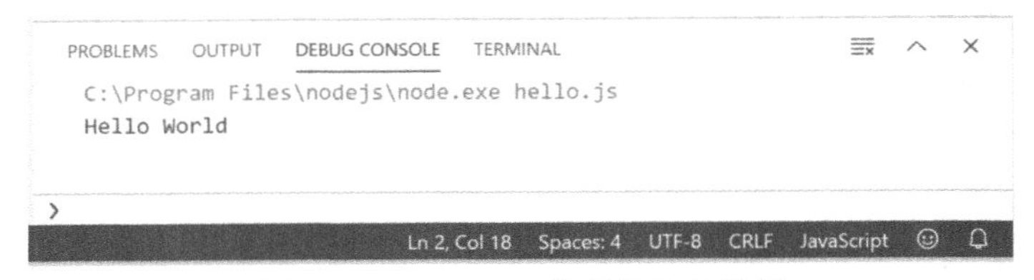


图 8-49　JavaScript 代码的运行结果

## 8.3.3　代码编辑

Visual Studio Code 已经为 JavaScript 提供了许多强大的代码编辑功能，因此无须安装此类插件。

### 1. IntelliSense

IntelliSense 提供了代码补全的功能，可以显示悬停信息、参数信息、快速信息等。JavaScript 的 IntelliSense 功能由 TypeScript 团队开发的 JavaScript 语言服务驱动。在大多数情况下，无须额外的配置，JavaScript 语言服务就会智能地为 JavaScript 进行类型推断，提供 IntelliSense 功能。

1）自动类型获取

JavaScript 库和框架的 IntelliSense 由 TypeScript 的类型声明文件（.d.ts 文件）驱动。许多 JavaScript 的 npm 软件包会包含.d.ts 文件，这样在 Visual Studio Code 中就能直接获得 IntelliSense 功能。

如果 JavaScript 的 npm 软件包中没有包含.d.ts 文件，那么 Visual Studio Code 的 Automatic Type Acquisition（自动类型获取）就会自动下载社区维护的.d.ts 文件，进而获得 IntelliSense 功能。

假设在项目的 package.json 文件中引用了 lodash 软件包：

```
{
  "dependencies": {
    "lodash": "^4.17.0"
  }
}
```

Visual Studio Code 就会自动下载 lodash 的.d.ts 文件。

这样，在使用 lodash 进行开发时，我们就可以看到相应的 IntelliSense 功能了，包括函数列表提示、函数签名、参数信息等，如图 8-50 所示。

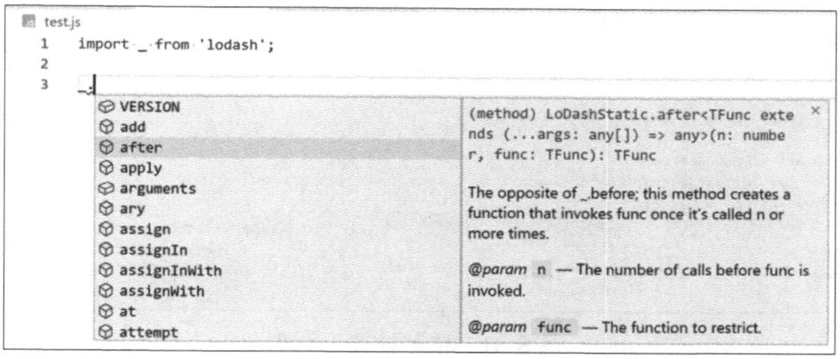

图 8-50　lodash 的 IntelliSense 功能

2）JSDoc

除了可以通过类型推断和自动类型获取提供 IntelliSense 功能，Visual Studio Code 还可以通过 JSDoc 来提供。

在函数的上方输入/**，就能触发代码片段提示，自动生成如下所示的 JSDoc。

```
/**
 *
 * @param {*} a
 * @param {*} b
 */
function mul(a, b) {
    return
}
```

你可以根据函数定义添加对应的详细 JSDoc 描述。

```
/**
 * Document
 * @param {number} a Some number
 * @param {number} b Same
 */
function mul(a, b) {
    return
}
```

这样，在其他地方引用相应函数时，就能显示详细的函数提示了。

通过设置"javascript.suggest.completeJSDocs": false，可以禁用 JSDoc 的提示。

### 2. 自动导入

自动导入可以在你编写代码时提示变量及相应的依赖。当你选择了其中某一个建议的选项后，Visual Studio Code 会在文件的顶部自动导入相应的依赖。

如图 8-51 所示，在输入 GitUri 时显示了依赖的建议列表，并且包含了相应的自动导入提示。

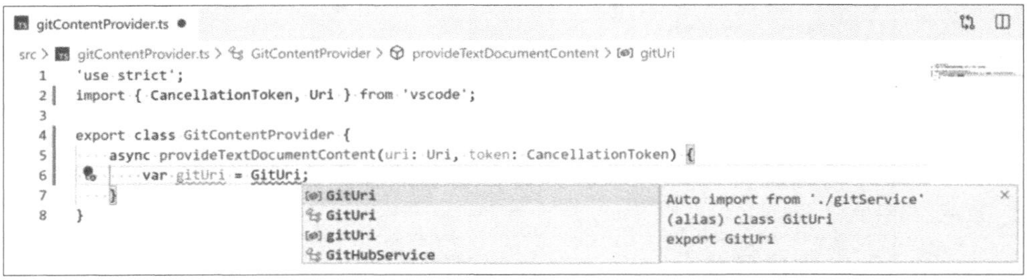

```
gitContentProvider.ts ●
src > gitContentProvider.ts > GitContentProvider > provideTextDocumentContent > gitUri
1  'use strict';
2  import { CancellationToken, Uri } from 'vscode';
3
4  export class GitContentProvider {
5      async provideTextDocumentContent(uri: Uri, token: CancellationToken) {
6          var gitUri = GitUri;
7      }
8  }
                GitUri               Auto import from './gitService'
                GitUri               (alias) class GitUri
                gitUri               export GitUri
                GitHubService
```

图 8-51　依赖的建议列表

在选择了第一个 GitUri 的选项后，在文件的第三行便会自动导入相应的依赖，如图 8-52 所示。

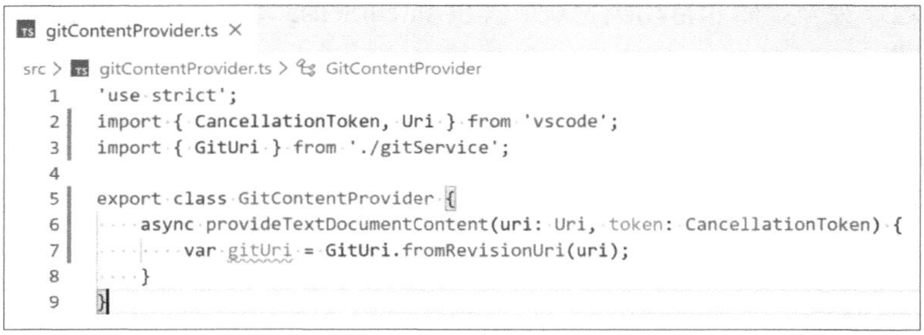

```
gitContentProvider.ts ×
src > gitContentProvider.ts > GitContentProvider
1  'use strict';
2  import { CancellationToken, Uri } from 'vscode';
3  import { GitUri } from './gitService';
4
5  export class GitContentProvider {
6      async provideTextDocumentContent(uri: Uri, token: CancellationToken) {
7          var gitUri = GitUri.fromRevisionUri(uri);
8      }
9  }
```

图 8-52　依赖的自动导入

通过把 javascript.suggest.autoImports 设置为 false，可以禁用自动导入。

### 3. 代码格式化

Visual Studio Code 内置的 JavaScript 代码格式化工具提供了不错的代码格式化功能。通过 javascript.format.*相关设置项，可以配置内置的 JavaScript 代码格式化工具。此外，通过把 javascript.format.enable 设置为 false，可以禁用内置的 JavaScript 代码格式化工具。

### 4. JSX

在 JSX 文件中，也可以使用 JavaScript 的完整功能。在*.js 和*.jsx 文件中，都能使用 JSX 的语法。Visual Studio Code 也支持自动添加闭标签。比如，输入了<Button 之后，再输入>，Visual Studio Code 会自动添加上</Button>闭标签。

通过把 javascript.autoClosingTags 设置为 false，可以禁用闭标签的自动补全。

#### 5. 代码导航

对于 JavaScript 代码，在编辑区域的右键菜单中可以看到以下几种主要的代码导航方式。

- Go to Definition（转到定义）：跳转到定义当前符号的代码，快捷键为 F12。
- Peek Definition（查看定义）：与 Go to Definition 类似，但会直接在内联编辑器中展示定义的代码，快捷键为 Alt+F12。
- Go to References（转到引用）：跳转到引用当前符号的代码，快捷键为 Shift+F12。
- Go to Type Definition（转到类型定义）：跳转到当前符号的类型定义。

#### 6. 重构

Visual Studio Code 对 JavaScript 支持以下几种重构命令。

- 提取到函数。
- 提取到变量。
- 在命名的导入与名字空间的导入之间切换。
- 移动到新的文件。

#### 7. 移除无用的代码和变量

如图 8-53 所示，如果 Visual Studio Code 发现有不可达的代码，相应的代码颜色就会变浅，而且可以通过命令被快速移除。

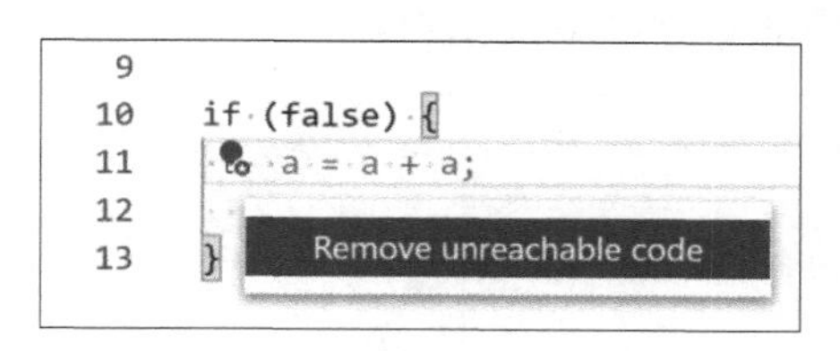


图 8-53　移除不可达的代码

通过把 editor.showUnused 设置为 false，可以禁用使不可达的代码颜色变浅。此外，还可以根据语言来进行设置，如下所示。

```
"[javascript]": {
   "editor.showUnused":  false
},
"[javascriptreact]": {
   "editor.showUnused":  false
},
```

#### 8. 整理导入语句

通过 Organize Imports 源代码操作，可以对 JavaScript 的 import（导入）语句进行排序，并且移除没有使用的导入语句，具体操作步骤为：在编辑区域的右键菜单中选择 Source Action 选项，然后选择 Organize Imports 命令，或者直接使用 Shift+Alt+O 快捷键。

此外，通过以下设置，还可以在保存文件时自动触发导入语句的整理。

```
"editor.codeActionsOnSave": {
   "source.organizeImports": true
}
```

#### 9. 文件移动时更新导入语句

在 JavaScript 项目中，如果一个文件被其他文件引用，那么当它被移动或改名时，Visual Studio Code 可以自动更新所有相关的导入语句的文件路径。

通过 javascript.updateImportsOnFileMove.enabled 设置项可以进行进一步配置，该设置项的可选值如下所示。

- "prompt"：默认值。在更新前会弹窗询问是否要更新路径。
- "always"：自动更新文件路径。
- "never"：不更新文件路径。

#### 10. 引用的 CodeLens

JavaScript 代码支持会在类、函数、属性等上方的 CodeLens 上显示代码被引用的数量。

默认情况下，在 JavaScript 代码中不会显示 CodeLens。通过把 javascript.referencesCodeLens.enabled 设置为 true，就可以启用 CodeLens 来显示代码被引用的数量了。

如图 8-54 所示，单击 CodeLens，还能快速查看所有被引用的代码。

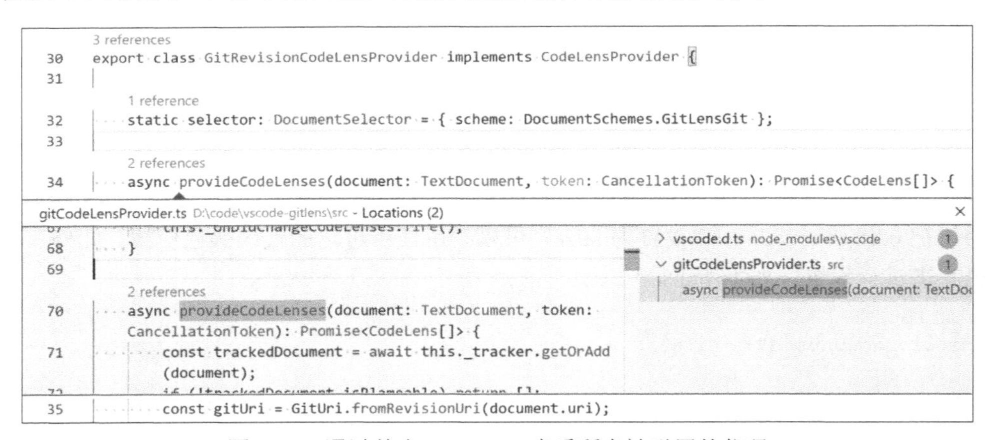


图 8-54　通过单击 CodeLens 查看所有被引用的代码

#### 11. 类型检查

对于普通的 JavaScript 文件，我们依旧可以使用 TypeScript 的高级功能来进行类型检查。这能帮助我们在代码编译和运行之前发现潜在的代码错误。同时，这些类型检查的功能还为 JavaScript 提供了快速修复的功能，如添加缺失的导入语句、添加缺失的属性等。

与.ts 文件一样，TypeScript 可以对.js 文件进行类型推断。如果无法进行类型推断，那么会尝试使用 JSDoc。

我们可以选择是否对 JavaScript 文件进行类型检查。Visual Studio Code 自带的类型检查工具可以与其他 JavaScript 检测工具（如 ESLint、JSHint 等）并存。

你可以根据实际需求通过不同的方式来启用类型检查。

1）按文件启用

启用类型检查最简单的方式就是在 JavaScript 文件的顶部添加// @ts-check，如下所示。

```
// @ts-check
let itsAsEasyAs = 'abc';
itsAsEasyAs = 123; // Error: Type '123' is not assignable to type 'string'
```

如果你的代码基数很大，那么使用// @ts-check 可以循序渐进地对部分 JavaScript 文件启用类型检查。

2）通过设置项启用

通过把 javascript.implicitProjectConfig.checkJs 设置为 true，可以从全局范围内启用类型检查，而且不用改变任何一行代码。

在 JavaScript 文件的顶部添加// @ts-nocheck，可以针对某一个文件禁用类型检查，如下所示。

```
// @ts-nocheck
let easy = 'abc';
easy = 123; // no error
```

此外，在代码的前一行添加// @ts-ignore 可以禁用当前行的类型检查，如下所示。

```
let easy = 'abc';
// @ts-ignore
easy = 123; // no error
```

3）使用 jsconfig 或 tsconfig 启用

如果你的项目中包含 jsconfig.json 或 tsconfig.json 文件，那么可以在编译器选项中添加"checkJs": true。

在 jsconfig.json 文件中添加"checkJs": true，如下所示。

```
{
  "compilerOptions": {
    "checkJs": true
  },
  "exclude": ["node_modules", "**/node_modules/*"]
}
```

在 tsconfig.json 文件中添加"checkJs": true，如下所示。

```
{
  "compilerOptions": {
    "allowJs": true,
    "checkJs": true
  },
  "exclude": ["node_modules", "**/node_modules/*"]
}
```

如此，便可以启用类型检查。

## 8.3.4　调试

Visual Studio Code 为 JavaScript 提供了强大的调试功能。我们可以将 JavaScript 的调试分为服务器端调试和客户端调试。

### 1. 服务器端调试

通过 Visual Studio Code 内置的调试器，即可调试 Node.js 的应用。

1）一键调试

对于一个简单的 JavaScript 文件，Visual Studio Code 支持一键调试，无须任何额外配置。

首先，打开你需要调试的 JavaScript 文件，在相应的代码行处按下 F9 快捷键添加断点，或者单击编辑区域左侧的边槽添加断点。添加断点后，左侧的边槽会出现一个红色圆点，如图 8-55 所示。

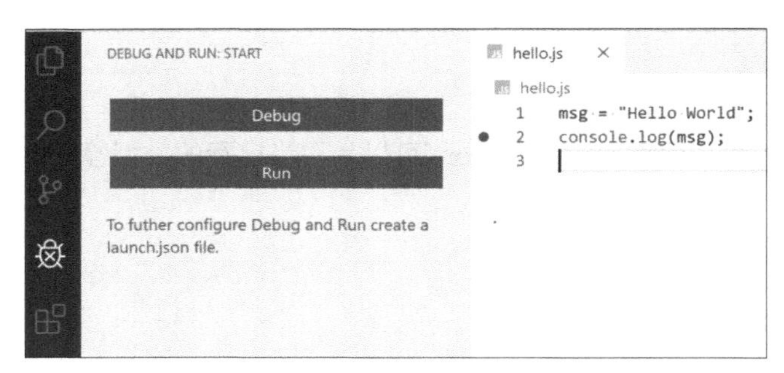


图 8-55　添加断点后，左侧的边槽会出现一个红色圆点

然后，通过左侧的活动栏切换到调试视图，单击 Debug 按钮或按下 F5 快捷键，启动 JavaScript 调试器。如图 8-56 所示，会弹出运行环境的选择列表。

图 8-56　运行环境的选择列表

我们选择 Node.js 运行环境来调试当前的 JavaScript 文件。如图 8-57 所示，JavaScript 调试器会停在第一个断点处。在左侧的调试视图中可以看到与当前代码相关的变量信息。

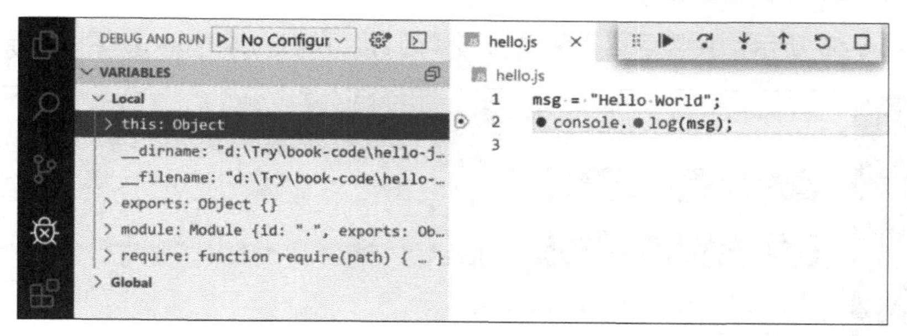


图 8-57　JavaScript 调试器停在第一个断点处

如图 8-58 所示，打开调试控制台，可以对 JavaScript 变量和表达式直接进行运算。

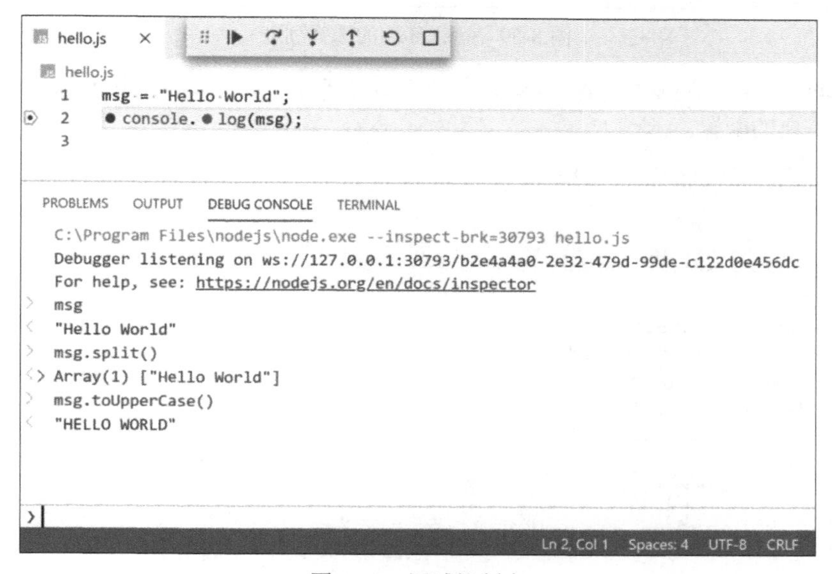


图 8-58　调试控制台

单击调试工具栏中的红色停止按钮，或者使用 Shift+F5 快捷键，就能退出调试。

2）创建调试配置

对于一些更复杂的项目，我们需要创建调试配置，以便后续进行定制化操作。

Visual Studio Code 的调试配置被存储在.vscode 文件夹的 launch.json 文件中，可以通过下面的步骤来创建一个调试配置。

（1）切换到调试视图。

（2）单击 create a launch.json file 链接。

（3）如图 8-59 所示，会显示运行环境的选择列表。我们选择 Node.js 运行环境。

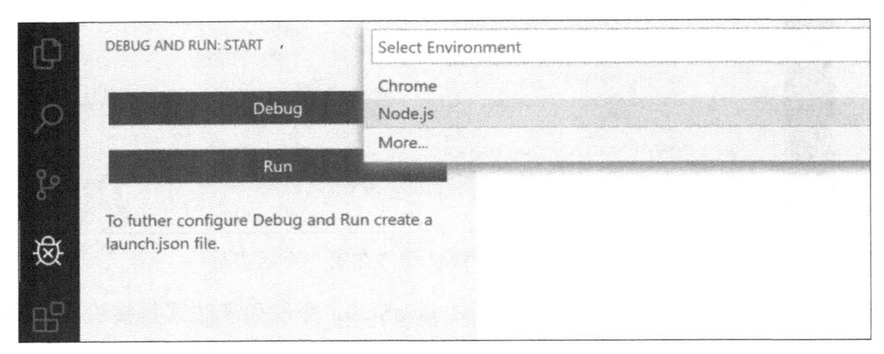


图 8-59 运行环境的选择列表

（4）Visual Studio Code 会在.vscode 文件夹中创建并打开一个 launch.json 文件，该文件中定义了调试所需要的配置。

Node.js 的默认调试配置如下所示。

```
{
    "version": "0.2.0",
    "configurations": [
        {
            "type": "node",
            "request": "launch",
            "name": "Launch Program",
            "skipFiles": [
                "<node_internals>/**"
            ],
            "program": "${workspaceFolder}\\hello.js"
        }
    ]......
}
```

3）添加调试配置

如图 8-60 所示，在 launch.json 文件的右下角，单击 Add Configuration…按钮，就能添加更多的调试配置。

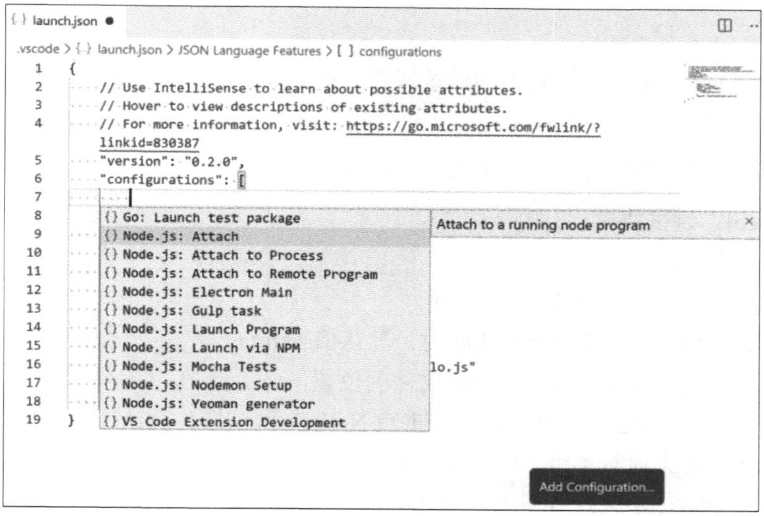

图 8-60　添加调试配置

如果我们选择 Node.js: Attach 调试配置，那么 Visual Studio Code 会在 launch.json 文件中添加一个新的调试配置，如下所示。

```
{
    "version": "0.2.0",
    "configurations": [
        {
            "type": "node",
            "request": "attach",
            "name": "Attach",
            "port": 9229,
            "skipFiles": [
                "<node_internals>/**"
            ]
        },
        {
            "type": "node",
            "request": "launch",
            "name": "Launch Program",
            "skipFiles": [
                "<node_internals>/**"
            ],
            "program": "${workspaceFolder}\\hello.js"
        }
    ]
}
```

4）调试配置属性

对于调试 Node.js 应用，Visual Studio Code 支持两种调试模式：launch（启动）和 attach（附

加）。

在 launch.json 文件中，除了基本的调试属性（如 type、request、name 等），Node.js 调试器还有一些特殊的属性。

以下这些属性可以被定义在 launch 和 attach 的调试配置中。

- protocol：调试协议。
- port：调试端口。
- address：调试端口的 TCP/IP 地址。
- sourceMaps：是否启用源代码映射。默认值为 true。
- outFiles：定义生成的 JavaScript 文件的位置。
- restart：在调试会话结束后，是否重启 Node.js 调试器。默认值为 false。
- timeout：定义何时重启一个调试会话。单位为毫秒。
- stopOnEntry：是否在程序入口设置断点。
- loacalRoot：定义本地的根目录。在远程调试中使用。
- remoteRoot：定义远程的根目录。在远程调试中使用。
- smartStep：在调试过程中，是否智能地忽略没有定义在源代码映射中的文件。
- skipFiles：定义在调试过程中需要忽略的文件。
- trace：是否输出诊断信息。

以下这些属性只可以被定义在 launch 的调试配置中。

- program：Node.js 应用程序的绝对路径。
- args：传给 Node.js 应用程序的参数。
- cwd：指定调试器的工作目录。默认值是${workspaceFolder}（在 Visual Studio Code 中打开的文件夹的完整路径）。
- runtimeExecutable：Node.js 运行时的绝对路径。默认值为 node。
- runtimeArgs：传给 Node.js 运行时的参数。
- runtimeVersion：定义 Node.js 运行时的版本。
- env：设置环境变量。
- envFile：设置.env 文件的路径。
- console：指定程序输出在哪里。该属性的可选值如下所示。
  - internalConsole：在 Visual Studio Code 的调试控制台输出。该值为默认值。
  - integratedTerminal：在 Visual Studio Code 的集成终端输出。
  - externalTerminal：在系统终端输出。
- outputCapture：如果设置为 std，那么 Node.js 进程的 stdout（标准输出）和 stderr（标准错误）就会显示在调试控制台中。

- autoAttachChildProcesses：是否自动附加被调试进程中的所有子进程。默认值为 false。

只可以被定义在 attach 的调试配置中的属性为 processId，其可以定义附加的进程 ID，如果被设置为${command:PickProcess}，那么可以在调试器启动时显示的进程列表中选择需要调试的进程。

5）附加到 Node.js 程序

如果你想把 Visual Studio Code 的 Node.js 调试器附加到 Node.js 应用程序，就需要在调试模式下启动 Node.js 应用程序，在 Visual Studio Code 的集成终端中运行以下命令。

```
node --inspect program.js
```

如果需要让 Node.js 应用程序等待调试而不运行，则在 Visual Studio Code 的集成终端运行以下命令。

```
node --inspect-brk program.js
```

Visual Studio Code 提供了 3 种方式可以使调试器附加到 Node.js 应用程序。

- 自动附加

通过 Ctrl+Shift+P 快捷键打开命令面板，然后输入并执行 Toggle Auto Attach 命令。

当我们启用了自动附加后，Node.js 调试器就会立即附加到在调试模式下启动的 Node.js 应用程序。

在启动 Node.js 应用程序时，只要添加了--inspect、--inspect-brk、--inspect-port、--debug、--debug-brk 和--debug-port 中的任何一个参数，Node.js 调试器就可以自动附加到该应用程序。

- Attach to Node Process 命令

通过 Ctrl+Shift+P 快捷键打开命令面板，然后输入并执行 Attach to Node Process 命令。

如图 8-61 所示，会显示所有的 Node.js 进程列表。选择要调试的进程，Node.js 调试器就会附加到相应的进程。

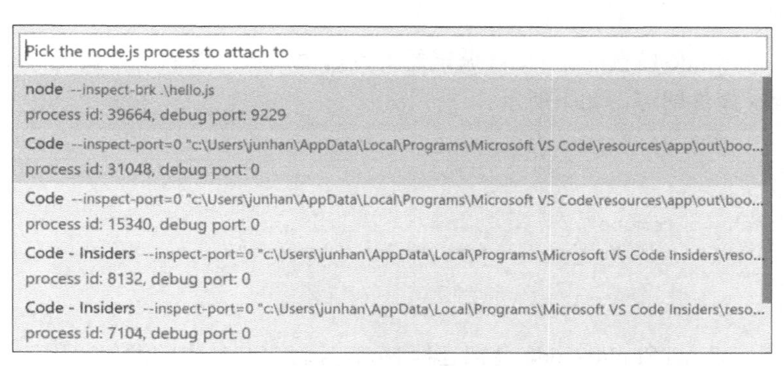


图 8-61　所有的 Node.js 进程列表

❍ 创建“附加”调试配置

前面两个附加到 Node.js 进程的方法无须任何配置。而有些时候，我们需要对调试的行为进行一些额外的配置，那么就可以手动创建一个“附加”的调试配置，这样就可以进行额外的配置了。

下面是最简单的“附加”的调试配置。

```
{
  "name": "Attach to Process",
  "type": "node",
  "request": "attach",
  "port": 9229
}
```

端口 9229 是--inspect 和--inspect-brk 的默认调试端口。

如果一个 Node.js 进程没有在调试模式下启动，那么通过指定进程 ID，Node.js 调试器依旧可以附加到相应的进程，如下所示。

```
{
  "name": "Attach to Process",
  "type": "node",
  "request": "attach",
  "processId": "53426"
}
```

如下所示，通过把 processId 属性设置为${command:PickProcess}，可以使调试器在启动时动态地显示 Node.js 进程列表。这样，我们就可以方便地选择需要调试的 Node.js 进程了。

```
{
  "name": "Attach to Process",
  "type": "node",
  "request": "attach",
  "processId": "${command:PickProcess}"
}
```

6）远程调试

Visual Studio Code 内置的 Node.js 调试器支持远程调试，我们只需要在 launch.json 文件中添加一个 address 属性即可，如下所示。

```
{
  "type": "node",
  "request": "attach",
  "name": "Attach to remote",
  "address": "TCP/IP address of process to be debugged",
  "port": "9229"
}
```

默认情况下，Visual Studio Code 会把远程 Node.js 程序文件中的源代码展示在本地，但这些文件都是只读的。你可以对文件中的源代码进行单步调试，但不可以修改它。如果你想在 Visual

Studio Code 中打开可编辑的源代码，那么就需要设置远程文件夹与本地文件夹的映射。在 launch.json 文件中，可以通过添加 localRoot 和 remoteRoot 属性来进行映射。localRoot 用于定义本地文件夹的根目录，remoteRoot 则用于定义远程文件夹的根目录。下面是一个相关设置的例子。

```
{
  "type": "node",
  "request": "attach",
  "name": "Attach to remote",
  "address": "TCP/IP address of process to be debugged",
  "port": "9229",
  "localRoot": "${workspaceFolder}",
  "remoteRoot": "C:\\Users\\username\\project\\server"
}
```

### 2. 客户端调试

虽然 Chrome、Firefox、Edge 浏览器都自带了调试工具，但如果能直接在代码编辑器中直接调试 JavaScript 代码，那一定会更加方便。在 Visual Studio Code 插件市场中，可以找到针对 Chrome、Firefox、Edge 这 3 款业界比较主流的浏览器的相应的浏览器调试插件。

与调试 Node.js 应用程序类似，浏览器调试插件也支持 launch（启动）和 attach（附加）两种调试模式。下面就来看一下如何使用 Debugger for Chrome 来调试 JavaScript 代码。

Debugger for Chrome 插件除了可以调试运行在 Google Chrome 浏览器中的 JavaScript 代码，还可以调试运行在支持 Chrome DevTools Protocol 的浏览器中的 JavaScript 代码，如 Chromium 浏览器及其他基于 Blink 渲染引擎的浏览器。

通过以下设置来对 launch.json 文件进行配置。

```
{
    "version": "0.1.0",
    "configurations": [
        {
            "name": "Launch localhost",
            "type": "chrome",
            "request": "launch",
            "url": "http://localhost/mypage.html",
            "webRoot": "${workspaceFolder}/wwwroot"
        },
        {
            "name": "Launch index.html",
            "type": "chrome",
            "request": "launch",
            "file": "${workspaceFolder}/index.html"
        },
    ]
}
```

在调试视图中选择 Launch localhost 或 Launch index.html 选项，然后按下 F5 快捷键，Visual Studio Code 就会启动 Chrome 浏览器。

如果你想要将 Visual Studio Code 附加到 Chrome 浏览器，那么就需要在远程调试模式下启动 Chrome 浏览器。针对不同的系统，在命令行中输入不同的命令来启动 Chrome 浏览器。

在 Windows 下：

```
<path to chrome>/chrome.exe --remote-debugging-port=9222
```

在 macOS 下：

```
/Applications/Google\ Chrome.app/Contents/MacOS/Google\ Chrome
--remote-debugging-port=9222
```

在 Linux 下：

```
google-chrome --remote-debugging-port=9222
```

然后在 launch.json 文件中进行以下配置。

```
{
    "version": "0.1.0",
    "configurations": [
        {
            "name": "Attach to url with files served from ./out",
            "type": "chrome",
            "request": "attach",
            "port": 9222,
            "url": "<url of the open browser tab to connect to>",
            "webRoot": "${workspaceFolder}/out"
        }
    ]
}
```

在调试视图中选择 Attach to url with files served from ./out 选项，然后按下 F5 快捷键，Visual Studio Code 就会被附加到相应的 Chrome 浏览器。

## 8.2.5　静态代码检查

静态代码检查工具能够在我们编写代码时（也就是代码编译运行之前），提前帮我们发现代码中的问题。

虽然 Visual Studio Code 并没有内置 JavaScript 的静态代码检查工具，但是我们在插件市场中可以发现许多不错的 JavaScript 静态代码检查插件。

### 1. ESLint

ESLint 插件把最受欢迎的 JavaScript 静态代码检查工具带到了 Visual Studio Code。通过 npm install eslint 或者 npm install -g eslint 在当前工作区或全局安装 ESLint，然后创建一个.eslintrc 配

置文件。通过 eslint.run 设置项，可以设定是在保存时（onSave）还是在输入时（onType）运行 ESLint 静态检查。

#### 2. JSHint

JSHint 也是 JavaScript 常用的静态代码检查工具之一。通过 npm install jshint 或 npm install -g jshint 在当前工作区或全局安装 JSHint，就可以开始使用 JSHint 插件了。可以使用.jshintrc 文件来配置相应的静态代码检查规则。

#### 3. Flow Language Support

Flow Language Support 插件添加了对 Flow 静态代码检查工具的支持，设置步骤如下所示。

（1）安装 Flow Language Support 插件。

（2）在项目中创建一个.flowconfig 文件。

（3）安装 Flow。安装步骤可以参考参考资料[30]。

（4）通过把 javascript.validate.enable 设置为 false，禁用 Visual Studio Code 内置的 JavaScript 验证程序。

#### 4. StandardJS - JavaScript Standard Style

StandardJS - JavaScript Standard Style 插件支持 JavaScript Standard Style 和 JavaScript Semi-Standard Style 两种 JavaScript 编码规范，设置步骤如下所示。

（1）安装 StandardJS - JavaScript Standard Style 插件。

（2）在当前工作区或全局安装 standard 或 semistandard，安装命令分别如下所示。

- standard：npm install standard 或 npm install -g standard。
- semistandard：npm install semistandard 或 npm install -g semistandard。

（3）通过把 javascript.validate.enable 设置为 false，禁用 Visual Studio Code 内置的 JavaScript 验证程序。

### 8.2.6 测试

虽然 Visual Studio Code 并没有内置 JavaScript 的测试工具，但是我们可以通过安装 JavaScript 测试插件来获得相应的功能。

#### 1. Mocha sidebar

Mocha 是常用的 JavaScript 测试框架之一。Mocha sidebar 插件支持 Mocha 测试框架，支持的功能包括但不限于：

- 在文件资源管理器中以树状图的形式显示所有的单元测试。

- 运行或调试单元测试。
- 测试覆盖率报告。
- 并行地运行测试。
- 保存文件时自动运行测试。

#### 2. Mocha Test Explorer

Mocha Test Explorer 插件也提供了对 Mocha 测试框架的支持，并包含较多的功能。与 Mocha sidebar 插件的主要区别是，Mocha Test Explorer 插件把单元测试的树状图单独显示在专有的测试资源管理器中。

#### 3. Jest

Jest 也是常用的 JavaScript 测试框架之一。Jest 插件支持 Jest 测试框架，支持的功能包括但不限于：

- 运行单元测试。
- 内联地显示测试结果。
- 显示测试覆盖率信息。
- 语法高亮。

### 8.2.7 JavaScript 插件推荐

Visual Studio Code 已经为 JavaScript 开发者提供了极为丰富的功能。让我们再来看一看还有哪些好用的 JavaScript 插件，可以使开发 JavaScript 的效率有更大的提高。

#### 1. Path Intellisense

在 JavaScript 文件中，通过 Path Intellisense 插件可以对文件路径进行自动补全。此外，该插件也支持在 HTML 和 CSS 文件中对文件路径进行自动补全。

#### 2. Import Cost

在 JavaScript 文件和 TypeScript 文件中，通过 Import Cost 插件可以内联地显示导入的 npm 包的大小。通过以下格式的代码可以计算出 npm 包的大小。

- import Func from 'utils';
- import * as Utils from 'utils';
- import {Func} from 'utils';
- import {orig as alias} from 'utils';
- import Func from 'utils/Func';
- const Func = require('utils').Func;

#### 3. Quokka.js

Quokka.js 是一个强大的 JavaScript 调试工具。在你编写代码的同时，它能实时地运行编写的 JavaScript 代码，并且能够在编辑区域中内联地显示运行结果及相应的错误提示。

#### 4. Code Metrics

Code Metrics 插件可以计算代码的复杂度，对于复杂度高的代码给出详细的信息。开发者可以根据复杂度的提示来优化相应的代码。Code Metrics 插件支持对 JavaScript、TypeScript 和 Lua 这 3 类语言的代码计算复杂度。

#### 5. JavaScript Booster

该插件是真正的 JavaScript 助推器！JavaScript Booster 插件提供了数十种代码操作，可以帮助开发者轻松重构并优化 JavaScript 代码。

#### 6. Abracadabra, refactor this!

在 Visual Studio Code 众多的 JavaScript 重构插件中，Abracadabra, refactor this!插件和 JavaScript Booster 插件可以说是比较优秀的两款插件。它们都提供了大量的 JavaScript 重构功能。读者可以分别试用一下这两款插件，然后选择一款更适合的插件。

#### 7. Turbo Console Log

console.log()是 JavaScript 程序员在调试程序时最常用的代码。Turbo Console Log 插件可以根据 JavaScript 代码的上下文自动生成有意义的 console.log()代码，以便之后进行运行和调试。

## 8.4 TypeScript

TypeScript 是 JavaScript 的超集，可以编译成 JavaScript。与 JavaScript 类似，不需要安装额外的插件，Visual Studio Code 为 TypeScript 提供了开箱即用的支持，包括但不限于 IntelliSense、调试、代码格式化、代码导航、代码重构，以及许多其他高级功能。

### 8.4.1 快速开始

Visual Studio Code 内置了对 TypeScript 的支持，但并不包含 Node.js 运行时和 TypeScript 编译器。所以，在开始之前，我们需要自行安装 Node.js 运行时及 TypeScript 编译器，然后运行一个 TypeScript 的 Hello World 程序。

#### 1. 安装 Node.js

访问 Node.js 官网的下载页面（见参考资料[31]），根据你的开发平台，可以下载安装程序并进行安装。一般来说，推荐安装 LTS（长期支持）版本的 Node.js。

如果你使用的是 Linux，也可以通过软件包管理器安装 Node.js。具体方法可以查看参考资料[32]。

#### 2. 验证 Node.js 环境

安装完成后，需要确保 Node.js 已经被添加到 PATH 环境变量中。通过下面的方式，可以验证是否成功安装了 Node.js 的开发环境。

打开一个新的命令行，在命令行中输入以下命令。

```
node --version
```

如果 Node.js 的开发环境安装成功，那么在命令行中就会输出 Node.js 的版本号。

#### 3. 安装 TypeScript 编译器

可以在命令行中输入以下命令，通过 npm 包管理工具安装 TypeScript。

```
npm install -g typescript
```

#### 4. 验证 TypeScript 编译器

在命令行中输入以下命令，以验证 TypeScript 编译器是否安装成功。

```
tsc --version
```

如果 TypeScript 编译器安装成功，那么在命令行中会输出 TypeScript 编译器的版本号。

#### 5. 启动 Visual Studio Code

在命令行中，通过下面的命令创建一个名为 hello 的空文件夹，然后切换到这个文件夹，并在 Visual Studio Code 中将它打开。

```
mkdir hello
cd hello
code .
```

#### 6. 创建 TypeScript 文件

如图 8-62 所示，单击 New File 按钮，然后创建一个名为 helloworld.ts 的 TypeScript 文件。文件创建后，会自动在编辑区域中打开。

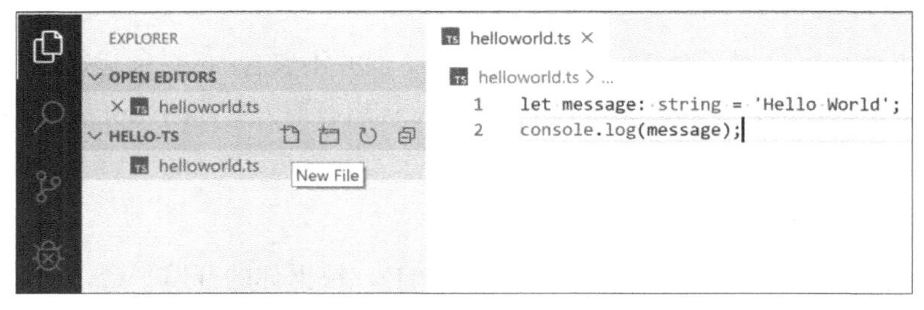


图 8-62　创建 TypeScript 文件

在创建的 helloworld.ts 文件中，输入以下 TypeScript 代码。

```
let message: string = 'Hello World';
console.log(message);
```

### 7. 编译 TypeScript 文件

TypeScript 文件需要先编译成 JavaScript 文件之后才能运行。打开 Visual Studio Code 的集成终端，在集成终端中输入 tsc helloworld.ts。TypeScript 编译器（tsc）会对 helloworld.ts 进行编译，并在同一目录下生成一个名为 helloworld.js 的 JavaScript 文件。

### 8. 运行生成的 JavaScript 文件

在集成终端中输入 node helloworld.js，即可运行生成的 JavaScript 文件，如图 8-63 所示。

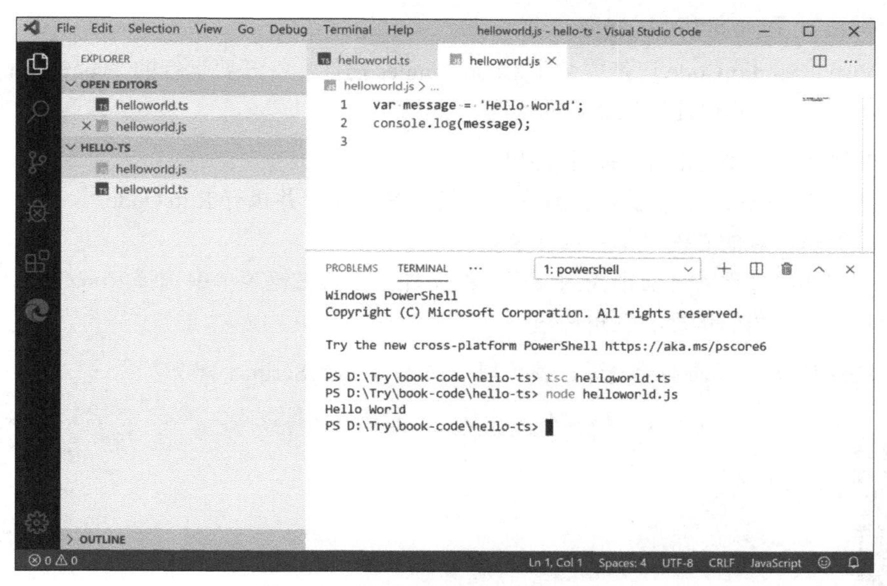


图 8-63　运行生成的 JavaScript 文件

打开生成的 helloworld.js 文件，我们可以发现它与 helloworld.ts 文件有哪些不同。类型信息被移除了，let 也变成了 var，如下所示。

```
var message = 'Hello World';
console.log(message);
```

## 8.4.2　一键运行 TypeScript

有些时候，我们想要尝试运行 TypeScript 代码来看一下会得到怎样的结果。如果按照上一节中的方法，先编译 TypeScript 文件，再运行生成的 JavaScript 文件，显然是有一点麻烦的。

在 7.3 节中，我们了解到 Code Runner 插件可以一键运行各类语言，其中也包括 TypeScript。

在运行之前，你唯一需要做的就是安装 ts-node。ts-node 是一个基于 Node.js 的 TypeScript 执行器，可以帮助开发者一键运行 TypeScript 代码。

### 1. 安装 ts-node

首先确保在机器上已经安装了 Node.js 运行时及 TypeScript 编译器。在命令行中输入以下命令，安装 ts-node。

```
npm install -g ts-node
```

然后在命令行中输入以下命令，以验证 ts-node 是否安装成功。

```
ts-n006Fde --version
```

如果 ts-node 安装成功，那么在命令行中会输出 ts-node 的版本号。

### 2. 一键运行 TypeScript 代码

确保 Visual Studio Code 已经安装了 Code Runner 插件。打开要运行的 TypeScript 文件后，可以使用以下几种方式快捷地运行你的代码。

- 在键盘上按下 Ctrl+Alt+N 快捷键。
- 通过 Ctrl+Shift+P 快捷键打开命令面板，然后输入并执行 Run Code。
- 在编辑区域的右键菜单中选择 Run Code。
- 在左侧的文件管理器中找到要运行的文件，在其右键菜单中选择 Run Code。
- 单击右上角的运行小三角按钮。

如图 8-64 所示，无须手动编译，就可以一键运行 TypeScript 代码。

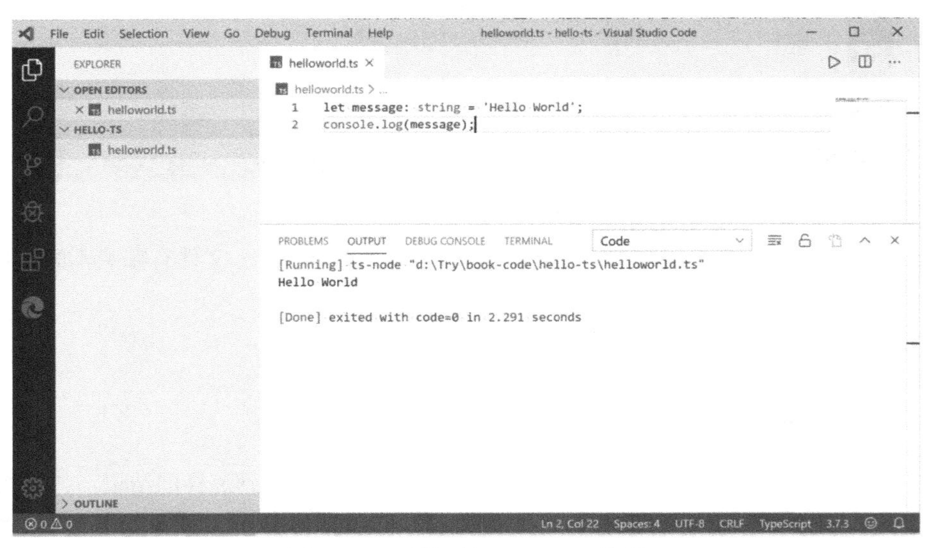


图 8-64 一键运行 TypeScript 代码

### 8.4.3　编译

TypeScript 提供了丰富的项目设置和编译设置，以便后续进行项目管理及代码调试。

#### 1. tsconfig.json

tsconfig.json 文件定义了 TypeScript 的项目设置及编译设置。

在 Visual Studio Code 中打开一个包含 TypeScript 文件的文件夹，在根目录中添加一个 tsconfig.json 文件，并且在文件中输入以下内容。

```
{
  "compilerOptions": {
    "target": "es5",
    "module": "commonjs"
  }
}
```

根据如上所示的定义，TypeScript 会被编译成 ES5，并且会使用 CommonJS 模块。

这时，我们打开集成终端，只需要输入 tsc，TypeScript 编译器就会根据 tsconfig.json 文件的配置来对当前的 TypeScript 项目进行编译。

此外，Visual Studio Code 还为 tsconfig.json 文件提供了自动补全（通过 IntelliSense 来实现）功能。如图 8-65 所示，在编写 tsconfig.json 文件时，可以通过 Ctrl+Space 快捷键触发自动补全。

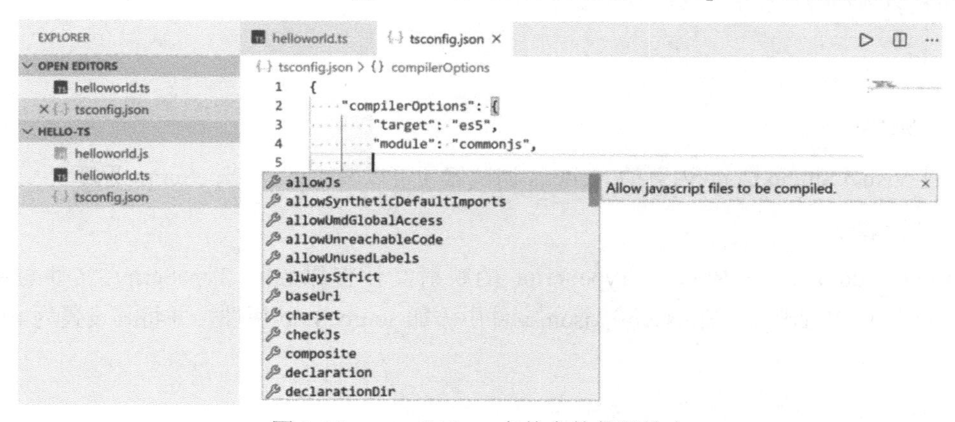


图 8-65　tsconfig.json 文件中的代码补全

#### 2. 源代码映射

如果需要调试 TypeScript 文件，则需要把 TypeScript 文件与生成的 JavaScript 文件进行映射。有两种方式可以生成映射文件。

第一种方式是在 tsc 命令中添加--sourcemap 参数，如下所示。

```
tsc helloworld.ts --sourcemap
```

第二种方式是在 tsconfig.json 文件中添加 sourceMap 属性，并将该属性设置为 true，如下所示。

```
{
  "compilerOptions": {
    "target": "es5",
    "module": "commonjs",
    "sourceMap": true
  }
}
```

然后在集成终端中输入 tsc 并执行。

通过以上任意一种方式，都会生成一个名为 helloworld.js.map 的源代码映射文件。

#### 3. 生成文件的位置

默认情况下，生成的 JavaScript 文件会和 TypeScript 文件在同一个文件夹中。如果项目很大，则会产生很多 JavaScript 文件，不便于管理。我们可以在 tsconfig.json 文件中添加 outDir 属性，来指定输出 JavaScript 文件的目录：

```
{
  "compilerOptions": {
    "target": "es5",
    "module": "commonjs",
    "outDir": "out"
  }
}
```

### 8.4.4 调试

通过 Visual Studio Code 内置的 Node.js 调试器便可以轻松调试 TypeScript 程序。

#### 1. 快速调试

Visual Studio Code 依赖于 TypeScript 的映射文件将原始的 TypeScript 文件与生成的 JavaScript 文件进行映射。在 tsconfig.json 文件中添加 sourceMap 属性，并将其设置为 true，如下所示。

```
{
  "compilerOptions": {
    "target": "es5",
    "module": "commonjs",
    "outDir": "out",
    "sourceMap": true
  }
}
```

然后，在集成终端输入 tsc 并执行。这条命令执行完毕后会在 out 目录中生成一个名为 helloworld.js.map 的源代码映射文件，以及一个 helloworld.js 文件。

接下来，我们就可以对 TypeScript 文件进行调试了。

打开你需要调试的 TypeScript 文件，在相应的代码行处按下 F9 快捷键添加断点，或者单击编辑区域左侧的边槽添加断点。如图 8-66 所示，添加断点后，左侧的边槽会出现一个红色圆点。

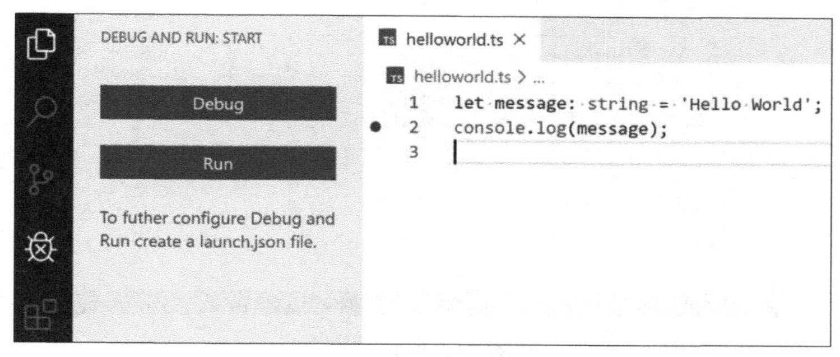


图 8-66　添加断点后，左侧的边槽会出现一个红色圆点

然后，通过左侧的活动栏切换到调试视图，单击 Debug 按钮或按下 F5 键，启动 TypeScript 调试。如图 8-67 所示，会弹出运行环境的选择列表。

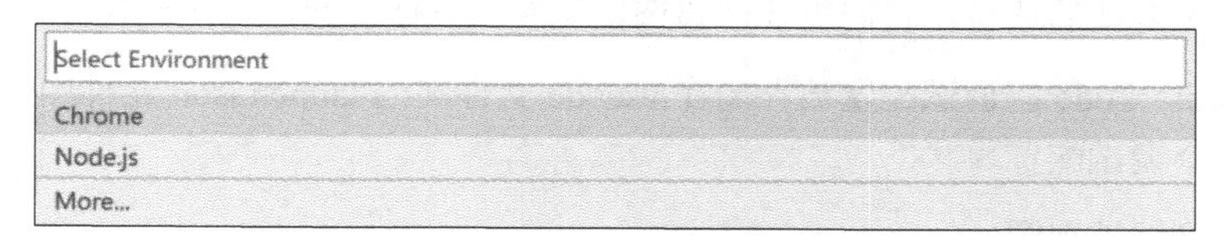


图 8-67　运行环境的选择列表

我们选择 Node.js 运行环境来调试当前的 TypeScript 文件。如图 8-68 所示，Node.js 调试器会停在第一个断点处。在左侧的调试视图中可以看到与当前代码相关的变量信息。

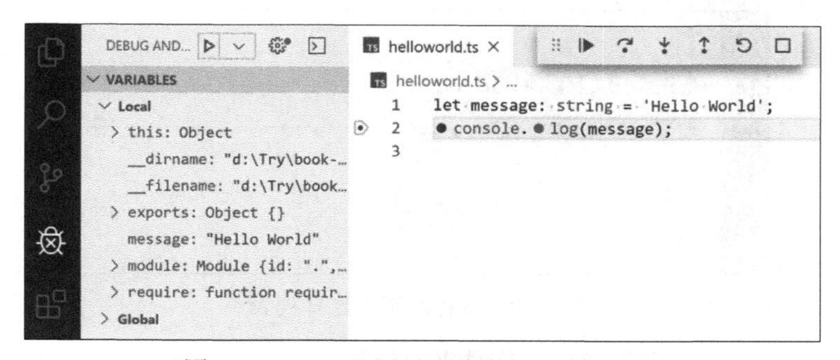


图 8-68　Node.js 调试器停在第一个断点处

如图 8-69 所示，打开调试控制台，可以对 TypeScript 变量和表达式直接进行运算。

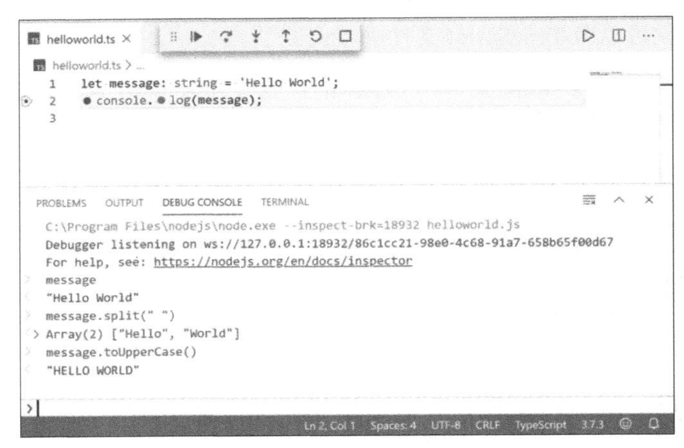


图 8-69 调试控制台

单击调试工具栏中的红色停止按钮，或者使用 Shift+F5 快捷键，就能退出调试。

### 2. 创建调试配置

对于一些更复杂的项目，我们需要创建调试配置，以便后续进行定制化。

Visual Studio Code 的调试配置被存储在.vscode 文件夹的 launch.json 文件中。通过下面的步骤可以创建一个调试配置。

（1）切换到调试视图。

（2）单击 create a launch.json file 链接。

（3）如图 8-70 所示，会显示运行环境的选择列表。我们选择 Node.js 运行环境。

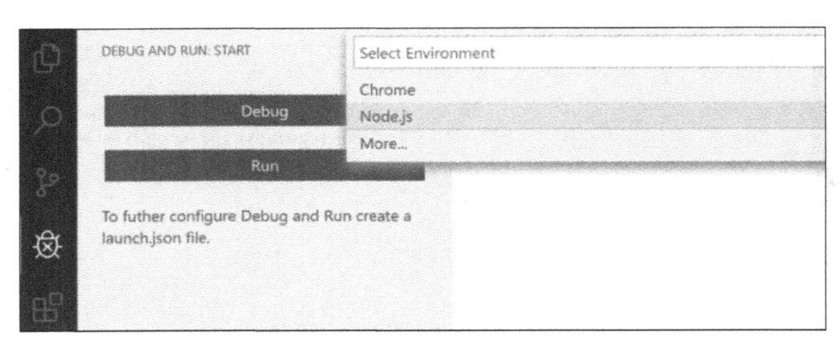


图 8-70 运行环境的选择列表

（4）Visual Studio Code 会在.vscode 文件夹中创建并打开一个 launch.json 文件，该文件中定义了调试所需要的配置。

下面就是 TypeScript 的默认调试配置。

```
{
    "version": "0.2.0",
```

```
    "configurations": [
        {
            "type": "node",
            "request": "launch",
            "name": "Launch Program",
            "skipFiles": [
                "<node_internals>/**"
            ],
            "program": "${workspaceFolder}\\helloworld.ts",
            "preLaunchTask": "tsc: build - tsconfig.json",
            "outFiles": [
                "${workspaceFolder}/out/**/*.js"
            ]
        }
    ]
}
```

在上面的 launch.json 文件中，我们可以看到，相对于 JavaScript 的默认调试配置，TypeScript 的默认调试配置多了 preLaunchTask 和 outFiles 两个属性。

preLaunchTask 属性定义了在调试之前要运行的任务。在调试 TypeScript 之前，会先编译 TypeScript 文件。

outFiles 属性定义了 JavaScript 文件的路径。

## 8.4.5 代码编辑

与 JavaScript 类似，Visual Studio Code 为 TypeScript 提供了许多强大的代码编辑功能，无须额外安装其他代码编辑插件。

### 1. 代码编辑的配置

在 Visual Studio Code 中的代码编辑功能方面，TypeScript 和 JavaScript 非常相似。具体的功能使用可以参考 8.3.3 节。在代码编辑方面，TypeScript 和 JavaScript 唯一主要的不同之处就是设置项的不同。我们通过下表来看一看 TypeScript 和 JavaScript 对各项功能的常用设置项。

| 功能 | TypeScript 的设置项 | JavaScript 的设置项 |
| --- | --- | --- |
| 启用 JSDoc | typescript.suggest.completeJSDocs | javascript.suggest.completeJSDocs |
| 启用自动导入 | typescript.autoImportSuggestions.enabled | javascript.suggest.autoImports |
| 启用代码格式化 | typescript.format.enable | javascript.format.enable |
| 启用闭标签的自动补全 | typescript.autoClosingTags | javascript.autoClosingTags |
| 设置文件移动时如何更新导入语句 | typescript.updateImportsOnFileMove.enabled | javascript.updateImportsOnFileMove.enabled |
| 是否显示 CodeLens | typescript.referencesCodeLens.enabled | javascript.referencesCodeLens.enabled |

### 2. 隐藏 JavaScript 文件

默认情况下，生成的 JavaScript 文件会和 TypeScript 文件在同一个文件夹中。如果项目很大的话，会产生很多 JavaScript 文件，我们可能需要在 Visual Studio Code 的文件资源管理器中隐藏这些 JavaScript 文件，使项目更加整洁。

通过 Ctrl+Shift+P 快捷键打开命令面板，然后输入并执行 Preferences: Open Settings (JSON)，打开 settings.json 文件，在该文件中添加以下配置。

```
{
    "files.exclude": {
        "**/*.js": {
            "when": "$(basename).ts"
        }
    }
}
```

通过上面的配置，就能把与 TypeScript 文件同名的 JavaScript 文件隐藏。

### 3. 使用不同版本的 TypeScript

Visual Studio Code 自带了稳定版的 TypeScript 语言服务。这个稳定版的 TypeScript 语言服务提供了自动补全等代码编辑功能。有些时候，开发者可能会想要使用其他版本的 TypeScript，比如，使用最新的 TypeScript 的 beta 版，来试用一下 TypeScript 的新功能。

如图 8-71 所示，在底部的状态栏中，把鼠标悬停在当前 TypeScript 的版本号（3.7.3）上，会显示 TypeScript 的安装路径，单击版本号，就能在不同的 TypeScript 的版本之间进行切换。

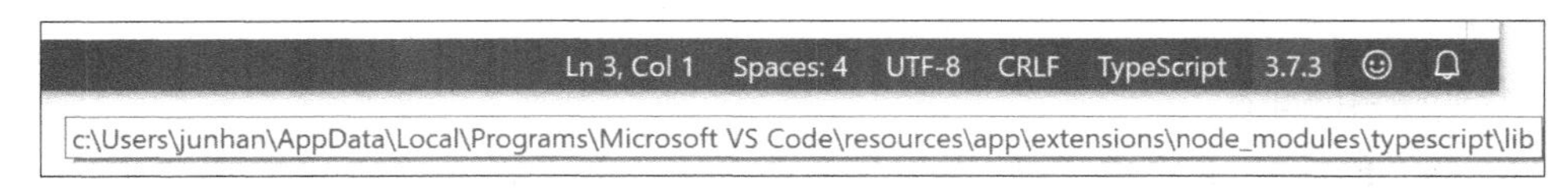


图 8-71 在不同的 TypeScript 的版本之间进行切换

## 8.5 Java

微软和第三方开发的一系列 Java 插件为 Visual Studio Code 提供了丰富的 Java 支持，包括但不限于 IntelliSense、代码格式化、代码导航、代码重构、代码片段，以及调试和单元测试的支持。此外，Visual Studio Code 对各类 Java 相关的工具和框架（Maven、Tomcat、Jetty、Spring Boot 等）也有着不错的支持。

### 8.5.1 快速开始

在开始之前，我们需要安装 Java 开发环境（JDK）及 Java 插件。安装完成后，再来运行一个 Java 的 Hello World 程序。

### 1. 使用 Java 安装程序

如果你使用 Windows 进行 Java 开发，那么可以通过下载 Visual Studio Code Java 团队提供的 Java 安装程序快速搭建 Java 开发环境。下载地址见参考资料[33]。

下载完成后，双击 VSCodeJavaInstaller-online-win-***.exe 文件进行安装。Java 安装程序会自动检测当前系统上是否已经安装了相应的 Java 开发组件，包括 JDK、Visual Studio Code 和核心的 Java 插件。图 8-72 所示的是 Java 安装程序界面，在安装过程中，Java 安装程序会根据需要下载并安装 Java 开发组件，并进行配置。

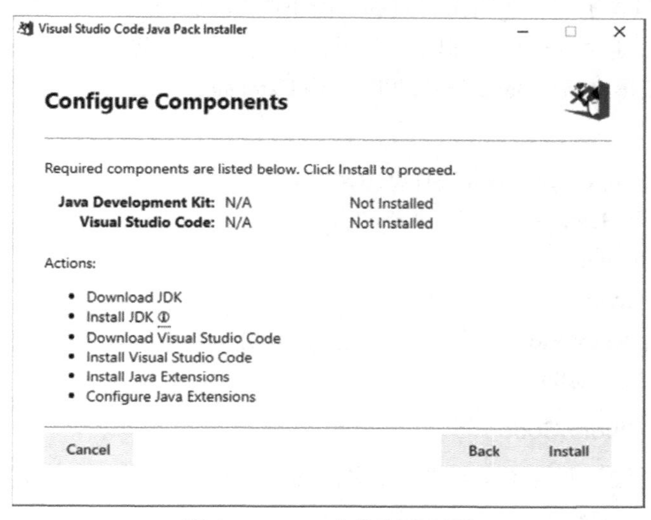


图 8-72 Java 安装程序界面

如果使用的不是 Windows 开发环境，则可以根据后续步骤手动安装 JDK 及 Java 插件。

### 2. 安装 JDK

可以选择安装以下任意一种 JDK。

- OpenJDK：下载地址见参考资料[34]。
- Azul Zulu Enterprise for Azure：下载地址见参考资料[35]。
- Java SE Downloads by Oracle：下载地址见参考资料[36]。

### 3. 配置 JDK

安装完 JDK 后，需要对 JDK 进行设置，设置方式主要有以下两种。

- 把 JAVA_HOME 环境变量设置为 JDK 的安装路径。
- 通过 File→Preferences→Settings（在 macOS 下是 Code→Preferences→Settings）菜单项，打开用户设置，然后把 java.home 设置为 JDK 的安装路径。

#### 4. 验证 JDK 开发环境

通过下面的方式，可以验证是否成功安装了 JDK 开发环境。

打开一个新的命令行，在命令行中输入以下命令。

```
java --version
```

如果 JDK 的开发环境安装成功，那么在命令行中就会输出 JDK 的版本信息。

#### 5. 安装 Java 插件

与Python插件包含了所有Python开发的功能不同，Java并没有一个功能丰富的Visual Studio Code插件。每个Java插件各司其职，提供着不同的功能。通过安装微软官方提供的Java Extension Pack插件包，可以获得丰富的Java开发功能。Java Extension Pack插件包含以下几个核心的Java插件。

- Language Support for Java(TM) by Red Hat
- Debugger for Java
- Java Test Runner
- Maven for Java
- Java Dependency Viewer
- Visual Studio IntelliCode

#### 6. 启动 Visual Studio Code

在命令行中，通过下面的命令创建一个名为 hello 的空文件夹，然后切换到这个文件夹，并把它在 Visual Studio Code 中打开。

```
mkdir hello
cd hello
code .
```

#### 7. 创建 Java 文件

如图 8-73 所示，单击 New File 按钮，然后创建一个名为 Hello.java 的文件。文件创建后，会自动在编辑区域中打开。

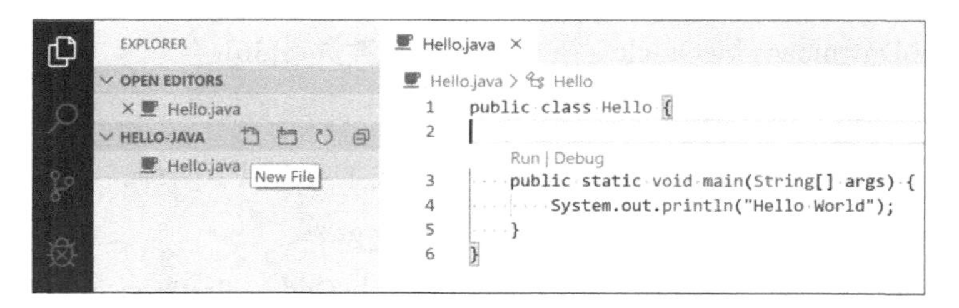


图 8-73 创建 Java 文件

在创建的 Hello.java 文件中输入以下 Java 代码。

```
public class Hello {

    public static void main(String[] args) {
        System.out.println("Hello World");
    }
}
```

### 8. 运行 Java 文件

在 7.3 节中，我们了解到 Code Runner 插件可以一键运行各类语言，其中也包括 Java。

除了 Code Runner 插件，通过 Visual Studio Code 的 Debugger for Java 插件也能方便地运行 Java 代码。如图 8-74 所示，单击左侧活动栏中的调试按钮，切换到调试视图，然后单击 Run with Java 按钮，或者单击编辑区域中 main 函数上方的 Run 按钮。

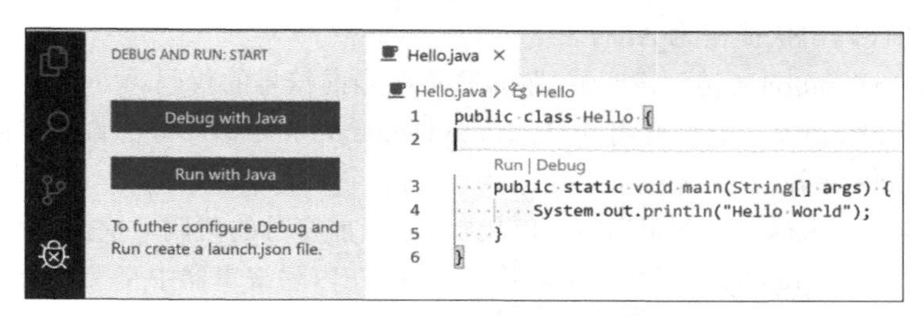


图 8-74 单击 Run with Java 按钮

单击运行按钮后，Visual Studio Code 会打开集成终端，并执行 Java 代码。图 8-75 所示的是 Java 代码的运行结果。

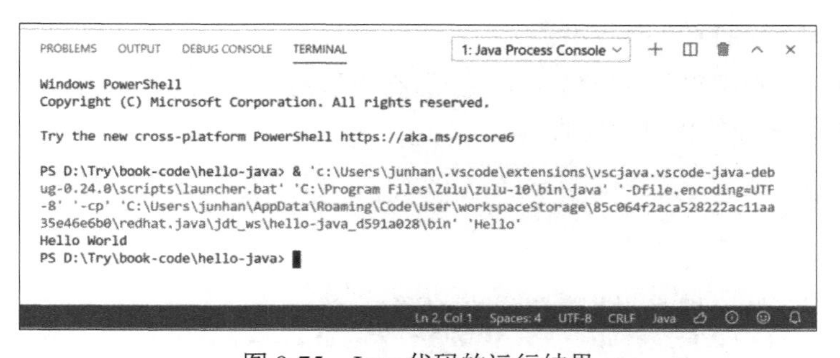


图 8-75 Java 代码的运行结果

## 8.5.2 代码编辑

Java Extension Pack 插件为 Java 语言提供了丰富的代码编辑功能。让我们一起来看一看，这些代码编辑功能有哪些吧！

#### 1. IntelliSense

IntelliSense 提供了代码补全的功能，可以显示悬停信息、参数信息、快速信息等。Visual Studio Code Java 的 IntelliSense 功能由 Language Support for Java(TM) by Red Hat 插件提供。

此外，通过 Visual Studio IntelliCode 插件（已经包含在 Java Extension Pack 插件包中），可以获得由人工智能辅助的 IntelliSense 功能。在进行代码提示时，Visual Studio IntelliCode 插件会根据 Java 代码的上下文把更有可能用到的代码放在提示列表的顶部。

#### 2. 代码导航

对于 Java 代码，在编辑区域的右键菜单中可以看到以下几种主要的代码导航方式。

- Go to Definition（转到定义）：跳转到定义当前符号的代码，快捷键为 F12。
- Peek Definition（查看定义）：与 Go to Definition 类似，但会直接在内联编辑器中展示定义的代码，快捷键为 Alt+F12。
- Go to Declaration（转到声明）：跳转到声明当前符号的代码。
- Peek Declaration（查看声明）：与 Go to Declaration 相似，但会直接在内联编辑器中展示声明的代码。
- Go to References（转到引用）：跳转到引用当前符号的代码，快捷键为 Shift+F12。
- Peek Call Hierarchy（查看调用层次结构）：在内联编辑器中直接查看函数的调用层次结构。

#### 3. 代码片段

Visual Studio Code 提供了一系列常用的 Java 代码片段，包括 class/interface、syserr、sysout、if/else、try/catch、static main method 等。

如图 8-76 所示，在编辑区域中输入 for 之后，在提示列表中会列出 foreach 代码片段的选项，并且在选中后显示相应的代码片段的预览。

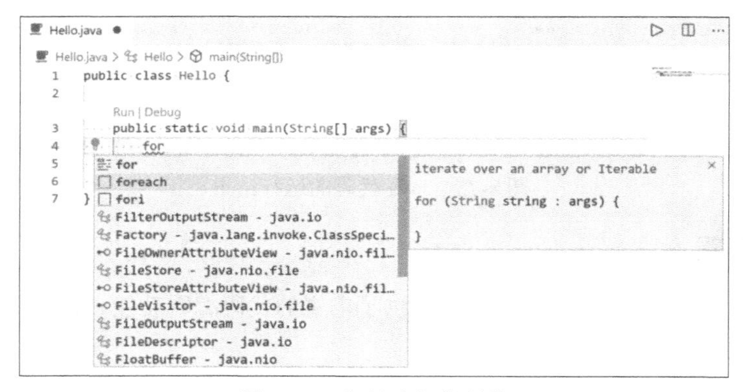


图 8-76　代码片段的预览

### 4. Javadoc

Visual Studio Code 为 Javadoc 提供支持，包括语法高亮、悬停选项和代码片段提示。

在函数或类的上方输入/**，就能触发代码片段，自动生成如下所示的 Javadoc。

```
/**
 *
 * @param owner
 * @param pet
 * @param result
 * @param model
 * @return
 */
public String processCreationForm(Owner owner, @Valid Pet pet, BindingResult result,
ModelMap model)
```

### 5. 代码格式化

Language Support for Java(TM) by Red Hat 插件提供了 Java 代码格式化的支持。

通过 File→Preferences→Settings（在 macOS 下是 Code→Preferences→Settings）菜单项打开用户设置，把 java.format.settings.url 设置为 Eclipse 格式化程序的配置文件，如下所示。

```
"java.format.settings.url":
"https://raw.githubusercontent.com/google/styleguide/gh-pages/eclipse-java-google-sty
le.xml"
```

此外，Checkstyle for Java 插件也提供了 Java 代码格式化的支持。在使用该插件之前，需要设置 Checkstyle 的配置文件，设置方式有以下两种。

- 在文件资源管理器中右键单击一个 Checkstyle 的 XML 配置文件，然后在菜单栏中选择 Set the Checkstyle Configuration File 命令。
- 通过 Ctrl+Shift+P 打开命令面板，然后输入并执行 Set the Checkstyle Configuration File 命令，Checkstyle for Java 插件会列出当前工作区的 checkstyle.xml 文件及内置的两个配置：Google's Check 和 Sun's Check。此外，也可以选择通过 URL 来指定远程的 Checkstyle 的 XML 配置文件。

### 6. 重构

Visual Studio Code 为 Java 提供了许多重构功能和源代码操作。如图 8-77 所示，在编辑区域的右键菜单中，我们可以看到 Refactor...和 Source Actions...两个命令选项，选择其中一个选项，就能列出相应的重构或源代码操作的命令列表。此外，单击代码左侧的黄色小灯泡，也能列出重构的相关命令。

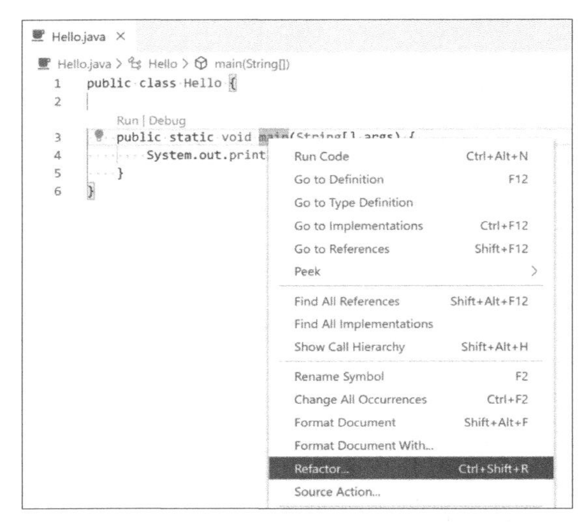


图 8-77　重构和源代码操作

我们来看一下有哪些常用的重构命令：

- Move：可以把代码移动到不同的类或文件。
- Extract to method/variable/constant/field：可以把代码提取为函数、变量、常量或属性。
- Inline：该命令是 Extract 命令的反向操作，可以把函数、变量或常量转换为内联的形式。
- Convert to enhanced 'for' loop：转换为增强的 for 循环。比如，把 for (int i = 0; i < args.length; i++)转换为 for (String arg : args)。
- Invert local variable：可以把变量进行取反运算。

接下来看一下有哪些常用的源代码操作：

- Organize Imports：对 import（导入）语句进行排序，并且移除没有用到的导入语句。
- Override/implement methods：重载或实现函数。
- 一系列生成命令如下所示。
  - Generate Getters and Setters
  - Generate hashCode() and equals()
  - Generate toString()
  - Generate Constructors
  - Generate Delegate Methods

## 8.5.3　调试

Debugger for Java 插件为 Java 语言提供了强大的调试功能。

### 1. 一键调试

对于一个 Java 项目，Debugger for Java 插件支持一键调试，无须任何额外配置。

首先，打开你需要调试的 Java 文件，然后在相应的代码行处按下 F9 快捷键添加断点，或者单击编辑区域左侧的边槽添加断点。如图 8-78 所示，添加断点后，左侧的边槽会出现一个红色圆点。

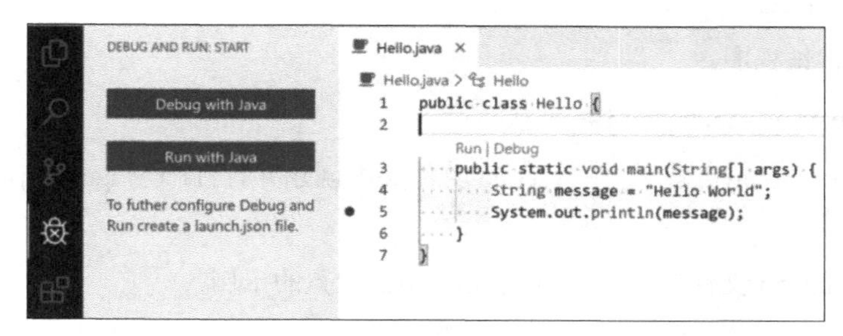


图 8-78　添加断点后，左侧的边槽会出现一个红色圆点

接下来，可以使用以下任意一种方式启动 Java 调试。

- 单击编辑区域中 main 函数上方的 Debug 按钮。
- 在编辑区域的右键菜单中选择 Debug 命令。
- 使用 F5 快捷键。
- 通过左侧的活动栏切换到调试视图，单击 Debug with Java 按钮。

启动 Java 调试器后，Java 调试器会停在第一个断点处，并打开集成终端，如图 8-79 所示。在左侧的调试视图中可以看到与当前代码相关的变量信息。

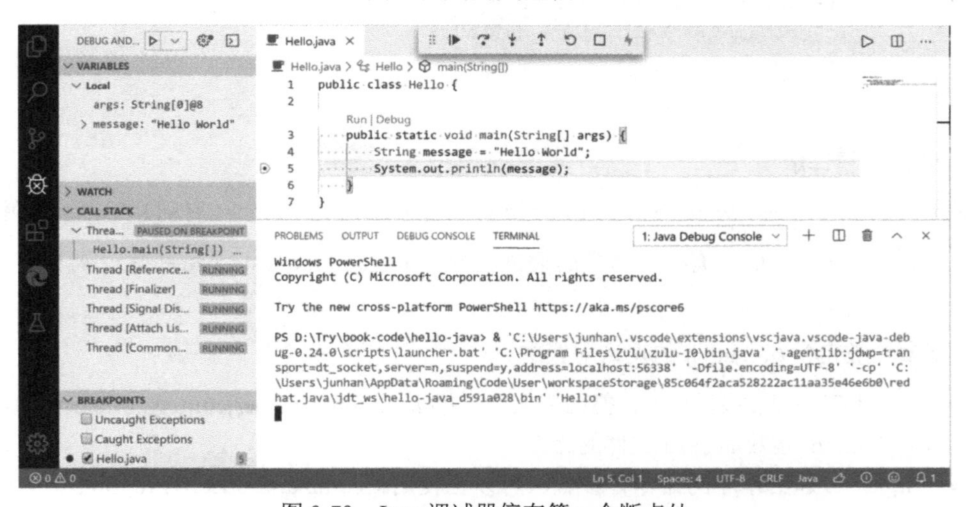


图 8-79　Java 调试器停在第一个断点处

单击调试工具栏中的红色停止按钮，或者使用 Shift+F5 快捷键，就能退出调试。

### 2. 创建调试配置

对于一些更复杂的项目，我们需要创建调试配置，以便后续进行定制化调试。

Visual Studio Code 的调试配置存储在.vscode 文件夹的 launch.json 文件中。通过下面的步骤可以创建一个调试配置。

（1）切换到调试视图。

（2）单击 create a launch.json file 链接。

（3）Debugger for Java 插件会在.vscode 文件夹中创建并打开一个 launch.json 文件，它定义了调试所需要的配置。

下面的 launch.json 文件中的内容就是 Java 调试配置的示例。

```
{
    "version": "0.2.0",
    "configurations": [
        {
            "type": "java",
            "name": "Debug (Launch) - Current File",
            "request": "launch",
            "mainClass": "${file}"
        },
        {
            "type": "java",
            "name": "Debug (Launch)-Hello<hello-java_d591a028>",
            "request": "launch",
            "mainClass": "Hello",
            "projectName": "hello-java_d591a028"
        }
    ]
}
```

### 3. 调试配置详解

对于调试 Java 程序，Visual Studio Code 支持两种调试模式：launch（启动）和 attach（附加）。

launch.json 文件中除了有一些基本的调试属性（如 type、request、name 等），还会有一些特殊的属性。

以下属性被定义在 launch 的调试配置中。

- mainLClass（必填项）：完整的类名（如[java module name/]com.xyz.MainApp），或者含有 main 函数的 Java 文件的路径。
- args：传递给程序的命令行参数。可以在使用${command:SpecifyProgramArgs}弹出的输入框中动态地输入参数。

- sourcePaths：额外的源代码目录。
- modulePaths：用于启动 JVM 的模块路径。
- classPaths：用于启动 JVM 的类路径。
- encoding：编码设置，默认值为 UTF-8。
- vmArgs：JVM 的额外选项（如-Xms<size>、-Xmx<size>、-D<name>=<value>）。
- projectName：调试器在搜索类时首选的项目名。
- cwd：指定调试器的工作目录。默认值是${workspaceFolder}（在 Visual Studio Code 中打开的文件夹的完整路径）。
- env：设置环境变量。
- stopOnEntry：是否在程序入口处进行断点。
- console：指定程序输出在哪里。如果没有设置，将使用 java.debug.settings.console 设置项的值。
    - internalConsole：输出到 Visual Studio Code 的调试控制台。
    - integratedTerminal：输出到 Visual Studio Code 的集成终端。
    - externalTerminal：输出到系统终端。
- stepFilters：在执行调试时，跳过指定的类或方法。可设置的值有以下 4 个。
    - classNameFilters：跳过指定的类。支持通配符。
    - skipSynthetics：跳过 synthetic 函数。
    - skipStaticInitializers：跳过静态的初始化函数。
    - skipConstructors：跳过构造函数。

以下属性被定义在 attach 的调试配置中。

- hostName（必填项）：localhost 或远程机器的主机名/IP 地址。
- port（必填项）：调试端口。
- timeout：调试器尝试重新连接的等待时间。单位为毫秒，默认值为 30 000 毫秒。
- sourcePaths：额外的源代码目录。
- projectName：调试器在搜索类时，首选的项目名。
- stepFilters：在执行调试时，跳过指定的类或方法。可设置的值有以下 4 个。
    - classNameFilters：跳过指定的类。支持通配符。
    - skipSynthetics：跳过 synthetic 函数。
    - skipStaticInitializers：跳过静态的初始化函数。
    - skipConstructors：跳过构造函数。

我们再来看一下与调试相关的常用设置：

- java.debug.logLevel：调试器日志的级别。默认值是 warn。
- java.debug.settings.showHex：在变量视图中以十六进制格式显示数字。默认值为 false。
- java.debug.settings.showStaticVariables：在变量视图中显示静态变量。默认值为 false。
- java.debug.settings.showQualifiedNames：在变量视图中显示完整的类名。默认值为 false。
- java.debug.settings.showToString：如果一个类重载了 toString()函数，那么在变量视图中会显示相应的 toString()函数的值。默认值为 true。
- java.debug.settings.maxStringLength：在变量视图或调试控制台中设置显示的最大字符串长度。超过此长度的字符串将被裁剪。默认值为 0，表示没有长度限制。
- java.debug.settings.hotCodeReplace：设置热代码替换的行为，可设置的值有以下 3 个。
  - manual：手动通过调试工具栏应用热代码替换。
  - auto：在编译后应用热代码替换。
  - never：不进行热代码替换。
- java.debug.settings.enableRunDebugCodeLens：是否在 main 函数上方显示 Run 和 Debug 的 CodeLens。
- java.debug.settings.console：指定程序输出的位置。默认值为 integratedTerminal。可设置的值有以下 3 个。
  - internalConsole：输出到 Visual Studio Code 的调试控制台。
  - integratedTerminal：输出到 Visual Studio Code 的集成终端。
  - externalTerminal：输出到系统终端。

## 8.5.4 测试

Java Test Runner 插件为 Java 语言提供了单元测试的支持。该插件支持以下 3 种主流的 Java 测试框架。

- JUnit 4 (v4.8.0+)
- JUnit 5 (v5.1.0+)
- TestNG (v6.8.0+)

### 1. 运行与调试测试用例

如图 8-80 所示，在 Java 单元测试文件中，每一个类和函数的上方都会有 Run Test 和 Debug Test 的 CodeLens，单击相应的 CodeLens，就能一键运行或调试单元测试。

```
    Run Test | Debug Test
63  class ClinicServiceTests {
64
65      @Test
        Run Test | Debug Test
66      void shouldFindOwnersByLastName() {
67          Collection<Owner> owners = this.owners.findByLastName("Davis");
68          assertThat(owners).hasSize(2);
```

图 8-80　运行与调试单元测试的 CodeLens

### 2. 测试资源管理器

如图 8-81 所示，通过左侧的活动栏切换到测试资源管理器，会看到以树状图的形式显示的当前工作区中的所有单元测试。

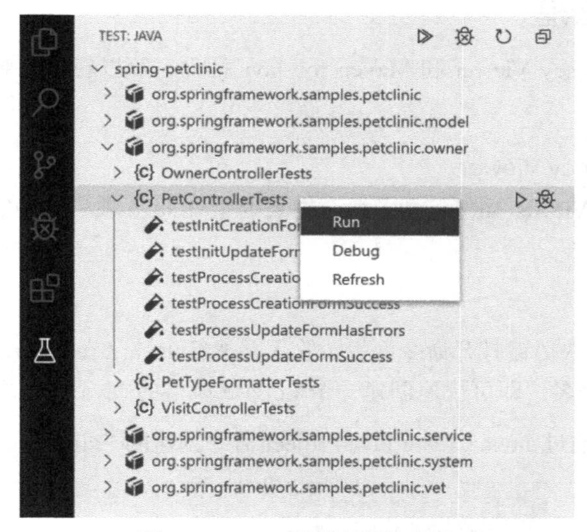


图 8-81　Java 测试资源管理器

在每一个单元测试的右键菜单中都可以看到 Run（运行）、Debug（调试）和 Refresh（刷新）的命令。在单元测试节点上单击左键，可以直接跳转到相应源代码的位置。

### 3. 测试配置

在有些情况下，我们希望对运行或调试单元测试的设置进行自定义。通过 Ctrl+Shift+P 打开命令面板，然后输入并执行 Preferences: Open Settings (JSON)，可以打开 settings.json 配置文件。如下所示，可以通过 java.test.config 设置项进行测试配置。

```
{
    "java.test.config": [
        {
            "name": "myConfiguration",
            "workingDirectory": "${workspaceFolder}",
```

```
            "args": [ "-c", "com.test" ],
            "vmargs": [ "-Xmx512M" ],
            "env": { "key": "value" },
        },
        {
            "name": "myConfiguration2",
            "workingDirectory": "${workspaceFolder}",
            "args": [ "-c", "com.test" ],
            "vmargs": [ "-Xmx512M" ],
            "env": { "key2": "value2" },
        }
    ]
}
```

## 8.5.5　Java 项目管理

通过 Java Dependency Viewer 和 Maven for Java 插件，可以轻松地对 Java 项目进行管理和开发。

### 1. Java Dependency Viewer

Java Dependency Viewer 插件包含了两个主要的管理 Java 项目的功能：创建 java 项目和项目依赖视图。

1）创建 Java 项目

通过 Ctrl+Shift+P 快捷键打开命令面板，输入并执行 Java: Create Java Project 命令，然后选择创建路径并输入项目名，即可快速创建一个 Eclipse 风格的 Java 项目。

图 8-82 所示的是通过 Java: Create Java Project 命令创建的 Eclipse 风格的 Java 项目。

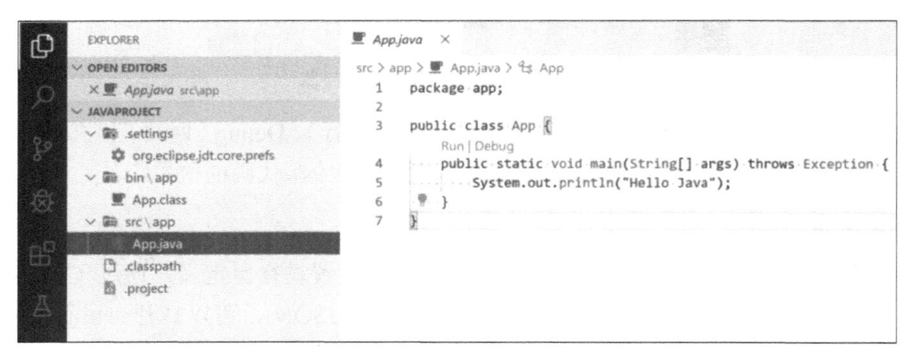


图 8-82　Eclipse 风格的 Java 项目

2）项目依赖视图

如图 8-83 所示，Java Dependency Viewer 插件在文件资源管理器中提供了一个项目依赖视图，通过树状图来显示项目的层级结构和依赖的软件包。

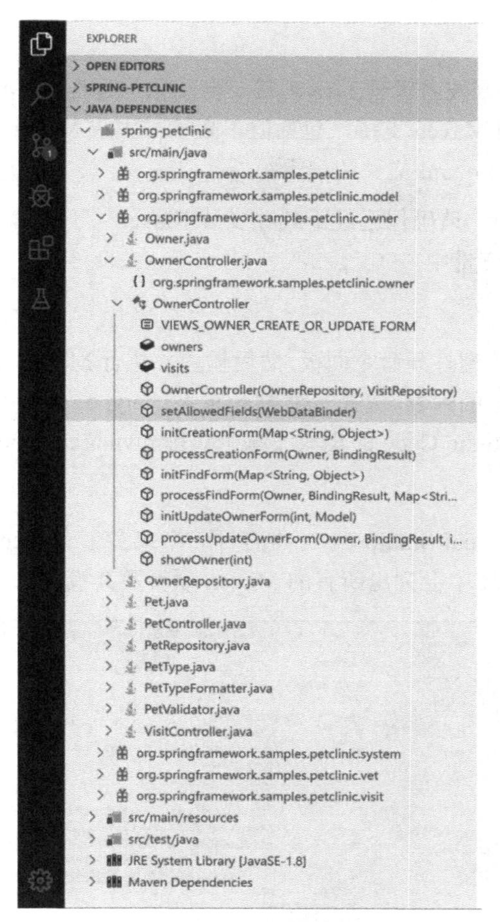


图 8-83　项目依赖视图

此外，Java Dependency Viewer 插件还可以通过不同的设置项来对项目依赖视图进行定制化，相关设置项及其描述和默认值展示在下表中。

| 设置项 | 描述 | 默认值 |
| --- | --- | --- |
| java.dependency.showOutline | 是否在 Java 项目依赖视图中显示类成员大纲 | true |
| java.dependency.syncWithFolderExplorer | 是否在 Java 项目依赖视图中同步关联当前打开的文件 | true |
| java.dependency.autoRefresh | 是否在 Java 项目依赖视图中自动同步修改 | true |
| java.dependency.refreshDelay | 控制 Java 项目依赖视图刷新的延迟时间（单位为毫秒） | 2000 |
| java.dependency.packagePresentation | Java 包的显示方式，可设置的值有以下两个。<br>flat：平行显示<br>hierarchical：分层显示 | flat |

### 2. Maven

Maven 可以帮助 Java 开发者管理 Java 项目及自动化构建程序。Maven for Java 插件为 Visual Studio Code 提供了完善的 Maven 支持，包括但不限于：生成 Maven 项目、浏览 Maven 项目、执行 Maven 命令、支持 pom.xml 文件的编辑等。

在使用 Maven 插件前，请确保已经下载并安装 Maven（下载地址见[37]），并且把 mvn 的路径添加到了 PATH 环境变量中。

1）生成 Maven 项目

通过 Ctrl+Shift+P 快捷键打开命令面板，然后输入并执行 Maven: Create Maven Project 命令，就会出现 Maven Archetype 的列表。选择一个 Maven Archetype 并指定项目创建的目录后，Maven for Java 插件会在 Visual Studio Code 的集成终端中执行 mvn archetype:generate -D...命令。

2）浏览 Maven 项目

如图 8-84 所示，在 Visual Studio Code 中打开一个或多个 Maven 项目后，文件资源管理器的 MAVEN PROJECTS 视图中会列出所有的 Maven 项目及其模块。

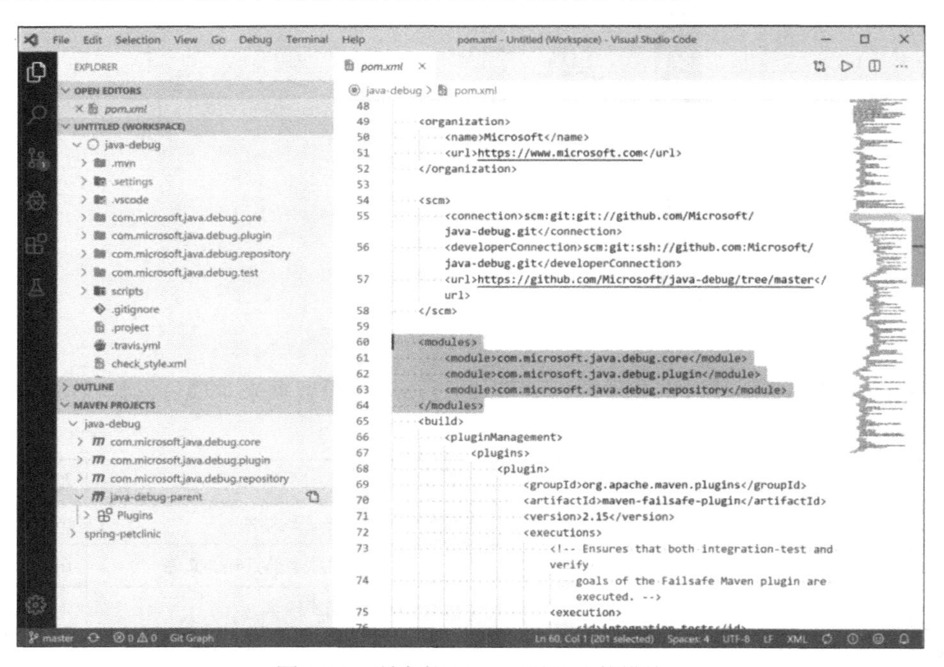


图 8-84　所有的 Maven 项目及其模块

3）执行 Maven 命令

如图 8-85 所示，在 MAVEN PROJECTS 视图的 Maven 项目上单击右键，在弹出的菜单中会列出常用的 Maven 命令。在右键菜单中选择相关的 Maven 命令，就能在集成终端中轻松执行该命令。

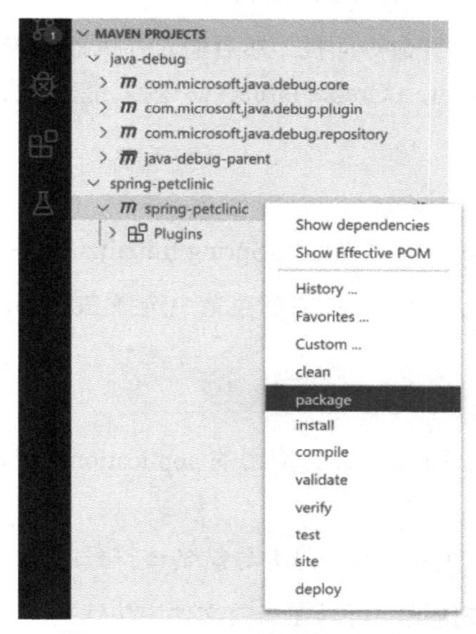


图 8-85 Maven 项目的右键菜单

4）管理 pom.xml 文件

Maven for Java 插件为 pom.xml 文件提供了代码片段和自动补全的功能。开发者可以轻松地通过编辑 pom.xml 文件来添加一个新的依赖。此外，你还可以通过 Ctrl+Shift+P 快捷键打开命令面板，然后输入并执行 Maven: Add a dependency 命令来添加依赖。

### 3. Spring Boot

Visual Studio Code 为开发 Spring Boot 应用提供了一个轻量级的开发环境。

1）开发 Spring Boot 的先决条件

在开发 Spring Boot 应用之前，需要确保已经安装了以下几个工具。

- Java Development Kit（JDK）
- Apache Maven
- Visual Studio Code 插件：
    - Java Extension Pack
    - Spring Boot Tools
    - Spring Initializr
    - Spring Boot Dashboard

2）创建 Spring Boot 项目

通过 Spring Initializr 插件，可以轻松创建 Spring Boot 项目。

通过 Ctrl+Shift+P 快捷键打开命令面板，然后输入并执行 Spring Initializr: Generate a Maven Project 或 Spring Initializr: Generate a Gradle Project 命令，就能轻松创建一个基于 Maven 或 Gradle 的 Spring Boot 项目。

3）更改项目依赖

在创建 Spring Boot 项目后，还可以通过 Spring Initializr 插件来添加或移除依赖的软件包。

打开一个 pom.xml 文件，在该文件的右键菜单中选择 Edit starters，然后就可以在依赖列表中添加或移除软件包了。

4）开发应用

Spring Boot Tools 插件为 Spring Boot 应用的 application.properties、application.yml 和.java 文件提供了丰富的语言功能的支持。

通过下面两种方法，可以快速搜索符号并导航到该符号所在代码的相应位置。

- 通过 Ctrl+Shift+O 快捷键，可以在当前文件中快速搜索符号并导航到该符号所在代码的相应位置。
- 通过 Ctrl+T 快捷键，可以在当前工作区中快速搜索符号并导航到该符号所在代码的相应位置。

如图 8-86 所示，通过 Ctrl+T 快捷键，可以搜索当前工作区中所有包含 pet 关键字的符号。

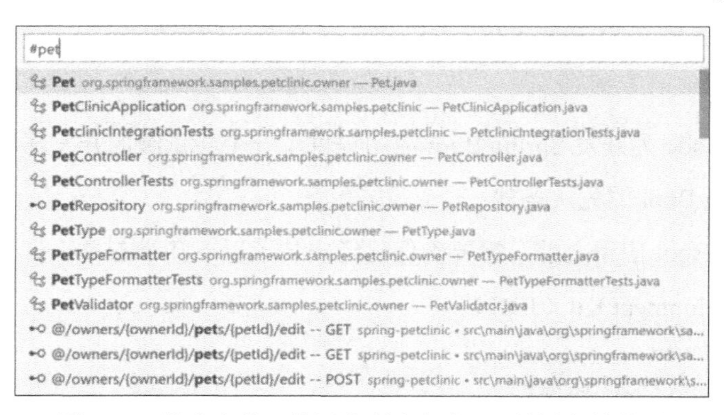


图 8-86　搜索当前工作区中所有包含 pet 关键字的符号

5）运行与调试应用

通过 Spring Boot Dashboard 插件，我们可以查看并管理当前工作区中的所有 Spring Boot 项目。

如图 8-87 所示，文件资源管理器的 SPRING BOOT DASHBOARD 视图中列出了工作区中的所有 Spring Boot 项目。通过 Spring Boot 应用的右键菜单，可以快速地启动、调试或停止 Spring Boot 应用。

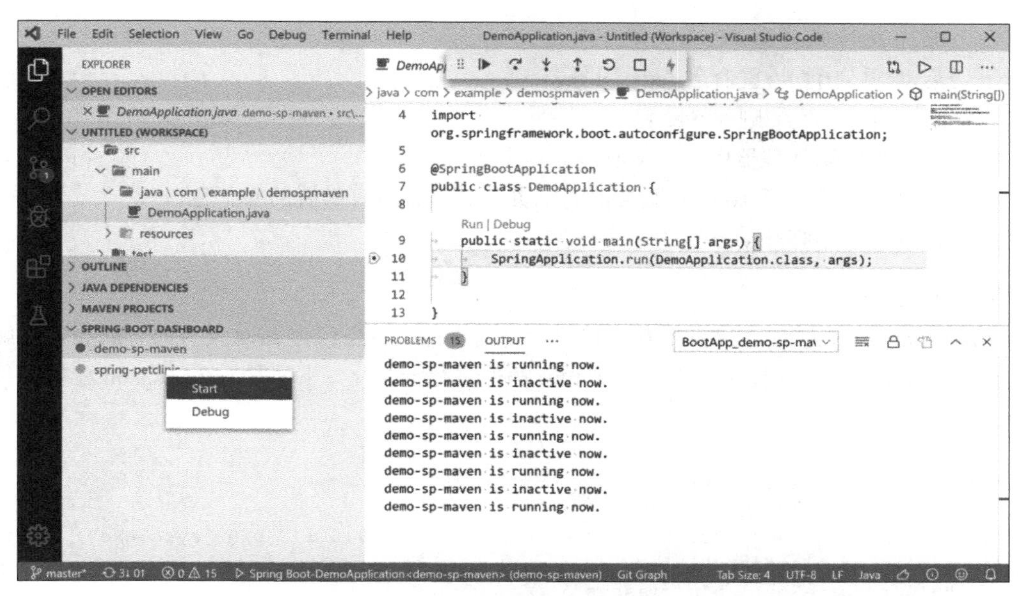


图 8-87　启动、调试或停止 Spring Boot 应用

## 8.5.6 Java 插件推荐

除了上述提到的 Java 开发的核心插件，让我们再来看一看还有哪些好用的 Java 插件，能为 Java 开发锦上添花。

### 1. Tomcat for Java

通过 Tomcat for Java 插件，可以轻松地调试或运行 Apache Tamcat 中的 war 包，支持的功能包括但不限于：

- 添加 Tomcat 服务器。
- 启动/重启/停止/重命名 Tomcat 服务器。
- 运行/调试/查看/删除 war 包。
- 在文件资源管理器中显示 war 包。
- 在浏览器中打开 Tomcat 服务器的主页，以查看所有部署的 war 包。
- 在浏览器中打开 war 包的主页。

### 2. Jetty for Java

通过 Jetty for Java 插件，可以轻松地调试或运行 Eclipse Jetty 中的 war 包，支持的功能包括但不限于：

- 添加 Jetty 服务器。
- 启动/重启/停止/重命名 Jetty 服务器。
- 运行/调试/查看/删除 war 包。
- 在文件资源管理器中显示 war 包。
- 在浏览器中打开 Tomcat 服务器的主页，以查看所有部署的 war 包。
- 在浏览器中打开 war 包的主页。

### 3. Java Linter

Java Linter 插件为 Java 提供了静态代码检查的支持。每当保存 Java 文件时，就会自动触发静态代码检查。此外，你还可以对 Java Linter 插件进行定制化。下面是 settings.json 配置文件的一个例子。

```
{
    "javac-linter.enable": true,
    "javac-linter.maxNumberOfProblems": 100,
    "javac-linter.javac": "c:/Program Files/Java/jdk1.8.0_112/bin/javac.exe",
    "javac-linter.classpath": [
        "${workspaceRoot}/bin/classes"
    ]
}
```

### 4. Java Decompiler

Java Decompiler 插件可以反编译 Java 字节码文件（.class 文件），直接生成 Java 代码。

### 5. Lombok Annotations Support

Project Lombok 是一个 Java 标注库，可以大大简化 Java 代码，而不用重复地编写 getter/setter、equals 之类的函数。Lombok Annotations Support 插件支持以下标注语法。

- @Getter 和@Setter
- @ToString
- @EqualsAndHashCode
- @AllArgsConstructor、@RequiredArgsConstructor 和@NoArgsConstructor
- @Log
- @Slf4j
- @Data
- @Builder

- @Singular
- @Delegate
- @Value
- @Accessors
- @Wither
- @SneakyThrows
- @val
- @UtilityClass

#### 6. Java Properties

Java Properties 插件为 Java 的.properties 文件提供了语法高亮功能。

#### 7. Bazel

与 Make、Maven 和 Gradle 类似，Bazel 是一个自动化构建工具。Bazel 插件为 Visual Studio Code 提供了 Bazel 的支持，支持的功能包括但不限于：

- 提供用于快速启动构建或测试的 CodeLens。
- 显示工作区中的构建目标。
- 对 Bazel 文件（.blz 文件）中的代码进行静态代码检查及代码格式化。
- 调试 Bazel 文件中的 Starlark 代码。

## 8.6 C#

相信会有不少开发者使用 Visual Studio IDE 来进行 C#开发。然而，随着跨平台的.NET Core 的出现，轻量级且跨平台的 Visual Studio Code 也不失为开发 C#的一种选择。

### 8.6.1 快速开始

开始之前，我们需要安装.NET Core SDK 及相关插件，然后运行一个 C#的 Hello World 程序。

#### 1. 安装.NET Core

访问.NET 官网的下载页面（见参考资料[38]），根据你的开发平台下载安装程序并进行安装。

#### 2. 验证.NET Core 开发环境

打开一个新的命令行，在命令行中输入以下命令，可以验证是否成功安装了.NET Core SDK。

```
dotnet --version
```

如果.NET Core 的开发环境安装成功，那么在命令行中会输出.NET Core SDK 的版本信息。

### 3. 安装插件

在 Visual Studio Code 内置的插件管理视图中搜索并安装以下插件。

- C#插件：由微软官方开发并维护，提供了丰富的 C#和.NET Core 的开发支持。
- Code Runner 插件：一键运行代码，支持 40 多种语言，其中也包括 C#。

### 4. 启动 Visual Studio Code

在命令行中，通过下面的命令创建一个名为 HelloWorld 的空文件夹，然后切换到这个文件夹，并把它在 Visual Studio Code 中打开。

```
mkdir HelloWorld
cd HelloWorld
code .
```

### 5. 创建.NET Core 项目

在 Visual Studio Code 的顶部工具栏中，通过 View→Terminal 菜单项打开集成终端。在集成终端中输入以下命令创建一个.NET Core 的控制台项目。

```
dotnet new console
```

如图 8-88 所示，命令运行完成后会创建一个项目文件（HelloWorld.csproj）和一个 C#文件（Program.cs）。

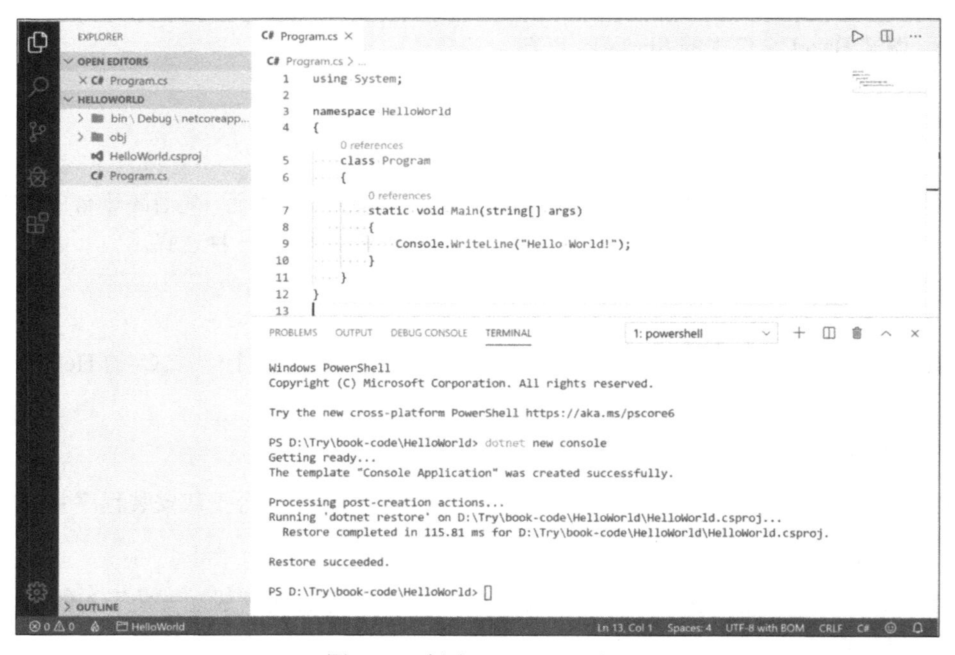


图 8-88　创建.NET Core 项目

### 6. 运行 C#代码

如图 8-89 所示，在 HelloWorld.csproj 文件（注意：是 HelloWorld.csproj 文件，而不是 Program.cs 文件）的右键菜单中选择 Run Code 命令，便可以运行 C#代码，之后可以在输出面板中看到代码的运行结果。

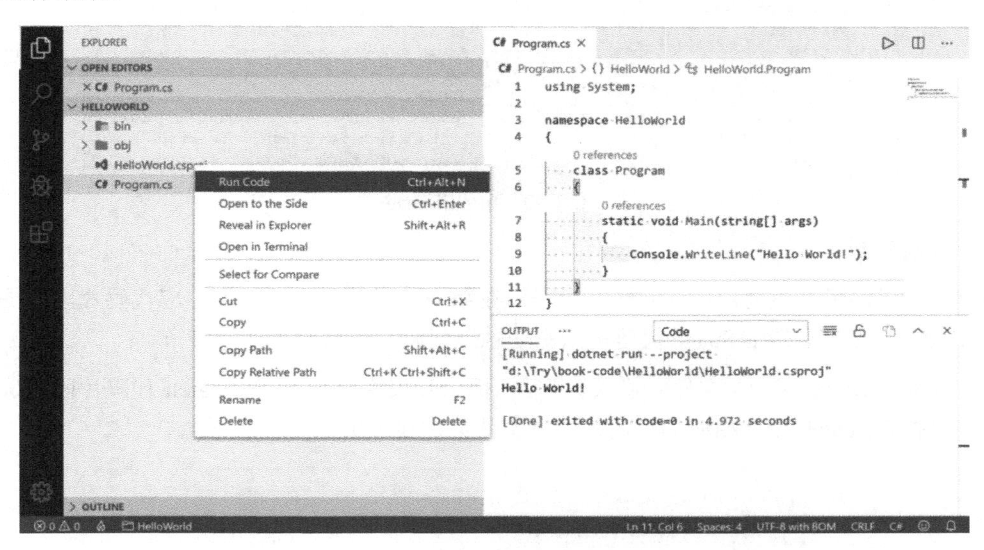


图 8-89 运行 C#代码

## 8.6.2 代码编辑

C#插件为 C#语言提供了丰富的代码编辑功能，那么让我们一起来看一看有哪些有用的代码编辑功能吧！

### 1. Roslyn 与 OmniSharp

得益于 Roslyn 与 OmniSharp 具有的强大功能，C#插件为开发者带来了丰富的 C#开发支持。C#插件支持以下 3 种项目。

- .NET Core 项目
- MSBuild 项目
- C#基本文件（.csx 文件）项目

### 2. IntelliSense

IntelliSense 提供了代码补全的功能，可以显示悬停信息、参数信息、快速信息等。如图 8-90 所示，通过 Ctrl+Space 快捷键，可以在任何时候触发 IntelliSense。

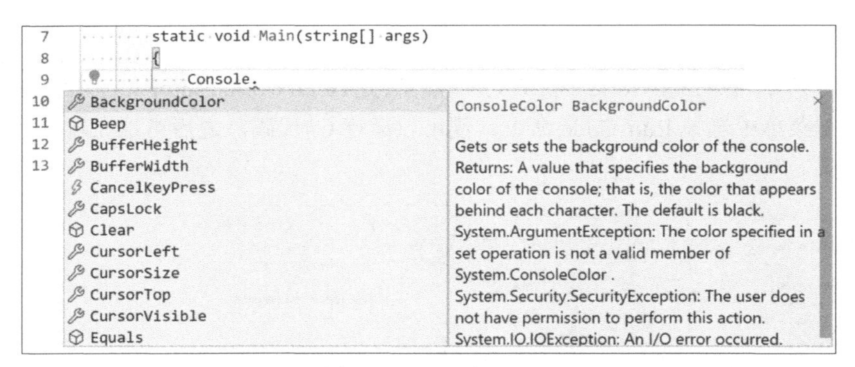


图 8-90　IntelliSense

### 3. 代码片段

C#插件提供了一系列常用的 C#代码片段。在编写 C#代码时，会得到相应代码片段的提示。此外，你也可以通过 Ctrl+Space 快捷键来主动触发代码片段的提示。

如图 8-91 所示，在 C#文件中输入 try 后，提示列表中会列出 Try catch 代码片段的选项，并且在选中 Try catch 后，相应的代码片段预览便会被显示出来。

```
0 references
static void Main(string[] args)
{
    Console.WriteLine("Hello World!");
    try
}

Try catch (C#)

try
{

}
catch (System.Exception)
{

    throw;
}
```

图 8-91　代码片段预览

### 4. 代码导航

对于 C#代码，在编辑区域的右键菜单中可以看到以下几种主要的代码导航方式。

- Go to Definition（转到定义）：跳转到定义当前符号的代码，快捷键为 F12。
- Peek Definition（查看定义）：作用与 Go to Definition 相似，但会直接在内联编辑器中展示定义的代码，快捷键为 Alt+F12。
- Go to References（转到引用）：跳转到引用当前符号的代码，快捷键为 Shift+F12。

### 5. CodeLens

C#代码支持在类、函数、属性等上方的 CodeLens 上显示代码被引用的数量。

默认情况下，C# 代码会显示带有被引用个数的 CodeLens。通过把 csharp.referencesCodeLens.enabled 设置为 false，可以禁用 CodeLens 显示代码被引用的数量。

如图 8-92 所示，单击类、函数或属性上方的 CodeLens，还能快速查看所有被引用的代码。

```
AfterburnerPhysicsForce.cs Assets\Standard Assets\ParticleSystems\Scripts
10          public float effectWidth = 1;
AfterburnerPhysicsForce.cs c:\Users\Public\Documents\Unity Projects\Standard Assets Example Project\Assets\Standard Assets\ParticleSystems\Scripts
54              var directions = new Vector3[] {Vector3.up, -Vector3.up, Vector3.right, -Vector3.right};
55              var perpDirections = new Vector3[] {-Vector3.right, Vector3.right, Vector3.up,
                -Vector3.up};
56              Gizmos.color = new Color(0, 1, 0, 0.5f);
57              for (int n = 0; n < 4; ++n)
58              {
59                  Vector3 origin = transform.position + transform.rotation*directions[n]
                    *effectWidth*0.5f;
60
61                  Vector3 direction =
62                      transform.TransformDirection(Quaternion.AngleAxis(effectAngle, perpDirections[n]))
                        *Vector3.forward);
63
64                  Gizmos.DrawLine(origin, origin + direction*m_Sphere.radius*2);
65              }
            3 references
11          public float effectDistance = 10;

localPos.z), effectWidth*0.5f);
directions[n]*effectWidth*0.5f;
```

图 8-92　通过单击 CodeLens 查看所有被引用的代码

### 6. 搜索符号

如图 8-93 所示，通过 Ctrl+T 快捷键，可以快速对当前工作区中的所有符号进行搜索。

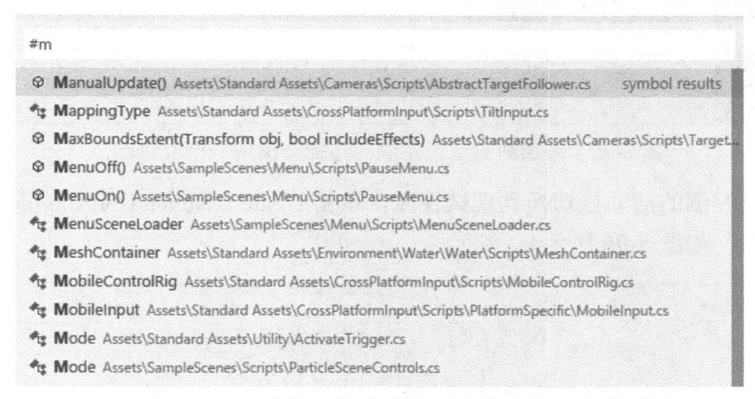


图 8-93　对当前工作区中的所有符号进行搜索

### 7. 快速修复

Visual Studio Code 为 C#代码提供了常用的代码修复功能。

如图 8-94 所示，using System.Runtime.InteropServices 是未被使用的 using 语句。把鼠标悬停在代码上，就会出现一个黄色的小灯泡，它就是快速修复按钮。单击黄色的小灯泡，就会弹出 Remove Unnecessary Usings 的操作。此外，你也可以通过 Ctrl+.快捷键来显示出修复操作的选项。

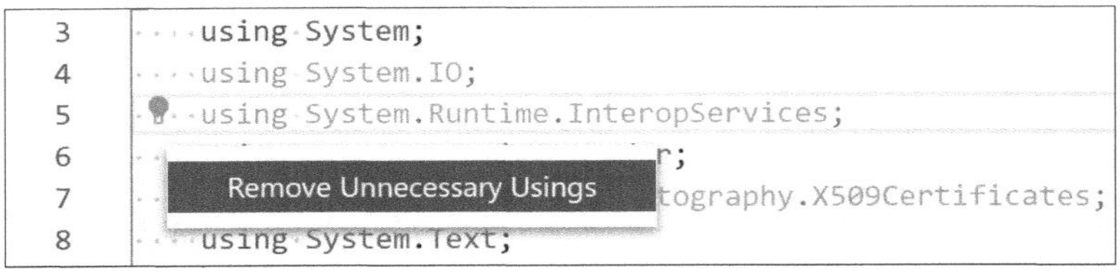

```
3    using System;
4    using System.IO;
5    using System.Runtime.InteropServices;
6                              r;
7    Remove Unnecessary Usings tography.X509Certificates;
8    using System.Text;
```

图 8-94　未被使用的 using 语句

## 8.6.3　调试

C#插件为 C#语言提供了方便的调试功能。

首先，打开需要调试的 C#文件。在相应的代码行处按下 F9 快捷键添加断点，或者单击编辑区域左侧的边槽添加断点。如图 8-95 所示，添加断点后，左侧的边槽会出现一个红色圆点。

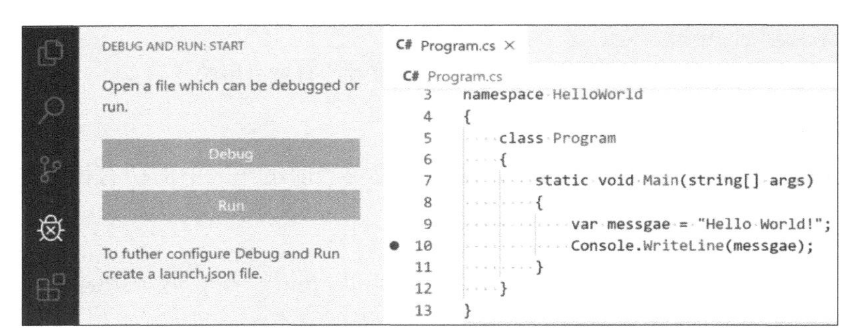


图 8-95　添加断点后，左侧的边槽会出现一个红色圆点

然后，通过左侧的活动栏切换到调试视图，单击 create a launch.json file 链接，会弹出运行环境的选择列表，如图 8-96 所示。

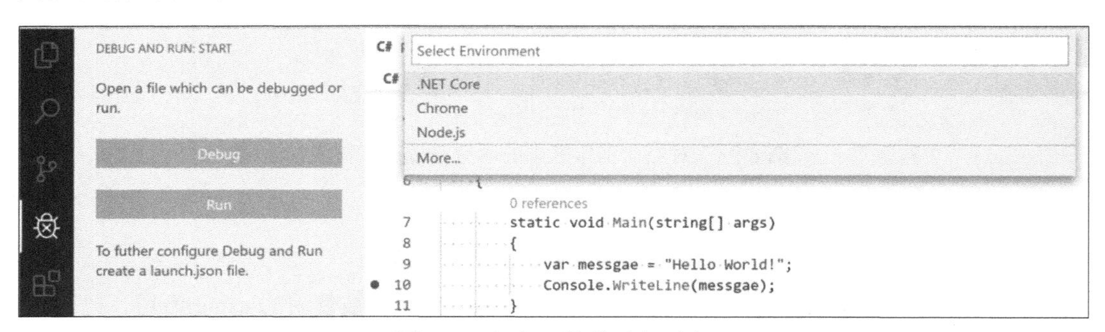


图 8-96　运行环境的选择列表

我们选择.NET Core 运行环境来创建调试的配置文件。如图 8-97 所示，C#插件会创建两个文件：launch.json 和 tasks.json。

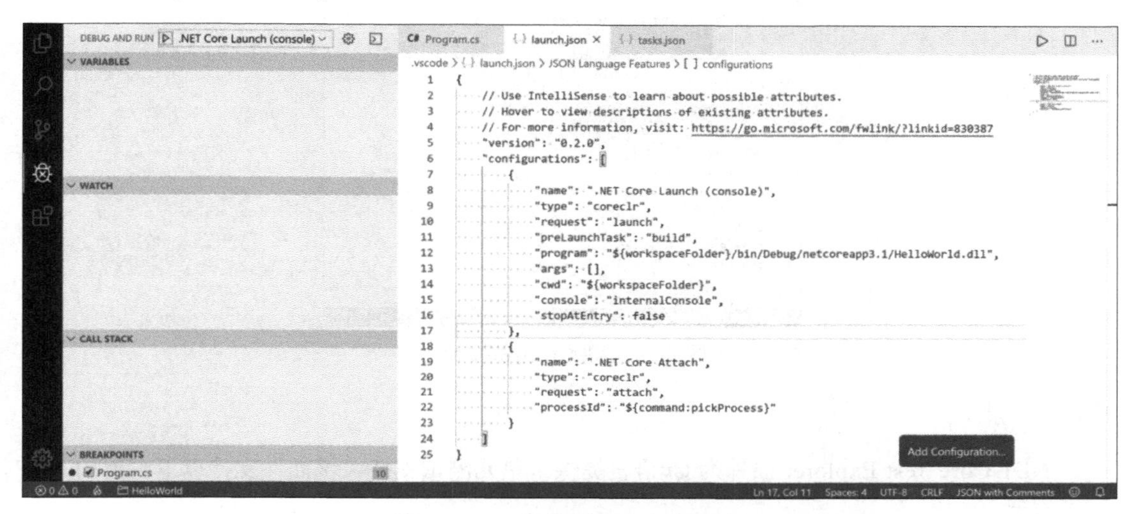


图 8-97 C#插件创建的两个文件

- launch.json：调试配置文件。
- tasks.json：用于构建.NET Core 项目的文件。

此外，我们注意到，由于创建了 launch.json 调试配置文件，调试视图的界面也发生了变化。我们使用 F5 快捷键，或者单击调试视图中的绿色按钮，就能启动.NET Core 项目的调试。

如图 8-98 所示，C#调试器会停在第一个断点处。在左侧的调试视图中，可以看到与当前代码相关的变量信息。

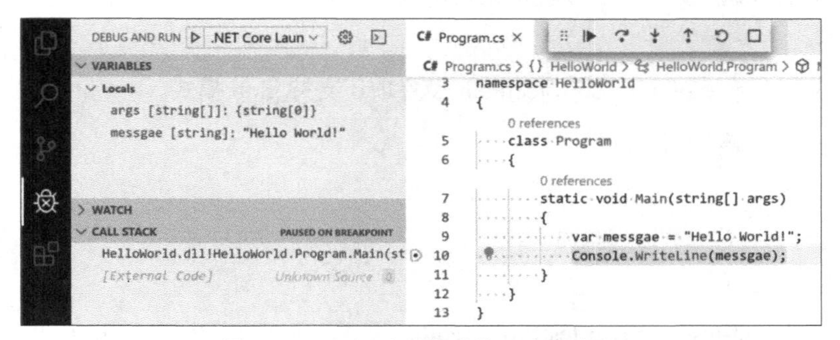


图 8-98 C#调试器停在第一个断点处

如图 8-99 所示，切换到调试控制台，可以对 C#变量和表达式直接进行运算。

单击调试工具栏中的红色停止按钮，或者使用 Shift+F5 快捷键，就能退出调试。

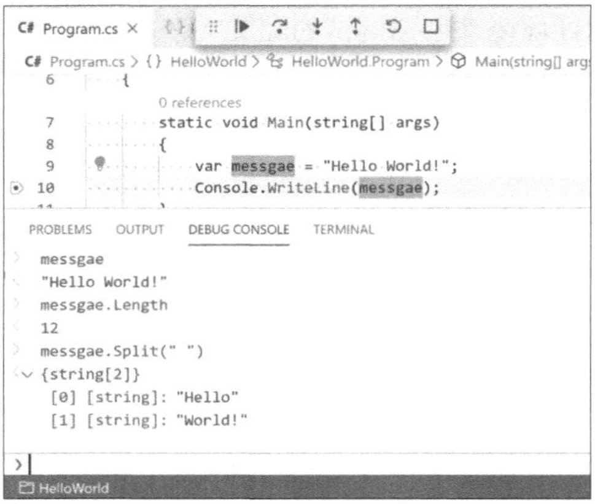

图 8-99　切换到调试控制台

## 8.6.4　测试

.NET Core Test Explorer 插件为 C#语言提供了单元测试支持。该插件支持以下主流的.NET 测试框架。

- MSTest
- xUnit
- NUnit

### 1. 测试配置

安装完.NET Core Test Explorer 插件后，默认情况下，插件会在当前工作区的根目录中搜寻测试用例。如果.NET Core 测试项目在子目录或工作区以外的目录中，那么就需要通过 dotnet-test-explorer.testProjectPath 设置项来指定.NET Core 测试项目的路径。使用绝对路径或相对路径都可以。

此外，dotnet-test-explorer.testProjectPath 设置项还支持 glob 模式。

假设文件目录结构如下所示。

```
root
├── testProjectOne
│   ├── testproject1.Tests.csproj
├── testProjectTwo
│   └──testproject2.Tests.csproj
```

通过把 dotnet-test-explorer.testProjectPath 设置为 "+(testProjectOne|testProjectTwo)" 或 "**/*Tests.csproj"，就可以与上面两个.NET Core 测试项目匹配上了。

### 2. 测试资源管理器

如图 8-100 所示，通过左侧的活动栏切换到.NET Core 测试资源管理器，可以根据

dotnet-test-explorer.testProjectPath 所设置的测试项目以树状图的形式显示所有单元测试。

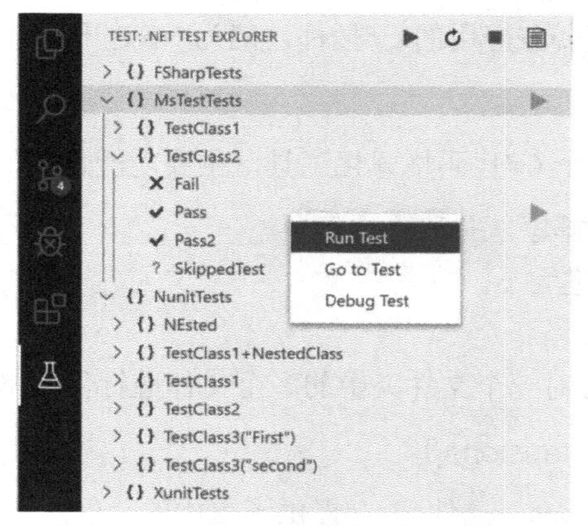


图 8-100　.NET Core 测试资源管理器

在每一个单元测试的右键菜单中，都可以看到 Run Test、Debug Test 和 Go to Test 命令。选择 Go to Test 命令，可以直接跳转的相应的源代码的位置。此外，每一个节点的图标还会显示相应测试用例的运行结果。

### 3. CodeLens

对于 MSTest 测试框架，Visual Studio Code 还提供了 CodeLens 的支持。如图 8-101 所示，在 MSTest 的 C#单元测试文件中，每一个类和函数的上方都会有 Run Test 和 Debug Test 的 CodeLens，单击相应的 CodeLens，就能一键运行或调试单元测试。此外，CodeLens 中还会显示单元测试的运行结果。

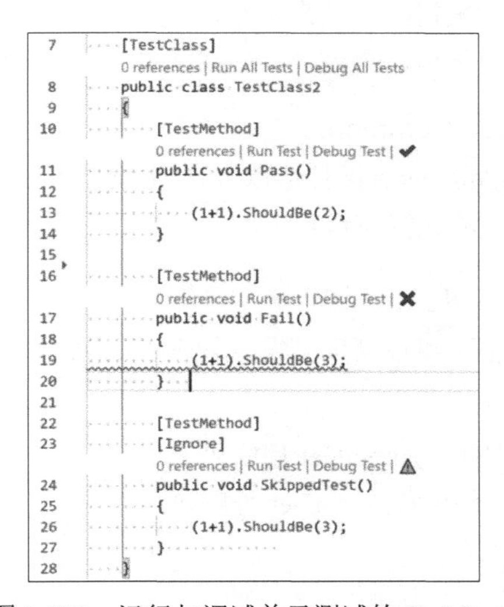


图 8-101　运行与调试单元测试的 CodeLens

## 8.6.5 C#插件推荐

让我们再来看一看还有哪些好用的 C#插件，能为.NET 开发加油助力。

### 1. C# FixFormat

C# FixFormat 插件是一个 C#代码格式化工具，主要功能包括但不限于：

- 对 using 语句进行排序，并移除重复项。
- 修复 C#代码的缩进大小。
- 移除多余的空行。
- 批处理模式：同时对一个文件夹中的多个文件进行代码格式化。

### 2. Super Sharp（C# extensions）

Super Sharp（C# extensions）插件为 C#提供了重构的功能，主要功能如下所示。

- 为构造函数注入依赖。
- 把类、枚举、接口、结构移动到新文件。

### 3. C# Extensions

C# Extensions 插件为 C#开发提供了多个便捷的功能，主要功能如下所示。

- 新建 C#类。
- 新建 C#接口。
- 根据构造函数的参数来初始化字段。
- 根据构造函数的参数来初始化属性。
- 根据构造函数的参数来初始化只读属性。
- 根据类的属性来初始化构造函数。

### 4. C# XML Documentation Comments

C# XML Documentation Comments 插件可以为 C#生成文档注释。只需要在 C#文件中输入///，插件就会自动生成 XML 格式的文档注释。

### 5. NuGet Package Manager

NuGet Package Manager 插件可以帮助开发者管理 NuGet 程序包，主要功能如下所示。

- 搜索 NuGet 程序包。
- 为.csproj 或.fsproj 文件添加 NuGet 程序包。
- 从.csproj 或.fsproj 文件中移除 NuGet 程序包。

### 6. MSBuild project tools

MSBuild project tools 插件为 MSBuild 项目文件提供了自动补全及悬停信息提示的功能。

#### 7. .NET Core Tools

.NET Core Tools 插件在.csproj、.fsproj 和.sln 文件的右键菜单中添加了 3 条命令：构建、运行和测试。十分方便快捷！

#### 8. vscode-solution-explorer

vscode-solution-explorer 插件在文件资源管理器中添加了一个类似于 Visual Studio 项目文件的视图，主要功能如下所示。

- 可以加载.sln 文件。
- 支持.csproj、.fsproj、.vcproj 和.vbproj 文件。
- 可以创建、删除、重命名或移动项目文件夹和文件。

## 8.7 C/C++

微软官方开发并维护了 C/C++插件，为 C/C++开发提供了丰富的支持。

### 8.7.1 快速开始

开始之前，我们需要安装 C/C++编译器及相关的插件，然后运行一个 C/C++的 Hello World 程序。

#### 1. 安装 C/C++编译器

macOS 及主流的发行版 Linux 系统都自带了 C/C++编译器(gcc 和 g++)，而对于 Windows，我们就需要通过安装 Mingw-w64 来获得 C/C++编译器，其步骤如下所示。

（1）访问 SourceForge 网站（见参考资料[39]），选择 MinGW-W64 GCC 最新版本中的 x86_64-posix-seh 进行下载。

（2）下载完成后，得到的是一个 7z 文件格式的压缩包。将文件解压，并注意解压的路径不要包含空格、中文或其他特殊字符。比如，可以解压到 C:\mingw-w64 文件夹。

（3）在解压出的文件夹中，找到 g++.exe 文件所在的 bin 文件夹的路径（如 C:\mingw-w64\x86_64-8.1.0-release-posix-seh-rt_v6-rev0\mingw64\bin），把路径添加到 PATH 环境变量中。

#### 2. 验证 C/C++开发环境

通过下面的方式，可以验证是否成功安装了 C/C++编译器。

打开一个新的命令行，在命令行中输入以下命令，以验证 C 编译器是否安装正确。

```
gcc --version
```

在命令行中输入以下命令，以验证 C++编译器是否安装正确。

```
g++ --version
```

如果 C/C++编译器安装成功，那么在命令行中就会输出 C/C++编译器的版本信息。

### 3. 安装插件

在 Visual Studio Code 内置的插件管理视图中，搜索并安装以下插件。

- C/C++插件：由微软官方开发并维护，提供了丰富的 C 和 C++的开发支持。
- Code Runner 插件：一键运行代码，支持 40 多种语言，其中也包括 C 和 C++。

### 4. 启动 Visual Studio Code

在命令行中，通过以下命令创建一个名为 helloworld 的空文件夹，然后切换到这个文件夹，并在 Visual Studio Code 中打开它。

```
mkdir helloworld
cd helloworld
code .
```

### 5. 创建 C++文件

接下来的步骤会以 C++文件为例，我们也可以对 C 语言文件进行类似的操作。

如图 8-102 所示，单击 New File 按钮，然后创建一个名为 helloworld.cpp 的文件。文件创建后，会自动在编辑区域中打开。

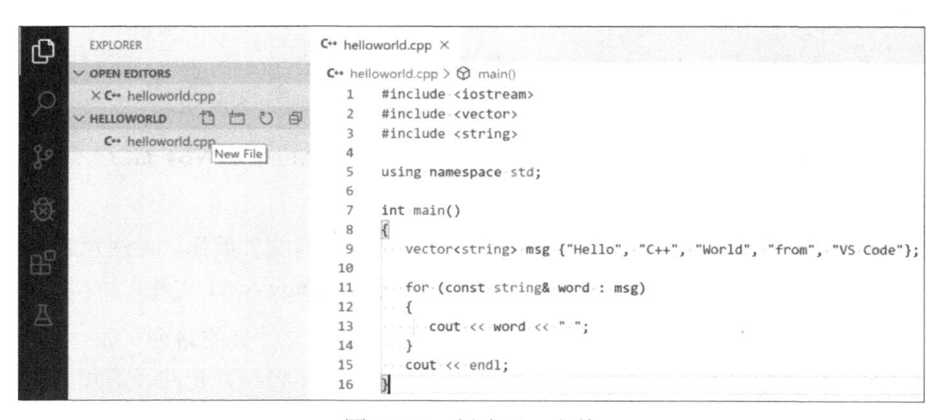


图 8-102　创建 C++文件

在创建的 helloworld.cpp 文件中输入以下 C++代码。

```
#include <iostream>
#include <vector>
#include <string>

using namespace std;
```

```
int main()
{
   vector<string> msg {"Hello", "C++", "World", "from", "VS Code"};

   for (const string& word : msg)
   {
      cout << word << " ";
   }
   cout << endl;
}
```

### 6. 运行 C++文件

在 7.3 节中，我们了解到 Code Runner 插件可以一键运行各类语言，其中也包括 C 和 C++。

如图 8-103 所示，在 helloworld.cpp 文件的右键菜单中选择 Run Code 命令，可以运行 C++代码，在输出面板中可以看到代码的运行结果。

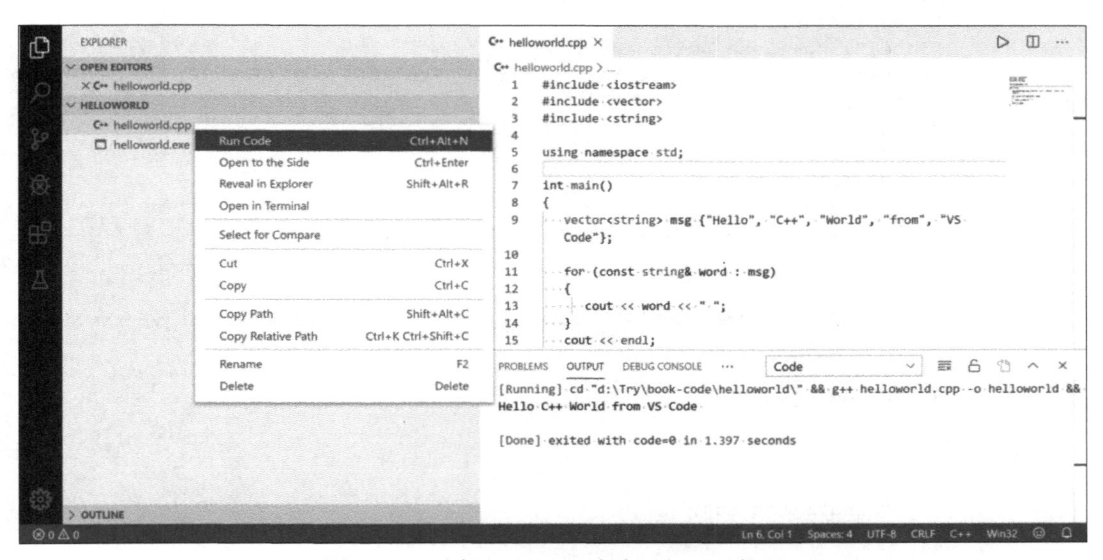

图 8-103　选择 Run Code 命令运行 C++代码

## 8.7.2 调试

微软的 C/C++插件为 C/C++语言提供了强大的调试功能。在本节中，我们以 Windows 为例来学习一下如何对 C++进行调试。对于 macOS 和 Linux 系统，也可以参考本节中的步骤。

### 1. 创建 tasks.json 文件

首先，我们需要创建一个 tasks.json 文件来告诉 Visual Studio Code 如何构建 C++程序。

打开 helloworld.cpp 文件。在顶部的菜单栏中选择 Terminal→Configure Default Build Task。

图 8-104 列出了预定义的构建任务，我们选择 C/C++: g++.exe build active file 选项。

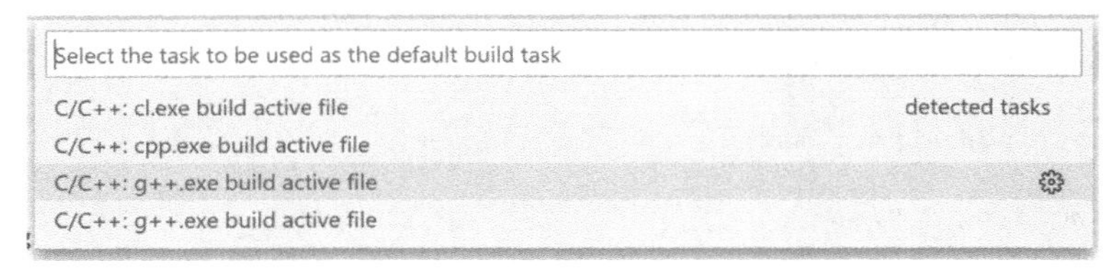


图 8-104　预定义的构建任务

选择好构建任务后，Visual Studio Code 会在.vscode 文件夹中创建一个 tasks.json 文件。

tasks.json 文件中的内容如下所示。

```
{
    "version": "2.0.0",
    "tasks": [
        {
            "type": "shell",
            "label": "g++.exe build active file",
            "command": "C:\\mingw-w64\\x86_64-8.1.0-release-posix-seh-rt_v6-rev0\\min
gw64\\bin\\g++.exe",
            "args": [
                "-g",
                "${file}",
                "-o",
                "${fileDirname}\\${fileBasenameNoExtension}.exe"
            ],
            "options": {
                "cwd": "C:\\mingw-w64\\x86_64-8.1.0-release-posix-seh-rt_v6-rev0\\min
gw64\\bin"
            },
            "problemMatcher": [
                "$gcc"
            ],
            "group": {
                "kind": "build",
                "isDefault": true
            }
        }
    ]
}
```

在以上的 tasks.json 文件内容中，command 属性定义了编译器的路径，也就是 g++.exe 的路径，args 数组定义了传递给 C++编译器的参数。

#### 2. 构建 C++文件

构建并运行 C++文件的步骤如下所示。

（1）打开 helloworld.cpp 文件。

（2）通过以下任意一种方式来构建 helloworld.cpp 文件。

- 使用 Ctrl+Shift+B 快捷键。
- 在顶部的菜单栏中选择 Terminal→Run Build Task。

（3）当构建任务开始后，Visual Studio Code 会打开一个集成终端并执行构建命令。当构建任务结束后，集成终端会显示如图 8-105 所示的输出，并且会生成一个 helloworld.exe 文件。

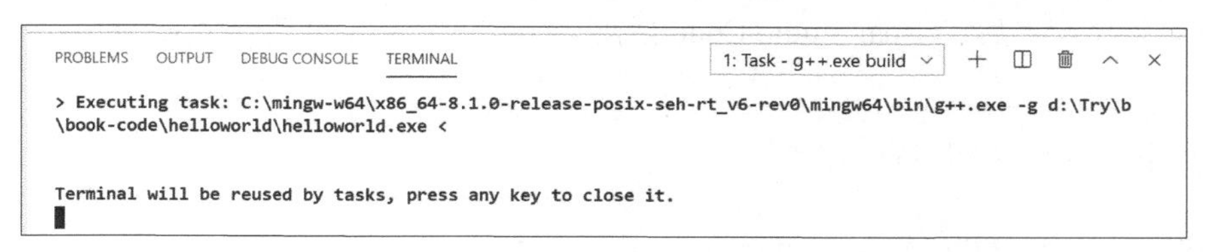


图 8-105　构建任务结束后显示的输出

（4）打开一个新的集成终端。如图 8-106 所示，在集成终端中输入并执行.\helloworld.exe，就能运行该 C++程序。

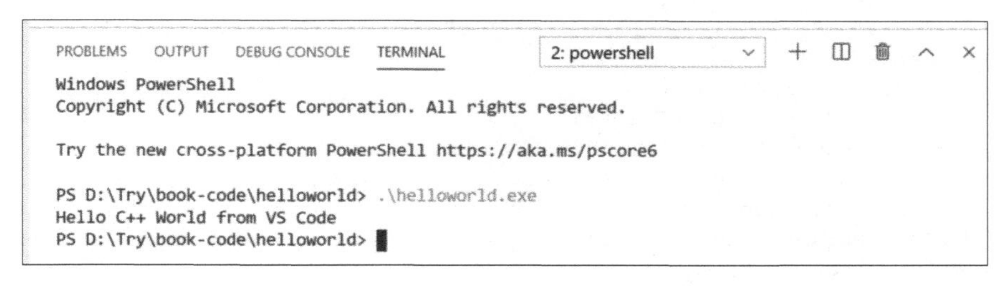


图 8-106　运行 helloworld.exe

### 3. 定制化 tasks.json 文件

我们还可以通过修改 tasks.json 文件来对构建过程进行定制化。

- 编译多个 C++文件：通过把"${file}"修改为"${workspaceFolder}*.cpp"，可以构建当前工作区中的所有 C++文件。
- 修改编译输出的文件名：通过把"${fileDirname}\\${fileBasenameNoExtension}.exe"修改为"${workspaceFolder}\\myProgram.exe"，可以把编译输出的文件名硬编码为 myProgram.exe，而不是与 C++文件同名。

### 4. 创建 launch.json 文件

接下来，我们需要创建一个 launch.json 调试配置文件。

在顶部的菜单栏中选择 Debug→Add Configuration，然后选择 C++ (GDB/LLDB)。如图 8-107 所示，列出了预定义的调试配置。我们选择 g++.exe build and debug active file 选项。

Select a configuration
g++.exe build and debug active file
cpp.exe build and debug active file
g++.exe build and debug active file
Default Configuration

图 8-107　预定义的调试配置

选择好调试配置后，Visual Studio Code 会在.vscode 文件夹中创建一个 launch.json 调试配置文件。

launch.json 文件中的内容如下所示。

```
{
    "version": "0.2.0",
    "configurations": [
        {
            "name": "g++.exe build and debug active file",
            "type": "cppdbg",
            "request": "launch",
            "program": "${fileDirname}\\${fileBasenameNoExtension}.exe",
            "args": [],
            "stopAtEntry": false,
            "cwd": "${workspaceFolder}",
            "environment": [],
            "externalConsole": false,
            "MIMode": "gdb",
            "miDebuggerPath": "C:\\mingw-w64\\x86_64-8.1.0-release-posix-seh-rt_v6-re
v0\\mingw64\\bin\\gdb.exe",
            "setupCommands": [
                {
                    "description": "Enable pretty-printing for gdb",
                    "text": "-enable-pretty-printing",
                    "ignoreFailures": true
                }
            ],
            "preLaunchTask": "g++.exe build active file"
        }
    ]
}
```

在上面的 launch.json 文件内容中，program 属性指定了要调试的程序。

### 5. 调试 C++文件

首先，打开你需要调试的 C++文件，在相应的代码行处按下 F9 快捷键添加断点，或者单击编辑区域左侧的边槽添加断点。如图 8-108 所示，添加断点后，左侧的边槽会出现一个红色圆点。

```
DEBUG AND RUN  g++.exe buil   helloworld.cpp
VARIABLES
helloworld.cpp > main()
1  #include <iostream>
2  #include <vector>
3  #include <string>
4
5  using namespace std;
6
7  int main()
8  {
9      vector<string> msg {"Hello", "C++", "World", "from", "VS Code"};
10
11     for (const string& word : msg)
12     {
13         cout << word << " ";
14     }
15     cout << endl;
16 }
```

图 8-108　添加断点后，左侧的边槽会出现一个红色圆点

接下来，可以使用以下任意一种方式启动 C++调试器。

- 在顶部的菜单栏中选择 Debug→Start Debugging。
- 使用 F5 快捷键。
- 通过左侧的活动栏切换到调试视图，单击绿色的调试按钮。

如图 8-109 所示，启动 C++调试器后，C++调试器会停在第一个断点处，并打开集成终端。在左侧的调试视图中，可以看到与当前代码相关的变量信息。

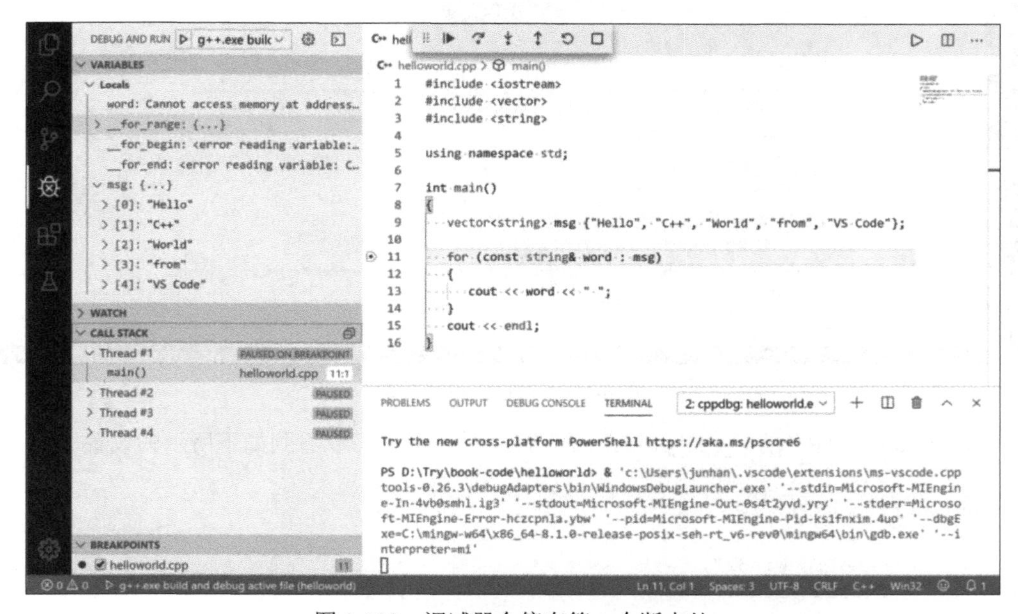


图 8-109　调试器会停在第一个断点处

单击调试工具栏中的红色停止按钮，或者使用 Shift+F5 快捷键，就能退出调试。

## 8.7.3　设置

C/C++插件为 C/C++开发提供了丰富的设置项。相比于其他插件都是把设置项存储在 Visual Studio Code 的 settings.json 文件中，C/C++插件是通过 c_cpp_properties.json 文件来配置编译器、头文件路径、C++标准（默认是 C++ 17）等设置项的。

### 1. 创建 c_cpp_properties.json

通过 Ctrl+Shift+P 快捷键打开命令面板，然后输入并执行 C/C++: Edit Configurations (UI)命令，便能打开 C/C++设置页面，如图 8-110 所示。我们可以直接在设置页面中对 C/C++的设置进行更改。Visual Studio Code 会把相应的修改同步到.vscode 文件夹的 c_cpp_properties.json 文件中。

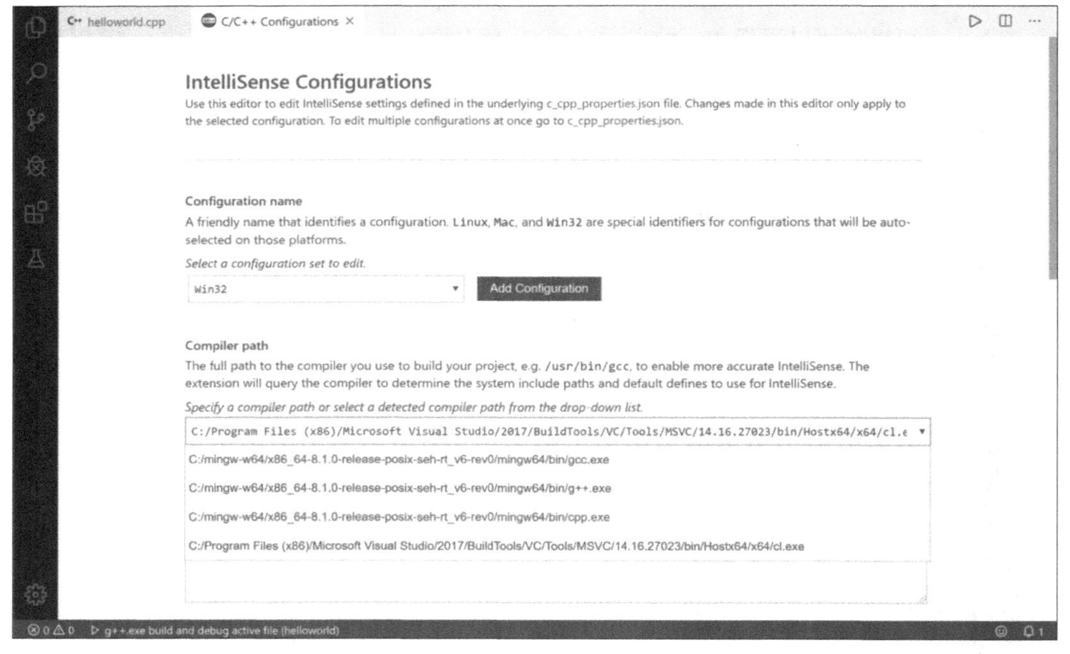


图 8-110　C/C++设置页面

打开.vscode 文件夹的 c_cpp_properties.json 文件，我们可以看到如下所示的设置。

```
{
    "configurations": [
        {
            "name": "Win32",
            "includePath": [
                "${workspaceFolder}/**"
            ],
            "defines": [
```

```
                "_DEBUG",
                "UNICODE",
                "_UNICODE"
            ],
            "windowsSdkVersion": "10.0.17763.0",
            "compilerPath": "C:/Program Files (x86)/Microsoft Visual Studio/2017/Buil
dTools/VC/Tools/MSVC/14.16.27023/bin/Hostx64/x64/cl.exe",
            "cStandard": "c11",
            "cppStandard": "c++17",
            "intelliSenseMode": "msvc-x64"
        }
    ],
    "version": 4
}
```

如果你的 C/C++程序用到了当前工作区或标准库以外的头文件，则可以通过更改 c_cpp_properties.json 文件中的 includePath 属性来引入额外的头文件路径。

### 2. 了解 c_cpp_properties.json

下面是 c_cpp_properties.json 文件中比较完整的内容。

```
{
  "env": {
    "myDefaultIncludePath": ["${workspaceFolder}", "${workspaceFolder}/include"],
    "myCompilerPath": "/usr/local/bin/gcc-7"
  },
  "configurations": [
    {
      "name": "Mac",
      "intelliSenseMode": "clang-x64",
      "includePath": ["${myDefaultIncludePath}", "/another/path"],
      "macFrameworkPath": ["/System/Library/Frameworks"],
      "defines": ["FOO", "BAR=100"],
      "forcedInclude": ["${workspaceFolder}/include/config.h"],
      "compilerPath": "/usr/bin/clang",
      "cStandard": "c11",
      "cppStandard": "c++17",
      "compileCommands": "/path/to/compile_commands.json",
      "browse": {
        "path": ["${workspaceFolder}"],
        "limitSymbolsToIncludedHeaders": true,
        "databaseFilename": ""
      }
    }
  ],
  "version": 4
}
```

我们来分别了解一下 c_cpp_properties.json 文件中的各个属性。

1）顶层属性

顶层属性有以下 3 个。

- env：由用户定义的变量，可以通过类似于${<var>} 或 ${env:<var>}这样的语法进行变量替代。
- configurations：定义了编译器、头文件路径、C++标准等设置项。默认情况下，C/C++插件会根据当前的操作系统创建相应的配置。你也可以添加额外的配置。
- version：定义了 c_cpp_properties.json 文件的版本。通常情况下，我们不应该去修改这个属性。

2）configurations 属性

configurations 属性是 c_cpp_properties.json 文件中最核心的属性。我们来看一看 configurations 属性中有哪些主要的属性：

- compilerPath：指定编译器的完整路径，如/usr/bin/gcc。此属性可以帮助提供更精准的 IntelliSense 功能。C/C++插件会根据不同的操作系统来搜寻相应的编译器位置。比如，在 Windows 中的搜索顺序如下所示。
  - 微软 Visual C++编译器
  - Windows Subsystem for Linux（WSL）的 g++编译器
  - Mingw-w64 上的 g++编译器
- intelliSenseMode：指定 IntelliSense 的模式。如果没有指定，将会使用每个平台的默认值，如下所示。
  - Windows：msvc-x64
  - Linux：gcc-x64
  - macOS：clang-x64
- includePath：指定包含头文件的目录。
- cStandard：指定 C 语言标准的版本，可选值为 c89、c99 或 c11。
- cppStandard：指定 C++语言标准的版本，可选值为 c++98、c++03、c++11、c++14、c++17 或 c++20。

### 3. Visual Studio Code 设置

c_cpp_properties.json 文件中的 configurations 属性也可以通过 Visual Studio Code 的 settings.json 文件中的 C_Cpp.default.*设置项进行配置，如下所示。

```
C_Cpp.default.includePath                       : string[]
C_Cpp.default.defines                           : string[]
C_Cpp.default.compileCommands                   : string
C_Cpp.default.macFrameworkPath                  : string[]
C_Cpp.default.forcedIncludes                    : string[]
```

```
C_Cpp.default.intelliSenseMode                          : string
C_Cpp.default.compilerPath                             : string
C_Cpp.default.cStandard                                : c89 | c99 | c11
C_Cpp.default.cppStandard                              : c++98 | c++03 | c++11 | c++14 | c++17
| c++20
C_Cpp.default.browse.path                              : string[]
C_Cpp.default.browse.databaseFilename                    : string
C_Cpp.default.browse.limitSymbolsToIncludedHeaders : boolean
```

#### 4. c_cpp_properties.json 文件中的新语法

c_cpp_properties.json 文件中添加了"${default}"的语法支持。对于用到"${default}"的属性，C/C++插件将会读取相应 settings.json 文件中的 C_Cpp.default.*设置项的值。

下面是用到"${default}"的例子。

```
"configurations": [
   {
      "name": "Win32",
      "includePath": [
         "additional/paths",
         "${default}"
      ],
      "defines": [
         "${default}",
      ],
      "macFrameworkPath": [
         "${default}",
         "additional/paths"
         ],
      "forceInclude": [
         "${default}",
         "additional/paths"
      ],
      "compileCommands": "${default}",
      "browse": {
         "limitSymbolsToIncludedHeaders": true,
         "databaseFilename": "${default}",
         "path": [
            "${default}",
            "additional/paths"
         ]
      },
      "intelliSenseMode": "${default}",
      "cStandard": "${default}",
      "cppStandard": "${default}",
      "compilerPath": "${default}"
   }
]
```

如果在 c_cpp_properties.json 文件中没有定义相应的属性，则会直接使用 settings.json 文件中相应的 C_Cpp.default.*设置项的值。

## 8.7.4　代码编辑

C/C++插件为 C/C++语言提供了丰富的代码编辑功能，让我们一起来看一看有哪些有用的代码编辑功能吧！

### 1. IntelliSense

IntelliSense 提供了代码补全的功能，可以显示悬停信息、参数信息、快速信息等。如图 8-111 所示，通过 Ctrl+Space 快捷键可以在任何时候触发智能提示。

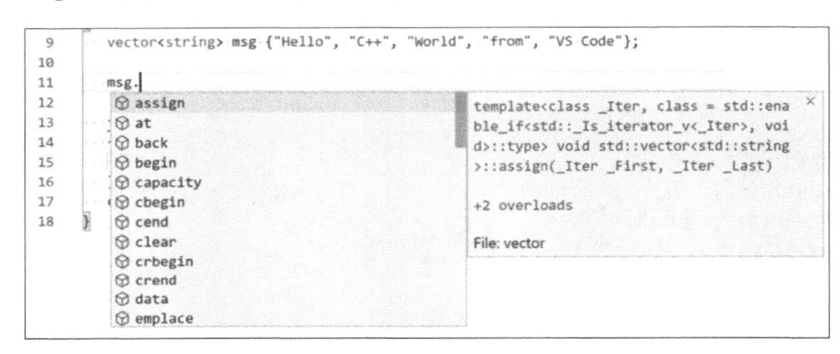


图 8-111　智能提示

### 2. 代码格式化

C/C++插件内置了 ClangFormat 代码格式化构建，为 C/C++提供了代码格式化的支持。

Visual Studio Code 提供了以下两种代码格式化的操作。

- 格式化文档（Shift+Alt+F 快捷键）：格式化当前的整个文件。
- 格式化选定文件（Ctrl+K→Ctrl+F 快捷键）：格式化当前文件所选定的文本。

除了通过主动调用进行代码格式化，还可以通过以下设置来自动触发代码格式化。

- editor.formatOnType：在输入一行后，自动格式化当前行（通过;字符触发）。
- editor.formatOnSave：在保存时格式化文件。

默认情况下，C/C++插件会优先查找当前工作区中的.clang-format 配置文件来应用 ClangFormat 的代码格式化样式。如果没有找到.clang-format 文件，那么 C/C++插件会使用 C_Cpp.clang_format_fallbackStyle 设置项来应用 ClangFormat 的代码格式化样式。默认的格式化样式是 Visual Studio 样式，如下所示。

```
UseTab: (使用 Visual Studio Code 的当前设置)
IndentWidth: (使用 Visual Studio Code 的当前设置)
BreakBeforeBraces: Allman
AllowShortIfStatementsOnASingleLine: false
```

```
IndentCaseLabels: false
ColumnLimit: 0
```

此外，你也可以通过 C_Cpp.clang_format_path 设置项来使用其他 ClangFormat 的代码格式化样式，而不是插件自带的，如下所示。

```
"C_Cpp.clang_format_path": "C:\\Program Files (x86)\\LLVM\\bin\\clang-format.exe"
```

### 3. 代码导航

对于 C/C++代码，在编辑区域的右键菜单中可以看到以下几种主要的代码导航方式。

- Go to Definition（转到定义）：跳转到定义当前符号的代码，快捷键为 F12。
- Peek Definition（查看定义）：与 Go to Definition 类似，但会直接在内联编辑器中展示定义的代码，快捷键为 Alt+F12。
- Go to Declaration（转到声明）：跳转到声明当前符号的代码。
- Peek Declaration（查看声明）：与 Go to Declaration 类似，但会直接在内联编辑器中展示声明的代码。
- Go to References（转到引用）：跳转到引用当前符号的代码，快捷键为 Shift+F12。

### 4. 代码片段

C/C++插件提供了一系列常用的 C/C++代码片段。在编写 C/C++代码时，会有相应代码片段的提示。此外，你也可以通过 Ctrl+Space 快捷键来主动触发代码片段的提示。

如图 8-112 所示，在 C/C++文件中输入 for 之后，提示列表中会列出 for 语句的代码片段的选项。

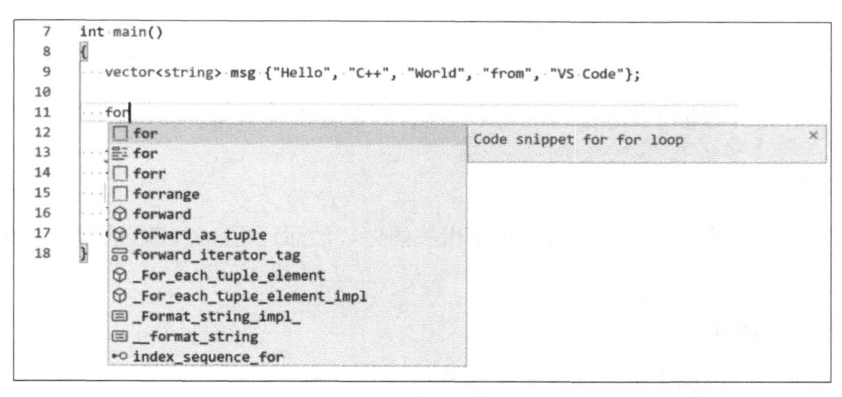


图 8-112　for 语句的代码片段的选项

### 5. 搜索符号

通过 Ctrl+Shift+O 快捷键，可以快速地对当前文件中的所有符号进行搜索。

通过 Ctrl+T 快捷键，可以快速地对当前工作区中的所有符号进行搜索。

### 8.7.5　C/C++插件推荐

让我们再来看一看还有哪些好用的 C/C++插件可以提升 C/C++的开发效率。

#### 1. CMake Tools

CMake Tools 插件由 vector-of-bool 创建开发，目前已经转由微软来维护开发，为 Visual Studio Code 提供了 CMake 项目的支持。

#### 2. vscode-clangd

vscode-clangd 插件基于 Clang C++编译器为 C/C++提供了如下所示的 IDE 级别的功能。

- 代码编译
- 编译错误及警告的信息提示
- 代码跳转
- 代码格式化
- 重构
- 引用管理

#### 3. C/C++ Project Generator

C/C++ Project Generator 可以快速帮助开发者生成 C 或 C++项目。

#### 4. Native Debug

Native Debug 提供了不错的调试功能，支持 GDB 和 LLDB。

## 8.8　Go

微软官方开发并维护了 Go 插件，为 Go 语言开发提供了丰富的支持。

### 8.8.1　快速开始

开始之前，我们需要安装 Go 编译器及相关插件，然后运行一个 Go 语言的 Hello World 程序。

#### 1. 安装 Go 编译器

访问 Go 语言官网的下载页面（见参考资料[40]），根据你的开发平台下载安装程序并进行安装。

#### 2. 验证 Go 开发环境

安装完成后，需要确保 Go 编译器的路径已经被添加到 PATH 环境变量中。通过下面的方式，可以验证是否成功安装了 Go 编译器。

打开一个新的命令行，在命令行中输入以下命令，以验证 Go 编译器是否正确安装。

```
go version
```

如果 Go 编译器安装成功，那么在命令行中就会输出 Go 编译器的版本信息。

### 3. 安装插件

在 Visual Studio Code 内置的插件管理视图中，搜索并安装以下插件。

- Go 插件：由微软官方开发并维护，提供了丰富的 Go 语言开发支持。
- Code Runner 插件：一键运行代码，支持 40 多种语言，其中也包括 Go。

### 4. 启动 Visual Studio Code

在命令行中，通过下面的命令创建一个名为 hello 的空文件夹，然后切换到这个文件夹，并在 Visual Studio Code 中打开它。

```
mkdir hello
cd hello
code .
```

### 5. 创建 Go 语言文件

如图 8-113 所示，单击 New File 按钮，创建一个名为 hello.go 的文件。文件创建成功后会自动在编辑区域中打开。

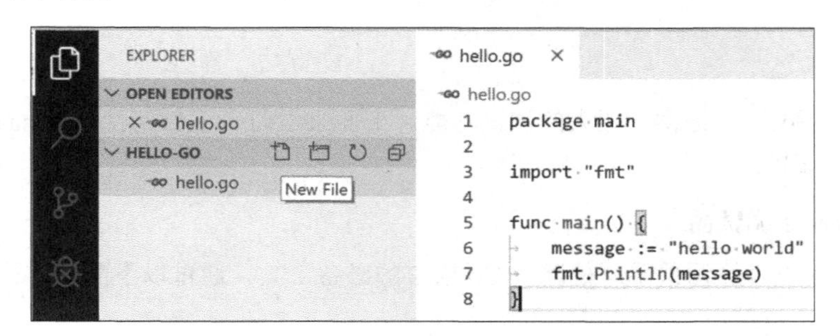


图 8-113　创建 Go 语言文件

在创建的 hello.go 语言文件中输入以下 Go 语言代码。

```
package main

import "fmt"

func main() {
    message := "hello world"
    fmt.Println(message)
}
```

### 6. 运行 Go 语言文件

在 7.3 节中，我们了解到 Code Runner 插件可以一键运行各类语言，其中也包括 Go 语言。

如图 8-114 所示，在 hello.go 文件的右键菜单中选择 Run Code 命令，可以运行 Go 语言代码，之后可以在输出面板中看到代码的运行结果。

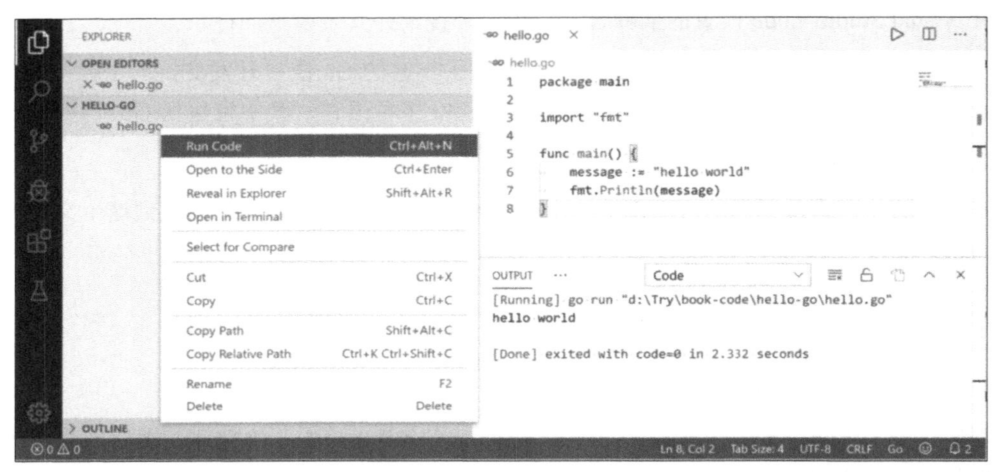


图 8-114　运行 Go 语言代码

## 8.8.2　调试

Go 插件为 Go 语言提供了强大的调试功能。下面来学习一下如何使用 Visual Studio Code 对 Go 语言进行调试。

### 1. 安装 Delve 调试器

Delve 是 Go 语言的调试器，是调试 Go 语言的必备工具。通过以下两种方式可以安装该调试器。

- 通过 Ctrl+Shift+P 快捷键打开命令面板，然后输入并执行 Go: Install/Update Tools 命令，选择 dlv，再单击 OK 按钮。
- 通过 go get 命令进行安装，如下所示。

```
go get -u github.com/go-delve/delve/cmd/dlv
```

### 2. 创建 launch.json 文件

如图 8-115 所示，通过左侧的活动栏切换到调试视图，单击 create a launch.json file 链接，Visual Studio Code 会在.vscode 文件夹中创建一个 launch.json 调试配置文件。

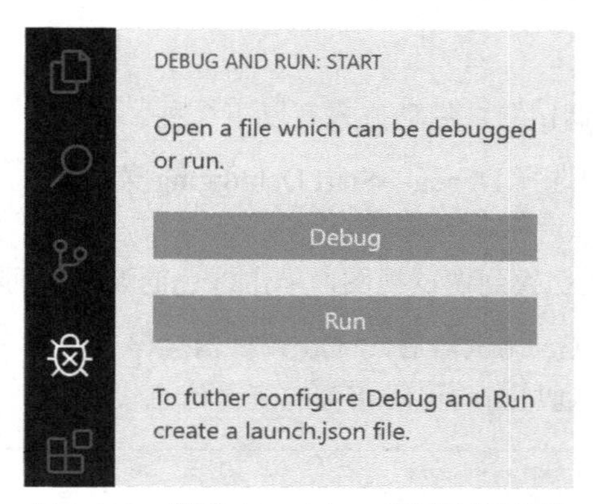


图 8-115　创建 launch.json 调试配置文件

launch.json 文件中的内容如下所示。

```
{
    "version": "0.2.0",
    "configurations": [
        {
            "name": "Launch",
            "type": "go",
            "request": "launch",
            "mode": "auto",
            "program": "${fileDirname}",
            "env": {},
            "args": []
        }
    ]
}
```

### 3. 添加断点

打开你需要调试的 Go 语言文件，在相应的代码行处按下 F9 快捷键来添加断点，或者单击编辑区域左侧的边槽添加断点。如图 8-116 所示，添加断点后，左侧的边槽会出现一个红色圆点。

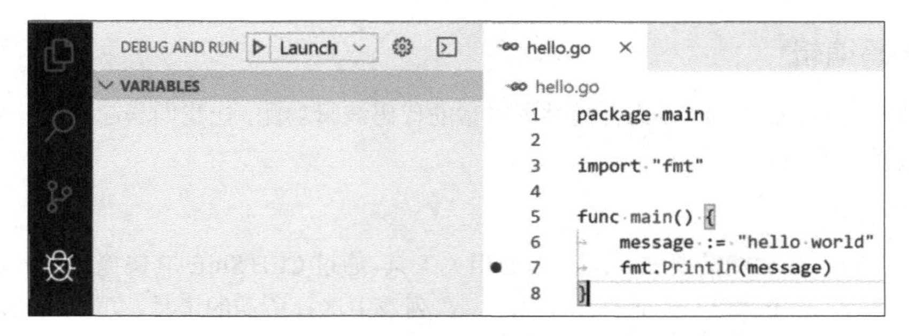


图 8-116　添加断点后，左侧的边槽会出现一个红色圆点

#### 4. 调试 Go 语言文件

接下来，可以启动 Go 调试器，启动方式有以下 3 种。

- 在顶部的菜单栏中选择 Debug→Start Debugging 菜单项。
- 使用 F5 快捷键。
- 通过左侧的活动栏切换到调试视图，单击绿色的调试按钮。

如图 8-117 所示，启动 Go 调试器后， Go 调试器会停在第一个断点处并打开调试控制台，在左侧的调试视图中可以看到与当前代码相关的变量信息。

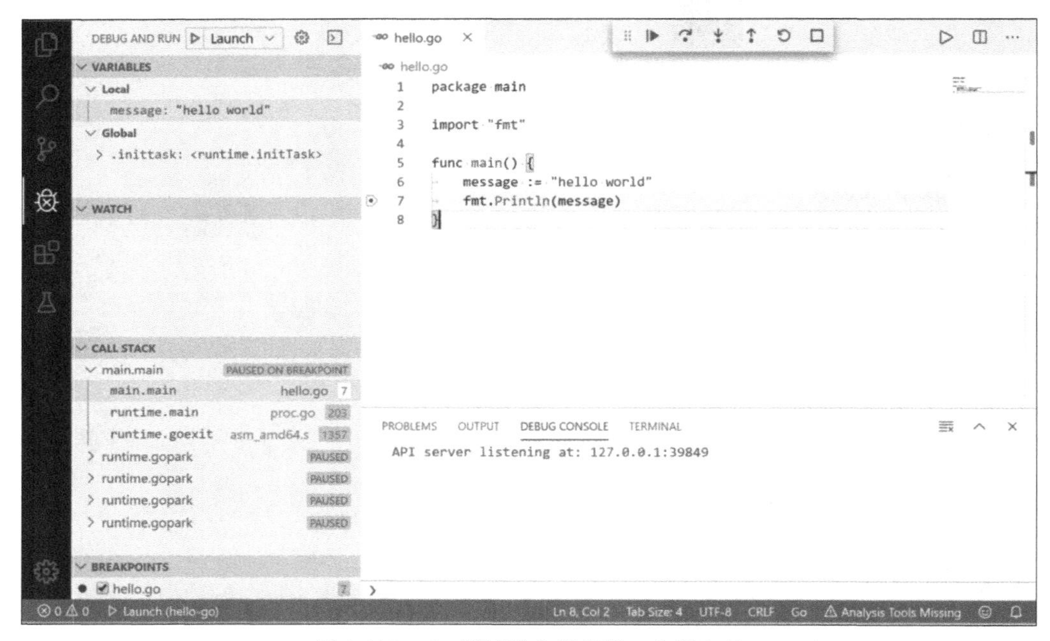


图 8-117　Go 调试器会停在第一个断点处

单击调试工具栏中的红色停止按钮，或者使用 Shift+F5 快捷键，就能退出调试。

### 8.8.3　代码编辑

微软开发的 Go 插件为 Go 语言提供了丰富的代码编辑功能，让我们一起来看一看有哪些有用的代码编辑功能吧！

#### 1. 安装依赖

代码编辑的部分功能需要安装第三方的相关工具。通过 Ctrl+Shift+P 快捷键打开命令面板，然后输入并执行 Go: Install/Update Tools 命令，在列表中选择所需的工具，再单击 OK 按钮进行安装或更新，如图 8-118 所示。

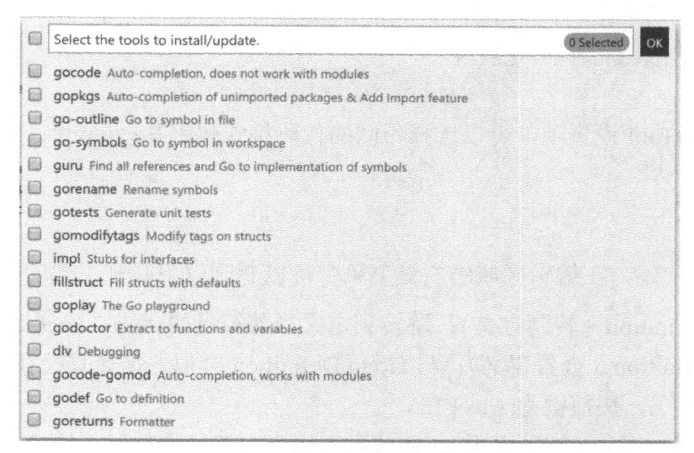


图 8-118　选择所需的工具

### 2. IntelliSense

IntelliSense 提供了代码补全的功能，可以显示悬停信息、参数信息、快速信息等。如图 8-119 所示，通过 Ctrl+Space 快捷键可以在任何时候触发智能提示。

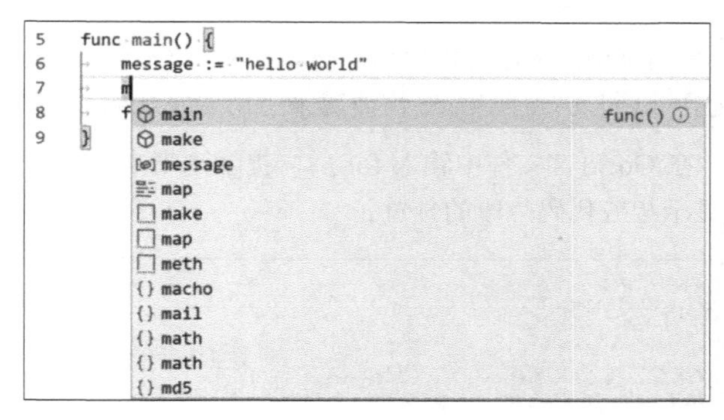


图 8-119　智能提示

此外，通过把 go.autocompleteUnimportedPackages 设置为 true，可以在没有导入相应软件包的情况下获得代码提示。选中建议的代码也会自动导入相应的软件包。

### 3. 代码格式化

Go 插件为 Go 语言提供了代码格式化的支持，代码格式化的操作有以下两种。

- 格式化文档（Shift+Alt+F 快捷键）：格式化当前的整个文件。
- 格式化选定文件（Ctrl+K→Ctrl+F 快捷键）：格式化当前文件所选定的文本。

默认情况下，在每次保存 Go 语言文件时都会自动触发代码格式化。你也可以通过在 settings.json 文件中进行如下所示的设置来禁用 Go 语言的自动代码格式化。

```
"[go]": {
      "editor.formatOnSave": false
   }
```

通过 go.formatTool 设置项，可以选择不同的代码格式化工具：gofmt、goformat、goreturns 或 goimports。

#### 4. 代码导航

对于 Go 语言代码，在编辑区域的右键菜单中可以看到以下几种主要的代码导航方式。

- Go to Definition（转到定义）：跳转到定义当前符号的代码，快捷键为 F12。
- Peek Definition（查看定义）：与 Go to Definition 类似，但会直接在内联编辑器中展示定义的代码，快捷键为 Alt+F12。
- Go to References（转到引用）：跳转到引用当前符号的代码，快捷键为 Shift+F12。
- Go to Type Definition（转到类型定义）：跳转到当前符号的类型定义。

此外，通过 Ctrl+Shift+P 快捷键打开命令面板，然后输入并执行 Go: Toggle Test File 命令，可以在 Go 语言文件与相应的测试文件之间进行跳转。

#### 5. 代码片段

Go 插件提供了一系列常用的 Go 语言代码片段。在编写 Go 语言代码时，会有相应代码片段的提示。此外，你也可以通过 Ctrl+Space 快捷键来主动触发代码片段的提示。

如图 8-120 所示，在 Go 语言文件中输入 for 后，提示列表中会列出 for 代码片段的选项，选中某个选项，便会显示相应代码片段的预览。

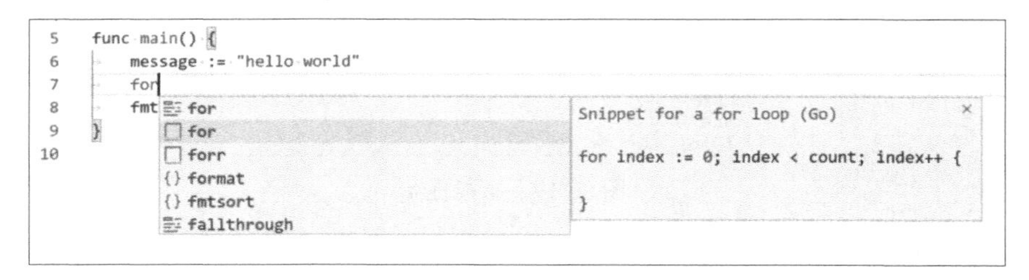


图 8-120 for 代码片段的选项

#### 6. 搜索符号

通过 Ctrl+Shift+O 快捷键，可以快速地对当前文件中的所有符号进行搜索。

通过 Ctrl+T 快捷键，可以快速地对当前工作区中的所有符号进行搜索。

#### 7. 构建与静态代码检查

当保存 Go 语言文件时，Go 插件可以根据设置来运行 go build、go vet 及静态代码检查。通过以下设置项可以控制相应的功能。

- go.buildOnSave
- go.buildFlags
- go.vetOnSave
- go.vetFlags
- go.lintOnSave
- go.lintFlags
- go.lintTool
- go.testOnSave

静态代码检查工具（go.lintTool）可以被设置为 golint、gometalinter、golangci-lint、revive 或 staticcheck。

### 8.8.4 测试

Go 插件为 Go 语言提供了单元测试的支持，主要包含以下功能。

- 为当前函数、软件包或文件生成测试代码。
- 运行不同范围的单元测试：当前光标处的函数、当前文件、当前软件包或整个工作区。
- 运行基准测试。
- 显示代码覆盖率。

如图 8-121 所示，通过 Ctrl+Shift+P 快捷键打开命令面板，然后输入并执行 Go: Test，可以查看与测试相关的命令列表。

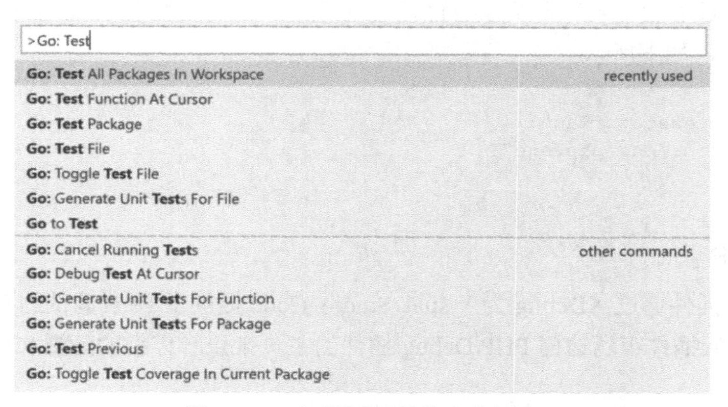


图 8-121 与测试相关的命令列表

## 8.9 更多语言支持

在本章中，我们深入学习了如何使用 Visual Studio Code 开发 Python、JavaScript、TypeScript、

Java、C#、C/C++和 Go 语言。在本节中，我们将快速地了解一下 Visual Studio Code 对其他编程语言的支持。但是，Visual Studio Code 支持的编程语言远不止于此，读者可以自己去探索和发掘对其他更多语言的支持。

## 8.9.1 PHP

Visual Studio Code 内置了对 PHP 的支持，包括语法高亮、括号匹配、IntelliSense、代码片段提示及静态代码检查等功能。

### 1. 静态代码检查

Visual Studio Code 使用官方的 PHP 静态代码检测工具（php -l）对代码进行诊断。通过以下 3 个设置项可以控制 PHP 静态代码检测的功能。

- php.validate.enable：是否开启 PHP 静态代码检测，默认值为 true。
- php.validate.executablePath：设置 PHP 可执行文件的路径。如果 PHP 的路径没有被添加到 PATH 环境变量中，则需要配置这个设置项。
- php.validate.run：设置静态代码检测的触发条件，其值如下所示。
  - onSave：默认值，在保存时自动格式化当前文件。
  - onType：在输入代码时自动格式化当前行。

### 2. 运行 PHP

在 7.3 节中，我们了解到 Code Runner 插件可以一键运行各类语言，其中也包括 PHP。

如果 PHP 的路径没有被添加到 PATH 环境变量中，则需要配置 code-runner.executorMap 来指定 PHP 的路径，如下所示。

```
{
    "code-runner.executorMap": {
        "php": " c:/php/php.exe"
    }
}
```

### 3. 调试 PHP

PHP Debug 插件通过 XDebug 为 Visual Studio Code 提供了 PHP 调试的支持。读者可以在 Visual Studio Code 插件市场访问 PHP Debug 插件的主页来查看详细的配置与使用介绍。

## 8.9.2 Rust

Rust 作为近年来编程语言界一颗冉冉升起的新星，也必然少不了 Visual Studio Code 的支持。除了 Visual Studio Code 内置的对 Rust 的语法高亮和括号匹配的支持，我们还可以安装 Rust (rls) 插件（插件 ID：rust-lang.rust）以获得更丰富的支持。Rust (rls)插件由 Rust Language Server（RLS）

驱动，主要功能如下所示。

- 代码导航
- 代码自动补全
- 代码格式化
- 重构
- 快速修复
- 代码片段提示
- 构建任务

在使用 Rust (rls)插件前，需要通过 rustup（见参考资料[41]）安装 Rust。

### 8.9.3 Dart

近几年，随着跨平台 UI 框架 Flutter 的兴起，其核心开发语言 Dart 也有着不错的表现。由 Dart Code 团队（见参考资料[42]）开发的 Dart 插件为 Visual Studio Code 提供了强大的 Dart 开发的支持，其主要功能包括但不限于：

- 语法高亮
- 代码导航
- 代码自动补全
- 代码格式化
- 重构
- 代码片段提示
- 调试 Dart 应用程序

此外，Dart 插件还为 Flutter 移动应用和 AngularDart Web 应用开发提供了支持。如果需要更全面的 Flutter 开发支持，则可以安装同样由 Dart Code 团队开发的 Flutter 插件。

### 8.9.4 Ruby

Visual Studio Code 的 Ruby 插件由 Visual Studio Code 核心开发团队的工程师吕鹏（Peng Lv）开发并维护，为 Ruby 语言开发提供了丰富的支持，主要功能如下所示。

- 自动检测 Ruby 环境：rvm、rbenv、chruby 及 asdf。
- 通过 RuboCop、Standard 或 Reek 进行静态代码检查。
- 对 RuboCop、Standard、Rufo 或 RubyFMT 进行代码格式化。
- 代码折叠。
- 语法高亮。
- 智能提示。

如果想要获得更好的 Ruby 开发体验，推荐启用 Ruby Language Server（Ruby 语言服务），启用设置如下所示。

```
{
    "ruby.useLanguageServer": true
}
```

以下是 Ruby 插件相关设置项的示例。

```
{
    "ruby.useBundler": true,
    "ruby.useLanguageServer": true,
    "ruby.lint": {
        "rubocop": {
            "useBundler": true
        },
        "reek": {
            "useBundler": true
        }
    },
    "ruby.format": "rubocop"
}
```

## 8.9.5 Lua

Visual Studio Code 对 Lua 也有着不错的支持，这里推荐两个比较好的插件。

### 1. Lua 插件

由 sumneko 开发的 Lua 插件（插件 ID：sumneko.lua）主要包含以下功能。

- 代码导航
- 智能提示
- 语法检查
- 语法高亮
- EmmyLua 注释的自动补全

### 2. Lua Debug 插件

Lua Debug 插件（插件 ID：actboy168.lua-debug）为 Lua 提供了调试支持。除了支持常用的调试功能，还支持远程调试及 WSL。

## 8.9.6 R

R 语言主要用于统计分析、绘图、数据挖掘等方向。相比于 RStudio 集成开发环境，Visual Studio Code 为 R 语言提供了更轻量级的开发环境。推荐使用以下两个 R 语言的插件。

#### 1. R 插件

由 Yuki Ueda 开发的 R 插件（插件 ID：Ikuyadeu.r）主要包含以下功能。

- 运行 R 语言文件和代码片段。
- 运行 R 语言函数。
- 运行 R 语言集成终端。
- 支持使用扩展语法：R 语言 Markdown、R 语言文档等。
- 创建 R 语言项目的.gitignore 文件。
- 支持数据查看器。
- 支持环境变量查看器。

在使用 R 插件前，需要根据不同的系统设置 R 语言可执行文件的路径，不同系统对应的设置项如下所示。

- Windows：r.rterm.windows。
- macOS：r.rterm.mac。
- Linux：r.rterm.linux。

例如，在 Windows 中，可以根据 R 语言可执行文件的实际安装路径进行如下所示的设置。

```
{
    "r.rterm.windows": "C:\\Program Files\\R\\R-3.5.0\\bin\\x64\\R.exe"
}
```

#### 2. R LSP Client 插件

R LSP Client 插件（插件 ID：REditorSupport.r-lsp）由 R Language Server 驱动。R Language Server 已经在 Atom、Sublime Text、NeoVim、Emacs 等开发工具的 R 语言插件中得到广泛使用。

Visual Studio Code 的 R LSP Client 插件主要包含以下功能。

- 代码导航
- 自动补全
- 代码格式化
- 静态代码检查

在使用 R LSP Client 插件前，需要在 settings.json 文件中设置 R 语言可执行文件的路径，如下所示。

```
{
    "r.lsp.path": "/usr/bin/R"
}
```

### 8.9.7 Matlab

Visual Studio Code 为 Matlab 提供了特别轻量级的开发环境，这里推荐使用以下两个 Matlab 的插件。

#### 1. Matlab 插件

由 Xavier Hahn 开发的 Matlab 插件（插件 ID：Gimly81.matlab）主要包含以下功能。

- 语法高亮
- 代码片段
- 通过 mlint 进行静态代码检查

如果要使用静态代码检查的功能，则需要在 settings.json 文件中设置 mlint 的路径，如下所示。

```
{
    "matlab.mlintpath": "/Applications/MATLAB_R2016a.app/bin/maci64/mlint"
}
```

#### 2. matlab-formatter 插件

由 AffenWiesel 开发的 matlab-formatter 插件（插件 ID：AffenWiesel.matlab-formatter）为 Matlab 提供了代码格式化的支持。使用此插件需要安装 Python 3。

### 8.9.8 D

D Programming Language 插件（插件 ID：webfreak.code-d）为 Visual Studio Code 提供了 D 语言开发的支持，功能包括但不限于：

- 语法高亮
- 自动补全
- 代码格式化
- 静态代码检查
- 代码导航
- 自动修复

在使用 D Programming Language 插件前，需要安装 D 语言编译器，可以从参考资料[43]下载安装程序。

### 8.9.9 F#

F#在函数式编程语言中占有一席之地。Visual Studio Code 的 Ionide-fsharp 插件为 F#提供了 IDE 级别的支持，功能包括但不限于：

- 语法高亮
- 自动补全
- 错误提示及相应的快速修复
- 代码导航
- 代码格式化
- 重构
- 调试
- 支持 F#交互式窗口
- 创建 F#项目
- 构建 F#项目
- 支持项目管理器

在使用 Ionide-fsharp 插件前，需要安装.NET Core SDK，可以从参考资料[44]下载安装程序。

由于 F#是.NET 平台的一员，所以许多 Visual Studio Code 的.NET 插件也支持 F#，比如：

- .NET Core Tools
- .NET Core Test Explorer
- vscode-solution-explorer
- MSBuild project tools
- NuGet Package Manager

# 第 9 章

# 前端开发

Visual Studio Code 使用前端技术栈（HTML、CSS 和 TypeScript）开发而成。同时，Visual Studio Code 对前端开发也提供了极佳的支持。

## 9.1 HTML

Visual Studio Code 内置了对 HTML 的支持，包括语法高亮、代码补全、代码格式化等各类功能。

### 9.1.1 IntelliSense

在 HTML 文件中编写代码时，Visual Studio Code 提供了强大的智能提示。

如图 9-1 所示，在输入<字符后，提示列表除了列出了 HTML 标签，还列出了</div>作为候补选项。

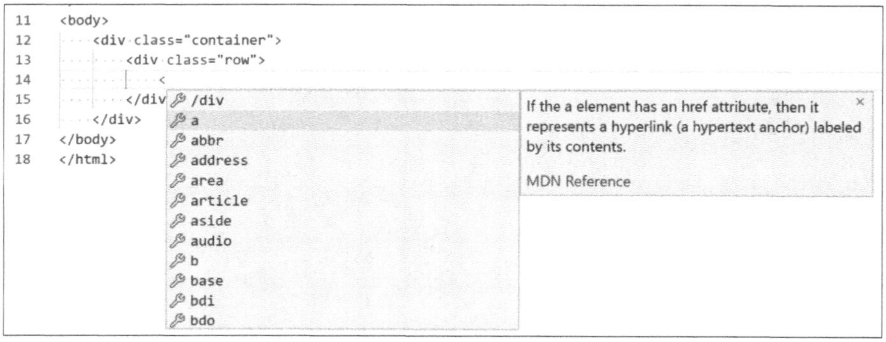

```
11  <body>
12      <div class="container">
13          <div class="row">
14              <
15          </div
16      </div>
17  </body>
18  </html>
```

```
/div
a
abbr
address
area
article
aside
audio
b
base
bdi
bdo
```

If the a element has an href attribute, then it represents a hyperlink (a hypertext anchor) labeled by its contents.

MDN Reference

图 9-1　HTML 的智能提示

此外，通过 Ctrl+Space 快捷键可以在任何时候触发智能提示。

## 9.1.2　自动闭合标签

假设有如下所示的 HTML 代码。

```
<body>
    <div
```

在输入>字符后，Visual Studio Code 会自动插入闭合标签，如下所示。

```
<body>
    <div></div>
```

假设有如下所示的 HTML 代码。

```
<body>
    <div>
    </div>
<
```

在输入/字符后，Visual Studio Code 会自动插入闭合标签，如下所示。

```
<body>
    <div>
    </div>
</body>
```

可以通过以下设置来禁用自动闭合标签的功能。

```
"html.autoClosingTags": false
```

## 9.1.3　颜色选择器

对于嵌入 HTML 文件的 CSS 样式，Visual Studio Code 也支持颜色选择器。如图 9-2 所示，把鼠标悬停在颜色定义（#203AAD）上，会显示颜色选择器。单击颜色选择器顶部的颜色字符串（rgb(32, 58,173)），可以切换不同的颜色模式：#203AAD、rgb(32, 58,173)及 hsl(229, 69%, 40%)。

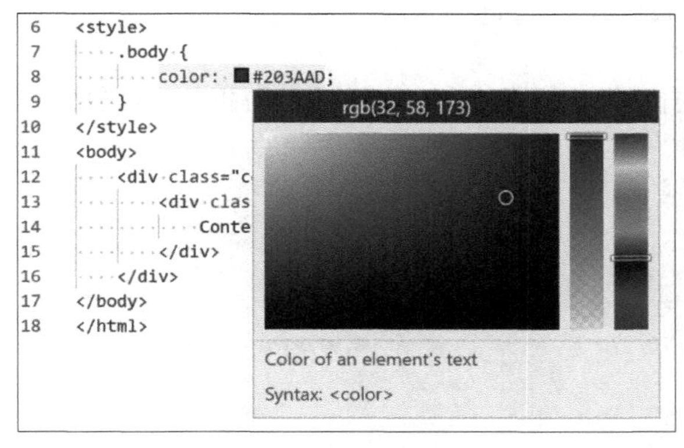


图 9-2　颜色选择器

## 9.1.4 验证嵌入的 JavaScript 和 CSS

Visual Studio Code 支持对嵌入 HTML 文件的 JavaScript 脚本和 CSS 样式进行语法验证。

可以通过以下设置来禁用或启用验证功能，默认为开启状态。

```
//是否对嵌入的脚本进行验证
"html.validate.scripts": true,
//是否对嵌入的样式进行验证
"html.validate.styles": true
```

## 9.1.5 代码折叠

通过单击行号与代码之间的折叠图标，Visual Studio Code 支持对 HTML 代码进行代码折叠。如图 9-3 所示，单击 body 标签左侧的折叠图标，可以把 body 标签内的代码折叠起来。

```
index.html > html > head > title
1      <!DOCTYPE html>
2   ∨ <html>
3   ∨ <head>
4         <title>Page Title</title>
5      </head>
6   ∨ <style>
7   ∨     .body {
8             color: hsl(229, 69%, 40%);
9         }
10     </style>
11  > <body>…
17     </body>
18     </html>
```

图 9-3 代码折叠

此外，你还可以通过区域标记（<!-- #region -->和<!-- endregion -->）来定义代码折叠的范围。

可以通过以下设置来切换折叠的策略。

```
"[html]": {
    "editor.foldingStrategy": "indentation"
},
```

图 9-4 中所展示的代码使用了区域标记来定义代码折叠的范围。

```
index.html > html > head > title
1      <!DOCTYPE html>
2      <html>
3   ∨ <head>
4         <title>Page Title</title>
5      </head>
6   ∨ <!-- #region -->
7   ∨ <style>
8   ∨     .body {
9             color: hsl(229, 69%, 40%);
10        }
11     </style>
12  > <body>…
18     </body>
19     </html>
20     <!-- #endregion -->
```

图 9-4 使用区域标记来定义代码折叠的范围

### 9.1.6 代码格式化

Visual Studio Code 为 HTML 语言提供了代码格式化的支持，代码格式化的操作有以下两种。

- 格式化文档（Shift+Alt+F 快捷键）：格式化当前的整个文件。
- 格式化选定文件（Ctrl+K→Ctrl+F 快捷键）：格式化当前文件所选定的文本。

HTML 代码格式化是基于 js-beautify npm 库进行的，通过以下设置可以对 HTML 代码格式化进行定制化。

```
//以逗号分隔的标签列表，其中的内容（不包括标签）不会被重新格式化。若该选项值为 null，则默认包含 pre 标签
"html.format.contentUnformatted": "pre,code,textarea",

// 启用或禁用默认 HTML 格式化程序
"html.format.enable": true,

// 以新行结束
"html.format.endWithNewline": false,

// 以逗号分隔的标签列表，每个标签之前将有额外的新行。若该选项值为 null，则默认包
// 含 "head, body, /html"
"html.format.extraLiners": "head, body, /html",

// 对 {{#foo}}和{{/foo}}进行格式化并缩进
"html.format.indentHandlebars": false,

// 缩进 <head>和<body>部分
"html.format.indentInnerHtml": false,

// 保留一个区块中的换行符的最大数量。若该选项值为 null，则没有限制
"html.format.maxPreserveNewLines": null,

// 控制是否保留元素前已有的换行符。仅适用于元素前，不适用于标签内或文本
"html.format.preserveNewLines": true,

// 以逗号分隔的标签列表，标签和其中的内容不会被重新格式化。若该选项值为 null，则默认包含所有列
// 于 https://www.w3.org/TR/html5/dom.html#phrasing-content 上的标签
"html.format.unformatted": "wbr",

// 对属性进行换行
// - auto: 仅在超出行长度时才对属性进行换行
// - force: 对除第一个属性外的其他属性进行换行
// - force-aligned: 对除第一个属性外的其他属性进行换行，并保持对齐
// - force-expand-multiline: 对每个属性进行换行
// - aligned-multiple: 当超出折行长度时，将属性进行垂直对齐
// - preserve: 保留属性的包装
// - preserve-aligned: 保留属性的包装，并保持对齐
"html.format.wrapAttributes": "auto",
```

```
// 每行最大字符数（0=禁用）
"html.format.wrapLineLength": 120,
```

### 9.1.7 自定义 HTML 数据格式

Visual Studio Code 可以自定义额外的 HTML 数据格式。自定义的 HTML 标签、属性及属性的值可以获得自动补全、显示悬停信息等功能。

首先，我们定义一个 HTML 数据格式文件，文件需要以.html-data.json 结尾。文件的顶层属性格式如下所示。

```
{
    "version": 1.1,
    "tags": [],
    "globalAttributes": [],
    "valueSets": []
}
```

接着，在工作区创建一个名为 html.html-data.json 的 HTML 数据格式文件，文件中的内容如下所示。

```
{
    "version": 1.1,
    "tags": [
        {
            "name": "foo",
            "description": "The foo element",
            "attributes": [
                {
                    "name": "bar"
                },
                {
                    "name": "baz",
                    "values": [
                        {
                            "name": "baz-val-1"
                        }
                    ]
                }
            ]
        }
    ],
    "globalAttributes": [
        {
            "name": "fooAttr",
            "description": "Foo Attribute"
        },
        {
            "name": "xattr",
            "description": "X attributes",
```

```
            "valueSet": "x"
        }
    ],
    "valueSets": [
        {
            "name": "x",
            "values": [
                {
                    "name": "xval",
                    "description": "x value"
                }
            ]
        }
    ]
}
```

然后，在 settings.json 文件中通过 html.customData 设置项引用相应的 HTML 数据格式文件，如下所示。

```
{
    "html.customData": ["./html.html-data.json"]
}
```

接下来，重新加载当前的 Visual Studio Code 窗口。如图 9-5 所示，在 foo 标签的后面输入字符 b，就会有通过 HTML 数据格式定义的属性（bar 和 baz）的提示。这样，新的 HTML 数据格式便生效了。

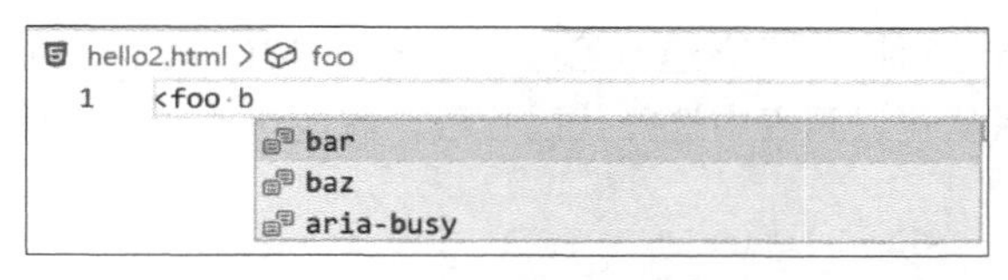


图 9-5　HTML 属性的提示

## 9.1.8　HTML 插件推荐

让我们再来看一看还有哪些好用的 HTML 插件，可以用来提升 HTML 的开发效能。

### 1. HTMLHint

HTMLHint 插件是基于 htmlhint npm 库进行开发的，可以为 HTML 文件提供静态代码检查。在根目录中创建一个.htmlhintrc 文件可以用于配置静态代码检查的规则，以下是默认的规则。

```
{
    "tagname-lowercase": true,
    "attr-lowercase": true,
    "attr-value-double-quotes": true,
    "doctype-first": true,
    "tag-pair": true,
    "spec-char-escape": true,
```

```
    "id-unique": true,
    "src-not-empty": true,
    "attr-no-duplication": true,
    "title-require": true
}
```

### 2. lit-html

lit-html 基于 lit-html 模板库，为嵌入 JavaScript 和 TypeScript 模板字符串中的 HTML 提供了完善的功能，包括但不限于：

- 语法高亮
- 智能提示
- 显示悬停信息
- 代码格式化
- 自动闭合标签
- 代码折叠

下面的 JavaScript 代码是使用 lit-html 的示例。

```
let myTemplate = (data) => html`
  <h1>${data.title}</h1>
  <p>${data.body}</p>`;
```

### 3. HTML Boilerplate

HTML Boilerplate 插件可以快速地创建一个 HTML 文件。在 HTML 文件中输入 html5-boilerplate，然后从建议列表中选择代码片段，就能快速创建出如下所示的 HTML 代码。

```
<!DOCTYPE html>
<!--[if lt IE 7]>      <html class="no-js lt-ie9 lt-ie8 lt-ie7"> <![endif]-->
<!--[if IE 7]>         <html class="no-js lt-ie9 lt-ie8"> <![endif]-->
<!--[if IE 8]>         <html class="no-js lt-ie9"> <![endif]-->
<!--[if gt IE 8]><!--> <html class="no-js"> <!--<![endif]-->
    <head>
        <meta charset="utf-8">
        <meta http-equiv="X-UA-Compatible" content="IE=edge">
        <title></title>
        <meta name="description" content="">
        <meta name="viewport" content="width=device-width, initial-scale=1">
        <link rel="stylesheet" href="">
    </head>
    <body>
        <!--[if lt IE 7]>
            <p class="browsehappy">You are using an <strong>outdated</strong> browser
. Please <a href="#">upgrade your browser</a> to improve your experience.</p>
        <![endif]-->

        <script src="" async defer></script>
```

```
    </body>
</html>
```

# 9.2　CSS、SCSS 和 Less

Visual Studio Code 为 CSS、SCSS 和 Less 提供了丰富的支持。

## 9.2.1　IntelliSense

如图 9-6 所示，输入 CSS 属性时，会有相应的提示列表。

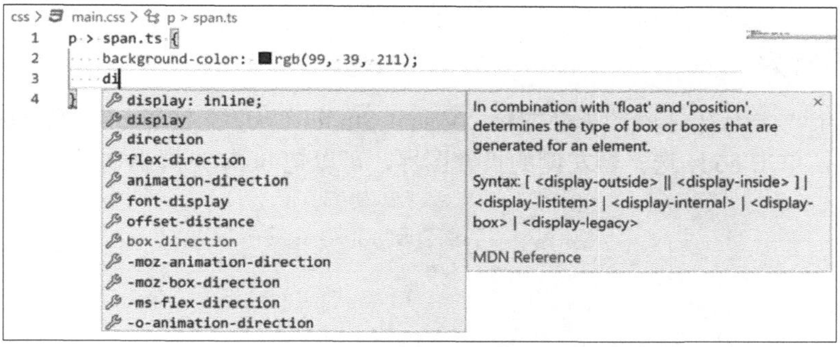

```
css > main.css > p > span.ts
1  p > span.ts {
2      background-color: rgb(99, 39, 211);
3      di
4  }
       display: inline;
       display
       direction
       flex-direction
       animation-direction
       font-display
       offset-distance
       box-direction
       -moz-animation-direction
       -moz-box-direction
       -ms-flex-direction
       -o-animation-direction

In combination with 'float' and 'position', determines the type of box or boxes that are generated for an element.

Syntax: [ <display-outside> || <display-inside> ] | <display-listitem> | <display-internal> | <display-box> | <display-legacy>

MDN Reference
```

图 9-6　输入 CSS 属性时的提示列表

此外，通过 Ctrl+Space 快捷键在任何时候都可以触发智能提示。

## 9.2.2　颜色预览

如图 9-7 所示，在颜色定义的左侧有一个小方块，显示了 CSS 定义的颜色预览。

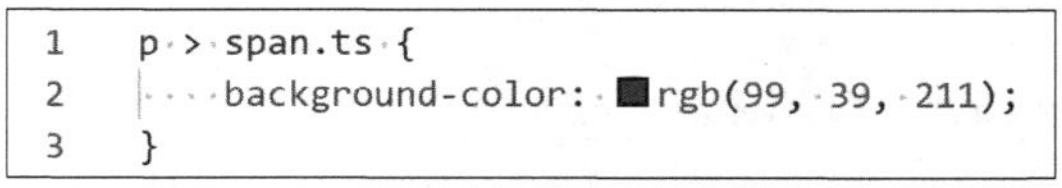

```
1  p > span.ts {
2      background-color: rgb(99, 39, 211);
3  }
```

图 9-7　颜色预览

可以通过以下设置来隐藏颜色预览。

```
"editor.colorDecorators": false
```

## 9.2.3　颜色选择器

如图 9-8 所示，把鼠标悬停在颜色定义（rgba(99, 39, 211, 0.76)）上，会显示颜色选择器。单击颜色选择器顶部的颜色字符串，可以切换不同的颜色模式。

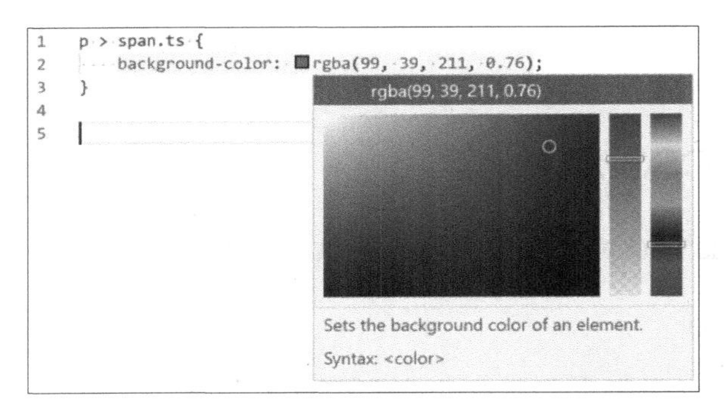


图 9-8　颜色选择器

## 9.2.4　代码折叠

通过单击行号与代码之间的折叠图标，Visual Studio Code 支持对 CSS 代码进行代码折叠。如图 9-9 所示，单击 body 选择器左侧的折叠图标，可以把 body 选择器内的代码进行折叠。

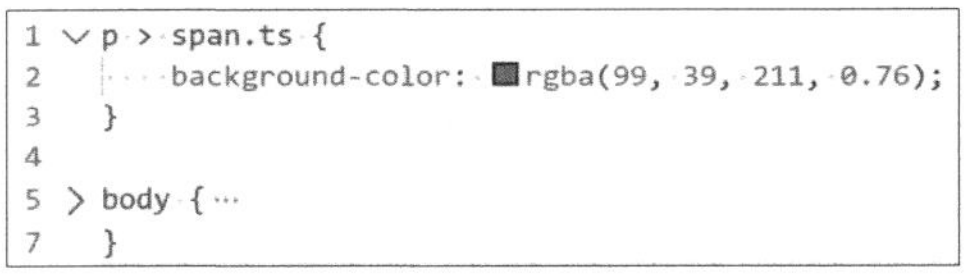

```
1 ∨ p > span.ts {
2       background-color: rgba(99, 39, 211, 0.76);
3     }
4
5 > body {…
7     }
```

图 9-9　代码折叠

此外，你还可以通过区域标记来定义代码折叠的范围，如下所示。

- CSS/SCSS/Less：/*#region*/和/*#endregion*/
- SCSS/Less：// #region 和// #endregion

可以通过以下设置来切换折叠的策略。

```
"[css]": {
    "editor.foldingStrategy": "indentation"
},
```

图 9-10 所展示的代码使用区域标记来定义代码折叠的范围。

```
1  ∨ p > span.ts {
2        background-color: rgba(99, 39, 211, 0.76);
3      }
4
5  ∨ /*#region*/
6  ∨ body {
7        color: blue;
8      }
9
10 ∨ p {
11       font-size: medium;
12     }
13     /*#endregion*/
```

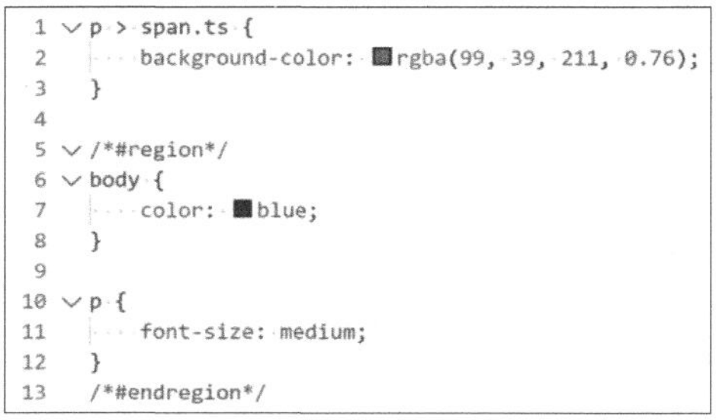

图 9-10　使用区域标记来定义代码折叠的范围

### 9.2.5　静态代码检查

Visual Studio Code 支持对 CSS、SCSS 和 Less 进行静态代码检查。

通过设置可以分别禁用或启用对 CSS、SCSS 和 Less 的静态代码检查，默认为开启状态，如下所示。

```
{
    "css.validate": true,
    "scss.validate": true,
    "less.validate": true
}
```

### 9.2.6　跳转到 CSS 符号

如图 9-11 所示，通过 Ctrl+Shift+O 快捷键，可以快速对当前文件中的所有 CSS 符号进行搜索。

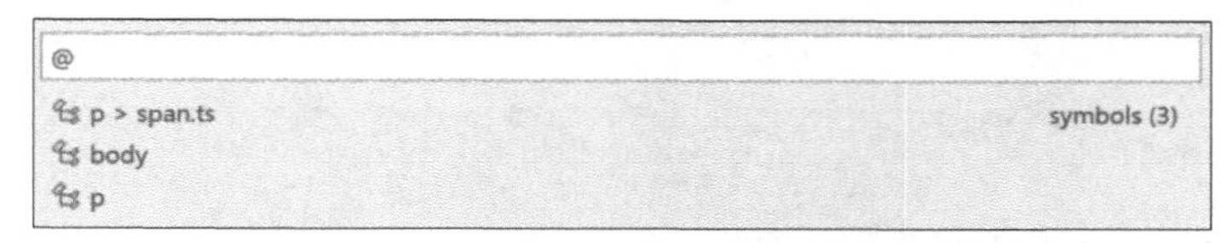


图 9-11　对 CSS 符号进行搜索

### 9.2.7　悬停预览

把鼠标放到 CSS 选择器上，可以预览匹配 CSS 选择器的 HTML 代码片段，如图 9-12 所示。

```
8     <p>
9       <span class="ts">
10
11    Selector Specificity: (0, 1, 2)
12    p > span.ts {
13        background-color: rgba(99, 39, 211, 0.76);
14    }
```

图 9-12　预览匹配 CSS 选择器的 HTML 代码片段

### 9.2.8　自定义 CSS 数据格式

Visual Studio Code 可以自定义额外的 CSS 数据格式。自定义的 CSS 属性、伪类等信息可以获得自动补全、显示悬停信息等功能。

首先，定义一个 CSS 数据格式文件，文件名需要以.css-data.json 结尾。文件的顶层属性格式如下所示。

```
{
    "version": 1.1,
    "properties": [],
```

```
    "atDirectives": [],
    "pseudoClasses": [],
    "pseudoElements": []
}
```

在工作区创建一个名为 css.css-data.json 的 HTML 数据格式文件，文件中的内容如下所示。

```
{
    "version": 1.1,
    "properties": [
        {
            "name": "my-size",
            "description": "Compiles down to `width` and `height`. See details at htt
ps://github.com/postcss/postcss-size",
            "references": [
                {
                    "name": "GitHub",
                    "url": "https://github.com/postcss/postcss-size"
                }
            ]
        }
    ],
    "pseudoClasses": [
        {
            "name": ":my-link",
            "description": ":any-link pseudo class. See details at https://preset-env
.cssdb.org/features#any-link-pseudo-class"
        }
    ]
}
```

然后，在 settings.json 文件中通过 css.customData 设置项引用相应的 CSS 数据格式文件，如下所示。

```
{
    "css.customData": ["./css.css-data.json"]
}
```

接下来，重新加载当前的 Visual Studio Code 窗口。如图 9-13 所示，在任何一个 CSS 选择器的属性中输入字符串 my，就会有通过 CSS 数据格式定义的属性（my-size）的提示、描述及参考链接。至此，新的 CSS 数据格式便生效了。

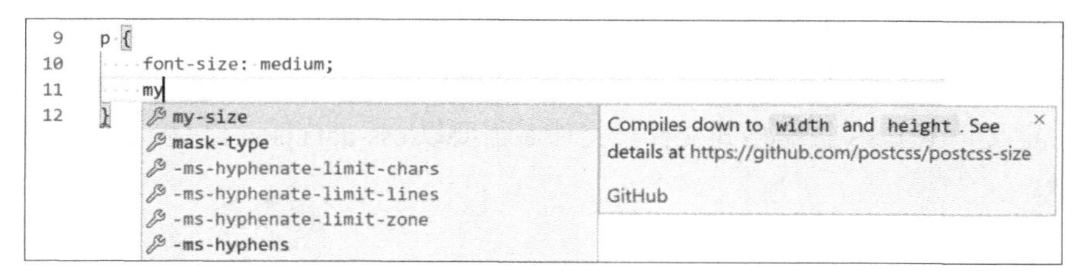


图 9-13 HTML 属性的提示

## 9.2.9 CSS 插件推荐

让我们再来看一看还有哪些好用的 CSS 插件。

### 1. Autoprefixer

Autoprefixer 插件支持 CSS、SCSS 和 Less，可以为 CSS 属性添加前缀，以确保兼容不同的浏览器。

假设有如下所示的 CSS 代码。

```
.container {
    display: flex;
    animation-name: example;
    animation-duration: 4s;
}
```

通过 Ctrl+Shift+P 快捷键打开命令面板，然后输入并执行 Autoprefixer: Run 命令，Autoprefixer 插件会为 CSS 代码添加带有 webkit 的前缀，如下所示。

```
.container {
    display: -webkit-box;
    display: flex;
    -webkit-animation-name: example;
    animation-name: example;
    -webkit-animation-duration: 4s;
    animation-duration: 4s;
}
```

### 2. CSS Formatter

CSS Formatter 插件为 CSS 提供了代码格式化的支持。

### 3. HTML CSS Support

HTML CSS Support 插件为多种 HTML 相关语言提供了 CSS 的自动补全功能，语言 ID 如下所示。

- html
- laravel-blade
- razor
- vue
- pug
- jade
- handlebars
- php
- twig

- md
- nunjucks
- javascript
- javascriptreact
- typescript
- typescriptreact

#### 4. SCSS IntelliSense

SCSS IntelliSense 插件为 SCSS 语言提供了丰富的支持，功能包括但不限于：

- 代码补全
- 悬停信息提示
- 代码导航
- 引用注释
- 文件导入

#### 5. Easy LESS

每次保存 LESS 文件后，Easy LESS 插件都会自动编译 LESS 文件，然后生成 CSS 文件。此外，你也可以手动触发编译：通过 Ctrl+Shift+P 快捷键打开命令面板，然后输入并执行 Compile LESS to CSS 命令。

## 9.3　Emmet

Emmet 是 Web 开发者必不可少的工具，为 HTML 和 CSS 提供了丰富的功能，大大提高了开发效率！Visual Studio Code 也内置了 Emmet，无须额外安装。

### 9.3.1　Emmet 的支持范围

默认情况下，Emmet 缩写扩展功能会在 html、haml、jade、slim、jsx、xml、xsl、css、scss、sass、less 和 stylus 这些类型的文件中开启，此外，还会在继承于上述文件的语言（如 Handlebars 和 PHP）中开启。

### 9.3.2　在 HTML 中使用 Emmet

在 HTML 文件中输入以下 Emmet 缩写。

```
#page>div.logo+ul#navigation>li*5>a{Item $}
```

在输入 Emmet 缩写的过程中，Emmet 缩写会出现在建议列表中，并且会有相应的 HTML 预览，如图 9-14 所示。

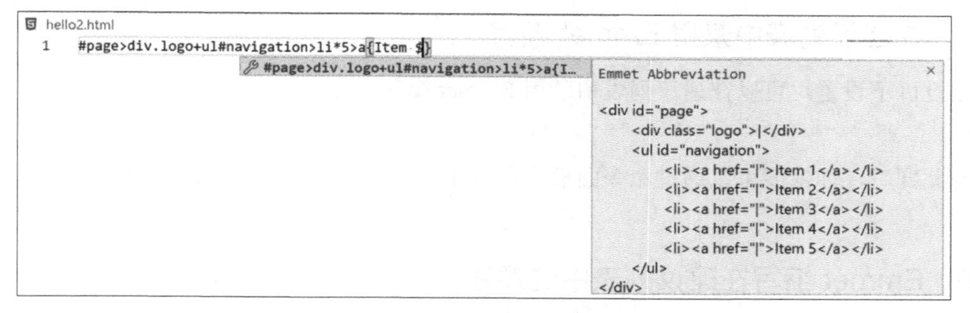


图 9-14　Emmet 的 HTML 预览

按下 Tab 键或 Enter 键，Visual Studio Code 会在 HTML 文件中插入以下代码。

```
<div id="page">
    <div class="logo"></div>
    <ul id="navigation">
        <li><a href="">Item 1</a></li>
        <li><a href="">Item 2</a></li>
        <li><a href="">Item 3</a></li>
        <li><a href="">Item 4</a></li>
        <li><a href="">Item 5</a></li>
    </ul>
</div>
```

## 9.3.3　在 CSS 中使用 Emmet

如图 9-15 所示，在 CSS 的属性中输入 Emmet 的缩写 m10，会显示相应的 CSS 预览。

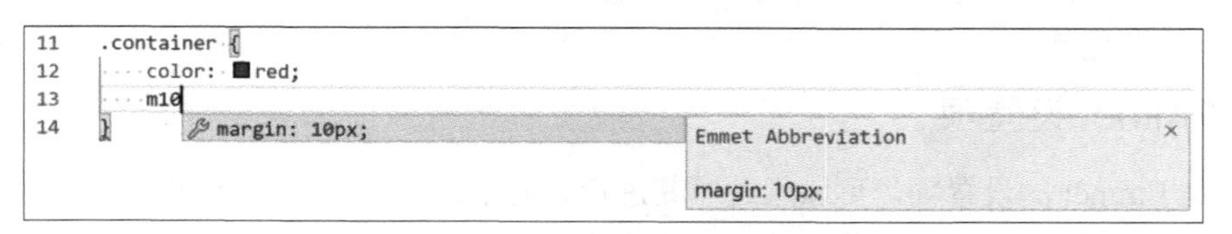


图 9-15　Emmet 的 CSS 预览

按下 Tab 键或 Enter 键，Visual Studio Code 会在 CSS 文件中插入以下 CSS 代码。

```
.container {
    color: red;
    margin: 10px;
}
```

## 9.3.4　使用 Tab 键展开 Emmet 缩写

如果你想使用 Tab 键来展开 Emmet 缩写，则可以通过下面的设置项来进行。

```
"emmet.triggerExpansionOnTab": true
```

### 9.3.5 在建议列表中禁用 Emmet 缩写

通过以下设置，可以在建议列表中禁用 Emmet 缩写。

```
"emmet.showExpandedAbbreviation": "never"
```

与此同时，你依旧可以通过命令面板调用 Emmet: Expand Abbreviation 命令来展开 Emmet 缩写。

### 9.3.6 Emmet 缩写在建议列表中的顺序

通过以下设置项，可以把 Emmet 缩写始终放在建议列表的顶部。

```
"emmet.showSuggestionsAsSnippets": true,
"editor.snippetSuggestions": "top"
```

### 9.3.7 在其他文件中启用 Emmet 缩写

通过对 emmet.includeLanguages 进行设置，把文件类型绑定到其他支持 Emmet 的文件上，就能启用相应的文件，如可以把 JavaScript 文件绑定到 JavaScript React 文件上，如下所示。

```
"emmet.includeLanguages": {
   "javascript": "javascriptreact",
   "vue-html": "html",
   "razor": "html",
   "plaintext": "jade"
}
```

此外，通过以下设置，可以使 Emmet 缩写只在与 HTML/CSS 相关的文件中启用。

```
"emmet.showExpandedAbbreviation": "inMarkupAndStylesheetFilesOnly"
```

### 9.3.8 Emmet 设置项

以下是 Emmet 的设置项，可以通过对其进行设置来自定义 Visual Studio Code 的 Emmet 开发体验。

```
// 不应展开 Emmet 缩写的语言数组
"emmet.excludeLanguages": [
    "markdown"
],

// 指向包含 Emmet 配置文件与代码片段的文件夹路径
"emmet.extensionsPath": null,

// 在默认不支持 Emmet 的语言中启用 Emmet 缩写功能。在此可以添加该语言与受支持的语言之间的映射
// 示例：{"vue-html": "html", "javascript": "javascriptreact"}
"emmet.includeLanguages": {},

// 当设置为 false 时，将分析整个文件并确定当前位置能否展开 Emmet 缩写。当设置为 true 时，将仅
// 在 CSS/SCSS/LESS 文件中分析当前位置周围的内容
```

```
"emmet.optimizeStylesheetParsing": true,

// 用于修改 Emmet 某些操作和解析程序的行为的首选项
"emmet.preferences": {},

// 将可能的 Emmet 缩写作为建议进行显示。当在样式表中或将 emmet.showExpandedAbbreviation 设置为
// "never"时该选项便不再适用
"emmet.showAbbreviationSuggestions": true,

// 将展开的 Emmet 缩写作为建议进行显示
// 若选择"inMarkupAndStylesheetFilesOnly",则将在 html、haml、jade、slim、xml、xsl、css、
// scss、sass、less 和 stylus 文件中生效
// 若选择"always",则将在所有适用文件 (不仅仅是标记文件或 CSS 文件) 的所有部分生效
"emmet.showExpandedAbbreviation": "always",

// 若为 true,则 Emmet 建议将显示为代码片段。可以在 editor.snippetSuggestions 设置中排列其顺序
"emmet.showSuggestionsAsSnippets": false,

// 为指定的语法定义配置文件或使用带有特定规则的配置文件
"emmet.syntaxProfiles": {},

// 启用 Emmet 后,按下 Tab 键,将展开 Emmet 缩写
"emmet.triggerExpansionOnTab": false,

// 用于 Emmet 代码片段的变量
"emmet.variables": {},
```

# 9.4 React

React 由 Facebook 开发，是一个用于构建 Web 应用用户界面的 JavaScript 库。Visual Studio Code 内置了对 React 的支持，包括语法高亮、IntelliSense、代码导航等。

## 9.4.1 快速开始

开始之前，需要安装 create-react-app 代码生成器，用于生成 React 应用。然后，再来运行一个 React 的 Hello World 程序。

### 1. 验证 Node.js 环境

首先，需要确保已经安装了 Node.js 和 npm。

打开一个新的命令行，在命令行中输入以下命令。

```
npm --version
```

如果 Node.js 的开发环境安装成功，那么在命令行中就会输出 npm 的版本号。

如果没有安装，那么可以访问 Node.js 官网的下载页面（见参考资料[45]）进行下载和安装。

### 2. 安装 create-react-app

在命令行中输入以下命令，安装 create-react-app 代码生成器。

```
npm install -g create-react-app
```

### 3. 创建 React 项目

在命令行中输入以下命令，创建 React 应用。

```
crête-react-app my-app
```

上面的命令会在 my-app 文件夹中创建一个 React Web 应用。

### 4. 启动 Visual Studio Code

在命令行中输入以下命令，可以在 Visual Studio Code 中打开 React 应用。

```
cd my-app
code .
```

### 5. 运行 React 应用

在 Visual Studio Code 中打开集成终端，并输入以下命令来运行 React 应用。

```
npm start
```

命令执行完成后，会自动在浏览器中打开 http://localhost:3000，即 React 的 Hello World 页面，如图 9-16 所示。

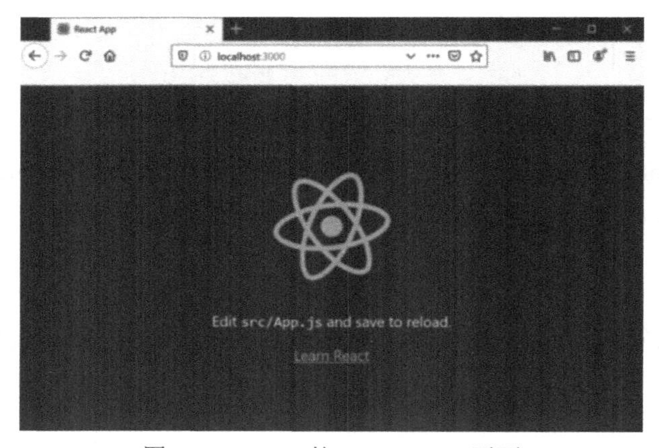


图 9-16　React 的 Hello World 页面

## 9.4.2　调试 React

通过 Visual Studio Code 可以轻松调试 React 应用程序。

### 1. 安装 Debugger for Chrome 插件

首先，在插件视图中搜索并安装 Debugger for Chrome 插件。

> **注意**：请确保当前系统已经安装了 Chrome 浏览器。如果想使用其他浏览器，也可以安装 Debugger for Microsoft Edge 或 Debugger for Firefox 插件。

### 2. 添加断点

打开你需要调试的 React JavaScript 文件，在相应的代码行处按下 F9 快捷键，或者单击编辑区域左侧的边槽添加断点。如图 9-17 所示，添加断点后，左侧的边槽会出现一个红色圆点。

```
index.js  ×
src > index.js
1   import React from 'react';
2   import ReactDOM from 'react-dom';
3   import './index.css';
4   import App from './App';
5   import * as serviceWorker from './serviceWorker';
6
● 7   ReactDOM.render(<App />, document.getElementById('root'));
8
9   // If you want your app to work offline and load faster, you can change
10  // unregister() to register() below. Note this comes with some pitfalls.
11  // Learn more about service workers: https://bit.ly/CRA-PWA
12  serviceWorker.unregister();
13
```

图 9-17　添加断点后，左侧的边槽会出现一个红色圆点

### 3. 配置调试文件

在顶部的菜单栏中选择 Debug→Add Configuration，然后在列表中选择 Chrome。Visual Studio Code 会在.vscode 文件夹中创建并打开一个 launch.json 文件，它定义了调试所需要的配置。

只需要对 launch.json 文件中的一个地方进行更改，即把 url 属性中的端口从 8080 改为 3000。launch.json 文件中的内容如下所示。

```
{
  "version": "0.2.0",
  "configurations": [
    {
      "type": "chrome",
      "request": "launch",
      "name": "Launch Chrome against localhost",
      "url": "http://localhost:3000",
      "webRoot": "${workspaceFolder}"
    }
  ]
}
```

### 4. 启动调试

启动调试之前，需要确保 React 的 Hello World 程序（http://localhost:3000）已经运行。

接下来，可以使用以下任意一种方式启动调试。

- 在顶部的菜单栏中选择 Debug→Start Debugging。

- 使用 F5 快捷键。
- 通过左侧的活动栏切换到调试视图，然后单击绿色的调试按钮。

如图 9-18 所示，调试器会停在第一个断点处，并打开集成终端。在左侧的调试视图中可以看到与当前代码相关的变量信息。

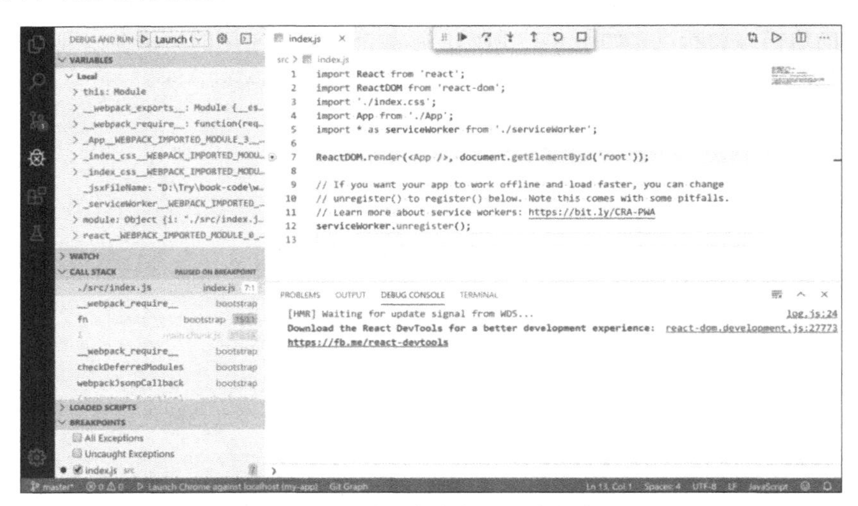


图 9-18 调试器会停在第一个断点处

单击调试工具栏中的红色停止按钮，或者使用 Shift+F5 快捷键，就能退出调试。

## 9.4.3 IntelliSense

如图 9-19 所示，在编写 React 的 JavaScript 代码时会出现智能提示。此外，通过 Ctrl+Space 快捷键可以在任何时候触发智能提示。

```
src > index.js
1   import React from 'react';
2   import ReactDOM from 'react-dom';
3   import './index.css';
4   import App from './App';
5   import * as serviceWorker from './serviceWorker';
6
7   Re
8   Re [@] React                    (alias) namespace React
9      [@] ReactDOM                 import React
10  // [@] ReactIs
11  // [@] ReadableStream           s comes with some pitfalls.
12  // [@] ReadableStreamReader     bit.ly/CRA-PWA
13  se [@] ReferenceError
14     {} Reflect
       [@] RegExp
       [@] Request
       [@] Response
       [@] ReactComponent
       releaseEvents
```

图 9-19 在编写 React 的 JavaScript 代码时会出现智能提示

## 9.4.4 代码导航

对于 React 的 JavaScript 代码或 TypeScript 代码，在编辑区域的右键菜单中可以看到以下几种主要的代码导航方式。

- Go to Definition（转到定义）：跳转到定义当前符号的代码，快捷键为 F12。
- Peek Definition（查看定义）：与 Go to Definition 相似，但会直接在内联编辑器中展示定义的代码，快捷键为 Alt+F12。
- Go to References（转到引用）：跳转到引用当前符号的代码，快捷键为 Shift+F12。
- Go to Type Definition（转到类型定义）：跳转到当前符号的类型定义。

## 9.4.5 静态代码检查

ESLint 可以为 JavaScript 提供强大的静态代码检查功能。

通过 npm install eslint 或 npm install -g eslint，可以在当前工作区或全局安装 ESLint。在插件视图中搜索并安装 ESLint 插件后，ESLint 插件就可以对 JavaScript 代码进行检查分析了。

此外，通过 Ctrl+Shift+P 快捷键打开命令面板，然后输入并执行 ESLint: Create ESLint configuration 命令，会在当前项目中创建一个.eslintrc.json 文件，通过该文件可以对 ESLint 的规则进行定制化。

## 9.4.6 React 插件推荐

让我们再来看一看还有哪些好用的 React 插件。

### 1. ES7 React/Redux/GraphQL/React-Native snippets

ES7 React/Redux/GraphQL/React-Native snippets 插件为 React、Redux、React Native 等提供了许多好用的代码片段，且支持以下 4 种语言。

- JavaScript
- JavaScript React
- TypeScript
- TypeScript React

### 2. React Pure To Class

在 JavaScript 文件中，选中 React 函数组件，通过 Ctrl+Shift+P 快捷键打开命令面板，然后输入并执行 React Pure To Class 命令，React Pure To Class 插件可以把 React 函数组件转换为 React 的 class 组件。

#### 3. React Template

React Template 插件可以为 React 项目生成代码模板，支持创建函数组件和 class 组件的代码。

#### 4. React maker

React maker 插件可以在指定的目录中创建包含函数组件的 index.ts 文件。

## 9.5 Angular

Angular 由 Google 开发，是一个用于构建 Web 应用用户界面的 JavaScript 库。Visual Studio Code 内置了对 Angular 的支持，包括语法高亮、IntelliSense、代码导航等。

### 9.5.1 快速开始

开始之前，需要安装 Angular CLI，用于生成 Angular 应用，然后运行一个 Angular 的 Hello World 程序。

#### 1. 验证 Node.js 环境

此处的验证步骤与 9.4.1 节中的验证步骤完全相同。

#### 2. 安装 Angular CLI

在命令行中输入以下命令，安装 Angular CLI。

```
npm install -g @angular/cli
```

#### 3. 创建 Angular 项目

在命令行中输入以下命令，创建 Angular 应用。

```
ng new my-app
```

上面的命令会在 my-app 文件夹中创建一个 Angular Web 应用。

#### 4. 启动 Visual Studio Code

在命令行中输入以下命令，可以在 Visual Studio Code 中打开 Angular 应用。

```
cd my-app
code .
```

#### 5. 运行 Angular 应用

在 Visual Studio Code 中打开集成终端，输入以下命令来运行 Angular 应用。

```
ng serve
```

命令执行完成后，会自动在浏览器中打开 http://localhost:4200，即 Angular 的 Hello World 页面，如图 9-20 所示。

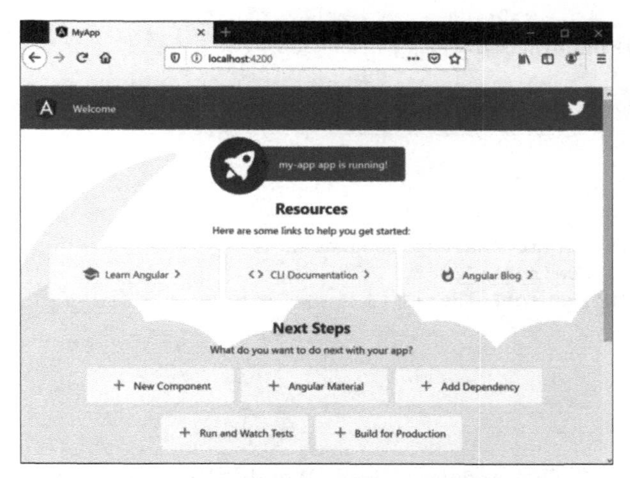


图 9-20　Angular 的 Hello World 页面

## 9.5.2　调试 Angular

通过 Visual Studio Code，可以轻松调试 Angular 应用程序。

### 1. 安装 Debugger for Chrome 插件

此处的安装步骤与 9.4.2 节中的安装步骤完全相同。

### 2. 添加断点

打开需要调试的 Angular TypeScript 文件，在相应的代码行处按下 F9 快捷键，或者单击编辑区域左侧的边槽添加断点。如图 9-21 所示，添加断点后，左侧的边槽会出现一个红色圆点。

```
app.component.ts ×
src > app > app.component.ts > ...
1   import { Component } from '@angular/core';
2
3   @Component({
4     selector: 'app-root',
5     templateUrl: './app.component.html',
6     styleUrls: ['./app.component.css']
7   })
8   export class AppComponent {
9     title = 'my-app';
10  }
11
```

图 9-21　添加断点后，左侧的边槽会出现一个红色圆点

### 3. 配置调试文件

在顶部的菜单栏中选择 Debug→Add Configuration，然后在列表中选择 Chrome。Visual Studio Code 会在.vscode 文件夹中创建并打开一个 launch.json 文件，它定义了调试所需要的配置。

只需要对 launch.json 文件中的一个地方进行更改，即把 url 属性中的端口从 8080 改为 4200。

launch.json 文件中的内容如下所示。

```
{
  "version": "0.2.0",
  "configurations": [
    {
      "type": "chrome",
      "request": "launch",
      "name": "Launch Chrome against localhost",
      "url": "http://localhost:4200",
      "webRoot": "${workspaceFolder}"
    }
  ]
}
```

### 4. 启动调试

启动调试之前，需要确保 Angular 的 Hello World 程序（http://localhost:4200）已经运行。

接下来，可以使用以下任意一种方式启动调试。

- 在顶部的菜单栏中选择 Debug→Start Debugging。
- 使用 F5 快捷键。
- 通过左侧的活动栏切换到调试视图，然后单击绿色的调试按钮。

如图 9-22 所示，调试器会停在第一个断点处，并打开集成终端。在左侧的调试视图中可以看到与当前代码相关的变量信息。

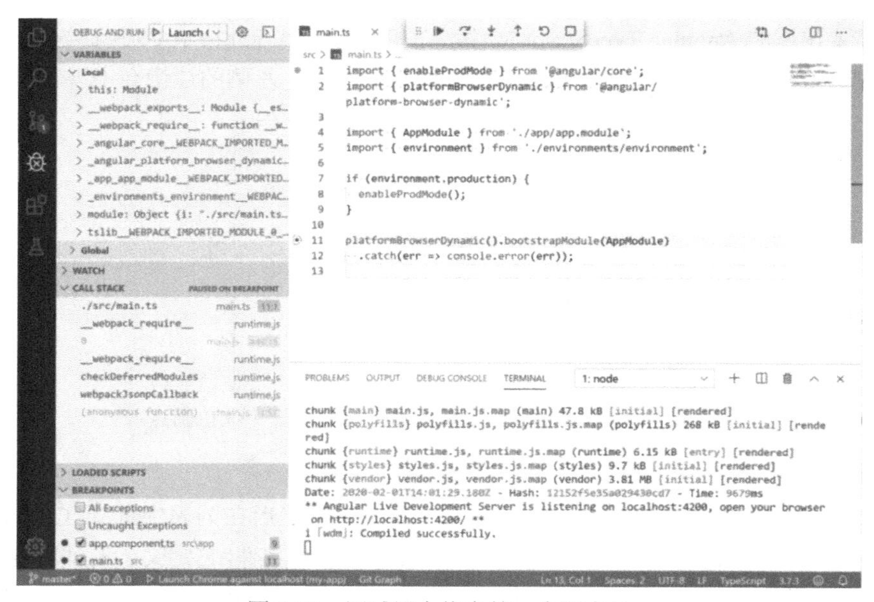


图 9-22　调试器会停在第一个断点处

单击调试工具栏中的红色停止按钮，或者使用 Shift+F5 快捷键，就能退出调试。

## 9.5.3 IntelliSense

如图 9-23 所示，在编写 Angular 的 TypeScript 代码时会出现智能提示。此外，通过 Ctrl+Space 快捷键可以在任何时候触发智能提示。

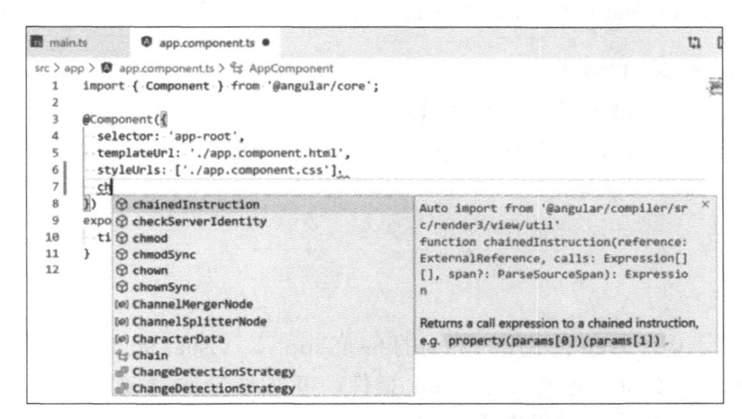


图 9-23　在编写 Angular 的 TypeScript 代码时会出现智能提示

## 9.5.4 代码导航

对于 Angular 的 JavaScript 代码或 TypeScript 代码，在编辑区域的右键菜单中可以看到以下几种主要的代码导航方式。

- Go to Definition（转到定义）：跳转到定义当前符号的代码，快捷键为 F12。
- Peek Definition（查看定义）：与 Go to Definition 类似，但会直接在内联编辑器中展示定义的代码，快捷键为 Alt+F12。
- Go to References（转到引用）：跳转到引用当前符号的代码，快捷键为 Shift+F12。
- Go to Type Definition（转到类型定义）：跳转到当前符号的类型定义。

## 9.5.5 Angular 插件推荐

让我们再来看一看还有哪些好用的 Angular 插件。

### 1. Angular Snippets (Version 8)

Angular Snippets (Version 8)插件（ID：johnpapa.Angular2）为 Angular 提供了大量的 TypeScript 和 HTML 的代码片段。

### 2. Angular Schematics

可以把 Angular Schematics 插件当作图形用户界面版的 Angular CLI。通过文件资源管理器的右键菜单、命令面板、专有的 Angular Schematics 视图等可以调用 Angular CLI 命令。

#### 3. Angular Essentials

Angular Essentials 插件是一个热门的 Angular 插件包，包含了多个 Angular 插件。读者可以根据实际需求安装所需要的部分插件，或者通过安装 Angular Essentials 插件包来一键安装所有列出的插件。此外，Angular Essentials 插件的主页面还列出了推荐的设置项，以供开发者参照。

#### 4. Angular Extension Pack

Angular Extension Pack 插件也是一个热门的 Angular 插件包，包含了更多提升 Angular 开发效率的插件。Angular Extension Pack 插件还分别为每一个包含的插件列出了相应的亮点，以帮助开发者快速了解每一个插件。

## 9.6 Vue

Vue 是一个用于构建 Web 应用用户界面的 JavaScript 库。Visual Studio Code 内置了对 HTML、CSS 和 JavaScript 的支持。通过安装 Vetur 插件，可以为 Vue 开发提供更丰富的支持，包括 IntelliSense、代码片段提示、代码格式化等。

### 9.6.1 快速开始

开始进行 Vue 开发之前，需要安装 Vue CLI，用于生成 Vue 应用，然后运行一个 Vue 的 Hello World 程序。

#### 1. 验证 Node.js 环境

此处的验证步骤与 9.4.1 节中的验证步骤完全相同。

#### 2. 安装 Vue CLI

在命令行中输入以下命令来安装 Vue CLI。

```
npm install -g @vue/cli
```

#### 3. 创建 Vue 项目

在命令行中输入以下命令来创建 Vue 应用。

```
vue create my-app
```

上面的命令会在 my-app 文件夹中创建一个 Vue Web 应用。

#### 4. 启动 Visual Studio Code

在命令行中输入以下命令，可以在 Visual Studio Code 中打开 Vue 应用。

```
cd my-app
code .
```

#### 5. 运行 Vue 应用

在 Visual Studio Code 中打开集成终端，并输入以下命令，可以运行 Vue 应用。

```
npm run serve
```

命令执行完成后，会在浏览器中打开 http://localhost:8080，即 Vue 的 Hello World 页面，如图 9-24 所示。

图 9-24　Vue 的 Hello World 页面

### 9.6.2　Vetur 插件

在插件视图中搜索并安装 Vetur 插件。Vetur 插件为 Vue 开发提供了极为丰富的支持，功能包括但不限于：

- 语法高亮
- 代码片段提示
- Emmet 缩写
- 静态代码检查
- 代码格式化
- 自动补全
- 调试

### 9.6.3　调试 Vue

通过 Visual Studio Code 可以轻松调试 Vue 应用程序。

#### 1. 安装 Debugger for Chrome 插件

此处的安装步骤与 9.4.2 节中的安装步骤完全相同。

### 2. 添加断点

打开你需要调试的 Vue 文件，在相应的代码行处按下 F9 快捷键，或者单击编辑区域左侧的边槽添加断点。如图 9-25 所示，添加断点后，左侧的边槽会出现一个红色圆点。

```
App.vue ×
src > App.vue > {} "App.vue" > script
1  <template>
2    <div id="app">
3      <img alt="Vue logo" src="./assets/logo.png">
4      <HelloWorld msg="Welcome to Your Vue.js App"/>
5    </div>
6  </template>
7
8  <script>
9  import HelloWorld from './components/HelloWorld.vue'
10
11 export default {
12   name: 'app',
13   components: {
14     HelloWorld
15   }
16 }
17 </script>
```

图 9-25　添加断点后，左侧的边槽会出现一个红色圆点

### 3. 配置调试文件

在顶部的菜单栏中选择 Debug→Add Configuration，然后在列表中选择 Chrome。Visual Studio Code 会在.vscode 文件夹中创建并打开一个 launch.json 文件，它定义了调试所需要的配置。

launch.json 文件中的配置如下所示。

```
{
  "version": "0.2.0",
  "configurations": [
    {
      "type": "chrome",
      "request": "launch",
      "name": "Launch Chrome against localhost",
      "url": "http://localhost:8080",
      "webRoot": "${workspaceFolder}"
    }
  ]
}
```

### 4. 配置 Webpack

我们需要为 Webpack 配置源代码映射的设置项。在 Vue 项目的根目录中创建一个 vue.config.js 文件，然后在文件中填入以下配置。

```
module.exports = {
  configureWebpack: {
    devtool: 'source-map'
  }
}
```

#### 5. 运行 Vue 应用

在 Visual Studio Code 中打开集成终端，并输入以下命令，可以运行 Vue 应用。

```
npm run serve
```

> **注意：**如果之前已经在命令行中通过 npm run serve 启动了 Vue 应用，那么可以先按下 Ctrl+C 快捷键停止运行，然后重新运行。

#### 6. 启动调试

启动调试之前，需要确保 Vue 的 Hello World 程序（http://localhost:8080）已经运行。

接下来，可以使用以下任意一种方式启动调试。

- 在顶部的菜单栏中选择 Debug→Start Debugging。
- 使用 F5 快捷键。
- 通过左侧的活动栏切换到调试视图，然后单击绿色的调试按钮。

如图 9-26 所示，调试器会停在第一个断点处，并打开集成终端。在左侧的调试视图中，可以看到与当前代码相关的变量信息。

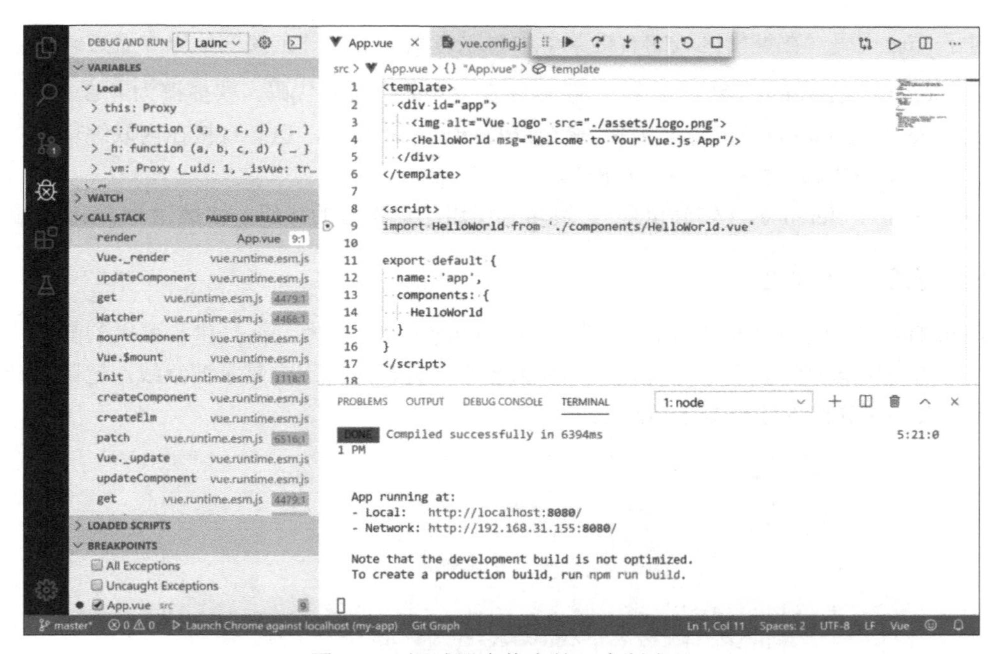


图 9-26　调试器会停在第一个断点处

单击调试工具栏中的红色停止按钮，或者使用 Shift+F5 快捷键，就能退出调试。

### 9.6.4　IntelliSense

如图 9-27 所示，在编写 Vue 代码时会出现智能提示。此外，通过 Ctrl+Space 快捷键可以在任何时候触发智能提示。

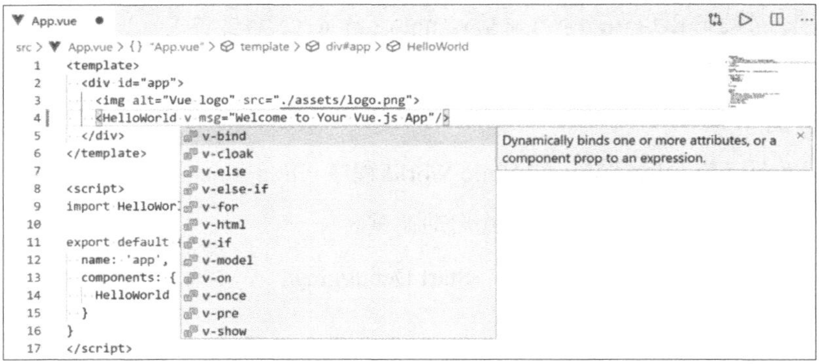

图 9-27　在编写 Vue 代码时会出现智能提示

### 9.6.5　代码导航

对于 Vue 代码，在编辑区域的右键菜单中可以看到以下几种主要的代码导航方式。

- Go to Definition（转到定义）：跳转到定义当前符号的代码，快捷键为 F12。
- Peek Definition（查看定义）：与 Go to Definition 类似，但会直接在内联编辑器中展示定义的代码，快捷键为 Alt+F12。
- Go to References（转到引用）：跳转到引用当前符号的代码，快捷键为 Shift+F12。

### 9.6.6　静态代码检查

Vetur 插件中内置了 Vue ESLint 插件（eslint-plugin-vue），为 Vue 提供了强大的静态代码检查功能。如图 9-28 所示，对于检查出的错误或警告，会在代码下方显示波浪线，把鼠标悬停在代码上，会显示详细的错误提示信息。

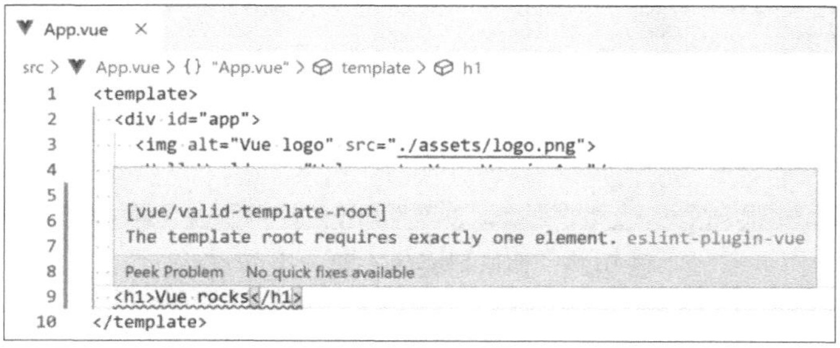

图 9-28　静态代码检查

### 9.6.7.　Vue 插件推荐

Vetur 插件已经为 Vue 开发提供了丰富的功能。让我们再来看一看还有哪些好用的 Vue 插件。

#### 1. Vue VSCode Snippets

Vue VSCode Snippets 插件为 Vue 提供了大量的代码片段，大大提升了开发效率！

#### 2. Vue Theme

Vue Theme 插件是一个主题插件，它的主题色系就源于 Vue 图标的颜色。在 Vue 的主题下进行 Vue 开发也不失为一种乐趣呢！

#### 3. Vue VS Code Extension Pack

Vue VS Code Extension Pack 插件是一个热门的 Vue 插件包，包含了许多提升 Vue 开发效率的插件。读者可以根据实际需求安装需要的部分插件，或者通过安装 Vue VS Code Extension Pack 插件包来一键安装所有列出的插件。

## 9.7　前端插件推荐

Visual Studio Code 已经为前端开发提供了极为丰富的功能。让我们再来看一看还有哪些好用的与前端开发相关的插件，能为前端开发锦上添花。

### 9.7.1　Beautify

Beautify 插件是一个基于 js-beautify npm 库开发的代码格式化插件，并且支持通过.jsbeautifyrc 文件来定义代码格式化的规则。该插件支持以下 5 种语言。

- JavaScript
- JSON
- CSS
- Sass
- HTML

### 9.7.2　Prettier - Code formatter

Prettier - Code formatter 插件也是一款热门的代码格式化插件，可以支持更多语言，如下所示。

- JavaScript
- TypeScript

- Flow
- JSX
- JSON
- CSS
- SCSS
- Less
- HTML
- Vue
- Angular
- GraphQL
- Markdown
- YAML

### 9.7.3 JavaScript (ES6) code snippets

JavaScript (ES6) code snippets 插件为 Web 开发提供了大量的代码片段，大大提升了前端开发的效率！该插件可以支持以下 6 种语言。

- JavaScript
- TypeScript
- JavaScript React
- TypeScript React
- HTML
- Vue

# 第10章 云计算开发

近年来，云计算的热度势不可挡。越来越多的公司及项目都走上了上云之路。业界各家大厂都先后推出了自己的云计算平台，这也吸引了越来越多的开发者基于云计算平台来开发优秀的项目。Visual Studio Code 作为广受开发者喜爱的开发工具，得到了微软、Google、Amazon、阿里巴巴、腾讯等各大云计算厂商的支持，

## 10.1 微软 Azure

Microsoft Azure 是微软的公用云服务平台，自 2008 年开始组建，2010 年 2 月正式推出，在全球各地拥有数十座数据中心。早在 2015 年，Azure 就已经被 Gartner 列为云计算的领先者。

Visual Studio Code 作为微软自家的产品，必然是少不了对于 Azure 云计算平台的支持。

### 10.1.1 Azure 插件

微软为不同的 Azure 服务分别提供了相应的 Visual Studio Code 插件，插件种类极为丰富！

如图 10-1 所示，在 Visual Studio Code 的插件市场中通过关键字 azure 进行搜索，可以得到所有与 Azure 相关的 Visual Studio Code 插件。

此外，你也可以直接在 Visual Studio Code 中进行搜索并安装。

如图 10-2 所示，通过左侧的活动栏切换到插件视图，然后在搜索框中输入 azure 进行搜索，可以在搜索结果的列表中浏览 Azure 插件并进行一键安装。

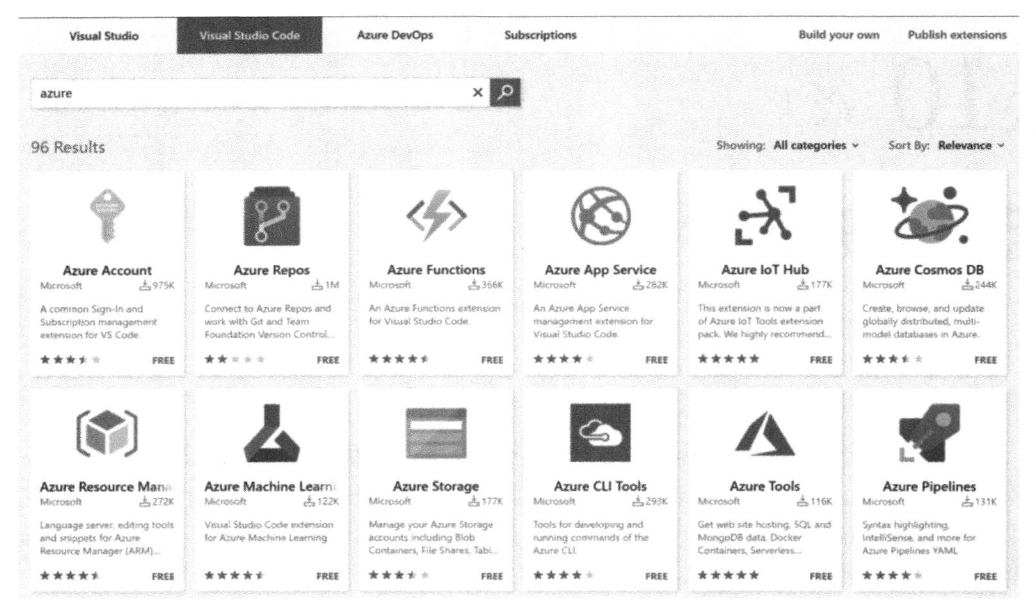


图 10-1　在 Visual Studio Code 的插件市场中通过关键字 azure 进行搜索

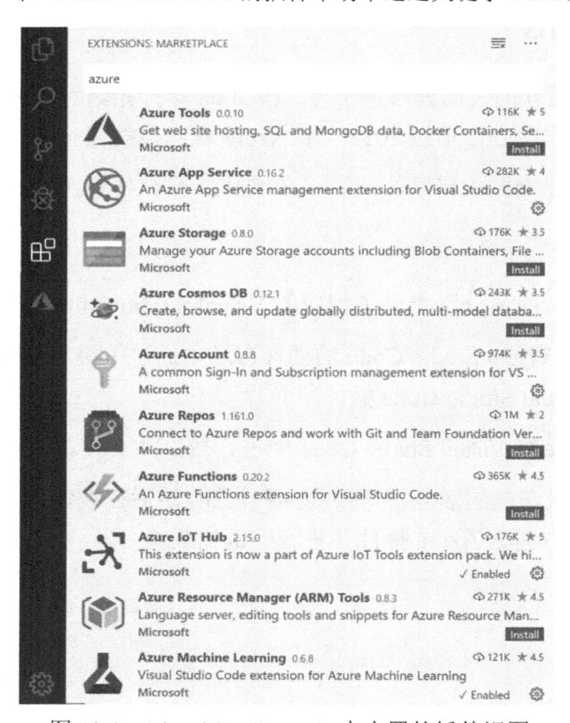


图 10-2　Visual Studio Code 中内置的插件视图

## 10.1.2　轻松上云

微软提供了许多好用的 Azure 插件，以帮助开发者能够轻松地在 Visual Studio Code 中进行 Azure 云计算开发，而这些好用的 Azure 插件都是基于 Azure Account 插件开发的。

Azure Account 插件为 Azure 开发提供了最核心的支持，主要功能如下所示。

- 登录 Azure 账号。
- 退出 Azure 账号。
- 切换不同的 Azure 订阅。
- 打开 Azure Cloud Shell。

Azure Functions、Azure App Service、Azure IoT Hub、Azure Cosmos DB、Azure Machine Learning 等插件都把 Azure Account 插件作为依赖的插件。安装其中任何一个 Azure 插件，都会自动安装 Azure Account 插件。

我们以 Azure App Service 为例，看看如何通过 Visual Studio Code 连上 Azure，轻松上云！

### 1. 注册 Azure 账号

如果你还没有 Azure 账号，那么可以通过 Azure 官网进行注册，注册渠道有以下两个。

- 全球版 Azure：数据中心遍布在世界各地。可以通过参考资料[46]中的链接创建 Azure 免费账号，获得 200 美元的 Azure 服务使用额度及数十项永久免费的 Azure 服务。
- 中国版 Azure：数据中心在中国，由世纪互联运营。可以通过参考资料[47] 中的链接申请 1 元试用，获得 1500 元的 Azure 服务使用额度。

### 2. 安装 Azure App Service 插件

通过左侧的活动栏切换到插件视图，然后在搜索框中输入 azure app service 进行搜索。如图 10-3 所示，在 Azure App Service 插件的 Dependencies 标签页中可以看到 Azure Account 插件是其依赖的插件。单击 Install 按钮，会同时安装 Azure App Service 插件及其依赖的 Azure Account 插件。

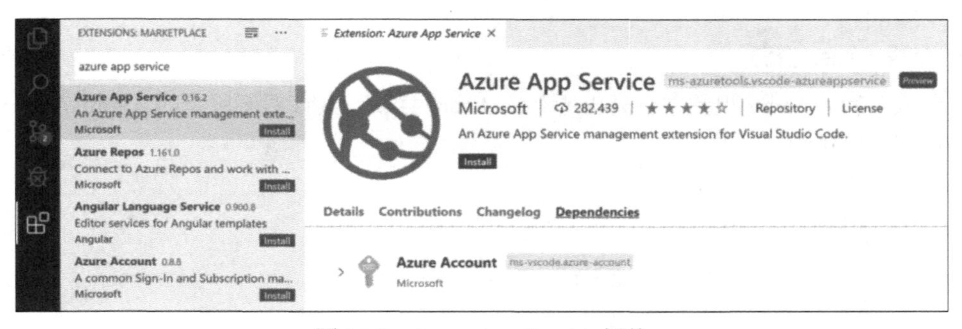


图 10-3　Azure App Service 插件

### 3. 设置连接的 Azure 版本

Azure App Service 插件安装完成后，需要根据所使用的 Azure 版本对插件进行设置。

如果使用的是全球版 Azure，则无须对插件进行额外的设置。

如果使用的中国版 Azure，则需要对 Azure Account 插件设置连接的 Azure 版本。通过 Ctrl+Shift+P 快捷键打开命令面板，然后输入并执行 Preferences: Open Settings (JSON)，即可打开 settings.json 配置文件。在 settings.json 文件中进行如下配置。

```
{
    "azure.cloud": "AzureChina"
}
```

### 4. 登录到 Azure

如图 10-4 所示，在左侧的活动栏中会出现一个 Azure 的图标，单击 Azure 图标，可以切换到 Azure 视图，然后单击 Sign in to Azure，就能进行登录操作。

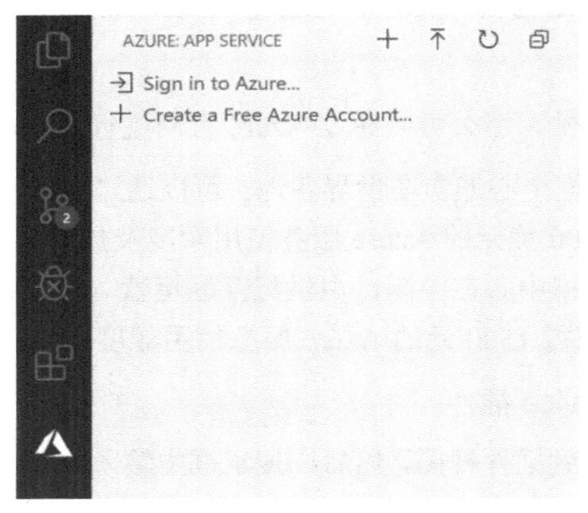


图 10-4　Azure 视图

此外，还可以通过 Ctrl+Shift+P 快捷键打开命令面板，然后输入并执行 Azure: Sign In 命令，登录到 Azure。

### 5. 查看 Azure 资源

登录成功后，Azure 视图中会列出所有的 Azure 订阅及其订阅下所有的 Azure App Service 资源，如图 10-5 所示。

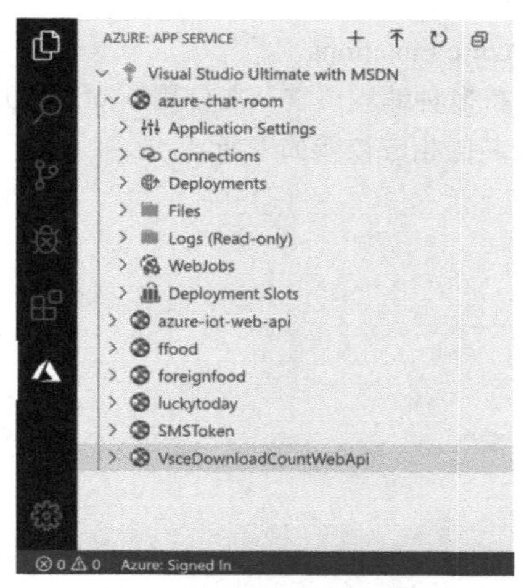


图 10-5　查看 Azure 资源

### 10.1.3　Serverless 开发

最近几年，Serverless 开发的热度逐渐升高。无服务器运算（Serverless Computing），又被称为功能即服务（Function-as-a-Service，FaaS），是云计算的一种模型。无服务器运算提供了托管的运算资源。允许开发者编写和部署代码，而无须担心服务器、虚拟机或底层计算资源。

Amazon 于 2014 年 11 月发布了首个无服务器运算平台——AWS Lambda。微软则于 2016 年推出了自己的无服务器运算架构的服务——Azure Functions。

微软也为 Visual Studio Code 提供了 Azure Functions 开发的支持。让我们一起来看一看如何在 Visual Studio Code 中进行 Azure Functions 的开发吧。

#### 1. 安装 Azure Functions 插件

通过左侧的活动栏切换到插件视图，然后在搜索框中输入 azure functions 进行搜索并安装。

Azure Functions 插件使开发者可以直接在 Visual Studio Code 中创建、调试、管理和部署 Azure Functions，主要功能包括但不限于：

- 创建 Azure Functions 项目。
- 从模板中创建 Azure Functions。
- 在本地调试 Azure Functions。
- 部署 Azure Functions 到 Azure。
- 管理 Azure Functions 应用。
- function.json、host.json 和 proxies.json 文件的 JSON Intellisense 支持。
- 实时查看 Azure Functions 的日志。

- 调试运行在云端的 Azure Functions。

Azure Functions 插件还支持多种编程语言。在使用不同语言开发 Azure Functions 时，需要安装相应的依赖，不同语言安装的相应依赖如下所示。

- JavaScript
  - Node.js
- TypeScript
  - Node.js
- C#
  - C#插件
  - .NET Core SDK
- Java
  - Debugger for Java
  - JDK 1.8+
  - Maven 3.0+
- Python
  - Python 3.7+
- PowerShell
  - PowerShell Core 6.2+
  - PowerShell 插件
  - .NET Core SDK

### 2. 安装 Azure Functions Core Tools

安装完 Azure Functions 插件后，需要安装 Azure Functions Core Tools 以获得调试功能。

首先，我们需要确保已经安装了 Node.js 和 npm。

打开 Visual Studio Code 的集成终端，并输入以下命令。

```
npm --version
```

如果已经安装了 Node.js 的开发环境，那么在集成终端中会输出 npm 的版本号。

如果没有安装，则可以访问 Node.js 官网的下载页面（见参考资料[48]）进行下载和安装。

接下来，通过 Ctrl+Shift+P 快捷键打开命令面板，然后输入并执行 Azure Functions: Install or Update Azure Functions Core Tools 命令来安装 Azure Functions Core Tools。

安装完成后，打开 Visual Studio Code 的集成终端，并输入以下命令。

```
func --version
```

如果 Azure Functions Core Tools 安装成功，那么在集成终端中会输出 Azure Functions Core

Tools 的版本号。

### 3. 创建 Azure Functions 项目

通过以下步骤可以创建一个 JavaScript 的 Azure Functions 项目。

（1）如图 10-6 所示，切换到 Azure 视图，单击 Azure Functions 资源管理器中的 Create New Project 按钮。

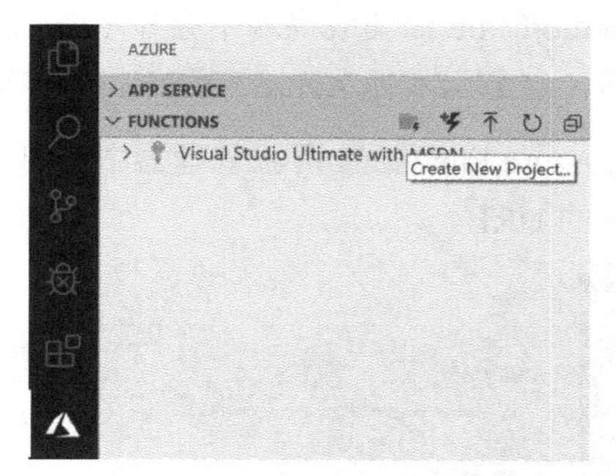


图 10-6　单击 Create New Project 按钮

（2）选择存放 Azure Functions 项目的文件目录。

（3）在语言列表中选择 JavaScript。

（4）在模板列表中选择 HTTP Trigger。

（5）在函数名的输入框中输入 HttpExample。

（6）在授权级别的列表中选择 Anonymous。

图 10-7 所示的即创建好的 Azure Functions 项目。

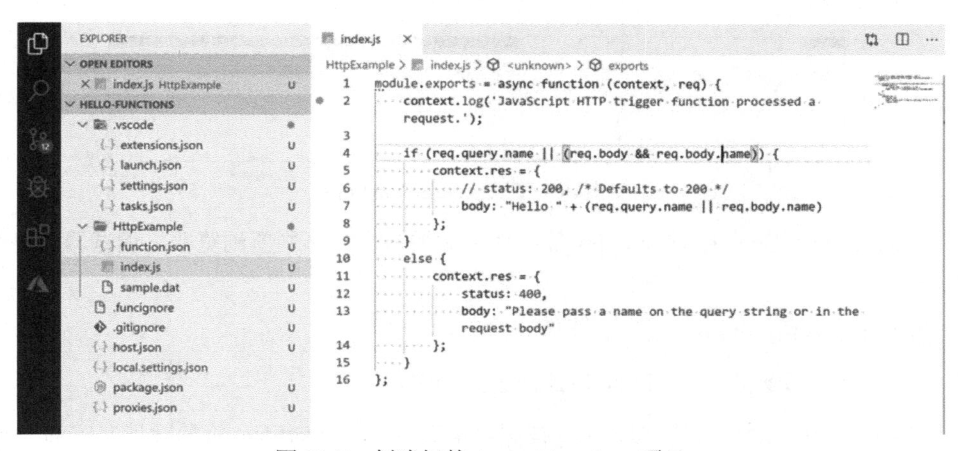


图 10-7　创建好的 Azure Functions 项目

### 4. 在本地测试并调试 Azure Functions

可以使用以下任意一种方式启动调试。

- 在顶部的菜单栏中选择 Debug→Start Debugging。
- 使用 F5 快捷键。
- 通过左侧的活动栏切换到调试视图，然后单击绿色的调试按钮。

启动调试后，在 Visual Studio Code 的集成终端中会显示 Azure Functions 的运行日志，并且在 Azure Functions 应用启动后，会显示本地 Azure Functions 的 URL。

此外，如图 10-8 所示，在 Azure Functions 资源管理器中也可以通过 Azure Functions 节点的右键菜单复制 Azure Functions 的 URL。

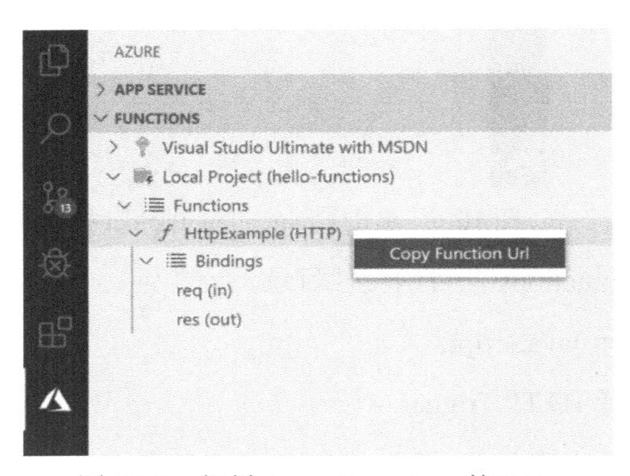


图 10-8　复制 Azure Functions 的 URL

如图 10-9 所示，把复制的 URL 粘贴到浏览器中并添加?name=vscode，访问该 URL 可以看到相应的 HTTP 响应。

图 10-9　测试 Azure Functions

在 Visual Studio Code 中打开 index.js 文件，添加断点，再刷新浏览器，调试器会停在第一个断点处。

### 5. 部署 Azure Functions

通过以下步骤可以将 Azure Functions 部署到云端。

（1）如图 10-10 所示，切换到 Azure 视图，单击 Azure Functions 资源管理器中的 Deploy to Function App...按钮。

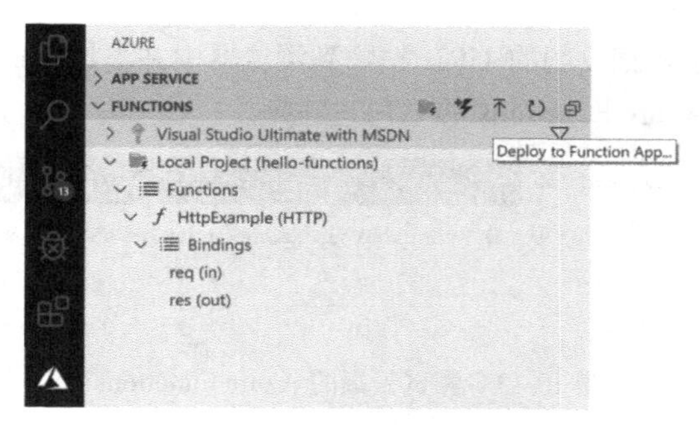


图 10-10　单击 Deploy to Function App…按钮

（2）选择 Create new Function app in Azure。

（3）输入要创建的 Azure Functions 的名字。

（4）选择 Node.js 的版本。

（5）选择要部署到的 Azure 区域。

（6）如图 10-11 所示，部署开始后，就能在 Visual Studio Code 右下角的通知栏中看到部署的进度。

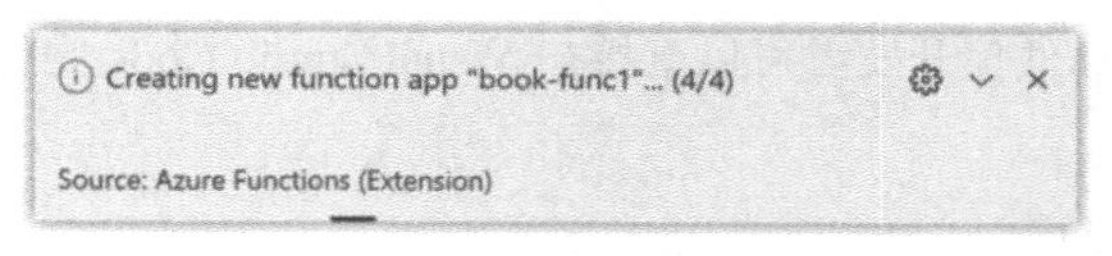


图 10-11　部署的进度

（7）部署完成后，如图 10-12 所示，在 Azure Functions 资源管理器中通过 Azure Functions 节点的右键菜单复制 Azure Functions 的 URL。

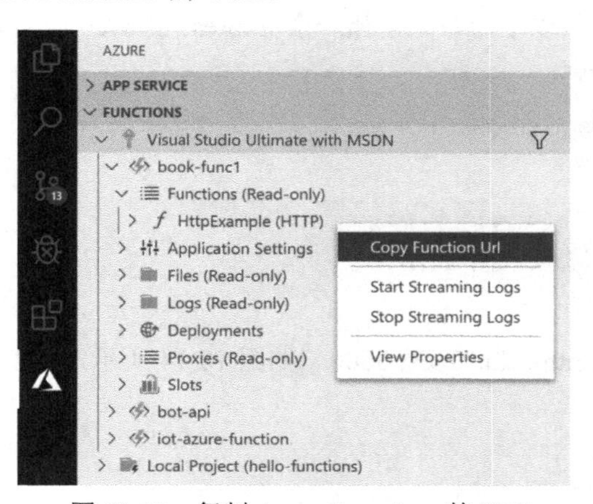


图 10-12　复制 Azure Functions 的 URL

（8）如图 10-13 所示，把复制的 URL 粘贴到浏览器中并添加?name=vscode，访问该 URL 可以看到运行在云端的 Azure Functions 的 HTTP 响应。

图 10-13　测试云端的 Azure Functions

### 10.1.4　Web 应用开发

Azure App Service 是由 Azure 全托管的 PaaS（平台即服务）服务，可以托管 Web 应用、移动后端及 RESTful API。它提供自动缩放和高可用性，支持 Windows 和 Linux。

微软也为 Visual Studio Code 提供了 Azure App Service 开发的支持。让我们一起来看一看如何在 Visual Studio Code 中进行 Azure App Service 的开发吧。

#### 1. 安装 Azure App Service 插件

通过左侧的活动栏切换到插件视图，然后在搜索框中输入 azure app service 进行搜索并安装。

Azure App Service 插件使开发者可以直接在 Visual Studio Code 中创建、调试、管理和部署 Azure App Service。

#### 2. 创建 Web 应用

首先，我们需要确保已经安装了 Node.js 和 npm。

接下来，通过以下步骤可以创建一个 Express 的 Web 应用。

（1）打开命令行，输入以下命令来创建一个 Express 的 Web 应用。

```
npx express-generator myExpressApp --view pug --git
```

（2）安装 Node.js 依赖，命令如下所示。

```
cd myExpressApp
npm install
```

（3）启动 Web 服务，命令如下所示。

```
npm start
```

（4）在浏览器中输入 http://localhost:3000。如图 10-14 所示，即 Express 的 Web 应用。

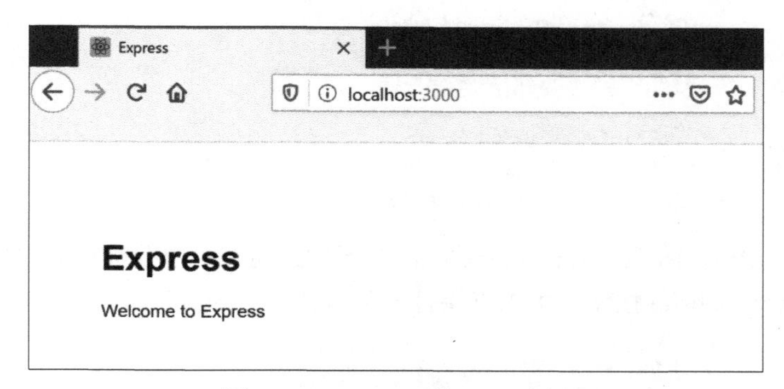


图 10-14　Express 的 Web 应用

### 3. 部署 Web 应用到 Azure App Service

通过以下步骤可以将 Web 应用部署到云端的 Azure App Service。

（1）通过以下命令打开 Visual Studio Code。

```
code .
```

（2）如图 10-15 所示，切换到 Azure 视图，单击 Azure App Service 资源管理器中的 Deploy to Web App...按钮。

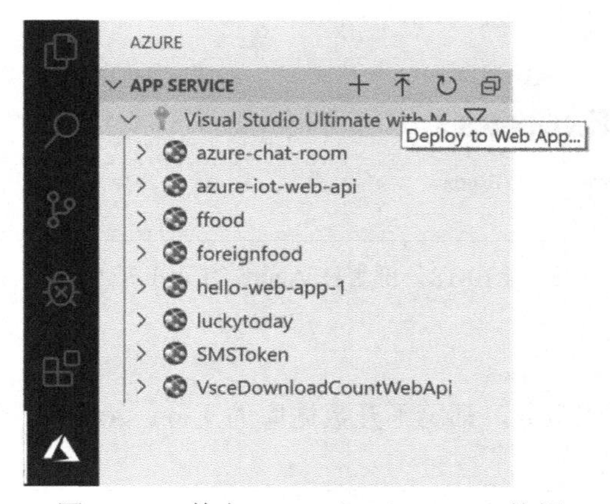


图 10-15　单击 Deploy to Web App...按钮

（3）选择要部署的 Web 应用的文件夹。

（4）选择 Create new Web App。

（5）输入要创建的 Azure Web App 的名字。

（6）选择 Node.js 的版本。

（7）如图 10-16 所示，部署开始后，就能在 Visual Studio Code 右下角的通知栏中看到部署的进度。

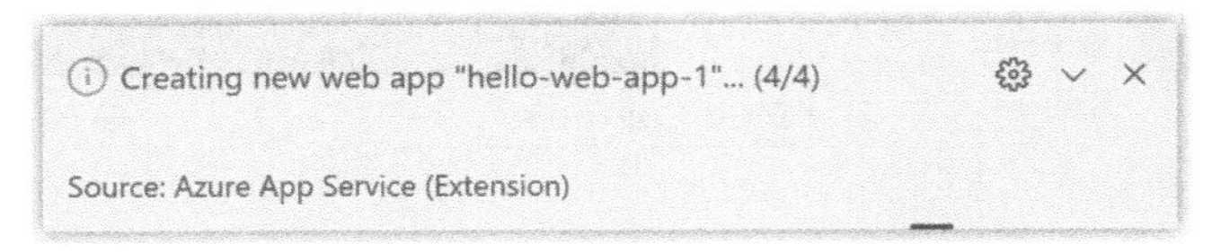


图 10-16　部署的进度

（8）在 Azure App Service 部署完成后，在右下角的通知栏中会有相应的提示，如图 10-17 所示。单击 Browse Website 按钮，可以直接打开部署在云端的网站。

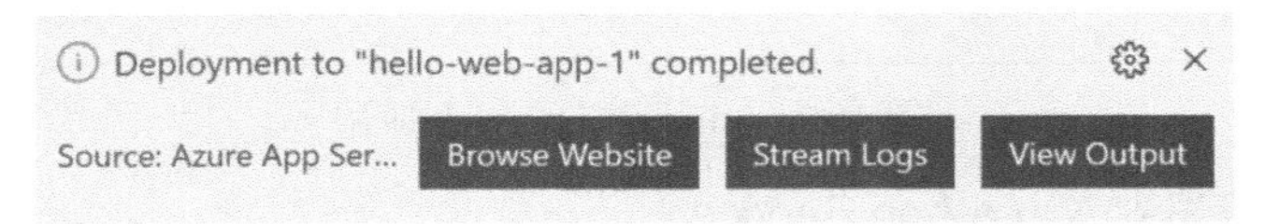


图 10-17　部署完成的提示

（9）图 10-18 所示的即部署在 Azure 的 Web 应用。

图 10-18　部署在 Azure 的 Web 应用

### 10.1.5　数据库开发

不管是开发何种应用或服务，都离不开数据库的支持。Azure 为开发者提供了全面的数据库的支持，包括但不限于：

- Azure Cosmos DB
- Azure SQL Database
- Azure Database for MySQL
- Azure Database for PostgreSQL
- Azure Database for MariaDB
- Azure Cache for Redis
- Azure Storage

在 7.3 节中，我们已经了解到，Visual Studio Code 插件市场已经提供了许多数据库的插件，包括 SQL Server (mssql)插件、MySQL 插件、PostgreSQL 插件等，为数据库开发提供了通用的支持。此外，微软针对 Azure 数据库服务也专门开发了相应的 Visual Studio Code 插件。接下来，我们就来了解一下最常用的两个 Azure 数据库插件吧。

### 1. Azure Cosmos DB

Azure Cosmos DB 是由 Azure 完全托管的数据库服务。Azure Cosmos DB 为 MongoDB、Cassandra、Gremlin、Etcd、Spark、SQL 和 Azure Table storage 提供了原生支持。

Visual Studio Code 的 Azure Cosmos DB 插件为 Azure Cosmos DB 开发提供了丰富的支持，功能包括但不限于：

- 创建 Azure Cosmos DB 账号。
- 查看/创建/删除云端的 Azure Cosmos DB 数据库。
- 添加并管理本地的 Azure Cosmos DB 数据库。
- 添加 Azure Cosmos DB 模拟器。
- 把数据导入 Azure Cosmos DB。
- 直接运行 MongoDB 脚本。
- 使用 Gremlin 进行查询。

如图 10-19 所示，切换到 Azure 视图，在 Azure Cosmos DB 资源管理器中可以轻松地对云端和本地的 Azure Cosmos DB 进行管理与开发。

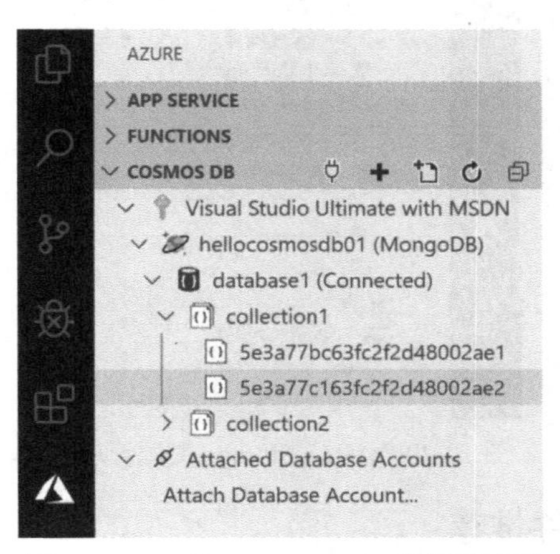


图 10-19　Azure Cosmos DB 资源管理器

### 2. Azure Storage

Azure Storage 是由 Azure 托管的云存储解决方案，提供的数据服务如下所示。

- Azure Blobs：适用于文本和二进制数据的可大规模缩放的对象存储。

- Azure Files：适用于云或本地部署的托管文件共享。
- Azure Queues：一种消息传送存储，适用于在应用程序组件之间进行可靠的消息传送。
- Azure Tables：一种 NoSQL 存储，适合用作结构化数据的存储。
- Azure Disks：一种虚拟的硬盘（VHD）。可以将其视为本地服务器中的物理磁盘，但它是虚拟化的。

Visual Studio Code 的 Azure Storage 插件为 Azure Storage 开发提供了丰富的支持，功能包括但不限于：

- 查看/创建/删除 Azure Storage 账号、Azure Blobs、Azure Files、Azure Queues 及 Azure Tables。
- 上传/下载 Azure Blobs。
- 获取连接字符串。

如图 10-20 所示，切换到 Azure 视图，在 Azure Storage 资源管理器中可以轻松地对 Azure Blobs、Azure Files、Azure Queues 及 Azure Tables 进行管理与开发。

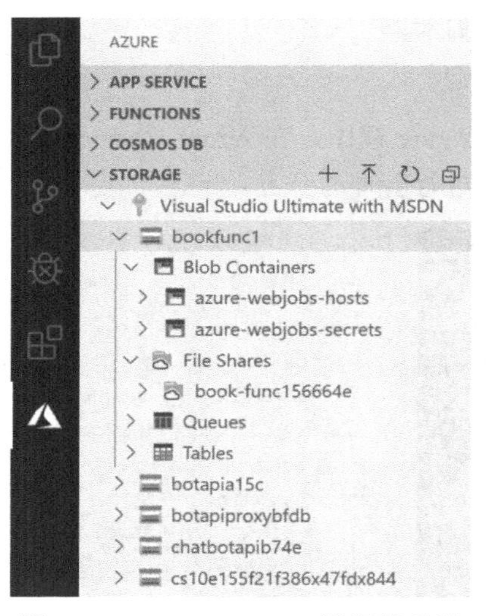


图 10-20　Azure Storage 资源管理器

## 10.1.6　更多 Azure 插件推荐

Visual Studio Code 的 Azure 插件远不止上述所提到的这些。让我们再来看一看还有哪些好用的 Azure 插件可以助力云计算开发吧！

### 1. Azure IoT Tools

Azure IoT Tools 插件是 Azure 物联网插件包，包含了多个物联网开发的插件。设备开发、设备上云、边缘计算等物联网相关的开发功能，统统都可以在 Azure IoT Tools 插件中找到！

#### 2. Azure Machine Learning

Azure Machine Learning 插件使机器学习的开发变得简单。开发者可以快速构建和训练机器学习模型，并轻松在云端或边缘节点进行部署。Azure Machine Learning 插件也用到了许多业界主流的开源技术，如 TensorFlow、PyTorch、Jupyter 等。

#### 3. Azure CLI Tools

Azure CLI 是一个命令行接口，用于创建和管理 Azure 资源，是进行 Azure 开发的必备工具。

Azure CLI Tools 插件可以用于开发和运行 Azure CLI，主要功能如下所示。

- Azure CLI 的 IntelliSense 支持。
- 代码片段提示。
- 在集成终端中运行 Azure CLI。
- 文档提示。
- 显示当前的 Azure 订阅。

#### 4. Azure Resource Manager（ARM）Tools

Azure Resource Manager（ARM）是 Azure 的部署和管理服务，用于创建、更新和删除 Azure 资源。

该插件为 ARM 模板文件的开发提供了支持，主要功能如下所示。

- 提供 ARM 模板文件的大纲视图。
- 语法高亮。
- 分析并验证 ARM 模板文件。
- 智能提示。
- 代码片段提示。

## 10.2　AWS

Amazon 云计算服务（Amazon Web Services，AWS）是 Amazon 的公用云服务平台，于 2006 年正式推出。

2019 年 3 月，Amazon 正式发布了 AWS Toolkit for Visual Studio Code 插件，使开发者可以在 Visual Studio Code 中管理并开发 AWS 应用。

AWS Toolkit for Visual Studio Code 插件支持多种 AWS 资源，主要包括以下 6 种。

- AWS 无服务器应用

- AWS Lambda 函数
- AWS CloudFormation
- AWS 云开发工具包（AWS CDK）
- Amazon EventBridge
- Amazon Elastic Container Service（Amazon ECS）

在安装完 AWS Toolkit for Visual Studio Code 插件后，在编辑器左侧的活动栏中会出现一个 AWS 的图标，单击 AWS 图标，可以切换到 AWS 视图，然后单击 Connect to AWS，就能进行登录操作，如图 10-21 所示。

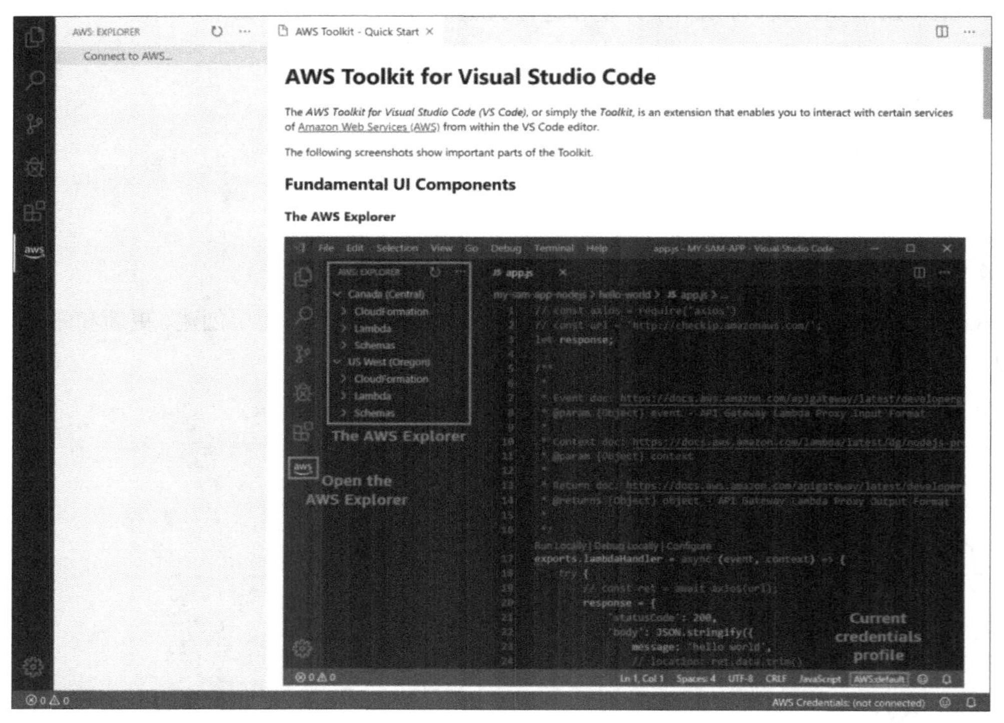


图 10-21　AWS 视图

如图 10-22 所示，在 AWS 视图中单击...按钮，可以展示更多的操作选项。选择 View Quick Start 选项，可以打开插件的 Quick Start 页面来快速了解插件的使用方法。

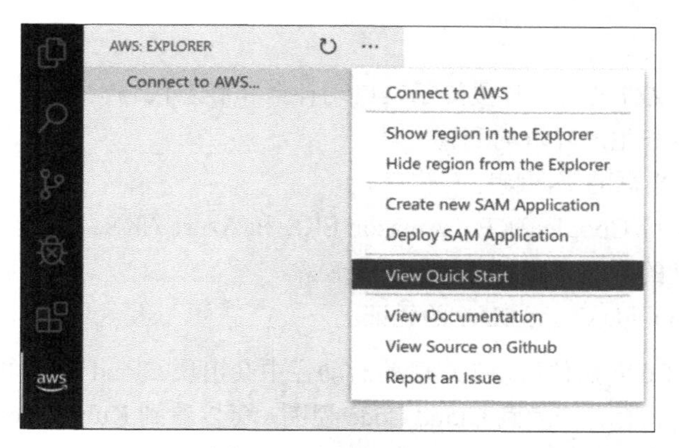


图 10-22　插件菜单栏

如图 10-23 所示，通过 Ctrl+Shift+P 快捷键打开命令面板，然后输入 aws，可以得到所有 AWS Toolkit 插件的命令。

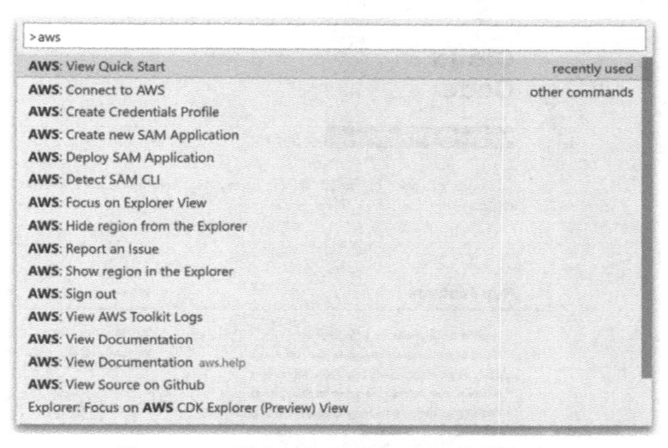


图 10-23　所有 AWS Toolkit 插件的命令

# 10.3　Google Cloud Platform

Google Cloud Platform（GCP）是 Google 的公用云服务平台，于 2011 年正式推出。

2019 年 4 月，Google 发布了 Visual Studio Code 的 Cloud Code 插件。

Cloud Code 插件可以用来轻松开发 Kubernetes 云原生应用，主要功能如下所示。

- 支持创建 Go、Node.js、Java、Python 和 C#应用。
- 编辑、打包和部署 Kubernetes 集群。
- 实时调试。

- 日志查看。
- Kubernetes 文件的代码片段提示、自动补全和静态代码检查。
- 开发、测试和生产环境的配置文件。
- Kubernetes 集群的资源浏览与管理。
- 集群创建支持 Google GKE、Amazon EKS 和 Azure AKS。
- 支持自定义的资源，如 Istio 和 KNative。
- 自动使用 Google Cloud SDK 的凭证。

在安装完 Cloud Code 插件后，在左侧的活动栏中会出现 Cloud Code 的图标，如图 10-24 所示。单击 Cloud Code 图标，切换到 Cloud Code 视图，可以看到 Kubernetes 资源管理器、Google Kubernetes Engine 资源管理器及Google Could的 API 列表。此外，该插件还会自动打开一个 Cloud Code 的欢迎页面。

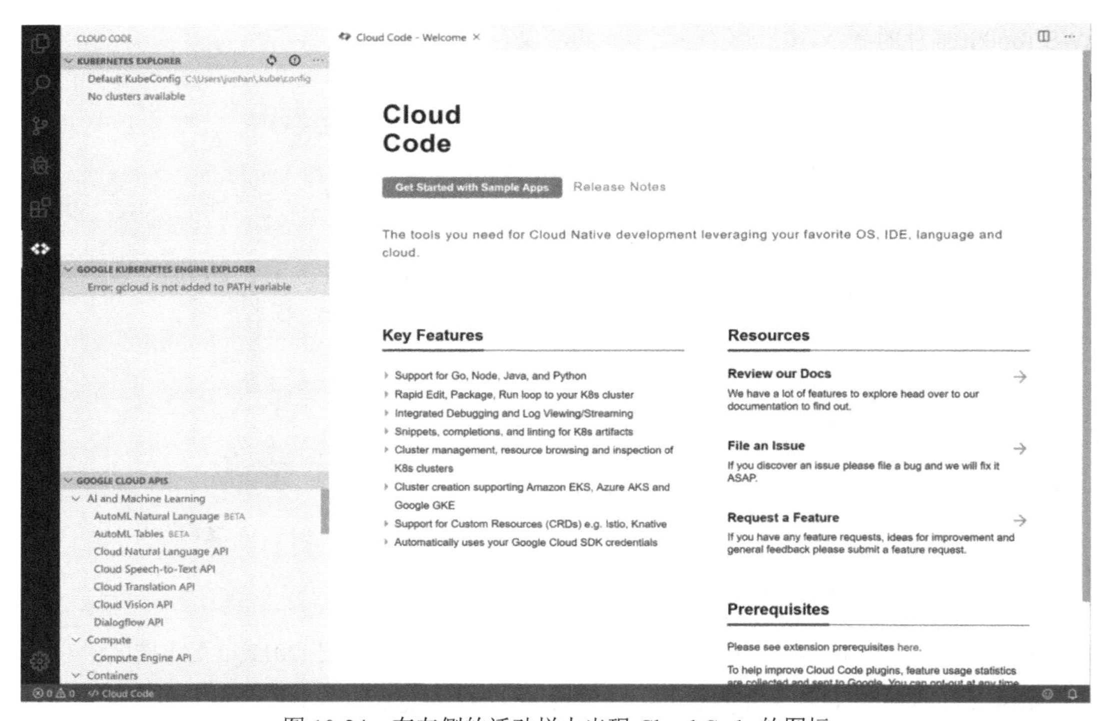


图 10-24　在左侧的活动栏中出现 Cloud Code 的图标

单击左下角状态栏中的 Cloud Code 按钮，可以看到 Cloud Code 的核心命令列表，如图 10-25 所示。

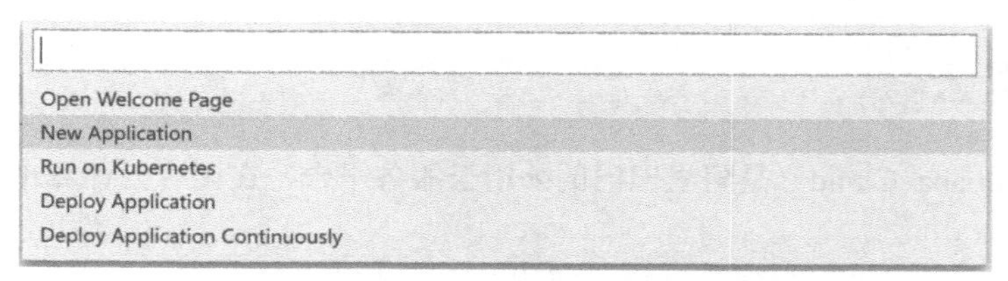


图 10-25　Cloud Code 的核心命令列表

在核心命令列表中，选择 New Application，会列出不同编程语言的模板，如图 10-26 所示。选择相应的模板，便可以快速创建 Kubernetes 云原生应用。

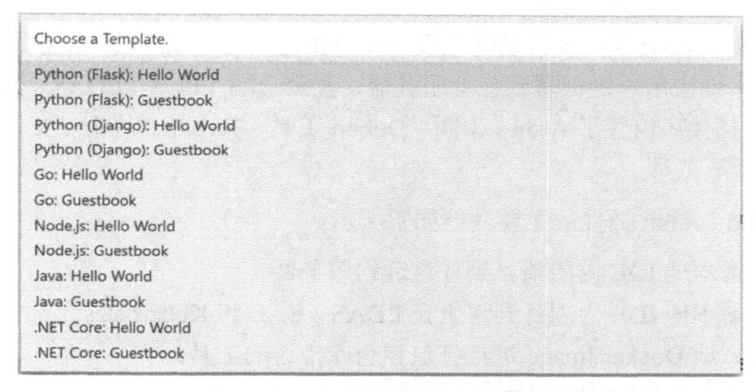


图 10-26　不同编程语言的模板

如图 10-27 所示，通过 Ctrl+Shift+P 快捷键打开命令面板，然后输入 cloud code，可以得到所有与 Cloud Code 插件相关的命令。

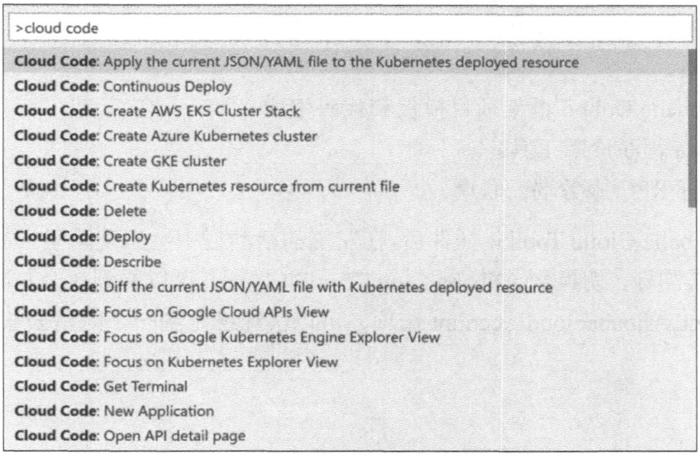

>cloud code

**Cloud Code**: Apply the current JSON/YAML file to the Kubernetes deployed resource
**Cloud Code**: Continuous Deploy
**Cloud Code**: Create AWS EKS Cluster Stack
**Cloud Code**: Create Azure Kubernetes cluster
**Cloud Code**: Create GKE cluster
**Cloud Code**: Create Kubernetes resource from current file
**Cloud Code**: Delete
**Cloud Code**: Deploy
**Cloud Code**: Describe
**Cloud Code**: Diff the current JSON/YAML file with Kubernetes deployed resource
**Cloud Code**: Focus on Google Cloud APIs View
**Cloud Code**: Focus on Google Kubernetes Engine Explorer View
**Cloud Code**: Focus on Kubernetes Explorer View
**Cloud Code**: Get Terminal
**Cloud Code**: New Application
**Cloud Code**: Open API detail page

图 10-27　与 Cloud Code 插件相关的命令

## 10.4 阿里云

阿里云（Alibaba Cloud）是阿里巴巴的公用云服务平台，在国内云计算市场中保持着绝对领先的地位。

在 2019 年，阿里巴巴分别发布了两款 Visual Studio Code 的阿里云插件。让我们一起来了解一下吧。

### 10.4.1 Alibaba Cloud Toolkit

Alibaba Cloud Toolkit 插件能帮助阿里云开发者更高效地开发、测试、诊断并部署应用。通过插件，可以将本地应用一键部署到任意服务器，甚至云端（ECS、EDAS、Kubernetes 和小程序云等）；并且，插件还内置了 Arthas 诊断、Dubbo 工具、Terminal 终端、文件上传、函数计算和 MySQL 执行器等工具。

Alibaba Cloud Toolkit 插件的主要功能如下所示。

- 一键部署本地 IDE 内的项目到任意远程服务器。
- 一键部署本地 IDE 内项目到阿里云 EDAS、SAE 和 Kubernetes。
- 提供为本地 Docker Image 进行打包和仓库推送的工具。
- 查看远程服务器的实时日志。
- 提供阿里云小程序开发工具。
- 提供阿里云函数计算开发工具。
- 提供阿里云 RDS 内置的 SQL 执行器。
- 内置终端。
- 文件上传。
- 提供 Apache Dubbo 框架项目模板和代码生成。
- 提供 Java 程序诊断工具。
- 可以进行 RPC 服务端云联调。

在安装完 Alibaba Cloud Toolkit 插件后，在左侧的活动栏中会出现阿里云的图标，如图 10-28 所示。单击阿里云图标，切换到 Alibaba Cloud Toolkit 视图，可以看到 3 个与阿里云相关的资源管理器。选择 Bind Alibabacloud Account 选项，可以快速绑定到一个阿里云账号上。

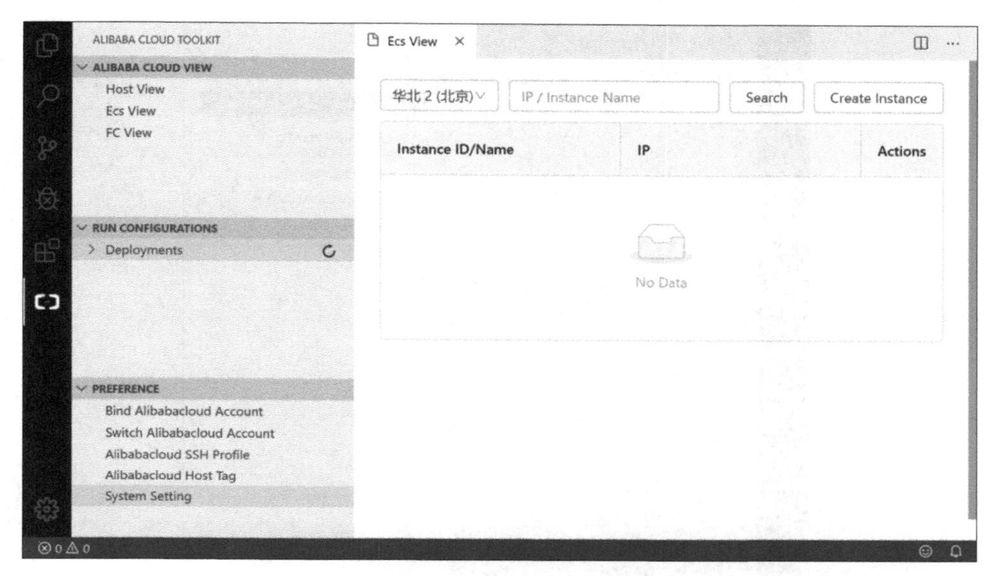


图 10-28　在左侧的活动栏中会出现阿里云图标

## 10.4.2　Aliyun Serverless

在 Serverless 方面，Amazon 有 AWS Lambda，微软有 Azure Functions，而阿里巴巴对应的就是阿里云函数计算（Function Compute）。

Aliyun Serverless 插件是阿里云 Serverless 产品——函数计算的 Visual Studio Code 插件，该插件结合了函数计算 Fun 工具及函数计算 SDK，是一款 Visual Studio Code 图形化开发调试函数计算及操作函数计算资源的工具。

Aliyun Serverless 插件的主要功能如下所示。

- 快速在本地初始化项目、创建服务函数。
- 运行调试本地函数、部署服务函数至云端。
- 拉取云端的服务函数列表、查看服务函数配置信息、调用云端函数。
- 获得模板文件的语法提示：自动补全、Schema 校验、悬浮提示。

在安装完 Aliyun Serverless 插件后，在左侧的活动栏中会出现 Aliyun Serverless 的图标（如图 10-29 所示），分别是 Function Compute（第 6 个图标）和 Function Flow（第 7 个图标）。单击 Function Compute 图标，切换到 Function Compute 视图，可以看到两个资源管理器。

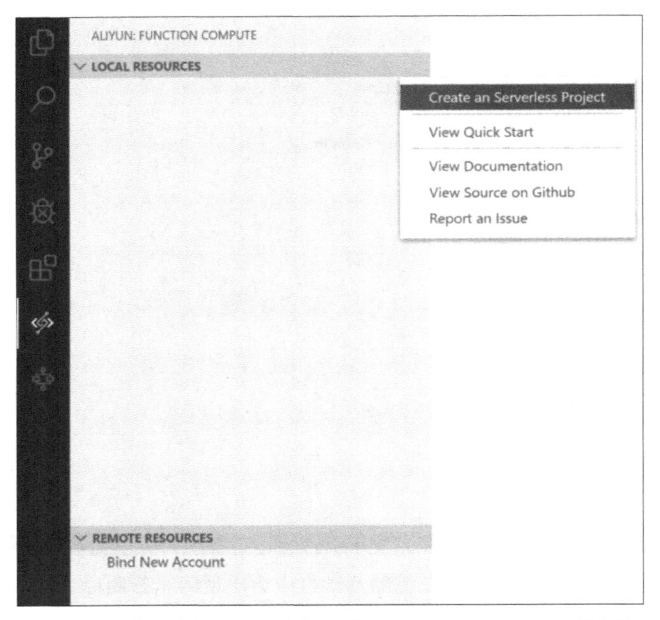


图 10-29　在左侧的活动栏中会出现 Aliyun Serverless 的图标

在 Local Resources 资源管理器中，鼠标悬停在 Local Resources 标题栏，单击...按钮，可以展示更多操作选项。选择 Create a Serverless Project 选项，弹出如图 10-30 所示的界面（有多种编程语言可供选择），选择一种编程语言即可创建 Serverless 项目。

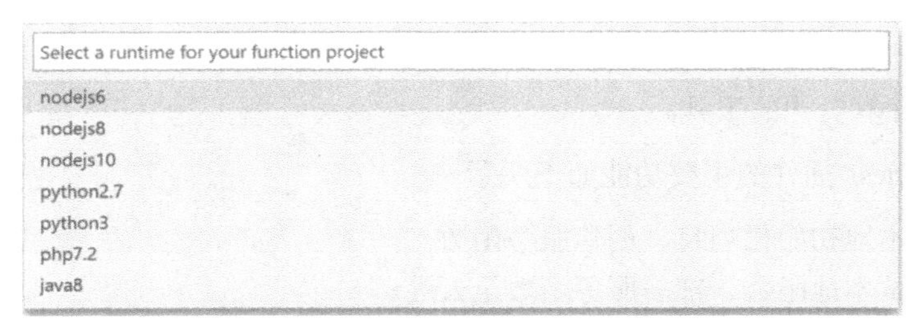


图 10-30　不同编程语言的列表

如图 10-31 所示，通过 Ctrl+Shift+P 快捷键打开命令面板，然后输入 aliyun，可以得到所有与 Aliyun Serverless 插件相关的命令。

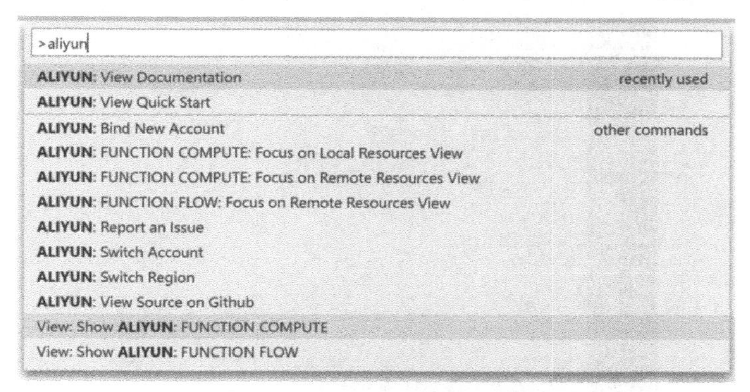


图 10-31　与 Aliyun Serverless 插件相关的命令

## 10.5　腾讯云

腾讯云（Tencent Cloud）是腾讯公司的公用云服务平台，在国内云计算市场中具有领先的地位。

2019 年，腾讯发布了 Visual Studio Code 的 Tencent Serverless Toolkit 插件——Tencent Serverless Toolkit for VS Code 插件。

Tencent Serverless Toolkit for VS Code 插件可以让腾讯云云函数（Serverless Cloud Function，SCF）的开发者更好地在本地进行 Serverless 项目开发和代码调试，并且轻松将项目部署到云端。

Tencent Serverless Toolkit for VS Code 插件的主要功能如下所示。

- 拉取云端的云函数列表，并触发云函数在云端运行。
- 在本地快速创建云函数项目。
- 在本地开发、调试及测试云函数代码。
- 使用模拟的 COS、CMQ、CKafka、API 网关等触发器事件来触发函数运行。
- 上传函数代码到云端，更新函数配置。

安装完 Tencent Serverless Toolkit 插件后，在左侧的活动栏中会出现腾讯云的图标，如图 10-32 所示。单击腾讯云图标，切换到 Tencent Serverless Toolkit 视图，可以看到两个资源管理器。单击云端函数的“点击创建一个腾讯云用户凭证”选项，可以快速创建一个腾讯云用户凭证。

图 10-32 在左侧的活动栏中会出现腾讯云的图标

如图 10-33 所示，在“本地函数”资源管理器中单击...按钮，可以展示更多的操作选项。选择“创建函数”选项，可以快速创建一个 Serverless 函数项目。

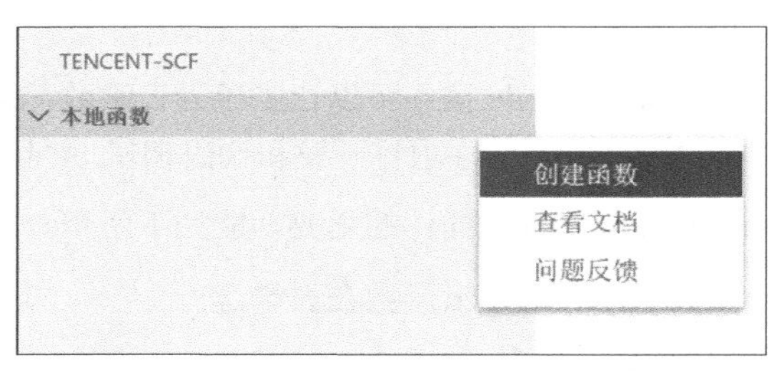


图 10-33 更多的操作选项

# 第 11 章

# 物联网开发

早在 2018 年，微软就宣布 4 年内将 50 亿美元投入物联网（IoT）领域。在 2019 年，雷军在小米年会上宣布 5 年内将 100 亿元全部投入物联网领域。可见各大厂商对物联网布局的力度之大。

物联网的两个重要组成部分就是“物”和“网”。“物”代表的是硬件设备，“网”代表的是在云端的各类服务。物联网开发的难点就是要解决怎么把硬件设备和云端服务顺滑地连接起来。

Visual Studio Code 不仅对各类编程语言提供了丰富的支持，而且在物联网领域，无论是设备端开发，还是设备上云，抑或是其他物联网开发，Visual Studio Code 也都提供了极佳的开发支持。

## 11.1 设备端开发

在物联网开发过程中，开发者往往会接触到各种不同的硬件设备。如果有一个开发工具能支持多种硬件设备，并且能提供统一的开发体验，那岂不是十分完美？

PlatformIO 就是这样优秀的开发工具！

### 11.1.1 PlatformIO 开发生态

PlatformIO 是开源的物联网开发生态系统，主要的亮点如下所示。

- 完全开源，基于 Apache 2.0 许可证。
- 支持多种 IDE 与编辑器。
- 统一的调试体验。
- 支持静态代码分析工具。
- 远程单元测试。
- 多平台多架构的构建系统。

- 固件资源管理器。
- 内存检查。

PlatformIO 支持了 30 多个开发平台、20 多个框架、700 多个设备、7 000 多个代码库，支持的开发平台及框架如下所示。

- 开发平台：Atmel AVR、Atmel SAM、Espressif 32、Espressif 8266、Freescale Kinetis、Infineon XMC、Intel ARC32、Intel MCS-51 (8051)、Kendryte K210、Lattice iCE40、Maxim 32、Microchip PIC32、Nordic nRF51、Nordic nRF52、NXP LPC、RISC-V、Samsung ARTIK、Silicon Labs EFM32、ST STM32、ST STM8、Teensy、TI MSP430、TI Tiva、WIZNet W7500 等。
- 框架：Arduino、ARTIK SDK、CMSIS、ESP-IDF、ESP8266 RTOS SDK、Freedom E SDK、Kendryte Standalone SDK、Kendryte FreeRTOS SDK、libOpenCM3、mbed、PULP OS、Pumbaa、Simba、SPL、STM32Cube、Tizen RT、WiringPi 等。

PlatformIO 对多个云端和桌面端 IDE（如下所示）都提供了支持。

- 云端 IDE
  - Cloud9
  - Codeanywhere
  - Eclipse Che
- 桌面端 IDE
  - Atom
  - CLion
  - CodeBlocks
  - Eclipse
  - Emacs
  - NetBeans
  - Qt Creator
  - Sublime Text
  - Vim
  - Visual Studio
  - Visual Studio Code

此外，PlatformIO 还为多种持续集成服务（如下所示）提供了支持。

- AppVeyor
- CircleCI

- Drone
- GitHub Actions
- GitLab
- Jenkins
- Shippable
- Travis CI

### 11.1.2　了解 PlatformIO IDE

在 PlatformIO 支持的多种 IDE 与编辑器中，PlatformIO 官方主推的开发工具就是 Visual Studio Code 的 PlatformIO IDE 插件。插件的主要功能如下所示。

- 支持统一的调试工具。
- 单元测试。
- 远程开发。
- C/C++智能提示。
- C/C++静态代码检查。
- 具有代码库管理器，支持 7 000 多个代码库。
- 支持亮色主题和暗黑主题。
- 具有串口监视器。
- 内置 PlatformIO 集成终端。

### 11.1.3　使用 PlatformIO IDE

通过左侧的活动栏切换到插件视图，然后在搜索框中输入 PlatformIO IDE 进行搜索并安装。

#### 1. 欢迎页面

如图 11-1 所示，在安装完插件后，会显示 PlatformIO IDE 的主页。主页中涵盖了许多 PlatformIO 的核心功能。

此外，还有以下两种方式可以主动打开 PlatformIO IDE 的主页。

- 单击左下角状态栏中的 PlatformIO: Home 按钮。
- 通过 Ctrl+Shift+P 快捷键打开命令面板，然后输入并执行 PlatformIO: Home 命令。

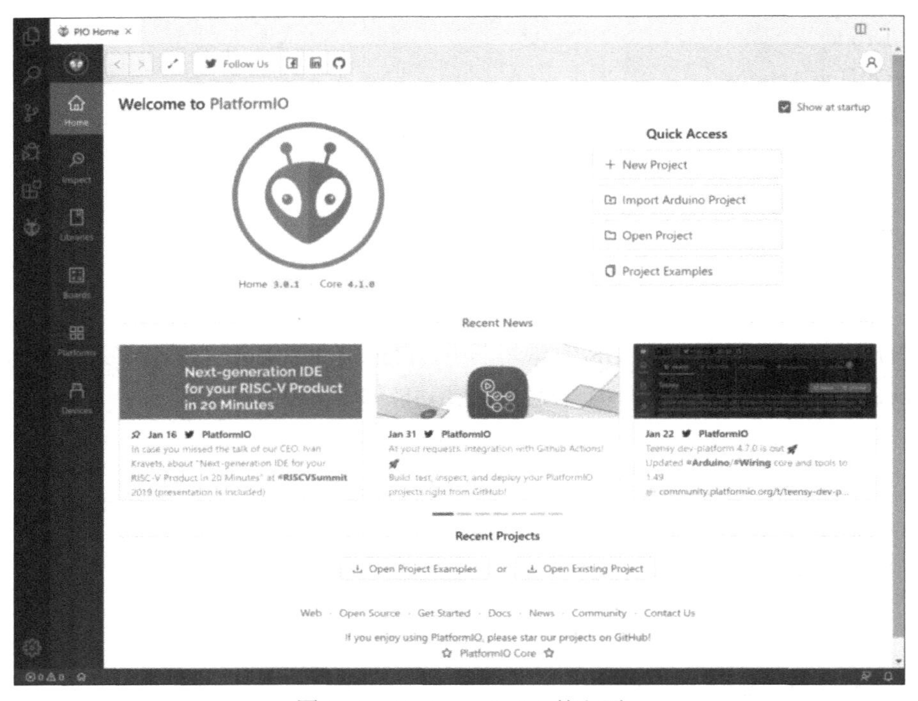


图 11-1　PlatformIO IDE 的主页

## 2. 创建 PlatformIO 项目

在 PlatformIO IDE 的主页中，单击 New Project 按钮，在弹出的窗口中可以选择硬件设备及开发框架来创建 PlatformIO 项目，如图 11-2 所示。

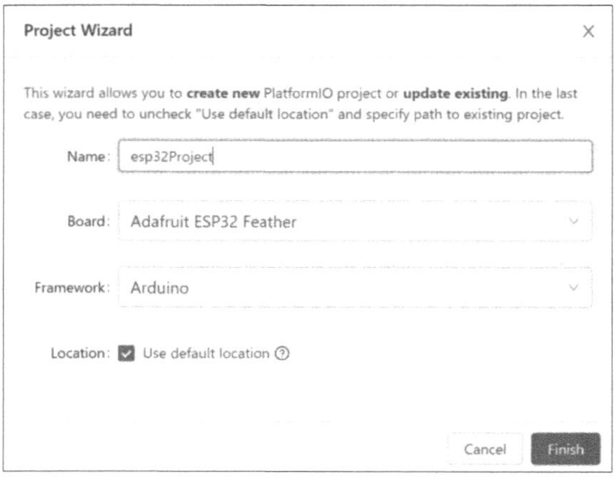

Project Wizard

This wizard allows you to **create new** PlatformIO project or **update existing**. In the last case, you need to uncheck "Use default location" and specify path to existing project.

Name: esp32Project

Board: Adafruit ESP32 Feather

Framework: Arduino

Location: Use default location

Cancel　Finish

图 11-2　创建 PlatformIO 项目

项目创建完成后，PlatformIO 项目的文件结构如图 11-3 所示。

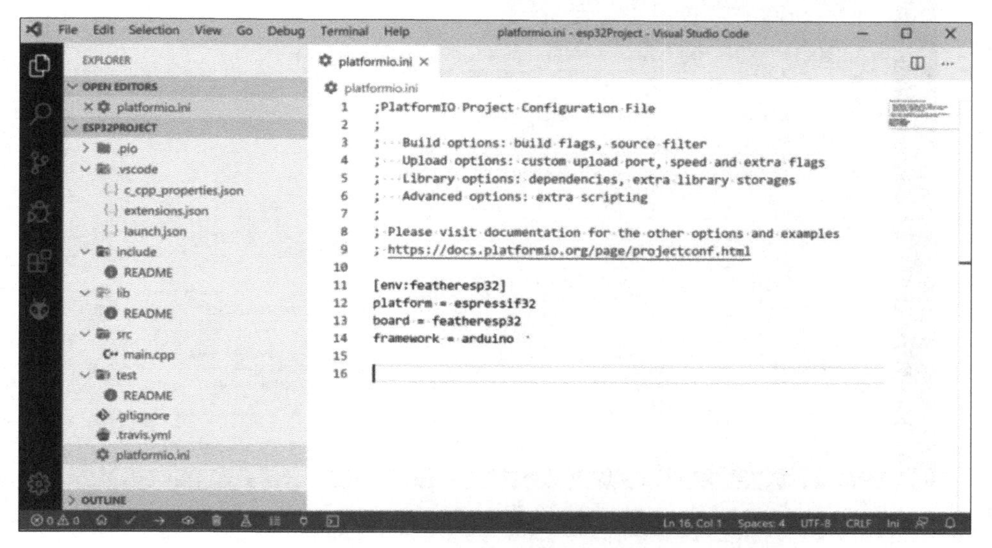

图 11-3　PlatformIO 项目的文件结构

其中，platformio.ini 文件是 PlatformIO 项目的配置文件，存储在每个 PlatformIO 项目的根目录中。

### 3. 构建与上传 PlatformIO 项目

打开 src 文件夹下的 main.cpp 文件，将文件中的内容替换成以下代码。

```
#include "Arduino.h"

void setup()
{
  pinMode(LED_BUILTIN, OUTPUT);
}

void loop()
{
  digitalWrite(LED_BUILTIN, HIGH);

  delay(1000);

  digitalWrite(LED_BUILTIN, LOW);

  delay(1000);
}
```

单击左下角状态栏中的 PlatformIO: Build（钩号）按钮，可以构建 PlatformIO 项目。如图 11-4 所示，在构建开始后，PlatformIO IDE 插件会打开集成终端，并实时输出构建的过程。

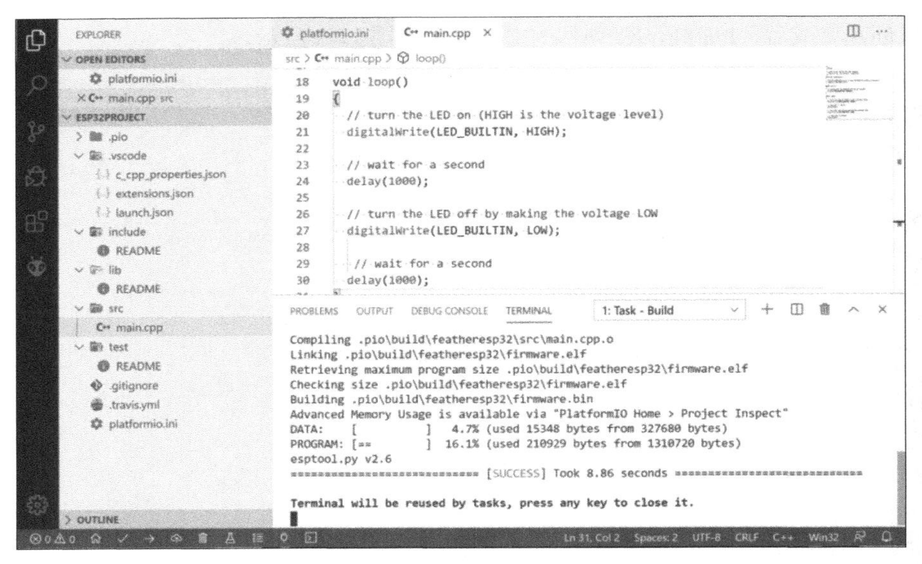

图 11-4 构建 PlatformIO 项目

将硬件设备与当前用于开发的机器相连（如通过串口），单击左下角状态栏中的 PlatformIO: Upload（向右的箭头）按钮，可以把 PlatformIO 项目上传到相应的硬件设备上。

#### 4. 调试 PlatformIO 项目

PlatformIO IDE 插件会在.vscode 文件夹中创建一个 launch.json 文件，它定义了调试所需要的配置。

可以使用以下任意一种方式启动调试。

- 在顶部的菜单栏中选择 Debug→Start Debugging。
- 使用 F5 快捷键。
- 通过左侧的活动栏切换到调试视图，单击绿色的调试按钮。

#### 5. PlatformIO 工具栏

如图 11-5 所示，在 Visual Studio Code 左下角的状态栏中有 PlatformIO 工具栏。

图 11-5 PlatformIO 工具栏

PlatformIO 工具栏中的 9 个图标从左到右分别为：

- PlatformIO 主页
- 构建项目

- 上传项目到本地设备
- 上传项目到远程设备
- 清除项目
- 运行单元测试
- 打开串口监视器
- 打开 PlatformIO 集成终端

#### 6. PlatformIO 视图

如图 11-6 所示，在左侧的活动栏中会有 PlatformIO 的图标。单击 PlatformIO 图标，切换到 PlatformIO 视图，可以看到两个资源管理器：任务资源管理器和快速访问资源管理器。

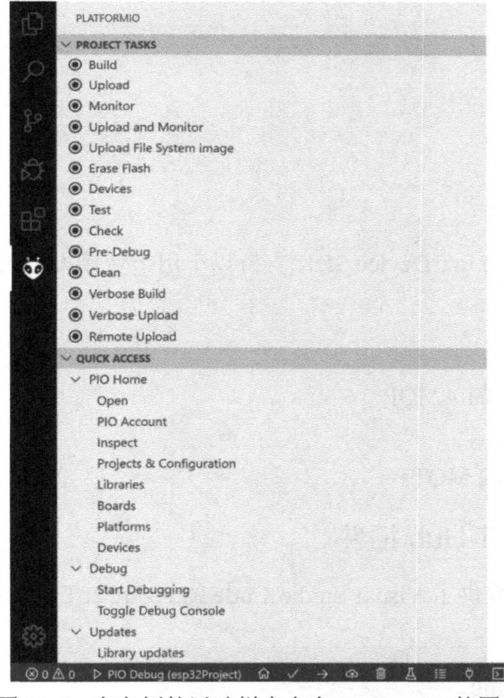


图 11-6　在左侧的活动栏中会有 PlatformIO 的图标

## 11.2　设备上云

物联网开发的难点就是要怎么把硬件设备和云端服务顺滑地连接起来，也就是设备上云。此外，在很多物联网项目中，开发者往往需要管理大规模的 IoT 设备，实时地处理数百万级的传感器消息，以及方便地在设备与云服务之间进行双向通信。

为了解决以上问题，微软的 Azure IoT Hub 服务应运而生。

### 11.2.1 了解 Azure IoT Hub

Azure IoT Hub 是“物”和“网”之间的桥梁，解决了设备和云端服务之间的通信问题，它支持设备与云之间的双向通信：

- 设备可以方便地通过 Azure IoT Hub 传输数据，然后转发云端的各个服务，进行数据处理、分析和展示等。
- 从云端可以通过 Azure IoT Hub 进行设备反控，以控制设备的状态、行为等。

通过 Azure IoT Device SDK，硬件设备可以与 Azure IoT Hub 进行集成，轻松上云。SDK 支持的编程语言包括：

- C
- C#
- Java
- Python
- Node.js。

Azure IoT Hub 和 Azure IoT Device SDK 支持以下用于连接设备的协议。

- HTTPS
- AMQP
- 基于 WebSockets 的 AMQP
- MQTT
- 基于 WebSocket 的 MQTT

### 11.2.2 了解 Azure IoT Hub 插件

微软为物联网开发者提供了 Visual Studio Code 的 Azure IoT Hub 插件，该插件的主要功能如下所示。

- 管理 Azure IoT Hub。
- 管理 Azure IoT Hub 的设备。
- 与 Azure IoT Hub 进行交互。
- 设备模拟。
- 生成 Azure IoT Hub 代码。

### 11.2.3 使用 Azure IoT Hub 插件进行物联网开发

通过左侧的活动栏切换到插件视图，然后在搜索框中输入 azure iot hub 进行搜索并安装

Azure IoT Hub 插件。

### 1. 欢迎页面

如图 11-7 所示，在安装完插件后，会显示 Azure IoT Hub 插件的欢迎页面，通过该页面可以快速了解 Azure IoT Hub 插件的主要功能。

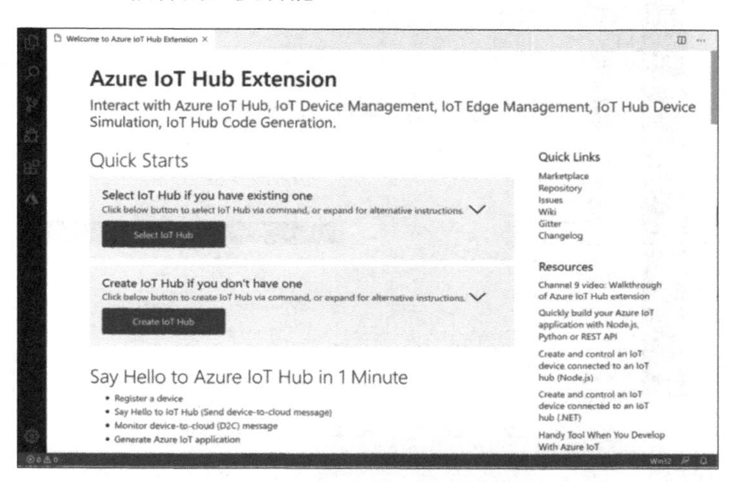


图 11-7　Azure IoT Hub 插件的欢迎页面

此外，通过 Ctrl+Shift+P 快捷键打开命令面板，然后输入并执行 Azure IoT Hub: Show Welcome Page 命令，也可以打开欢迎页面。

### 2. 注册 Azure 账号

如果你还没有 Azure 账号，则可以参照 10.1.2 节中的“注册 Azure 账号”部分内容通过 Azure 官网进行注册。

### 3. 创建 Azure IoT Hub

单击欢迎页面的 Create IoT Hub 按钮，或者通过 Ctrl+Shift+P 快捷键打开命令面板，然后输入并执行 Azure IoT Hub: Create IoT Hub 命令，可以快速创建一个新的 Azure IoT Hub。如图 11-8 所示，在输出面板中可以看到创建 Azure IoT Hub 的进展。

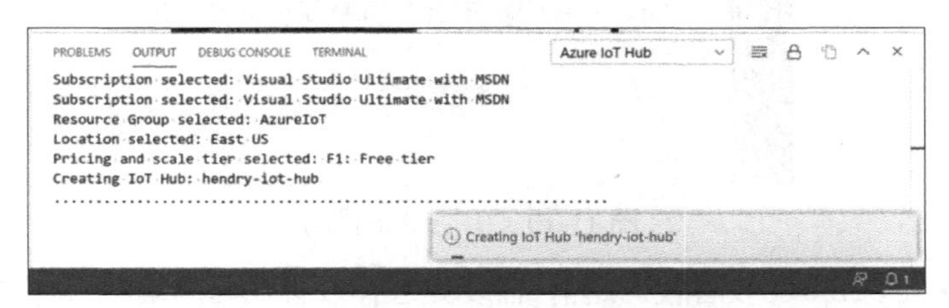


图 11-8　创建 Azure IoT Hub 的进展

### 4. 创建设备

如图 11-9 所示，在 Azure IoT Hub 资源管理器中选择 Create Device 选项，可以直接创建一个 Azure IoT Hub 的设备。

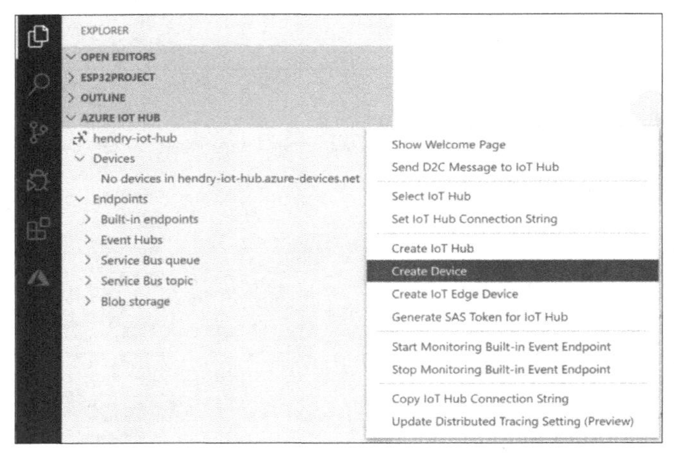


图 11-9　创建一个 Azure IoT Hub 的设备

### 5. 生成设备代码

如图 11-10 所示，在设备的右键菜单中选择 Generate Code 命令，可以生成 Azure IoT Hub 的设备代码。

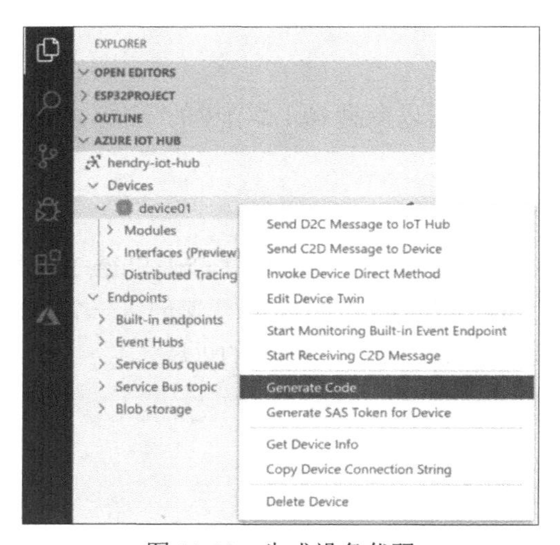


图 11-10　生成设备代码

在生成 Azure IoT Hub 的设备代码之前，需要先选择设备代码的编程语言。如图 11-11 所示，可以看到语言选择列表。我们选择 Node.js 选项。

Select language
C#
F#
Go
HTTP
Java
Node.js
PHP
Python
Ruby

图 11-11　语言选择列表

在接下来的代码类型列表中选择 Send device-to-cloud message 选项，生成的 Node.js 代码如图 11-12 所示。

生成的 Node.js 代码的逻辑是，每隔 1 秒钟向 Azure IoT Hub 发送随机生成的温度和湿度数据。

读者可以基于生成的代码，根据硬件设备的实际情况读取温度、湿度或其他传感器的信息，然后将其发送到 Azure IoT Hub。

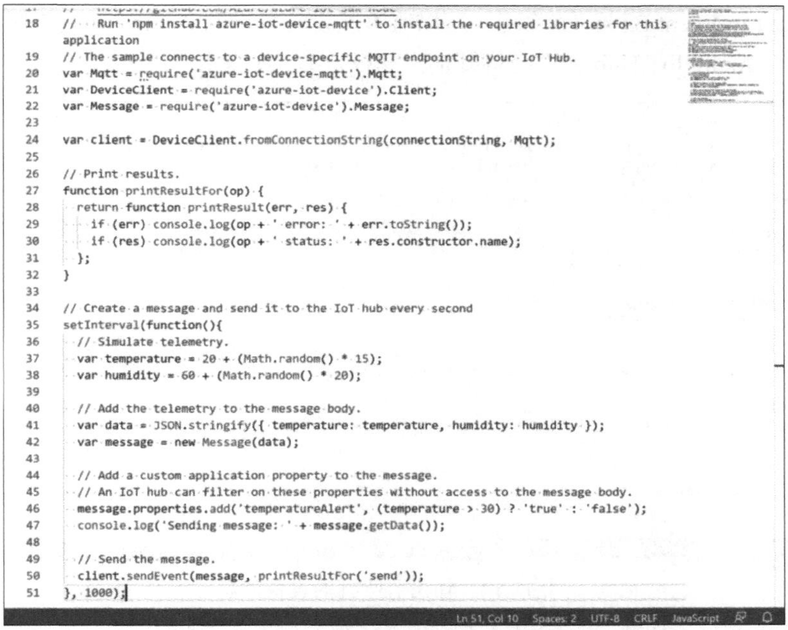

```
18  //   Run 'npm install azure-iot-device-mqtt' to install the required libraries for this
    application
19  // The sample connects to a device-specific MQTT endpoint on your IoT Hub.
20  var Mqtt = require('azure-iot-device-mqtt').Mqtt;
21  var DeviceClient = require('azure-iot-device').Client;
22  var Message = require('azure-iot-device').Message;
23
24  var client = DeviceClient.fromConnectionString(connectionString, Mqtt);
25
26  // Print results.
27  function printResultFor(op) {
28    return function printResult(err, res) {
29      if (err) console.log(op + ' error: ' + err.toString());
30      if (res) console.log(op + ' status: ' + res.constructor.name);
31    };
32  }
33
34  // Create a message and send it to the IoT hub every second
35  setInterval(function(){
36    // Simulate telemetry.
37    var temperature = 20 + (Math.random() * 15);
38    var humidity = 60 + (Math.random() * 20);
39
40    // Add the telemetry to the message body.
41    var data = JSON.stringify({ temperature: temperature, humidity: humidity });
42    var message = new Message(data);
43
44    // Add a custom application property to the message.
45    // An IoT hub can filter on these properties without access to the message body.
46    message.properties.add('temperatureAlert', (temperature > 30) ? 'true' : 'false');
47    console.log('Sending message: ' + message.getData());
48
49    // Send the message.
50    client.sendEvent(message, printResultFor('send'));
51  }, 1000);
```

Ln 51, Col 10　Spaces: 2　UTF-8　CRLF　JavaScript

图 11-12　生成的 Node.js 代码

**运行设备代码**

可以使用 SCP 等方式把生成的 Node.js 代码复制到相应的硬件设备（如树莓派）上。

首先，我们需要确保硬件设备上已经安装了 Node.js 和 npm。

接下来，在命令行中输入以下命令安装 Node.js 的 Azure IoT Device SDK。

```
npm install -g azure-iot-device-mqtt
```

最后，通过以下命令来运行设备代码（假设 Node.js 代码文件名为 device.js）。

```
node device.js
```

代码运行后，在命令行中可以看到如图 11-13 所示的运行输出结果。

```
Sending message: {"temperature":25.745604605940635,"humidity":69.92100333334301}
send status: MessageEnqueued
Sending message: {"temperature":21.0591577666654,"humidity":62.223673929056964}
send status: MessageEnqueued
Sending message: {"temperature":26.718755379898678,"humidity":69.72198700477502}
send status: MessageEnqueued
Sending message: {"temperature":29.380636889339748,"humidity":70.81157049672873}
send status: MessageEnqueued
Sending message: {"temperature":24.852539064386736,"humidity":61.04246188637239}
send status: MessageEnqueued
```

图 11-13　运行输出结果

**监听设备消息**

切换到 Visual Studio Code 的 Azure IoT Hub 资源管理器，在设备的右键菜单中选择 Start Monitoring Built-in Event Endpoint 命令，可以监听从设备发送到 Azure IoT Hub 的数据消息。如图 11-14 所示，Azure IoT Hub 插件会打开输出模板，并实时输出监听到的设备消息。

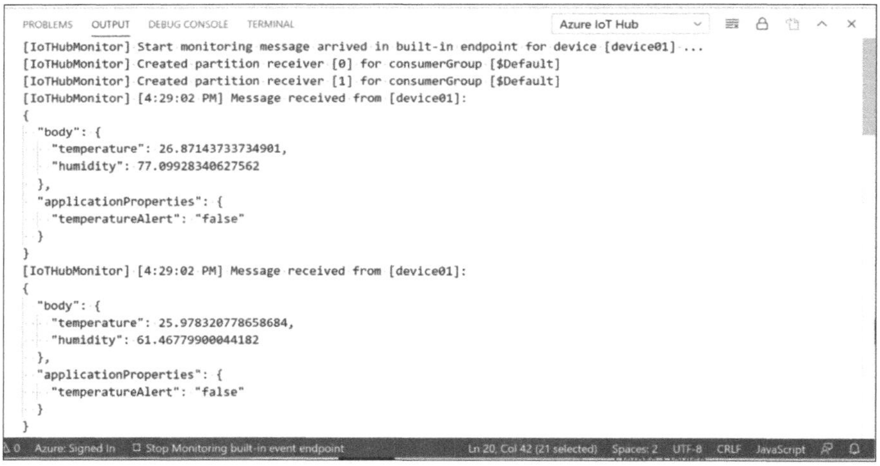

```
PROBLEMS  OUTPUT  DEBUG CONSOLE  TERMINAL                    Azure IoT Hub
[IoTHubMonitor] Start monitoring message arrived in built-in endpoint for device [device01] ...
[IoTHubMonitor] Created partition receiver [0] for consumerGroup [$Default]
[IoTHubMonitor] Created partition receiver [1] for consumerGroup [$Default]
[IoTHubMonitor] [4:29:02 PM] Message received from [device01]:
{
  "body": {
    "temperature": 26.87143733734901,
    "humidity": 77.09928340627562
  },
  "applicationProperties": {
    "temperatureAlert": "false"
  }
}
[IoTHubMonitor] [4:29:02 PM] Message received from [device01]:
{
  "body": {
    "temperature": 25.978320778658684,
    "humidity": 61.46779900044182
  },
  "applicationProperties": {
    "temperatureAlert": "false"
  }
}
0  Azure: Signed In  Stop Monitoring built-in event endpoint    Ln 20, Col 42 (21 selected)  Spaces: 2  UTF-8  CRLF  JavaScript
```

图 11-14　输出监听到的设备消息

单击底部状态栏中的 Stop monitoring built-in event endpoint 按钮，可以停止监听。

## 11.3　设备模拟

相信不少读者对物联网开发都有很大的兴趣，然而苦于身边没有一个硬件设备，无法进行尝试。

其实，Azure IoT Hub 插件提供了设备模拟器的功能，可以模拟设备发送消息到 Azure IoT Hub。就算身边没有硬件设备，也可以玩转物联网开发！

如图 11-15 所示，在设备的右键菜单中选择 Send D2C Message to IoT Hub 命令来打开设备模拟器。

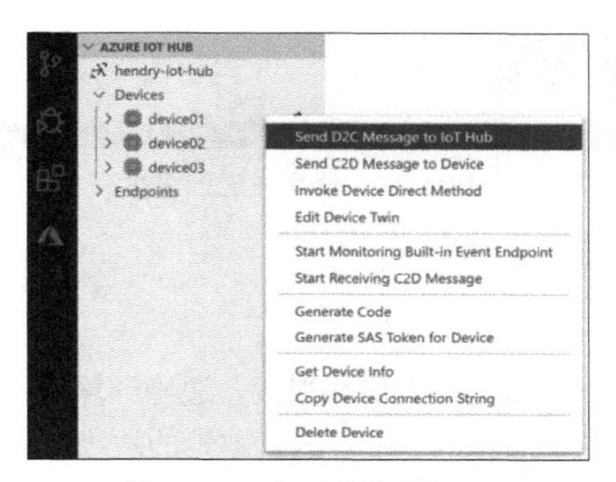


图 11-15　打开设备模拟器

图 11-16 所示的是设备模拟器的界面，我们可以选择一个或多个设备进行消息模拟。此外，还可以设置消息的数量、消息的发送时间间隔及消息的内容。单击 Send 按钮，即可启动消息模拟。

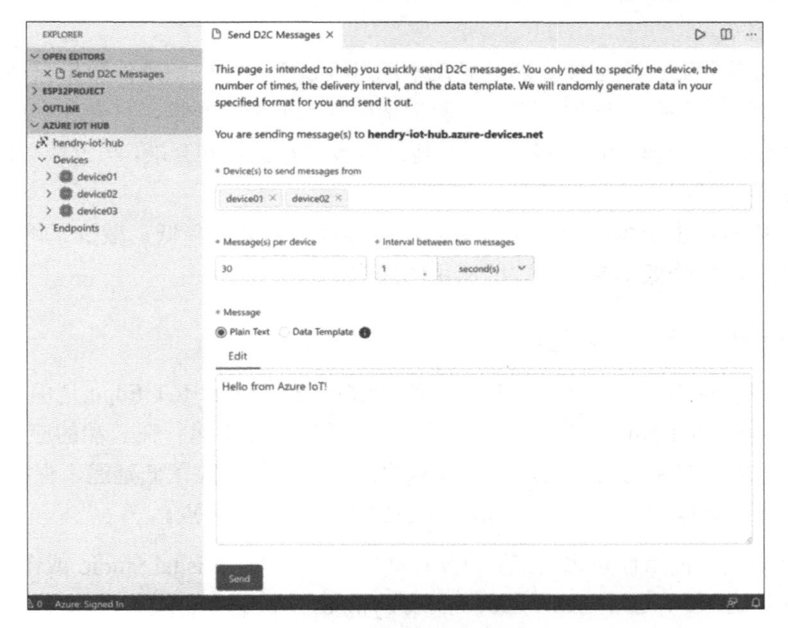


图 11-16　设备模拟器的界面

在消息模拟启动后，可以实时查看消息发送的进度，如图 11-17 所示。

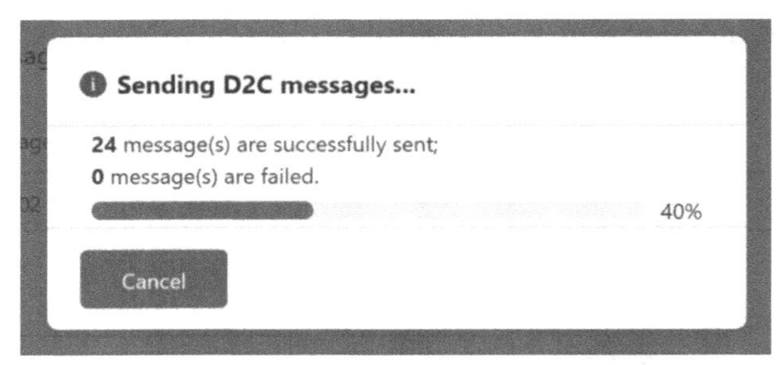


图 11-17　消息发送的进度

## 11.4　边缘计算

在物联网领域，边缘计算逐渐走进人们的视线。边缘计算是一种分散式运算的架构，旨在将应用程序、数据资料及服务的运算从云端下放到本地的边缘节点。

在物联网应用中使用边缘计算有以下诸多好处。

- 低延迟：把主要的运算处理逻辑从云端下放到本地的边缘节点，减少了本地设备与云端之间传输数据的频次，把网络延迟的影响降到最低，大大提升了整个物联网应用的运行效率。
- 保护数据隐私：由于核心的运算在本地进行，因此一些敏感的数据只会保留在边缘节点，而不会外传。比如，用于人脸识别的视频或图片数据，只会在本地通过人工智能的算法进行处理，并把脱敏之后的特征值等信息上传到云端，与云端数据库进行匹配，完全保护了用户的隐私信息。
- 降低成本：由于本地设备与云端之间传输数据的频次降低，减少了网络带宽的使用，因此很好地降低了整个物联网应用的成本。

### 11.4.1　了解 Azure IoT Edge

2017 年，微软推出了 Azure IoT Edge 边缘计算服务。Azure IoT Edge 是由 Azure 完全托管的服务，基于 Azure IoT Hub 构建。通过容器技术，可以把原本运行在云端的应用（人工智能运算、Azure 服务或自定义的代码逻辑）下放到边缘设备运行。除了低延迟、保护数据隐私、降低成本这 3 个边缘计算的特性，Azure IoT Edge 还有如下 4 个亮点。

- 简化开发：使用你熟悉的工具（Visual Studio Code、Visual Studio 或命令行），以及熟悉的语言（C、C#、Java、Node.js 或 Python），快速上手边缘计算开发。
- 大规模部署：大型的物联网应用往往需要管理成千上万的边缘设备。通过 Azure IoT

Hub，可以轻松地管理设备，并进行大规模部署，监测所有设备的状态。

- 离线运行：在某些物联网场景下，本地的边缘设备可能网络条件有限，Azure IoT Edge 设备可以离线运行。设备重新连接网络后，Azure IoT Edge 设备管理会自动同步设备最新状态，确保无缝运行。
- 开源：Azure IoT Edge 基于多项开源技术开发而成。此外，Azure IoT Edge 运行时也获得了 MIT 许可证并开源。

### 11.4.2 Azure IoT Edge 插件

在发布 Azure IoT Edge 之初，微软就同时发布了 Visual Studio Code 的 Azure IoT Edge 插件，助力开发者进行边缘计算的开发。

通过 Azure IoT Edge 插件，开发者可以轻松地编写、构建、部署及调试 Azure IoT Edge 项目。该插件主要包含的功能如下所示。

- 创建 Azure IoT Edge 项目。
- 添加 Azure IoT Edge 模块。
- 构建与发布 Azure IoT Edge 模块。
- 调试本地或远程的 Azure IoT Edge 模块。
- 为 Azure IoT Edge 部署文件提供 IntelliSense 与代码片段的支持。
- 管理 Azure IoT Edge 设备。
- 把 Azure IoT Edge 项目部署到一个或多个边缘设备上。

Azure IoT Edge 插件支持创建的 Azure IoT Edge 模块如下所示。

- C 模块
- C#模块
- Java 模块
- Node.js 模块
- Python 模块
- Azure Functions
- Azure Event Grid
- Azure Machine Learning
- Azure Stream Analytics
- Azure 市场上的 Azure IoT Edge 模块
- Azure Container Registry 上的 Azure IoT Edge 模块

## 11.5　物联网插件推荐

让我们再来看一看还有哪些好用的与物联网开发相关的插件，助力物联网开发。

### 11.5.1　Espressif IDF

ESP32 是一系列低成本、低功耗的单片机微控制器，集成了 Wi-Fi 和低功耗蓝牙。ESP32 由总部位于上海的中国公司乐鑫信息科技（简称“乐鑫”）创建和开发，是 ESP8266 微控制器的后继产品。

Espressif 物联网开发框架（Espressif IoT Development Framework，简称 ESP-IDF）是由乐鑫官方推出的针对 ESP32 系列芯片的开发框架。基于 ESP-IDF，乐鑫为 ESP32 的开发者提供了 Visual Studio Code 的 Espressif IDF 插件。

通过 Espressif IDF 插件，开发者可以轻松地开发、构建、监测及调试 ESP32 的代码。该插件的主要功能如下所示。

- 通过 ESP-IDF 样例快速创建项目。
- 二进制文件的大小分析。
- 提供基于图形化界面的项目配置工具。
- 构建 ESP32 代码。
- 上传 ESP32 代码到 ESP32 设备。
- 监测 ESP32 代码。
- 对 KConfig 文件显示语法高亮。
- 支持多种语言（包括英文、中文、西班牙文等）版本。
- 提供 OpenOCD 服务器。

### 11.5.2　Arduino

Arduino 是一个热门的开源电子原型平台，包含了一系列开源硬件和开源软件，非常适合开发者快速入门物联网开发。

微软提供了 Visual Studio Code 的 Arduino 插件，帮助开发者轻松地开发、构建、部署及调试 Arduino 代码。该插件的主要功能如下所示。

- 为 Arduino 文件提供 IntelliSense 和语法高亮。
- 构建和上传 Arduino 代码。
- 内置 Arduino 设备管理器。
- 内置代码库管理器。

- 内置样例库。
- 内置串口监视器。
- 为 Arduino 文件提供代码片段提示。
- 创建 Arduino 项目。
- 调试 Arduino 设备。

### 11.5.3 Workbench

Particle 是一个一体化的物联网平台，包含一系列的硬件设备、实时操作系统（Real-Time Operating System，RTOS）、物联网云服务平台。Particle 提供了多种物联网开发工具，包括 Web IDE、REST API、命令行工具、SDK、规则引擎等。此外，Particle 还提供了 Visual Studio Code 的 Workbench 插件（插件 ID：particle.particle-vscode-pack），插件的主要特点如下所示。

- 支持离线或云端编译。
- 支持工具链管理。
- 内置版本控制和调试功能。
- 部署方式灵活，可以通过连线或 OTA 更新进行部署。
- 支持 3 000 多个 Particle 设备的代码库。
- 安装流程便捷。

### 11.5.4 Cortex-Debug

Cortex-Debug 插件支持调试 ARM Cortex-M 微控制器，主要功能如下所示。

- 支持 J-Link 和 OpenOCD GDB 服务器。
- 支持 PyOCD 和 textane/stlink。
- 支持 Black Magic Probe。
- 支持 Cortex Core 注册查看器。
- 支持 Peripheral 注册查看器。
- 支持内存查看器。
- 支持调试 Rust 代码。
- 支持 RTOS。

### 11.5.5 Azure IoT Tools

Azure IoT Tools 插件是 Azure 物联网插件包，包含了前面提到的 Azure IoT Hub 和 Azure IoT Edge 插件，以及 Azure IoT Device Workbench 插件。

Azure IoT Device Workbench 插件可以用来编写、构建及调试物联网设备，并轻松连接多个 Azure 服务。该插件支持的设备如下所示。

- 基于 ARM Cortex-A 的 Linux （如 Debian、Ubuntu、Yocto Linux 等）嵌入式设备
- MXChip IoT DevKit
- ESP32

# 第 12 章 远程开发

北京时间 2019 年 5 月 3 日，在 PyCon 2019 大会上，微软发布了 Visual Studio Code Remote Development，开启了远程开发的新时代！通过 Visual Studio Code，开发者可以在容器、物理或虚拟机，以及 Windows Subsystem for Linux（WSL）中实现无缝远程开发。

## 12.1 远程开发概览

Visual Studio Code Remote Development 允许开发者将容器、远程机器或 WSL 作为完整的开发环境。开发者可以：

- 在环境相同的操作系统上进行开发，或者使用更大或更专业的硬件。
- 把开发环境作为沙箱，以避免影响本地机器配置。
- 让新手轻松上手，让每个人都保持一致的开发环境。
- 使用原本在本地环境不可用的工具或运行时，并且可以管理它们的多个版本。
- 在 WSL 中开发 Linux 应用。
- 从多台不同的计算机访问现存的开发环境。
- 调试在其他位置（如客户端网站或云端）运行的应用程序。

得益于 Visual Studio Code Remote Development，本地的开发机器完全不需要拥有远程开发环境的源代码，便能获得以上开发体验。通过 Visual Studio Code Remote Development，开发者可以轻松连接上远程环境，在本地进行开发。而且，整个远程开发的体验就像在本地开发一样，如丝般顺滑。

Visual Studio Code Remote Development 的整体架构如图 12-1 所示，核心组件都运行在远程环境中。

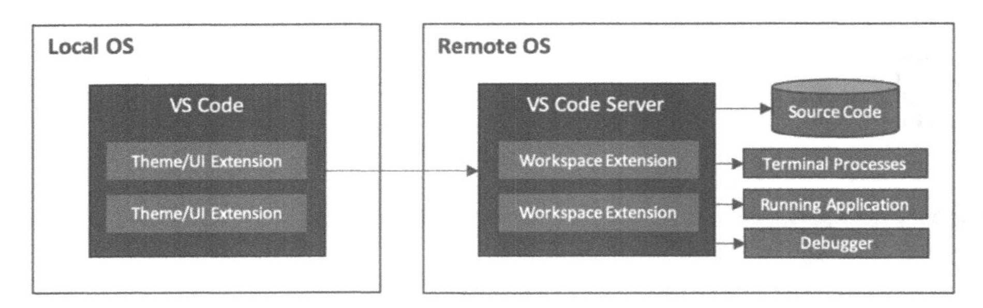


图 12-1 Visual Studio Code Remote Development 的整体架构

## 12.2 远程开发插件

Visual Studio Code 提供了 Remote Development 插件，它是一个远程开发插件包，包含了以下 3 种类型的远程开发插件。

- Remote – SSH 插件：通过 SSH 打开远程机器或虚拟机上的文件夹，以连接到任何位置的源代码。
- Remote – Containers 插件：基于容器技术，把 Docker 作为开发环境。
- Remote – WSL 插件：在 Windows 上打开 WSL 的文件夹，可以获得犹如 Linux 般的开发体验。

开发者可以根据实际需求安装需要的远程开发插件，或者通过安装 Remote Development 插件包来一键安装所有的远程开发插件。

## 12.3 SSH

通过 Remote – SSH 插件，开发者可以获得以下开发体验。

- 在比本地机器更大、更快或更专业的硬件上进行开发。
- 在不同的远程开发环境之间快速切换，安全地进行更新，而不必担心影响本地机器。
- 调试在其他位置运行的应用程序，例如客户端网站或云端应用。

假设你正在开发一个深度学习项目，那么通常会需要一个高 GPU 性能的虚拟机（例如 Azure Data Science Virtual Machine），并在虚拟机上配置训练大数据模型所需的所有工具和框架。你可以通过 SSH 打开远程机器上的 VIM 或 Jupyter Notebooks 来编辑远程代码，但是这样就放弃了本地开发工具的丰富功能。然而，使用 Remote – SSH 插件，你只需要通过 Visual Studio Code 连接到远程机器，安装必要的插件（如 Python 插件），就可以使用 Visual Studio Code 所有的强大功能，如 IntelliSense、代码跳转和调试，就像在本地开发一样。

图 12-2 所示的是 SSH 远程开发的整体架构，由于 Remote – SSH 插件会把 Visual Studio Code 的核心组件直接运行在远程的机器上，因此本地的开发机器完全不需要拥有远程开发环境的源代码，也能提供像开发本地项目一样的开发体验。

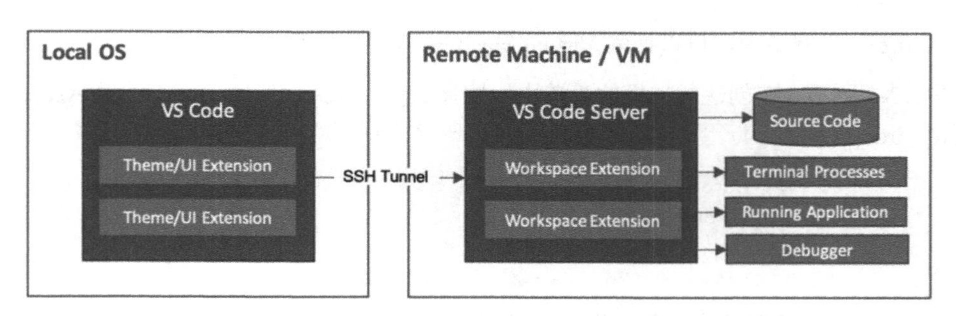


图 12-2　SSH 远程开发的整体架构

## 12.3.1　快速开始

我们来一起学习一下，如何通过 Remote – SSH 插件，快速连接到远程机器进行远程开发。

### 1. 安装 Remote – SSH 插件

通过左侧的活动栏切换到插件视图，然后在搜索框中输入 Remote – SSH 进行搜索并安装。

如图 12-3 所示，在 Remote – SSH 插件安装完成后，在左下角的状态栏中会显示一个新的远程开发按钮。

图 12-3　状态栏中的远程开发按钮

单击远程开发按钮，可以快速得到与 Remote – SSH 插件相关的命令，如图 12-4 所示。

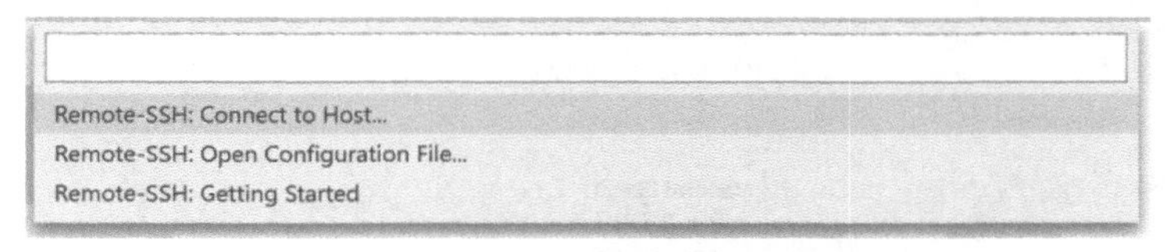


图 12-4　与 Remote – SSH 插件相关的命令

### 2. 创建虚拟机

如果读者还没有虚拟机，那么可以创建一个新的虚拟机。在本节中，我们以 Azure 为例，创建一个在 Azure 上的 Linux 虚拟机。读者也可以选择基于其他服务商（如阿里云、腾讯云、

AWS 等）来创建一个虚拟机。此外，还可以使用自建的物理机作为远程机器。

如果读者还没有 Azure 账号，那么可以参照 10.1.2 节中的“注册 Azure 账号”部分内容通过 Azure 官网进行注册。

在 Azure 门户网站中，可以搜索 Virtual Machine 来创建一个新的虚拟机。

如图 12-5 所示，在创建虚拟机的表单中，选择 Azure 订阅（Subscription）及 Azure 资源组（Resource group）。

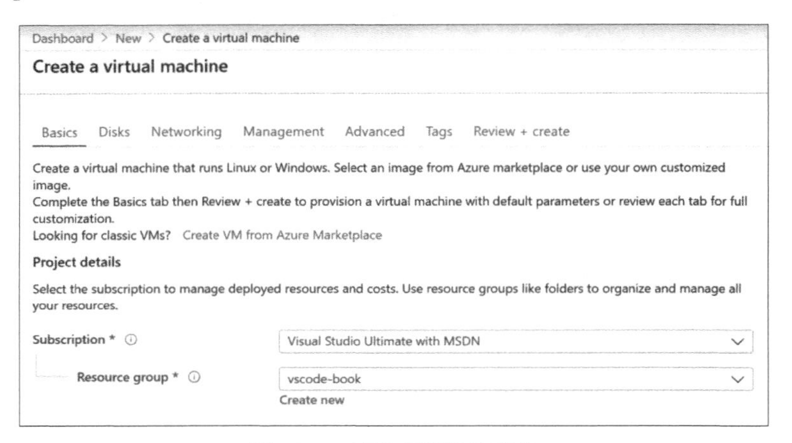


图 12-5　创建虚拟机的表单

接下来，指定虚拟机的相关信息，包括虚拟机名称（Virtual machine name）、区域（Region）、大小（Size）等，如图 12-6 所示。对于虚拟机镜像（Image），我们可以选择 Ubuntu Server 18.04 LTS。

Instance details
Virtual machine name *　jun-linux-test
Region *　(Asia Pacific) East Asia
Availability options　No infrastructure redundancy required
Image *　Ubuntu Server 18.04 LTS
Browse all public and private images
Azure Spot instance　Yes　No
Size *　Standard D2s v3
2 vcpus, 8 GiB memory ($96.36/month)
Change size

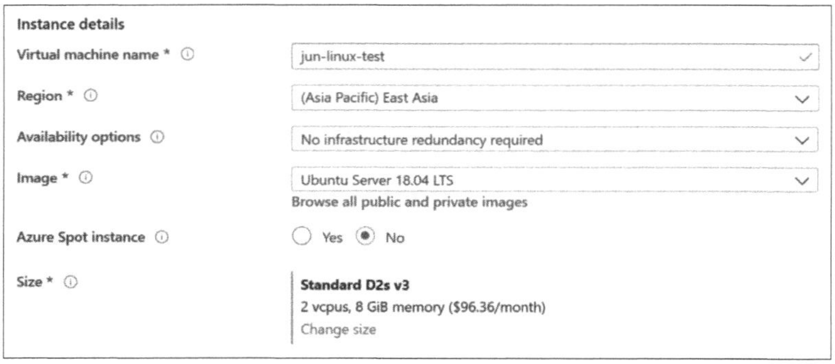

图 12-6　指定虚拟机的相关信息

### 3. 安装 SSH 客户端

连接到虚拟机可以使用多种身份验证方式，包括使用 SSH 密钥或用户名密码。这里推荐使用 SSH 密钥的身份验证方式。

对于本地机器，需要安装 SSH 客户端。

1）Windows

对于 Windows 10 1803 版本及以上、Windows Server 2016 1803 版本及以上和 Windows Server 2019 1803 版本及以上的机器，可以安装 OpenSSH 客户端。

可以使用 PowerShell 来安装 OpenSSH 客户端。首先以管理员身份启动 PowerShell。若要确保 OpenSSH 功能可以安装，则在 PowerShell 中执行以下命令。

```
Get-WindowsCapability -Online | ? Name -like 'OpenSSH*'
```

命令执行完毕后，在 PowerShell 中应该会看到如下所示的结果。

```
Name  : OpenSSH.Client~~~~0.0.1.0
State : NotPresent
Name  : OpenSSH.Server~~~~0.0.1.0
State : NotPresent
```

接下来，在 PowerShell 中执行以下命令，安装 OpenSSH 客户端。

```
Add-WindowsCapability -Online -Name OpenSSH.Client~~~~0.0.1.0
```

如果安装成功，则会在 PowerShell 中输出以下内容。

```
Path          :
Online        : True
RestartNeeded : False
```

对于早期版本的 Windows，可以安装 Windows 上的 Git 客户端（见参考资料[49]）。Git 客户端包含了 SSH 客户端。

2）macOS

macOS 已经自带了 SSH 客户端，因此无须额外安装。

3）Linux

对于 Debian/Ubuntu，可以在命令行中执行以下命令，安装 OpenSSH 客户端。

```
sudo apt-get install openssh-client
```

对于 RHEL/Fedora/CentOS，可以在命令行中执行以下命令，安装 OpenSSH 客户端。

```
sudo yum install openssh-clients
```

#### 4. 验证 SSH 客户端

在命令行中输入以下命令。

```
ssh -V
```

如果 SSH 客户端已经安装成功，那么在命令行中会输出 SSH 的版本号。

#### 5. 生成 SSH 密钥

如果读者还没有创建 SSH 公钥和密钥（私钥），则可以打开命令行并输入以下命令。

```
ssh-keygen -t rsa -b 2048
```

以上命令会生成 SSH 公钥和密钥。

如图 12-7 所示，在生成的 SSH 公钥和密钥中，首先指定了密钥的存放路径，然后指定了密钥的密码，密码也可以为空不设置。

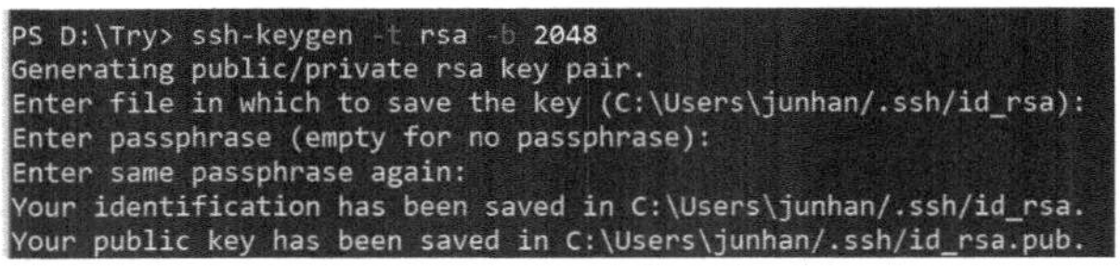

```
PS D:\Try> ssh-keygen -t rsa -b 2048
Generating public/private rsa key pair.
Enter file in which to save the key (C:\Users\junhan/.ssh/id_rsa):
Enter passphrase (empty for no passphrase):
Enter same passphrase again:
Your identification has been saved in C:\Users\junhan/.ssh/id_rsa.
Your public key has been saved in C:\Users\junhan/.ssh/id_rsa.pub.
```

图 12-7　生成的 SSH 公钥和密钥

生成的 id_rsa 文件为密钥，id_rsa.pub 文件为公钥。

#### 6. 把 SSH 公钥添加到虚拟机

回到 Azure 门户网站中，在创建虚拟机的表单中填入 id_rsa.pub 文件中的公钥内容，可以将 SSH 公钥添加到虚拟机，如图 12-8 所示。

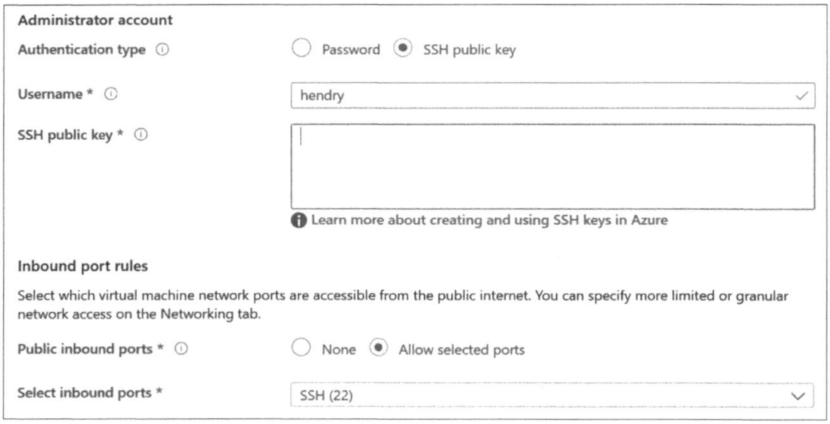

Administrator account
Authentication type　○ Password　◉ SSH public key
Username *　hendry
SSH public key *
Learn more about creating and using SSH keys in Azure
Inbound port rules
Select which virtual machine network ports are accessible from the public internet. You can specify more limited or granular network access on the Networking tab.
Public inbound ports *　○ None　◉ Allow selected ports
Select inbound ports *　SSH (22)

图 12-8　将 SSH 公钥添加到虚拟机

接下来，单击 Review and Create 按钮，再单击 Create 按钮，就能在 Azure 上创建一个带有 SSH 公钥的 Linux 虚拟机了。

#### 7. 通过 SSH 连接到远程虚拟机

Linux 虚拟机创建完成后，在 Azure 门户网站中切换到新建的虚拟机的页面，复制 Public IP address 所显示的 IP 地址，如图 12-9 所示。

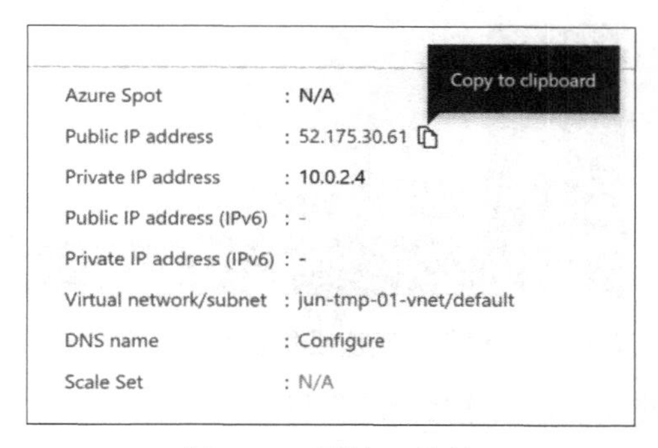


图 12-9　复制 IP 地址

可以使用以下任意一种方式连接到远程机器。

- 通过 Ctrl+Shift+P 快捷键打开命令面板，然后输入并执行 Remote-SSH: Connect to Host 命令。
- 单击左下角状态栏中的绿色的远程开发按钮，在选择列表中选择 Remote-SSH: Connect to Host 命令。

如图 12-10 所示，输入远程虚拟机的 user@host 信息，并按下 Enter 键。

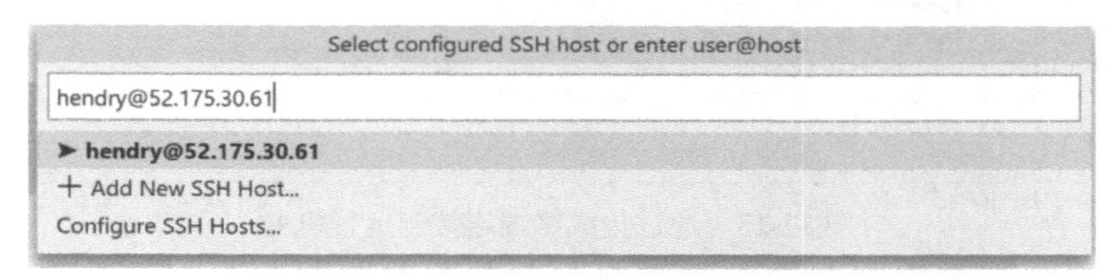


图 12-10　输入远程虚拟机的 user@host 信息

Visual Studio Code 会打开一个新的 Visual Studio Code 窗口。

如图 12-11 所示，在新打开的 Visual Studio Code 窗口的右下角，可以看到一个通知栏，显示远程虚拟机正在安装 VS Code Server。

Setting up SSH Host 52.175.30.61: (details) Initializing VS Code Server

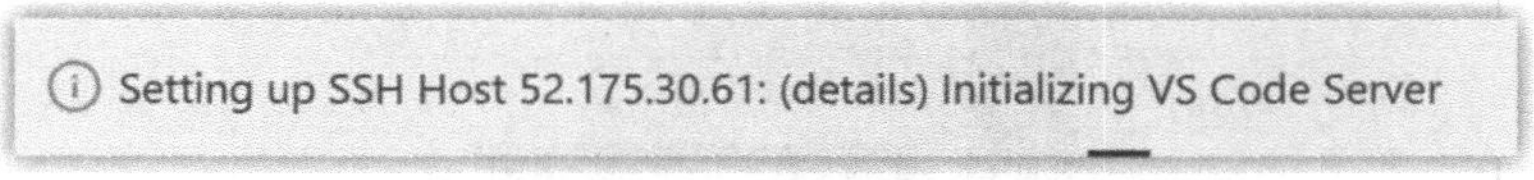

图 12-11　远程虚拟机正在安装 VS Code Server

远程虚拟机安装完 VS Code Server 后，在左下角的状态栏中会显示一个远程开发按钮，并且显示远程机器的 IP 地址，如图 12-12 所示。

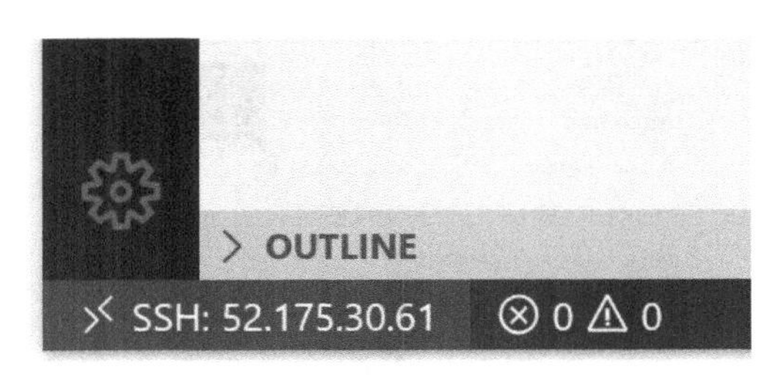


图 12-12　远程开发按钮和远程机器的 IP 地址

打开集成终端，集成终端会直接连接到远程机器（Ubuntu 18.04.4 LTS），而不是本地机器，如图 12-13 所示。

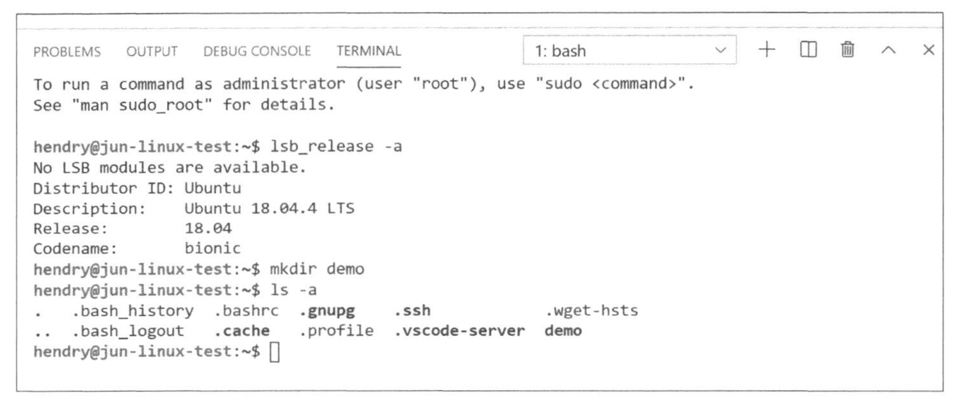


图 12-13　通过集成终端连接到远程机器

如图 12-14 所示，文件资源管理器中显示当前 Visual Studio Code 已经通过 SSH 连接上了远程机器，单击 Open Folder 可以打开远程机器上的文件夹。

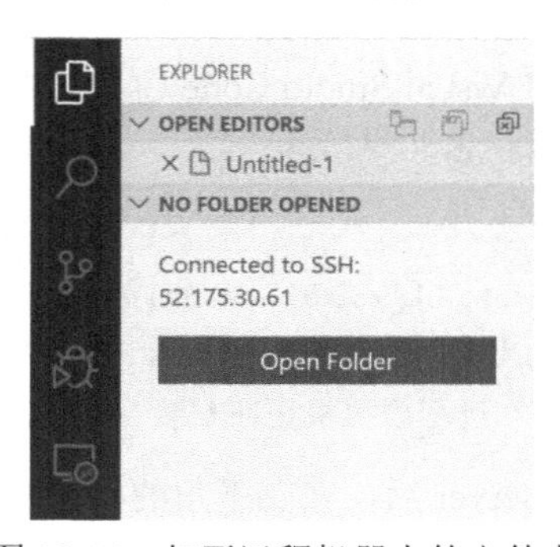


图 12-14　打开远程机器上的文件夹

如图 12-15 所示，在列表中可以浏览远程机器上的文件目录，单击 OK 按钮，可以打开相应的文件夹。

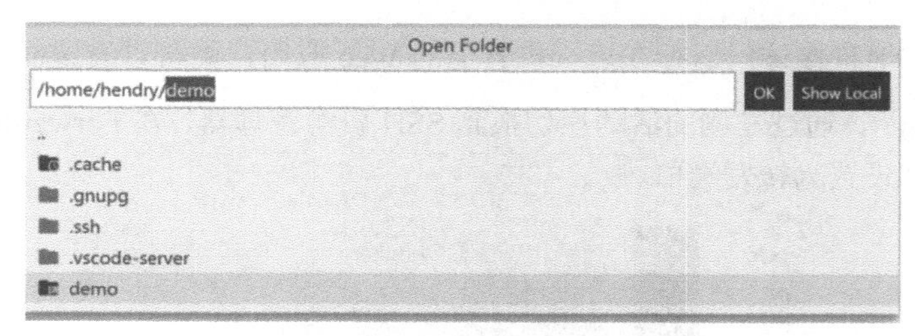


图 12-15　浏览远程机器上的文件目录

### 8. 创建 Web 应用

接下来，我们将通过 Visual Studio Code 在远程机器上创建一个 Node.js 的 Web 应用。

1）安装 Node.js 和 npm

通过 Ctrl+`快捷键打开集成终端，输入以下命令安装 Node.js 和 npm。

```
sudo apt-get update
sudo apt-get install nodejs npm
```

输入以下命令，以验证是否安装成功。

```
node --version
npm --version
```

如果 Node.js 和 npm 安装成功，那么在集成终端中就会输出 Node.js 和 npm 的版本号。

2）安装 Express 代码生成器

Express 是一个热门的 Node.js 的 Web 开发框架。通过 express-generator，可以快速生成 Express 的 Web 应用。在集成终端中输入以下命令来安装 express-generator。

```
sudo npm install -g express-generator
```

3）生成 Web 应用

在集成终端中输入以下命令，可以生成一个名为 myExpressApp 的 Express 应用。

```
express myExpressApp --view pug
```

代码生成后，输入以下命令来安装 Node.js 依赖。

```
cd myExpressApp
npm install
```

4）运行 Web 应用

在集成终端中输入以下命令来启动 Web 应用。

```
npm start
```

默认情况下，Express 应用运行在 http://localhost:3000 上。然而，我们并不能在本地浏览器直接访问该 Web 应用，因为该应用是运行在远程 Linux 虚拟机上的。

5）端口转发

如果需要在本地直接访问运行在远程机器上的 Web 应用，则可以设置端口转发。

如图 12-16 所示，通过左侧的活动栏切换到 SSH 资源管理器，在 Forwarded Ports 视图中单击+按钮，把 3000 设置为转发端口。

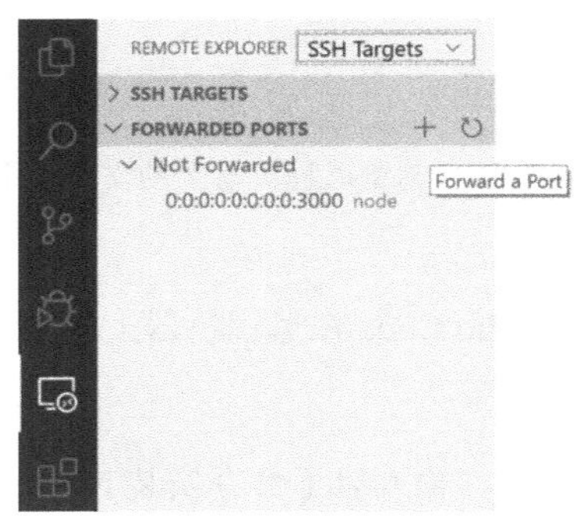


图 12-16　设置转发端口

如图 12-17 所示，3000 已经被设置为转发端口，单击浏览器按钮，可以直接在本地打开 http://localhost:3000 网页。

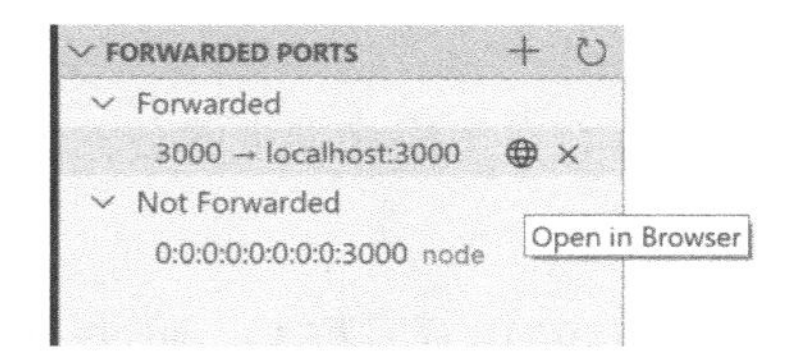


图 12-17　单击浏览器按钮

如图 12-18 所示，在本地浏览器中可以打开远程机器上的 Web 应用。

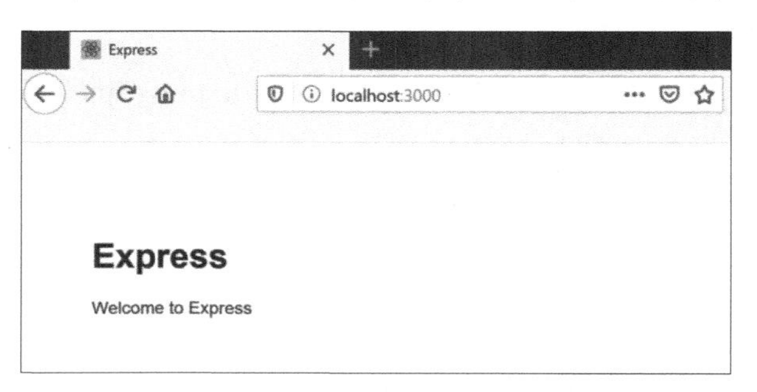


图 12-18　在本地浏览器中打开远程机器上的 Web 应用

### 9. 编辑与调试

在 Visual Studio Code 中可以直接编辑和调试远程机器上的代码，犹如开发本地项目一样。

1）IntelliSense

IntelliSense 提供了代码补全的功能，可以显示悬停信息、参数信息、快速信息等。如图 12-19 所示，在编辑代码时会出现代码补全的智能提示，就像编辑本地的 JavaScript 代码一样。此外，通过 Ctrl+Space 快捷键可以在任何时候触发智能提示。

```
10   var app = express();
11   app.
12        _router                (property) Application._router: any
13   // v  addListener
14   app. all                    Used to get all registered routes in Express
15   app. apply                  Application
16        arguments
17   app. bind
18   app. call
19   app. caller                 );
20   app. checkout
21   app. connect                blic')));
22        copy
23   app. defaultConfiguration
24   app.use('/users', usersRouter);
```

图 12-19　代码补全的智能提示

2）调试

首先，打开 myExpressApp 文件夹下的 app.js 文件，在相应的代码行处按下 F9 快捷键，或者单击编辑区域左侧的边槽添加断点。接下来，按下 F5 快捷键启动调试。

如图 12-20 所示，Node.js 调试器会停在第一个断点处，并打开调试控制台，在左侧的调试视图中可以看到与当前代码相关的变量信息。

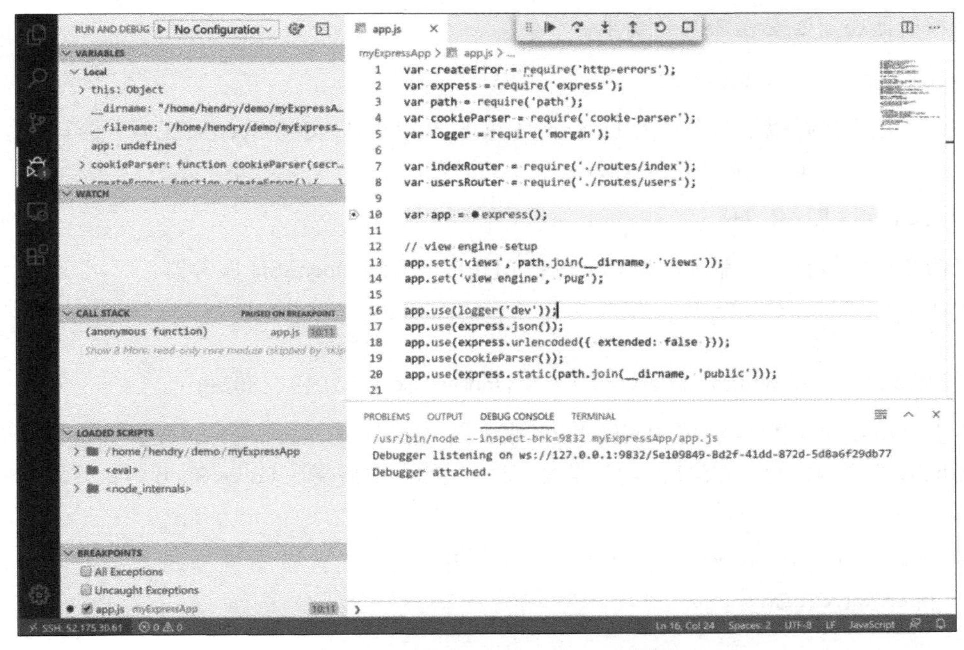


图 12-20　调试 Node.js 的 Web 应用

我们可以看到，整个调试体验与调试本地项目毫无区别。

## 12.3.2 系统要求

在 12.3.1 节中，我们一起学习了如何通过 Remote – SSH 插件连接上远程的 Ubuntu 虚拟机，并进行远程开发。除了 Ubuntu 系统，Remote – SSH 插件还支持多种其他操作系统。

### 1. 本地系统要求

本地机器需要支持 macOS、Windows 或 Linux，且需要确保当前系统安装了 SSH 客户端。

### 2. 远程系统要求

远程机器需要支持以下操作系统。

- x86_64
  - Debian 8+、Ubuntu 16.04+、CentOS / RHEL 7+、SuSE 12+ / openSUSE 42.3+
  - Windows 10 / Windows Server 2016 / Windows Server 2019 (1803+)
- ARMv7l (AArch32)
  - Raspbian Stretch/9+（32 位）
- ARMv8l (AArch64)
  - Ubuntu 18.04+ （64 位）

远程机器还需要安装 SSH 服务器。

1）Debian 8+ / Ubuntu 16.04+

在命令行中执行以下命令，为 Debian 8+ / Ubuntu 16.04+安装 OpenSSH 服务器。

```
sudo apt-get install openssh-server
```

2）CentOS / RHEL 7+

在命令行中执行以下命令，为 CentOS / RHEL 7+安装 OpenSSH 服务器。

```
sudo yum install openssh-server && sudo systemctl start sshd.service && sudo systemctl
enable sshd.service
```

3）Windows 10 / Windows Server 2016 / Windows Server 2019 (1803+)

对于 Windows，可以使用 PowerShell 来安装 OpenSSH 客户端。首先以管理员身份启动 PowerShell，若要确保 OpenSSH 的功能都是可以安装的，则需要在 PowerShell 中执行以下命令。

```
Get-WindowsCapability -Online | ? Name -like 'OpenSSH*'
```

在 PowerShell 中，应该会看到如下所示的结果。

```
Name  : OpenSSH.Client~~~~0.0.1.0
State : NotPresent
Name  : OpenSSH.Server~~~~0.0.1.0
```

```
State : NotPresent
```

接下来，在 PowerShell 中执行以下命令来安装 OpenSSH 服务器。

```
Add-WindowsCapability -Online -Name OpenSSH. Server~~~~0.0.1.0
```

如果安装成功，则会在 PowerShell 中输出以下内容。

```
Path          :
Online        : True
RestartNeeded : False
```

此外，还需要在 Visual Studio Code 中配置以下设置项。

```
"remote.SSH.useLocalServer": true
```

### 12.3.3 管理 SSH 远程机器

对于需要经常连接的远程机器，可以将其信息保存到本地的 SSH 配置文件中。Remote – SSH 插件还提供了便捷的设置方式来添加 SSH 远程机器，不需要手动编写 SSH 配置文件。

如图 12-21 所示，通过左侧的活动栏切换到 SSH 资源管理器，在 SSH TARGETS 视图中单击+按钮，可以添加 SSH 远程机器。

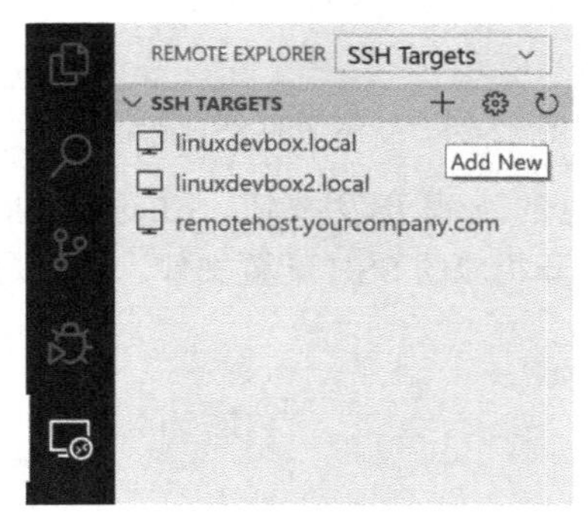


图 12-21 添加 SSH 远程机器

接下来，如图 12-22 所示，在输入框中输入 SSH 连接的命令。

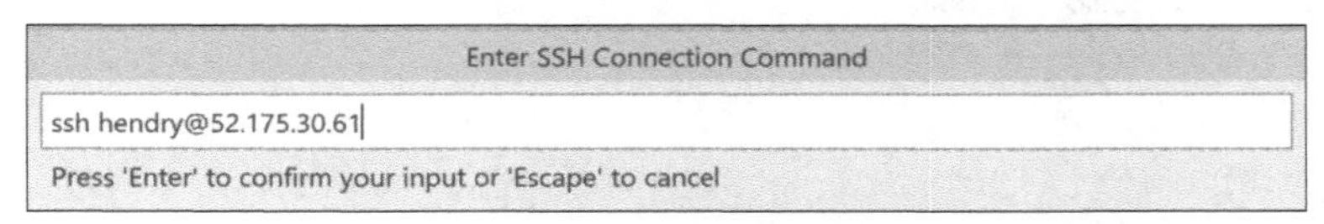


图 12-22 输入 SSH 连接的命令

最后，如图 12-23 所示，选择要保存到的 SSH 配置文件。

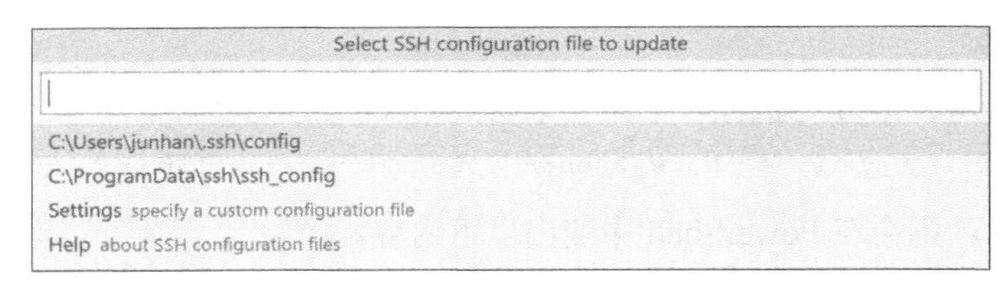


图 12-23 选择要保存到的 SSH 配置文件

如图 12-24 所示，可以看到一个新的 SSH 远程机器（52.175.30.61）被添加到了 SSH TARGETS 视图中。单击 Connect to Host in New Window 按钮，可以在新的 Visual Studio Code 窗口中打开该远程机器。

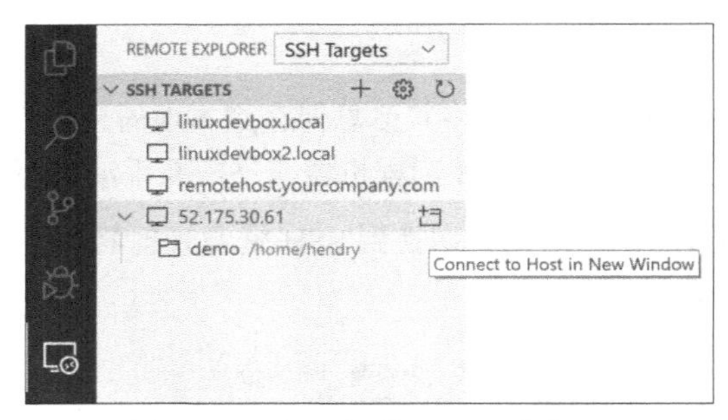


图 12-24 新添加的 SSH 远程机器

单击左下角状态栏中绿色的远程开发按钮，在选择列表中选择 Remote-SSH: Open Configuration File 命令，可以打开相应的 SSH 配置文件。以下是 SSH 配置文件中的示例内容。

```
Host linuxdevbox.local
  HostName linuxdevbox.local
  User hendry

Host linuxdevbox2.local
  HostName linuxdevbox2.local
  User hendry

Host remotehost.yourcompany.com
  HostName remotehost.yourcompany.com
  User hendry

Host 52.175.30.61
  HostName 52.175.30.61
  User hendry
```

### 12.3.4 管理插件

在 SSH 远程开发的环境中，Visual Studio Code 插件运行在两个地方：本地机器和远程 SSH 主机。与 Visual Studio Code 界面相关的插件（如主题插件、代码片段插件等）将会运行在本地机器，其他大多数插件将会运行在远程 SSH 主机。

如果读者通过插件视图来安装插件，那么插件会被自动安装到正确的位置。对于连接到远程 SSH 主机的 Visual Studio Code，插件视图中会分别显示安装在本地机器和远程 SSH 主机上的插件。如图 12-25 所示，Material Icon Theme 和 Remote – SSH 插件安装在本地机器上，Python 插件则安装在远程 SSH 主机上。

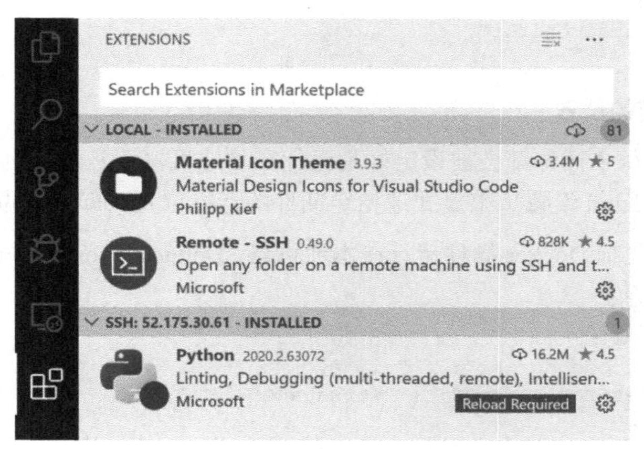


图 12-25　安装在本地机器与远程 SSH 主机上的插件

如图 12-26 所示，需要被安装到远程 SSH 主机上的插件也会显示在 LOCAL - INSTALLED 分组中，并且会显示安装按钮，可以直接将其安装到远程 SSH 主机上。

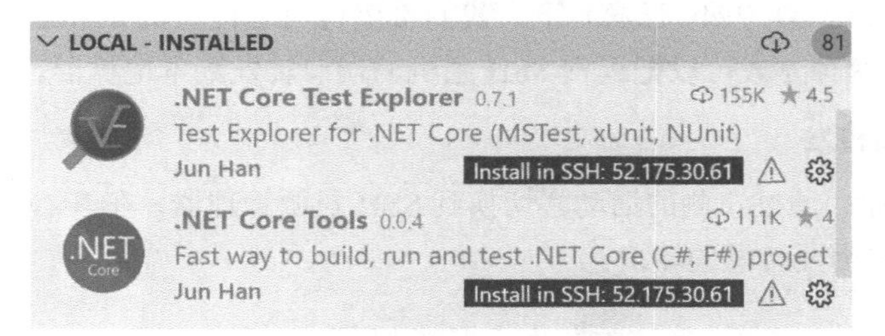


图 12-26　需要被安装到远程 SSH 主机上的插件

此外，如图 12-27 所示，通过 Ctrl+Shift+P 快捷键打开命令面板，然后输入 install local 命令，会得到 Remote: Install Local Extensions in 'SSH: 52.175.30.61' ...命令，执行此命令，可以把所有的本地插件安装到远程 SSH 主机上。

图 12-27　把所有的本地插件安装到远程 SSH 主机上

### 1. 默认安装的插件

在 settings.json 文件中，可以通过 remote.SSH.defaultExtensions 设置项来配置默认自动安装到远程 SSH 主机上的插件。比如，我们将 GitLens 和 Resource Monitor 插件设置为自动安装到远程 SSH 主机上，具体设置如下所示。

```
"remote.SSH.defaultExtensions": [
    "eamodio.gitlens",
    "mutantdino.resourcemonitor"
]
```

### 2. 设置插件安装的位置

大多数情况下，每个插件都会被设定好是运行在本地机器还是远程机器，此外我们还可以通过 remote.extensionKind 设置项来显式地指定插件的运行位置（即安装位置）。

比如，我们可以强制 Docker 插件运行在本地机器，Debugger for Chrome 插件运行在远程机器，具体设置如下所示。

```
"remote.extensionKind": {
    "ms-azuretools.vscode-docker": [ "ui" ],
    "msjsdiag.debugger-for-chrome": [ "workspace" ]
}
```

以上的设置一般只用于测试。

## 12.3.5 端口转发

在一些开发场景（如 Web 开发）下，我们希望访问远程主机并未公开暴露的端口。基于 SSH 隧道技术，有两种方式可以把远程 SSH 主机的端口转发到本地机器。

### 1. 临时的端口转发

如图 12-28 所示，通过左侧的活动栏切换到 SSH 资源管理器，在 Forwarded Ports 视图中单击+按钮，可以设置需要转发的端口。

图 12-28 设置需要转发的端口

如果你希望 Visual Studio Code 记住转发的端口，以便窗口重启后继续生效，那么可以在 settings.json 文件中把"remote.restoreForwardedPorts"设置为 true。

**2. 永久的端口转发**

通过 SSH 配置文件，可以设置永久的端口转发。

单击左下角状态栏中绿色的远程开发按钮，在选择列表中选择 Remote-SSH: Open Configuration File 命令，可以打开相应的 SSH 配置文件。下面的例子中设置的转发端口为 3000 和 27017。

```
Host remote-linux-machine
   User myuser
   HostName remote-linux-machine.mydomain
   LocalForward 127.0.0.1:3000 127.0.0.1:3000
   LocalForward 127.0.0.1:27017 127.0.0.1:27017
```

### 12.3.6 打开远程 SSH 主机的终端

对于已经连接到远程 SSH 主机的 Visual Studio Code 窗口，可以在顶部的菜单栏中选择 Terminal→New Terminal 来打开集成终端。集成终端会运行在远程 SSH 主机上，而不是本地机器上。

### 12.3.7 远程 SSH 主机的设置

除了用户设置（User Settings）和工作区设置（Workspace Settings），还可以针对每一个远程 SSH 主机配置不同的设置。打开远程 SSH 主机设置的方式有以下两种。

- 通过 Ctrl+Shift+P 快捷键打开命令面板，然后输入并执行 Preferences: Open Remote Settings 命令。
- 在顶部的菜单栏中选择 File→Preferences→Settings（在 macOS 中为 Code→Preferences→Settings）打开设置编辑器，并切换到 Remote 标签页，便打开了远程 SSH 主机的设置，如图 12-29 所示。

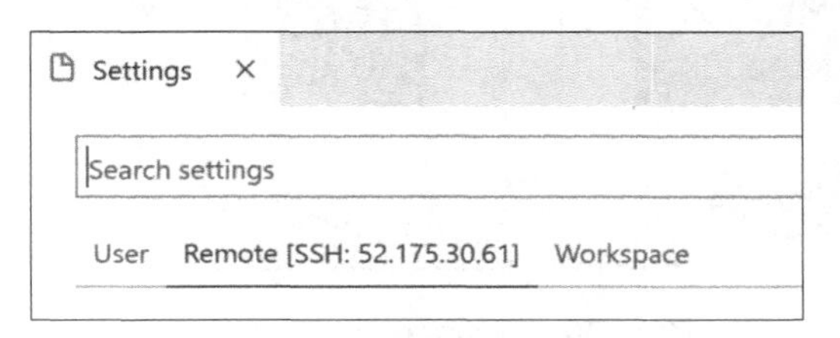


图 12-29 打开远程 SSH 主机的设置

### 12.3.8 清理远程 SSH 主机上的 Visual Studio Code 服务器

Remote – SSH 插件提供了命令，可以清理远程 SSH 主机上的 Visual Studio Code 服务器。通过 Ctrl+Shift+P 快捷键打开命令面板，然后输入并执行 Remote-SSH: Uninstall VS Code Server from Host 命令。这个命令包含了以下两个操作。

- 停止运行中的 Visual Studio Code 服务器的进程。
- 删除 Visual Studio Code 服务器所在的文件夹。

## 12.4 容器

基于容器技术，把 Docker 作为你的开发环境，开发者可以通过 Remote – Containers 插件获得以下开发体验。

- 在相同的操作系统上使用一致的工具链进行开发。
- 容器是隔离的，这意味着你可以在不影响本地机器的情况下，在不同的开发环境之间快速切换。
- 任何人都可以快速上手你的项目，因为他们可以在一致的开发环境中轻松地进行开发、构建和测试。

devcontainer.json 文件用来告诉 Visual Studio Code 如何配置开发容器，包括使用的 Dockerfile、端口映射及在容器中安装哪些插件等。

如图 12-30 所示，在容器远程开发的整体架构中可以看到，Remote – Containers 插件会将 Visual Studio Code 的核心组件直接运行在容器中，本地文件也会被挂载到容器中。

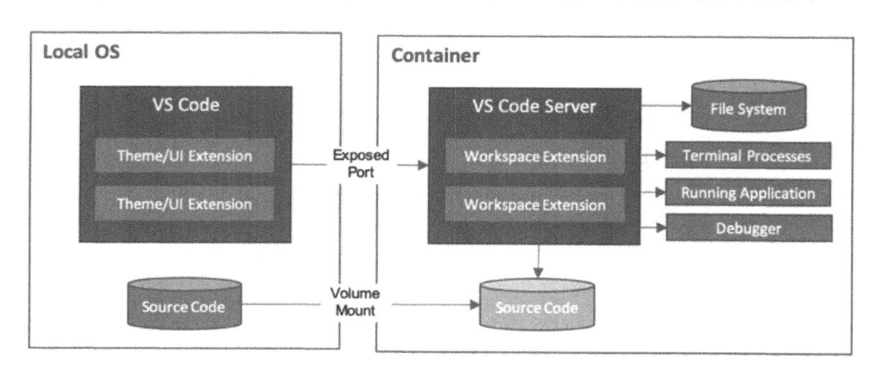


图 12-30 容器远程开发的整体架构

### 12.4.1 快速开始

我们来一起学习一下，如何通过 Remote – Containers 插件把 Docker 作为你的开发环境进行远程开发。

### 1. 安装 Docker

对于不同的操作系统，需要根据不同的步骤来安装并配置 Docker。

1）macOS/Windows

对于 macOS/Windows，可以根据以下步骤来安装并配置 Docker。

（1）安装 Docker Desktop for Windows/Mac（下载地址见参考资料[50]）。

（2）如图 12-31 所示，在 Docker 的设置窗口中切换到 Shared Drives/File Sharing 标签页，设置可以映射到容器中的文件夹。

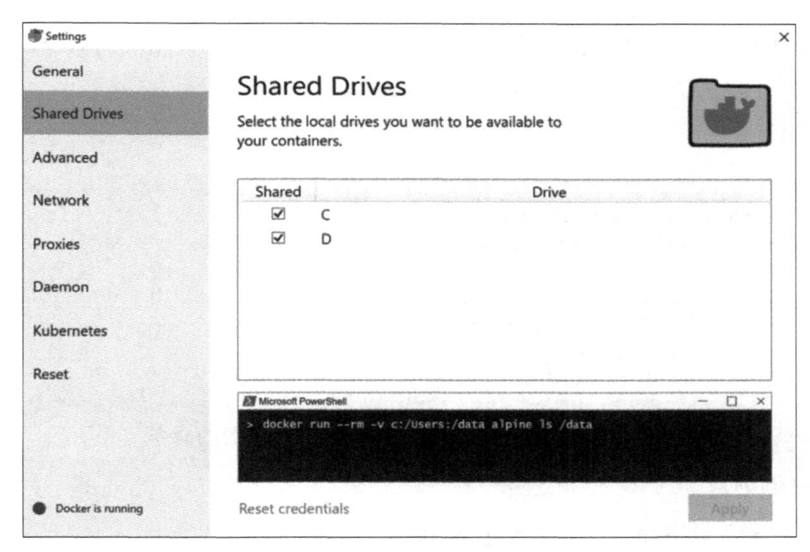


图 12-31 设置可以映射到容器中的文件夹

2）Linux

对于 Linux 系统，可以根据以下步骤安装并配置 Docker。

（1）根据不同的 Linux 发行版安装相应的 Docker 版本（下载地址见参考资料[51]）。

（2）在命令行中运行以下命令，创建 docker 分组，并添加用户。

```
sudo groupadd docker
sudo usermod -aG docker $USER
```

（3）退出 Linux 系统，再重新登录，使以上的命令生效。

### 2. 安装 Remote – Containers 插件

通过左侧的活动栏切换到插件视图，然后在搜索框中输入 Remote – Containers 进行搜索并安装。

如图 12-32 所示，在 Remote – Containers 插件安装完成后，在左下角的状态栏中会显示一个新的远程开发按钮。

图 12-32 状态栏中的远程开发按钮

单击远程开发按钮，可以快速得到与 Remote – Containers 插件相关的命令，如图 12-33 所示。

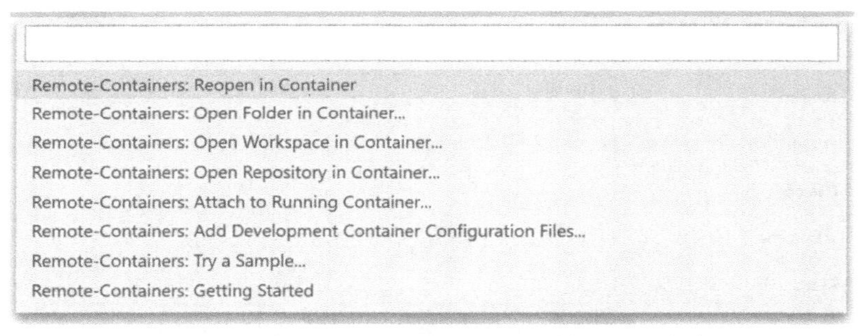


图 12-33 与 Remote – Containers 插件相关的命令

### 3. 打开样例项目

在命令行中输入以下命令，克隆一个 Node.js 的容器远程开发项目。

```
git clone https://github.com/Microsoft/vscode-remote-try-node
```

克隆完成后，在 Visual Studio Code 中打开 vscode-remote-try-node 项目。

如图 12-34 所示，当打开一个含有 devcontainer.json 文件的项目时，Visual Studio Code 会自动识别到该项目，并在右下角提示是否要把当前项目运行在容器中。

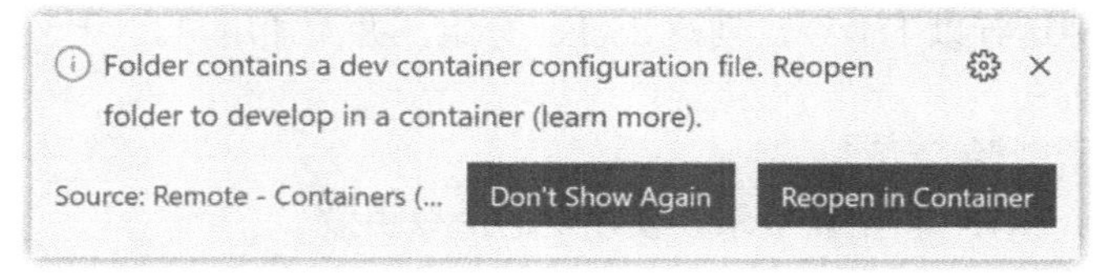


图 12-34 是否要把当前项目运行在容器中

单击 Reopen in Container 按钮后，Visual Studio Code 会重新加载当前项目，并根据 devcontainer.json 文件的定义来构建 Docker 镜像，然后启动 Docker 容器。第一次启动时，可能需要几分钟的时间，但之后往往只需要几秒钟。

如图 12-35 所示，在 Visual Studio Code 窗口的右下角可以看到一个通知栏，显示远程的开发容器正在构建 Docker 镜像。

图 12-35 远程的开发容器正在构建 Docker 镜像

在 Visual Studio Code 连接上开发容器后，在左下角的状态栏中会显示一个远程开发按钮，并且显示当前开发容器的项目名，如图 12-36 所示。

图 12-36 当前开发容器的项目名

### 4. 在开发容器中运行项目

在容器中进行开发的好处之一就是可以在不同的开发容器中使用不同的开发环境。开发者可以在不影响本地机器环境的情况下，在不同的开发环境之间快速切换。

在顶部的菜单栏中选择 Terminal→New Terminal，或者按下 Ctrl+`快捷键，打开 Visual Studio Code 的集成终端并输入以下命令。

```
node --version; npm --version
```

如图 12-37 所示，集成终端在开发容器中运行，并输出了容器中 Node.js 的版本号。就算本地的开发环境没有安装 Node.js，也能通过 Remote – Containers 插件进行 Node.js 开发。

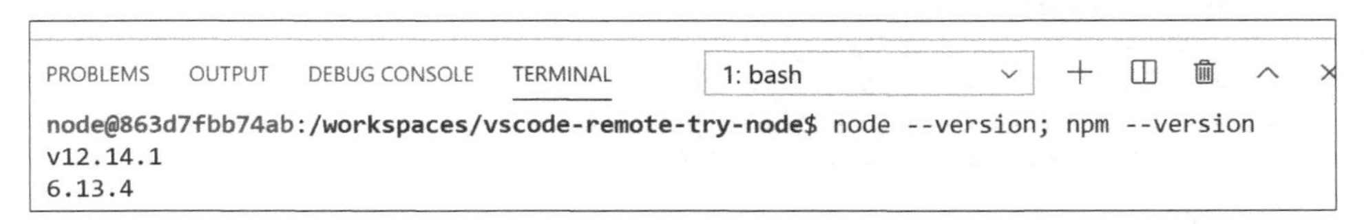


图 12-37 在开发容器中输出的 Node.js 的版本号

按下 F5 快捷键，就能在开发容器中一键运行 Node.js 的 Web 应用。启动应用后，在浏览器中访问 http://127.0.0.1:3000/，就能看到 Node.js 网站已经在开发容器中运行了，如图 12-38 所示。此外，开发者也可以像调试本地项目一样，对在开发容器中运行的项目进行调试。

图 12-38　在开发容器中运行的 Node.js 网站

## 12.4.2　系统要求

我们来看一下基于容器的远程开发支持哪些操作系统。

### 1. 本地系统要求

本地机器支持 macOS、Windows 和 Linux，且需要确保当前系统安装了 Docker。

### 2. 容器的要求

开发容器支持以下操作系统。

- x86_64 / ARMv7l (AArch32) / ARMv8l (AArch64)：Debian 9+、Ubuntu 16.04+、CentOS/RHEL 7+
- x86_64：Alpine Linux 3.7+

## 12.4.3　devcontainer.json 文件

在基于容器的远程开发中，位于.devcontainer 文件夹中的 devcontainer.json 文件是最核心的文件，定义了如何创建当前项目的开发容器。

下面就是 vscode-remote-try-node 项目的 devcontainer.json 文件中的示例内容。

```
//devcontainer.json
{
  "name": "Node.js Sample",
  "dockerFile": "Dockerfile",
  "appPort": 3000,
  "extensions": ["dbaeumer.vscode-eslint"],
  "settings": {
    "terminal.integrated.shell.linux": "/bin/bash"
  },
  "postCreateCommand": "yarn install",

  //如果想以根用户权限运行，则需要注释掉下面一行
  "runArgs": ["-u", "node"]
}
```

以下是 devcontainer.json 文件中主要设置项的说明。

- dockerFile：Dockerfile 文件的相对路径。
- appPort：端口的数组，列出了容器运行时在本地可以访问的端口。
- extensions：插件 ID 的数组，当开发容器运行时，相应的插件会被自动安装到容器中。
- settings：针对开发容器的 Visual Studio Code 设置。
- postCreateCommand：开发容器创建后运行的命令。
- runArgs：用于运行开发容器的 Docker CLI 的参数。

除了可以在 devcontainer.json 文件中指定 Dockerfile 的路径，还可以使用 Docker Compose 或已有的 Docker 镜像来指定。下面的例子就使用了预先构建好的开发容器的镜像。

```
//devcontainer.json
{
  "image": "mcr.microsoft.com/vscode/devcontainers/typescript-node:12",
  "forwardPorts": [3000],
  "extensions": ["dbaeumer.vscode-eslint"]
}
```

更多的镜像见参考资料[52]。

此外，还可以通过 Visual Studio Code 直接添加 devcontainer.json 开发容器配置文件。通过 Ctrl+Shift+P 快捷键打开命令面板，然后输入并执行 Remote-Containers: Add Development Container Configuration Files 命令。图 12-39 中列出了 Visual Studio Code 预制的开发容器配置文件。选择相应的文件后，在.devcontainer 文件夹中会创建相应的 devcontainer.json 文件和 Dockerfile 文件。

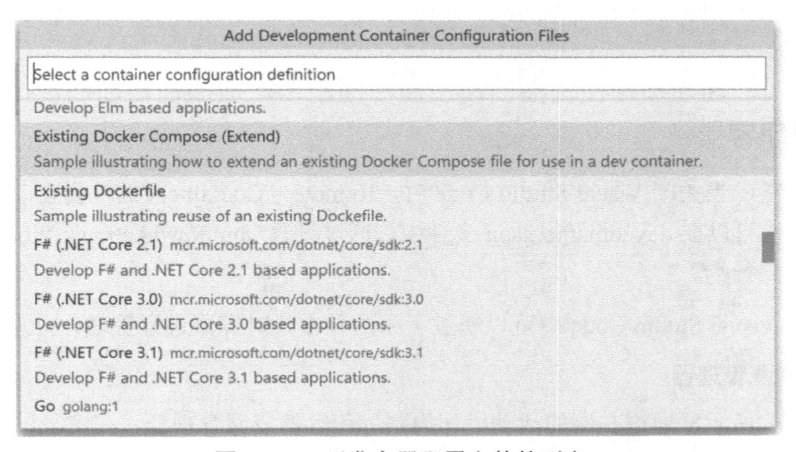


图 12-39　开发容器配置文件的列表

## 12.4.4 样例项目

Remote – Containers 插件为不同语言提供了丰富的样例项目。通过 Git，可以快速克隆任何一个项目，克隆命令如下所示。

```
git clone https://github.com/Microsoft/vscode-remote-try-node
git clone https://github.com/Microsoft/vscode-remote-try-python
git clone https://github.com/Microsoft/vscode-remote-try-go
git clone https://github.com/Microsoft/vscode-remote-try-java
git clone https://github.com/Microsoft/vscode-remote-try-dotnetcore
git clone https://github.com/Microsoft/vscode-remote-try-php
git clone https://github.com/Microsoft/vscode-remote-try-rust
git clone https://github.com/Microsoft/vscode-remote-try-cpp
```

此外，通过 Ctrl+Shift+P 快捷键打开命令面板，然后输入并执行 Remote-Containers: Try a Sample 命令，可以快速打开 Remote – Containers 插件提供的样例项目。

## 12.4.5 直接打开 Git 项目

除了通过 Git 命令把项目克隆到本地再将其打开，Remote – Containers 插件还支持直接打开远程的 Git 项目，并在开发容器中运行。

通过 Ctrl+Shift+P 快捷键打开命令面板，然后输入并执行 Remote-Containers: Open Repository in Container 命令。如图 12-40 所示，输入 GitHub 的仓库名或完整的 Git URL 就能在开发容器中打开远程的 Git 项目。

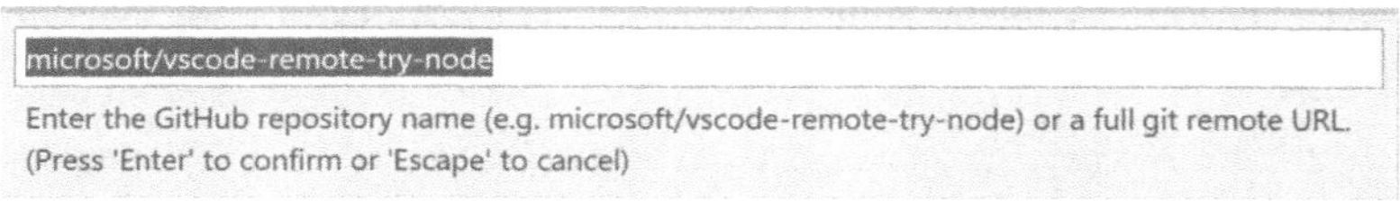

图 12-40 打开远程的 Git 项目

## 12.4.6 管理容器

默认情况下，当关闭 Visual Studio Code 时，Remote – Containers 插件会自动关闭运行中的开发容器。你也可以在 devcontainer.json 文件中，通过设置"shutdownAction": "none"来禁用开发容器的自动关闭行为。

此外，在 Visual Studio Code 中可以通过下面两种方式对容器进行管理。

### 1. 容器资源管理器

如图 12-41 所示，通过左侧的活动栏切换到远程容器资源管理器，在 Containers 视图中可以看到所有的开发容器。通过相应开发容器的右键菜单，可以轻松对容器进行管理。

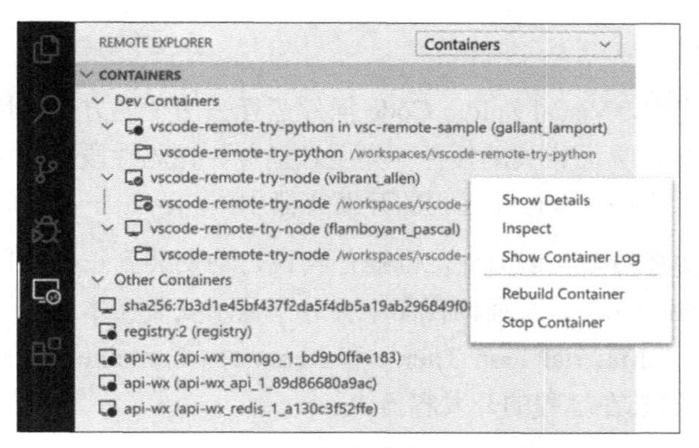


图 12-41　远程容器资源管理器

### 2. Docker 插件

默认情况下，Docker 插件运行在远程的开发容器中，因此，当 Visual Studio Code 连接到开发容器时，Docker 插件无法显示本地的容器。我们可以通过以下方式解决这个问题。

在顶部的菜单栏中选择 File→New Window，打开一个新的运行在本地的 Visual Studio Code 窗口。如图 12-42 所示，通过左侧的活动栏切换到 Docker 插件的资源管理器，可以正常显示本地的容器、镜像、网络等内容。

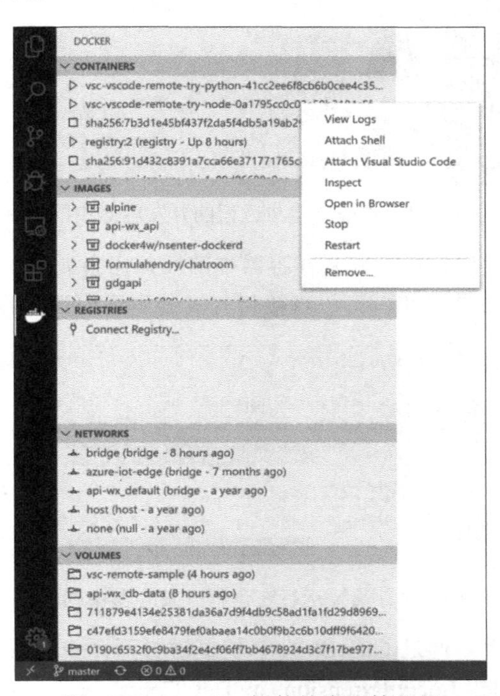


图 12-42　Docker 插件的资源管理器

### 12.4.7 管理插件

在开发容器器的环境中，Visual Studio Code 插件运行在两个地方：本地环境和远程的开发容器。与 Visual Studio Code 界面相关的插件（如主题插件、代码片段插件等）将会运行在本地环境中，其他大多数的插件将会运行在远程的开发容器器中。

如果读者通过插件视图来安装插件，则插件会被自动安装到正确的位置。对于连接到远程开发容器器的 Visual Studio Code，在插件视图中会分别显示安装在本地环境和远程的开发容器器的插件。如图 12-43 所示，Material Icon Theme 和 Remote – Containers 插件安装在本地环境中，Docker 和 ESLint 插件安装在远程的开发容器器中。

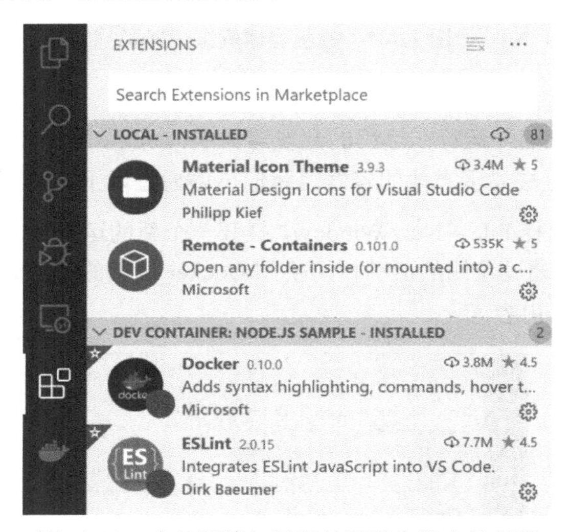


图 12-43 本地环境与远程的开发容器器中的插件

如图 12-44 所示，需要运行在远程开发容器器中的插件也会显示在 LOCAL - INSTALLED 分组中，并且界面上会提供安装按钮，可以直接将其安装到远程开发容器器中。

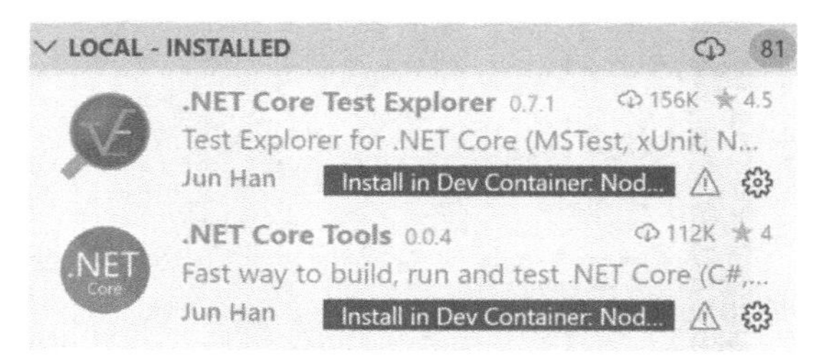


图 12-44 需要运行在远程开发容器器中的插件

此外，如图 12-45 所示，通过 Ctrl+Shift+P 快捷键打开命令面板，然后输入 install local 命令，可以得到 Remote: Install Local Extensions in 'Dev Container: Node.js Sample'...命令。执行此

命令，可以将所有的本地插件安装到远程开发容器中。

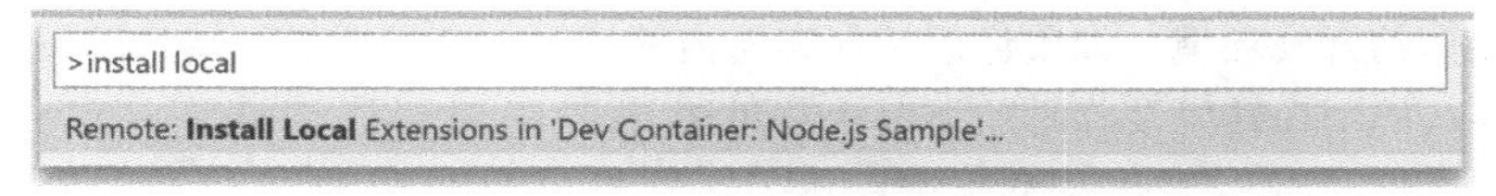


图 12-45　将所有的本地插件安装到远程开发容器中

### 1. 把插件添加到 devcontainer.json 文件

除了可以手动编辑 devcontainer.json 文件的 extensions 属性来添加自动安装的插件，还可以通过插件的右键菜单选择 Add to devcontainer.json 命令来把插件添加到 devcontainer.json 文件，如图 12-46 所示。

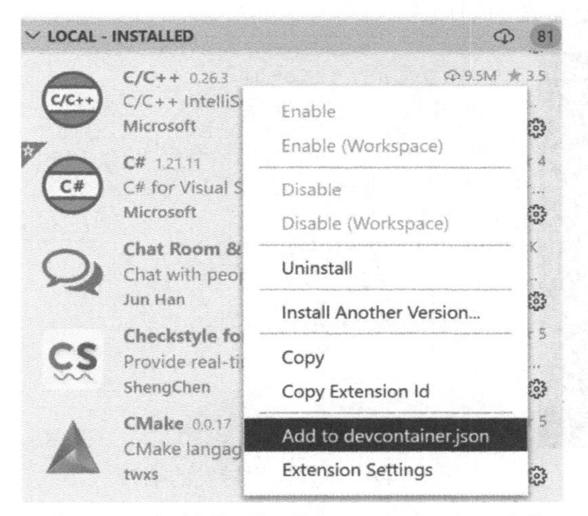


图 12-46　把插件添加到 devcontainer.json 文件

### 2. 默认安装的插件

在 settings.json 文件中，可以通过 remote.containers.defaultExtensions 设置项来配置默认自动安装到远程开发容器中的插件。比如，我们将 GitLens 和 Resource Monitor 插件设置为自动安装到远程开发容器中，具体设置如下所示。

```
"remote.containers.defaultExtensions": [
   "eamodio.gitlens",
   "mutantdino.resourcemonitor"
]
```

### 3. 设置插件安装的位置

如 12.3 节中提到的，大多数情况下，每个插件会被设定好是运行在本地机器还是远程机器，此外我们还可以通过 remote.extensionKind 设置项来显式地指定插件的运行位置。

## 12.4.8　端口转发

容器是隔离的开发环境，如果你想访问容器内的资源，则需要进行端口转发。进行端口转发的方式有永久的端口转发及临时的端口转发两种。

### 1. 永久的端口转发

通过 devcontainer.json 文件的 forwardPorts 属性可以设置永久的端口转发，设置如下所示。

```
"forwardPorts": [3000, 3001]
```

### 2. 临时的端口转发

如图 12-47 所示，通过左侧的活动栏切换到远程资源管理器，在 Forwarded Ports 视图中单击+按钮，可以设置需要转发的端口。

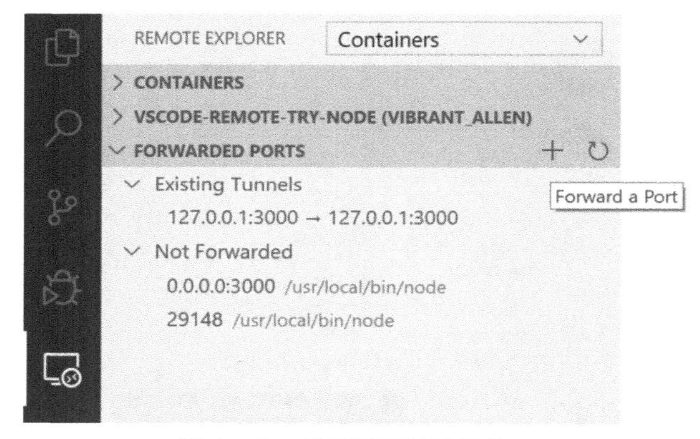


图 12-47　设置需要转发的端口

如果你希望 Visual Studio Code 记住转发的端口，以便窗口重启后继续生效，那么可以在 settings.json 文件中把"remote.restoreForwardedPorts"设置为 true。

## 12.4.9　打开开发容器的终端

对于已经连接到远程开发容器的 Visual Studio Code 窗口，可以在顶部的菜单栏中选择 Terminal→New Terminal 打开集成终端。集成终端会运行在远程的容器中，而不是本地。

## 12.4.10　开发容器的设置

除了用户设置（User Settings）和工作区设置（Workspace Settings），还可以针对每一个远程的开发容器配置不同的设置。打开远程容器设置的方式有以下两种。

- 通过 Ctrl+Shift+P 快捷键打开命令面板，然后输入并执行 Preferences: Open Remote Settings 命令。

- 在顶部的菜单栏中选择 File→Preferences→Settings（在 macOS 下为 Code→Preferences→Settings）打开设置编辑器，并切换到 Remote 标签页，便打开了远程容器的设置，如图 12-48 所示。

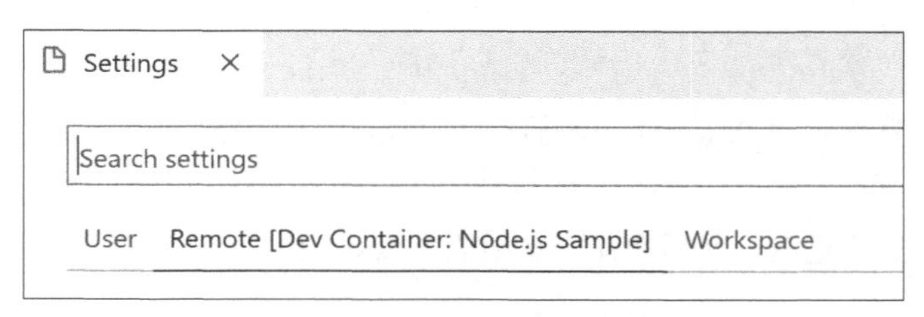


图 12-48　远程容器的设置

## 12.5　WSL

通过 Remote – WSL 插件，开发者可以获得以下开发体验。

- 使用 Windows 在基于 Linux 的环境中进行开发，并且可以使用 Linux 平台特定的工具链和程序。
- 编辑位于 WSL 中的文件或挂载的 Windows 文件系统（例如/mnt/c）。
- 在 Windows 下运行和调试基于 Linux 的应用程序。

如图 12-49 所示，在 WSL 远程开发的整体架构中可以看到，Remote – WSL 插件会将 Visual Studio Code 的核心组件直接运行在 WSL 中，因此，你不需要担心路径问题（斜杠与反斜杠）、软件兼容性或其他跨平台的问题。你可以像在 Windows 下一样，在 WSL 中无缝地使用 Visual Studio Code。

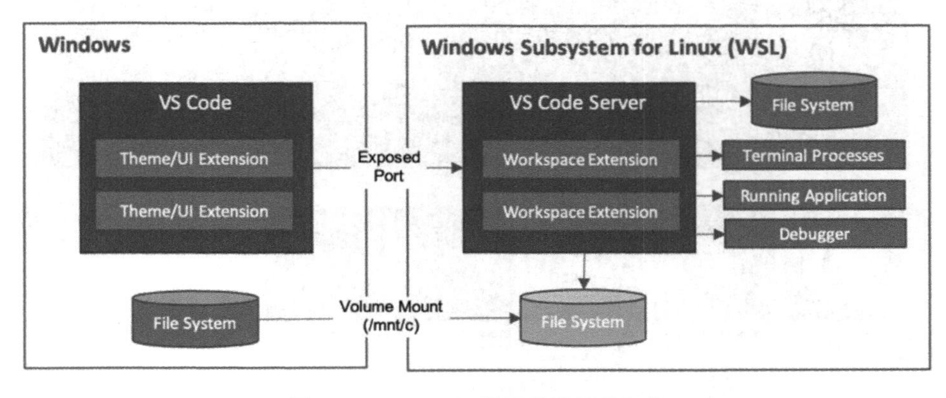


图 12-49　WSL 远程开发的整体架构

### 12.5.1 快速开始

我们来一起学习一下，如何通过 Remote – WSL 插件把 WSL 作为你的开发环境，进行远程开发。

#### 1. 启用 WSL

首先以管理员身份启动 PowerShell，然后在 PowerShell 中执行以下命令。

```
Enable-WindowsOptionalFeature -Online -FeatureName Microsoft-Windows-Subsystem-Linux
```

安装完成后，重启电脑，然后在命令行中输入 wsl，检查 WSL 是否已经启用，如图 12-50 所示。

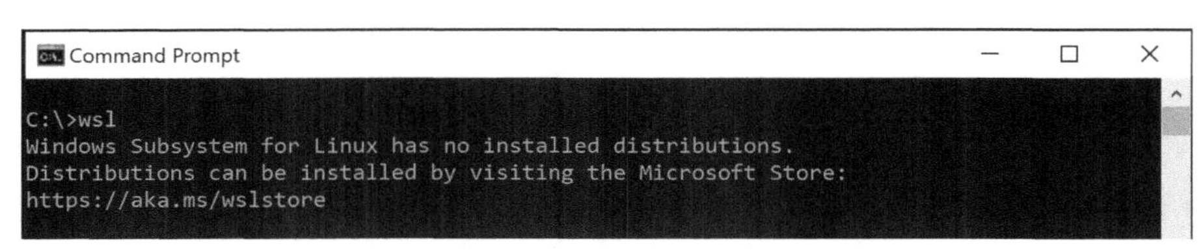


图 12-50 检查 WSL 是否已经启用

#### 2. 安装 Linux 发行版

在浏览器中访问参考资料[53]，会打开 Windows 中的微软应用商店（Microsoft Store），选择 Linux 发行版进行安装，如图 12-51 所示。

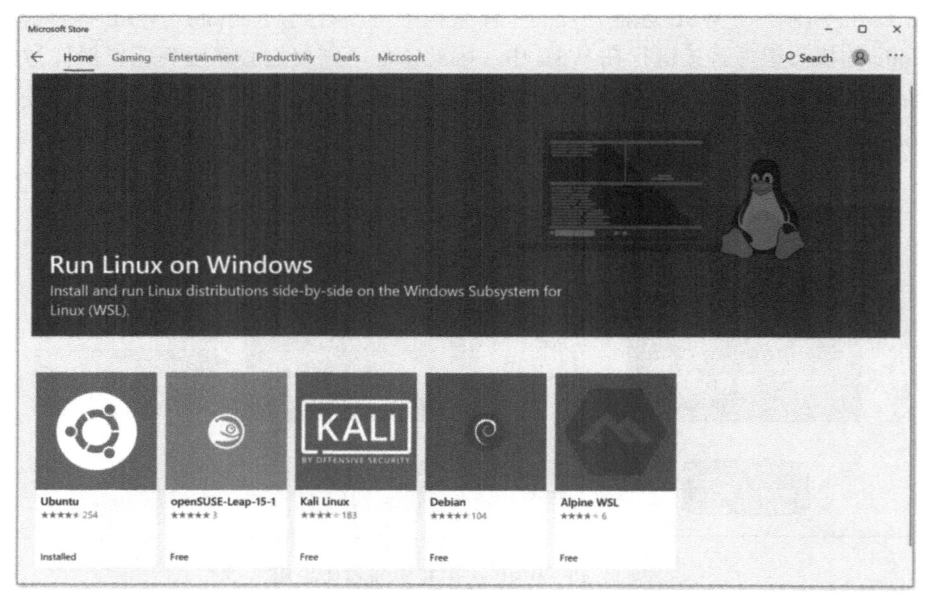


图 12-51 选择 Linux 发行版进行安装

### 3. 安装 Remote WSL 插件

通过左侧的活动栏切换到插件视图，然后在搜索框中输入 Remote – WSL 进行搜索并安装。

如图 12-52 所示，在 Remote – WSL 插件安装完成后，在左下角的状态栏中会显示一个新的远程开发按钮。

图 12-52 状态栏中的远程开发按钮

单击远程开发按钮，如图 12-53 所示，可以快速得到与 Remote – WSL 插件相关的命令。

Remote-WSL: New Window
Remote-WSL: New Window using Distro...
Remote-WSL: Reopen Folder in WSL
Remote-WSL: Getting Started

图 12-53 与 Remote – WSL 插件相关的命令

### 4. 在 WSL 中打开 Visual Studio Code

在 PowerShell 或命令行中输入 wsl 就能打开 WSL。在 WSL 中切换到相应项目的文件目录，然后输入 code .来打开 Visual Studio Code，如图 12-54 所示。第一次打开时会在 WSL 中安装 Visual Studio Code 服务器。

```
hendry@cn-junhan-510: /mnt/d/Try/book-code/hello
PS D:\Try\book-code\hello> wsl
hendry@cn-junhan-510:/mnt/d/Try/book-code/hello$ code .
Migrating .vscode-remote to .vscode-server...
Updating VS Code Server to version ae08d5460b5a45169385ff3fd44208f431992451
Removing previous installation...
Installing VS Code Server for x64 (ae08d5460b5a45169385ff3fd44208f431992451)
Downloading: 100%
Unpacking: 100%
Unpacked 2388 files and folders to /home/hendry/.vscode-server/bin/ae08d5460b5a45169385ff3fd44208f431992451.
hendry@cn-junhan-510:/mnt/d/Try/book-code/hello$
```

图 12-54 打开 Visual Studio Code

Visual Studio Code 启动后，可以在 Visual Studio Code 窗口的右下角看到一个通知栏，该通知栏显示正在启动 Linux 子系统，如图 12-55 所示。

ⓘ Starting VS Code in WSL (Ubuntu): Starting Linux Subsystem

图 12-55 正在启动 Linux 子系统

当 Linux 子系统启动后，左下角的状态栏中会显示一个远程开发按钮，并显示当前连接的 Linux 发行版，如图 12-56 所示。

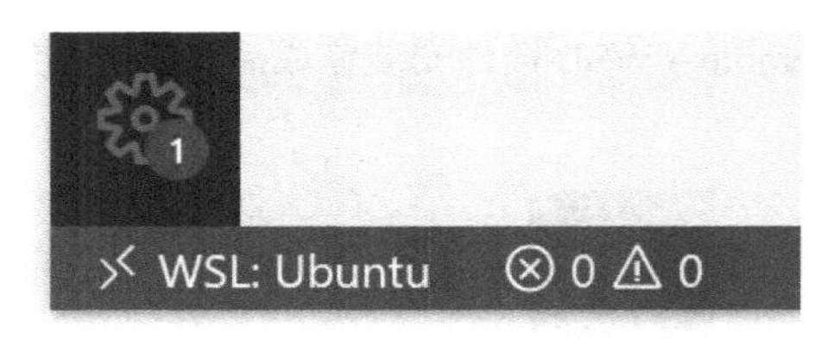


图 12-56　当前连接的 Linux 发行版

此外，在 Visual Studio Code 中通过 Ctrl+Shift+P 快捷键打开命令面板，然后输入并执行 Remote-WSL: New Window 或 Remote-WSL: New Window using Distro 命令，也能在 Visual Studio Code 中打开一个远程 WSL 窗口。

## 12.5.2　管理 WSL

如图 12-57 所示，通过左侧的活动栏切换到远程资源管理器，在 WSL TARGETS 视图中可以看到当前系统所安装的 Linux 发行版及在 WSL 下打开的项目。单击 Connect to WSL 按钮，可以在新的 Visual Studio Code 窗口中打开 WSL。

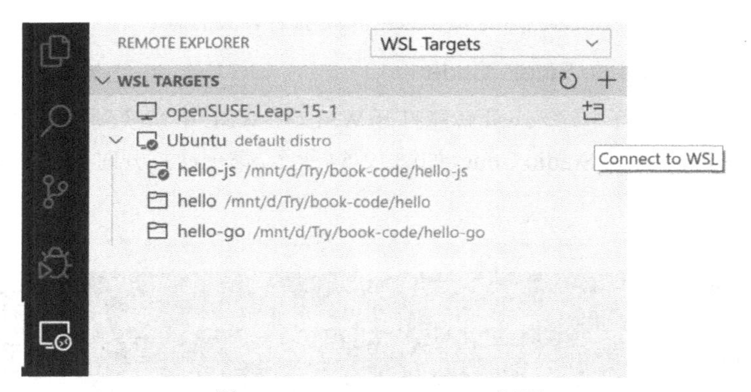


图 12-57　WSL TARGETS 视图

## 12.5.3　管理插件

在 WSL 的环境中，Visual Studio Code 插件运行在两个地方：本地环境和远程的 WSL。与 Visual Studio Code 界面相关的插件（如主题插件、代码片段插件等）将会运行在本地，其他大多数的插件将会运行在远程的 WSL 中。

如果读者通过插件视图来安装插件，则插件会被自动安装到正确的位置。对于连接到 WSL 的 Visual Studio Code，在插件视图中会分别显示安装在本地环境和远程的 WSL 中的插件。如

图 12-58 所示，Material Icon Theme 和 Remote – WSL 插件安装在本地环境中，Code Runner 插件安装在远程的 WSL 中。

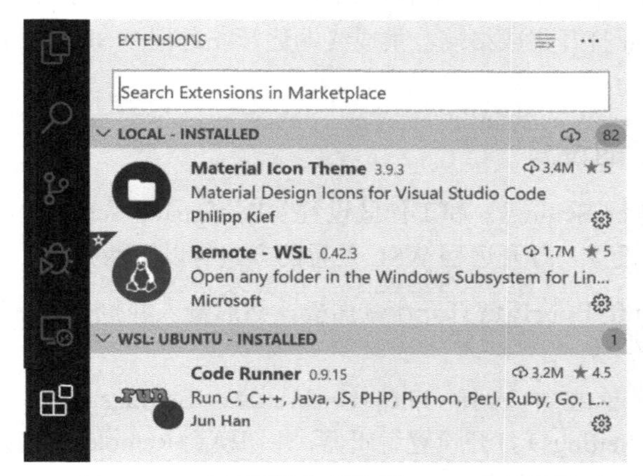


图 12-58　本地环境与远程的 WSL 中的插件

如图 12-59 所示，需要运行在远程的 WSL 中的插件也会显示在 LOCAL - INSTALLED 分组中，并且界面上会提供安装按钮，以便将其直接安装到远程的 WSL。

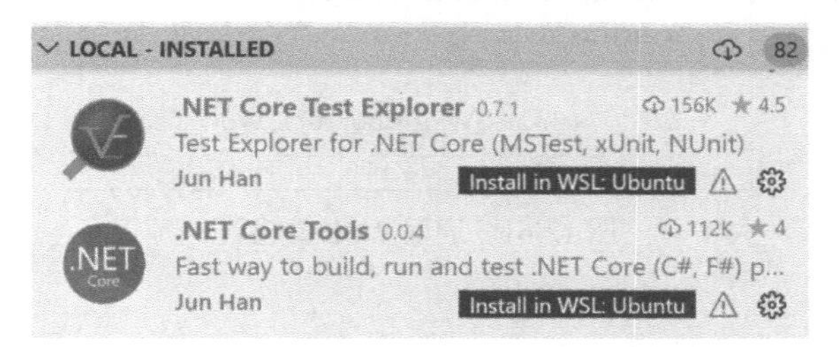


图 12-59　需要运行在远程的 WSL 中的插件

此外，如图 12-60 所示，通过 Ctrl+Shift+P 快捷键打开命令面板，然后输入 install local 命令，可以得到 Remote: Install Local Extensions in 'WSL: Ubuntu'...命令，执行此命令，可以将所有的本地插件安装到远程的 WSL 中。

图 12-60　将所有的本地插件安装到远程的 WSL 中

如 12.3 节中提到的，大多数情况下，每个插件都会被设定好是运行在本地机器还是远程机器，此外我们还可以通过 remote.extensionKind 设置项来显式地指定插件的运行位置。

### 12.5.4　打开 WSL 的终端

对于已经连接到远程 WSL 的 Visual Studio Code 窗口，可以在顶部的菜单栏中选择 Terminal→New Terminal 打开集成终端。集成终端运行在远程 WSL 的 Linux 系统中，而不是本地的 Windows 系统中。

### 12.5.5　远程 WSL 的设置

除了用户设置（User Settings）和工作区设置（Workspace Settings），还可以针对每一个远程的 WSL 配置不同的设置。打开远程 WSL 设置的方式有以下两种。

- 通过 Ctrl+Shift+P 快捷键打开命令面板，然后输入并执行 Preferences: Open Remote Settings 命令。
- 在顶部的菜单栏中选择 File→Preferences→Settings（在 macOS 下为 Code→Preferences→Settings）打开设置编辑器，并切换到 Remote 标签页，便打开了远程 WSL 的设置，如图 12-61 所示。

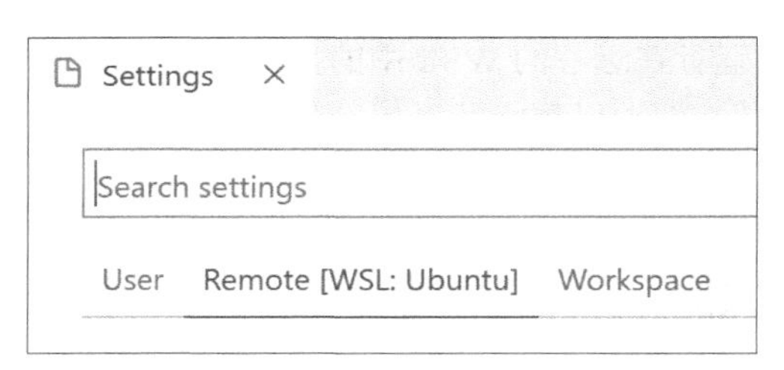


图 12-61　远程 WSL 的设置

# 第 13 章 Visual Studio family

相信读者对 Visual Studio family 中的不少开发工具都有所了解，如 Visual Studio、Visual Studio Code 及 Visual Studio for Mac。此外，Visual Studio family 产品线上的开发工具还包含 Visual Studio Codespaces（原名为 Visual Studio Online）、Visual Studio Live Share 及 Visual Studio IntelliCode，它们同时支持 Visual Studio Code 和 Visual Studio。

## 13.1 Visual Studio、Visual Studio Code、Visual Studio Codespaces，你都分清楚了吗

Visual Studio family 的产品线非常丰富，主要包括：

- Visual Studio
- Visual Studio Code
- Visual Studio for Mac
- Visual Studio Codespaces
- Visual Studio Live Share
- Visual Studio IntelliCode

以上这些开发工具，你都分清楚了吗？

首先说说部分开发者比较容易混淆的 Visual Studio 和 Visual Studio Code。其实，它们两个的关系就相当于 Java 和 JavaScript，名字相似，却没有直接的关系。Visual Studio 是 Windows 平台上的 IDE，而 Visual Studio Code 是跨平台的编辑器。相比之下，Visual Studio for Mac 就顾名思义是 macOS 平台上的 IDE，前身是 Xamarin Studio（也被称为 MonoDevelop）。

再来说一说更加容易混淆的 Visual Studio Online。历史上出现过两个 Visual Studio Online。

第一个 Visual Studio Online 其实就是 Azure DevOps Services 的前身。Visual Studio Online

发布后，经历了一系列的改名：

（1）2013 年 11 月 13 日，微软发布了全新的开发者云服务——Visual Studio Online，集合了持续集成、持续部署、代码托管、项目管理等功能。

（2）2015 年 11 月 18 日，在 Connect();开发者大会上，微软宣布将 Visual Studio Online 改名为 Visual Studio Team Services（VSTS）。

（3）2018 年 9 月 10 日，Visual Studio Team Services 又被命名为如今的 Azure DevOps Services。

第二个 Visual Studio Online 其实就是 2019 年发布的 Visual Studio Online，一个由云服务支撑的开发环境。除了支持通过浏览器连接到 Visual Studio Online，也支持通过 Visual Studio Code 连接。2020 年 4 月 30 日，微软宣布将 Visual Studio Online 改名为如今的 Visual Studio Codespaces。

接下来说一说 Visual Studio Live Share 和 Visual Studio IntelliCode。简单来说，可以把它们当作 Visual Studio 和 Visual Studio Code 的插件。Visual Studio Live Share 可以用来进行实时的团队编程和调试。Visual Studio IntelliCode 通过 AI 赋能可以进行智能的代码提示。

最后，再简单总结一下这些开发工具与 Visual Studio Code 的关系。

- Visual Studio 和 Visual Studio for Mac：名字相似，却与 Visual Studio Code 无直接的关系。
- Visual Studio Codespaces、Visual Studio Live Share 和 Visual Studio IntelliCode：都支持使用 Visual Studio Code 进行开发。

所以，本章将带领读者重点学习 Visual Studio family 产品线上与 Visual Studio Code 相关的 3 个开发工具：Visual Studio Codespaces、Visual Studio Live Share 和 Visual Studio IntelliCode。

## 13.2 Visual Studio Codespaces

2019 年 11 月 4 日，微软在 Microsoft Ignite 2019 大会上正式发布了 Visual Studio Online，也就是目前改名后的 Visual Studio Codespaces。

### 13.2.1 概览

Visual Studio Codespaces 提供了由云服务支撑的开发环境。无论是一个长期项目，还是像审查 Pull requests 这样的短期任务，都可以使用 Visual Studio Codespaces。你可以通过 Visual Studio Code、Visual Studio 或 Web 版 Visual Studio Code 来连接云端开发环境及自己搭建的环境（即自托管的环境），后者不需要任何费用！

简单来说，Visual Studio Codespaces 由两部分组成：“前端”与“后端”。

- “前端”：Visual Studio Code、Visual Studio 或 Web 版 Visual Studio Code。

- “后端”：由云服务支撑的开发环境，即云开发环境。

#### 1. 云开发环境

云开发环境是 Visual Studio Codespaces 的“后端”，背后由 Azure 云计算平台提供强有力的支持。Visual Studio Codespaces 云开发环境支持 Linux 云开发环境，有多种环境可供选择，比如：

- Standard (4 cores, 8 GB RAM, 64 GB HDD)
- Premium (8 cores, 16 GB RAM, 64 GB HDD)

此外，Visual Studio Codespaces 也支持 Windows 云开发环境。

Visual Studio Codespaces 云开发环境包含了所有软件开发的内容：编译、调试、开发环境还原等。当你需要开发一个新项目或审查 Pull requests 时，可以快速启动一个云开发环境。它会自动配置你需要在项目上工作的所有内容：源代码、运行时、编译器、调试器、编辑器、自定义的 dotfiles、相关的插件等。

Visual Studio Codespaces 云开发环境享有诸多云计算带来的好处：

- 可以快速地创建或关闭云端的开发环境。这使得开发者可以将更多的时间用于编写代码，而不是把时间浪费在搭建开发环境上。
- 水平扩展：可以创建多个不同的开发环境。
- 垂直扩展：如果需要更强的运算能力，则可以选择 CPU 运算能力更强及内存空间更大的开发环境。
- 由于云开发环境是托管的环境，因此无维护成本。
- 不同的项目有独立的开发与运行环境，相互不会干扰。
- 按使用量付费。Visual Studio Codespaces 有内置的自动挂起机制，能够防止额外的开销。

#### 2. Web 版 Visual Studio Code

对 Visual Studio Code 熟悉的读者应该知道，Visual Studio Code 是基于 Electron 开发的，而 Electron 是使用 Web 技术栈（JavaScript、HTML 和 CSS）来开发跨平台桌面应用的，所以把 Visual Studio Code 搬到浏览器中是必然的趋势。

Visual Studio Codespaces 包含了基于 Visual Studio Code 的 Web 版编辑器，它作为 Visual Studio Codespaces 的“前端”，有以下亮点。

- 可以直接在 Web 版 Visual Studio Code 中打开 Git 项目。
- 支持 Visual Studio Code 插件。丰富的插件生态可以任你挑选喜欢的插件。
- 内置的集成终端，犹如在本地的 Terminal 一样强大！
- 内置的 Visual Studio IntelliCode，可以利用 AI 提供更强大的代码自动补全。

- 内置的 Visual Studio Live Share，使得多个开发者可以在 Visual Studio Code、Visual Studio 或 Web 版 Visual Studio Code 中进行实时的协同开发和调试。
- 可以在任何设备上编辑、运行、调试你的项目。是的，即使是在 iPad 上，也可以运行 Web 版 Visual Studio Code 了！

#### 3. 不止 Web

除了 Web 版 Visual Studio Code，Visual Studio Codespaces 还支持通过 Visual Studio Code 和 Visual Studio 连接 Visual Studio Codespaces 云开发环境。

Linux 云开发环境可以通过两种“前端”编辑器（Visual Studio Code 和 Web 版 Visual Studio Code）连接。

Windows 云开发环境可以通过 3 种“前端”编辑器（Visual Studio Code、Visual Studio 和 Web 版 Visual Studio Code）连接。

#### 4. 自托管的环境

除了能连接由 Azure 托管的 Visual Studio Codespaces 云开发环境，开发者还可以连接自己搭建的开发环境。其实，通过 Visual Studio Code 远程开发，开发者早就可以通过 Visual Studio Code 来连接远程的开发环境了。现在，有了 Web 版 Visual Studio Code，我们可以直接在浏览器中连接自托管的开发环境，比之前更加方便了！而且，这是完全免费的。

### 13.2.2 4 种开发模式

Visual Studio Codespaces 的出现带给开发者全新的开发体验，而其最大的亮点就是前后端分离的架构。以前，我们常见的 IDE/编辑器的前后端往往都是在一起的，而有了 Language Server Protocol、Debugger Adapter Protocol 及 Visual Studio Code 远程开发后，前后端分离变为了可能。可以看到，微软很早就在为 Visual Studio Codespaces 铺路了。

Visual Studio Codespaces 的前端可以是本地的 Visual Studio Code 或 Visual Studio，也可以是远程的 Web 版 Visual Studio Code；后端可以是本地的机器，也可以是远程的物理机、虚拟机、Docker 容器或 WSL。本地或远程的前端与本地或远程的后端形成了 2×2（一共 4 种）的开发模式。可以想象，这会引发出多少种开发场景。

#### 1. 本地的前端+本地的后端

不用多说，就是大多数 IDE/编辑器的使用场景。

#### 2. 本地的前端+远程的后端

这就是 Visual Studio Code 远程开发的使用场景，把远程的 SSH 主机、容器或 WSL 作为开发环境。

#### 3. 远程的前端+本地的后端

这是 Visual Studio Codespaces 的自托管模式，把自己本地的机器作为自托管的开发环境，通过远程的 Web 版 Visual Studio Code 也能轻松访问搭建好的开发环境。就算是出去旅游了，也不需要临时搭建环境，只要有浏览器，就能连上自托管环境，进行 bug 修复。

#### 4. 远程的前端+远程的后端

这是 Visual Studio Codespaces 的全托管模式，可以延伸出多种开发场景：

- 快速搭建环境来审查 Pull requests。
- 远程教学。
- 远程面试。
- 远程协助。
- 远程调试。

笔者只是列出了部分使用场景。可以预见，未来会有更多有用的开发场景。让我们拭目以待！

### 13.2.3 使用 Visual Studio Codespaces

我们来一起学习一下，如何使用 Visual Studio Codespaces 进行开发。

#### 1. Web 版 Visual Studio Code

通过本节，我们将学习如何使用 Web 版 Visual Studio Code 连接 Visual Studio Codespaces 云环境进行开发。

1）注册

要使用 Visual Studio Codespaces，需要微软账号（Microsoft Account）和 Azure 账号。

如果你还没有 Azure 账号，可以通过 Azure 官网（见参考资料[54]）进行注册，创建免费的 Azure 账号。

2）登录

如图 13-1 所示，访问 Visual Studio Codespaces 的登录页面（见参考资料[55]），单击 Sign in 按钮即可进行登录。

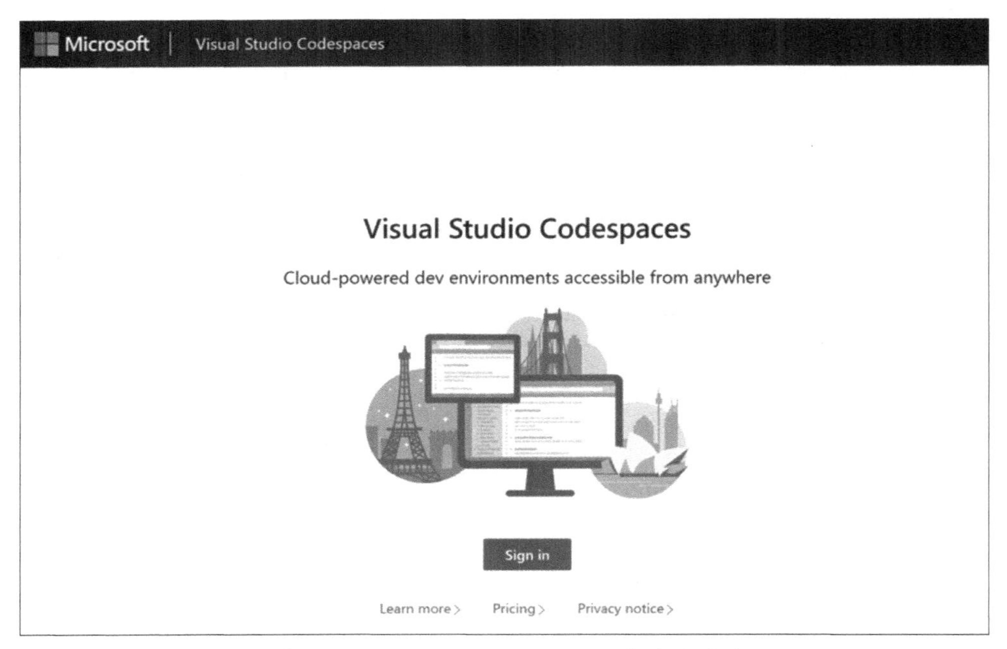


图 13-1　Visual Studio Codespaces 的登录页面

3）创建计划

登录完成后，需要创建一个 Visual Studio Codespaces 计划。如图 13-2 所示，在顶部的标题栏中选择 Create new plan。

图 13-2　在顶部的标题栏中选择 Create new plan

接下来，在 Visual Studio Codespaces 计划的表单中填入 Azure 订阅（Subscription）、Azure 区域（Location）、计划的名字（Plan Name）及资源组（Resource Group）的信息，如图 13-3 所示。单击 Create 按钮即可创建 Visual Studio Codespaces 计划。

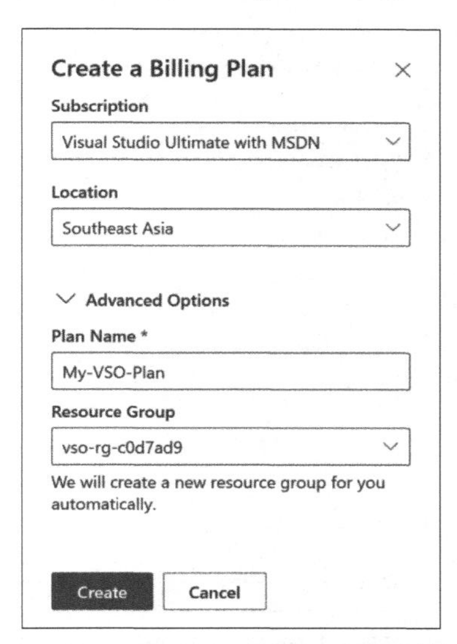


图 13-3　Visual Studio Codespaces 计划的表单

4）创建环境

如图 13-4 所示，在顶部的标题栏中切换到新创建的 My-VSO-Plan 计划，然后单击 Create Codespace 按钮。

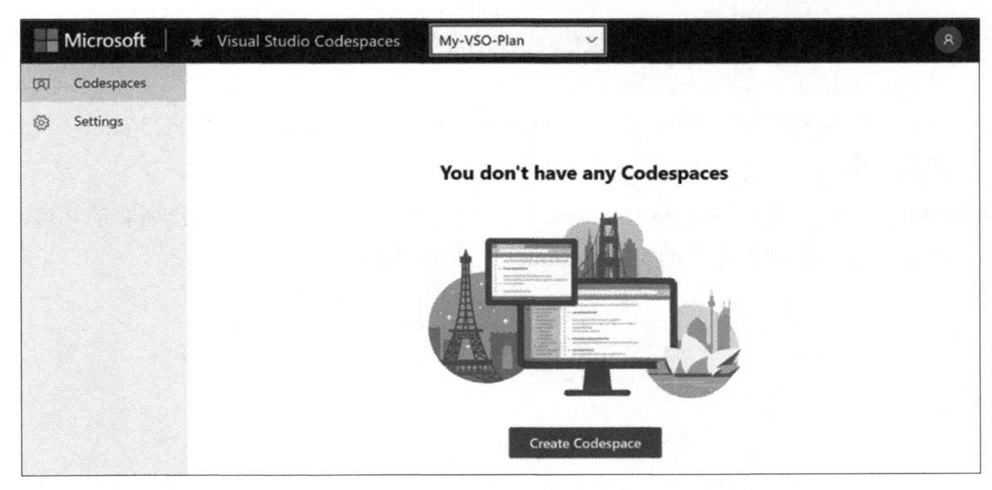


图 13-4　切换到新创建的 My-VSO-Plan 计划

接下来，在 Visual Studio Codespaces 环境的表单中填入环境名（Environment Name）、Git 仓库（Git Repository）的 URL、机器类型（Instance Type）及自动挂起的时间（Suspend idle environment after...），如图 13-5 所示。单击 Create 按钮即可创建 Visual Studio Codespaces 环境。

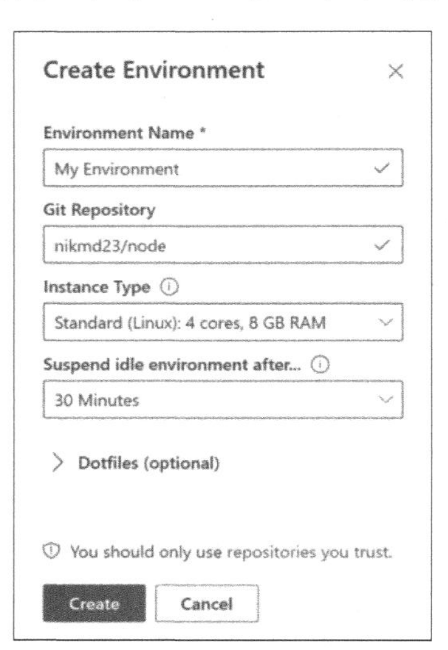


图 13-5 Visual Studio Codespaces 环境的表单

表单中的 Git Repository 设置项是可选项，如果创建时留空，则可以在 Visual Studio Codespaces 环境创建后，通过集成终端手动克隆 Git 代码来获取 Git 仓库；如果创建时填入了相应的 Git 仓库的地址，则 Visual Studio Code 会自动把 Git 仓库克隆到 Visual Studio Codespaces 环境中。Git 仓库 URL 的写法有以下两种格式。

- 完整的 GitHub 仓库 URL：GitHub 仓库主页的 HTTPS URL，比如 https://github.com/nikmd23/node。
- GitHub 仓库 URL 的简易格式：organization/repo 的格式，如 nikmd23/node。

5）连接到环境

如图 13-6 所示，Visual Studio Codespaces 环境创建后，在主页上会列出所有的环境，单击 Connect 按钮，可以连接到相应的 Visual Studio Codespaces 环境。

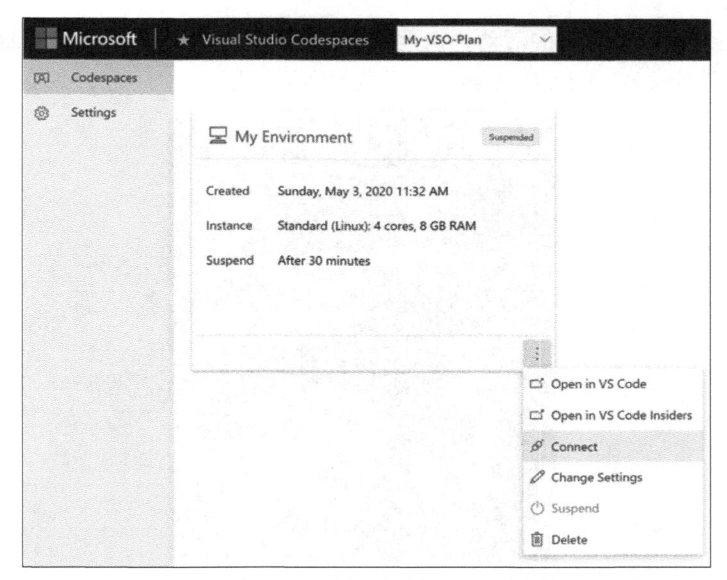


图 13-6　连接到相应的 Visual Studio Codespaces 环境

如图 13-7 所示，我们在浏览器中打开了 Web 版 Visual Studio Code！整个用户界面及开发体验犹如本地的 Visual Studio Code 一样。

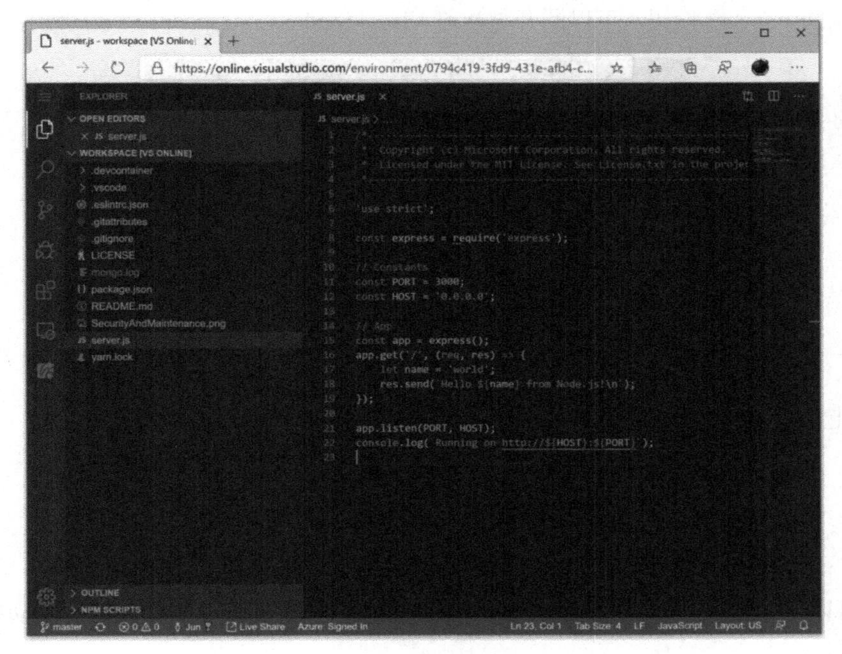


图 13-7　在浏览器中打开的 Web 版 Visual Studio Code

如图 13-8 所示，通过左侧的活动栏切换到远程资源管理器，在 CODESPACE DETAILS 视图中可以看到当前 Visual Studio Codespaces 环境的详细信息。

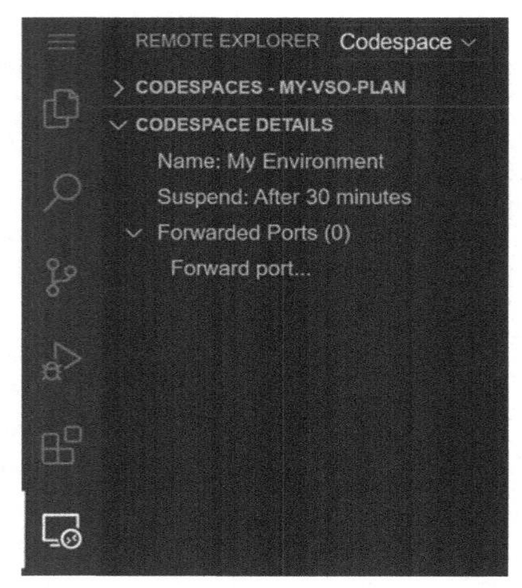


图 13-8　CODESPACE DETAILS 视图

6）断开连接

如图 13-9 所示，通过左侧的活动栏切换到远程资源管理器，在 CODESPACE DETAILS 标题栏中单击 Disconnect 按钮，可以断开与当前 Visual Studio Codespaces 环境的连接。

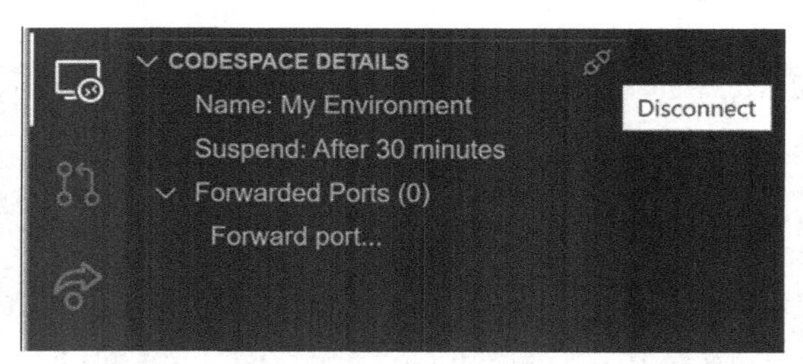


图 13-9　断开与当前 Visual Studio Codespaces 环境的连接

此外，你也可以直接通过关闭浏览器的标签页来断开连接。

7）挂起环境

使用由 Azure 托管的 Visual Studio Codespaces 云开发环境需要一定的花费。

在创建 Visual Studio Codespaces 环境时，我们可以设置空闲环境的挂起时间，如 5 分钟、30 分钟等。

除了可以自动挂起 Visual Studio Codespaces 环境，我们还可以手动挂起，手动挂起的方式有以下 3 种。

- 通过 Ctrl+Shift+P 快捷键打开命令面板，然后输入并执行 Codespaces: Suspend Codespace 命令。
- 如图 13-10 所示，通过左侧的活动栏切换到远程资源管理器，在 Codespaces 视图中右键单击需要挂起的环境，在弹出的菜单栏中选择 Suspend Codespace 命令。

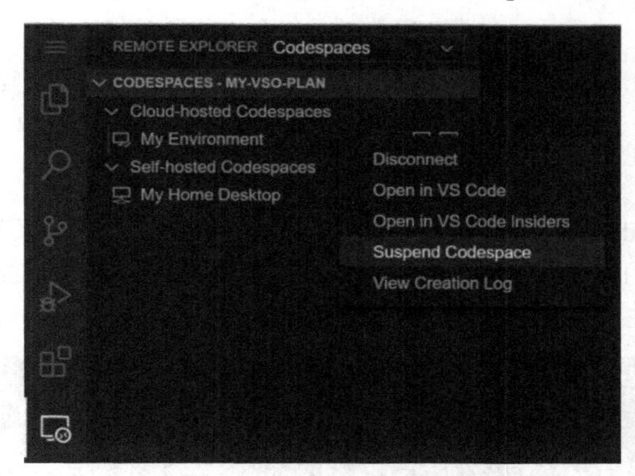


图 13-10　通过 Codespaces 视图挂起环境

- 如图 13-11 所示，在 Visual Studio Codespaces 主页中找到要挂起的环境，在菜单栏中选择 Suspend。

图 13-11　通过 Visual Studio Codespaces 主页挂起环境

8）删除环境

对于当前正在连接中的环境，不能通过 Web 版 Visual Studio Code 进行删除，需要通过 Visual Studio Codespaces 主页进行操作。

如图 13-12 所示，在 Visual Studio Codespaces 主页中找到要删除的环境，在菜单栏中选择 Delete。

图 13-12　通过 Visual Studio Codespaces 主页删除环境

9）使用集成终端

Web 版 Visual Studio Code 支持了 Visual Studio Code 的集成终端及相应的所有功能。Web 版 Visual Studio Code 的集成终端运行在由 Azure 托管的 Visual Studio Codespaces 云开发环境（而不是本地）中。运行在 Visual Studio Codespaces 云开发环境中的集成终端如图 13-13 所示。

图 13-13　运行在 Visual Studio Codespaces 环境中的集成终端

10）端口转发

通过端口转发，可以访问到运行在 Visual Studio Codespaces 远程环境中的应用和服务。出于安全考量，默认情况下没有端口会被转发。为此，Visual Studio Codespaces 提供了多种可以进行端口转发的方式。

❍　自动的端口转发

如果在集成终端运行的应用或服务指明了使用的本地端口，那么 Visual Studio Codespaces 就会自动进行端口转发。

如图 13-14 所示，在集成终端中可以通过 npx 启动一个 8080 端口的 HTTP 服务，相应地，在左侧的 Forwarded Ports 视图中可以看到，Visual Studio Codespaces 会自动转发 8080 端口。

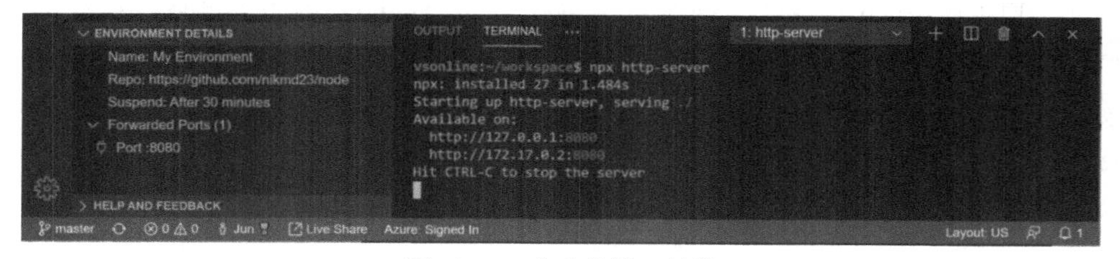


图 13-14　自动的端口转发

- 端口转发视图

如图 13-15 所示，通过左侧的活动栏切换到远程资源管理器，在 CODESPACE DETAILS 视图中单击 Forwarded Ports 标题栏中的 Forward Port 按钮，便可以进行端口转发。

图 13-15　端口转发

- 配置端口转发

通过配置.devcontainer 文件夹下 devcontainer.json 文件的 appPort 属性，也能为每个项目设置端口转发。

- 访问转发的端口

如图 13-16 所示，通过左侧的活动栏切换到远程资源管理器，在 CODESPACE DETAILS 视图中找到要访问的端口，单击 Copy Port URL 按钮，相应的 URL 便会被复制到剪贴板上，把 URL 粘贴到浏览器中就能直接进行访问了。

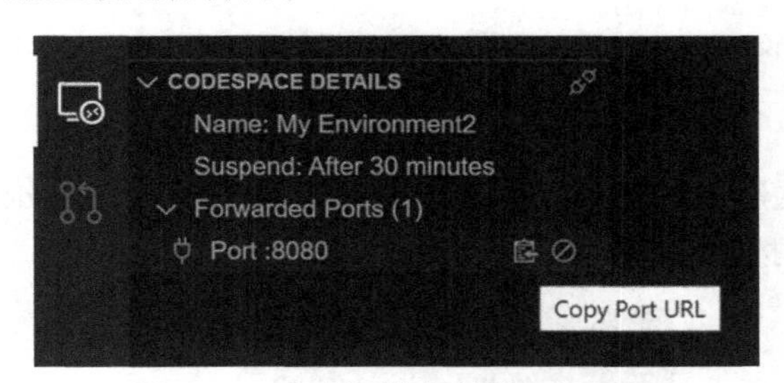


图 13-16　复制要访问的端口的 URL

此外，单击端口节点上的红色禁止按钮可以停止端口转发。

### 2. 桌面版 Visual Studio Code

通过本节，我们将学习到如何使用桌面版 Visual Studio Code 连接 Visual Studio Codespaces 云环境进行开发。

1）注册

要使用 Visual Studio Codespaces，需要微软账号（Microsoft Account）和 Azure 账号。

如果你还没有 Azure 账号，可以通过 Azure 官网（见参考资料[56]）进行注册，创建免费的 Azure 账号。

2）安装 Visual Studio Codespaces 插件

在 Visual Studio Code 中，通过左侧的活动栏切换到插件视图，然后在搜索框中输入 Visual Studio Codespaces 进行搜索并安装。

如图 13-17 所示，在 Visual Studio Codespaces 插件安装完成后，在左下角的状态栏中会显示一个新的远程开发按钮。

图 13-17　状态栏中的远程开发按钮

单击远程开发按钮，可以快速得到与 Visual Studio Codespaces 插件相关的命令，如图 13-18 所示。

图 13-18　与 Visual Studio Codespaces 插件相关的命令

3）登录

如图 13-19 所示，通过左侧的活动栏切换到远程资源管理器，在 Codespaces 视图中单击 Sign in to view Codespaces...按钮进行登录。

图 13-19　登录

4）创建计划

登录完成后，需要创建一个 Visual Studio Codespaces 计划。

通过 Ctrl+Shift+P 快捷键打开命令面板，然后输入并执行 Codespaces: Create Plan 命令，即可创建 Visual Studio Codespaces 计划。

此外，也可以通过 Codespaces 视图进行创建。如图 13-20 所示，通过左侧的活动栏切换到远程资源管理器，在 Codespaces 视图中单击标题栏中的 Select Plan 按钮，可以选择已有的计划，或者创建新计划。

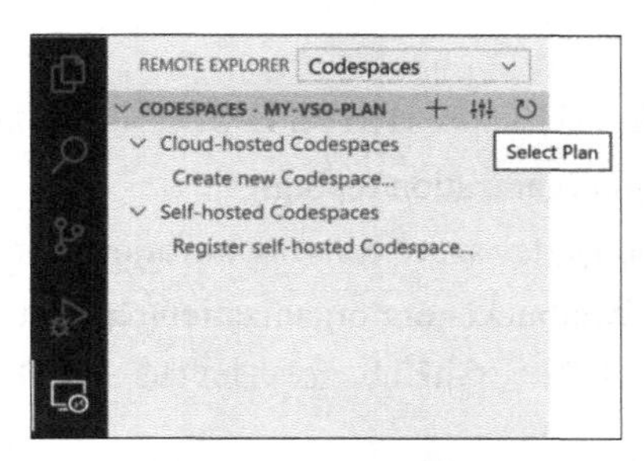


图 13-20　选择 Visual Studio Codespaces 计划

接下来，根据提示分别填入 Azure 订阅、Azure 区域、计划的名字及资源组的信息。

如图 13-21 所示，Visual Studio Codespaces 计划创建成功后，Codespaces 视图的标题栏中会显示计划的名字。单击标题栏中的 Select Plan 按钮，可以切换到不同的计划。

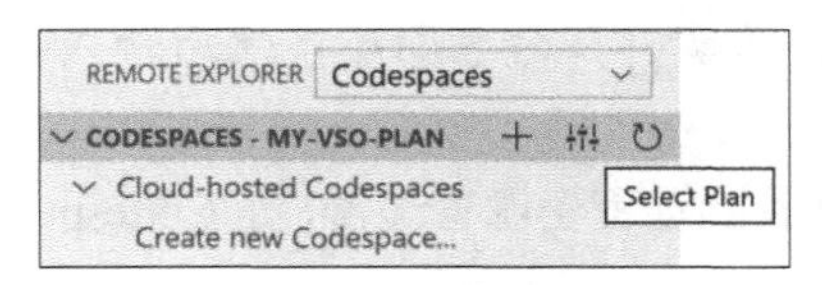


图 13-21　计划创建成功

5）创建环境

如图 13-22 所示，通过左侧的活动栏切换到远程资源管理器，在 Codespaces 视图中单击 Create new Codespace...选项。

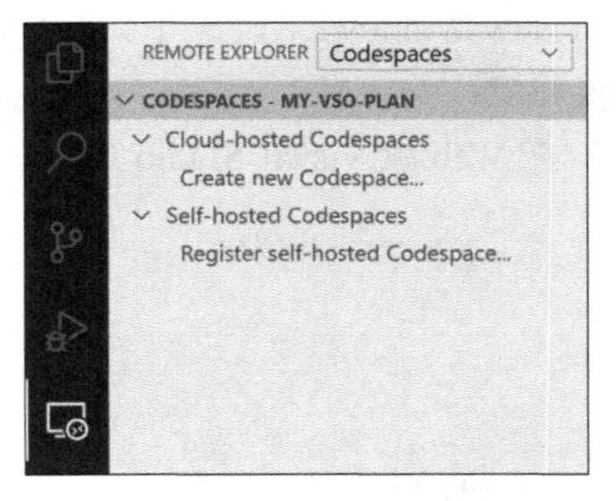


图 13-22　Codespaces 视图

接下来，根据提示分别填入 Git 仓库的 URL、环境名、机器类型及自动挂起的时间，创建 Visual Studio Codespaces 环境。

Git Repository 设置项是可选项，如果留空，则可以在 Visual Studio Codespaces 环境创建后，通过集成终端手动克隆 Git 代码。如果填入了相应的 Git 仓库的地址，那么 Visual Studio Code 就会自动把 Git 仓库克隆到 Visual Studio Codespaces 环境中。Git 仓库 URL 的写法可以有多种格式：

- 完整的 Git 仓库 URL：HTTP 或 HTTPS URL，如下所示。
  - https://github.com/organization/repo.git
  - https://organization@dev.azure.com/organization/repo/_git/repo
  - https://username@bitbucket.org/organization/repo.git
- 完整的 GitHub 仓库 URL：GitHub 仓库主页的 HTTPS URL，如 https://github.com/nikmd23/node。
- GitHub 仓库简易格式：organization/repo 的格式，如 nikmd23/node。
- GitHub Pull requests URL：如 https://github.com/organization/repo/pull/123。

6）连接到环境

连接到 Visual Studio Codespaces 环境的方式有多种，如下所示。

- 通过 Ctrl+Shift+P 快捷键打开命令面板，然后输入并执行 Codespaces: Connect to Codespaces 命令。
- 通过左侧的活动栏切换到远程资源管理器，在 Codespaces 视图中单击要连接的环境的 Connect to Codespaces 按钮。
- 如图 13-23 所示，右键单击要连接的环境，可以看到更多的连接选项，部分连接选项的解释如下所示。
  - Connect to Codespace：在当前 Visual Studio Code 窗口中连接 Visual Studio Codespaces 环境。
  - Open Codespace in New Window：启动一个新的 Visual Studio Code 窗口连接 Visual Studio Codespaces 环境。
  - Open in Browser：在 Web 版 Visual Studio Code 中打开 Visual Studio Codespaces 环境。

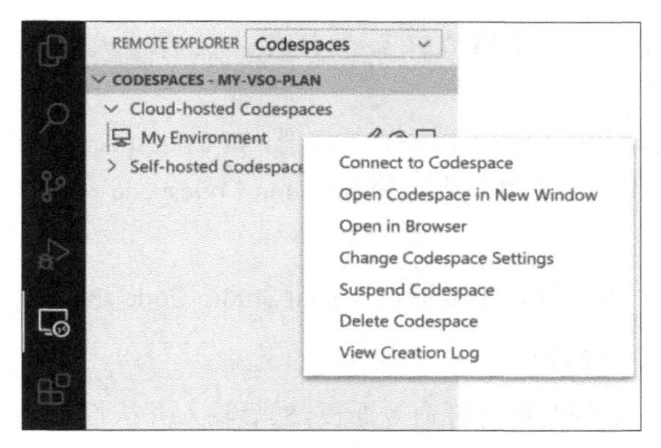


图 13-23 更多的连接选项

如图 13-24 所示，通过左侧的活动栏切换到远程资源管理器，在 CODESPACE DETAILS 视图中可以看到当前 Visual Studio Codespaces 环境的详细信息。

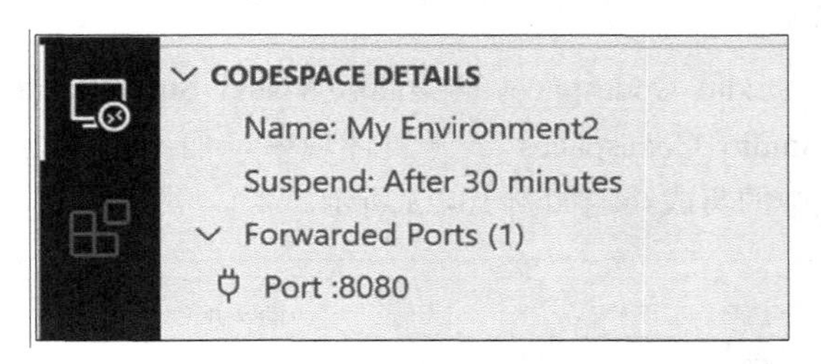


图 13-24 Visual Studio Codespaces 环境的详细信息

7）断开连接

断开与 Visual Studio Codespaces 环境的连接的方式有以下 4 种。

- 通过 Ctrl+Shift+P 快捷键打开命令面板，然后输入并执行 Codespaces: Disconnect 命令。
- 通过左侧的活动栏切换到远程资源管理器，在 Codespaces 视图中单击要断开的环境的 Disconnect 按钮。
- 通过左侧的活动栏切换到远程资源管理器，在 CODESPACE DETAILS 标题栏中单击 Disconnect 按钮。
- 直接关闭 Visual Studio Code 窗口。

8）挂起环境

使用由 Azure 托管的 Visual Studio Codespaces 云开发环境需要一定的花费。

在创建 Visual Studio Codespaces 环境时，我们可以设置空闲环境的挂起时间，如 5 分钟、30 分钟等。

除了自动挂起，我们还可以通过如下两种方式手动地挂起 Visual Studio Codespaces 环境。

- 通过 Ctrl+Shift+P 快捷键打开命令面板，然后输入并执行 Codespaces: Suspend Codespace 命令。
- 通过左侧的活动栏切换到远程资源管理器，在 Codespaces 视图中右键单击需要挂起的环境，并在弹出的快捷菜单中选择 Suspend Codespace 命令。

9）删除环境

对于当前正在连接中的环境，不能通过 Visual Studio Code 进行删除。

删除环境的方式有以下两种。

- 通过 Ctrl+Shift+P 快捷键打开命令面板，然后输入并执行 Codespaces: Delete Codespace 命令。
- 通过左侧的活动栏切换到远程资源管理器，在 Codespaces 视图中右键单击未连接的环境，在弹出的快捷菜单中选择 Delete Codespace 命令。

10）使用集成终端

对于连接上 Visual Studio Codespaces 的桌面版 Visual Studio Code，集成终端会运行在由 Azure 托管的 Visual Studio Codespaces 云开发环境中，而不是本地。运行在 Visual Studio Codespaces 云开发环境中的集成终端如图 13-25 所示。

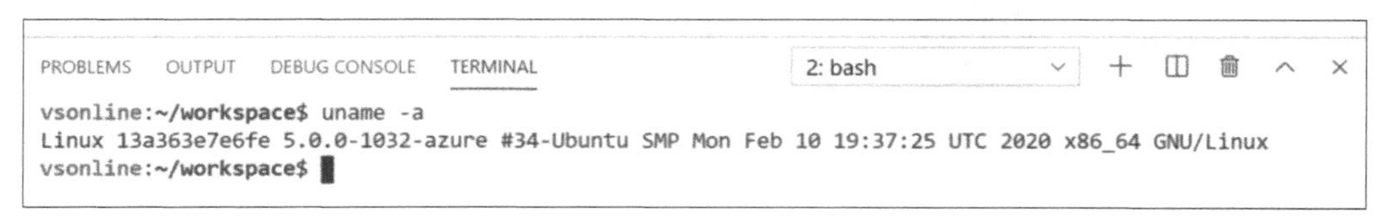


图 13-25 运行在 Visual Studio Codespaces 云开发环境中的集成终端

11）端口转发

通过端口转发，可以访问到运行在 Visual Studio Codespaces 远程环境中的应用和服务。出于安全考量，在默认情况下没有端口会被转发。为此，Visual Studio Codespaces 提供了多种可以进行端口转发的方式。

- 自动的端口转发

如果在集成终端运行的应用或服务指明了使用的本地端口，那么 Visual Studio Codespaces 会自动进行端口转发。

如图 13-26 所示，在集成终端中通过 npx 启动一个 8080 端口的 HTTP 服务，相应地，在左侧的 Forwarded Ports 视图中可以看到，Visual Studio Codespaces 会自动转发 8080 端口。

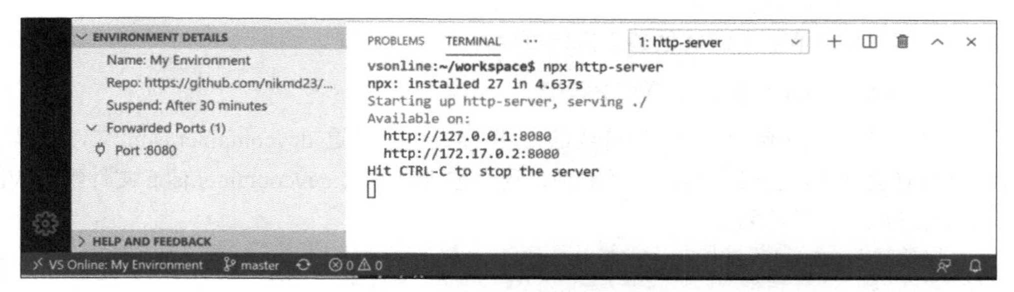


图 13-26　自动的端口转发

○　端口转发视图

如图 13-27 所示，通过左侧的活动栏切换到远程资源管理器，在 CODESPACE DETAILS 视图中单击 Forwarded Ports 标题栏中的 Forward Port 按钮，进行端口转发。

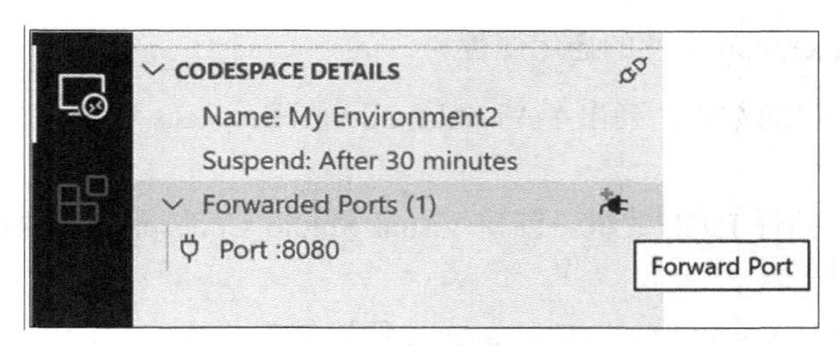


图 13-27　端口转发

○　配置端口转发

通过配置.devcontainer 文件夹下 devcontainer.json 文件的 appPort 属性，也能为每个项目设置端口转发。

○　访问转发的端口

如图 13-28 所示，通过左侧的活动栏切换到远程资源管理器，在 CODESPACE DETAILS 视图中找到要访问的端口，单击 Copy Port URL 按钮，相应的 URL 便会被复制到剪贴板，把 URL 粘贴到浏览器中就可以直接访问了。

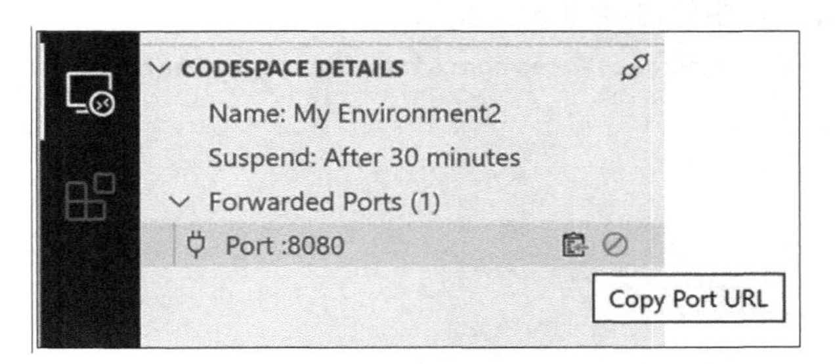


图 13-28　复制要访问的端口的 URL

此外，单击端口节点上的红色禁止按钮可以停止端口转发。

### 3. 通过 devcontainer.json 配置开发环境

在 12.2 节中我们了解到，在基于容器的远程开发中，通过 devcontainer.json 文件可以定义如何创建当前项目的远程开发容器。类似地，我们也可以通过 devcontainer.json 文件配置 Visual Studio Codespaces 的开发环境。

需要注意的是，Visual Studio Codespaces 的 devcontainer.json 文件支持的属性是容器远程开发的 devcontainer.json 文件的子集。

devcontainer.json 文件可以被存放在以下两个位置。

- {repository-root}/.devcontainer.json
- {repository-root}/.devcontainer/devcontainer.json

以下是 devcontainer.json 文件的通用属性。

- appPort：端口的数组。列出了 Visual Studio Codespaces 环境运行时本地可以访问的端口。
- extensions：插件 ID 的数组。创建 Visual Studio Codespaces 环境时，相应的插件会被自动安装到环境中。
- settings：针对 Visual Studio Codespaces 环境的 Visual Studio Code 设置。
- workspaceFolder：存储项目的路径，默认值为/home/vsonline/workspace。
- postCreateCommand：Visual Studio Codespaces 环境创建后运行的命令。

以下是 devcontainer.json 文件的 Docker 属性。

- image：Docker 镜像名，用于创建 Visual Studio Codespaces 环境。
- dockerfile：Dockerfile 文件的相对路径（相对于 devcontainer.json 文件的路径）。
- context：docker build 命令的运行目录（相对于 devcontainer.json 文件的路径），默认值为.。

devcontainer.json 文件中的内容如下所示。

```
/* Contents of {repository-root}/.devcontainer/devcontainer.json */

{
  "appPort": 3000,

  "extensions": [
    "dbaeumer.vscode-eslint",
    "johnpapa.vscode-peacock"
  ],

  "settings": {
```

```
    "peacock.remoteColor": "#0078D7"
  },

  "postCreateCommand": "/bin/bash ./.devcontainer/post-create.sh > ~/post-create.log",
}
```

### 4. 通过 dotfiles 个性化开发环境

dotfiles 指的是以点号（.）开头的文件，通常存储了不同应用的配置信息，比如，.bashrc、.gitignore、.editorconfig 等文件都是开发者常用的 dotfiles。

开发者通常会把 dotfiles 存放在 GitHub 上，这样他们就可以在所有的开发环境中同步 dotfiles 的设置了。

在桌面版 Visual Studio Code 中，通过 Ctrl+Shift+P 快捷键打开命令面板，然后输入并执行 Preferences: Open Setting (UI)命令，在 Visual Studio Codespaces 插件的设置项中可以对 dotfiles 进行配置，如图 13-29 所示。

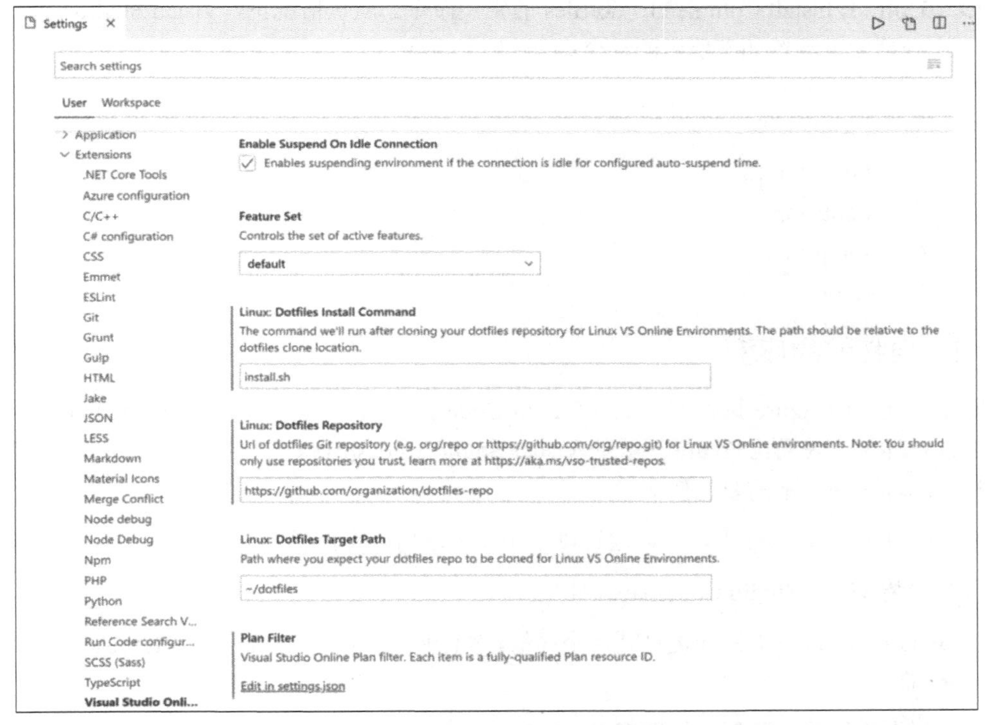


图 13-29　在 Visual Studio Codespaces 插件的设置项中对 dotfiles 进行配置

此外，我们也可以在 Visual Studio Codespaces 主页中进行配置。在主页中单击 Create Codespace 按钮，展开 Dotfiles (optional)设置项，可以对 dotfiles 进行配置，如图 13-30 所示。

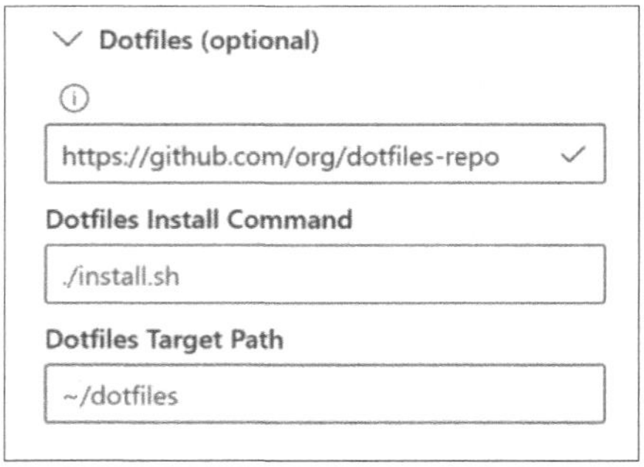

Dotfiles (optional)

https://github.com/org/dotfiles-repo

Dotfiles Install Command

./install.sh

Dotfiles Target Path

~/dotfiles

图 13-30　在 Visual Studio Codespaces 主页中配置 dotfiles

在以上两个配置方式中，可以对以下 3 个设置项进行配置。

- Dotfiles Repository：包含 dotfiles 的 Git 仓库的 URL。
- Dotfiles Target Path：Git 仓库存储的文件目录，默认值为~dotfiles。
- Dotfiles Install Command：dotfiles 的安装命令。默认情况下，Visual Studio Codespaces 会搜索并运行如下所示的一个命令。
    - install.sh
    - install
    - bootstrap.sh
    - bootstrap
    - setup.sh
    - setup

### 13.2.4　自托管的环境

除了能连上由 Azure 托管的 Visual Studio Codespaces 云开发环境，开发者还可以连上自己搭建的开发环境。使用由 Azure 托管的 Visual Studio Codespaces 云开发环境需要一定的花费，而自托管的环境完全不需要任何费用。

在 Visual Studio Code 中，可以通过以下步骤来注册一个自托管环境。

（1）安装 Visual Studio Codespaces 插件。

（2）通过 Ctrl+Shift+P 快捷键打开命令面板，然后输入并执行 Codespaces: Register Self-hosted Codespace 命令。

（3）根据提示输入要创建的环境名字。

（4）选择一个 Visual Studio Codespaces 计划。

注册完成后，可以在 CODESPACES 视图中看到新注册的自托管环境，如图 13-31 所示。

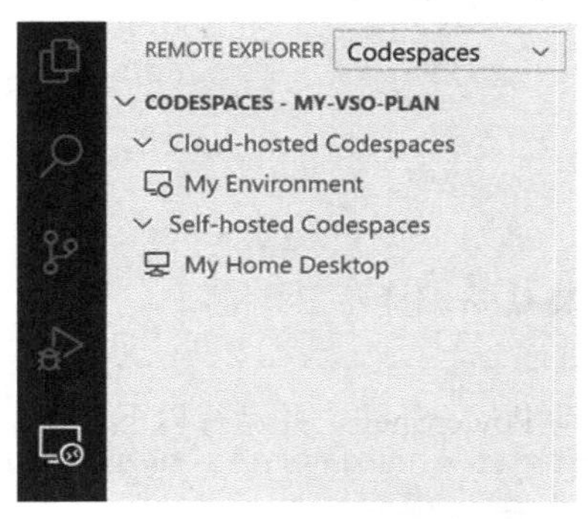


图 13-31 新注册的自托管环境

此外，在 Web 版 Visual Studio Code 主页中也可以看到所有的自托管环境，如图 13-32 所示。

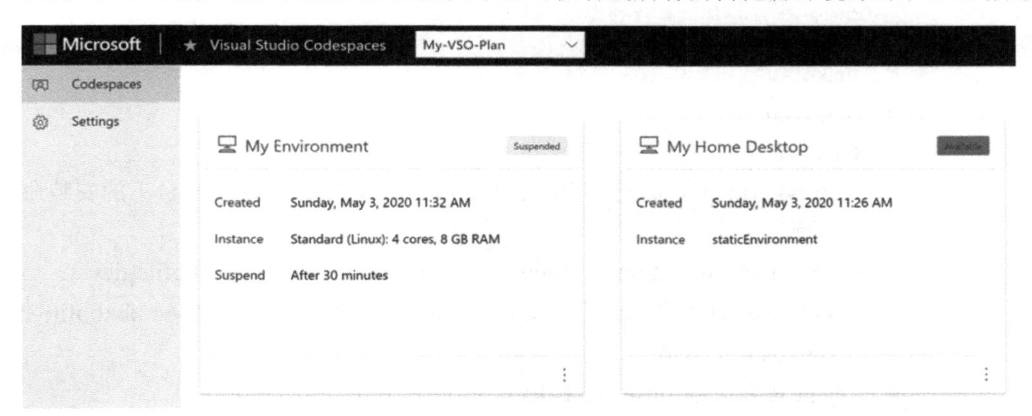


图 13-32 在 Web 版 Visual Studio Code 主页中查看自托管环境

你可以在任何机器上通过 Web 版 Visual Studio Code 或安装有 Visual Studio Codespaces 插件的桌面版 Visual Studio Code 连接到属于自己的自托管环境。

如果需要注销自托管环境，则可以通过 Ctrl+Shift+P 快捷键打开命令面板，然后输入并执行 Codespaces: Unregister Codespace 命令。

## 13.2.5 自建 Web 版 Visual Studio Code

除了使用由微软托管的 Web 版 Visual Studio Code，开发者还可以通过 Visual Studio Code 的源代码构建属于自己的 Web 版 Visual Studio Code。

### 1. 搭建开发环境

首先，我们需要安装以下开发工具。

- Git
- Node.js x64 版本
- Yarn
- Python
- 根据不同的平台，安装 C ++编译器工具链。
  - Windows
    以管理员身份启动 PowerShell，并运行以下命令。
    ```
    npm install --global windows-build-tools --vs2015
    ```
  - macOS
    在命令行中运行以下命令来安装 Xcode 及命令行工具。
    ```
    xcode-select --install
    ```
  - Linux
    - make
    - pkg-config
    - GCC
    - native-keymap 需要安装 libx11-dev 和 libxkbfile-dev，不同平台下的安装命令如下所示。
      - 基于 Debian 的 Linux：sudo apt-get install libx11-dev libxkbfile-dev
      - 基于 Red Hat 的 Linux：sudo yum install libX11-devel.x86_64 libxkbfile-devel.x86_64 #或.i686
    - keytar 需要安装 libsecret-1-dev。
      - 基于 Debian 的 Linux：sudo apt-get install libsecret-1-dev
      - 基于 Red Hat 的 Linux：sudo yum install libsecret-devel
    - 构建 deb 和 rpm 需要安装 fakeroot 和 rpm，可以运行 sudo apt-get install fakeroot rpm 来安装。

### 2. 下载源代码

通过 Git 把 Visual Studio Code 的源代码克隆到本地，克隆命令如下所示。

```
git clone https://github.com/microsoft/vscode.git
```

### 3. 构建

通过以下命令，切换到 vscode 目录，安装依赖并构建 Visual Studio Code 的源代码。

```
cd vscode
yarn
yarn watch
```

#### 4. 运行

通过以下命令，在本地运行 Web 版 Visual Studio Code。

```
yarn web
```

命令运行完成后，就能通过 http://localhost:8080/访问 Web 版 Visual Studio Code 了。

由于构建 Visual Studio Code 的步骤一直在更新，所以推荐你访问参考资料[56]来查看更新、更完整的 Web 版 Visual Studio Code 的构建步骤。

## 13.3 Visual Studio Live Share

2018 年 5 月 7 日，在微软 Build 2018 大会上，微软正式发布了 Visual Studio Live Share。Visual Studio Live Share 使开发者可以在 Visual Studio Code 或 Visual Studio 中进行实时的协同开发和调试。

### 13.3.1 概览

Visual Studio Live Share 的核心功能如下所示。

- 实时共享代码编辑
- 跟随团队其他成员的光标
- 协作调试代码
- 共享本地服务器
- 共享终端

基于 Visual Studio Live Share 强大的实时协作功能，我们可以在许多场景中使用它，包括但不限于以下场景。

- 远程协助
- 结对编程
- 交互式教学
- 代码审查
- 技术面试

### 13.3.2 使用 Visual Studio Live Share

让我们一起来学习一下，如何在 Visual Studio Code 中使用 Visual Studio Live Share。

#### 1. 安装 Visual Studio Live Share 插件

在 Visual Studio Code 中，通过左侧的活动栏切换到插件视图，然后在搜索框中输入 Live Share 进行搜索并安装。

重启 Visual Studio Code 后，在左下角的状态栏中可以看到 Live Share 插件正在下载和安装相应的依赖。

#### 2. 登录

安装完成后，在左下角的状态栏中会显示一个 Live Share 按钮，如图 13-33 所示。

图 13-33　Live Share 按钮

为了使用 Visual Studio Live Share，你需要通过微软账号（如@outlook.com）、AAD 账号或 GitHub 账号进行登录，登录方式有以下两种。

- 通过 Ctrl+Shift+P 快捷键打开命令面板，然后输入并执行 Live Share: Sign In With Browser 命令。
- 单击左下角状态栏中的 Live Share 按钮。

接下来，根据提示的步骤打开浏览器，完成登录操作。

#### 3. 共享项目

首先，可以通过以下任意一种方式启动一个协作会话。

- 单击左下角状态栏中的 Live Share 按钮。
- 如图 13-34 所示，通过左侧的活动栏切换到 Live Share 资源管理器，在 SESSION DETAILS 视图中单击 Start collaboration session...按钮。

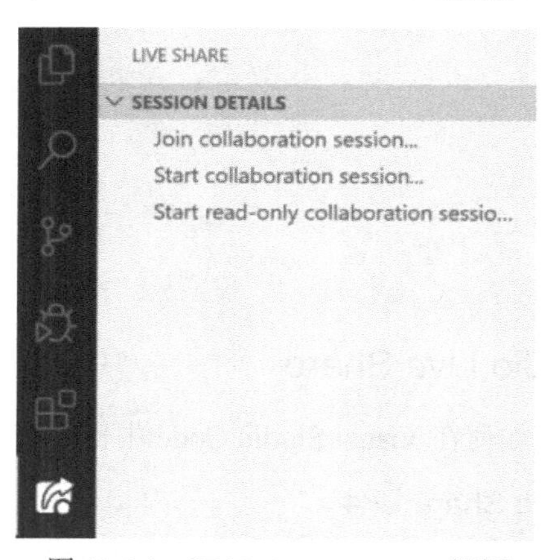


图 13-34　SESSION DETAILS 视图

协作会话启动后，在 Visual Studio Code 右下角会显示协作会话的通知栏，表明邀请链接已经被复制到剪贴板中，如图 13-35 所示。如果单击 Make read-only 按钮，则可以把会话变为只读模式，加入会话的用户只能浏览项目的代码，而不能更改代码。

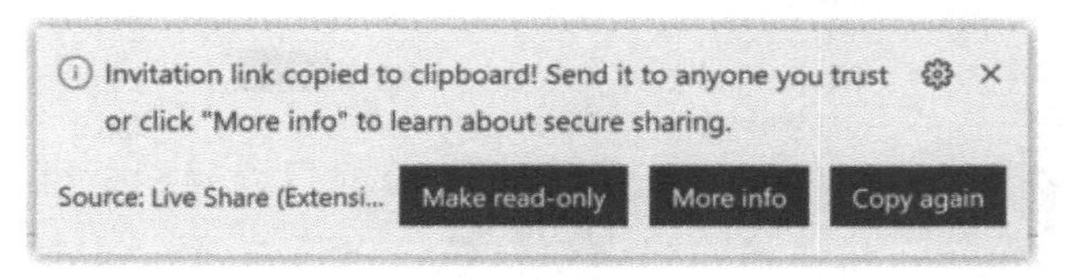


图 13-35 协作会话的通知栏

接下来，你就可以把邀请链接通过邮箱、即时聊天工具等方式发送给要邀请加入协作会话的人了。

**4. 加入会话**

对于其他人发来的邀请链接，我们可以以两种不同的身份加入会话。

1）以只读用户的身份加入会话

如果你没有登录，也可以以只读用户的身份加入会话，十分方便快捷。

首先，通过左侧的活动栏切换到 Live Share 资源管理器，在 SESSION DETAILS 视图中单击 Join collaboration session...按钮。

然后，在 Visual Studio Code 右下角的通知栏中单击 Continue as read-only guest 按钮，如图 13-36 所示。

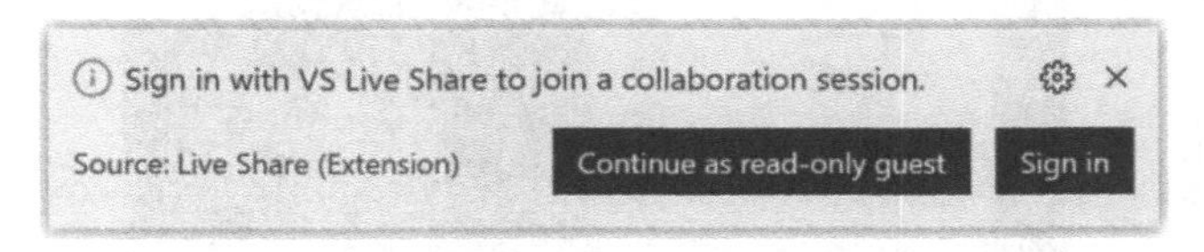


图 13-36 单击 Continue as read-only guest 按钮

接下来，输入要显示的名称及邀请链接，就能加入协作会话了。

2）以登录用户的身份加入会话

已经登录的用户可以通过以下两种方式加入协作会话。

- 通过浏览器加入：如图 13-37 所示，在浏览器中打开邀请链接就能加入协作会话。
- 手动加入：通过左侧的活动栏切换到 Live Share 资源管理器，在 SESSION DETAILS 视图中单击 Join collaboration session...按钮，然后填入邀请链接。

图 13-37 通过浏览器加入协作会话

### 5. 查看会话的参与者

如图 13-38 所示，左边是会话发起人 Jun Han 的 Visual Studio Code 界面，右边是会话受邀人 Stephen Hendry 的 Visual Studio Code Insiders 界面，而且在 Live Share 资源管理器的 SESSION DETAILS 视图中可以查看当前会话的所有参与者。

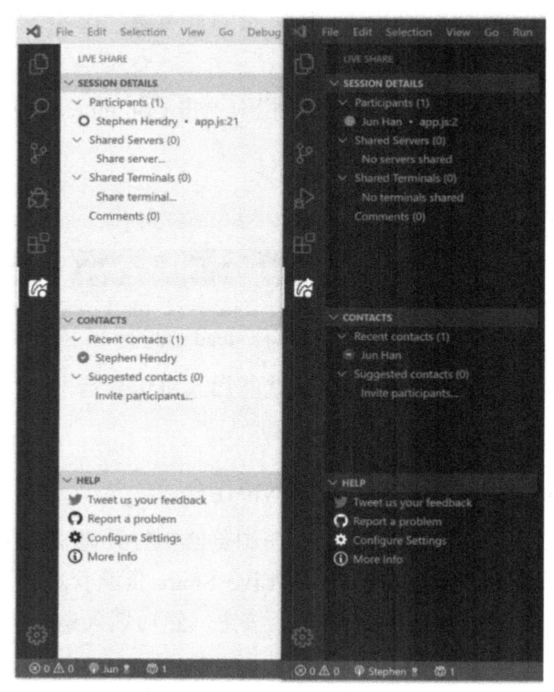


图 13-38 查看当前会话的所有参与者

此外，在左下角的状态栏中也能看到当前会话的参与人数，单击显示参与人数的按钮还能跟随某一个参与者。

### 6. 协同编辑

如图 13-39 所示，在协作会话中，所有的参与者都能实时地看到其他参与者更改的代码。此外，每个人还能看到其他参与者的光标位置及选中的代码。

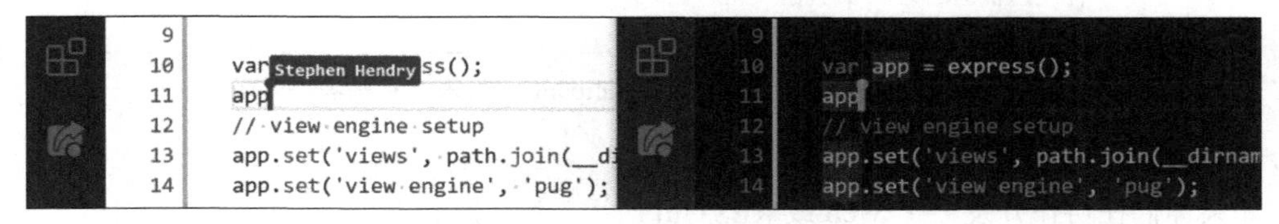


图 13-39 协同编辑

所有参与者对代码的更改都将会实时地同步到会话发起人机器上的项目中。

### 7. 跟随

在一些使用场景中，你可能希望实时地跟随某一个参与者。比如，在远程教学中，学生希望实时地跟随老师当前打开的文件及文件滚动条的位置。Live Share 就提供了这样的跟随功能。

如图 13-40 所示，通过左侧的活动栏切换到 Live Share 资源管理器，在 SESSION DETAILS 视图中找到要跟随的参与者，单击参与者，或者在参与者的右键菜单中选择 Follow Participant 命令，便可以跟随参与者。

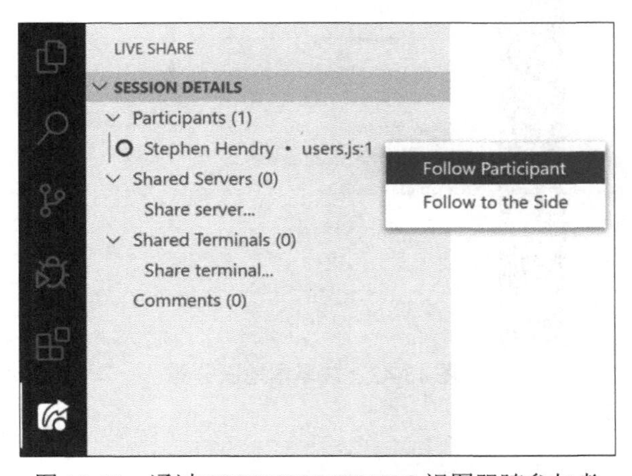


图 13-40 通过 SESSION DETAILS 视图跟随参与者

此外，如图 13-41 所示，单击编辑区域右上角的 Follow Participant 按钮（快捷键 Ctrl+Alt+F），也能跟随参与者。

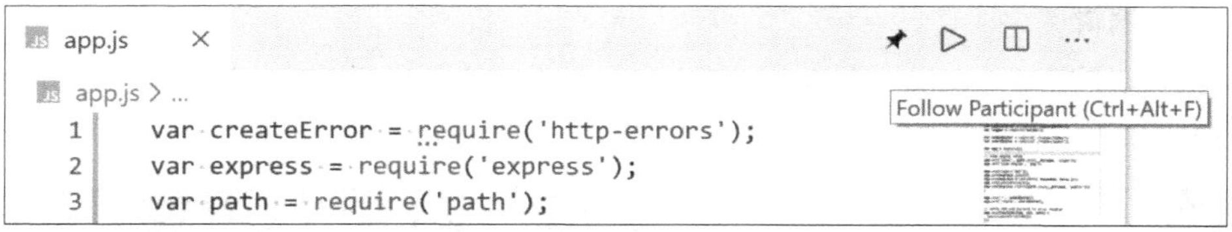

```
app.js  ×
app.js > ...
1   var createError = require('http-errors');
2   var express = require('express');
3   var path = require('path');
```

Follow Participant (Ctrl+Alt+F)

图 13-41　通过 Follow Participant 按钮跟随参与者

### 8. 共享本地服务器

如果你们在协作开发一个 Web 或 RESTful 应用，那么发起人可以指定开放的端口，从而把本地服务器共享给其他参与者访问。比如，发起人开放了本地机器的 3000 端口，其他参与者就可以在他们的本地机器上通过 http://localhost:3000 访问到发起人的 Web 服务器。Visual Studio Live Share 通过安全的 SSH 或 SSL 隧道来完成客户机与主机之间的通信，并且通过 Visual Studio Live Share 服务器进行用户认证，以确保只有会话的参与者才能访问到主机的端口。

如图 13-42 所示，通过左侧的活动栏切换到 Live Share 资源管理器，在 SESSION DETAILS 视图中单击 Shared Servers 标题栏中的 Share Server 按钮，然后输入端口，即可共享本地服务器。

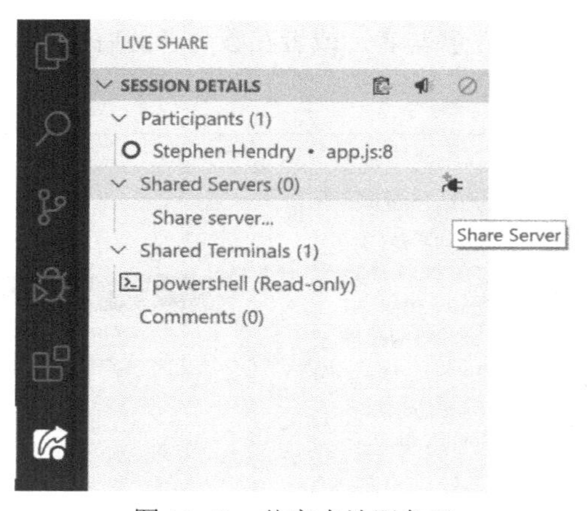


图 13-42　共享本地服务器

如图 13-43 所示，单击共享的服务器（localhost:3000）的 Copy Server URL 按钮，可以直接复制服务器的 URL。

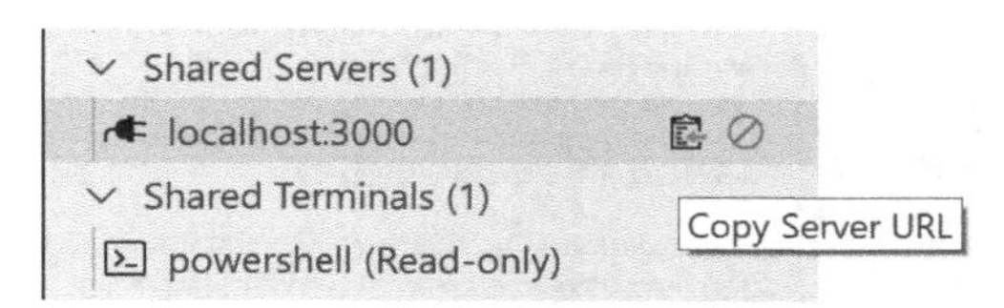


图 13-43　复制服务器的 URL

### 9. 共享集成终端

除了共享服务器，Visual Studio Live Share 还支持共享集成终端。默认情况下，发起人的集成终端会以只读模式共享给同一会话的参与者。

如图 13-44 所示，在 SESSION DETAILS 视图中右键单击要共享的集成终端，在弹出的快捷菜单中选择 Make Read/Write 命令，可以把相应的集成终端设置为可读写的权限。

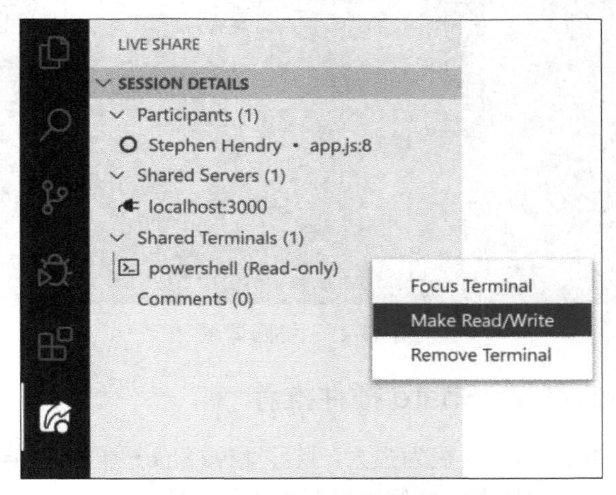


图 13-44　设置集成终端的读写权限

### 10. 协同调试

如图 13-45 所示，会话的发起人在本地机器中启动协同调试后，所有的参与者都能够看到调试界面，包括断点、变量等信息。此外，会话的参与者也拥有调试工具栏，可以进行单步调试、添加断点等相关的调试操作。

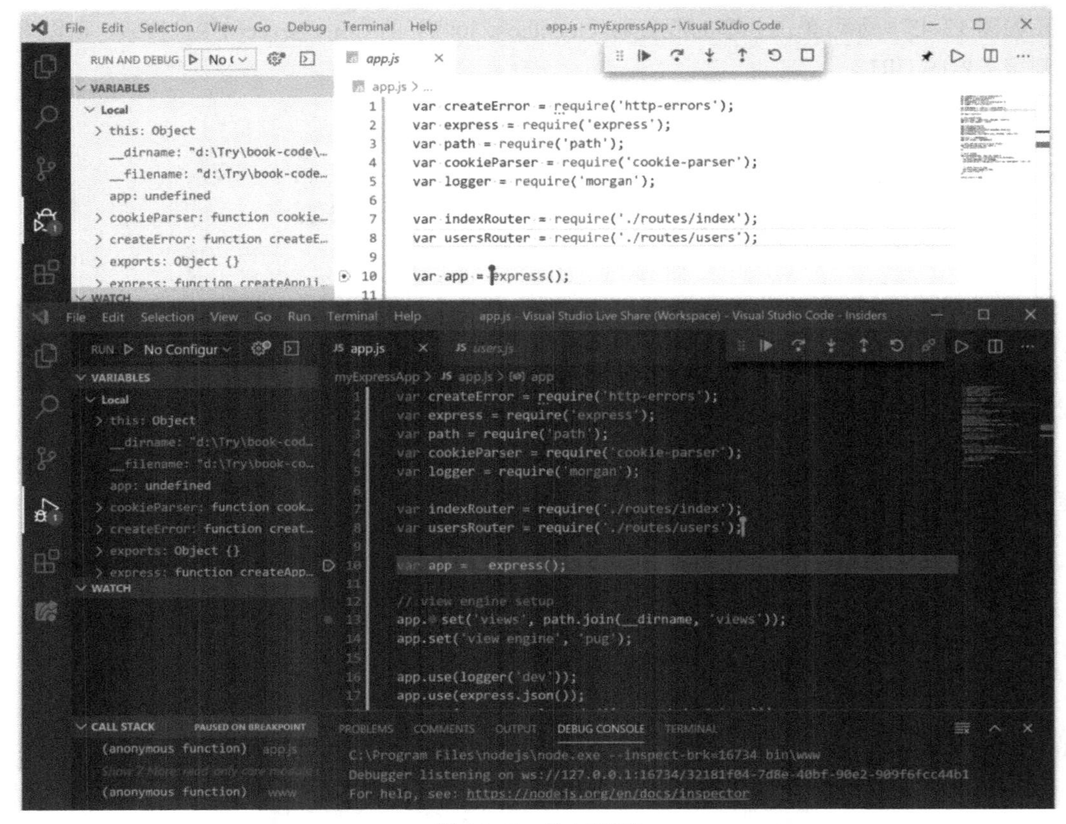


图 13-45 协同调试

## 13.3.3 Visual Studio Live Share 插件推荐

Visual Studio Live Share 的生态极为强大，除了 Live Share 插件，Visual Studio Code 还提供了多款基于 Live Share 打造的插件，使得协同开发更加便捷。

### 1. Live Share Audio

Live Share Audio 插件为 Visual Studio Live Share 添加了实时语音功能，团队语音使得协同开发更加高效！

### 2. Live Share Chat

Live Share Chat 插件把 Visual Studio Code 变身为即时聊天工具，同时还支持 Slack 和 Discord。通过 Live Share Chat 插件，开发者可以在 Live Share 协作会话中与所有参与者进行文字聊天，也可以在会话之外直接向联系人发送消息。

#### 3. Live Share Spaces

Live Share Spaces 插件提供了群组功能，开发者可以选择加入不同的群组。在同一个群组中，所有成员都可以方便地进行语音或文本聊天。

#### 4. Live Share Whiteboard

Live Share Whiteboard 插件提供了实时的共享白板的功能。你画我猜，是不是很有趣？共享白板在远程教学或远程面试中也十分有用。

#### 5. 更多 Live Share 插件

除了以上插件，还有许多插件基于 Live Share 提供了协同开发的相关功能，这些插件包括但不限于：

- Browser Preview
- CodeStream
- Code Time
- Discord Presence
- GitHub Pull requests
- GitLens
- Live Server
- Live Share Pomodoro
- Test Explorer Live Share
- Quokka.js

## 13.4 Visual Studio IntelliCode

2018 年 5 月 7 日，在微软 Build 2018 大会上，微软发布了 Visual Studio IntelliCode。通过 AI 赋能，Visual Studio IntelliCode 为 Visual Studio Code 和 Visual Studio 的开发者提供了强大的代码智能提示。

### 13.4.1 概览

Visual Studio IntelliCode 对 Visual Studio Code 和 Visual Studio 都进行了支持。

在 Visual Studio Code 中，IntelliCode 支持 Python、TypeScript/JavaScript、Java 和 Transact-SQL。

在 Visual Studio 中，IntelliCode 支持 C#、C++、TypeScript/JavaScript 和 XAML。

如图 13-46 所示，与往常按字母顺序排列的智能提示不同，最上面的 4 个提示选项都有一个星号前缀，表明该提示选项是由 Visual Studio IntelliCode 根据代码的上下文提供的。

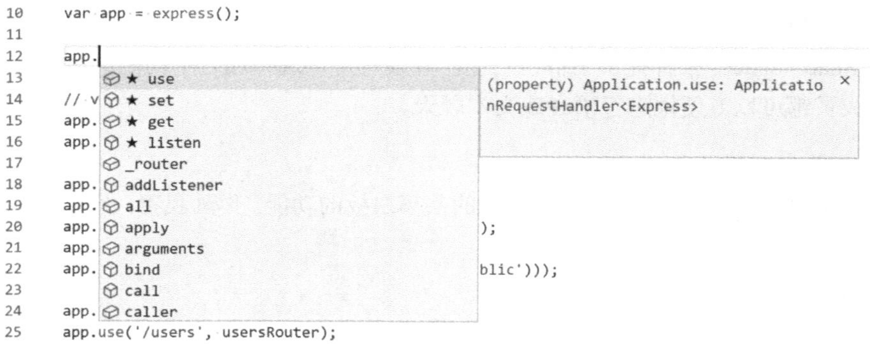

```
10      var app = express();
11
12      app.
13          ⊙ ★ use            (property) Application.use: Applicatio  ×
14      // v⊙ ★ set            nRequestHandler<Express>
15      app.⊙ ★ get
16      app.⊙ ★ listen
17          ⊙ _router
18      app.⊙ addListener
19      app.⊙ all
20      app.⊙ apply                                      );
21      app.⊙ arguments
22      app.⊙ bind                                       blic')));
23          ⊙ call
24      app.⊙ caller
25      app.use('/users', usersRouter);
```

图 13-46 Visual Studio IntelliCode 的智能提示

Visual Studio IntelliCode 基于 GitHub 中成千上万个高质量的开源项目，通过人工智能的技术训练推荐模型，再结合当前项目代码的上下文，为开发者推荐最有可能匹配的代码提示，可以大大提升开发效率。

## 13.4.2 使用 Visual Studio IntelliCode

首先，在 Visual Studio Code 中，通过左侧的活动栏切换到插件视图，然后在搜索框中输入 Visual Studio IntelliCode 进行搜索并安装。

接下来，针对不同的语言需要安装相应的语言插件。

### 1. TypeScript/JavaScript

由于 Visual Studio Code 内置了对 TypeScript 和 JavaScript 的支持，因此无须安装额外的语言插件，Visual Studio IntelliCode 就可以对其直接生效。无论是前端的 React、Angular、Vue 等框架，还是后端的 Node.js，Visual Studio IntelliCode 都对它们提供了很好的支持。

### 2. Python

根据以下步骤启用 Visual Studio IntelliCode 对 Python 的支持。

（1）安装 Python 插件。

（2）安装完成后，重启 Visual Studio Code。

（3）当 Python 语言服务启动后，Visual Studio IntelliCode 将会生效，并支持一系列热门的 Python 库。

无论是最基础的 os/sys 模块，还是 Django/Flask 等 Web 框架，或是 numpy/tensorflow 等数据科学模块，Visual Studio IntelliCode 都提供了极好的支持。

### 3. Java

根据以下步骤启用 Visual Studio IntelliCode 对 Java 的支持。

（1）安装 Java Extension Pack 插件。

（2）确保系统已经安装了 JDK 8 以上的版本，并设置了相应的环境变量。

（3）安装完成后，重启 Visual Studio Code。

（4）当 Java 语言服务启动后，Visual Studio IntelliCode 将会生效，并支持热门的软件库和框架，如 Java SE 及 Spring。

### 4. Transact-SQL

根据以下步骤启用 Visual Studio IntelliCode 对 Transact-SQL 的支持。

（1）安装 SQL Server (mssql)插件。

（2）安装完成后，重启 Visual Studio Code。

（3）当 SQL Server 语言服务启动后，Visual Studio IntelliCode 将会生效。

# 第14章

# 成为 Visual Studio Code 的贡献者

相信不少读者在看到这个标题时也许会觉得离自己很遥远，也许会觉得要开发一个 Visual Studio Code 插件，甚至是给 Visual Studio Code 提交了 Pull request，才算是一个 Visual Studio Code 的贡献者。其实不然。想要成为一个 Visual Studio Code 的贡献者有很多方式，不只是提交 Pull request 或开发插件，一个好的提问、一个有效的 bug 报告或一个不错的功能建议，都能帮助 Visual Studio Code 变得更好。

你，也许就能成为一个优秀的 Visual Studio Code 贡献者。

## 14.1 GitHub Issues

Visual Studio Code 是一个优秀的开源项目。任何人都可以在 GitHub Issues（见参考资料[57]）上提交 bug 报告或功能请求，甚至是分享自己对产品的建议。

正确地利用 GitHub Issues，可以推动开发团队改进 Visual Studio Code。一个优秀的 GitHub Issue 不仅能帮助自己，也能帮助其他人，避免他人再提交重复的 GitHub Issue。

### 14.1.1 报告 bug

使用 Visual Studio Code 遇到 bug 时，提交 GitHub Issue 是最好的 bug 报告方式。在报告 bug 之前，需要先在 GitHub Issues 中进行搜索，确保没有类似的 bug 报告，避免提交重复的 GitHub Issue。

在报告 bug 时，要注意以下几点。

- 一个 Issue 报告一个 bug，不要包含多个 bug。
- 标题尽量简单明了，不要包含无效信息。
- Issue 的内容至少要包含以下信息。

    - Visual Studio Code 的版本。
    - 操作系统的版本。
    - 详细的重现步骤。
    - 期望的结果与实际的结果。
    - 有需要时提供截图、动画等。
    - 有需要时提供代码片段（源代码，而不是代码的截图）。
    - 是否已经禁用所有的插件（因为有些 bug 其实是插件引入的）。
- 尽量使用英语。

## 14.1.2　功能请求

在使用过程中，如果你对 Visual Studio Code 有任何功能需求，也可以在 GitHub Issues 上提交功能请求。这样，Visual Studio Code 开发团队就可以根据功能的重要性来依次实现相应的功能。

## 14.1.3　分享你的反馈与想法

在 Visual Studio Code 的 GitHub 仓库中，我们可以看到数千个 Issue。其中大部分是功能请求。那么在这么多功能请求中，每个 Issue 的优先级是怎样的？Visual Studio Code 开发团队会优先实现哪些功能呢？

GitHub Issues 的“点赞”功能可以帮助我们！如图 14-1 所示，在每一个 GitHub Issue 中，我们都可以给出不同的反馈，如“点赞”（大拇指）。这样可以帮助开发团队了解哪些功能是更多用户所需要的，有机会使功能更早地实现。

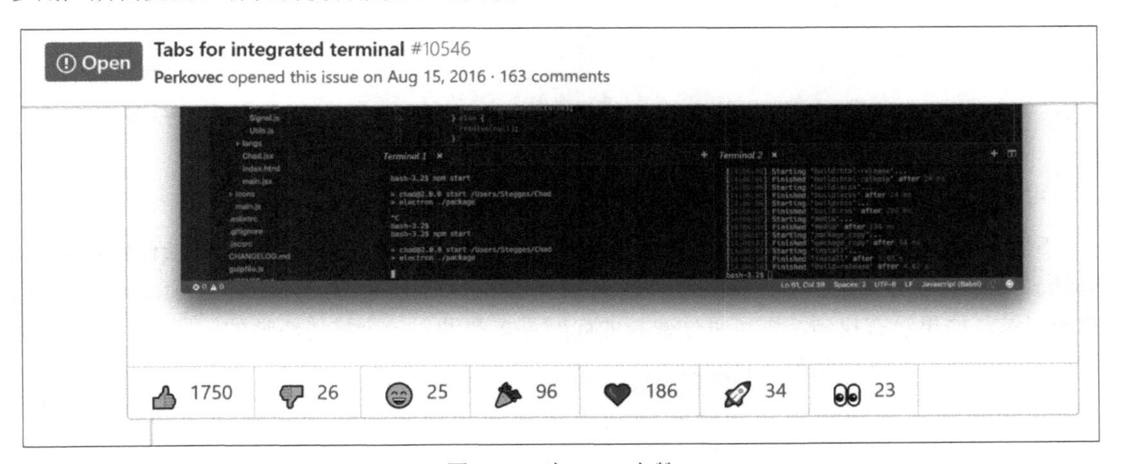


图 14-1　为 Issue 点赞

此外，对于已有的 GitHub Issue，你也可以分享自己的想法，给出自己的建议。这对 Visual Studio Code 也是一种贡献。

### 14.1.4 翻译中文 Issue

虽然 Visual Studio Code 的开发团队中有两名中国开发者，但是笔者还是建议大家尽量使用英语提交 Issue，避免劳烦别人进行翻译。如果你在 Visual Studio Code 的 GitHub 仓库中看到有中文的 Issue，也可以帮忙翻译成英文。

## 14.2 提问

笔者在维护开源项目的过程中，发现有不少人习惯把 GitHub Issues 当作论坛，在上面问问题。其实，这并不是一个最佳的使用方式。

如果你在 Visual Studio Code 的 GitHub 仓库中提交 Issue，就会看到如图 14-2 所示的界面，在 Question（问题）部分单击 Open 按钮，会跳转到 Stack Overflow，而不是 GitHub。

图 14-2 使用正确的提问渠道

可见，Visual Studio Code 团队也推荐通过 Stack Overflow 进行提问。

Stack Overflow 是一个专门为程序员服务的问答网站。在 Stack Overflow 上，也有针对 Visual Studio Code 的标签（见参考资料[58]）。在遇到问题时，我们可以先在 Stack Overflow 上搜索已有的问题，如果没有找到，则可以创建新的问题寻求帮助。一个描述清晰的问题，也能帮助其他人更轻松地搜索到，避免重复提问。

## 14.3 讨论

以下两个比较好的渠道可以对 Visual Studio Code 的相关问题进行讨论。

- Gitter 聊天室（见参考资料[59]）
- Slack（见参考资料[60]）

在讨论的过程中，你可以学习到 Visual Studio Code 的相关内容，也可以用自己所了解的内容帮助别人。

## 14.4 GitHub Pull requests

如果能够提交 Pull request，那当然就是对 Visual Studio Code 最硬核的贡献了。我们可以在 Visual Studio Code 的 GitHub Issues 中搜寻潜在的贡献方向，但是需要注意的是，并不是所有的 Pull request 都一定会被合并。如果你的 Pull request 牵涉到了与性能、界面甚至是架构相关的改动，那么就有被拒绝的可能。

比较稳妥的做法是，选择含有 help-wanted 或 bug 标签的 Issue 提交 Pull request。这样，相关的 Pull request 就有较大的可能会被合并。对于未标有 help-wanted 或 bug 标签的 Issue，建议在提交 Pull request 之前，先和 Issue 的负责人进行沟通，以免徒劳无功。

## 14.5 插件

Visual Studio Code 之所以能这么受欢迎，万万离不开其强大的插件生态。开发一个优秀的 Visual Studio Code 插件，能使 Visual Studio Code 变得更加强大！在下一章中，我们将会全面学习如何开发一款 Visual Studio Code 插件。

## 14.6 翻译

Visual Studio Code 默认的界面是全英文的。如图 14-3 所示，在插件市场中，Visual Studio Code 提供了各种语言的插件，如中文、日文、西班牙文等。安装插件后，在 Visual Studio Code 的界面中就能显示相应的语言。

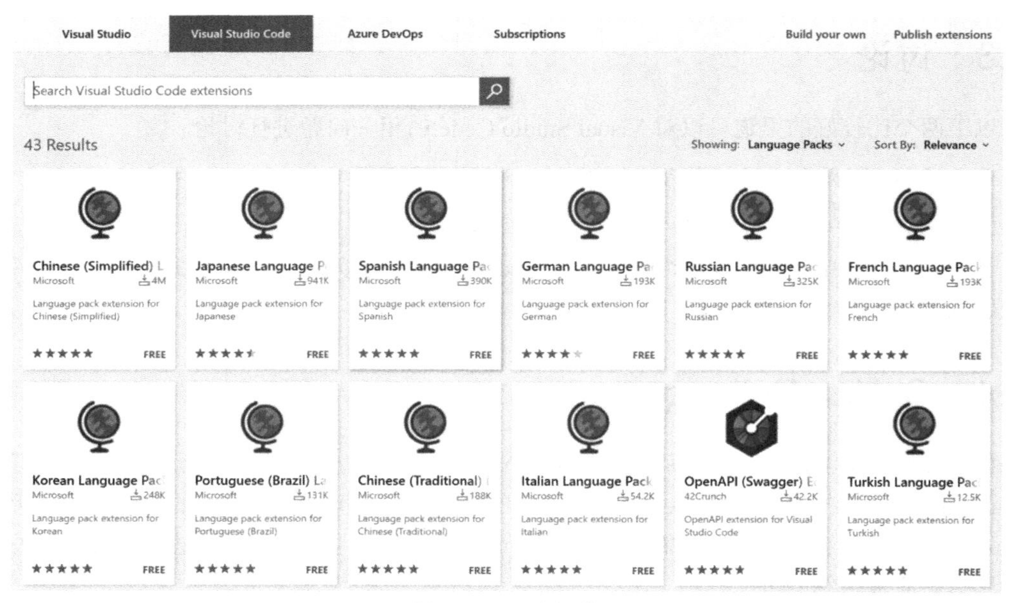


图 14-3 语言插件

以上这些语言插件都属于 Visual Studio Code 的社区翻译项目。读者可以访问参考资料[61]来了解翻译项目的详细信息，通过翻译为 Visual Studio Code 做出贡献。

# 第 15 章 插件开发

Visual Studio Code 强大的插件生态是其成功的重要原因之一。在本章中，我们将全面学习 Visual Studio Code 的插件开发。

## 15.1 如何打造一款优秀的 Visual Studio Code 插件

开发一个 Visual Studio Code 插件主要包含了 4 个阶段：设计、实现、推广和维护。作为一个开发者，我们往往会把大多数时间放在实现（也就是编写代码）上，但笔者认为一个好的产品是万万离不开设计、推广和维护这 3 个方面的。也正是因为意识到了设计、推广和维护的重要性，笔者才能打造出超过 1 000 万下载量的 Code Runner 插件。如果你 100%的时间都只是花在编写代码上，那么你所开发的产品是没有灵魂的。

### 15.1.1 设计

一个好的设计是一个优秀产品的敲门砖。在做公司的项目时，往往会有产品经理或开发经理给你定制详细的需求和设计。然而，如果你想要打造一款优秀的 Visual Studio Code 插件，就必须把自己变身为产品经理，从需求到设计进行挖掘。

那么，如何能设计出一款优秀的 Visual Studio Code 插件呢？

**1. 获取灵感**

产品生命周期的第一步，就是要获得灵感，确定需求。那么灵感从何而来？

1）从自身需求出发

我们既是 Visual Studio Code 插件的开发者，同时也是 Visual Studio Code 的使用者。你自身对 Visual Studio Code 的需求，往往也代表着其他许多用户对 Visual Studio Code 的需求。有些需求可能需要做成 Visual Studio Code 的内置功能，而有些需求则适合做成插件。

记得在 2016 年，笔者在写 PHP（是的，你没看错！在微软写 PHP）的同时，还需要写 Python 和 Node.js，所以支持多种语言开发的 Visual Studio Code 已经是笔者的主力编辑器了。唯一不足的是，笔者希望在 Visual Studio Code 里能有一种快捷的方式来运行各类代码，甚至是代码片段。正是因为这个来自自身的需求，笔者开发了 Code Runner 插件，可以一键运行各类代码，支持 Node.js、Python、C++、Java、PHP、Perl、Ruby、Go 等 40 多种编程语言。时至今日，Code Runner 已经有了超过 1 000 万的下载量了！

可见，从自身的实际需求出发往往会带来意想不到的效果。

2）GitHub Issues

如果你一时间没有什么想法，那么可以到 Visual Studio Code 的 GitHub Issues 上寻觅一下。

如图 15-1 所示，在 GitHub Issues 中，可以根据“点赞”（大拇指）排序看到热门的功能请求。

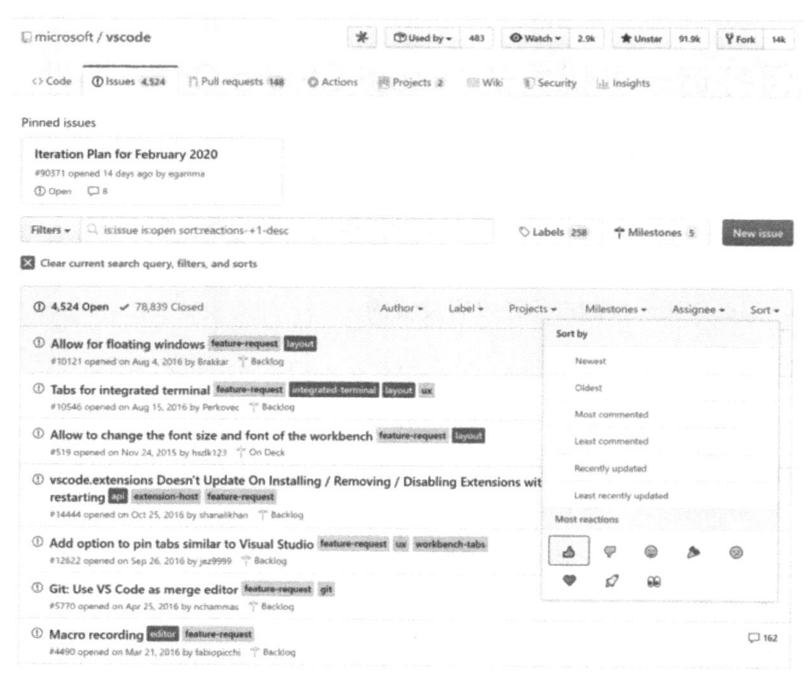


图 15-1 热门的功能请求

在这些热门的功能请求中，有些功能是适合做成 Visual Studio Code 插件的。

笔者在 2016 年刚开始开发 Visual Studio Code 插件时，就在 GitHub Issues 最热门的 10 个功能请求中找到了适合做成插件的功能，然后开发了 Auto Close Tag 和 Auto Rename Tag 插件，至今这两个插件已经分别有数百万的下载量了。

3）其他编辑器的热门插件

根据其他编辑器或 IDE 的热门插件开发一个相应的 Visual Studio Code 插件，也是一个不错的方法。

PlatformIO 是热门的开源物联网开发生态系统。在早期阶段，PlatformIO 提供了 Atom 的插件，拥有数百万的下载量。笔者就把 Atom 的 PlatformIO 插件的主要功能移植到了 Visual Studio Code 中。果不其然，Visual Studio Code 的 PlatformIO 插件也受到了广大开发者的青睐。

### 2. 确定目标用户

在确定好具体的需求后，接下来就需要确定目标用户，定制设计。任何一个插件的目标用户都各不相同，只有确定了目标用户，才能对症下药，定制出适合的设计。

以 Code Runner 插件为例，笔者在设计之初就确定了如下 3 类主要的目标用户。

- 初学者：作为一个编程语言的初学者，往往希望有一个工具能快速运行代码，方便学习编程语言。
- “懒人”：“懒人”用户（包括笔者自己）懒于先打开命令行，再切换到文件的目录，然后输入运行命令。如果有工具可以一键运行代码，那将是我们“懒人“的福音啊！
- 多语言开发者：现在有越来越多的开发者会使用两种以上的编程语言，如果有工具能够提供统一的代码运行体验，那就能大大方便多语言的开发者。

确定了 Code Runner 插件的目标用户后，笔者就有针对性地进行了设计。随之而来的设计理念包括两点：简单和便捷。

关于简单，安装完 Code Runner 插件后，无须任何配置，就能直接运行代码。

关于便捷，Code Runner 插件提供了多个可以一键运行代码的入口，包括快捷键、命令面板、编辑区域的按钮、编辑区域的右键菜单、文件资源管理器的右键菜单等。

### 3. 长期计划

在设计阶段就要做好插件的长期计划，深谋远虑，主要应该考虑以下 3 个方面。

- 可扩展性：为插件的实现提前做好准备。也许我们一开始只会实现部分功能，但插件的功能是否具有可扩展性？
- 向后兼容/向前兼容：一款优秀的产品一定要考虑到向后兼容和向前兼容，且不破坏用户的使用体验，这才能成为一个长久的产品。
- 提前“写”好一篇推广博客：提前在心中为插件“写”好一篇推广博客，想一想你的插件有哪些亮点。如果连自己都“写”不出一篇博客文章，那么你的插件会有多少人来使用？

## 15.1.2 实现

在插件的实现过程中，有 3 点是需要我们注意的。

### 1. 快速迭代

著名的二八定律告诉我们，对于一个产品，80%的用户往往只会用到 20%的功能。对于 Visual Studio Code 插件亦是如此。所以，在开发过程中，我们可以将重心放在核心功能上，快速迭代，快速发布。如此一来，我们便可以更早地得到用户的反馈，来决定插件未来的走向。

笔者在开发 Code Runner 插件的第一个版本时，只开发了核心的运行功能，并且只支持了 7 种主流的编程语言。整个开发过程只用了几个小时，而这 7 种编程语言已经囊括了许多开发者群体。在之后的开发过程中，笔者才逐渐添加其他编程语言的支持及其他功能。

### 2. 使用 Visual Studio Code Insiders

Visual Studio Code 每个月会发布一个新版本，我们称之为稳定版。除了稳定版，Visual Studio Code 还提供了一个 Insiders 版本。Insiders 版本与稳定版的最大区别在于更新周期。稳定版每月更新一次，而 Insiders 版本每天都会更新。Insiders 版本的用户可以更快地获取到最新的功能及 bug 修复，而不用等待一个月的时间。

Visual Studio Code Insiders 版本对插件开发也是极为有用的。开发者可以每天使用到最新的 Visual Studio Code，提前了解到新功能或 API 变化，并对开发的插件做出相应的改动。

### 3. 快捷方式

快捷方式可以帮助新用户更好地上手插件，提高插件的转化率。Azure IoT Hub 插件和 Debugger for Java 插件在这方面值得我们学习。

如图 15-2 所示，在安装完 Azure IoT Hub 插件后，会显示 Azure IoT Hub 插件的欢迎页面。这样可以帮助新用户快速了解和使用 Azure IoT Hub 插件的主要功能。

对于部分初学者用户，他们不清楚如何在 Visual Studio Code 中运行和调试 Java 代码。如图 15-3 所示，Debugger for Java 插件在 main 函数的上方提供了运行（Run）和调试（Debug）的快捷按钮，大大方便了初学者上手 Java。

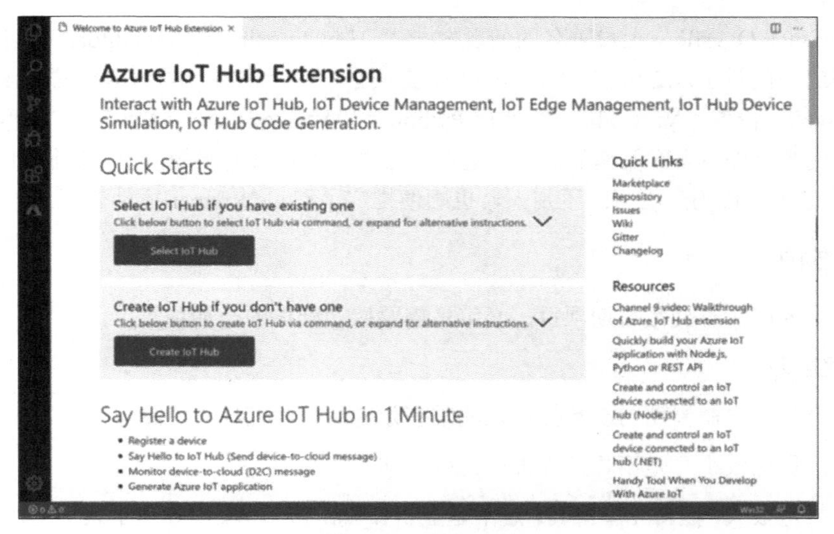


图 15-2　欢迎页面

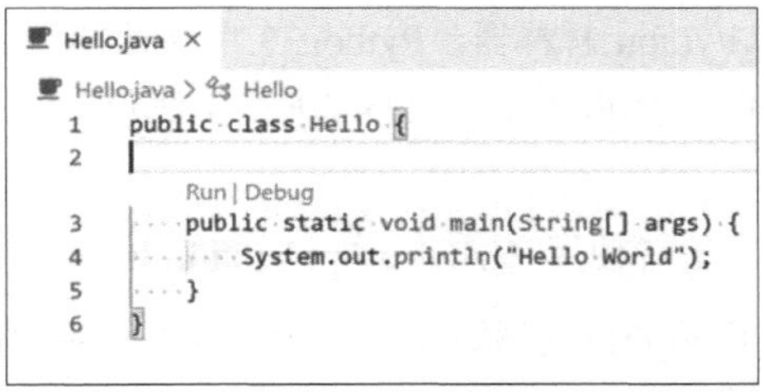

```
Hello.java ×
Hello.java > Hello
1  public class Hello {
2  
   Run | Debug
3      public static void main(String[] args) {
4          System.out.println("Hello World");
5      }
6  }
```

图 15-3　运行和调试的快捷按钮

## 15.1.3　推广

酒香也怕巷子深。好的产品也需要好的推广，让更多的人知道。

Visual Studio Code 的 LeetCode 插件就是一个非常好用的插件。但在 2018 年发布之初，该插件的下载量很小，几乎很少有人知道它。到了 2019 年，LeetCode 插件作者在笔者维护的“玩转 VS Code”微信公众号和专栏中写了一篇 LeetCode 插件的推广文章，结果文章非常火爆，许多人都了解到了 LeetCode 插件，用户量大大增加。可见，推广是非常重要的。

国内外的开发者分别可以通过不同的渠道推广。

- 国外：Stack Overflow、GitHub、Twitter、Facebook、Google Plus、LinkedIn 等。
- 国内：V2EX、知乎、微信公众号、开源中国、微博、CSDN 等。

在以上的推广渠道中，笔者特别推荐的是 Stack Overflow、V2EX、知乎、微信公众号这几个渠道。

还记得 Stack Overflow 上最著名的问题之一“ How to exit the Vim editor? ”吗？它已经有接近两百万的访问量了。在 Stack Overflow 中，我们也可以经常看到类似这样的问题：“VS Code 怎么运行 JavaScript ?”“VS Code 怎么运行 Python ?”“VS Code 怎么运行 C++ ?”等，而且浏览量都很大，说明有许多人有类似的问题。笔者就会去回答相关的问题，告诉他们如何使用 Code Runner 来一键运行代码，既帮助了别人，也顺便推广了 Code Runner 插件。

## 15.1.4 维护

一个优秀的产品不会是短期项目，必定是需要持续维护的长期项目。

### 1. 数据驱动

在整个产品的生命周期内，数据可以非常有效地帮助我们优化产品。

如果下载量比较小，是不是插件推广力度不够？

如果下载量很大，但转化率不高，是不是上手体验做得不够好，导致了较大的用户流失率？

此外，通过数据也可以了解到用户的使用情况和使用行为。比如，通过 Code Runner 插件的使用数据，笔者发现除了 Python 解释器，Python 3 解释器的使用量也很高。针对这种情况，笔者打通了 Code Runner 插件与 Python 插件之间的联系，使开发者可以方便地在不同 Python 解释器之间切换。

对于 Code Runner 插件，笔者使用了 Azure Application Insights 来记录插件的使用信息。

需要注意的是，我们在记录插件使用数据时，一定要注意用户的隐私，符合 GDPR（通用数据保护条例）等数据保护规范。

### 2. 优先级

任何人任何团队的时间资源都是有限的，要把有限的资源放在最重要的产品和功能上。

笔者在业余时间一共开发了 20 多款插件，但一个人的力量比较有限，维护 20 多款插件需要耗费许多时间。所以，笔者会根据插件的使用量、功能的重要性、bug 的紧急性等因素，把有限的时间花在优先级最高的需求上。

此外，Fail Fast（快速失败）也是一个非常好的理念，要勇于放弃。如果插件在发布之后的几周时间内没有获得较好的反馈，那么可以考虑提前止损，把精力放在其他插件项目上。

### 3. 开源与社区

笔者开发的所有 Visual Studio Code 插件都是开源的，在维护开源产品的过程中，笔者也有很多收获，与开源社区共同成长。

通过 GitHub Pull requests 审查代码，从贡献者的代码中学到了不少东西。

通过 GitHub Issues 对 Issue 进行分类，从 Issue 中收获了用户睿智的想法。

通过 Gittter 倾听用户的反馈，与用户沟通，提升了软技能。

笔者开发的.NET Core Test Explorer 插件是一个很好的与社区贡献者合作的例子。大家如果到.NET Core Test Explorer 的 GitHub（见参考资料[62]）上去浏览，可以发现笔者的代码贡献量只排到了第二名。其实，笔者虽然身处微软，但使用 C#的机会并不多，而贡献量第一的开发者是一位硬核.NET 程序员。在许多功能上，他往往能从自身需求出发，给出更好的设计。他也对各种.NET 测试框架更了解。正是因为和社区贡献者的紧密合作，我们才能打造出.NET 开发者喜爱的.NET Core Test Explorer 插件。

## 15.2　你的第一个 Visual Studio Code 插件

在本节中，我们来一起学习一下如何开发一个 Visual Studio Code 的 Hello World 插件。

### 15.2.1　搭建开发环境

首先，我们需要搭建好开发环境，需要安装的工具如下所示。

- Visual Studio Code
- Node.js
- Yeoman 和 VS Code Extension Generator，可以通过以下命令进行安装。

```
npm install -g yo generator-code
```

### 15.2.2　创建插件项目

开发环境搭建完成后，在命令行中执行 yo code 命令来生成 Visual Studio Code 的插件项目。

Visual Studio Code 的插件支持使用 TypeScript 或 JavaScript 来进行开发。笔者推荐使用更强大的 TypeScript 作为开发语言。

如图 15-4 所示，根据提示依次填入插件的相关信息，创建插件项目。

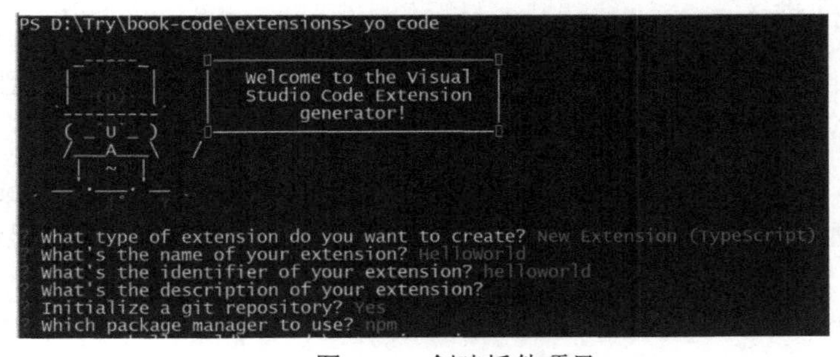


图 15-4　创建插件项目

项目创建完成后，输入以下命令，即可在 Visual Studio Code 中打开插件项目。

```
cd helloworld
code .
```

## 15.2.3 运行插件

打开插件项目后，按下 F5 快捷键，Visual Studio Code 会编译并运行插件。

如图 15-5 所示，一个新的 Visual Studio Code 窗口会被打开，标题栏会显示[Extension Development Host]的字样。

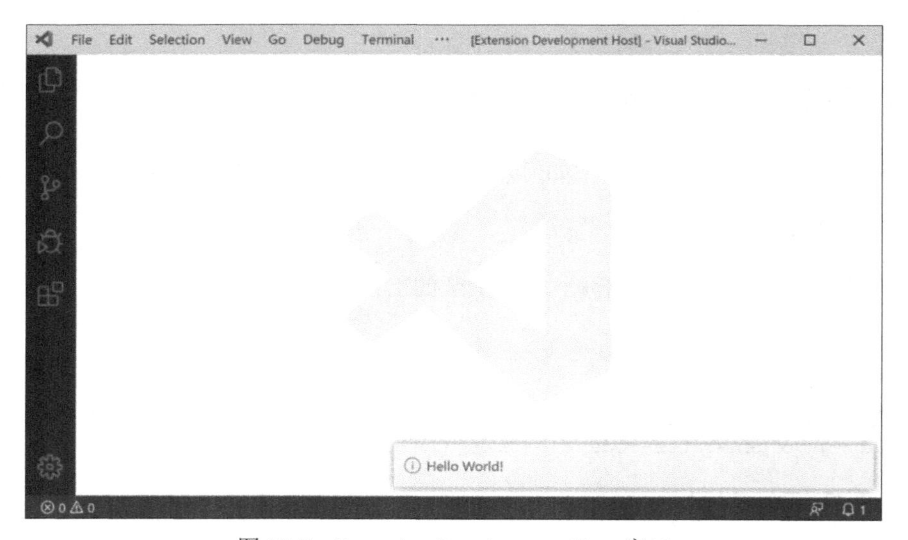


图 15-5　Extension Development Host 窗口

在 Extension Development Host 窗口中，通过 Ctrl+Shift+P 快捷键打开命令面板，然后输入并执行 Hello World 命令，在 Extension Development Host 窗口的右下角会显示 Hello World 的通知栏。

## 15.2.4 开发插件

在插件项目的 Visual Studio Code 窗口中打开 extension.ts 文件，把 vscode.window.showInformationMessage 函数中的 Hello World 改为 Hello VS Code。

在 Extension Development Host 窗口中打开命令面板，然后输入并执行 Reload Window 命令，重新加载窗口，然后再次运行 Hello World 命令。这时，窗口右下角的通知栏会显示 Hello VS Code 的信息。

## 15.2.5　调试插件

Visual Studio Code 内置了对 TypeScript 和 JavaScript 的调试支持。开发者可以像调试平常的 Node.js 项目一样来调试 Visual Studio Code 插件。

图 15-6 为调试插件的界面，在 extension.ts 文件中可以添加断点，在左侧的调试视图中可以看到相应的调试信息，在调试控制台中可以测试变量表达式的值。

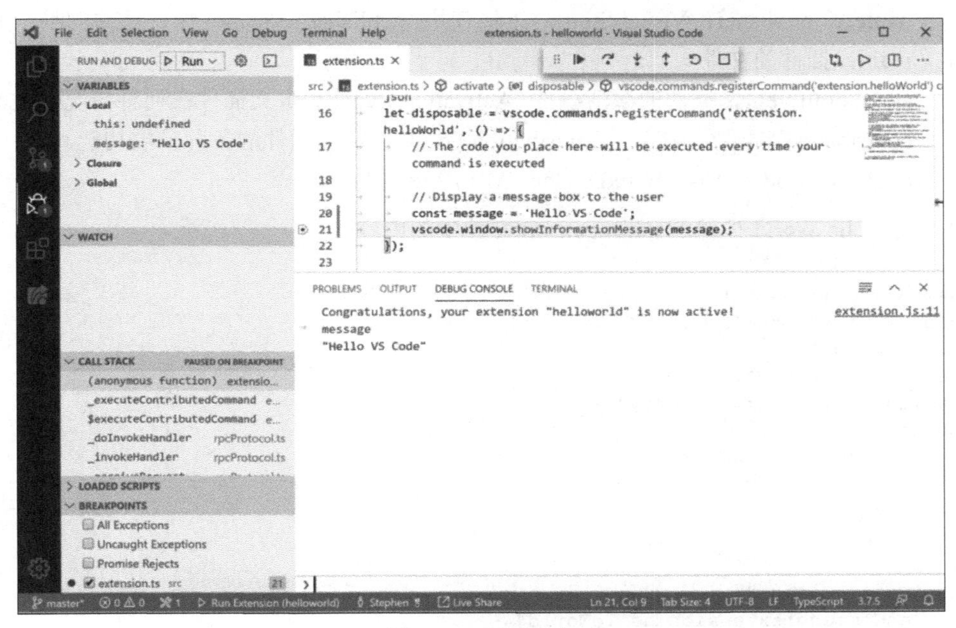


图 15-6　调试插件

## 15.2.6　插件项目的文件结构

以下是 Visual Studio Code 插件项目的文件结构。

```
.
├── .vscode
│   ├── launch.json     //插件调试的配置文件
│   └── tasks.json      //构建任务的配置文件
├── .gitignore          // Git 忽略文件
├── .vscodeignore       // Visual Studio Code 忽略文件
├── README.md           //项目描述文件
├── src
│   └── extension.ts    //插件入口文件
├── package.json        //插件清单文件
├── tsconfig.json       // TypeScript 配置文件
```

在插件项目的所有文件中，最核心的是 package.json 和 extensions.ts 这两个文件。

### 15.2.7 package.json 插件清单文件

任何一个Visual Studio Code插件项目都必须包含一个package.json 文件作为插件清单文件。package.json 文件包含了 Node.js 项目的属性（如 scripts 和 dependencies）和 Visual Studio Code 插件项目的属性（如 publisher、activationEvents 和 contributes）。其中，有以下几个比较重要的属性。

- name 和 publisher：Visual Studio Code 使用<publisher>.<name>作为插件的唯一 ID。
- main：插件的文件入口。
- activationEvents：插件的激活事件（Activation Event），定义插件在何种情况下被激活。
- contributes：插件贡献点（Contribution Point），定义插件的各种扩展功能。
- engines.vscode：Visual Studio Code API 的最小版本。

以下是 Hello World 插件的 package.json 文件中的内容。

```
{
    "name": "helloworld",
    "displayName": "HelloWorld",
    "description": "",
    "version": "0.0.1",
    "publisher": "formulahendry",
    "engines": {
        "vscode": "^1.42.0"
    },
    "categories": [
        "Other"
    ],
    "activationEvents": [
        "onCommand:extension.helloWorld"
    ],
    "main": "./out/extension.js",
    "contributes": {
        "commands": [
            {
                "command": "extension.helloWorld",
                "title": "Hello World"
            }
        ]
    },
    "scripts": {
        "vscode:prepublish": "npm run compile",
        "compile": "tsc -p ./",
        "lint": "eslint src --ext ts",
        "watch": "tsc -watch -p ./",
        "pretest": "npm run compile && npm run lint",
        "test": "node ./out/test/runTest.js"
    },
    "devDependencies": {
```

```
        "@types/glob": "^7.1.1",
        "@types/mocha": "^7.0.1",
        "@types/node": "^12.11.7",
        "@types/vscode": "^1.42.0",
        "eslint": "^6.8.0",
        "@typescript-eslint/parser": "^2.18.0",
        "@typescript-eslint/eslint-plugin": "^2.18.0",
        "glob": "^7.1.6",
        "mocha": "^7.0.1",
        "typescript": "^3.7.5",
        "vscode-test": "^1.3.0"
    }
}
```

其中，最需要重点关注的就是 activationEvents 和 contributes 属性了。

在 contributes 插件贡献点（Contribution Point）属性中，插件注册了 Hello World 命令，并且绑定了 extension.helloWorld 命令 ID。

在 activationEvents 激活事件（Activation Event）属性中，通过 onCommand:extension.helloWorld 定义了当用户执行 extension.helloWorld 所绑定的 Hello World 命令时插件就会被激活。

### 15.2.8　extension.ts 插件入口文件

extensions.ts 文件（在 JavaScript 项目中是 extensions.js 文件）是插件的入口文件，包含以下两个函数。

- activate：当插件激活后，会执行此函数。
- deactivate：当插件失效（如被禁用）时，会执行此函数。

以下是 Hello World 插件的 extensions.ts 文件中的内容。

```
import * as vscode from 'vscode';


//插件激活时，此函数会被调用
export function activate(context: vscode.ExtensionContext) {

    console.log('Congratulations, your extension "helloworld" is now active!');


   //注册命令，命令 ID（extension.helloWorld）需要在 package.json 文件中定义
    let disposable = vscode.commands.registerCommand('extension.helloWorld', () => {

        const message = 'Hello VS Code';
        vscode.window.showInformationMessage(message);
    });

    context.subscriptions.push(disposable);
}
```

```
//插件失效时，此函数会被调用
export function deactivate() {}
```

## 15.3　Visual Studio Code 插件的扩展能力

Visual Studio Code 为插件开发者提供了丰富的扩展能力。通过强大的 Visual Studio Code 插件 API，可以打造出不同功能的插件。

### 15.3.1　Visual Studio Code 插件的设计理念

稳定性与性能一直是 Visual Studio Code 主要的两个设计理念。同样地，这两个设计理念也是 Visual Studio Code 插件的核心价值观。因此，在实际的插件架构设计中，Visual Studio Code 团队设计出了两个核心的插件模型：进程隔离和界面渲染隔离。

#### 1. 进程隔离

为了保证 Visual Studio Code 的稳定性和性能，避免插件影响到整个 Visual Studio Code 的使用体验。Visual Studio Code 设计了进程隔离的插件模型。所有的插件都运行在一个名为 Extension Host 的独立进程中。如图 15-7 所示，Visual Studio Code 第一次启动时会创建一个主进程（Main Process），还会为每个 Visual Studio Code 窗口创建一个渲染进程（Renderer Process）及一个插件宿主进程（Extension Host）。

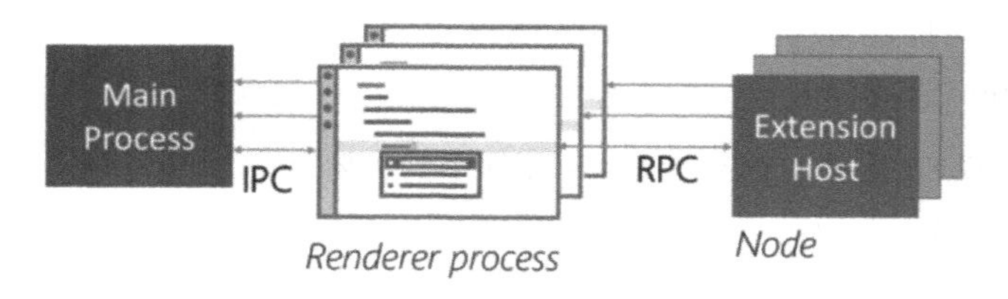


图 15-7　进程隔离的插件模型

插件宿主进程是一个 Node.js 进程，负责加载与运行 Visual Studio Code 插件。插件宿主进程与 Visual Studio Code 的主进程和渲染进程相互隔离，互不影响，这样才能确保插件：

- 不影响启动速度。
- 不会降低用户界面的响应速度。
- 不会改变用户界面的样式。

此外，通过设置插件的激活事件（Activation Event），可以实现插件的懒加载。比如，只有当用户打开了 Markdown 文件时，Markdown 插件才会被加载。这样可以使插件不会浪费 CPU 和内存资源，更有效地确保 Visual Studio Code 的整体性能。

Visual Studio Code 团队使用进程隔离的插件模型不是没有原因的。其实，Visual Studio Code 团队中有很多开发者都是 Eclipse 的旧部，对 Eclipse 的插件模型有着深入的思考。Eclipse 的设计目标之一就是把组件化推向极致，所以很多核心功能都是用插件的形式来实现的。遗憾的是，Eclipse 的插件运行在主进程中，任何插件有性能不佳或不稳定的状况都会直接影响到 Eclipse，最终的结果就是大家抱怨 Eclipse 臃肿、慢、不稳定。正是因为有了 Eclipse 的前车之鉴，Visual Studio Code 才会基于进程进行物理级别的隔离，成功解决了该问题。实际上，基于进程进行物理级别的隔离也带出了另外一个话题，那就是界面渲染与业务逻辑的隔离。

#### 2. 界面渲染隔离

Visual Studio Code 基于 Electron 框架开发，用到了 HTML、CSS、TypeScript 等前端技术。然而，Visual Studio Code 并没有向插件开放 DOM 的控制权限，使得插件不能随意更改 Visual Studio Code 的界面。

我们所熟知的 Atom 编辑器也是基于 Electron 框架开发的。与 Visual Studio Code 不同，Atom 向插件开发者完全开放了 DOM 的控制权限，这使得 Atom 的插件有更大的灵活性。从技术上来讲，通过一个 Atom 插件，就可以从用户界面上把 Atom 变成 Visual Studio Code。不过，Atom 的插件在拥有灵活性的同时，也随之带来了诸多问题。不同开发者的插件质量难以控制，直接访问 DOM 进行界面渲染，会对整个编辑器的性能造成影响。虽然都是基于 Electron 开发的，但在同样配置的机器下，Atom 的整体运行速度会比 Visual Studio Code 慢一些。插件造成的性能影响也是其中一个原因。

Visual Studio Code 进程隔离的插件模型使得插件不能随意更改 DOM。插件被关在插件宿主进程中，而用户界面的控制权则在渲染进程中，所以插件自然无法直接在用户界面上做手脚。Visual Studio Code 统管所有用户交互入口，制定交互标准，所有用户的操作都被转化为各种请求发送给插件，插件能做的就是响应这些请求，专注于业务逻辑。但从始至终，插件都不能直接“决定”或“影响”界面元素如何被渲染（颜色、字体等一概不行）。

Visual Studio Code 渲染进程完全把控了界面渲染。由此带来的好处就是，所有的插件都有统一的界面风格，使用者可以拥有一致的用户体验，大大降低了插件使用者的学习曲线。

### 15.3.2 通用功能的扩展能力

通用功能的扩展能力十分重要，几乎每个插件都会用到其中的功能。

#### 1. 命令

命令是 Visual Studio Code 的核心功能。通过命令面板，可以运行 Visual Studio Code 的任何命令。此外，还可以通过快捷键或快捷菜单来执行命令。

插件可以通过 vscode.commands API 注册并执行命令。在 package.json 文件中，通过

contributes.commands 贡献点可以使命令出现在命令面板中。

#### 2. 配置项

在 package.json 文件中，插件可以通过 contributes.configuration 贡献点来定义 settings.json 文件中的配置项，通过 workspace.getConfiguration API 来读取 settings.json 文件中配置项的值。

#### 3. 快捷键

在 package.json 文件中，插件可以通过 contributes.keybindings 贡献点来添加快捷键。

#### 4. 快捷菜单

在 package.json 文件中，插件可以通过 contributes.menus 贡献点来定义快捷菜单中的内容，包括文件管理器、编辑区域、编辑器标题栏、调试调用栈视图等快捷菜单中的内容。

#### 5. 数据存储

Visual Studio Code 为插件提供了数据存储的读写 API，每个插件都有独立的存储空间，主要分为以下两种。

- ExtensionContext.globalState：全局范围的存储空间。
- ExtensionContext.workspaceState：针对当前工作区的存储空间。

#### 6. 通知栏

Visual Studio Code 提供了以下 3 个通知栏的 API，可以在窗口的右下角显示不同级别的信息。

- window.showInformationMessage：显示消息信息。
- window.showWarningMessage：显示警告信息。
- window.showErrorMessage：显示错误信息。

#### 7. 用户输入

通过 vscode.QuickPick API，插件可以调出选择列表，让用户进行单选或多选操作。

#### 8. 文件选择器

通过 vscode.window.showOpenDialog API，插件可以调出操作系统的文件选择器，让用户选择文件或文件夹。

#### 9. 输出面板

输出面板可以用于输出日志信息。通过 window.createOutputChannel API，插件可以创建新的输出模板。

#### 10. 进度条

一些操作需要花费较长的时间，如上传、下载等。通过 vscode.Progress API，插件可以实时向用户展示进度信息。

### 15.3.3　工作区用户界面的扩展能力

虽然 Visual Studio Code 没有向插件开放 DOM 的直接控制权限，但 Visual Studio Code 开放了一系列的 API，使得开发者可以通过插件对用户界面进行扩展。

图 15-8 所示的是 Visual Studio Code 工作区的用户界面。针对其中的 Tree View Container（树状视图容器，后面简称视图容器）、Tree View（树状视图）、Webview（网页视图）、Status Bar Item（状态栏项目），Visual Studio Code 都提供了插件 API。

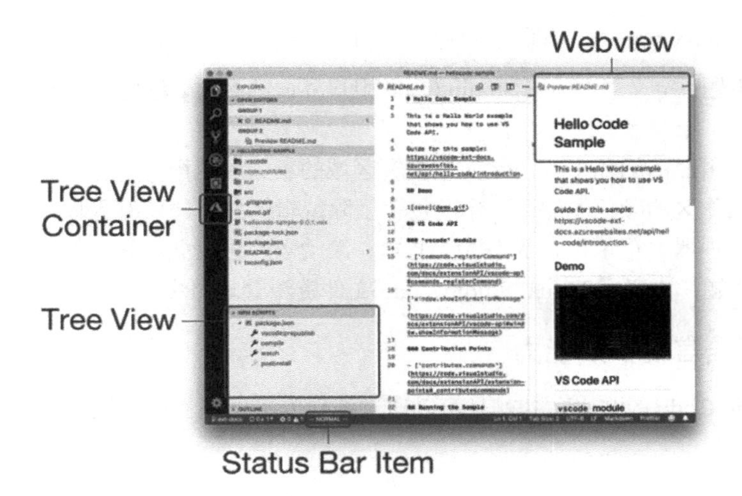


图 15-8　工作区的用户界面

#### 1. 视图容器

默认情况下，在 Visual Studio Code 左侧的侧边栏中有 5 个内置的视图容器，分别是资源管理器视图、搜索视图、源代码管理视图、运行与调试视图、插件视图。

在 package.json 文件中，插件可以通过 contributes.viewsContainers 贡献点来定义新的视图容器。

#### 2. 树状视图

在 package.json 文件中，通过 contributes.views 贡献点，插件可以在任何视图容器中添加新的树状视图。

#### 3. 网页视图

网页视图为插件开发者提供了一个高度可定制化的界面。在编辑区域中，开发者可以通过前端技术（HTML/CSS/JavaScript）来构建一个用户界面。

#### 4. 状态栏项目

通过 window.createStatusBarItem API，插件可以在底部状态栏中添加新的项目，新的项目主要有以下两个功能。

- 显示文本图标。比如，可以显示 CPU 和内存信息。
- 通过单击直接运行命令。可以作为常用命令的快捷方式。

### 15.3.4 主题的扩展能力

在 Visual Studio Code 中，有以下两种类型的主题插件。

- 颜色主题：定义了 Visual Studio Code 用户界面的颜色。颜色主题又分为如下所示的两大类。
  - 编辑器的颜色主题：定义了编辑区域的相关颜色配置。
  - 工作区的颜色主题：工作区包含了除编辑区域外的所有区域，例如活动栏、资源管理器、菜单栏、状态栏、通知、滚动条、进度条、输入控件、按钮等。
- 图标主题：定义了 Visual Studio Code 文件资源管理器中所有文件和文件夹的图标。

### 15.3.5 编程语言的扩展能力

Visual Studio Code 的强大之处就是可以通过插件为不同编程语言提供丰富的支持，功能包括但不限于：

- 语法高亮
- 代码片段提示
- 括号匹配
- 括号自动闭合
- 代码自动缩进
- 代码折叠
- 显示悬停信息
- 智能提示
- 静态代码检查及自动修复
- 代码导航
- 代码格式化
- 重构

### 15.3.6　调试功能的扩展能力

Visual Studio Code 提供了统一的调试界面。基于 Debug Adapter Protocol，插件可以提供丰富的调试功能，包括但不限于：

- 各种类型的调试断点
- 变量查看
- 多进程及多线程支持
- 调用堆栈
- 表达式监控
- 调试控制台

## 15.4　插件开发面面观

在 15.3 节中，我们了解到了 Visual Studio Code 插件的扩展能力，可以开发哪些功能。在本节中，我们将会全面学习如何使用 Visual Studio Code 的 API 来进行插件开发。

### 15.4.1　插件样例

在参考资料[63]中，Visual Studio Code 官方提供了多个插件的代码样例，可以帮助开发者快速上手插件开发。下表列出了一些代码样例及其 API 和贡献点。

| 代码样例 | 代码样例的 GitHub 地址 | API 和贡献点 |
| --- | --- | --- |
| 网页视图 | 参考资料[64] | window.createWebviewPanel<br>window.registerWebviewPanelSerializer |
| 状态栏 | 参考资料[65] | window.createStatusBarItem<br>StatusBarItem |
| 树状视图 | 参考资料[66] | window.createTreeView<br>window.registerTreeDataProvider<br>TreeView<br>TreeDataProvider<br>contributes.views<br>contributes.viewsContainers |
| 任务 | 参考资料[67] | tasks.registerTaskProvider<br>Task<br>ShellExecution<br>contributes.taskDefinitions |

续表

| 代码样例 | 代码样例的 GitHub 地址 | API 和贡献点 |
|---|---|---|
| Multi-root Workspaces | 参考资料[68] | workspace.getWorkspaceFolder<br>workspace.onDidChangeWorkspaceFolders |
| 自动补全 | 参考资料[69] | languages.registerCompletionItemProvider<br>CompletionItem<br>SnippetString |
| 代码操作 | 参考资料[70] | languages.registerCodeActionsProvider<br>CodeActionProvider |
| 文件系统 | 参考资料[71] | workspace.registerFileSystemProvider |
| 编辑器装饰器 | 参考资料[72] | TextEditor.setDecorations<br>DecorationOptions<br>DecorationInstanceRenderOptions<br>ThemableDecorationInstanceRenderOptions<br>window.createTextEditorDecorationType<br>TextEditorDecorationType<br>contributes.colors |
| 本地化 | 参考资料[73] | 无 |
| 集成终端 | 参考资料[74] | window.createTerminal<br>window.onDidChangeActiveTerminal<br>window.onDidCloseTerminal<br>window.onDidOpenTerminal<br>window.Terminal<br>window.terminals |
| 插件集成终端 | 参考资料[75] | window.createTerminal<br>window.Pseudoterminal<br>window.ExtensionTerminalOptions |
| Vim | 参考资料[76] | commands<br>StatusBarItem<br>window.createStatusBarItem<br>TextEditorCursorStyle<br>window.activeTextEditor<br>Position |

续表

| 代码样例 | 代码样例的 GitHub 地址 | API 和贡献点 |
| --- | --- | --- |
| | | Range<br>Selection<br>TextEditor<br>TextEditorRevealType<br>TextDocument |
| 源代码管理 | 参考资料[77] | workspace.workspaceFolders<br>SourceControl<br>SourceControlResourceGroup<br>scm.createSourceControl<br>TextDocumentContentProvider<br>contributes.menus |
| 评论 | 参考资料[78] | comments |
| 文档编辑 | 参考资料[79] | commands.registerCommand<br>window.activeTextEditor<br>TextDocument.getText<br>TextEditor.edit<br>TextEditorEdit<br>contributes.commands |
| HTML/CSS 自定义数据格式 | 参考资料[80] | contributes.html.customData<br>contributes.css.customData |
| CodeLens | 参考资料[81] | languages.registerCodeLensProvider<br>CodeLensProvider<br>CodeLens |
| 代码片段 | 参考资料[82] | contributes.snippets |
| 语言配置 | 参考资料[83] | contributes.languages |
| Language Server Protocol | 参考资料[84] | 无 |

在参考资料[85]中可以查看完整的 Visual Studio Code 的 API 说明，API 的命名空间主要包含以下几种。

- commands
- comments
- debug

- env
- extensions
- languages
- scm
- tasks
- window
- workspace

## 15.4.2 Command 命令

命令可以触发 Visual Studio Code 的操作。通过命令，插件可以实现如下所示的功能。

- 把插件的功能开放给用户使用。
- 把插件的功能开放给其他插件调用。
- 把操作绑定到 Visual Studio Code 的用户界面（如快捷菜单）。
- 实现内部的逻辑。

### 1. 使用 Command

Visual Studio Code 包含了大量的内置命令，用于与编辑器交互、控制用户界面、执行后台操作等。

1）执行 Command

通过 vscode.commands.executeCommand API 传入 Visual Studio Code 或其他插件的命令 ID，可以直接执行此 ID 对应的命令。

在下面的例子中，调用 editor.action.addCommentLine 命令可以对选中的文本添加评论。

```
import * as vscode from 'vscode';

function commentLine() {
  vscode.commands.executeCommand('editor.action.addCommentLine');
}
```

此外，一些命令需要传入参数，一些命令还会返回结果。

例如，vscode.openFolder API 用于打开一个文件夹，其中需要传入文件夹路径的 URI，并返回是否成功打开：

```
let uri = Uri.file('/some/path/to/folder');
let success = await commands.executeCommand('vscode.openFolder', uri);
```

2）Command URI

命令的 URI （Command URI）是用于执行命令的链接，是可单击的链接，可以出现在以下 3 个地方。

- 悬停信息的文本
- 自动补全项的详情区域
- Webview（网页视图）

命令的 URI 使用 command: <command-id>格式。例如，editor.action.addCommentLine 命令的 URI 为 command:editor.action.addCommentLine。

下面的例子会在悬停界面添加一个 Add comment 的链接。

```
import * as vscode from 'vscode';

export function activate(context: vscode.ExtensionContext) {
  vscode.languages.registerHoverProvider(
    'javascript',
    new class implements vscode.HoverProvider {
      provideHover(
        _document: vscode.TextDocument,
        _position: vscode.Position,
        _token: vscode.CancellationToken
      ): vscode.ProviderResult<vscode.Hover> {
        const commentCommandUri =
vscode.Uri.parse(`command:editor.action.addCommentLine`);
        const contents = new vscode.MarkdownString(`[Add
comment](${commentCommandUri})`);

        contents.isTrusted = true;

        return new vscode.Hover(contents);
      }
    }()
  );
}
```

对于要传参的命令，需要把参数列表以 JSON 数组格式传入，并进行 URI 编码。

下面的例子使用 git.stage 命令在悬停界面添加了一个 Stage file 的链接。

```
import * as vscode from 'vscode';

export function activate(context: vscode.ExtensionContext) {
  vscode.languages.registerHoverProvider(
    'javascript',
    new class implements vscode.HoverProvider {
      provideHover(
        document: vscode.TextDocument,
        _position: vscode.Position,
        _token: vscode.CancellationToken
      ): vscode.ProviderResult<vscode.Hover> {
        const args = [{ resourceUri: document.uri }];
        const stageCommandUri = vscode.Uri.parse(
```

```
        `command:git.stage?${encodeURIComponent(JSON.stringify(args))}`
      );
      const contents = new vscode.MarkdownString(`[Stage file](${stageCommandUri})`);
      contents.isTrusted = true;
      return new vscode.Hover(contents);
    }
  }()
 );
}
```

3）内置的 Command

在参考资料[86]中可以查看常用的内置命令及相应的参数。

通过 Ctrl+Shift+P 快捷键打开命令面板，然后输入并执行 Preferences: Open Default Keyboard Shortcuts (JSON)命令，可以打开 keybindings.json 文件查看完整的命令列表及命令 ID。

此外，我们也可以通过快捷键编辑器来获取每一个命令 ID。

可以使用以下菜单来打开快捷键编辑器，不同系统下所使用的菜单分别如下所示。

- Windows/Linux：File→Preferences→Keyboard Shortcuts
- macOS：Code→Preferences→Keyboard Shortcuts

如图 15-9 所示，在命令的右键菜单中选中 Copy Command ID，可以复制命令的 ID。

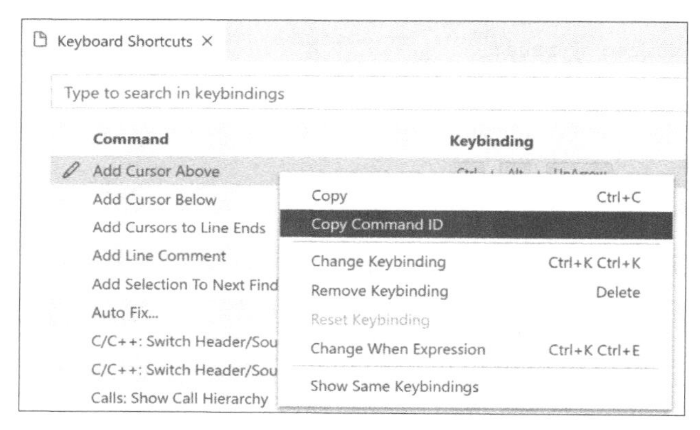


图 15-9　复制命令的 ID

## 2. 创建 Command

除了调用 Visual Studio Code 内置的或其他插件的命令，插件还可以创建新的命令，供用户或其他插件使用。

1）注册 Command

通过 vscode.commands.registerCommand API，可以把命令 ID 绑定到一个函数上，如下所示。

```
import * as vscode from 'vscode';

export function activate(context: vscode.ExtensionContext) {
  const command = 'myExtension.sayHello';

  const commandHandler = (name?: string = 'world') => {
    console.log(`Hello ${name}!!!`);
  };

  context.subscriptions.push(vscode.commands.registerCommand(command,
commandHandler));
}
```

执行 myExtension.sayHello 命令时就会调用 commandHandler 函数。

2）创建用户可使用的 Command

为了使终端用户可以在命令面板中调用插件提供的命令，在 package.json 文件的 contributes 贡献点属性中需要定义相应的命令，如下所示。

```
{
  "contributes": {
    "commands": [
      {
        "command": "myExtension.sayHello",
        "title": "Say Hello"
      }
    ]
  }
}
```

通过以上配置，用户就可以通过 Ctrl+Shift+P 快捷键打开命令面板，然后输入并执行 myExtension.sayHello 命令了。

需要注意的是，在命令面板中调用 myExtension.sayHello 命令时，需要确保插件已经激活，可以通过 package.json 文件的 activationEvent 属性设置插件的激活事件，如下所示。

```
{
  "activationEvents": ["onCommand:myExtension.sayHello"]
}
```

3）控制 Command 的显示

默认情况下，所有的命令都会显示在命令面板中，且通过 package.json 文件的 menus.commandPalette 贡献点，可以控制命令的显示条件。

下面的例子只有当用户打开了一个 Markdown 文件时，myExtension.sayHello 命令才会显示在命令面板中。

```
{
  "contributes": {
    "menus": {
```

```
      "commandPalette": [
        {
          "command": "myExtension.sayHello",
          "when": "editorLangId == markdown"
        }
      ]
    }
  }
}
```

## 15.4.3 树状视图

在本节中，让我们通过一个详细的例子来学习树状视图的开发。完整的源代码可以查看参考资料[87]。

### 1. 定义 View Container

在 package.json 文件中，插件可以通过 contributes.viewsContainers 贡献点来定义新的视图容器，如下所示。

```
"contributes": {
  "viewsContainers": {
    "activitybar": [
      {
        "id": "package-explorer",
        "title": "Package Explorer",
        "icon": "media/dep.svg"
      }
    ]
  }
}
```

如图 15-10 所示，在 5 个内置的视图容器中又添加了一个新的视图容器。

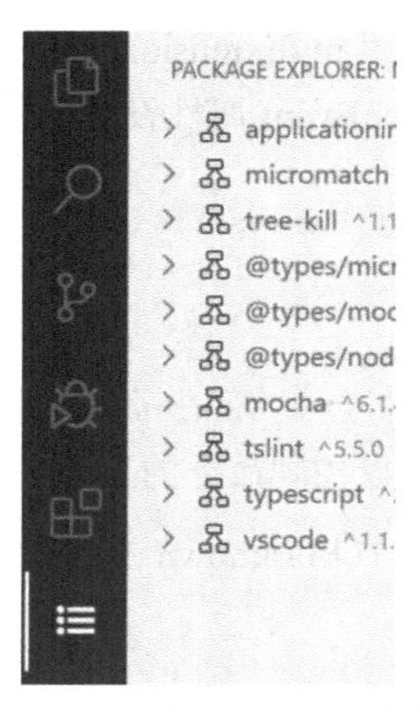


图 15-10 添加了新的视图容器

### 2. 定义树状视图

在 package.json 文件中，插件可以通过 contributes.views 贡献点来定义新的树状视图。树状视图可以被定义在以下视图容器中。

- explorer：文件资源管理器视图容器
- debug：运行与调试视图容器
- scm：源代码管理视图容器
- test：测试资源管理器视图容器
- 插件自定义的视图容器

下面的例子把 nodeDependencies 视图放置到了自定义的 package-explorer 视图容器中。

```
"contributes": {
  "views": {
    "package-explorer": [
      {
        "id": "nodeDependencies",
        "name": "Node Dependencies",
        "when": "explorer"
      }
    ]
  }
}
```

图 15-11 所示的为 nodeDependencies 视图。

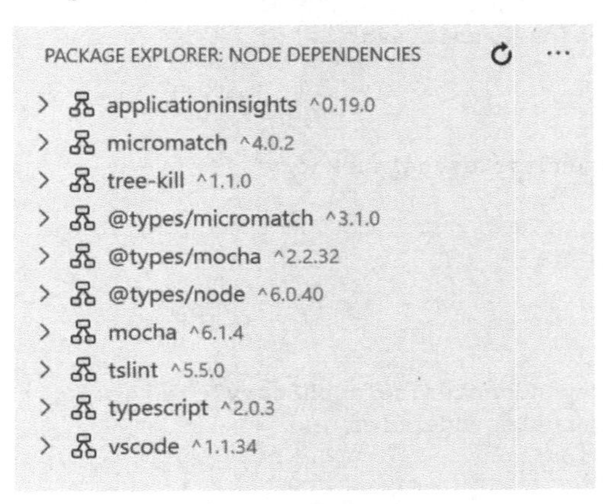


图 15-11　nodeDependencies 视图

需要注意的是，在打开视图时需要确保插件已经激活。可以通过 package.json 文件的 activationEvent 属性设置插件的激活事件 onView:${viewId}，如下所示。

```
{
  "activationEvents": ["onView:nodeDependencies"]
}
```

### 3. 树状视图中的操作

在树状视图中，可以在标题栏或快捷菜单中定义相应的操作入口，如下所示。

- view/title：在视图的标题栏中显示操作入口。
- view/item/context：在树状视图的节点中显示操作入口。

下面的例子为 nodeDependencies 视图定义了多个操作入口。

```
"contributes": {
  "commands": [
    {
      "command": "nodeDependencies.refreshEntry",
      "title": "Refresh",
      "icon": {
        "light": "resources/light/refresh.svg",
        "dark": "resources/dark/refresh.svg"
      }
    },
    {
      "command": "nodeDependencies.addEntry",
      "title": "Add"
    },
    {
      "command": "nodeDependencies.editEntry",
      "title": "Edit",
      "icon": {
        "light": "resources/light/edit.svg",
        "dark": "resources/dark/edit.svg"
      }
    },
    {
      "command": "nodeDependencies.deleteEntry",
      "title": "Delete"
    }
  ],
  "menus": {
    "view/title": [
      {
        "command": "nodeDependencies.refreshEntry",
        "when": "view == nodeDependencies",
        "group": "navigation"
      },
      {
        "command": "nodeDependencies.addEntry",
        "when": "view == nodeDependencies"
      }
    ],
    "view/item/context": [
      {
        "command": "nodeDependencies.editEntry",
```

```
        "when": "view == nodeDependencies && viewItem == dependency",
        "group": "inline"
      },
      {
        "command": "nodeDependencies.deleteEntry",
        "when": "view == nodeDependencies && viewItem == dependency"
      }
    ]
  }
}
```

如图 15-12 所示，在 nodeDependencies 视图中，节点的右键菜单显示了 Delete（nodeDependencies.deleteEntry）操作，即删除操作。

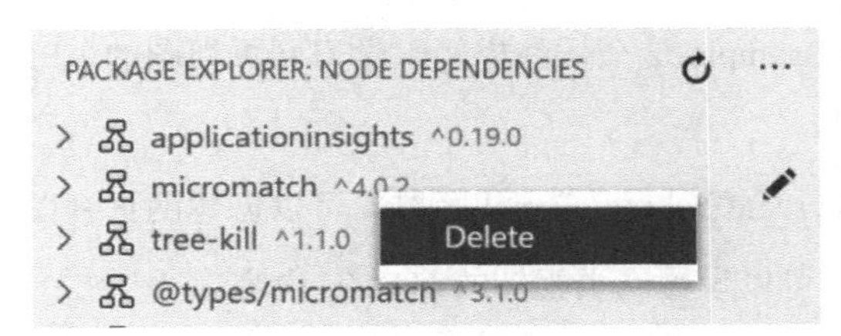


图 15-12　删除操作

#### 4. TreeDataProvider API

在 package.json 文件中定义好树状视图后，需要在 TypeScript/JavaScript 文件中通过 TreeDataProvider API 来注册视图，如下所示。

```
vscode.window.registerTreeDataProvider('nodeDependencies', new DepNodeProvider());
```

在参考资料[88]的文件中可以查看详细的实现。

#### 5. TreeView API

如果你需要在视图中实现更复杂的用户界面的操作，那么可以使用 window.createTreeView API，如下所示。

```
vscode.window.createTreeView('ftpExplorer', {
  treeDataProvider: new FtpTreeDataProvider()
});
```

在参考资料[89]的文件中可以查看详细的实现。

#### 6. 参考插件

以下开源插件实现了树状视图的功能，可以供读者参考。

- Docker 插件（见参考资料[90]）
- LeetCode 插件（见参考资料[91]）

### 15.4.4　网页视图

Visual Studio Code 没有向插件开放 DOM 的直接控制权限，插件只能通过 Visual Studio Code 开放的 API 来定义用户界面。网页视图为插件开发者提供了一个高度可定制化的界面，我们可以把网页视图当作嵌入在 Visual Studio Code 中的 iframe。在编辑区域中，开发者可以通过前端技术（HTML/CSS/JavaScript）来构建一个用户界面，灵活性非常大。

在本节中，让我们通过详细的代码样例来学习网页视图的开发。完整的源代码可以查看参考资料[92]。

#### 1. 了解 Webview API

我们将通过 webview-sample 这个插件样例来学习网页视图的 API 使用。

1）创建网页视图

通过 vscode.window.createWebviewPanel 函数，可以创建网页视图，并在编辑器中显示。

通过 webview.html，可以设置网页视图的 HTML 内容。

下面的例子在网页视图中显示了一个 GIF 动画。

```
import * as vscode from 'vscode';

export function activate(context: vscode.ExtensionContext) {
  context.subscriptions.push(
    vscode.commands.registerCommand('catCoding.start', () => {
      //创建并显示网页视图
      const panel = vscode.window.createWebviewPanel(
        'catCoding',
        'Cat Coding',
        vscode.ViewColumn.One,
        {}
      );

      //设置 HTML 内容
      panel.webview.html = getWebviewContent();
    })
  );
}

function getWebviewContent() {
  return `<!DOCTYPE html>
<html lang="en">
<head>
    <meta charset="UTF-8">
    <meta name="viewport" content="width=device-width, initial-scale=1.0">
    <title>Cat Coding</title>
</head>
<body>
```

```
    <img src="https://media.giphy.com/media/JIX9t2j0ZTN9S/giphy.gif" width="300" />
</body>
</html>`;
}
```

通过 Ctrl+Shift+P 快捷键打开命令面板，然后输入并执行 Cat Coding: Start cat coding session 命令。如图 15-13 所示，网页视图中显示了在插件中定义的 HTML 页面。

图 15-13　网页视图

2）更新网页视图中的 HTML 内容

通过改变 webview.html 中的内容，可以动态更新网页视图的页面。此外，通过 title 属性，可以更新网页视图的标题。

在下面的例子中，每隔 1000 毫秒就会更新一次网页视图的页面和标题。

```
import * as vscode from 'vscode';

const cats = {
  'Coding Cat': 'https://media.giphy.com/media/JIX9t2j0ZTN9S/giphy.gif',
  'Compiling Cat': 'https://media.giphy.com/media/mlvseq9yvZhba/giphy.gif'
};

export function activate(context: vscode.ExtensionContext) {
  context.subscriptions.push(
    vscode.commands.registerCommand('catCoding.start', () => {
      const panel = vscode.window.createWebviewPanel(
        'catCoding',
        'Cat Coding',
        vscode.ViewColumn.One,
        {}
      );

      let iteration = 0;
      const updateWebview = () => {
```

```
        const cat = iteration++ % 2 ? 'Compiling Cat' : 'Coding Cat';
        panel.title = cat;
        panel.webview.html = getWebviewContent(cat);
      };

      //设置初始化的内容
      updateWebview();

      //每 1000 毫秒更新一次内容
      setInterval(updateWebview, 1000);
    })
  );
}

function getWebviewContent(cat: keyof typeof cats) {
  return `<!DOCTYPE html>
<html lang="en">
<head>
    <meta charset="UTF-8">
    <meta name="viewport" content="width=device-width, initial-scale=1.0">
    <title>Cat Coding</title>
</head>
<body>
    <img src="${cats[cat]}" width="300" />
</body>
</html>`;
}
```

3）生命周期

网页视图被关闭后会触发 onDidDispose 事件。在此事件中，我们可以对网页视图的资源进行清理。此外，我们也可以主动调用 dispose 函数来关闭网页视图。

下面的例子会在 5000 毫秒后自动关闭网页视图。

```
export function activate(context: vscode.ExtensionContext) {
  context.subscriptions.push(
    vscode.commands.registerCommand('catCoding.start', () => {
      const panel = vscode.window.createWebviewPanel(
        'catCoding',
        'Cat Coding',
        vscode.ViewColumn.One,
        {}
      );

      panel.webview.html = getWebviewContent(cats['Coding Cat']);

       //5000 毫秒后自动关闭网页视图
      const timeout = setTimeout(() => panel.dispose(), 5000);

      panel.onDidDispose(
```

```
        () => {
          clearTimeout(timeout);
        },
        null,
        context.subscriptions
      );
    })
  );
}
```

4）显示

当焦点切换到其他标签页时，网页视图会变成隐藏状态，但是并不会被销毁，通过 reveal 函数可以主动显示网页视图，相关代码如下所示。

```
export function activate(context: vscode.ExtensionContext) {
  //记录当前的网页视图对象
  let currentPanel: vscode.WebviewPanel | undefined = undefined;

  context.subscriptions.push(
    vscode.commands.registerCommand('catCoding.start', () => {
      const columnToShowIn = vscode.window.activeTextEditor
        ? vscode.window.activeTextEditor.viewColumn
        : undefined;

      if (currentPanel) {
        //如果已经存在一个网页视图，则显示它
        currentPanel.reveal(columnToShowIn);
      } else {
        //否则，创建一个新的网页视图
        currentPanel = vscode.window.createWebviewPanel(
          'catCoding',
          'Cat Coding',
          columnToShowIn,
          {}
        );
        currentPanel.webview.html = getWebviewContent(cats['Coding Cat']);


        currentPanel.onDidDispose(
          () => {
            currentPanel = undefined;
          },
          null,
          context.subscriptions
        );
      }
    })
  );
}
```

5）调试网页视图

通过 Ctrl+Shift+P 快捷键打开命令面板，然后输入并执行 Developer: Open Webview Developer Tools 命令，如图 15-14 所示，可以打开开发者工具对网页视图进行调试。

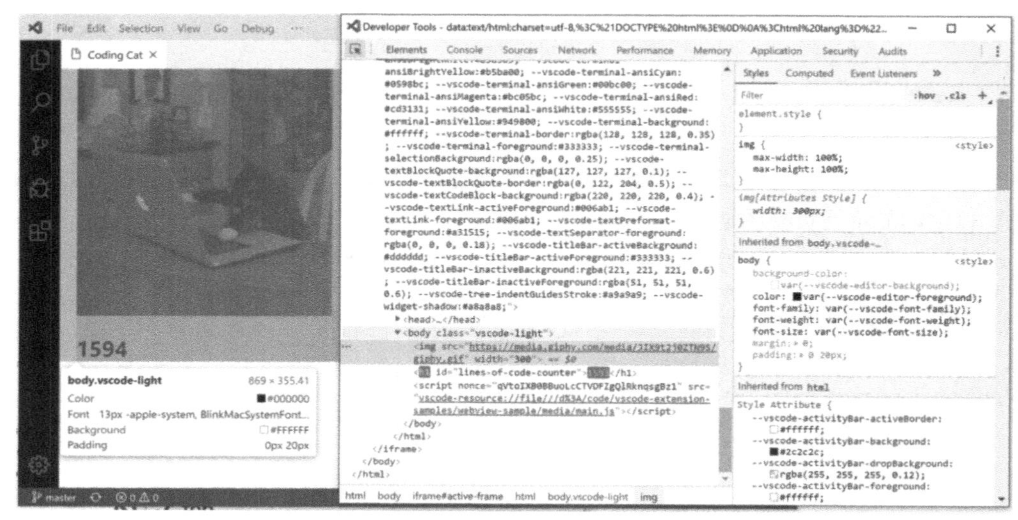


图 15-14 调试网页视图

此外，在命令面板中执行 Developer: Reload Webview 命令，可以重新加载所有的网页视图。

## 2. 加载本地资源

网页视图运行在隔离的环境中。出于安全性的考虑，默认情况下，网页视图不能访问本地资源。为了加载本地的图片、CSS 或其他资源，需要使用 webview.asWebviewUri 函数。

在下面的例子中，网页视图通过 asWebviewUri 函数来访问本地的 cat.gif 文件。

```
import * as vscode from 'vscode';
import * as path from 'path';

export function activate(context: vscode.ExtensionContext) {
  context.subscriptions.push(
    vscode.commands.registerCommand('catCoding.start', () => {
      const panel = vscode.window.createWebviewPanel(
        'catCoding',
        'Cat Coding',
        vscode.ViewColumn.One,
        {}
      );

      //获取文件在磁盘上的路径
      const onDiskPath = vscode.Uri.file(
        path.join(context.extensionPath, 'media', 'cat.gif')
```

```
      );

      //转换成适用于网页视图的 URI
      const catGifSrc = panel.webview.asWebviewUri(onDiskPath);

      panel.webview.html = getWebviewContent(catGifSrc);
    })
  );
}
```

catGifSrc 变量的值如下所示。

```
vscode-resource:/Users/toonces/projects/vscode-cat-coding/media/cat.gif
```

默认情况下，网页视图只能访问以下位置的资源。

- 插件的安装目录
- 用户的当前工作区

通过 WebviewOptions.localResourceRoots，可以指定更多本地可访问的文件目录。

### 3. 启用 JavaScript

默认情况下，网页视图不能运行 JavaScript 代码。通过 enableScripts: true 选项可以启用 JavaScript。

在下面的例子中，panel.webview.html 可以运行 JavaScript 代码了。

```
import * as path from 'path';
import * as vscode from 'vscode';

export function activate(context: vscode.ExtensionContext) {
  context.subscriptions.push(
    vscode.commands.registerCommand('catCoding.start', () => {
      const panel = vscode.window.createWebviewPanel(
        'catCoding',
        'Cat Coding',
        vscode.ViewColumn.One,
        {
          //在网页视图中启用 JavaScript
          enableScripts: true
        }
      );

      panel.webview.html = getWebviewContent();
    })
  );
}

function getWebviewContent() {
  return `<!DOCTYPE html>
<html lang="en">
```

```
<head>
    <meta charset="UTF-8">
    <meta name="viewport" content="width=device-width, initial-scale=1.0">
    <title>Cat Coding</title>
</head>
<body>
    <img src="https://media.giphy.com/media/JIX9t2j0ZTN9S/giphy.gif" width="300" />
    <h1 id="lines-of-code-counter">0</h1>

    <script>
        const counter = document.getElementById('lines-of-code-counter');

        let count = 0;
        setInterval(() => {
            counter.textContent = count++;
        }, 100);
    </script>
</body>
</html>`;
}
```

#### 4. 消息传递

网页视图与插件是相互独立的运行环境。通过消息传递，两种运行环境可以进行双向通信。

1）从插件传递数据到网页视图

在插件中，通过 webview.postMessage()函数可以向网页视图（Webview）发送数据。

在网页视图中，通过 message 事件可以监听从插件传来的数据。

在下面的例子中，catCoding.doRefactor 命令调用了 postMessage 函数，网页视图通过 window.addEventListener('message', event => { ... })来处理传来的数据。

```
export function activate(context: vscode.ExtensionContext) {
  let currentPanel: vscode.WebviewPanel | undefined = undefined;

  context.subscriptions.push(
    vscode.commands.registerCommand('catCoding.start', () => {
      if (currentPanel) {
        currentPanel.reveal(vscode.ViewColumn.One);
      } else {
        currentPanel = vscode.window.createWebviewPanel(
          'catCoding',
          'Cat Coding',
          vscode.ViewColumn.One,
          {
            enableScripts: true
          }
        );
        currentPanel.webview.html = getWebviewContent();
        currentPanel.onDidDispose(
```

```
        () => {
          currentPanel = undefined;
        },
        undefined,
        context.subscriptions
      );
    }
  })
 );

 context.subscriptions.push(
   vscode.commands.registerCommand('catCoding.doRefactor', () => {
     if (!currentPanel) {
       return;
     }

      //把 JSON 数据发送到网页视图
     currentPanel.webview.postMessage({ command: 'refactor' });
   })
 );
}

function getWebviewContent() {
  return `<!DOCTYPE html>
<html lang="en">
<head>
    <meta charset="UTF-8">
    <meta name="viewport" content="width=device-width, initial-scale=1.0">
    <title>Cat Coding</title>
</head>
<body>
    <img src="https://media.giphy.com/media/JIX9t2j0ZTN9S/giphy.gif" width="300" />
    <h1 id="lines-of-code-counter">0</h1>

    <script>
        const counter = document.getElementById('lines-of-code-counter');

        let count = 0;
        setInterval(() => {
            counter.textContent = count++;
        }, 100);

        //处理接收到的消息
        window.addEventListener('message', event => {

            const message = event.data; // The JSON data our extension sent

            switch (message.command) {
                case 'refactor':
                    count = Math.ceil(count * 0.5);
                    counter.textContent = count;
```

```
                break;
            }
        });
    </script>
</body>
</html>`;
}
```

2）从网页视图中将数据传递给插件

在网页视图中，可以通过 acquireVsCodeApi()函数获得 Visual Studio Code 的 API 对象，然后使用 vscode.postMessage()函数向插件发送数据。

在插件中，可以通过 webview.onDidReceiveMessage()函数监听从网页视图传来的数据。

以下是代码样例。

```
export function activate(context: vscode.ExtensionContext) {
  context.subscriptions.push(
    vscode.commands.registerCommand('catCoding.start', () => {
      const panel = vscode.window.createWebviewPanel(
        'catCoding',
        'Cat Coding',
        vscode.ViewColumn.One,
        {
          enableScripts: true
        }
      );

      panel.webview.html = getWebviewContent();

       //处理从网页视图传来的消息
      panel.webview.onDidReceiveMessage(
        message => {
          switch (message.command) {
            case 'alert':
              vscode.window.showErrorMessage(message.text);
              return;
          }
        },
        undefined,
        context.subscriptions
      );
    })
  );
}

function getWebviewContent() {
  return `<!DOCTYPE html>
<html lang="en">
<head>
    <meta charset="UTF-8">
```

```
    <meta name="viewport" content="width=device-width, initial-scale=1.0">
    <title>Cat Coding</title>
</head>
<body>
    <img src="https://media.giphy.com/media/JIX9t2j0ZTN9S/giphy.gif" width="300" />
    <h1 id="lines-of-code-counter">0</h1>

    <script>
        (function() {
            const vscode = acquireVsCodeApi();
            const counter = document.getElementById('lines-of-code-counter');

            let count = 0;
            setInterval(() => {
                counter.textContent = count++;

                //给插件发送数据
                if (Math.random() < 0.001 * count) {
                    vscode.postMessage({
                        command: 'alert',
                        text: 'on line ' + count
                    })
                }
            }, 100);
        }())
    </script>
</body>
</html>`;
}
```

### 5. 持久化

当焦点切换到其他标签页时，网页视图会变成隐藏状态。虽然网页视图没有被销毁，但重新获得焦点后页面会被重新渲染，之前的状态也不复存在。

在创建网页视图时，通过设置 retainContextWhenHidden 选项可以解决这个问题：

```
import * as vscode from 'vscode';

export function activate(context: vscode.ExtensionContext) {
  context.subscriptions.push(
    vscode.commands.registerCommand('catCoding.start', () => {
      const panel = vscode.window.createWebviewPanel(
        'catCoding',
        'Cat Coding',
        vscode.ViewColumn.One,
        {
          enableScripts: true,
          retainContextWhenHidden: true
        }
      );
```

```
      panel.webview.html = getWebviewContent();
    })
  );
}

function getWebviewContent() {
  return `<!DOCTYPE html>
<html lang="en">
<head>
    <meta charset="UTF-8">
    <meta name="viewport" content="width=device-width, initial-scale=1.0">
    <title>Cat Coding</title>
</head>
<body>
    <img src="https://media.giphy.com/media/JIX9t2j0ZTN9S/giphy.gif" width="300" />
    <h1 id="lines-of-code-counter">0</h1>

    <script>
        const counter = document.getElementById('lines-of-code-counter');

        let count = 0;
        setInterval(() => {
            counter.textContent = count++;
        }, 100);
    </script>
</body>
</html>`;
}
```

即使任意切换不同的标签页，count 变量也不会被重置。

#### 6. 参考插件

以下开源插件实现了网页视图的功能，可以供读者参考。

- GitLens 插件（见参考资料[93]）
- PlatformIO 插件（见参考资料[94]）

### 15.4.5 集成终端

Visual Studio Code 为开发者提供了丰富的集成终端 API。在本节中，让我们来学习一下集成终端的主要 API。

#### 1. 创建集成终端

如下所示，通过 createTerminal 函数可以创建一个新的集成终端。

```
const terminal = vscode.window.createTerminal('My Terminal');
```

#### 2. 在集成终端中运行命令

如下所示，通过 sendText 函数可以在集成终端中运行命令。

```
const terminal = vscode.window.createTerminal('My Terminal');
terminal.sendText("python /path/to/hello.py");
```

#### 3. 获取集成终端

通过以下 API 可以获得集成终端的实例。

- vscode.window.activeTerminal：当前活跃的集成终端。
- vscode.window.terminals：所有打开的集成终端。

#### 4. 监听集成终端的事件

通过以下 API 可以监听集成终端的事件。

- vscode.window.onDidChangeActiveTerminal：当前活跃的集成终端被改变。
- vscode.window.onDidCloseTerminal：有集成终端被关闭。
- vscode.window.onDidOpenTerminal：有新的集成终端被打开。

以下是监听集成终端事件的相关代码样例。

```
vscode.window.onDidChangeActiveTerminal(e => {
    console.log(`Active terminal changed, name=${e ? e.name : 'undefined'}`);
});

vscode.window.onDidOpenTerminal((terminal: vscode.Terminal) => {
    vscode.window.showInformationMessage(`onDidOpenTerminal, name: ${terminal.name}`)
;
});

vscode.window.onDidCloseTerminal((terminal) => {
    vscode.window.showInformationMessage(`onDidCloseTerminal, name: ${terminal.name}`
);
});
```

#### 5. 参考插件

Visual Studio Code 提供了完整的集成终端的样例代码，具体见参考资料[95]。

此外，以下开源插件可以实现集成终端的功能，供读者参考。

- Terminal Tabs 插件（见参考资料[96]）
- Terminal Here 插件（见参考资料[97]）

### 15.4.6 存储

在许多场景下都需要使用数据存储，因此 Visual Studio Code 提供了多种数据存储方案。

### 1. 配置项

Visual Studio Code 的配置项存储在 settings.json 文件中。

如下所示，在 package.json 文件中，插件可以定义新的配置项。

```
{
  "contributes": {
    "configuration": {
      "title": "TypeScript",
      "properties": {
        "typescript.useCodeSnippetsOnMethodSuggest": {
          "type": "boolean",
          "default": false,
          "description": "Complete functions with their parameter signature."
        },
        "typescript.tsdk": {
          "type": ["string", "null"],
          "default": null,
          "description": "Specifies the folder path containing the tsserver and lib*.d.ts
files to use."
        }
      }
    }
  }
}
```

如下所示，在 TypeScript/JavaScript 文件中，可以通过 vscode.workspace.getConfiguration 访问配置项。

```
const config = vscode.workspace.getConfiguration("typescript");
const value = config.get("useCodeSnippetsOnMethodSuggest");
```

### 2. 插件的数据存储

Visual Studio Code 为插件提供了数据存储的读写 API，每个插件都有独立的存储空间，主要分为以下两种。

- ExtensionContext.globalState：全局范围的存储空间。
- ExtensionContext.workspaceState：针对当前工作区的存储空间。

以下是插件的数据存储的相关代码样例。

```
import * as vscode from 'vscode';

export function activate(context: vscode.ExtensionContext) {
    const value1 =  context.globalState.get('key1');
    context.globalState.update('key2', 'value2');
}
```

### 3. 加密的数据存储

Visual Studio Code 并未直接提供用于存储加密数据的 API，但是 Visual Studio Code 包含了 Keytar 软件包，可以让开发者通过操作系统的加密存储来添加、读取、更改、删除机密数据。

要使用 Keytar，首先要在 package.json 文件中添加 TypeScript 的类型定义文件，如下所示。

```
"devDependencies": {
    "@types/keytar": "^4.0.1"
},
```

接下来，就可以在 TypeScript/JavaScript 文件中使用 Keytar 了，如下所示。

```
import * as keytarType from 'keytar';

private _keytar: typeof keytarType;

this._keytar = getCoreNodeModule('keytar');
const token = await this._keytar.getPassword('vscode-docker', 'dockerhub');

function getCoreNodeModule(moduleName: string) {
    try {
        return require(`${vscode.env.appRoot}/node_modules.asar/${moduleName}`);
    } catch (err) { }

    try {
        return require(`${vscode.env.appRoot}/node_modules/${moduleName}`);
    } catch (err) { }

    return null;
}
```

## 15.4.7 主题

在 Visual Studio Code 中，有两种类型的主题插件：颜色主题和图标主题。

### 1. 颜色主题

在 6.5 节中，我们已经学习到，在 settings.json 文件中，通过 workbench.colorCustomizations 和 editor.tokenColorCustomizations 设置项，可以对工作区和编辑区域的颜色主题进行配置。

除了为自己打造漂亮的颜色主题，我们还可以把颜色主题发布成插件，与广大开发者一起分享。

1）创建新的颜色主题

当通过 workbench.colorCustomizations 和 editor.tokenColorCustomizations 设置项调整过当前的主题后，可以通过以下步骤创建一个颜色主题插件。

（1）通过 Ctrl+Shift+P 快捷键打开命令面板，然后输入并执行 Developer: Generate Color

Theme from Current Settings 命令，可以生成一个颜色主题文件。

（2）在命令行中运行 yo code 命令。

（3）如图 15-15 所示，选择 New Color Theme 插件类型，再选择 No, start fresh 选项。

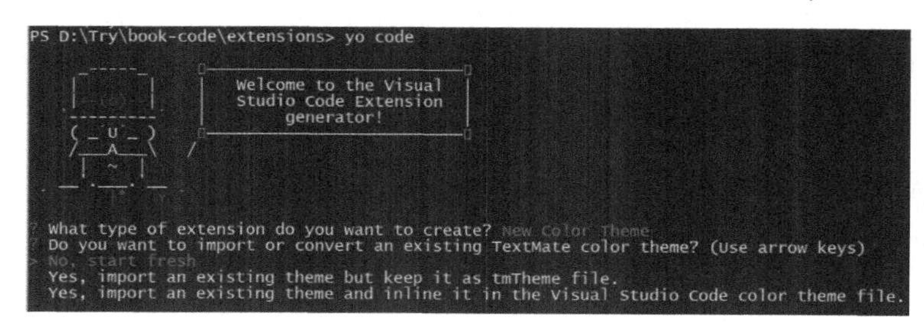


图 15-15　创建新的颜色主题

（4）接下来，根据后续的选项创建插件项目。

（5）插件项目创建完成后，在 themes 文件夹中可以看到一个名为<your_theme_name>-color-theme.json 的文件。

（6）把在第一步生成的颜色主题文件中的内容复制到<your_theme_name>-color-theme.json 文件中。

2）导入已有的颜色主题

我们还可以导入已有的颜色主题。在 ColorSublime（见参考资料[98]）上有丰富的 TextMate 颜色主题，我们可以选择想要导入的主题，然后复制相应的.tmTheme 文件的 URL。接下来，通过以下步骤导入 TextMate 颜色主题。

（1）在命令行中运行 yo code 命令。

（2）如图 15-16 所示，选择 New Color Theme 插件类型，再选择 Yes, import an existing theme but keep it as tmTheme file.或 Yes, import an existing theme and inline it in the Visual Studio Code color theme file.选项，然后输入.tmTheme 文件的 URL 或文件路径。

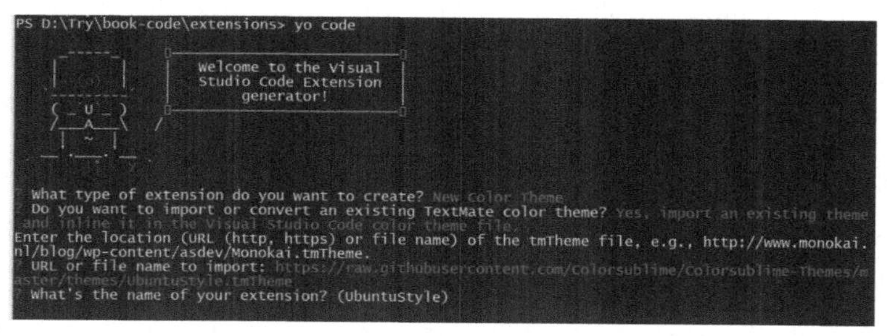


图 15-16　导入颜色主题

（3）接下来，根据后续的选项创建插件项目。

（4）插件项目创建完成后，在 themes 文件夹中可以看到一个名为<your_theme_name>-color-theme.json 的文件，即表明.tmTheme 文件被成功导入。

3）颜色主题编辑器

参考资料[99]中的是一个在线的 tmTheme 颜色主题编辑器。

如图 15-17 所示，单击下载按钮可以直接下载.tmTheme 颜色主题文件。

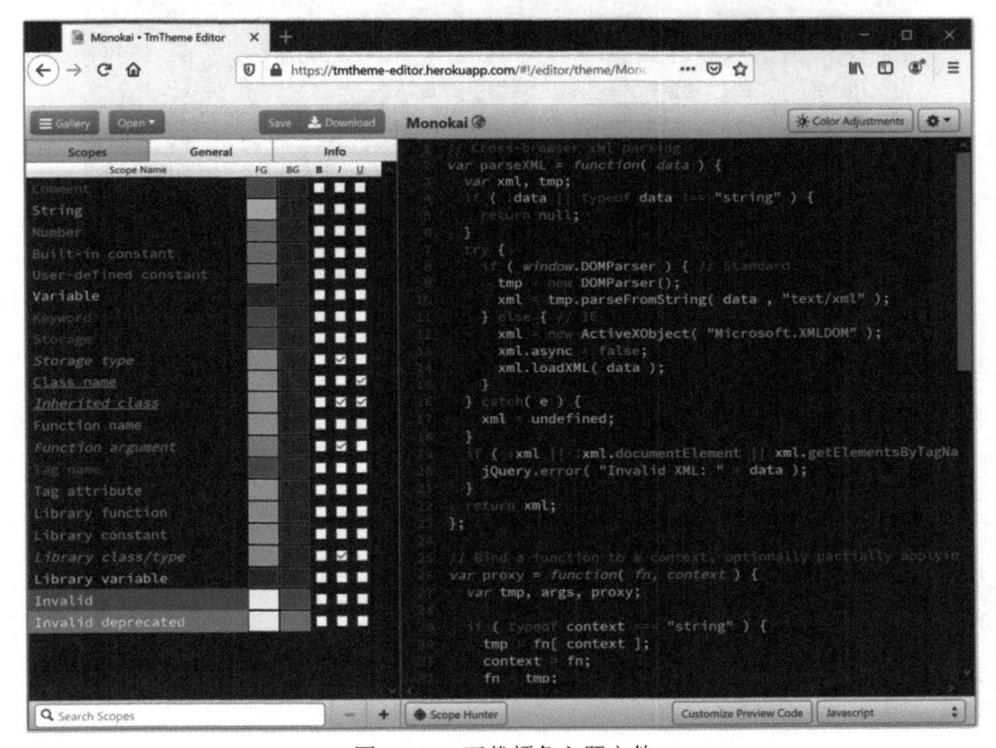


图 15-17　下载颜色主题文件

4）预览颜色主题

在颜色主题的插件项目中，按下 F5 快捷键，一个新的 Visual Studio Code 窗口就会被打开，标题栏会显示[Extension Development Host]的字样。

在 Extension Development Host 窗口中，选择顶部菜单栏中的 File→Preferences→Color Theme，然后可以通过上下按键切换不同的颜色主题进行预览，如图 15-18 所示。

图 15-18　预览颜色主题

### 2. 图标主题

图标主题插件定义了 Visual Studio Code 文件资源管理器中所有文件和文件夹的图标。

1）添加图标主题

如下所示，可以通过在 package.json 文件中添加 iconTheme 贡献点来添加图标主题。

```
{
  "contributes": {
    "iconThemes": [
      {
        "id": "hendry",
        "label": "Hendry Icon Theme",
        "path": "./hendry-icon-theme.json"
      }
    ]
  }
}
```

2）图标主题定义文件

iconTheme 贡献点中的 path 属性指向图标主题的定义文件，以下是 hendry-icon-theme.json 文件中的代码样例，其中定义了文件夹、Dockerfile 文件和 JavaScript 文件的图标。

```
{
    "iconDefinitions": {
        "_folder_dark": {
            "iconPath": "./icons/folder.svg"
```

```
        },
        "_f_javascript": {
            "iconPath": "./icons/js.svg"
        },
        "_f_docker": {
            "iconPath": "./icons/docker.svg"
        },
    },
    "file": "_file_dark",
    "folder": "_folder_dark",
    "folderExpanded": "_folder_open_dark",
    "folderNames": {
        ".vscode": "_vscode_folder"
    },
    "fileExtensions": {
        "js": "_f_javascript",
        "es6": "_f_javascript"
    },
    "fileNames": {
        "dockerfile": "_f_docker"
    },
    "languageIds": {
        "javascript": "_f_javascript"
    },
    "light": {
        "folderExpanded": "_folder_open_light",
        "folder": "_folder_light",
        "file": "_file_light"
    },
    "highContrast": {}
}
```

3）预览图标主题

在图标主题的插件项目中，按下 F5 快捷键，一个新的 Visual Studio Code 窗口就会被打开，标题栏会显示[Extension Development Host]的字样。

在 Extension Development Host 窗口中，选择顶部菜单栏的 File→Preferences→File Icon Theme，在弹出的列表中可以通过上下按键切换不同的图标主题进行预览，如图 15-19 所示。

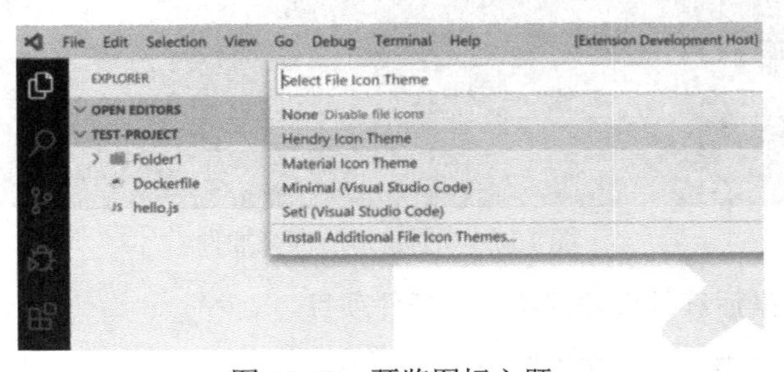


图 15-19　预览图标主题

4）参考插件

以下开源图标主题插件可以供读者参考。

- VSCode Great Icons 插件（见参考资料[100]）
- Nomo Dark Icon Theme 插件（见参考资料[101]）
- Seedling Icon Theme 插件（见参考资料[102]）

## 15.4.8 编程语言

通过插件可以为不同的编程语言提供丰富的功能。

### 1. 语法高亮

Visual Studio Code 使用 TextMate 语法（见参考资料[103]）来定义编程语言的语法高亮。

在参考资料[104]的这个 GitHub 组织上，有多种语言的 tmbundle 的 GitHub 仓库，包含了基于 TextMate 语法的.tmLanguage 语法高亮定义文件。通过以下步骤，可以导入.tmLanguage 文件，为编程语言创建一个语法高亮的插件。

（1）在命令行中，运行 yo code 命令。

（2）如图 15-20 所示，选择 New Language Support 插件类型，然后输入.tmLanguage 文件的 URL 或文件路径。

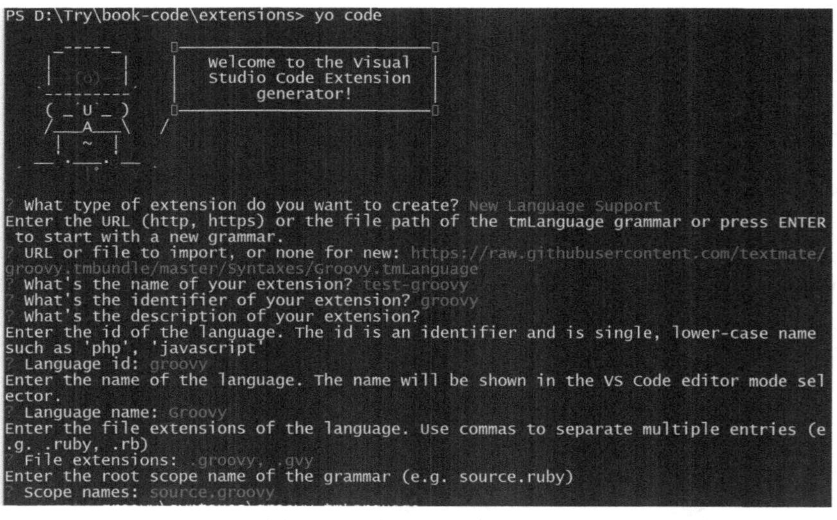


图 15-20　创建语法高亮插件

（3）接下来，根据后续的选项继续创建插件项目。

（4）插件项目创建完成后，在视图中会显示语法高亮插件的文件结构，如图 15-21 所示。

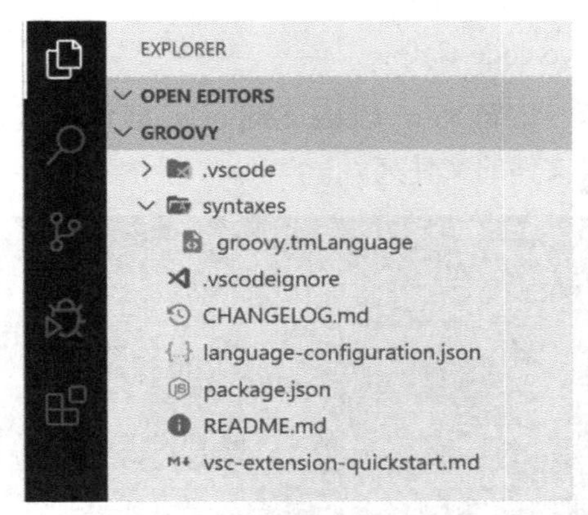


图 15-21　语法高亮插件的文件结构

### 2. 代码片段

通过 contributes.snippets 贡献点，可以定义代码片段插件。

1）创建新的代码片段

在 6.6 节中，我们已经学习到可以创建自定义的代码片段。除此之外，我们还可以把自定义的代码片段发布成插件，与广大开发者一起分享。

通过以下步骤可以把自定义的代码片段发布成插件。

- 通过 Ctrl+Shift+P 快捷键打开命令面板，然后输入并执行 Preferences: Configure User Snippets 命令，可以创建一个代码片段文件，如 snippets.json。
- 把 snippets.json 文件复制到插件的文件夹中。
- 如下所示，在 package.json 文件中添加 contributes.snippets 贡献点。

```
{
  "contributes": {
    "snippets": [
      {
        "language": "javascript",
        "path": "./snippets.json"
      }
    ]
  }
}
```

在 Visual Studio Code 的插件样例（见参考资料[105]）中可以查看完整的代码。

2）导入已有的代码片段

我们还可以导入已有的代码片段，Visual Studio Code 支持直接导入 TextMate（.tmSnippets 文件）和 Sublime（.sublime-snippets 文件）这两种格式的代码片段。可以通过以下步骤导入 TextMate 或 Sublime 代码片段。

（1）在命令行中，运行 yo code 命令。

（2）如图 15-22 所示，选择 New Code Snippets 插件类型，然后输入包含.tmSnippets 或.sublime-snippets 代码片段文件的文件夹。

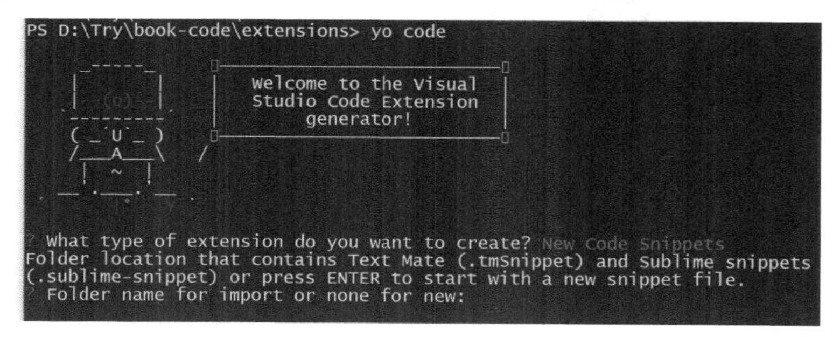


图 15-22　导入颜色主题

（3）接下来，根据后续选项创建插件项目。

（4）插件项目创建完成后，目录结构如下所示。

```
.
├── snippets
│   └── snippets.json          //代码片段的 JSON 文件
└── package.json              //插件清单文件
```

3）测试代码片段

测试代码片段前，需要先把代码片段的插件项目复制到 Visual Studio Code 插件的安装目录中。对于不同系统，安装目录也不同：

- Windows：%USERPROFILE%\.vscode\extensions
- macOS：~/.vscode/extensions
- Linux：~/.vscode/extensions

复制完成后，重启 Visual Studio Code，代码片段及其插件就生效了，此时便可以对代码片段进行测试了。

### 3. 语言配置

通过 contributes.languages 贡献点可以对编程语言进行配置。

在参考资料[106]中可以查看语言配置样例插件的完整代码。我们来详细了解一下 language-configuration.json 文件。

1）注释

如下所示，通过 comments.lineComment 和 comments.blockComment 可以定义单行注释和块注释。

```
{
  "comments": {
    "lineComment": "//",
    "blockComment": ["/*", "*/"]
  }
}
```

2）括号匹配

当光标移动到某一括号上时，相匹配的括号也会被高亮显示，设置如下所示。

```
{
  "brackets": [["{", "}"], ["[", "]"], ["(", ")"]]
}
```

3）自动闭合

当输入 open 属性中的符号时，Visual Studio Code 会自动添加 close 属性中的符号，设置如下所示。

```
{
  "autoClosingPairs": [
    { "open": "{", "close": "}" },
    { "open": "[", "close": "]" },
    { "open": "(", "close": ")" },
    { "open": "'", "close": "'", "notIn": ["string", "comment"] },
    { "open": "\"", "close": "\"", "notIn": ["string"] },
    { "open": "`", "close": "`", "notIn": ["string", "comment"] },
    { "open": "/**", "close": " */", "notIn": ["string"] }
  ]
}
```

4）自动包围

当选中代码片段并键入左括号时，Visual Studio Code 会自动添加右括号，包围选中的代码片段。如下所示，通过 surroundingPairs 属性，可以定义用于包围的字符对。

```
{
  "surroundingPairs": [
    ["{", "}"],
    ["[", "]"],
    ["(", ")"],
    ["'", "'"],
    ["\"", "\""],
    ["`", "`"]
  ]
}
```

5）代码折叠

通过 folding.markers 属性，可以定义代码折叠的正则表达式。以下设置项中将//#region 和//#endregion 定义为了代码折叠的标记。

```
{
```

```
  "folding": {
    "markers": {
      "start": "^\\s*//\\s*#?region\\b",
      "end": "^\\s*//\\s*#?endregion\\b"
    }
  }
}
```

6）单词的模式

如下所示，通过 wordPattern 属性可以定义单词的匹配模式。

```
{
  "wordPattern":
"(-?\\d*\\.\\d\\w*)|([^\\`\\~\\!\\@\\#\\%\\^\\&\\*\\(\\)\\-\\=\\+\\[\\{\\]\\}\\\\\\|\
\;\\:\\'\\\"\\,\\.\\<\\>\\/\\?\\s]+)"
}
```

7）缩进规则

如下所示，通过 indentationRules 属性可以定义增加缩进和减少缩进的规则。

```
{
  "indentationRules": {
    "increaseIndentPattern":
"^((?!\\/\\/).)*(\\{[^}\"'`]*|\\([^)\"'`]*|\\[[^\\]\"'`]*)$",
    "decreaseIndentPattern": "^((?!.*?\\/\\*).*\\*/)?\\s*[\\)\\}\\]].*$"
  }
}
```

如下所示，if (true) {匹配了 increaseIndentPattern 的定义，当按下 Enter 键后，Visual Studio Code 就会自动添加缩进。

```
if (true) {
     console.log();
```

### 4. 编程语言 API

通过 vscode.languages.* API，插件可以为不同的编程语言提供非常丰富的功能。以下是一个关于悬停信息的例子。

```
vscode.languages.registerHoverProvider('javascript', {
  provideHover(document, position, token) {
    return {
      contents: ['Hover Content']
    };
  }
});
```

以上代码通过 vscode.languages.registerHoverProvider API 为 JavaScript 文件提供了显示悬停信息的功能。

此外，我们也可以基于 Language Server Protocol（语言服务协议）实现一个 Language Server（语言服务），来为编程语言提供相应的功能。相比于直接使用 Visual Studio Code 的

vscode.languages.* API，使用 Language Server 有以下两大好处。

- Language Server 可以使用任何语言编写，而 vscode.languages.* API 只能使用 TypeScript/JavaScript 编写。比如，Java 的 Language Server 使用 Java 编写可以有更好的实现，且可以复用现有的 Java 库。
- Language Server 可以被其他支持 Language Server Protocol 的开发工具复用，如 Visual Studio Code、Eclipse IDE、Eclipse Che、Eclipse Theia、Atom、Sublime Text、Emacs、Qt Creator 等。

下表是 Visual Studio Code 的 vscode.languages.*编程语言 API 和 Language Server Protocol 函数的对照表，开发者可以根据实际情况选择相应的实现方式。

| Visual Studio Code 的 vscode.languages.*编程语言 API | Language Server Protocol 函数 |
| --- | --- |
| createDiagnosticCollection | PublishDiagnostics |
| registerCompletionItemProvider | Completion & Completion Resolve |
| registerHoverProvider | Hover |
| registerSignatureHelpProvider | SignatureHelp |
| registerDefinitionProvider | Definition |
| registerTypeDefinitionProvider | TypeDefinition |
| registerImplementationProvider | Implementation |
| registerReferenceProvider | References |
| registerDocumentHighlightProvider | DocumentHighlight |
| registerDocumentSymbolProvider | DocumentSymbol |
| registerCodeActionsProvider | CodeAction |
| registerCodeLensProvider | CodeLens & CodeLens Resolve |
| registerDocumentLinkProvider | DocumentLink & DocumentLink Resolve |
| registerColorProvider | DocumentColor & Color Presentation |
| registerDocumentFormattingEditProvider | Formatting |
| registerDocumentRangeFormattingEditProvider | RangeFormatting |
| registerOnTypeFormattingEditProvider | OnTypeFormatting |
| registerRenameProvider | Rename & Prepare Rename |
| registerFoldingRangeProvider | FoldingRange |

### 15.4.9 更多常用的 API

Visual Studio Code 为插件开发者提供了非常丰富的 API，在参考资料[107]或参考资料[108]

中可以查看完整的 API 列表。

除了本章已经提及的插件开发 API，以下再列举一些常用的变量与函数。

- extensions.all：获取当前操作系统所有已安装的插件信息。
- extensions.getExtension()：根据插件 ID 来获取一个插件的信息。
- window.activeTextEditor：当前焦点所在的编辑器对象。
- window.createInputBox()：创建一个文本输入框。
- window.createOutputChannel()：创建输出面板。
- window.createStatusBarItem()：创建状态栏项目。
- window.showOpenDialog()：显示打开文件的对话框。
- window.showSaveDialog ()：显示保存文件的对话框。
- window.showTextDocument()：显示编辑器的文档对象。
- workspace.workspaceFolders()：当前工作区的根目录列表。
- workspace.findFiles ()：在当前工作区中寻找文件。
- workspace.openTextDocument ()：打开编辑器的文档对象。
- workspace.saveAll()：保存所有的文件。

## 15.5 插件开发的生命周期

在插件开发的生命周期中，插件测试、插件发布和持续集成都是非常重要的环节。

### 15.5.1 插件测试

Visual Studio Code 提供了多种插件测试方式，使开发者可以方便地对插件进行自动化测试。

#### 1. Visual Studio Code 命令行

通过 Visual Studio Code 命令行可以直接运行插件的测试脚本，如下所示。

```
# - Launches VS Code Extension Host
# - Loads the extension at <EXTENSION-ROOT-PATH>
# - Executes the test runner script at <TEST-RUNNER-SCRIPT-PATH>
code \
--extensionDevelopmentPath=<EXTENSION-ROOT-PATH> \
--extensionTestsPath=<TEST-RUNNER-SCRIPT-PATH>
```

测试脚本中的参数说明如下所示。

- extensionDevelopmentPath：插件的根目录。
- extensionTestsPath：测试运行器脚本的文件路径。测试运行器脚本一般位于插件项目的 src/test/suite/index.ts 文件中。

### 2. vscode-test API

通过 vscode-test npm 库，可以方便地编写并执行插件的自动化测试。以下是测试脚本（src/test/runTest.ts 文件）的一个例子。

```
import * as path from 'path';

import { runTests } from 'vscode-test';

async function main() {
  try {

    //把 package.json 文件所在的文件夹路径传递给 extensionDevelopmentPath 参数
    const extensionDevelopmentPath = path.resolve(__dirname, '../../../');


    //把测试脚本所在的文件夹路径传递给 extensionTestPath 参数

    const extensionTestsPath = path.resolve(__dirname, './suite/index');

    //下载 Visual Studio Code，解压并运行集成测试
    await runTests({ extensionDevelopmentPath, extensionTestsPath });
  } catch (err) {
    console.error(err);
    console.error('Failed to run tests');
    process.exit(1);
  }
}

main();
```

更多的 API 使用样例可以查看参考资料[109]。

### 3. npm 命令

在命令行中切换到插件项目的根目录，可以通过如下所示的 npm 命令执行插件的自动化测试。

```
npm test
```

### 4. 运行与调试视图

如图 15-23 所示，在调试视图中把调试配置切换到 Extension Tests，然后单击运行按钮，就能运行并调试插件的自动化测试了。

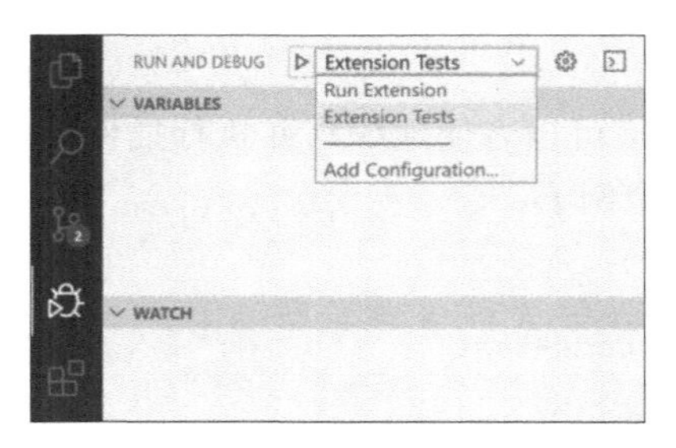


图 15-23 运行并调试插件的自动化测试

## 15.5.2 插件发布

完成插件开发后，可以使用 vsce 插件管理工具来发布 Visual Studio Code 插件。

### 1. 安装插件发布管理工具

首先确保已经安装了 Node.js，然后运行以下命令安装 vsce 插件发布管理工具。

```
npm install -g vsce
```

### 2. 创建 Azure DevOps 组织

由于 Visual Studio Code 是基于 Azure DevOps 作为插件的账号管理系统的，所以我们需要创建一个 Azure DevOps 组织。访问参考资料[110]可以查看详细的创建步骤。

### 3. 生成 Personal Access Token

访问 https://dev.azure.com/{yourorganization}（{yourorganization}是组织名），登录到 Azure DevOps 组织的主页，根据以下步骤生成 Personal Access Token。

（1）如图 15-24 所示，单击 Personal access tokens，切换到访问令牌的页面。

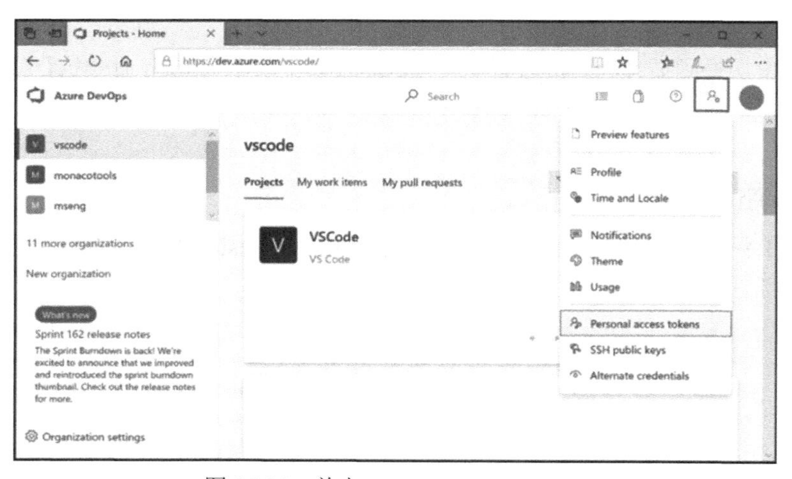


图 15-24 单击 Personal access tokens

（2）如图 15-25 所示，单击 New Token 来创建新的令牌。

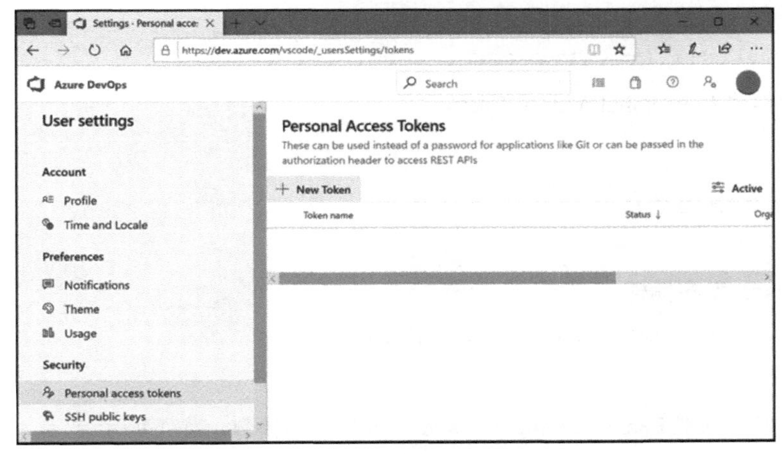


图 15-25　单击 New Token

（3）如图 15-26 所示，在 Organization 选项中选择 All accessible organizations，在 Scopes 选项中选择 Full access 或 Custom defined，并在 Marketplace 选项中勾上 Acquire 和 Manage，然后单击 Create 进行创建。

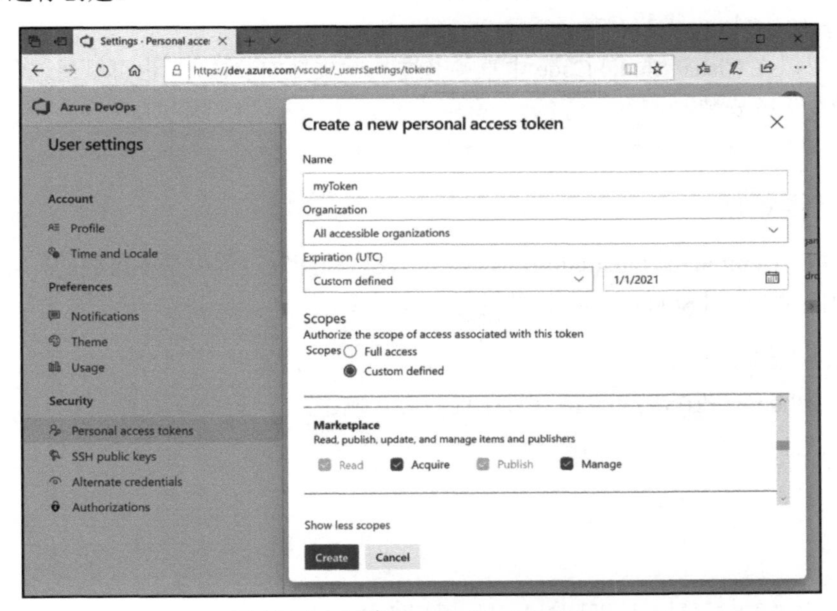


图 15-26　创建 Personal Access Token

#### 4. 创建发布者

运行以下命令创建发布者。

```
vsce create-publisher (publisher name)
```

vsce 会让你输入 Personal Access Token。

#### 5. 登录

运行以下命令进行登录。

```
vsce login (publisher name)
```

#### 6. 使用 vsce 发布插件

在插件项目的根目录中，运行以下命令可以发布插件。

```
vsce publish
```

此外，你也可以把 Personal Access Token 作为传入的参数，如下所示。

```
vsce publish -p <token>
```

#### 7. 打包插件

在一些情况下，在插件正式发布之前，如果你想在其他机器上测试插件，或者想把插件分享给其他人使用，那么可以在插件项目的根目录中通过以下命令把插件打包成 vsix 文件。

```
vsce package
```

其他人可以在 Visual Studio Code 中直接通过 vsix 文件安装插件，也可以通过命令行输入如下所示的命令进行安装。

```
code --install-extension my-extension-0.0.1.vsix
```

### 15.5.3 持续集成

持续集成（Continuous Integration，简称 CI）在软件开发过程中是很重要的一环。下面我们来看一下如何对 Visual Studio Code 插件进行持续集成。

#### 1. Github Actions

以下是.github/workflows/ci.yml 文件中的内容示例。

```
on: [push]

jobs:
  build:
    strategy:
      matrix:
        os: [macos-latest, ubuntu-latest, windows-latest]
    runs-on: ${{ matrix.os }}
    steps:
      - name: Checkout
```

```
      uses: actions/checkout@v2
    - name: Install Node.js
      uses: actions/setup-node@v1
      with:
        node-version: 8.x
    - run: npm install
    - name: Run tests
      uses: GabrielBB/xvfb-action@v1.0
      with:
        run: npm test
```

### 2. Azure Pipelines

以下是 azure-pipelines.yml 文件中的内容示例。

```
trigger:
- master

strategy:
  matrix:
    linux:
      imageName: 'ubuntu-16.04'
    mac:
      imageName: 'macos-10.13'
    windows:
      imageName: 'vs2017-win2016'

pool:
  vmImage: $(imageName)

steps:

- task: NodeTool@0
  inputs:
    versionSpec: '8.x'
  displayName: 'Install Node.js'

- bash: |
    /usr/bin/Xvfb :99 -screen 0 1024x768x24 > /dev/null 2>&1 &
    echo ">>> Started xvfb"
  displayName: Start xvfb
  condition: and(succeeded(), eq(variables['Agent.OS'], 'Linux'))

- bash: |
    echo ">>> Compile vscode-test"
    yarn && yarn compile
    echo ">>> Compiled vscode-test"
    cd sample
    echo ">>> Run sample integration test"
    yarn && yarn compile && yarn test
  displayName: Run Tests
  env:
```

```
DISPLAY: ':99.0'
```

### 3. Travis CI

以下是.travis.yml 文件中的内容示例。

```
language: node_js
os:
  - osx
  - linux
node_js: 8

install:
  - |
    if [ $TRAVIS_OS_NAME == "linux" ]; then
      export DISPLAY=':99.0'
      /usr/bin/Xvfb :99 -screen 0 1024x768x24 > /dev/null 2>&1 &
    fi
script:
  - |
    echo ">>> Compile vscode-test"
    yarn && yarn compile
    echo ">>> Compiled vscode-test"
    cd sample
    echo ">>> Run sample integration test"
    yarn && yarn compile && yarn test
cache: yarn
```